高等工科院校实践与创新教材

计算机工程制图实例教程

(附计算机工程制图习题集)

主编 赵敖生 宣沈平
参编 徐 伟 刘 凯
主审 骆志斌

东南大学出版社
·南京·

内 容 提 要

"计算机工程制图实例教程"教材是将工程制图、计算机平面图形绘制及计算机三维实体设计等内容进行了整合,新旧交替,有机联系。本书主要介绍形体的表达方式与计算机图形的绘制方法,淡化尺规作图内容,强化识图与计算机绘图方法,是作者长期教学实践的产物。全书分三篇,第一篇为"工程制图",配有《计算机工程制图习题集》,第二篇为计算机平面图形绘制,第三篇为计算机三维实体设计。本书采用了国产优秀绘图软件 CAXA,以求易学和实用。书后摘编了附录,以供查阅。

本教程备有课件,习题集另有题解,需者可与编者联系。

本书可作为高等院校相关专业教学用书,亦可供工程技术人员参考。

图书在版编目(CIP)数据

计算机工程制图实例教程/赵敖生,宜沈平主编.
—南京:东南大学出版社,2008.9
 ISBN 978-7-5641-1324-7

Ⅰ.计… Ⅱ.①赵… ②宜… Ⅲ.工程制图:计算机制图—教材 Ⅳ.TB237

中国版本图书馆 CIP 数据核字(2008)第 119968 号

计算机工程制图实例教程

出版发行	东南大学出版社
出 版 人	江建中
网 址	http://press.seu.edu.cn
电子邮件	press@seu.edu.cn
社 址	南京市四牌楼 2 号
邮 编	210096
电 话	025-83793191(发行) 025-57711295(传真)
经 销	全国新华书店
排 版	南京理工大学印刷厂
印 刷	南京京新印刷厂
开 本	787mm×1092mm 1/16
印 张	35
字 数	760 千字
版 次	2008 年 9 月第 1 版
印 次	2014 年 7 月第 3 次印刷
书 号	ISBN 978-7-5641-1324-7/TH·15
印 数	4001—5000 册
定 价	58.00 元(共 2 册)

本社图书若有印装质量问题,请直接与读者服务部联系。电话(传真):025-83792328

前　言

当今,科学技术迅猛发展,知识更新日新月异,21世纪对人才的培养要求发生了很大的变化。一个合格的工程技术人员需要基础扎实、知识宽广、能力强、素质高。在这样的新形势下,教与学各方需要用较少的学时,完成更多知识的教学。因此,本书将工程制图、计算机绘图等内容有机结合,形成一门综合性的基础技术课,以适应全面素质教育,创新教育模式,在保证教育教学质量的前提下,切实提高教学效果。

本课程是基于对有关专业的学生进行机械知识的启蒙教育和基础工程教育,建立机械产品的设计、制造与形体表达的概念。

全书分三篇共20章,第一篇为工程制图。介绍投影原理、视图的表达方式、工程制图的标准、机械零件图、机械装配图等基本知识,其目的是培养学生阅读、绘制简单机械视图的能力,有助于从图纸上了解机器的工作原理,判断机械产品设计的合理性。第二篇是计算机平面图形绘制。介绍采用计算机进行工程图绘制的基本知识和基本方法,掌握一种绘图软件的操作,通过实例讲解和演示,熟悉形体和常用件的计算机绘图过程,目的是培养学生计算机绘图能力,以适应日后工作的需要。第三篇是计算机三维实体设计。主要介绍形体的造型设计方法,以一级圆柱齿轮减速器零件设计为例,扼要介绍机械实体设计的一般过程和设计方法。工程制图部分配有习题集,书末有附录。

为了便于教学,提高效率,本书力求做到以下几点。

1. 精选内容,精炼文字,突出应用性,并使内容充实;
2. 图文并茂,书中插图采用了许多立体图,符合认识规律,易于观察,便于想象,也有利于自学;
3. 采用近几年来颁布的机械制图最新国家标准;
4. 进行范例教学,计算机绘图配有操作步骤,作图过程一目了然;
5. 计算机软件选用目前优秀的国产化自主版权CAXA,绘图上手快,容易学。

本书是编者多年教学经验的总结,许多图例来自于教案和讲稿,在教学体系改革的基础上,对以往使用的教材进行整合和修订,深信将有助于提高课程的教学质量。

在书稿撰写过程中,参考了同行的许多教材和著作,谨向这些专家致以衷心的感谢!

本教程备有课件,习题集另有题解,采用本教程教学的教师如有需要,均可与编者联系。

本书由赵敖生、宜沈平主编,参加编写的还有徐伟、刘凯等,全书由赵敖生统稿,由骆志斌审阅。

限于作者的能力和水平,书中难免错漏和不当之处,盼请读者、同仁指正。

编　者

电子信箱:zas8521@sina.com

2008年7月

目 录

第一篇 工程制图

第一章 制图基本知识 ······ 2
- 【001】 零件工程图样的基本要求 ······ 2
- 【002】 三视图 ······ 3
- 【003】 图线的规定 ······ 6
- 【004】 比例(GB/T 14690—1993) ······ 7
- 【005】 尺寸标注 ······ 8
- 【006】 读图方法与步骤 ······ 11
- 【007】 点的投影 ······ 14
- 【008】 直线的投影 ······ 16
- 【009】 平面的投影 ······ 18
- 【010】 投影面的变换 ······ 19

第二章 立体及其表面的投影 ······ 21
- 【011】 平面体的投影 ······ 21
- 【012】 曲面立体 ······ 23
- 【013】 切割体的投影图 ······ 28
- 【014】 曲面体的相贯投影图 ······ 37

第三章 组合体的绘制与识图 ······ 44
- 【015】 组合体的视图 ······ 44
- 【016】 尺寸标注 ······ 48

第四章 机件常用表达方法 ······ 55
- 【017】 视图 ······ 55
- 【018】 剖视图 ······ 57
- 【019】 断面图 ······ 63
- 【020】 其他表达方法简介 ······ 65

第五章 图样中的技术要求 ······ 69
- 【021】 极限与配合 ······ 69

【022】 表面粗糙度 73
【023】 形状和位置公差 76
【024】 其他技术要求 78

第六章 标准件和常用件的画法 79
【025】 螺纹 79
【026】 常用螺纹紧固件 85
【027】 键联接 88
【028】 销联接 89
【029】 弹簧 90
【030】 齿轮画法 93
【031】 滚动轴承画法 98

第七章 零件图 104
【032】 零件图的四项内容 104
【033】 视图选择原则 105
【034】 零件图的尺寸标注 108
【035】 读零件图 111
【036】 零件的切削加工工艺结构 113
【037】 零件的铸造工艺结构 115

第八章 装配图 118
【038】 装配图的四项内容 118
【039】 装配图的规定表达方法以及一些特殊表达方法 118
【040】 尺寸标注、零件编号、标题栏及明细栏 121
【041】 装配工程图的生成 123
【042】 装配图的阅读和拆画零件图 125
【043】 装配结构的合理性简介 131

第九章 轴测图 133
【044】 轴测图的概念 133
【045】 轴测图画法示例 134

第二篇 计算机平面图形绘制

第一章 CAXA 电子图板 V2 的基本知识 140
【046】 CAXA-V2 电子图板软件简介与界面操作 140
【047】 常用键、功能键与命令的执行 141
【048】 国家标准的有关规定 142

第二章　基本曲线的操作 145
【049】直线的基本操作 145
【050】圆的绘制 147
【051】圆弧的绘制 149
【052】矩形的绘制 150
【053】中心线的绘制 151
【054】等距线的绘制 151
【055】剖面线的绘制 152

第三章　编辑曲线 154
【056】裁剪的编辑 154
【057】过渡的编辑 155
【058】平移与拷贝的编辑 156
【059】齐边的编辑 157
【060】旋转的编辑 157
【061】镜像的编辑 158
【062】阵列 158

第四章　高级曲线的绘制 160
【063】正多边形 160
【064】椭圆的绘制 161
【065】波浪线的绘制 161
【066】公式曲线 162
【067】双折线和箭头的绘制 162
【068】齿轮的绘制 163
【069】孔、轴的绘制 163

第五章　块的操作 164
【070】块的生成 164
【071】块的打散 164
【072】块的消隐 165

第六章　工程标注 166
【073】尺寸标注 166
【074】坐标标注 170
【075】倒角标注 170
【076】引出说明 171
【077】粗糙度标注 171
【078】形位公差与基准代号 172

【079】	剖切符号 ··· 173
【080】	装配图和零件图的公差标注 ························· 173
【081】	文字标注与编辑 ·· 174
【082】	序列号与明细表 ·· 174

第七章　系统设置 ·· 177
【083】	屏幕点的设置 ·· 177
【084】	用户坐标系设置 ·· 177
【085】	拾取设置 ·· 178
【086】	剖面图案设置 ·· 179
【087】	系统设置 ·· 179

第八章　图库操作 ·· 182
【088】	提取图符 ·· 182
【089】	定义图符 ·· 183
【090】	驱动图符 ·· 184
【091】	构件库 ··· 184
【092】	技术要求库 ··· 185
【093】	拼画装配图 ··· 186
【094】	图形绘制实例 ·· 197

第三篇　计算机三维实体设计

第一章　CAXA 三维电子图板 V2 软件介绍 ··················· 206
【095】	CAXA 三维电子图板 V2 的主要特色 ············ 206
【096】	功能介绍 ·· 206
【097】	系统要求 ·· 207
【098】	零件设计界面 ·· 208

第二章　绘图案例 ·· 212
【099】	支承座的绘制 ·· 212
【100】	低速轴的绘制 ·· 230
【101】	反光片的绘制 ·· 239
【102】	圆垫片的绘制 ·· 249
【103】	油面指示片的绘制 ······································ 251
【104】	小盖的绘制 ··· 251
【105】	方垫片的绘制 ·· 257
【106】	方压盖的绘制 ·· 260
【107】	低速轴的调整环的绘制 ······························· 260

【108】 高速轴的调整环的平面图绘制 262
　【109】 低速轴的无孔端盖的绘制 262
　【110】 高速轴的无孔端盖的绘制 265
　【111】 挡油环的绘制 265
　【112】 高速轴有孔端盖的绘制 267
　【113】 低速轴有孔端盖的绘制 272
　【114】 齿轮的绘制 272
　【115】 高速轴的绘制 285
　【116】 套筒的绘制 293
　【117】 通气塞的绘制 294
　【118】 箱座的绘制 301
　【119】 箱盖的绘制 320

第三章 装配与渲染 332
　【120】 零件的装配 332
　【121】 装配体的爆炸 351
　【122】 装配体的剖视 355
　【123】 装配体的渲染 358

附录一 国家标准对工程图样的一般规定（节录） 364

附录二 各种标准与参数 369

参考文献 400

第一篇 工程制图

第一章　制图基本知识

【001】　零件工程图样的基本要求

零件工程图简称零件图,它是建立在二维投影法的基础上,用于表示零件内外结构形状、尺寸大小和与零件制造、检验有关的技术要求等内容的二维图样;是设计部门提供给生产部门重要的技术文件,必须满足生产的需要。

一张完整的零件图一般应具有以下四个方面的内容:

(1) 一组图形:(包括采用的剖视、断面图等表示方法)用来完整、清晰地表示零件各部分的内外结构形状。

(2) 完整尺寸:确定零件各部分形状结构的大小和位置所必需的全部尺寸。

(3) 技术要求:说明零件在生产、制造、加工、检验过程中应达到的一些要求,如表面粗糙度、尺寸公差、形位公差、热处理等。

(4) 标题栏:注写零件的名称、材料、数量、图号、图样比例以及设计、审核者填写姓名和日期等。

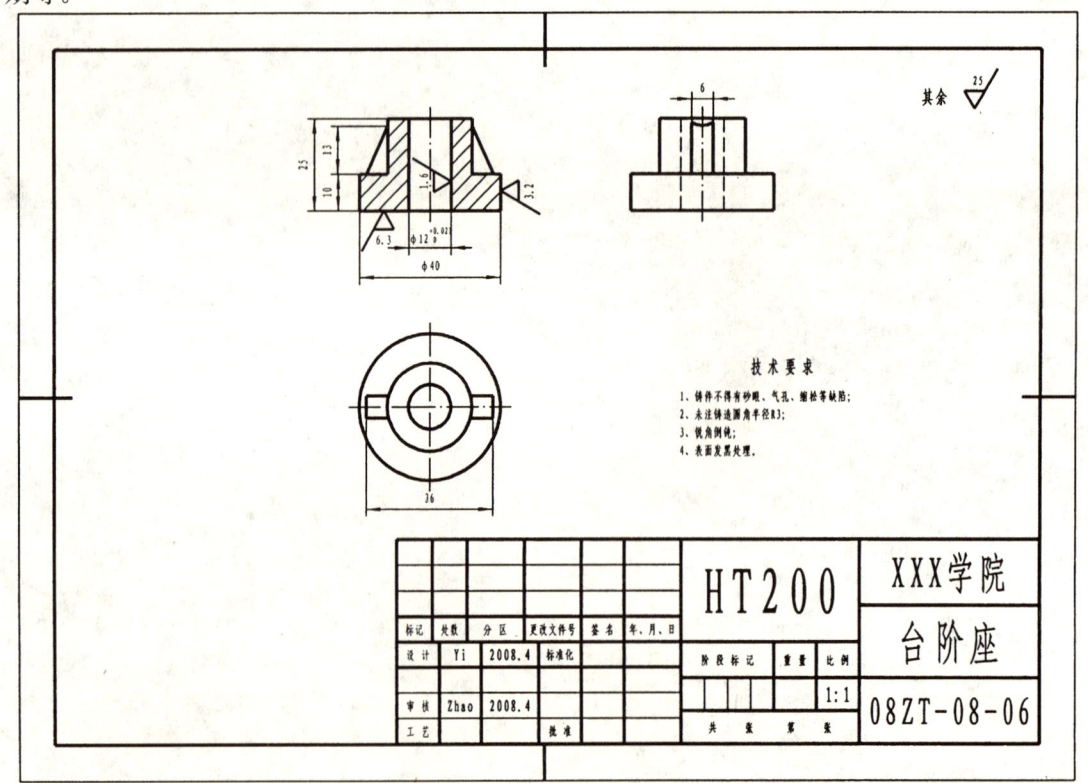

图 1-1-1　台阶座的零件图

图 1-1-1 所示为带孔的台阶座图形,外形为两个圆柱叠加,两边有肋板。通过三个视图,能清晰想象物体的形状。根据图示尺寸,能知道各部分形状大小。从技术要求、粗糙度、尺寸公差的标注,可以了解加工要求。在标题栏中提供了设计的基本资料,等等。

【002】 三视图

一、投影法

根据 GB/T 14692—93《技术制图投影法》,投影法的种类有中心投影法、平行正投影法、平行斜投影法等。机械图样主要是用平行正投影法绘制,能准确反映物体的形状大小,便于度量且作图简便。正投影法如图 1-1-2 所示。

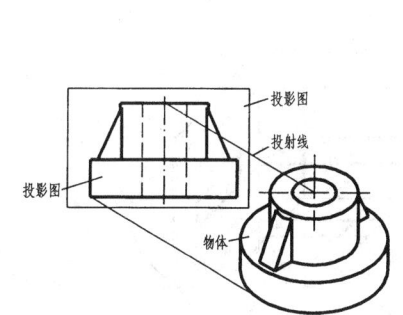

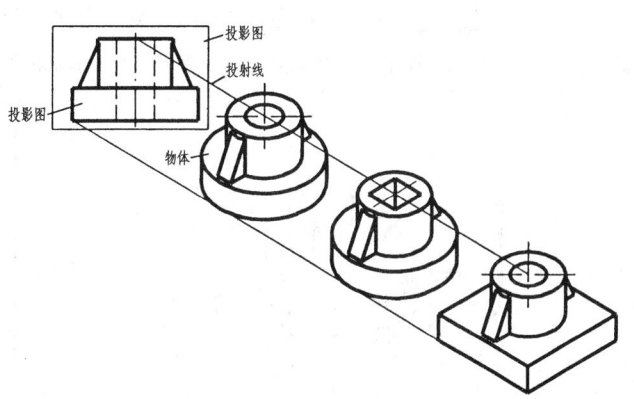

图 1-1-2 台阶座的正投影图　　图 1-1-3 不同物体可以得到某个方向同一正投影图

二、投影体系

物体的一个视图只能反映出物体长、宽、高三个方向中两个方向的情况,不同形状物体的某一视图可能是完全一样的(图 1-1-3)。因此物体的一个视图不能唯一地确定该物体的形状和大小。

为了唯一地确定物体的形状和大小,必须采用多面投影,画出物体的几个视图。通常画出物体的两个或三个视图,每一个视图侧重表示物体的一个方面,几个视图配合起来就能全面、准确地表达清楚物体的形状。

为了画出物体的三个视图,要选用互相垂直的三个投影面,建立一个三投影面体系。

选用互相垂直的三个投影面,把空间分为八个区域,每个区域称为一个分角,按图 1-1-4 所示排序。我国国家标准规定机械图样采用第一分角投影法。欧美、日本等国采用第三分角投影法。本书下面所介绍的图样投影法均为第一分角的投影。

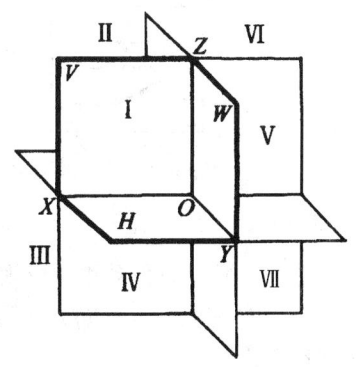

图 1-1-4 三面投影体系

三个投影面分别称为正立投影面(V 面)、水平投影面(H 面)和侧立投影面(W 面),各投影面之间的交线分别为 OX、OY 和 OZ。

三、三视图的形成

为了得到物体的三视图，可按以下步骤进行：

(1) 把物体放在三个投影面之间，物体与投影面的相对位置要放正，以有利于画出简明的各视图。然后用正投影的方法在三个投影面上分别得到物体的三个投影（视图）：正面投影（主视图）、水平投影（俯视图）和侧面投影（左视图），如图 1-1-5a)。

(2) 拿掉空间的物体，只剩下三个投影面及各投影面上的视图。由于画图时需要把三个视图画在一张平面的图纸上，所以还要把互相垂直的三个投影面换成一个平面，为此规定：正立投影面保持不动，并作为展成一个平面的基础，将水平投影面绕 OX 轴向下旋转 $90°$，将侧立投影面绕 OZ 轴向右旋 $90°$，这样三个互相垂直的投影面就重合成一个平面，如图 1-1-5b)。

(3) 将重合成为一个平面的三个投影面及面上的各个视图画在图纸上，如图 1-1-5c)。

(4) 三个投影面的边框在图上没有意义，将其去掉，即得物体的三视图，如图 1-1-5d)。图上虽然去掉了投影面的边框，但还应想象各投影面在图纸上所占的位置。

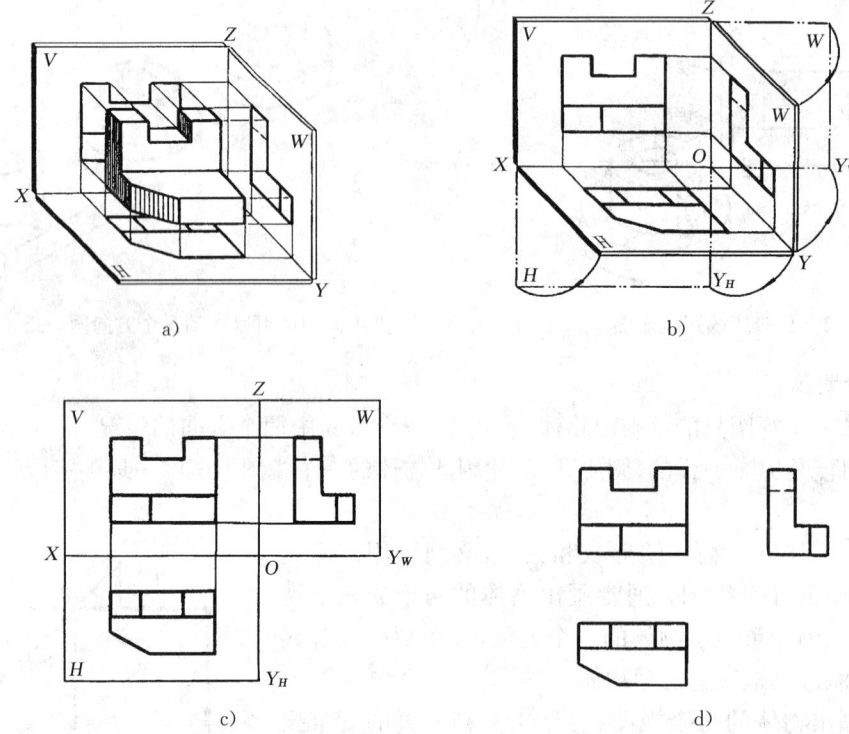

图 1-1-5 三视图的形成

四、三视图的联系和投影规律

三视图是从三个不同方向看同一个物体而得到的视图。每个视图都不是孤立的，三视图之间有着内在的联系。

由图 1-1-6 可以看出，主视图是三视图中最重要的视图，俯视图画在主视图的下方，长度方向要与主视图对正；左视图要画在主视图的右方，高度方向要与主视图平齐，特别要注意俯视图的前后宽度和左视图上相应的左右宽度是相等的，它们都表示物体的同一宽度。

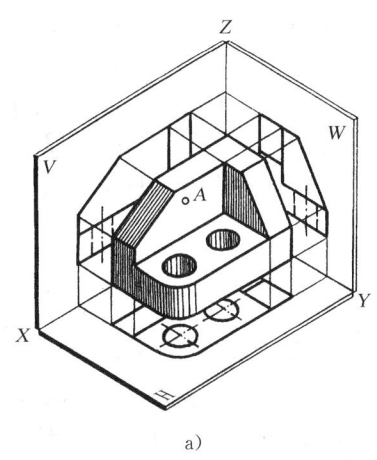 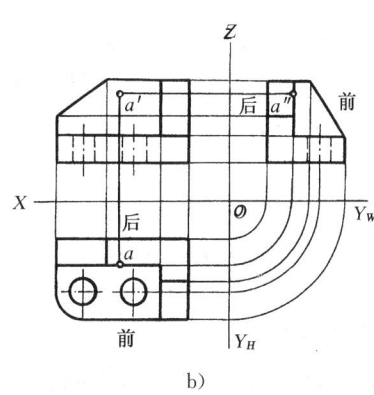

a) b)

图 1-1-6 三视图的联系和投影规律

三视图中的每一个视图都只能表现物体长、宽、高中的两个方面。主视图只能表现物体的上下和左右,反映不出前后;俯视图只能表现左右和前后,不能分清物体的上下;左视图只能表现物体的上下和前后,不能区分左右。如果把三个视图结合起来,综合考虑,就能全面表达出物体的空间形状。

由以上所述,三视图之间应符合如下规律:

(1) 主、俯视图长度相等——长对正;
(2) 主、左视图高度相等——高平齐;
(3) 俯视图高度与左视图宽度相等——宽相等。

五、几何要素的正投影特性

(1) 真实性 当直线(或平面)平行于投影面时,则其投影反映实长(或实形)。这种投影性质称为真实性,见图 1-1-7a)。

(2) 积聚性 当直线(或平面)垂直于投影面时,则其投影积聚成一点(或一线)。这种投影性质称为积聚性,见图 1-1-7b)。

(3) 类似性 当直线(或平面)倾斜于投影面时,则其投影变短(或变形缩小)。这种投影性质称为类似性,见图 1-1-7c)所示。

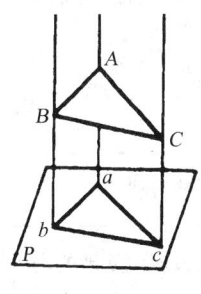 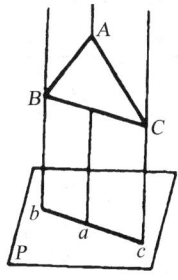 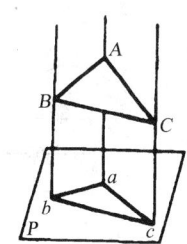

a) 投影的真实性   b) 投影的积聚性   c) 投影的类似性

图 1-1-7 正投影特性

物体上的直线(棱线)与投影面的相对位置也有平行、垂直和倾斜三种情况,它们的投影同样分别具有实形性(等于线段实长)、积聚性(积聚成一点)和类似性(长度缩短了的直线)。

图 1-1-8 是一个斜切后的圆柱体正投影及其水平投影图,此时,圆柱体的底面圆、侧圆柱表面和顶面椭圆的水平投影均为圆,且重合在一起,即水平投影圆反映底圆的实形性、侧圆柱面的积聚性和顶面椭圆面的类似性(三性合一)。

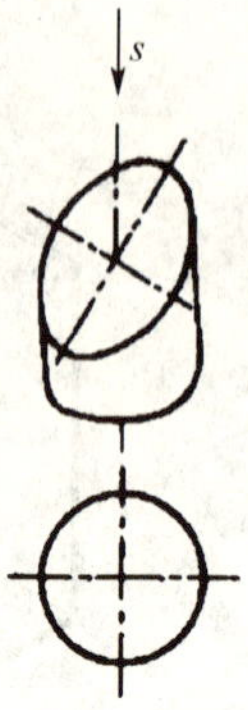

【003】 图线的规定

图 1-1-8 斜切圆柱

一、基本线型

图样的图形是由各种图线构成的,国家标准 GB/T 4457.4—2002《机械制图》规定了各种图线的名称、型式、代号、宽度等,见表 1-1-1。

表 1-1-1 图线

图线名称	图线型式	图线宽度	一般应用举例
粗实线	————	d(粗)	可见轮廓线
细实线	————	$d/2$(细)	尺寸线及尺寸界线 剖面线 重合断面的轮廓线 过渡线
细虚线	- - - - -	$d/2$(细)	不可见轮廓线
细点画线	—·—·—	$d/2$(细)	轴线 对称中心线
粗点画线	—·—·—	d(粗)	限定范围表示线
细双点画线	—··—··—	$d/2$(细)	相邻辅助零件的轮廓线 轨迹线 极限位置的轮廓线 中断线
波浪线	∼∼∼∼	$d/2$(细)	断裂处的边界线 视图与剖视的分界线
双折线	─⌒─⌒─	$d/2$(细)	同波浪线
粗虚线	- - - - -	d(粗)	允许表面处理的表示线

注:国家标准规定粗实线的宽度在 0.5~2 mm 之间选择。常用 0.7 mm。

二、图线应用举例

图线的应用如图 1-1-9 所示。

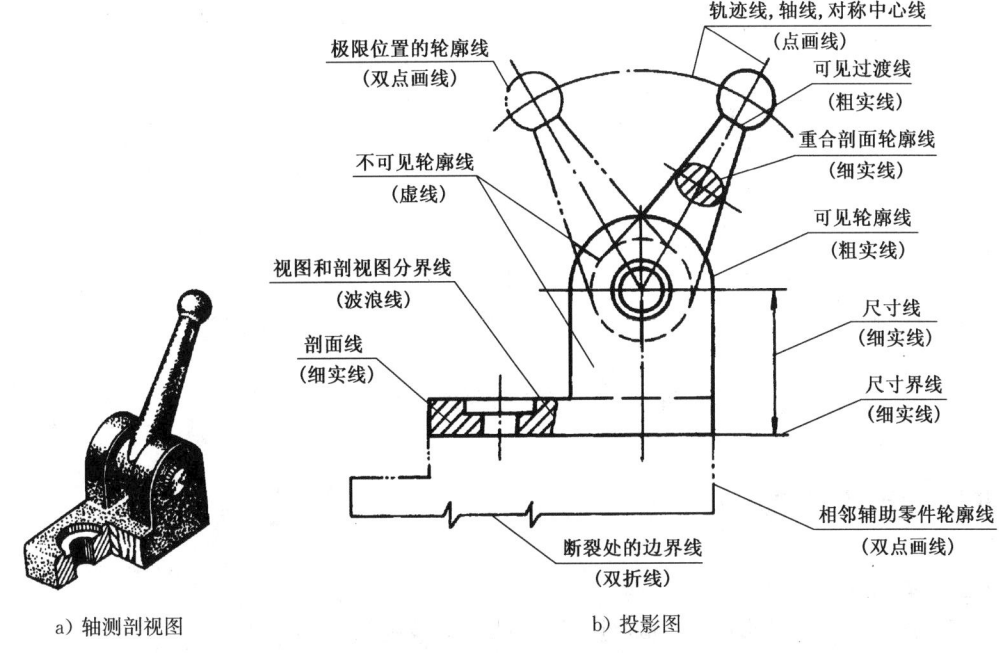

a) 轴测剖视图　　　　　　　b) 投影图

图 1-1-9　图线应用举例

【004】 比例（GB/T 14690—1993）

图样的比例是指图与物相应要素的线性尺寸之比。

一、比例符号及其表示方法

比例符号为"："，比例表示方法如 1：1、1：2、2：1 等。比例一般应标注在标题栏中的比例栏内。必要时，也可按国标规定注写在视图下方或右侧。

二、比例选择

按比例绘制图样时，应由表 1-1-2 规定的比例系列中选取适当比例。

表 1-1-2　比例

种　类	比　　例				
原值比例	1：1				
放大比例	5：1	5×10^n：1	2：1	2×10^n：1	1×10^n：1
缩小比例	1：2	1：2×10^n	1：5	1：5×10^n	1：10　1：1×10^n

三、注意事项

(1) 不论采用何种比例，图样中标注的尺寸数值必须是机件的实际尺寸，见图 1-1-10。

(2) 绘制同一机件的各个视图应采用相同的比例。

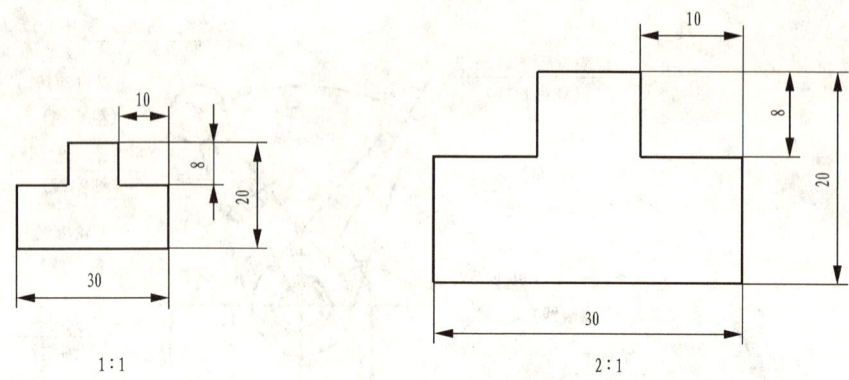

图 1-1-10 不同比例的尺寸标注

【005】 尺寸标注

一、基本规则

国家标准(GB/T 4458.4—2003)对于尺寸的标准规定如下：

(1) 机件的真实大小应以图样所注尺寸数字为依据，与图形大小及绘图准确度无关。

(2) 图样中的线性尺寸以毫米为单位，不需注写计量单位的代号和名称。若采用其他单位，则必须注明。

(3) 机件上每一尺寸只标注一次，并应标注在反映该结构最清晰的图形上。

二、尺寸的组成

尺寸由尺寸界线、尺寸数字、尺寸线和箭头组成。见图 1-1-11 所示。

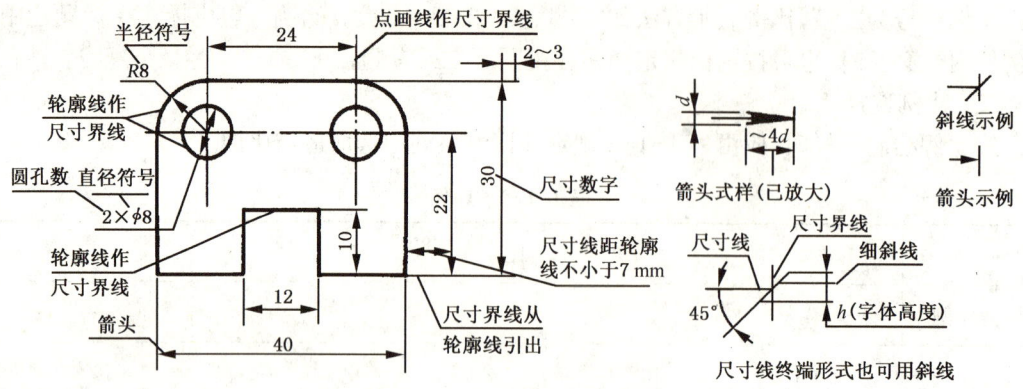

图 1-1-11 尺寸的组成与标注

(1) 尺寸界线　表示所注尺寸的范围，用细实线绘制，并从图中的轮廓线、轴线、对称中心线引出。也可利用轮廓线、轴线、对称中心线作尺寸界线。

(2) 尺寸线　用细实线绘制，表示尺寸度量方向。标注线性尺寸时，尺寸线必须与所标注的线段平行。尺寸线不得用其他图线代替，也不得与其他图线重合或在其延长线上。

(3) 尺寸数字　表示所注机件尺寸的实际大小。线性尺寸的数字一般注在尺寸线上方，也可注在尺寸线中断处。但同一张图样中标注形式应尽量统一。图中所注尺寸数字不允许任何图线通过,当不可避免时,必须把图线断开见图1-1-12所示。

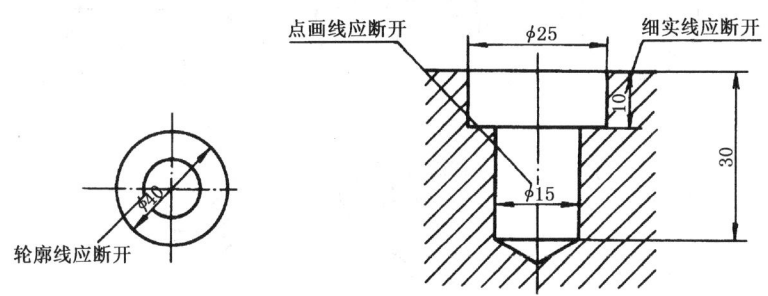

图 1-1-12　尺寸数字不允许任何图线通过

(4) 箭头　箭头是尺寸线的终端形式。也可以用斜线形式,见图1-1-11。若采用斜线形式,尺寸线与尺寸界线必须相互垂直。同一张图样只能采用一种形式。

三、常用尺寸的标注举例

(1) 线性尺寸注法　标注线性尺寸时,尺寸线必须与所注的线段平行,尺寸界线一般应与尺寸线垂直(必要时才允许倾斜),并超出尺寸线2~3mm。尺寸的数字应按图1-1-13a)的方向注写。即水平方向的尺寸注写在尺寸线的上方,字头向上;垂直方向的尺寸注写在尺寸线的左方,字头向左;倾斜方向的尺寸注写在尺寸线的斜上方,字头也向着斜上方,并尽可能避免在图示30°范围内标注尺寸。当无法避免时,可按图1-1-13b)形式引出标注。

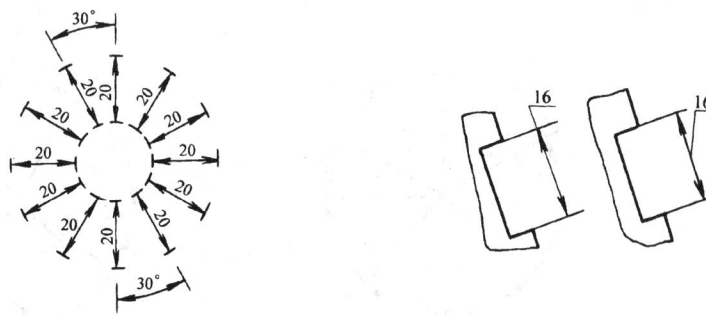

a) 沿四周方向尺寸数字注写　　　　b) 倾斜尺寸引出标注

图 1-1-13　线性尺寸数字的注写方向

(2) 圆、圆弧及球面尺寸的注法

① 标注圆的直径时,应在尺寸数字前加注符号"ϕ";标注圆弧半径时,应在尺寸数字前加注符号"R"。圆的直径和圆弧半径的尺寸线按图1-1-14所示的方法标注。

② 当圆弧的半径过大或在图样范围内无法按常规标出其圆心位置时,可按图1-1-15a)的形式标注;若不需要标出其圆心位置时,可按图1-1-15b)的形式标注。

③ 标注球面的直径或半径时,应在尺寸数字前分别加注符号"$S\phi$"或"SR",见图1-1-16。

(3) 角度尺寸的注法　标注角度时,尺寸线画成圆弧,尺寸界线应自径向引出,顶点是该角的圆心,见图1-1-17a);角度的数字均成水平方向,一般注写在尺寸线的中断处,见图1-1-17b),必要时也可按图1-1-17c)的形式引出标注。角度尺寸必须注明单位"°"。

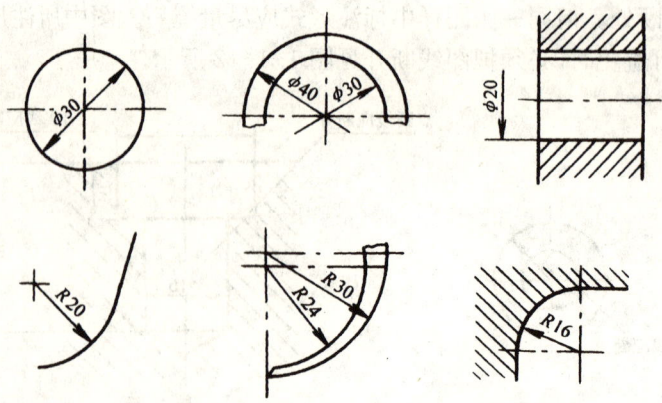

图 1-1-14 圆、圆弧尺寸的注法

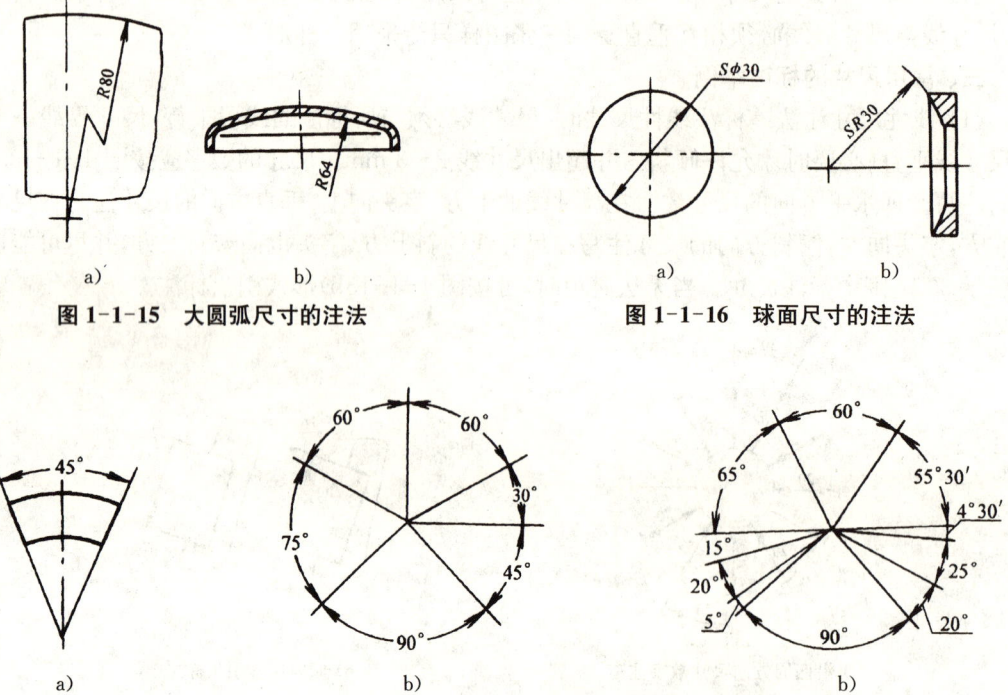

图 1-1-15 大圆弧尺寸的注法　　　　图 1-1-16 球面尺寸的注法

图 1-1-17 角度尺寸的注法

（4）小尺寸的注法　对于小尺寸在没有足够的位置画箭头或注写数字时，可按图 1-1-18 的形式标注，即尺寸箭头可从外向里指到尺寸界线，并可用实心小圆点代替箭头，尺寸数字可采用旁注或引出标注。

标注尺寸时，应尽可能使用符号和缩写词，常用的符号和缩写词见表 1-1-3。部分标注示例见图 1-1-19 所示。

表 1-1-3　标注尺寸时常用的符号和缩写词

直　径	半　径	球直径	球半径	厚　度	正方形	45°倒角	深　度	沉孔或锪平	埋头孔	均布
ϕ	R	$S\phi$	SR	t	□	C	⤓	⊔	∨	EQS

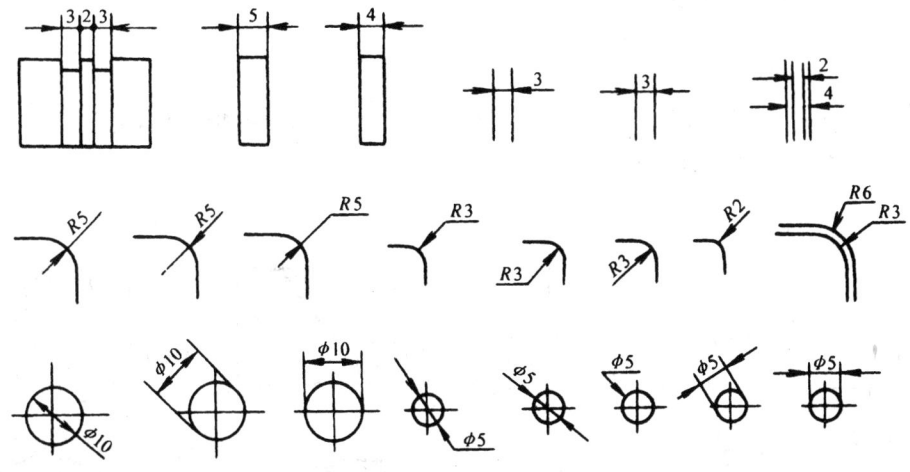

图 1-1-18 小尺寸的注法

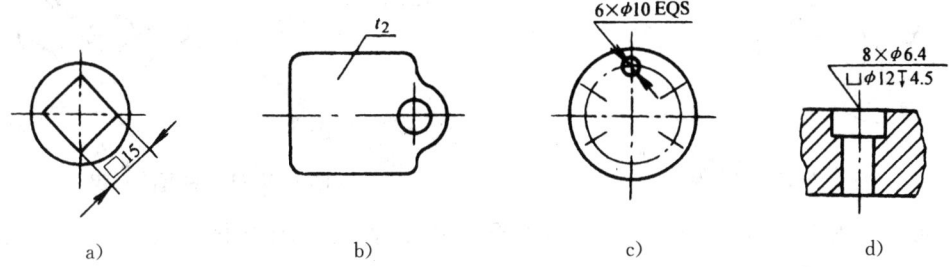

图 1-1-19 采用符号和缩写词标注尺寸示例

【006】 读图方法与步骤

读图是根据物体的视图去想象物体的空间形状,是画图的逆过程。

一、读图基本方法

读图的基本方法是以形体分析法为主,线面分析法为辅。

1. 用形体分析法读图

用形体分析法读图,就是按线框将组合体划分成几个部分,每个部分一般是简单形体,从最能反映形体特征的一面视图入手。按投影关系,联系其他视图,想象出各部分的形状,并确定相互位置,最后综合起来想象出整体形状。

2. 用线面分析法读图

用线面分析法读图,就是通过识别形体几何要素的空间位置、形状,进而想象出物体的形状。

3. 视图中线和线框的含义

视图中每一条线和线框均有各自的含义:

(1) 视图中的一条线(参见图 1-1-20)

① 表示形体上面与面交线的投影,交线可以是直线或曲线;

② 表示曲面体上轮廓素线的投影;
③ 表示具有积聚性面的投影。
(2) 视图中的线框
① 视图中的每一个封闭线框,必表示形体上某一个表面的投影,表面可以是平面、曲面、或平面与曲面相切的面(见图 1-1-20);

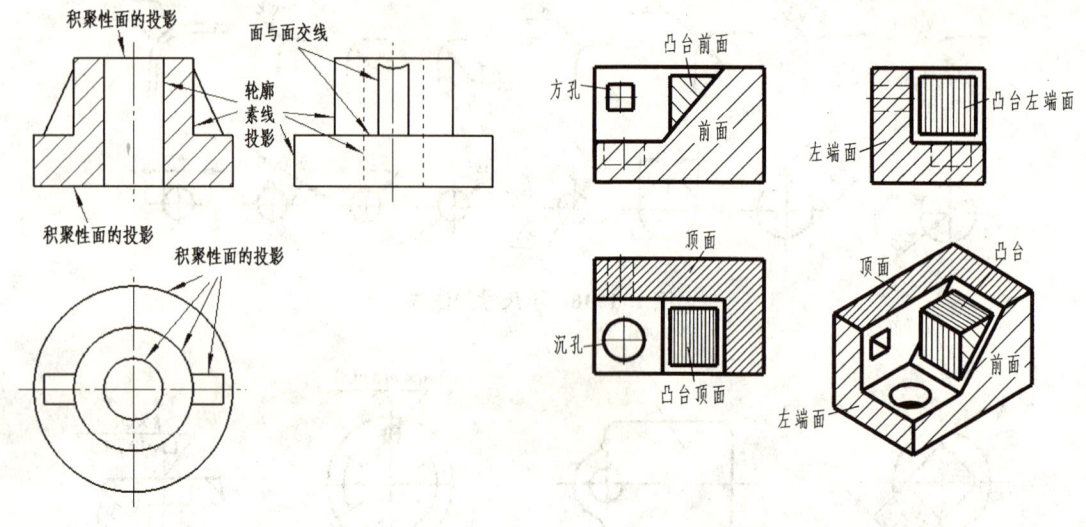

图 1-1-20 线和线框　　　图 1-1-21 线框的判定

② 视图中相邻的两个线框,或线框套线框,必然代表形体上的两个表面,并有上下、左右、前后和斜交之分(见图 1-1-21);
③ 对照三视图正确判断视图中线框的含义(见图 1-1-21):左视图中,正方形线框为正方形凸台;俯视图上的圆为圆形凹坑;主视图上的正方形为通孔。

二、读图步骤

读图的一般步骤是:

先主后次:先看主视图,后看其他视图。先找特征视图,后对照其他视图。先确定形体的主要结构,后确定次要结构。

先易后难:把构成组合体的各形体中,形体结构比较容易确定的先读出来,形体结构比较难读的部分放在后边。

先局部后整体:先想象组成叠加式组合体的各基本形体的形状,后想象整体的形状。先分析切割组合体的表面形状特征,后想象出整体的形状。

下面结合具体事例说明组合体三视图读图的具体步骤。

例 1　已知轴承座的三视图如图 1-1-22a)所示,想象出该组合体的形状。

1. 抓特征分解形体

观察已知视图(图 1-1-22a)),可知该轴承座前后对称,以叠加为主。以主视图为主,对照其他视图,按线框将该组合体分解为 1、2、3、4 四个部分。

2. 对投影确定形体

根据投影关系,分别找出各线框在其他视图中的对应投影,判别出各部分的形状,如图 1-1-22b)、图 1-1-22c)、图 1-1-22d)所示。

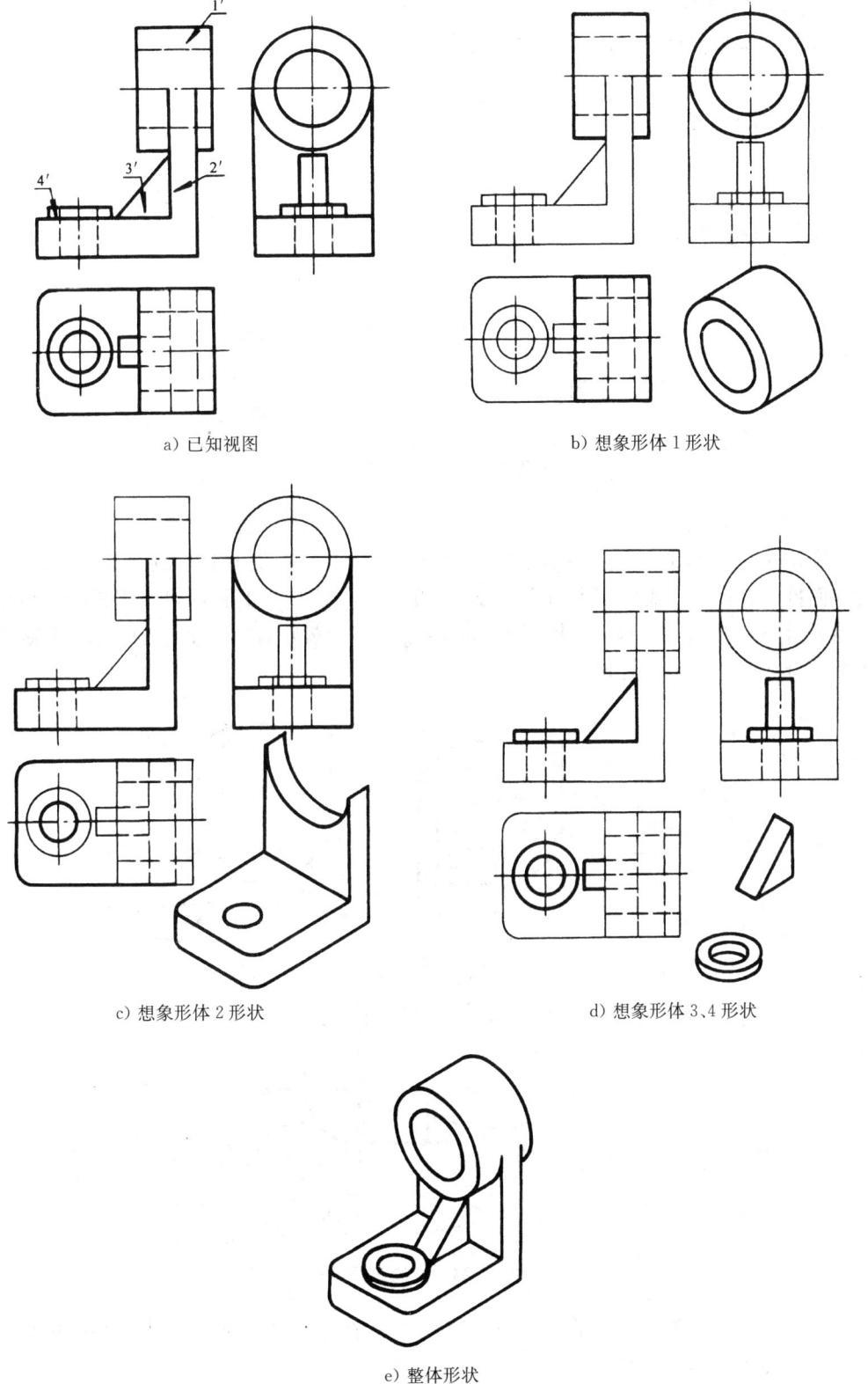

a) 已知视图

b) 想象形体1形状

c) 想象形体2形状

d) 想象形体3、4形状

e) 整体形状

图 1-1-22 组合体读图实例

3. 综合起来想整体

根据各形体的相对位置，综合想象出整体形状，如图 1-1-22e)所示。

【007】 点的投影

几何体是由点、线、面元素组成的，如图 1-1-23 三棱锥所示。掌握点、线、面的投影规律，将为学习几何体的表达奠定基础。

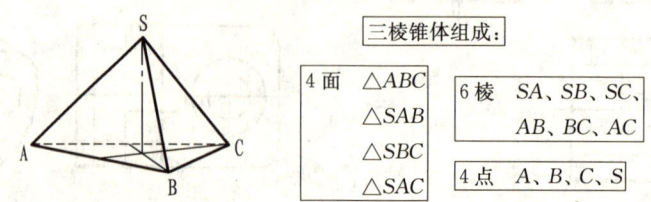

图 1-1-23 三棱锥组成

一、点的三面投影

在图 1-1-24 中，由空间点 S 分别作垂直于 V、H、W 面的投射线，其交点 s、s'、s'' 即为 S 点的三面投影。空间点规定用大写字母表示（如 A、B、C、…），其正面投影用相应的小写字母加一撇表示（a'、b'、c'、…），水平投影用相应的小写字母表示（a、b、c、…），侧面投影用相应的小写字母加两撇表示（a''、b''、c''、…）。

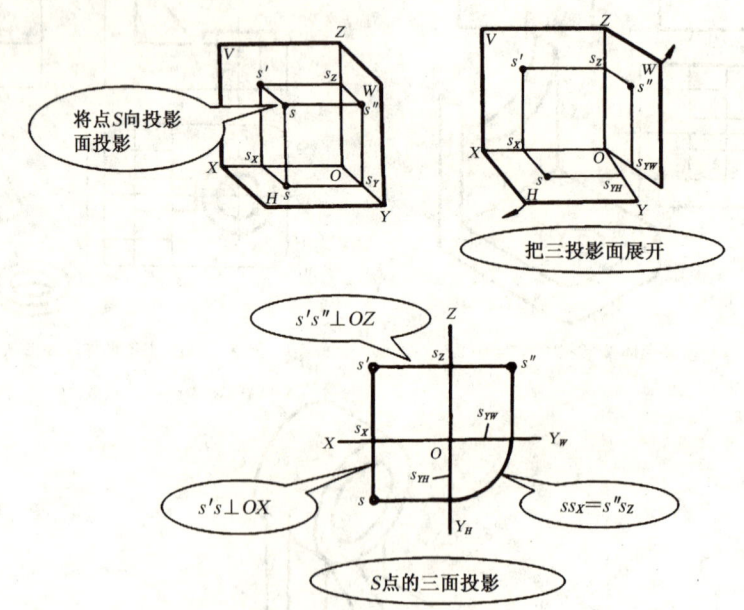

图 1-1-24 点的三面投影

过 S 点的三条投射线 ss、ss'、ss'' 构成三个相互垂直的平面，它们与三个投影面相交的交线组成一个六面体，各面均为矩形。

将点 S 的三面投影展开，则点在三投影面体系中的投影规律为：

(1) 点的正面投影和水平投影的连线垂直于 OX 轴,即 $s's \perp OX$。
(2) 点的正面投影和侧面投影的连线垂直于 OZ 轴,即 $s's'' \perp OZ$。
(3) 点的水平投影到 OX 轴的距离等于点的侧面投影到 OZ 轴的距离,即 $ss_x = s''s_z$。

二、点的直角坐标

若把三投影面体系看作直角坐标系,则投影面、投影轴和投影原点分别为坐标面、坐标轴和坐标原点。空间点 S 到三个投影面的距离便可分别用它的直角坐标 X、Y、Z 表示,见图 1-1-25。点的坐标书写形式为:$S(X,Y,Z)$,如 $S(30,20,10)$。点的投影都由其中两个坐标确定:

s' 由 X、Z 坐标确定;
s 由 X、Y 坐标确定;
s'' 由 Y、Z 坐标确定。

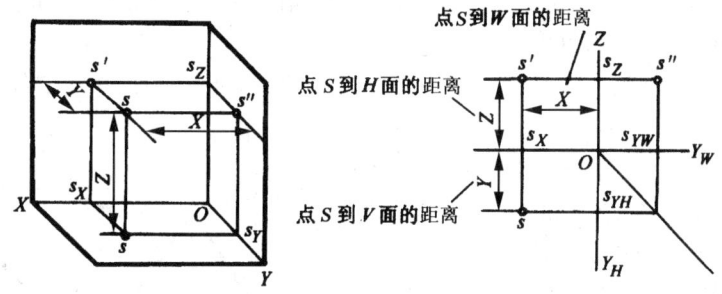

图 1-1-25 点的坐标及投影图

例 2 已知点 $A(30,10,20)$,试作其三面投影图(图 1-1-26)。

(1) 作投影轴,在 OX 轴上量取 $Oa_X = 30$;
(2) 过 a_X 作 OX 垂线,量取 $aa_X = 10$,$a'a_X = 20$,得 a、a';
(3) 由 a 和 a',画投影连线得 a''。

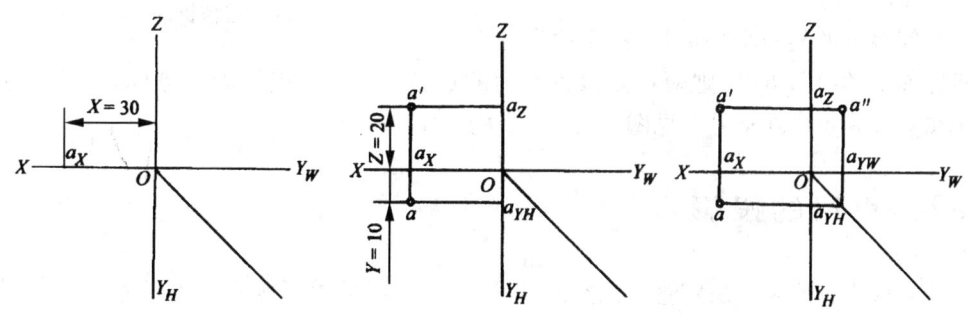

图 1-1-26 根据点的坐标作投影图

例 3 作出点 $B(30,20,0)$,点 $C(30,0,0)$ 的三面投影。

B 点的 Z 坐标为 0,则 B 点在 H 面上。C 点的 Y、Z 坐标为 0,则 C 点在 X 轴上。如图 1-1-27 所示。在投影面上的点,其坐标值必有一个为零。在投影轴上的点,其坐标值必有两个为零。点在原点上,三个坐标值均为零。

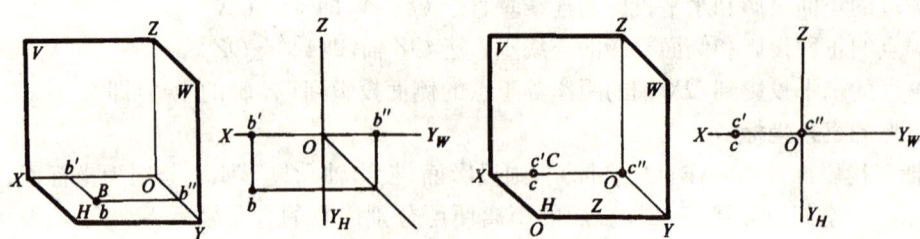

图 1-1-27 坐标面上的点和坐标轴上的点

三、两点相对位置及重影点的判定

1. 两点相对位置的确定

两点间的相对位置:左右关系由 X 坐标确定,X 坐标值大的点在左,值小的点在右;前后关系由 Y 坐标确定,Y 坐标值大的点在前,值小的点在后;上下关系由 Z 坐标确定,Z 坐标值大的点在上,值小的点在下,见图 1-1-28。

例 4 根据三棱锥的三面投影写出 S、A、B、C 四点的坐标值,并判定各点间的相对位置和重影点。

$S(X=16, Y=16, Z=18)$
$A(X=16, Y=2, Z=3)$
$B(X=26, Y=22, Z=3)$
$C(X=4, Y=22, Z=3)$

S 点在 A、B、C 三点之上,B、C 两点在 A 点之前,B 点在 A 点之左,C 点在 A 点和 B 点之右。B、C 两点的 Z 和 Y 坐标值相等,故 B、C 点在 W 面的投影重合,C 点的侧面投影不可见点,应加括号。

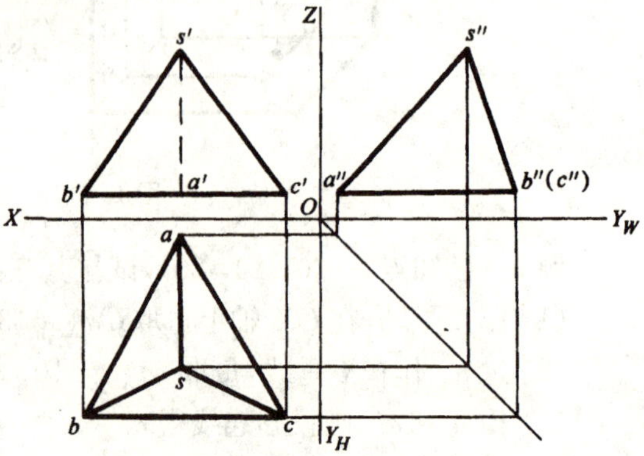

图 1-1-28 三棱锥的三面投影

2. 重影点的判定

当空间两点的某两个坐标相等,则两点在某一投影面上的投影重合,则两点是该投影面的重影点。重影点投影一点可见,另一点不可见。不可见投影点应加括号。见图 1-1-28 中的点 (c'')。

【008】 直线的投影

由于直线上任意两点决定直线的空间位置,所以直线的投影为直线上任意两点的同面投影连线。

直线在三投影面体系中有三种位置:投影面平行线、投影面垂直线、一般位置直线。前两种直线则为特殊位置直线。

一、投影面平行线

平行于一个投影面、但倾斜于另两个投影面的直线称为投影面的平行线。投影面平行线有三种:正平线、水平线、侧平线。其一个投影为实形,另两个投影为缩短了的轴线平行线(图 1-1-29)。

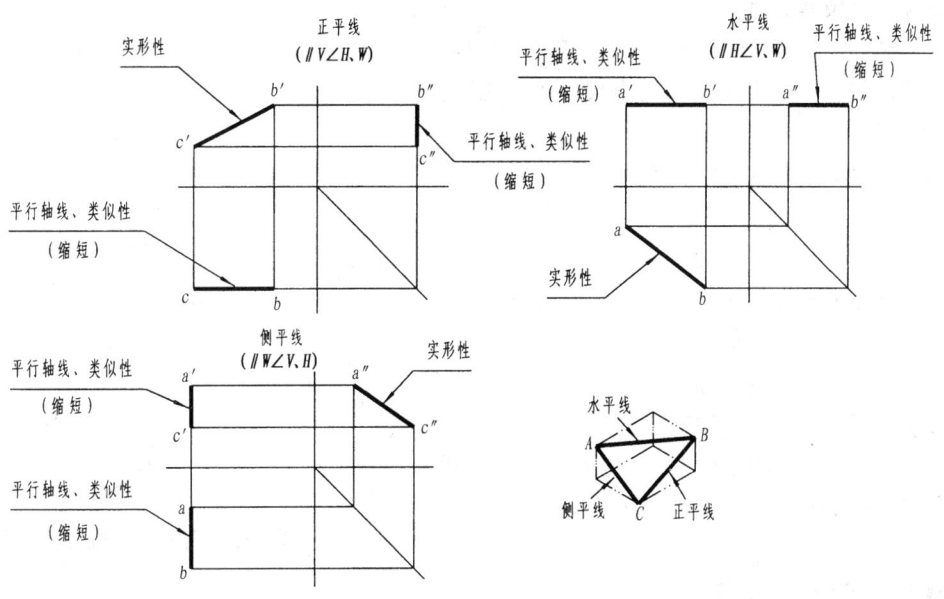

图 1-1-29 四棱柱截角后形成的投影面平行线示例

二、投影面垂直线

垂直于一个投影面并平行于另两个投影面的直线称为投影面垂直线。投影面垂直线又分为三种：正垂线、铅垂线、侧垂线。其一个投影积聚成点，另两个投影为平行轴线的实形（图1-1-30）。

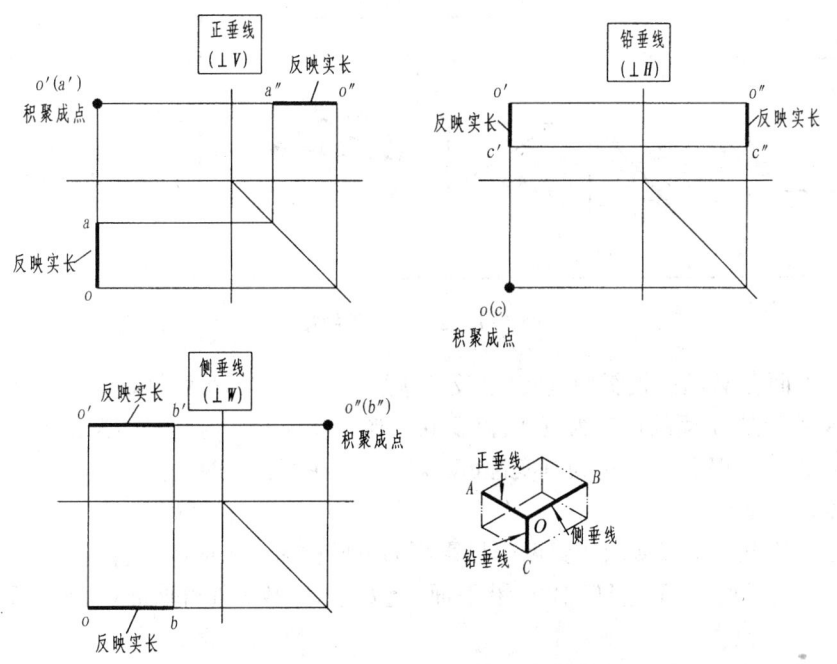

图 1-1-30 四棱柱一角棱线的投影面垂直线示例

三、一般位置直线

对三个投影面都倾斜的直线称一般位置直线。如图 1-1-31 中的对角线 AD 线。

一般位置直线投影特性：三个投影与投影面既不平行，也不垂直，都不反映实长，也无积聚，均为类似性。

综上所述，直线在三投影面体系中，其位置有七种情况：

投影面平行线 { 正平线，水平线，侧平线 }

投影面垂直线 { 正垂线，铅垂线，侧垂线 }

一般位置直线

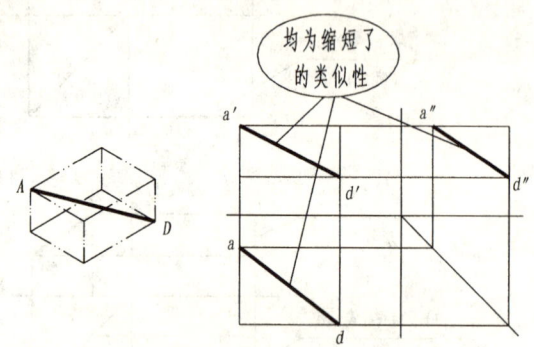

图 1-1-31　四棱柱对角线（一般线）的投影示例

【009】 平面的投影

一、投影面平行面

平行于一个投影面并垂直于另两个投影面的平面称为投影面平行面。投影面平行面有三种：正平面（//V）、水平面（//H）、侧平面（//W），见图 1-1-32。

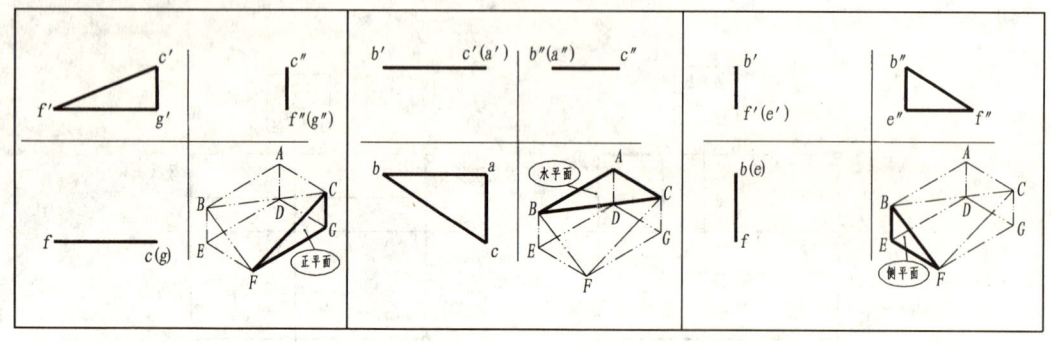

图 1-1-32　平行面的投影

(1) 正平面在 V 面的投影为真实性（反映实形），在 H、W 两面投影为积聚性（一直线）。
(2) 水平面在 H 面的投影为真实性（反映实形），在 V、W 两面投影为积聚性（一直线）。
(3) 侧平面在 W 面的投影为真实性（反映实形），在 V、H 两面投影为积聚性（一直线）。

二、投影面垂直面

垂直于一个投影面又倾斜于另两个投影面的平面称为投影面的垂直面。投影面垂直面又分为三种，即正垂面（⊥V∠H、W）、铅垂面（⊥H∠V、W）和侧垂面（⊥W∠V、H），见图 1-1-33。

通过投影面垂直面的投影特性分析，得知：
(1) 正垂面在 V 面的投影为积聚性（积聚为一直线），在 H、W 两面投影为类似性（比实

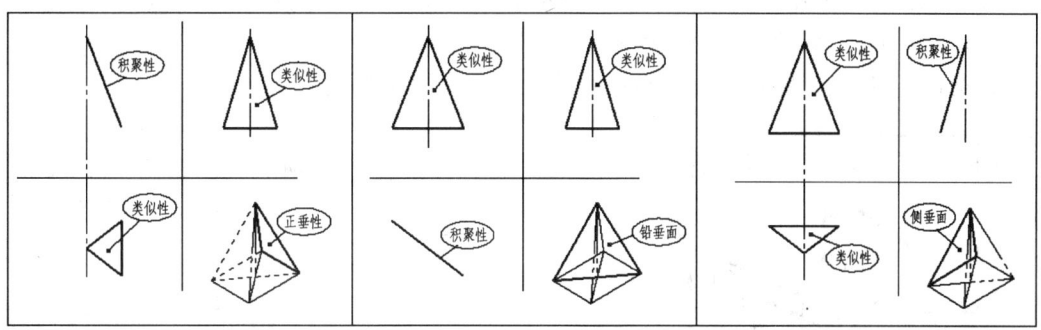

图 1-1-33 垂直面的投影

形小)。

(2) 铅垂面在 H 面的投影为积聚性(积聚为一直线),在 V、W 两面投影为类似性(比实形小)。

(3) 侧垂面在 W 面的投影为积聚性(积聚为一直线),在 V、H 两面投影为类似性(比实形小)。

三、一般位置平面

对三个投影面都倾斜的平面称一般位置平面。见图 1-1-34 中的三角形 BCF 平面。

一般位置平面 BCF 对 V、H、W 面均倾斜,故投影无真实性和积聚性,只能是类似性(比实形小)。

综上所述,平面在三投影面体系中,其位置有下列三类七种情况:

投影面平行面 ⎰ 正平面
　　　　　　⎨ 水平面
　　　　　　⎩ 侧平面

投影面垂直面 ⎰ 正垂面
　　　　　　⎨ 铅垂面
　　　　　　⎩ 侧垂面

投影面倾斜面

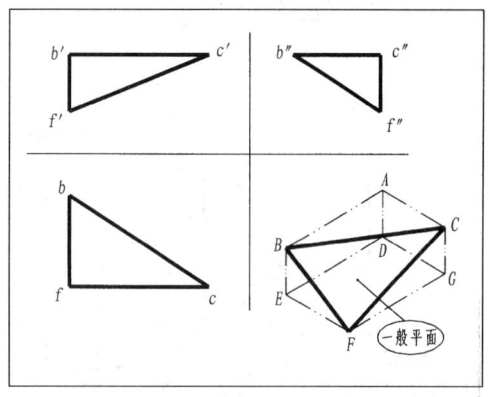

图 1-1-34 一般位置平面的投影

【010】 投影面的变换

处于空间一般位置的线和面,在前述三视图坐标平面上都不反映实长或实形。现举例说明采用变换投影面法(简称换面法)进行解题。

例 5 求作直线 AB 的实长及其对投影面的夹角。

图 1-1-35 所示为一般位置直线,为了求取实长,作一个平面 V_1 代替原来的投影面 V,则 AB 在 V_1 面上的投影 $a'b'$ 就反映 AB 实长,倾角 α 也就是直线 AB 与 H 面的夹角。这种方法称之为换面法。

用换面法作图步骤如下:

(1) 作新投影面 V_1,平行于直线 AB,且垂直于 H 面,新投影轴 $X_1 // ab$。

(2) 分别过 a、b 作 X_1 的垂线 aa_{X_1}、bb_{X_1}，并使 $a'_1a_{X_1}=a'a_X$、$b'_1b_{X_1}=b'b_X$。
(3) 连接 $a'_1b'_1$，即为直线 AB 在 V_1 上的投影。

无疑 $a'_1b'_1$ 反映 AB 的实长，α 角反映 AB 对于 H 面的倾角。

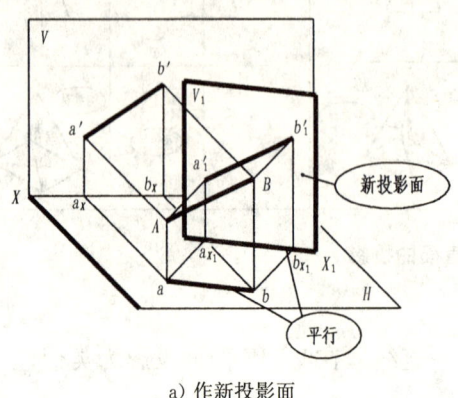 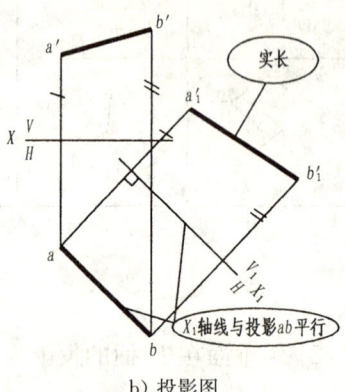

a) 作新投影面　　　　　　　　　　b) 投影图

图 1-1-35　换面法求直线实长

例 6　图 1-1-36 所示△ABC 为铅垂面，求作其实形。

用换面法作图步骤如下：
(1) 作新投影面 V_1，平行于△ABC，且垂直于 H 面，新投影轴 $X_1 /\!/$ △ABC 的积聚线 abc。
(2) 作出△ABC 各顶点的新投影 a'、b'、c'，并连成△$a'b'c'$。

无疑△$a'b'c'$ 即为所求。

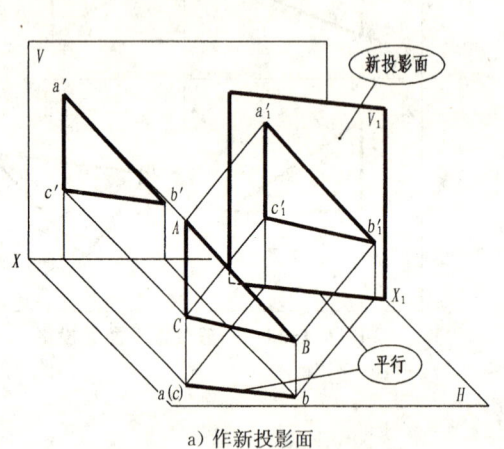 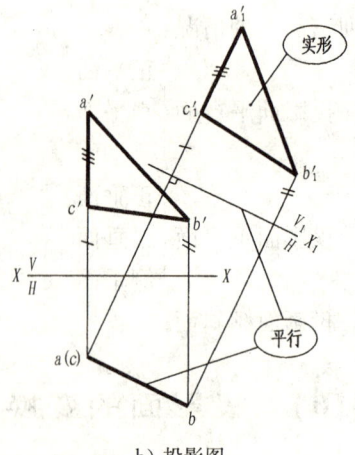

a) 作新投影面　　　　　　　　　　b) 投影图

图 1-1-36　换面法求铅垂面实形

第二章　立体及其表面的投影

【011】　平面体的投影

机件的形体,一般由柱、锥、台、球、环等基本几何体按一定方式组合而成。

按表面特征的不同,几何体通常可分为平面立体和曲面立体两大类。

一、平面立体

表面都是由平面构成的形体,称为平面立体。平面立体上相邻表面的交线称为棱线。

平面立体主要可分为棱柱和棱锥两种。

1. 棱柱

棱柱有直棱柱(侧面棱线与底平面垂直,简称棱柱)和斜棱柱(侧面棱线与底平面倾斜)。

(1) 形体特征　棱柱的顶面和底面是两个形状相同而且互相平行的多边形平面,称为特征面。各侧面都是矩形或平行四边形。顶面和底面为正多边形的直棱柱称为正棱柱。

(2) 棱柱的三视图　图 1-2-1 为正六棱柱。俯视图的正六边形,反映六棱柱顶面与底面的实形,也是其特征形。六个矩形侧面分别积聚在六条边上。

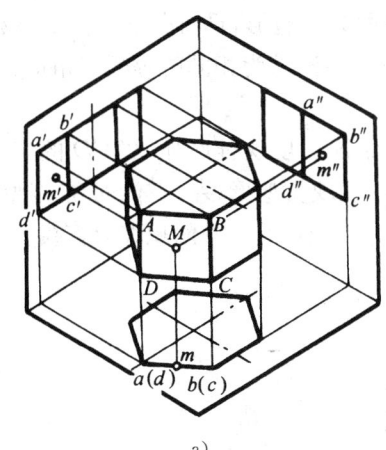

图 1-2-1　正六棱柱及其三视图

主视图的三个矩形线框是六棱柱六个侧面的投影,中间的矩形为前后侧面的重合投影,反映真实形。左右两矩形为其余四个侧面的重合投影,是类似形。顶面、底面积聚在上、下两条线上。左视图的两个矩形,为棱柱的左右四个侧面的重合投影,是类似形。

图 1-2-2 为正三棱柱,俯视图的三角形,反映三棱柱顶面和底面的特征形。主视图的两个矩形线框是三

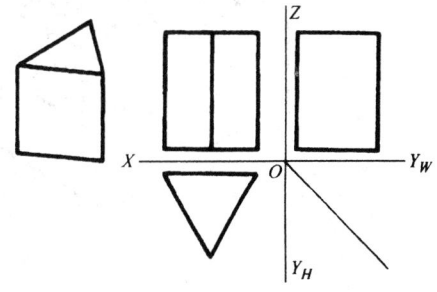

图 1-2-2　正三棱柱及其三视图

棱柱前二个侧面的类似形。

画棱柱的三视图,一般先画特征形,再按投影关系画出另外两个视图。

(3) 棱柱表面上的点　图 1-2-1b)中,六棱柱 ABCD 侧面上已知 M 点的 V 面投影 m',求该点的 H 面投影 m 和 W 面投影 m''。

由于点 M 所属棱面 ABCD 在 H 面上积聚成一线,则 M 点的 H 面投影 m 必在 abcd 线上,再根据 m' 和 m 求出 W 面投影 m''。由于 ABCD 面的 W 面投影可见,故 m'' 也可见。

(4) 棱柱的尺寸标注　棱柱的尺寸需标出确定底面形状的尺寸及柱高,见图 1-2-3。正多边形可标出外接圆直径,正方形尺寸可采用边长×边长。

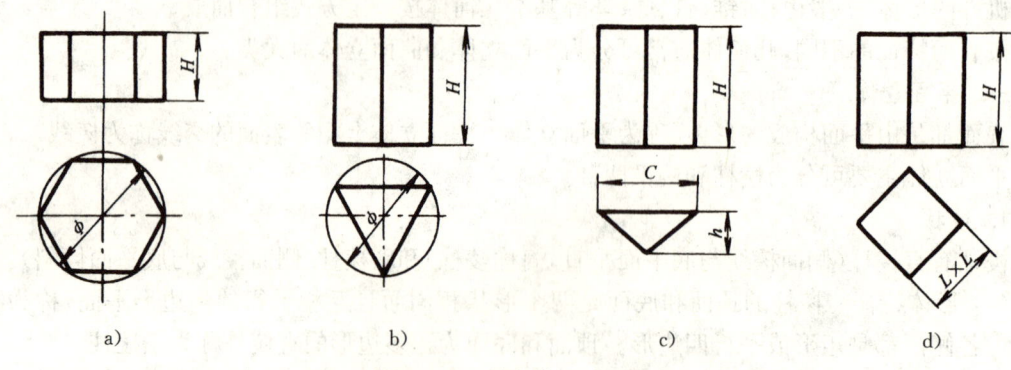

图 1-2-3　棱柱的尺寸标注

2. 棱锥(含棱台)

(1) 形体特征　棱锥的底面为多边形,是特征面。各侧面为三角形,具有公共顶点。从棱锥顶点到底面的距离称为棱锥高。当棱锥底面为正多边形时,各侧面为相同的等腰三角形,称为正棱锥。

(2) 棱锥的三视图　图 1-2-4 表示四棱锥的三视图。俯视图反映锥底面 ABCD 的实形及四个侧面的类似形。主视图为前、后两个侧面的重合投影,反映类似形;左、右侧面在主视图上积聚成直线。在左视图上左、右两侧面重合投影,反映类似形;前、后两侧面积聚成直线。

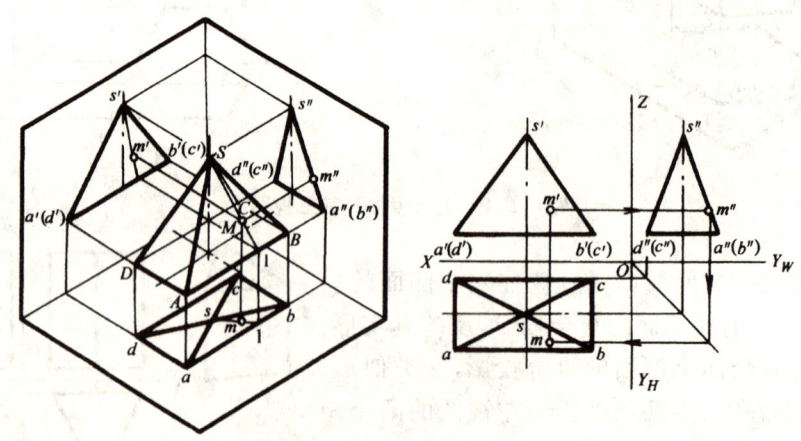

图 1-2-4　四棱锥的三视图

画棱锥三视图时,一般先画底面的各投影,然后确定锥顶 S 的各个投影,同时将它与底面各点的同名投影连接起来,即可完成其三视图。

(3) 棱锥表面上的点　棱锥表面上的点,可通过在该面上作辅助线的方法求得。如果点所在平面有积聚性,则可利用积聚性直接求得;如果点在棱线上,则可利用点在直线上其投影必定在该直线的同名投影上求得,也可通过作辅助线方法求得。

图 1-2-4 中,如果已知 M 点的正投影 m',可利用 M 点所在平面 $\triangle SAB$ 的侧视图具有积聚性的特点,求得 m'',再由 m'、m'' 求得 m。

图 1-2-5 为所示为正四棱锥的三视图,棱锥四个侧面在三个视图上均反映类似形,俯视图反映锥底面 ABCD 的实形。其上面的点 M 的三个投影可用作辅助线方法求得,请读者自行对照分析。

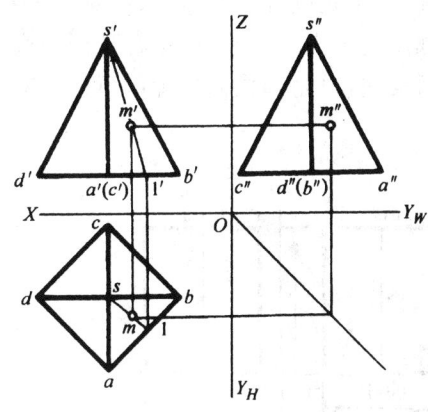

图 1-2-5　正四棱锥投影图

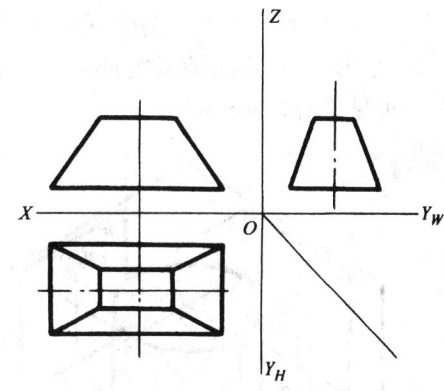

图 1-2-6　四棱台投影图

图 1-2-6 为棱锥台。它由平行于棱锥底面的平面截去锥顶而形成,由正棱锥截得的棱锥台称正棱台。其顶面与底面为互相平行的相似多边形,各侧面为等腰梯形。

(4) 棱锥的尺寸标注　棱锥的尺寸需注出决定底面形状的尺寸及锥高,见图 1-2-7。

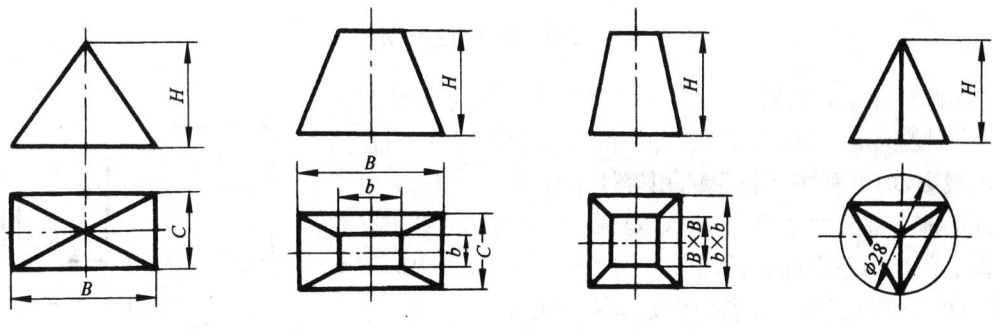

图 1-2-7　棱锥的尺寸标注

【012】　曲面立体

曲面与曲面或曲面与平面组成的形体,称为曲面体。在机件中常见的曲面体为圆柱、圆锥、圆球、圆环等。

回转体的曲面(回转面)是由一条母线(直线或曲线)围绕轴线回转而成的。母线上点的运动轨迹为垂直回转轴的圆,称为纬圆。

一、圆柱

(1) 圆柱面的形成　圆柱是由顶面、底面和圆柱面组成,圆柱面可看成是由一条母线 AA_1 围绕与它平行的轴线 OO_1 回转而成。圆柱面上任一条平行于轴线的直线,称为圆柱面的素线。

(2) 圆柱的三视图与尺寸标注　见图 1-2-8 中,当圆柱轴线垂直于水平投影面时,它的俯视图为一圆,既是反映圆柱顶面和底面的实形,又是圆柱面的积聚投影,在圆柱面上任何点或线的投影都积聚在这一圆周上。主视图为一矩形线框,矩形上、下边线是圆柱顶面与底面的积聚投影。矩形左、右边线是圆柱面的最左、最右轮廓素线,也是圆柱面前半部(可见部分)与后半部(不可见部分)的分界线。左视图也为一矩形线框。矩形上、下边线是圆柱顶面与底面的积聚投影。矩形左、右边线是圆柱面的最后、最前轮廓素线,也是圆柱面左半部(可见部分)与右半部(不可见部分)的分界线。

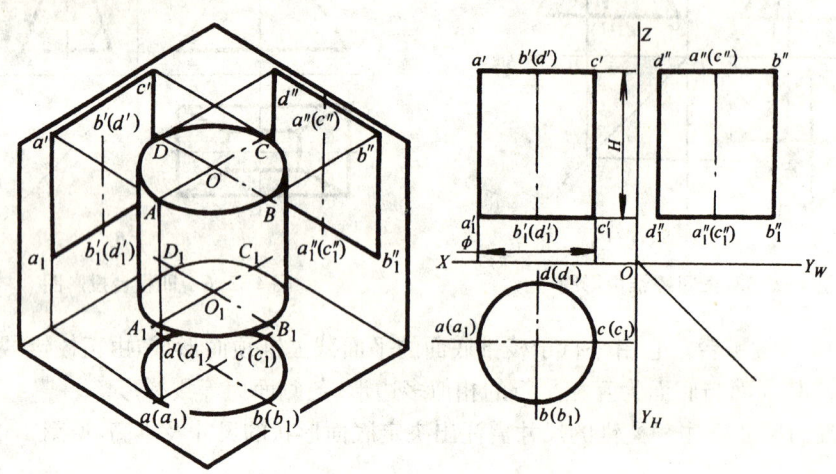

图 1-2-8　圆柱的三视图

(3) 圆柱面上点的投影　图 1-2-9 中,已知圆柱面上 M 点的 V 面投影 m',求作 H 面投影 m 和 W 面投影 m''。圆柱面上点的投影,均可利用其投影的积聚性来作图。由于 m' 位于圆柱面的前半部分的左边,所以 M 点的 H 面投影 m 必积聚在俯视图的前半圆左边部分圆周上。再由 m'、m 可求出 m'',由于 M 点处于圆柱面的左半部,所以 m'' 是可见的。

圆柱的尺寸标注为底圆直径 ϕ 及柱高 H,见图 1-2-9。

二、圆锥与圆锥台

(1) 圆锥面的形成　圆锥面可看成是以一直线作母线如 SA 围绕与其相交的轴线 SO 回转而成的。在圆锥面上通过锥顶 S 的任一直线称为圆锥面的素线。在母线上一点的运动轨迹称为纬线圆。

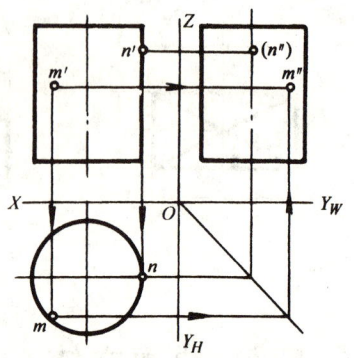

图 1-2-9　圆柱面上点的投影

(2) 圆锥三视图的画法及尺寸标注 在图 1-2-10 中,当圆锥轴线垂直于平面时,俯视图是一个圆,这是圆锥底面的实形投影。圆锥的主、左视图为等腰三角形线框,其底边都是圆锥底面的积聚投影。三角形的两腰,分别为圆锥面左右两条轮廓素线的 V 面投影和圆锥面前后两条轮廓素线的 W 面投影。

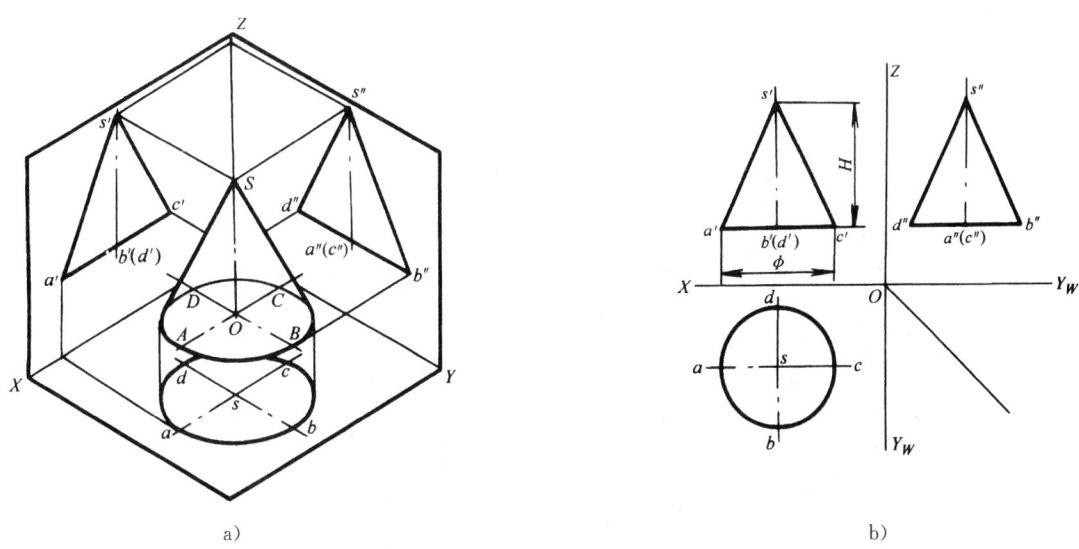

图 1-2-10 圆锥三视图

圆锥的尺寸通常标注底圆直径及锥高,见图 1-2-10b)。

(3) 圆锥面上点的投影 见图 1-2-11、1-2-12 中,已知圆锥上 M 点的 V 面投影 m',求作 H 面投影 m 和 W 面投影 m''。

作图方法有如下两种:

① 素线法 在图 1-2-11 中,过锥顶 S 和锥面上 M 点引一素线 SA,作其 H 面投影 sa,就可求出 M 点的 H 面投影 m,然后再根据 m' 和 m 求得 m''。由于锥面的 H 面投影均是可见的,故 m 点也是可见的。又因 M 点在左半部的锥面上,而左半部锥面的 W 面投影是可见的,所以

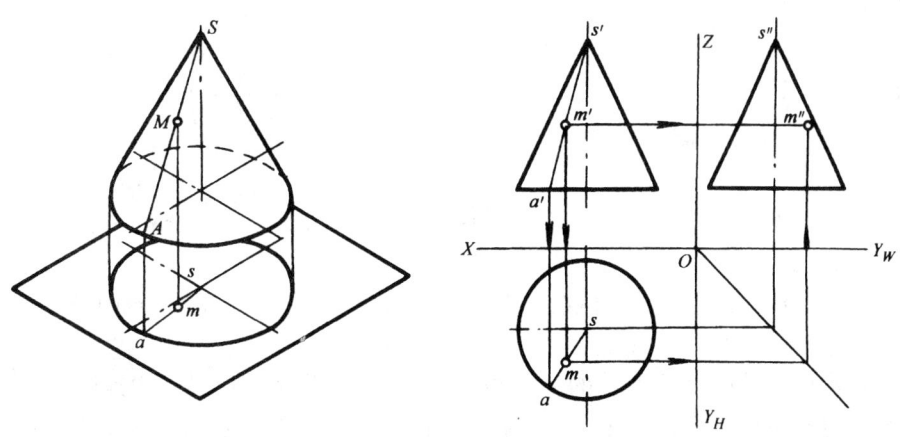

图 1-2-11 作素线法在圆锥表面上求点的投影

m'' 也是可见的。

② 纬圆法　在图 1-2-12 中,过锥面上 M 点作一个圆垂直于圆锥轴线(亦平行于底面),这个圆称为纬圆,M 点的各个投影必在此纬圆的相应投影上。作图时,在主视图上过 m' 点作水平线交圆锥轮廓素线于 $a'b'$,即为纬圆的 V 面投影。在俯视图中作出纬圆的 H 面投影(以 s 为圆心,sa 或 sb 为半径画圆),然后过 m' 点作投影线交于该纬圆的下半个圆周上得 m 点。最后由 m' 和 m 求得 m'',并判别为可见性,即为所求。

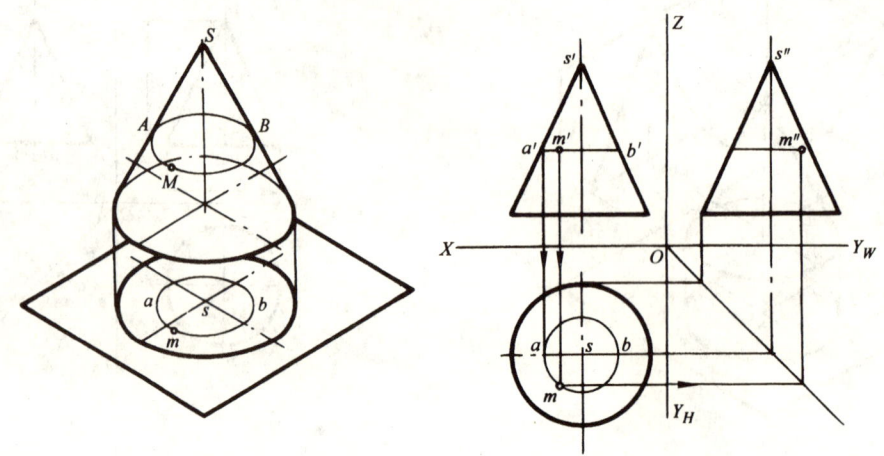

图 1-2-12　作辅助圆(纬圆)法在圆锥表面上求点的投影

(4) 圆锥台三视图　圆锥台是圆锥由垂直于圆锥轴线的平面截去头部后形成的,圆锥台的三视图如图 1-2-13 所示。圆锥台的轴线垂直于 H 面。绘制圆锥台三视图以及求圆锥台表面上点的投影方法与圆锥相同。

三、圆球

(1) 圆球面的形成　圆球面是以一个圆作母线,以其直径为轴线旋转而成,如图 1-2-14a) 所示。在母线上任一点的运动轨迹均是一个圆,点在母线上不同位置,其圆的直径也不相同。球面上这些圆称为纬圆,最大纬圆又称为赤道圆。

(2) 圆球的视图及尺寸标注　圆球从任何方向投射所得到的投影都是与圆球直径相等的

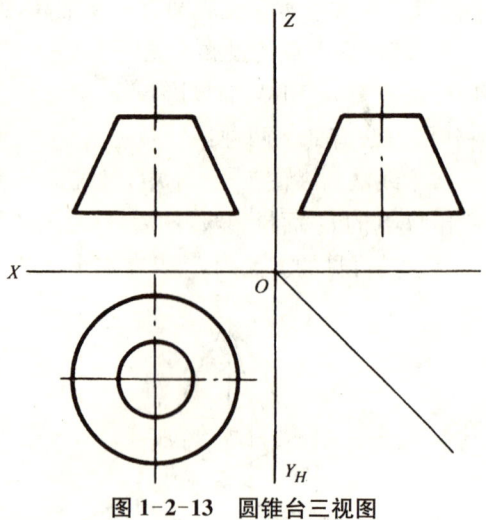

图 1-2-13　圆锥台三视图

圆,因此其三面视图都是等径圆。但各个投影面上的圆,是三个不同方向圆球的轮廓线的投影。

主视图中的圆是轮廓素线圆 A 的 V 面投影,是球面上平行 V 面最大素线圆,也就是前半球和后半球可见与不可见的分界圆。它在俯、左两个视图中的投影都与球的中心线重合,不应画出。其他两个视图中的轮廓圆的投影情况相似,读者可自行分析。

圆球的尺寸标注为球面直径 $S\phi$,见图 1-2-14b)。

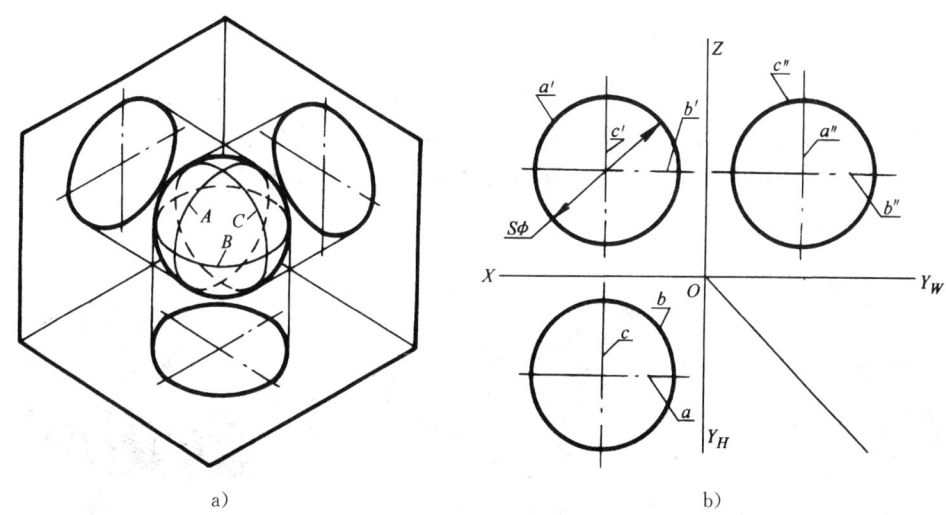

图 1-2-14　圆球三视图

(3) 球面上的点的投影　图 1-2-15 中,已知球面上 M 点的 V 面投影 m',求作 H 面投影 m 和 W 面投影 m''。

根据 m' 的位置和可见性,说明 M 点在前半球面的右上部。过 M 点在球面上作平行于 H 面或 W 面的辅助圆,即可在此辅助圆的各个投影上求 M 点的相应投影。

求球面上的点的投影有多种作图方法。

① 作水平辅助面法　图 1-2-15a)中,在球面的主视图上过 m' 作水平辅助圆的积聚投影 $1'2'$,再在俯视图求辅助圆的水平投影(即以 O 为圆心,$1'2'$ 为直径画圆),然后由 m' 作 X 轴垂线,在辅助圆的前方 H 面投影上求得 m,最后由 m' 和 m 即可求得 m''。其中 m 为可见,m'' 为不可见。

② 作侧面平行面法　按图 1-2-15b)所示,在球面上作平行于 W 面的辅助圆,先求得 M 点的侧投影 m'',再由 m' 和 m'' 求得 m。

另外,还可作正平行面法,请读者自行分析。

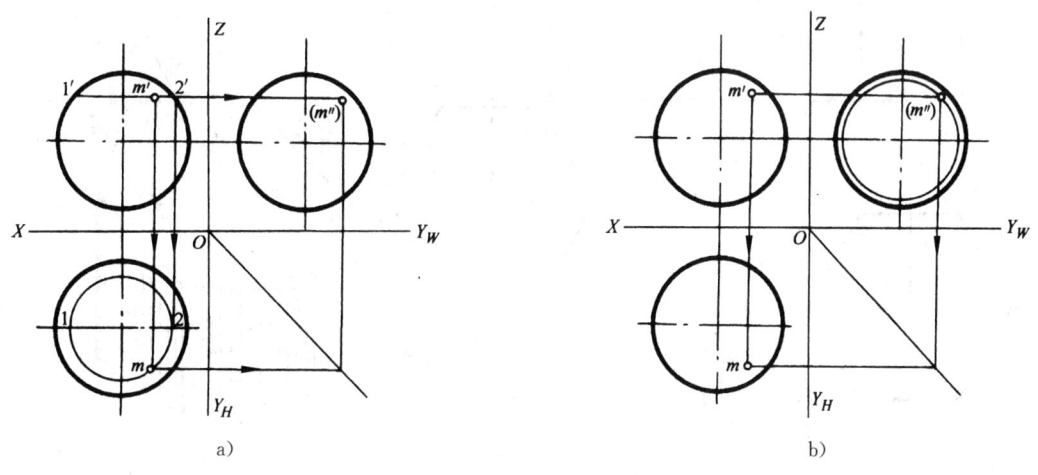

图 1-2-15　圆球上点的投影

【013】 切割体的投影图

平面与立体相交截切,该平面称截平面,截平面与立体表面的交线叫做截交线。

截交线的形式很多,图 1-2-16 所示分别为平面与四棱锥、平面与圆柱及平面与圆锥体截切后形成截交线的情况。

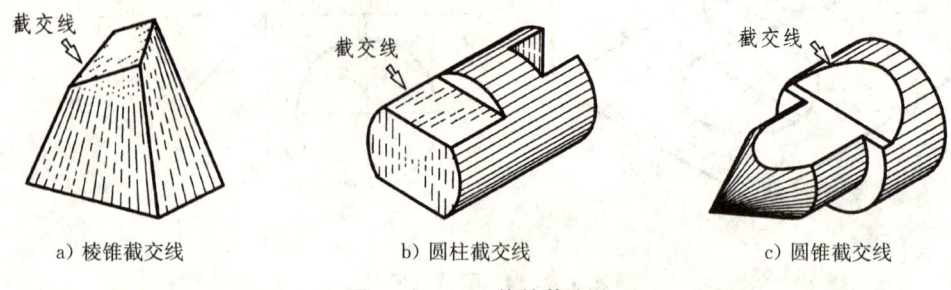

a) 棱锥截交线　　　b) 圆柱截交线　　　c) 圆锥截交线

图 1-2-16　立体的截交线

由图可知,截交线具有下列特性:
(1) 截交线是截切平面与立体表面的共有线;
(2) 截交线围成的截切面是封闭图形;
(3) 截交线的形状取决于立体的形状和截切平面与立体的相对位置。

一、截切六棱柱

例 1　已知六棱柱被平面截切后的主视图及俯视图,如图 1-2-17a)所示,求其侧面投影。

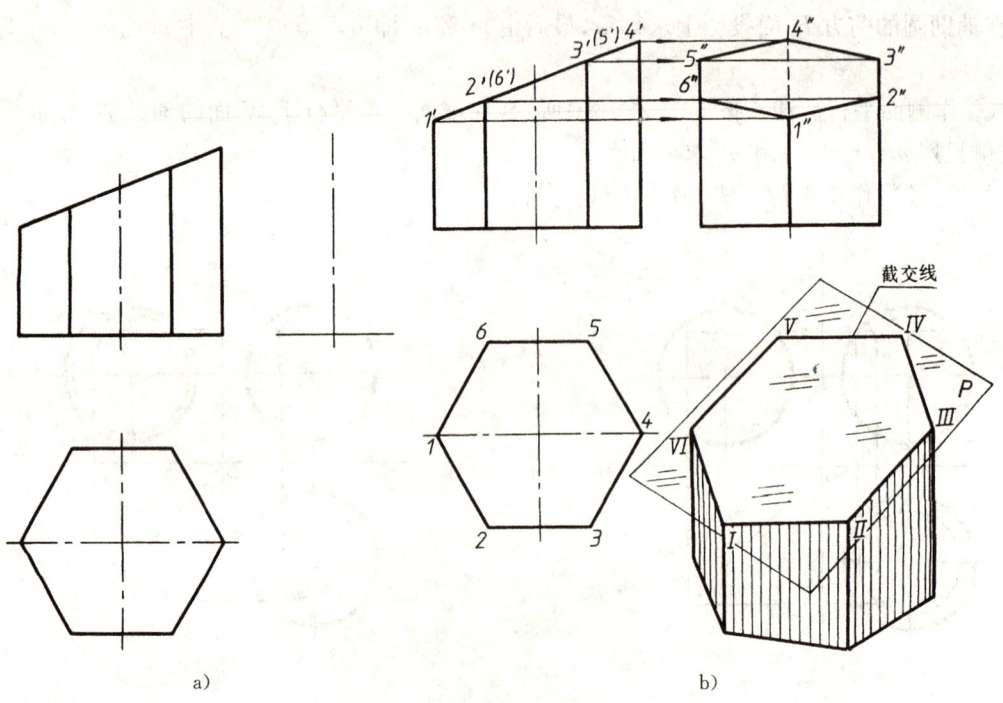

a)　　　　　　　　　　　　b)

图 1-2-17　斜截六棱柱截交线的投影

由图 1-2-17a)可知,六棱柱的轴线是铅垂线,截交线为六边形,其正视图积聚成一条直线,俯视图具有类似性,成为正六边形,侧视图上截交线的投影可以按如下方法求得。

(1) 画出完整六棱柱的侧面投影。

(2) 求截交线的侧面投影:先由截交线各顶点的正面投影 $1'、2'、3'、4'、(5')、(6')$ 可在六棱柱相应侧棱的侧面投影上求得 $1''、2''、3''、4''、5''、6''$,顺次连接 $1''2''3''4''5''6''1''$ 得截交线的侧面投影,它亦为类似形。

(3) 确定侧面投影轮廓线,判别可见性。侧面投影上截交线的投影均可见。各侧棱的投影到它们与截平面交点的投影为止,其余部分均擦去。侧棱Ⅳ的侧面投影不可见,应画成虚线,其下面一段虚线与侧棱Ⅰ侧面投影的粗实线重合,不再画出。

(4) 检查、加深图线,完成全图。

二、截切圆柱

截切圆柱的形式有三种,如表 1-2-1 所示。

表 1-2-1 截切圆柱的基本形式

截平面位置	垂直于轴线	平行于轴线	倾斜于轴线
立体图			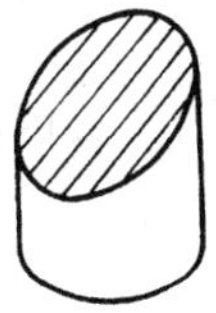
截交线形状	圆	矩形(一对边是圆柱面的素线,另一对边是上下底面圆的弦)	椭圆
三面投影图	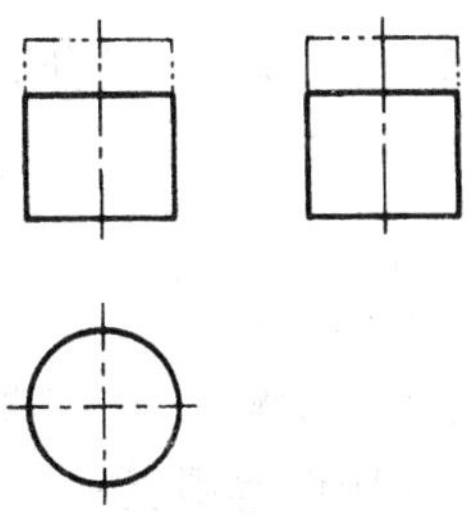	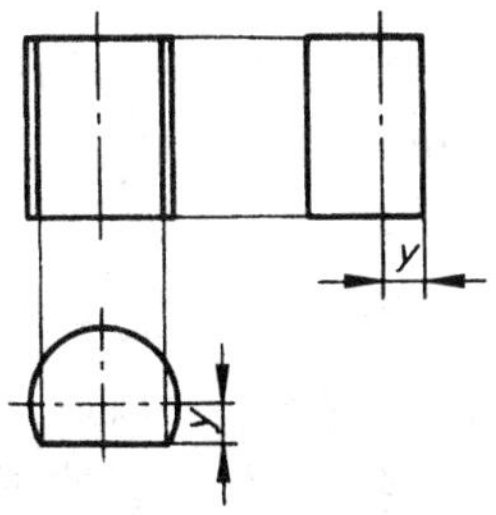	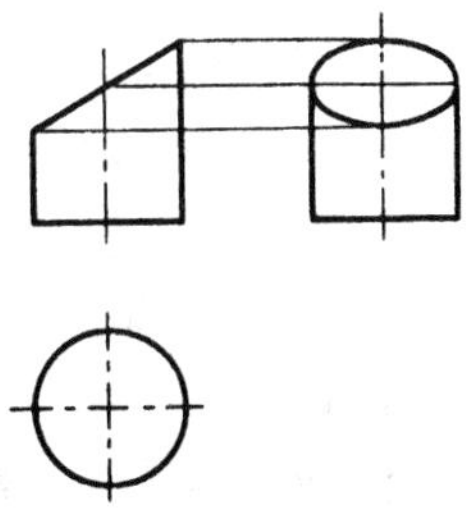

由上表可知,截切平面的位置为垂直于轴线或平行于轴线截切圆柱时,截交线形状分别是圆和矩形,其三视图较容易求得。现介绍斜截圆柱时截交线投影的画法。

例 2 已知斜截圆柱的正投影和水平投影,如图 1-2-18a)所示,求其侧面投影。

由图可知,截交线的正投影为一直线,俯视图投影为圆,侧面投影一般为椭圆,作图方法如下:

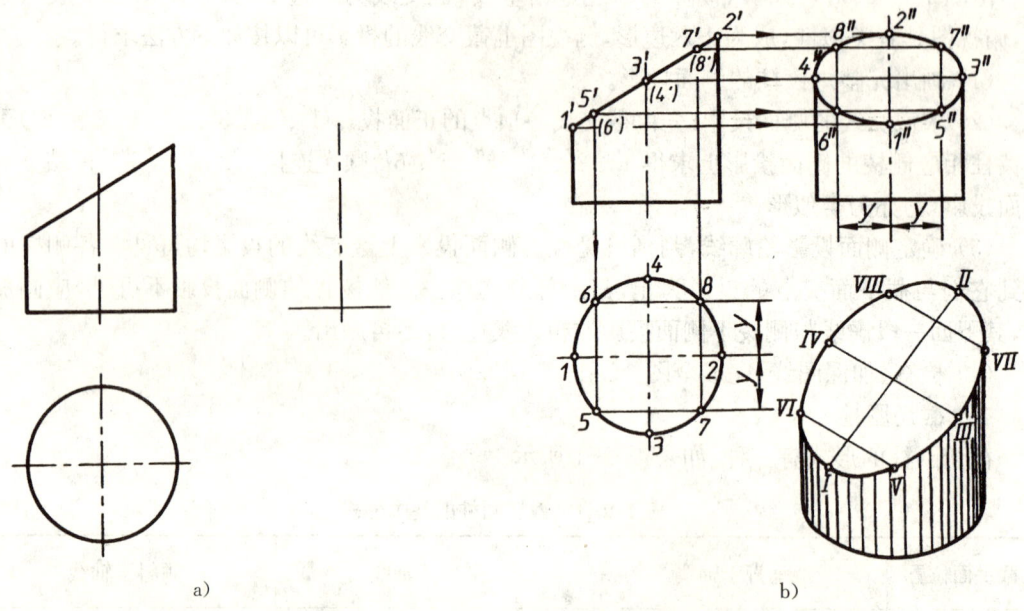

图 1-2-18 斜截圆柱截交线的投影

(1) 求截交线上特殊点(主要指轮廓线上的点)的侧面投影。由圆柱面正面投影轮廓线上点Ⅰ、Ⅱ的正面投影 1′、2′及圆柱面侧面投影轮廓线上点Ⅲ、Ⅳ的正面投影 3′、(4′)求得 1″、2″、3″、4″，相应的水平投影为 1、2、3、4。

(2) 为使作图准确，还应在特殊点之间的适当位置取截交线上的若干个点(4 点)的侧面投影，例如在已知的正面投影上取点的投影 5′、(6′)，然后利用圆柱表面取点的方法，由 5′、(6′)得到 5、6，再用分规在水平投影中截取 y，以前后对称面为基准，在侧面投影上量取相等的 y，便可求得 5″、6″，同理，取 7′、(8′)，可得 7、8 及 7″、8″。

(3) 按截交线水平投影的顺序，平滑连接所求得的各点的侧面投影，得到截交线的侧面投影——椭圆。

(4) 整理侧面投影轮廓线，判别可见性。圆柱面的侧面投影轮廓线到 3″、4″为止，其余部分擦去。侧面投影所有图线均可见。

(5) 检查、加深图线，完成全图。

例3　已知圆柱被两个平面相截，求其侧视图(图 1-2-19)。

由图可知，圆柱上切口由两个截平面形成，一个是截平面垂直于圆柱轴线的水平面，截切面是月牙面；另一个是截平面倾斜于圆柱轴线的正垂面，截切面是椭圆的一部分，该截平面与顶面和月牙面的交线均是正垂线。作图方法如下：

(1) 画出完整圆柱的侧面投影。

(2) 画截交线的侧面投影：水平截平面与圆柱表面截交线的水平投影为直线 213，根据"高平齐"、"宽相等"作出侧面投影积聚成直线 2″1″3″；同理，作出直线 4″5″。

(3) 根据点Ⅵ、Ⅶ的正投影 6′、7′和水平投影 6、7 求得侧面投影 6″、7″。

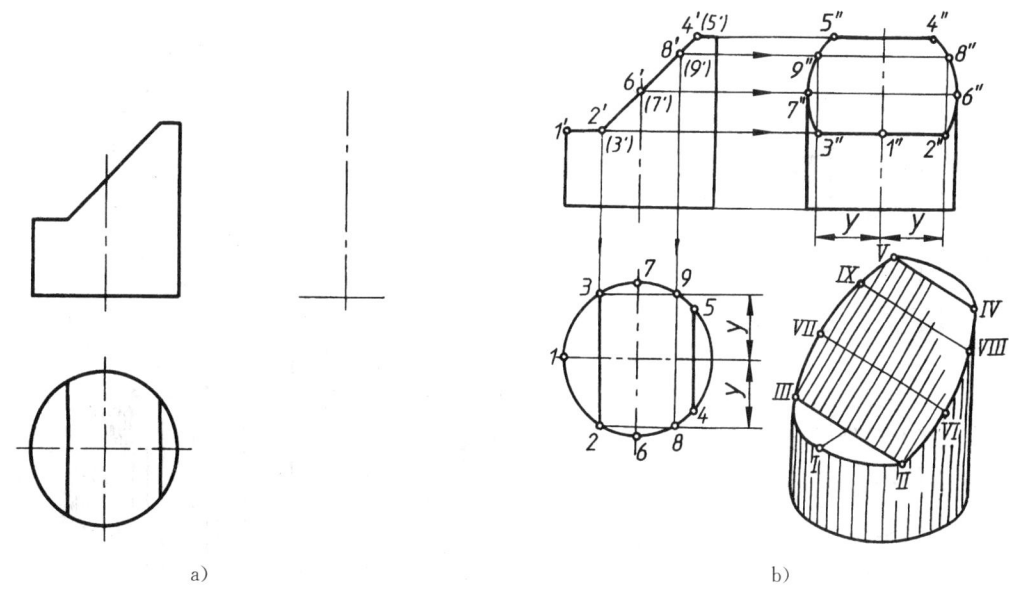

图 1-2-19 几个平面截切圆柱截交线的投影

（4）选取中间点Ⅷ、Ⅸ，由其正面投影 8′、9′和水平投影 8、9 求取侧面投影 8″、9″。

（5）连接各点成光滑曲线，判别可见性，在侧面投影上，圆柱面轮廓线到 6″、7″为止，顶面的投影为 4″5″，侧面投影所画图线均可见。

（6）检查、加深图线，完成全图。

例 4 图 1-2-20、1-2-21 所示为开槽圆柱和开槽空心圆柱截交线的投影，已知正投影和水平投影，需求它们的侧面投影。此两例读者可对照图形自行分析。

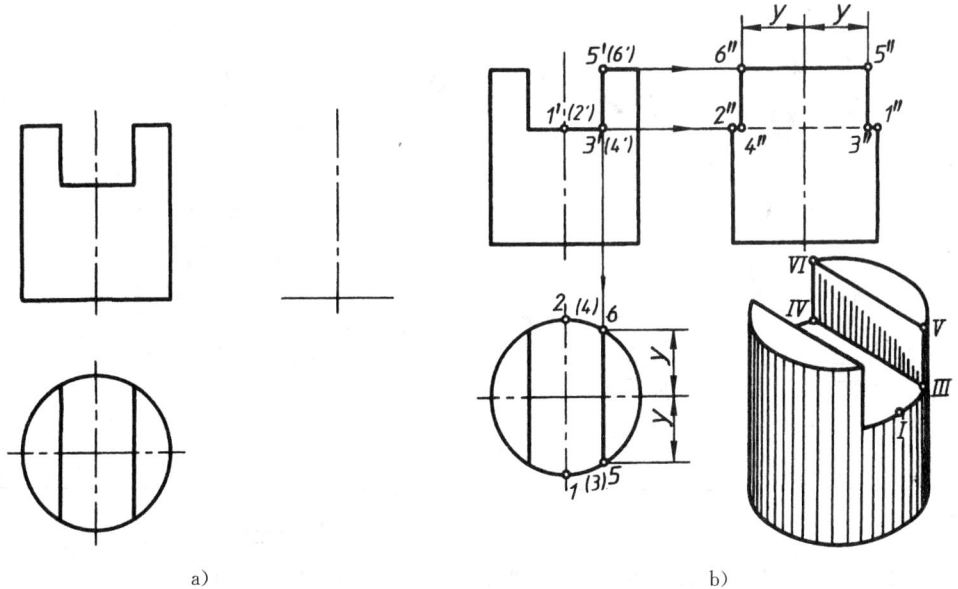

图 1-2-20 开槽圆柱截交线的投影

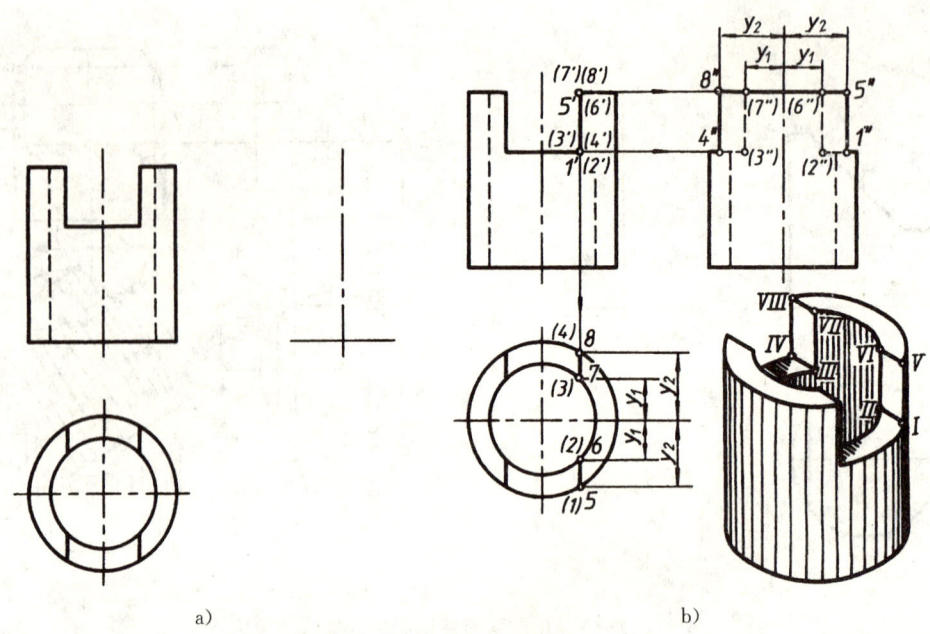

图 1-2-21 开槽空心圆柱截交线的投影

三、截切圆锥

截切圆锥的基本形式有五种,见表 1-2-2。现举例说明截切圆锥时截交线的作图方法。

表 1-2-2 截切圆锥的基本形式

截平面位置	过锥顶	不过锥顶			
		垂直于轴线	平行于轴线	倾斜于轴线	
				$\theta = \alpha$	$\theta > \alpha$
立体图					
截交线形状	三角形	圆	双曲线和直线	抛物线和直线	椭 圆
三面投影图					

例 5 已知斜截圆锥的正投影,见图 1-2-22a),求其余两个投影。

图 1-2-22 所示为过锥顶截平面截切圆锥的情况。其作图方法如下:

(1) 画出完整圆锥的水平投影和侧面投影。

(2) 求截交线的水平投影和侧面投影。由截交线两个端点 I、II 的正面投影 $1'$、$(2')$ 先求得水平投影 1、2，然后求得侧面投影 $1''$、$2''$。

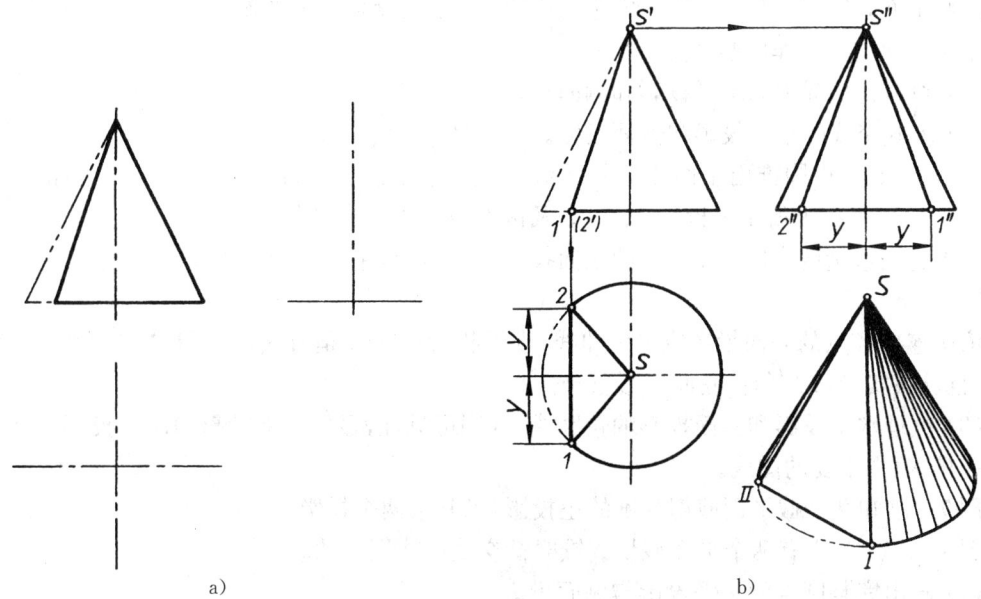

图 1-2-22 过锥顶截切圆锥截交线的投影

连接 I、II 及锥顶点 S 的同面投影，得 △s12 和 △$s''1''2''$，即为截交线的水平投影和侧面投影。

(3) 整理水平投影和侧面投影的轮廓线，判别可见性，显然，水平投影和侧面投影中所有图线均可见，擦去不要的图线。

(4) 检查、加深图线，完成全图。

例 6 已知截切圆锥的正投影，求其余两个投影。

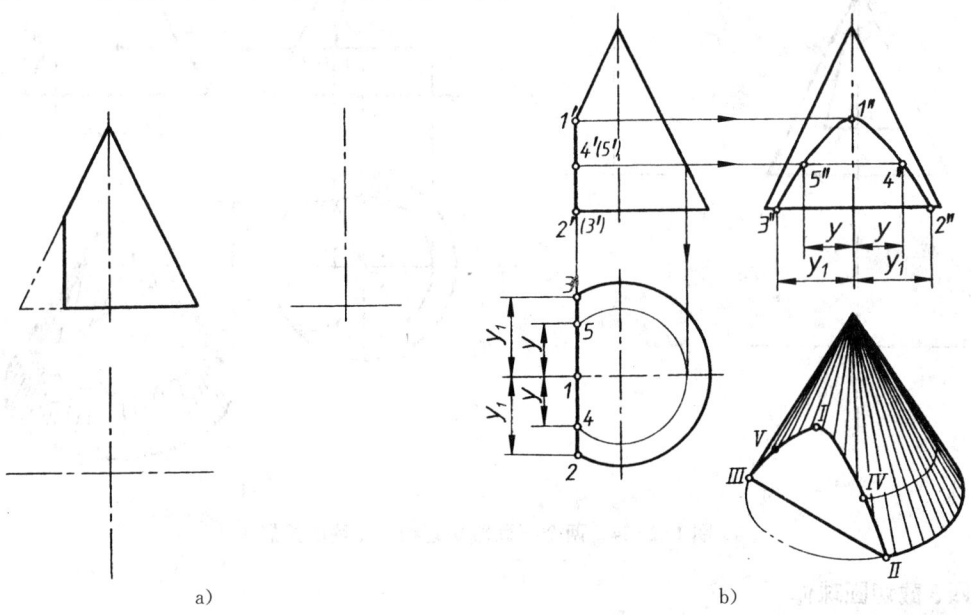

图 1-2-23 截平面平行于轴线截切圆锥截交线的投影

图 1-2-23 所示为平行于轴线截平面截切圆锥的情况。截平面为不过锥顶但平行于圆锥轴线的侧平面,截交线是双曲线和直线。截交线的正面投影和水平投影都积聚成一段直线,其侧面投影反映实形。作图步骤如下:

(1) 画出完整圆锥的水平投影和侧面投影。

(2) 求截交线的水平投影和侧面投影。

先求特殊点,以圆锥面正面投影轮廓线上的点Ⅰ、Ⅱ、Ⅲ为特殊点,由它们的正面投影1′、2′、(3′)可直接求得水平投影1、2、3及侧面投影1″、2″、3″。

再求适当数量的中间点Ⅳ、Ⅴ的正面投影4′及(5′),用辅助圆法求得水平投影4、5及侧面投影4″、5″。

依次连接各点的同面投影成平滑曲线,水平投影24153是直线,侧面投影2″4″1″5″3″为双曲线,且反映实形,2″3″与锥底面投影重合。

(3) 整理水平投影和侧面投影的轮廓线,判别可见性,显然水平投影和侧面投影中所有图线均可见,擦去不要的图线。

例7 已知两个截平面截切圆锥的正投影,求其余两个投影。

图 1-2-24 为当有两个平面截切圆锥时截交线的作图方法。

(1) 画出完整圆锥的水平投影与侧面投影。

(2) 分别画出各截交线的水平投影和侧面投影。

(3) 整理水平投影和侧面投影的轮廓线,判别可见性,擦去不要的图线。

水平投影的12直线不可见,应画虚线,其余投影均可见。在侧面投影中,圆锥面的轮廓线画到3″、4″为止。

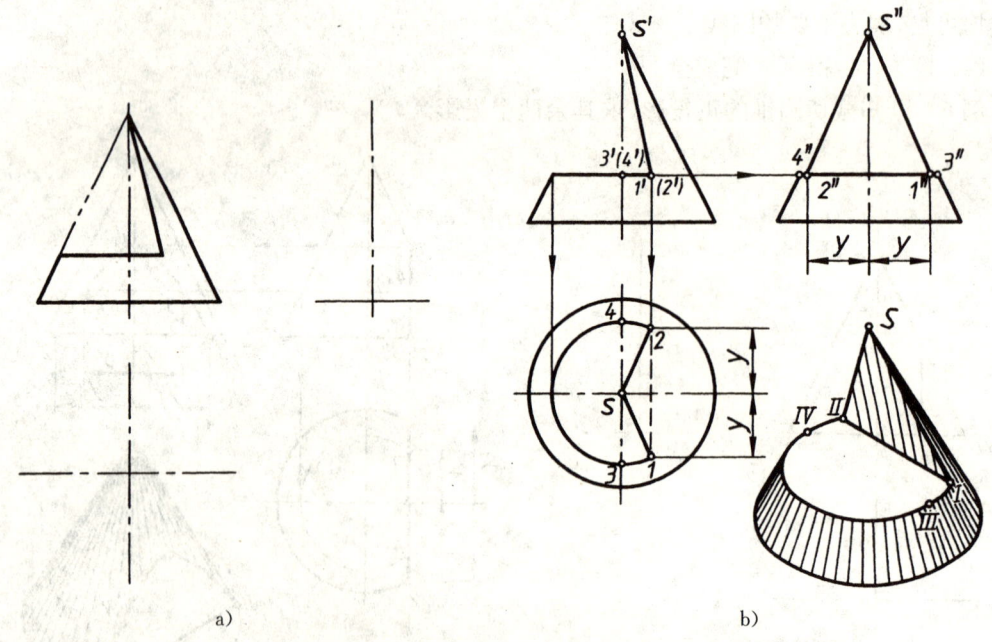

图 1-2-24 两个平面截切圆锥截交线的投影

四、截切圆球体

圆球体的截交线投影形式见表 1-2-3。

表 1-2-3　圆球体的截交线投影形式

截平面位置	平行于投影面		垂直于投影面
	水平面	正平面	正垂面
立体图			
三面投影图			

由表可知，平面截切圆球体时，截交线均为圆，该圆的直径大小与截平面到圆心的距离有关，而圆的投影形状与截平面对投影面的位置有关。当截平面平行于投影面时，截交线的三个投影容易求取；当截平面为投影面的正垂面时，截切圆球面截交线的两个投影为椭圆。

例 8　已知截切球的正投影，求其余两个投影。

图 1-2-25 所示为截平面是投影面的正垂面时截交线的投影图。作图方法如下：

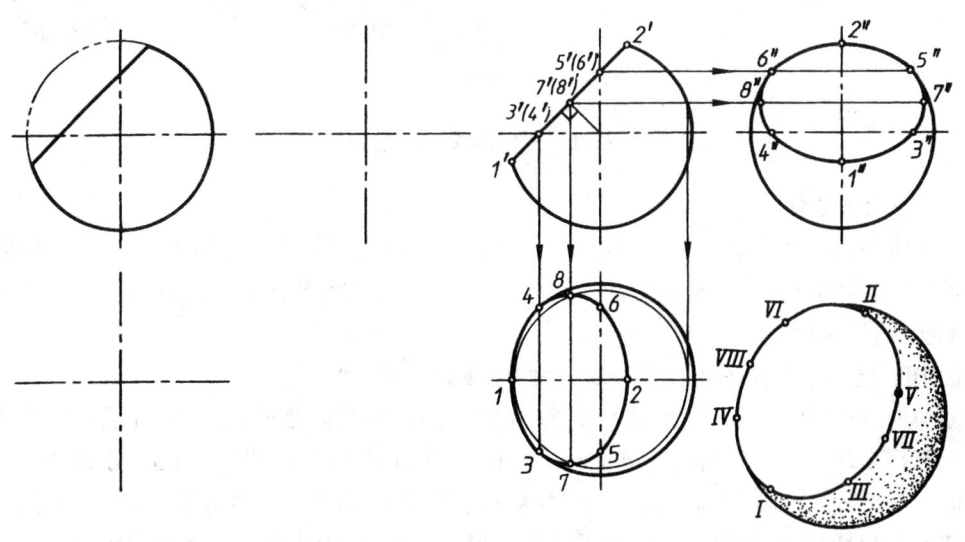

图 1-2-25　截切圆球体截交线的投影

（1）画出完整球的水平投影和侧面投影。

（2）求截交线的水平投影和侧面投影：先根据特殊点Ⅰ、Ⅱ的正投影 1'、2'，确定；同理，根据特殊点Ⅶ、Ⅷ的正投影 7'、(8')，确定水平投影及侧面投影 7、8 及 7″、8″。

(3) 选择适当数量的中间点Ⅲ、Ⅳ、Ⅴ、Ⅵ，根据正投影3′、(4′)、5′、(6′)用辅助圆法求取它们的水平投影及侧面投影3、4、5、6及3″、4″、5″、6″。

(4) 依次连点成平滑曲线，得到截交线的水平投影和侧面投影——椭圆。

(5) 整理水平投影和侧面投影的轮廓线，判别可见性，擦去不要的图线。

在水平投影上，球的轮廓大圆的左边画到3、4为止。侧面投影上，球的轮廓大圆的上边画到5″、6″为止。水平投影和侧面投影中所有图线均可见。

例9 已知开槽半球的正投影，求其余两个投影。

图1-2-26为开槽半球的三面投影图，槽由两个侧平面和一个水平面形成，左右对称。两个侧平截面与球面的截交线均为一段圆弧，与水平截平面的交线为正垂线，所得截面为月牙形，其侧面投影反映实形。水平截面与球面的截交线是两段圆弧，截平面的水平投影反映实形。

作图方法读者可自行分析。但要注意，侧面投影上，3″4″线不可见，应画虚线，球的轮廓大圆只画到1″、2″为止。

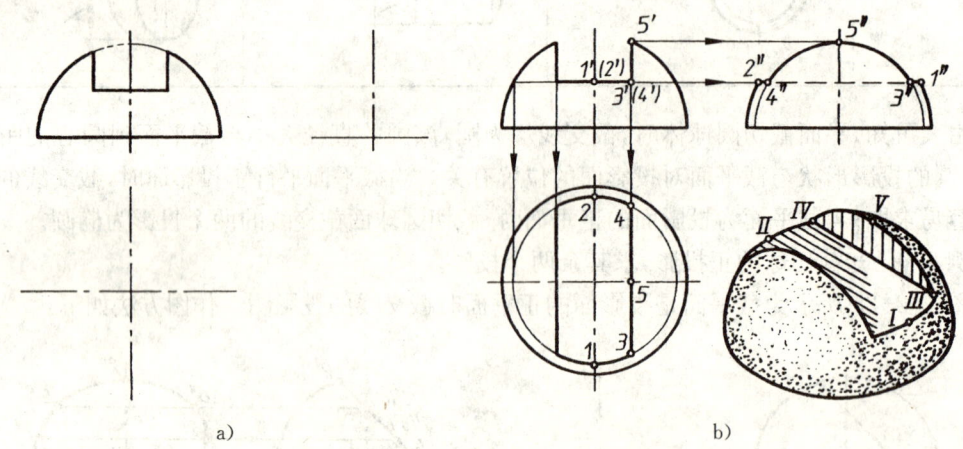

图 1-2-26 开槽半球体截交线的投影

五、截切组合体

组合体是由一些简单基本体组成。画截切组合体截交线的投影图时，先要分析组成组合体的各基本立体的形状，了解截平面与基本立体的相对位置，确定截平面和各基本立体的截交线的形状，然后画图。

例10 已知组合体的正投影，求其余两个投影。

截切组合体的三面投影，如图1-2-27所示。图中组合体是回转体，其轴线为铅垂线。组合体上部是半球，下部是圆柱，半球面与圆柱面平滑相切，因此在投影上没有分界线。切口由水平面与侧平面形成，左右对称。水平截面只截切圆柱，其形状为月牙形，截交线为圆弧。侧平截切面既截切半球又截切圆柱，截平面为拱形，其截交线由半圆和三条直线组成。

水平面与侧平面形成，左右对称。水平截面只截切圆柱，其形状为月牙形，截交线为圆弧。侧平截切面既截切半球又截切圆柱，截平面为拱形，其截交线由半圆和三条直线组成。

作图时，水平投影可根据正面投影直接画出。侧面投影上，水平截面的投影积聚成一段水平线1″6″5″，侧平截切面的投影反映实形。

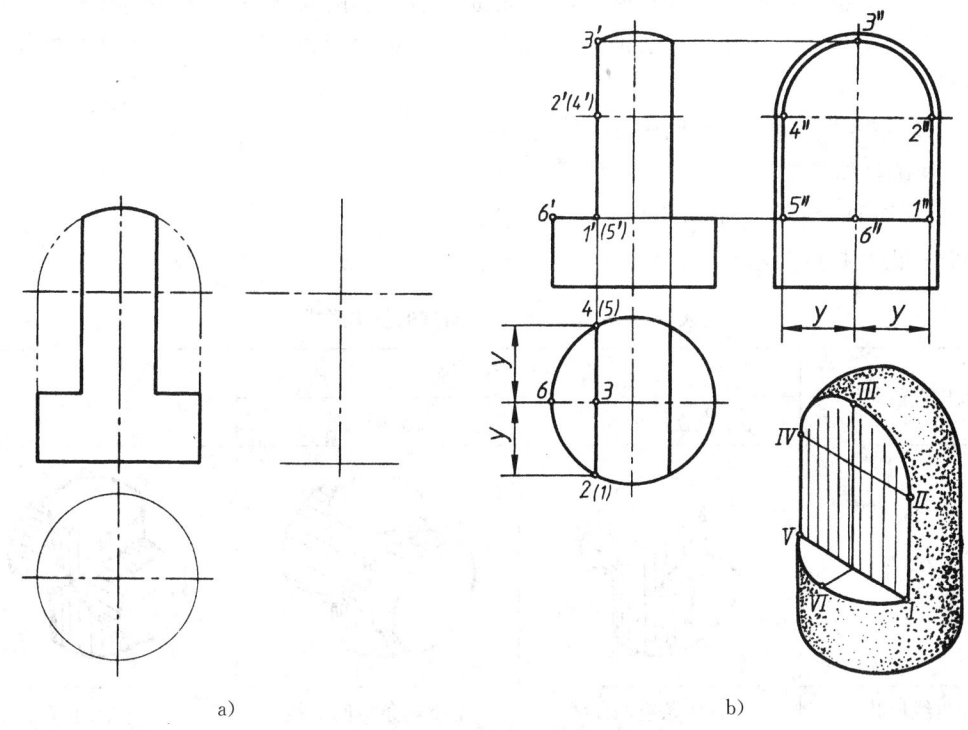

图 1-2-27 带切口组合体截交线的投影

【014】 曲面体的相贯投影图

两立体相交称为相贯。两立体表面的交线称为相贯线,相贯线可能是直线、平面曲线或空间曲线,如图 1-2-28 所示。

a) 平面立体与曲面立体相贯　　b) 两曲面立体相贯　　c) 立体综合相贯

图 1-2-28 相贯线

由图可知,相贯线具有下列特性:

(1) 相贯线同时属于相贯的两个形体,它是两形体表面的共有线,相贯线一般是封闭的空间曲线。

(2) 相贯线的形状取决于两立体的形状及其相对位置,如正交、斜交和交叉等。本章仅限于叙述正交相贯。

(3) 相贯线一般是封闭的空间曲线。

画图前应分析相贯线的组成及形状,想象相贯线各投影的大致趋势,然后再按投影规律或规定画法画出。画相贯立体的三面投影时,既要画出立体表面相贯线的投影,又要画好相贯立体轮廓线的投影。

下面通过一些实例说明常见相贯形体视图的画法。

一、两圆柱体相贯

两圆柱体可以是正交相贯,也可以是偏交相贯。

两圆柱正交相贯的基本形式如表 1-2-4 所示。

表 1-2-4　两圆柱正交相贯的基本形式

两圆柱直径对比	直径不等		直径相等
	直立圆柱大	直立圆柱小	
立体图	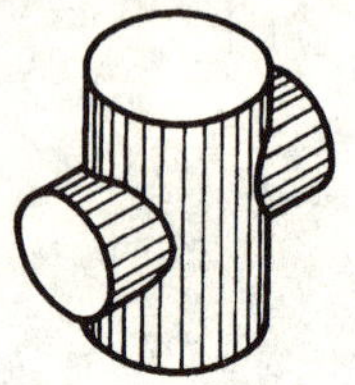	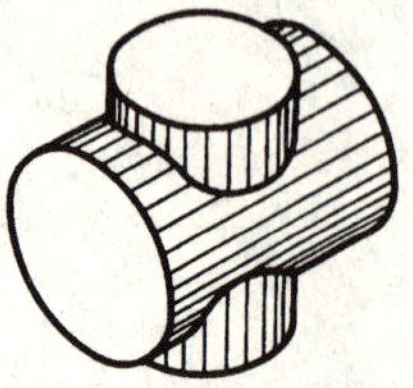	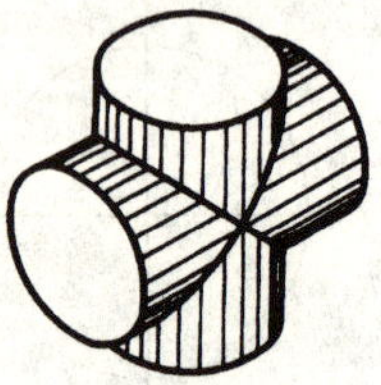
相贯线形状	左右两条空间曲线	上下两条空间曲线	两个椭圆
三面投影图	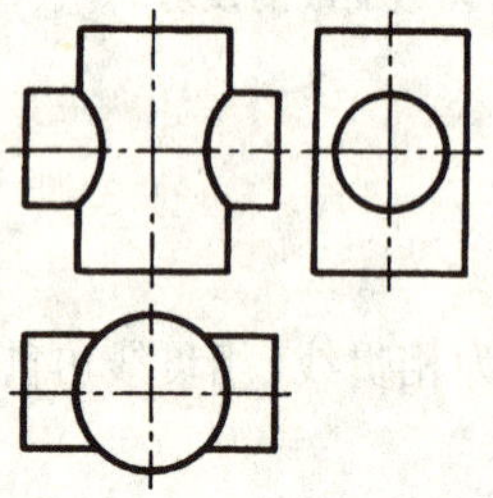	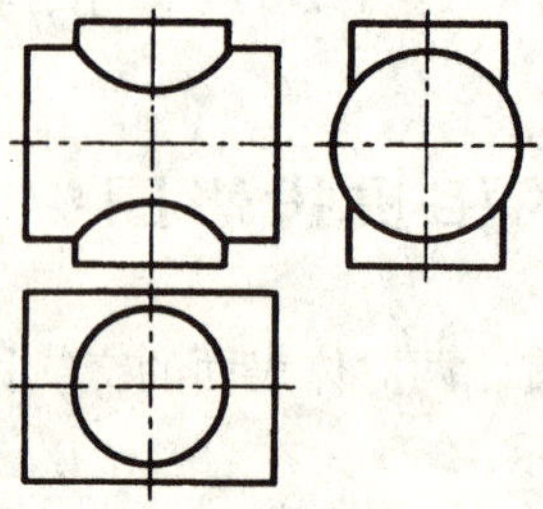	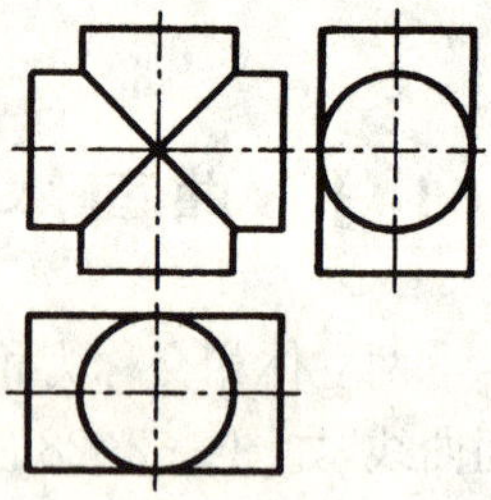
相贯线的投影	以小圆柱轴投影为实轴的双曲线		相交两直线

例 11　已知正交相贯两圆柱的水平投影和侧面投影,求正面投影。

图 1-2-29 为两圆柱正交相贯时的三面投影。

两圆柱正交,就是其轴线垂直相交。图中,大圆柱轴线为侧垂线,所以大圆柱面的侧面投影积聚成圆,相贯线的侧面投影应为这个圆上的一段圆弧。小圆柱轴线为铅垂线,相贯线的水平投影应在小圆柱面的水平投影上,成为一个圆。因此只需求出相贯线的正面投影图即可,其作图方法如下。

(1) 画出两个立体的正面投影轮廓。

(2) 求相贯线的正面投影:

先选取特殊点 Ⅰ、Ⅱ、Ⅲ、Ⅳ,由水平投影 1、2、3、4 和侧面投影 1″、(2″)、3″、4″,求得正面投影 1′、2′、3′、(4′)。

再选取适当数量的中间点 Ⅴ、Ⅵ、Ⅶ、Ⅷ,由水平投影定 5、6、7、8 和侧面投影 5″、(6″)、7″、(8″),求得正面投影 5′、6′、(7′)、(8′)。

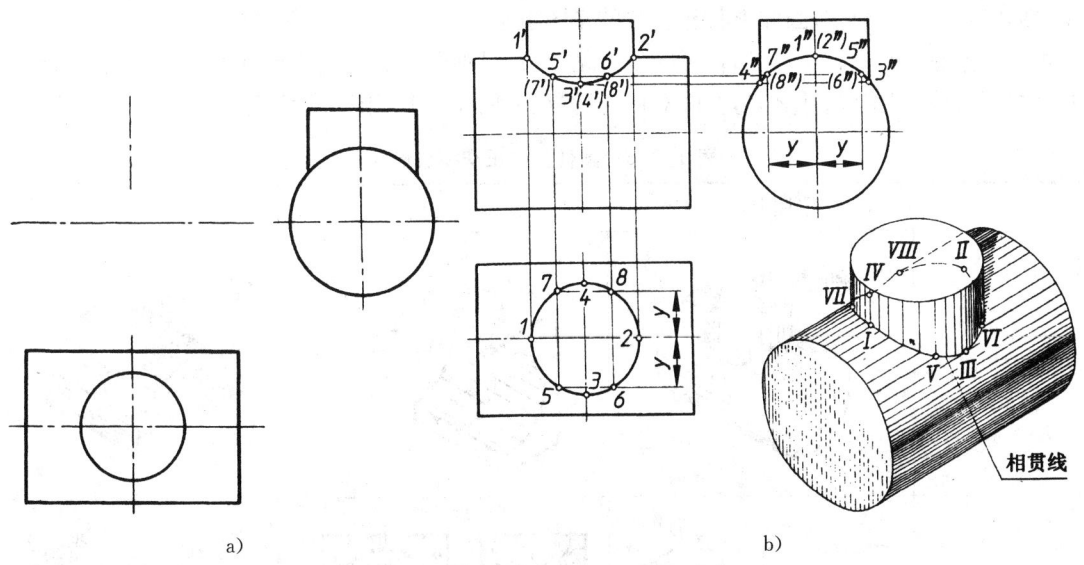

图 1-2-29 两圆柱正交相贯时的三面投影图

(3) 依次连点成平滑曲线,得到相贯线的正面投影。

(4) 判别相贯线的可见性。前半相贯线的正面投影可见,后半相贯线的正面投影与前半重影。

(5) 检查、擦去不必要的图线,轮廓线画到公有点的投影 $1'$、$2'$ 为止,$1'2'$ 之间为实体,没有轮廓,加深保留的图线,完成全图。

由本例可以进一步引申出以下几种情况:

(1) 当正交相贯两圆柱的直径相对变化时,相贯线的形状和位置也随之变化,在表 1-2-4 中可以看出,较小圆柱的素线全部与大圆柱相贯。而大圆柱只有一部分素线参与其相贯,因此两圆柱相贯线的正面投影必然向大圆柱内弯曲。当直立圆柱直径大时,相贯线是左、右两条曲线;当直立圆柱直径小时,相贯线是上、下两条曲线;当两圆柱直径相同时(简称等径相贯),相贯线由两条空间曲线变化为两条平面曲线——椭圆,此时它的正面投影为相交两直线。图 1-2-30 列出了两圆柱等径相贯的三种常见情况。

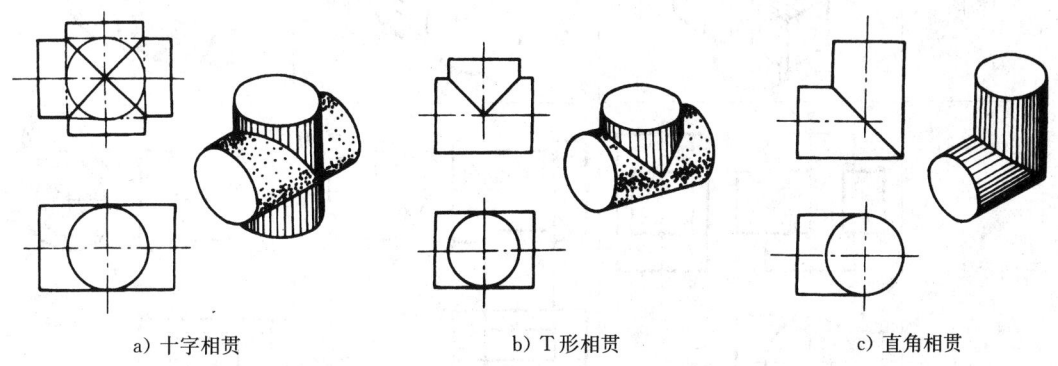

a) 十字相贯　　　　　　b) T形相贯　　　　　　c) 直角相贯

图 1-2-30 两圆柱等径相贯的三种情况

(2) 若将垂直圆柱变成两个圆柱孔,即内圆柱面相贯(见表 1-2-5),从图中可以看出,相贯线的形状并不发生变化,因此求其相贯线的作图也是一样的。因圆柱孔是内圆柱面,画含有圆柱孔相贯立体的三面投影时,孔的轮廓线不可见,并且只画到轮廓线上公有点为止。判别相贯线可见性的原则是:把相贯立体作为整体对待,只要在可见表面上,相贯线就可见,否则不可见。

表 1-2-5 圆柱孔的正交相贯形式

	圆柱上钻孔	两圆柱孔相贯	半圆筒上钻孔
立体图	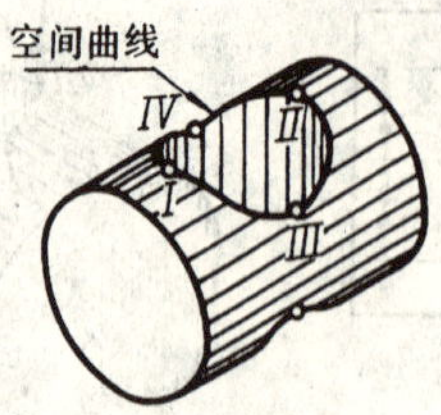	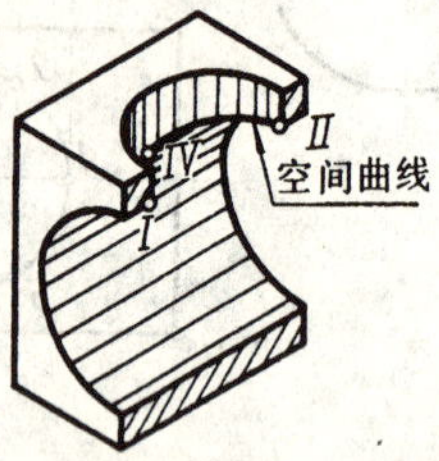	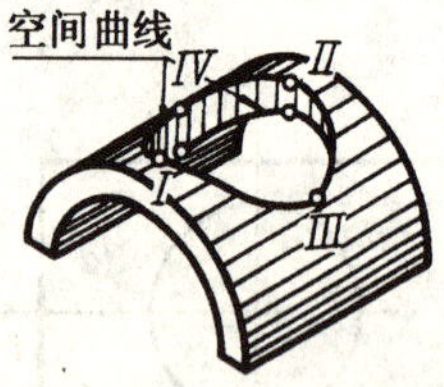
三面投影图	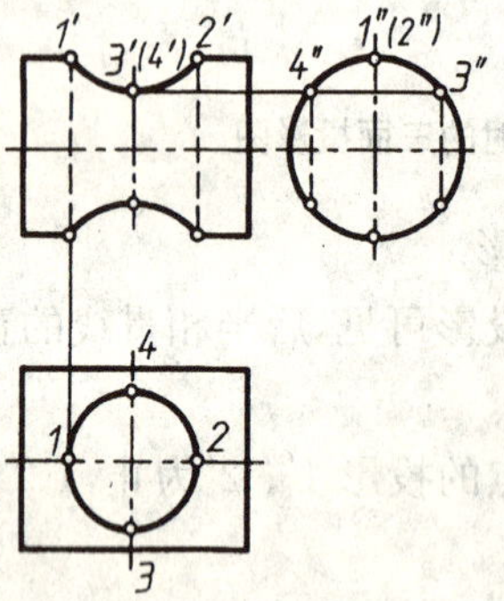	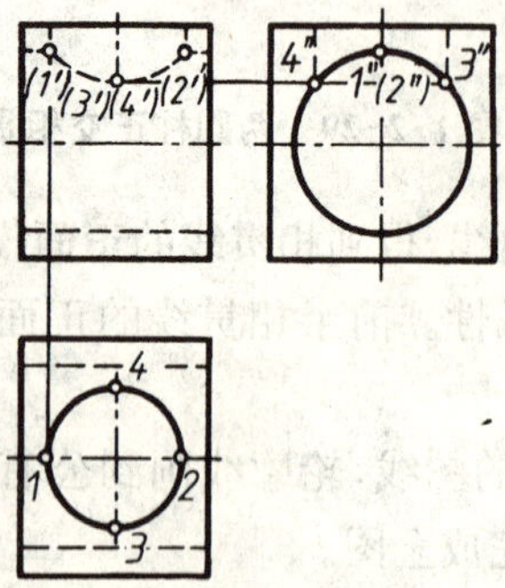	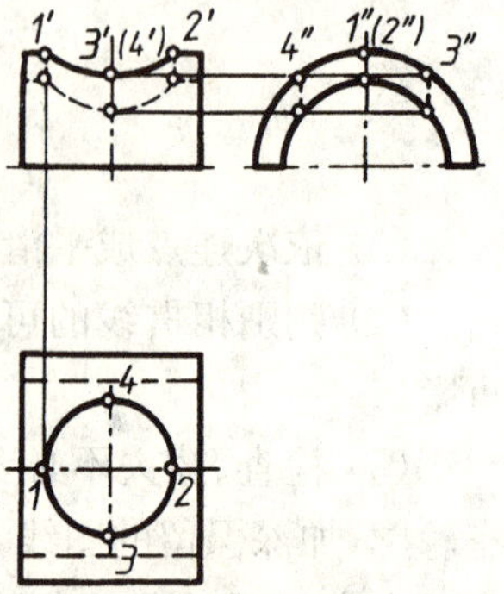

（3）圆柱与方柱或方孔相贯时,相贯线投影的画法较为简单,可以用求截交线的方法求出相贯线,见表 1-2-6 所示。

表 1-2-6 圆柱与方柱或方孔相贯

	圆柱和方柱相贯	圆柱上开方孔	圆筒上开方孔
立体图	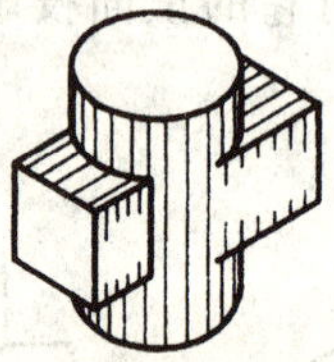	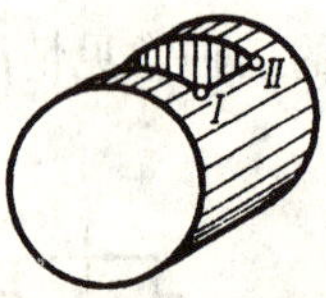	
三面投影图	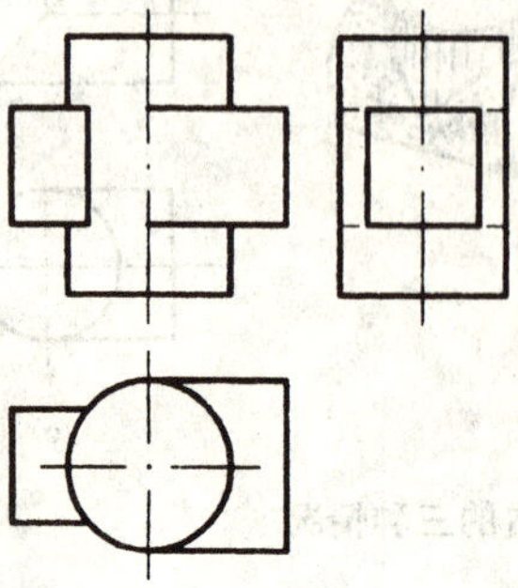	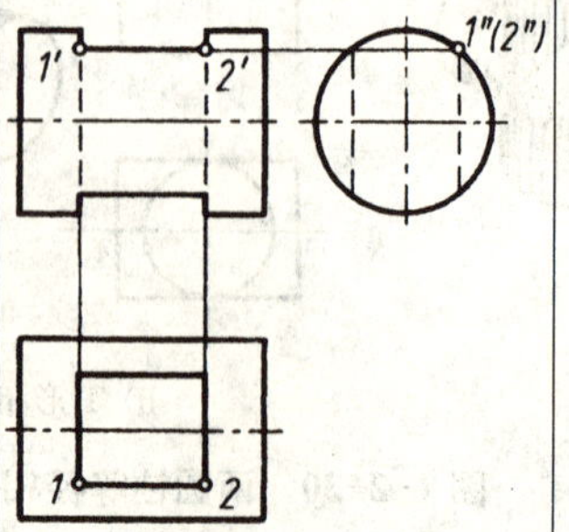	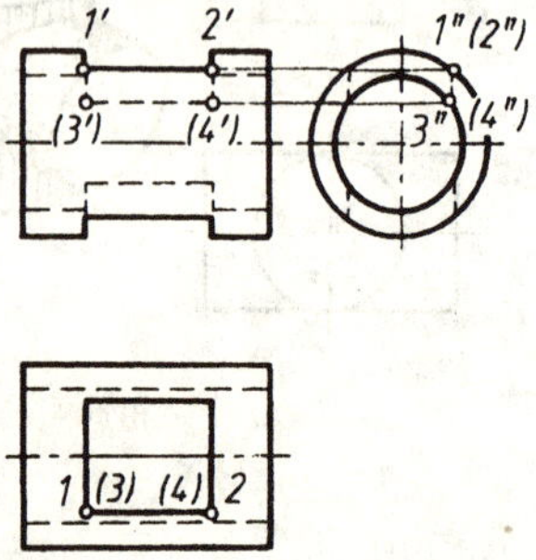

图 1-2-31 为两圆柱轴线偏交相贯的示例。此时,相贯线为直线。

二、圆柱与圆锥相贯

例 12 已知圆柱和圆锥正交相贯,画全相贯线的正面投影和水平投影,如图 1-2-32 所示。

圆柱轴线为侧垂线,相贯线的侧面投影在圆柱面的侧面投影圆上。由于相贯线又在圆锥表面上,因此可利用圆锥表面取点的方法,求出相贯线的水平投影和正面投影。作图步骤如下:

(1) 求相贯线特殊点的正面投影和水平投影:

先求特殊点Ⅰ、Ⅱ的投影,圆柱和圆锥的正面投影轮廓线在立体上相交于 1'、2'两点,侧面投影相交于 1″、2″两点,由此可求得 1、(2)。

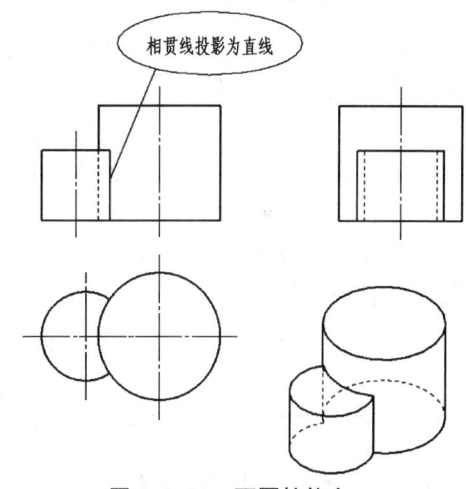

图 1-2-31 两圆柱偏交

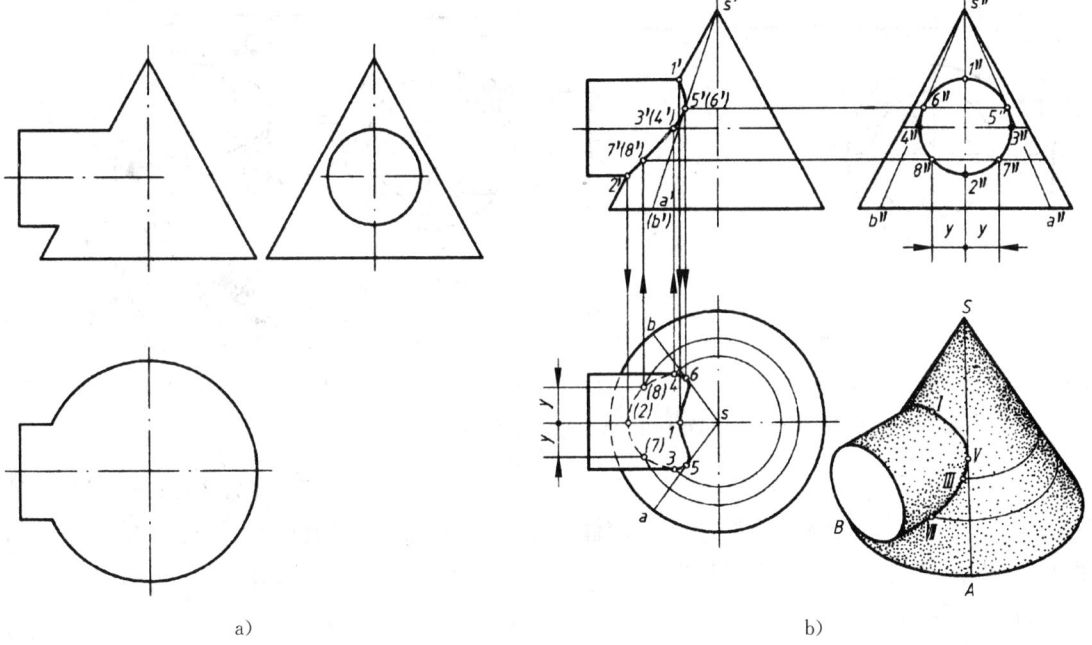

图 1-2-32 圆柱和圆锥正交相贯的三面投影图

再求特殊点Ⅲ、Ⅳ的投影,其侧面投影为 3″、4″,其余二投影用辅助圆法求得。即过 3″、4″两点作水平直线,在俯视图上画辅助圆,该圆与圆柱面的水平投影的交点 3、4 即为Ⅲ、Ⅳ两点的水平投影,由此可求出正面投影 3'、4'。

选取适当数量的中间点。在Ⅰ、Ⅱ两点间适当位置选取Ⅴ、Ⅵ点作水平辅助圆,求得若干公有点,先在圆柱面有积聚性的侧面投影上作水平辅助圆的侧面投影,确定 5″、6″,根据"宽相等"在辅助圆的水平投影上求得 5、6,进而可求得正面投影 5'、6'。

同理,求得Ⅶ、Ⅷ两点的正面投影 7'、8'。

(2) 按相贯线侧面投影的顺序,分别连接同面投影各点成平滑曲线,得到相贯线的水平投影及正面投影。

(3) 判别可见性。在正面投影上,前半相贯线的投影可见,后半相贯线的投影与前半重影。在水平投影上,上半圆柱面上相贯线的投影35164可见,3、4是相贯线水平投影的虚实分界点,线3(7)(2)(8)4不可见。圆锥体正面投影轮廓线画到公有点的投影为止,在水平投影上圆柱的轮廓线画到3、4,圆锥的底圆被圆柱挡住的部分不可见,画成虚线。

三、截交相贯的综合举例

在实际物体中,经常有几个基本形体彼此组合相交的情况。这时,立体表面上既有截交线,又有相贯线,它们分别为相关两个表面的交线。

例13 画全图1-2-33所示立体的正面投影和水平投影。

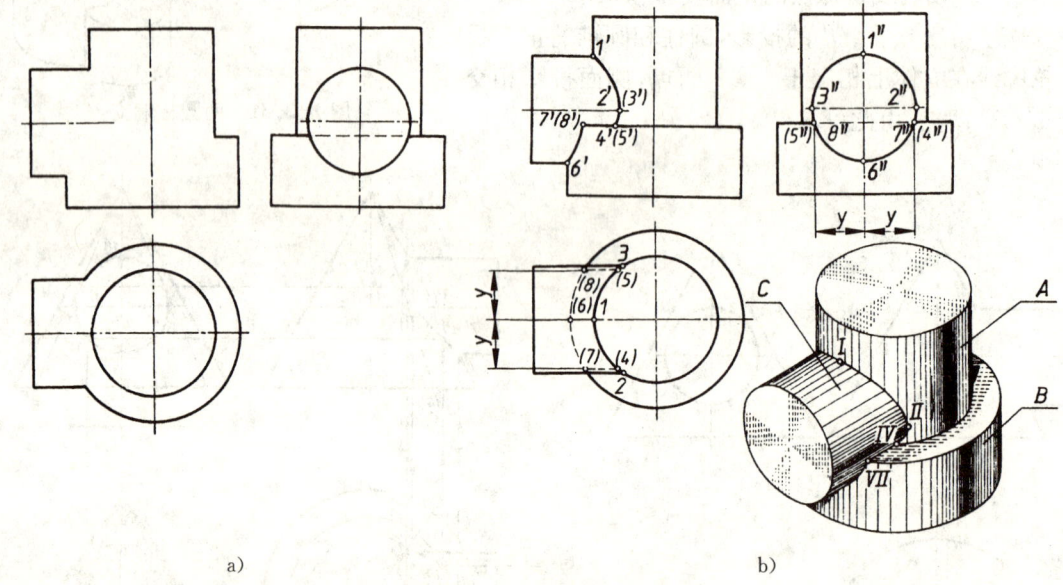

图1-2-33 截交相贯综合举例

由图可知,立体由三个圆柱组成。圆柱 A 和 B 同轴,轴线是铅垂线,圆柱 C 的轴线是侧垂线,圆柱 C 同时与圆柱 A、B 正交相贯,因此,相贯线的侧面投影均已知。圆柱 B 的上底面与圆柱 C 截交,截交线的侧面投影积聚为两点。

作图步骤如下:

(1) 分别画出各条交线的水平投影和正面投影。

圆柱 C 与 A 相贯线的侧面投影为$(4'')2''1''3''(5'')$,由此求得水平投影$(4)213(5)$;然后求出正面投影$4'2'1'(3')(5')$。

圆柱 C 与 B 相贯线的侧面投影为$7''6''8''$,由此得到水平投影$(7)(6)(8)$,然后求出正面投影$7'6'(8')$。

画出截交线的正面投影$7'4'$、$(8')(5')$及水平投影$(7)(4)$、$(8)(5)$。

(2) 判别各交线的可见性。立体前后对称,所以前半交线的正面投影可见,后半交线的正面投影与前半重影。相贯线的水平投影积聚在相应的圆柱面上。截交线的水平投影$(7)(4)$、$(8)(5)$不可见。

(3) 画好立体轮廓线。在正面投影上,圆柱 B 上底面的投影左边画到$7'$为止。在水平投影上,圆柱 C 的轮廓线右边画至 2 及 3 为止,圆柱 B 的轮廓圆被圆柱 C 挡住的部分不可见,画成虚线。

(4) 检查,擦去不必要的图线,加深图线,完成全图。

四、两正交圆柱相贯线投影的简化画法

正交圆柱相贯线的投影可用近似画法画出,即以圆弧代替曲线,如图 1-2-34 所示。以大圆柱半径为半径,作出过 $1'$、$2'$ 两点的圆弧代替相贯线的投影。有时也可以采用省略画法或模糊画法,如图 1-2-35、1-2-36 所示。

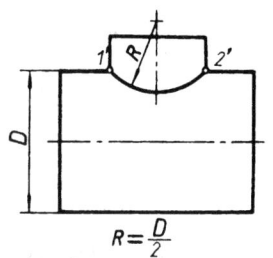

图 1-2-34 相贯线的近似画法

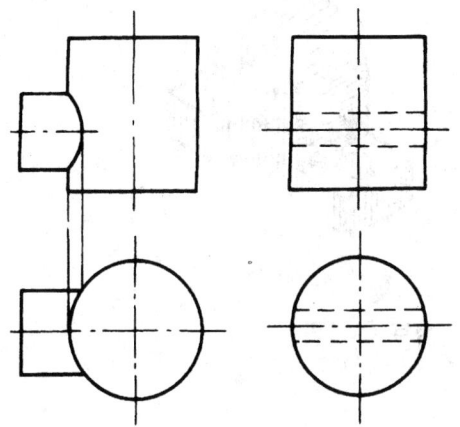

图 1-2-35 相贯线的省略画法

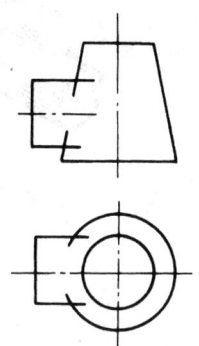

图 1-2-36 相贯线的模糊画法

第三章 组合体的绘制与识图

任何复杂的机器零件,从几何形体的角度来看都是由一些简单的平面和曲面按一定方式组合而成的,称为组合体,如图 1-3-1 所示。组合体是机械零件的基本形体。

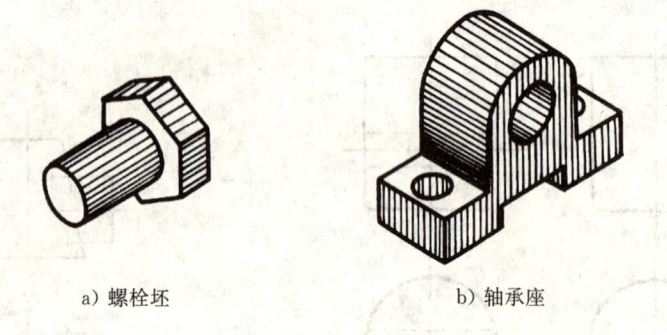

a) 螺栓坯　　　　　　　b) 轴承座

图 1-3-1　组合体

【015】　组合体的视图

一、形体分析法

为了便于画图、看图和标注尺寸,设想把一个组合体分解成若干个几何体来处理。这种由繁到简、化难为易的思考方法,称为形体分析法。

利用形体分析法分析组合体时,需了解组合体是由哪些几何体组成,组合方式如何,各几何体相互间的位置关系以及几何体表面间的连接方式等问题。

1. 组合体的组合方式

几何体的组合方式可分为叠加与切割两种,如图 1-3-2 所示。较复杂的形体则往往是两种方式的综合,如图 1-3-3 所示。

　　　　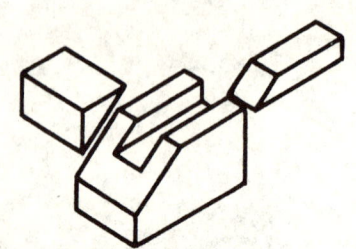

a) 螺栓坯的叠加组合　　　　　　　b) 开槽斜块切割组合

图 1-3-2　几何体叠加与切割组合

图 1-3-2a)为叠加类(圆柱与六棱柱直接叠加而成),图 1-3-2b)为切割类(四棱柱切去楔

形块和梯形条后形成),图 1-3-3 为综合类,由拱形柱与底板接合后,挖去三个圆柱,又切去四棱柱底面薄板而形成。

2. 表面连接方式

组合体内各几何体间的表面连接方式有:不共面相接、共面相接、相切和相交四种。

(1) 两几何体表面不共面相接时,中间必定有线,见图 1-3-4。

(2) 两几何体表面共面相接时,中间没有线,见图 1-3-5。

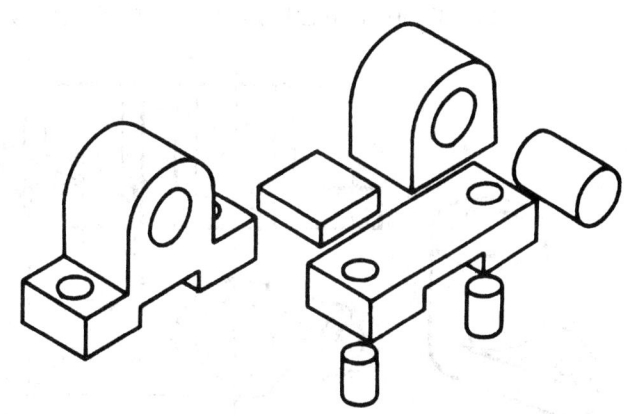

图 1-3-3 轴承座的叠加与切割组合

(3) 两几何体表面相切,因为在相切处两表面是光滑过渡的,所以相切处不应该画线,见图 1-3-6。

(4) 两几何体表面相交,应画出交线的投影,见图 1-3-7。

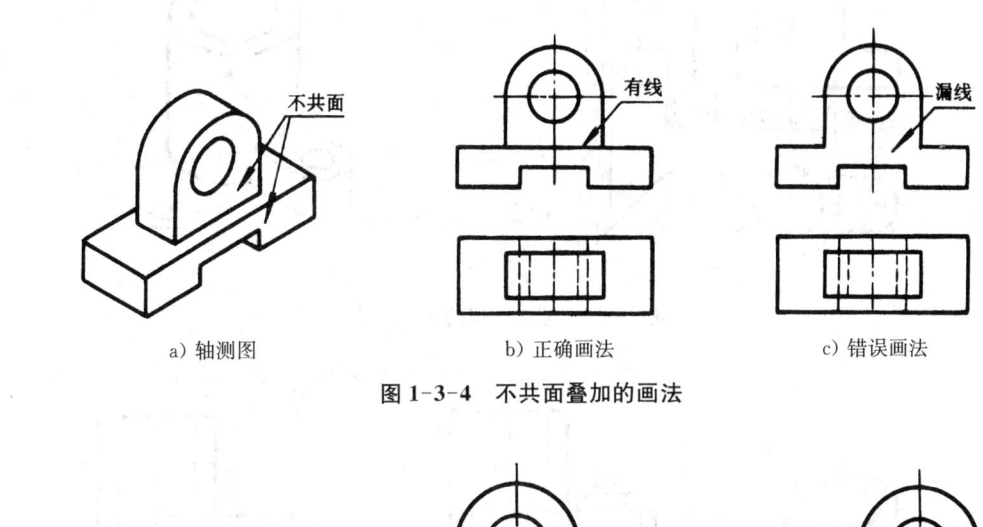

a) 轴测图　　　　　b) 正确画法　　　　　c) 错误画法

图 1-3-4 不共面叠加的画法

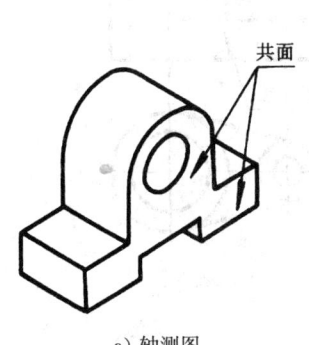 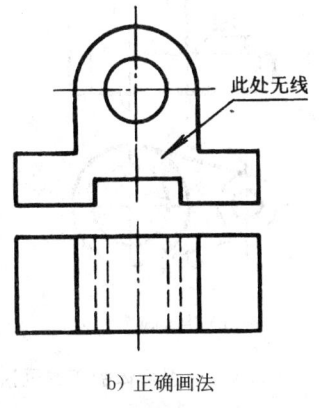 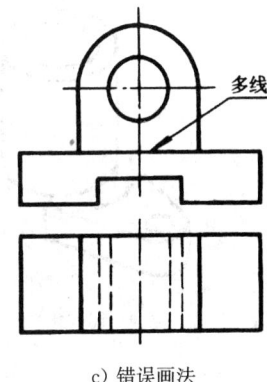

a) 轴测图　　　　　b) 正确画法　　　　　c) 错误画法

图 1-3-5 共面叠加的画法

3. 组合体的整体性

图 1-3-8 所示的组合体,用形体分析法可看作是由底板和圆筒接合而成,这是便于理解

的一种方法。而实际上组合体是一个整体,所以底板与圆筒的结合处不应该有轮廓线。

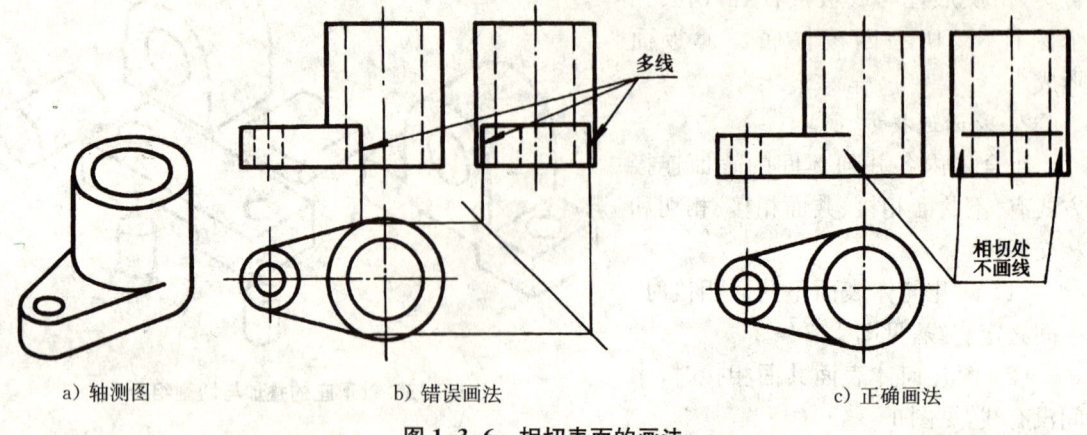

a) 轴测图　　　　b) 错误画法　　　　c) 正确画法

图 1-3-6　相切表面的画法

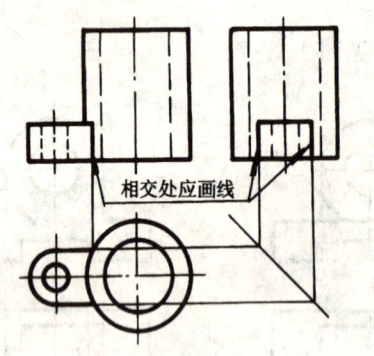

图 1-3-7　相交表面的画法

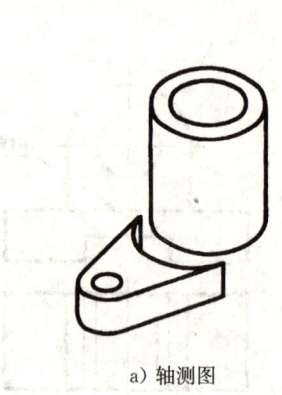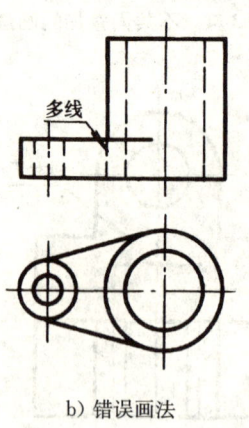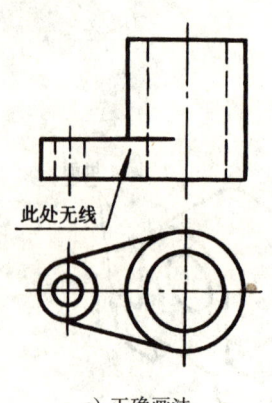

a) 轴测图　　　　b) 错误画法　　　　c) 正确画法

图 1-3-8　组合体的正确画法

二、画组合体三视图的方法

在画组合体三视图、标注组合体尺寸时,首先将组合体分解为若干基本体(化整为零),分析其叠加、挖切、组合方式等,达到整体组合(由零获整),然后再逐个形体进行画图和尺寸标注,直至完成整个组合体的画图和尺寸标注,这种方法称为形体分析法。这是组合体画图和标注尺寸最基本也是最重要的方法,同时也是组合体读图的基本方法。

下面通过实例来说明如何进行形体分析,以及如何用形体分析法画组合体的三视图。

图1-3-9所示支架,可假想分解为底板、凸台、支承板、圆筒四部分。支架前后对称,属于叠加型组合体。支承板与底板前、后、右三个方向表面平齐。支承板左面与底板顶面垂直相交,支承板与圆筒左端面平齐,与圆柱面前后相切。支承板的右面与圆柱面相交,交线为圆弧。凸台与底板及支承板表面均垂直相交。

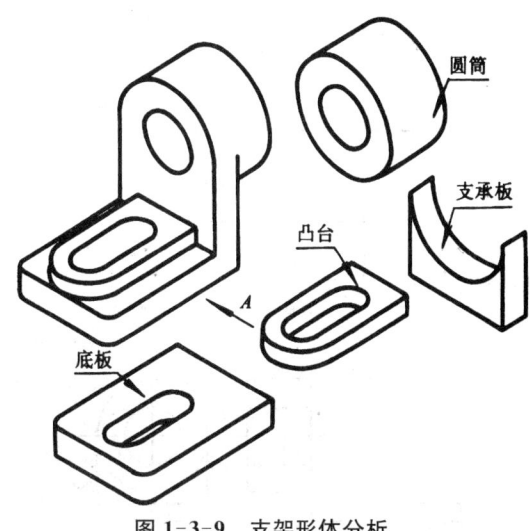

图1-3-9 支架形体分析

1. 选择主视图

主视图是组合体最主要的视图,一般选择最能反映组合体整体形状特征及各部分相对位置的方向,作为主视图的投射方向。在组合体自然放置状态下,使它的对称面、主要平面、主要轴线与投影面垂直或平行。图1-3-9所示的支架在自然放置状态下,以箭头A所示方向作为主视图投射方向较为合适。

2. 定比例选图幅

根据组合体的大小,选定符合国家标准规定的作图比例和图纸幅面。图幅大小应根据视图范围、尺寸标注、视图间空隙和标题栏等所需的面积而定。

3. 视图布置

根据各视图的最大轮廓尺寸,在图纸上均匀布置视图。每个视图首先画出两条作图基准线,用以确定视图在图纸上的位置。一般选择对称中心线、轴线、底平面及端面的积聚线作为基准线。

4. 画底稿图

按组合体各部分逐个画出三视图。通常是先画主要形体,后画次要形体;先定位置,后定形状;先画整体形状,后画细节形状;先画大形体,后画小形体;先画可见部分,后画不可见部分。画底稿图时,各种图线均用细实线轻轻画出,以利修改。

5. 检查全图

画完底稿图后,需对全图仔细检查,改正错画的图线,补齐漏画的图线,擦去多余的图线。

画图时应注意几个问题:

(1) 要三个视图配合起来画,以便利用投影间的相对关系,使作图既快捷又准确;

(2) 各形体之间相对位置要正确,如要注意支承板与圆筒之间的平齐;

(3) 各形体间表面过渡关系正确,如支承板与圆筒相切,相切处无交线。

6. 加深

加深时,应先描圆和圆弧,后描直线,自上而下、从左到右加深图线,图线应符合国标规定的宽度,注意同类线型应保持粗细、浓淡一致。

支架的画图步骤见图1-3-10所示。

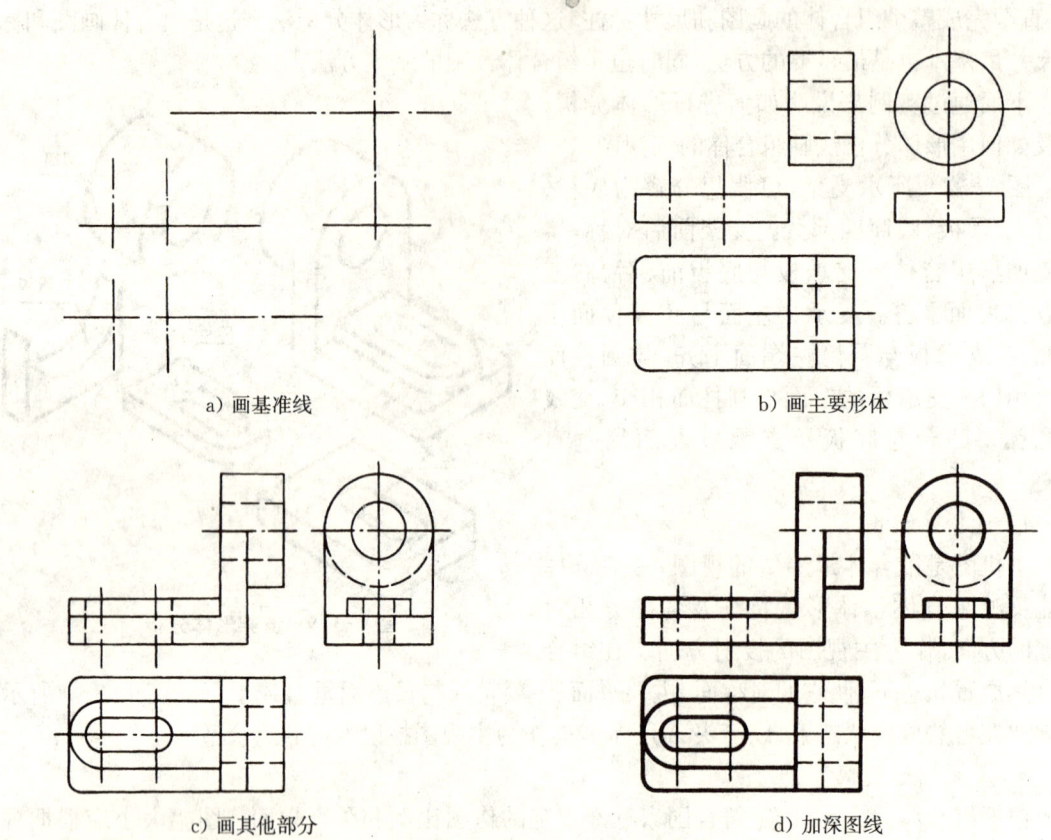

a) 画基准线　　　　　　　　　b) 画主要形体

c) 画其他部分　　　　　　　　d) 加深图线

图 1-3-10　支架画图步骤

【016】 尺寸标注

一、标注尺寸的基本要求

视图只能表达物体的形状,物体的大小则靠标注尺寸来确定。

组合体尺寸标注的基本要求是:

(1) 正确:所注尺寸应符合国家标准中有关尺寸注法的基本规定。

(2) 完全:将确定组合体各部分形状大小及相对位置的尺寸标注完全,既不能遗漏,也不要重复。

(3) 清晰:尺寸标注要布置匀称、清楚、整齐,便于读图。

二、尺寸的种类

1. 基本形体的定形尺寸

所谓定形尺寸是指确定各基本体的形状和大小的尺寸。

图 1-3-11 是一些常用基本体的定形尺寸的注法。注意,当标注球面直径或半径时,要在"ϕ"或"R"前加注"S"。

2. 基本形体的定位尺寸

所谓定位尺寸是指确定组合体中各基本体之间相对位置的尺寸。要标注定位尺寸,必须

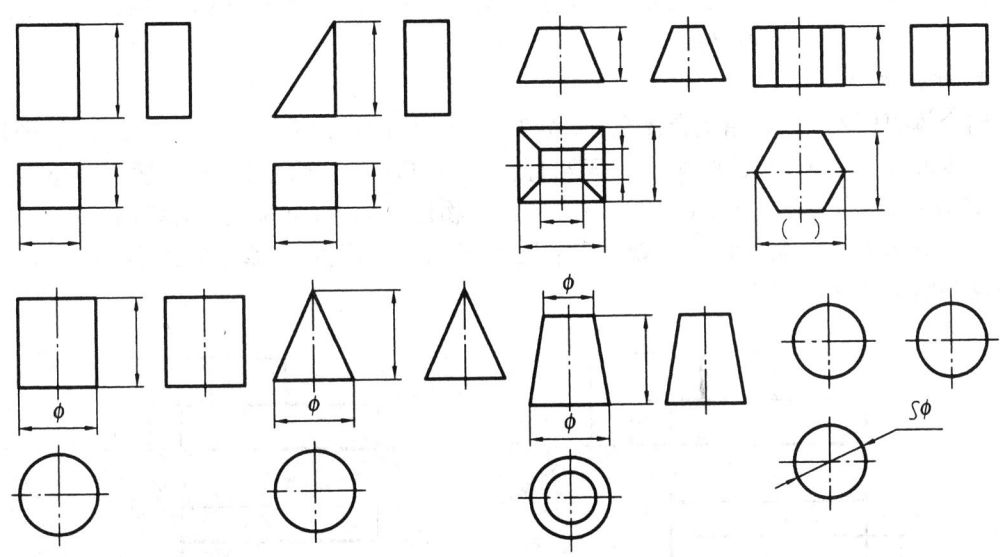

图 1-3-11 基本体的定形尺寸

有尺寸基准,即是指标注尺寸的起始位置(可以是线或面)。物体有长、宽、高三个方向的尺寸,每个方向至少要有一个尺寸基准。通常以物体的底面、端面、对称面和轴线等作为尺寸基准。

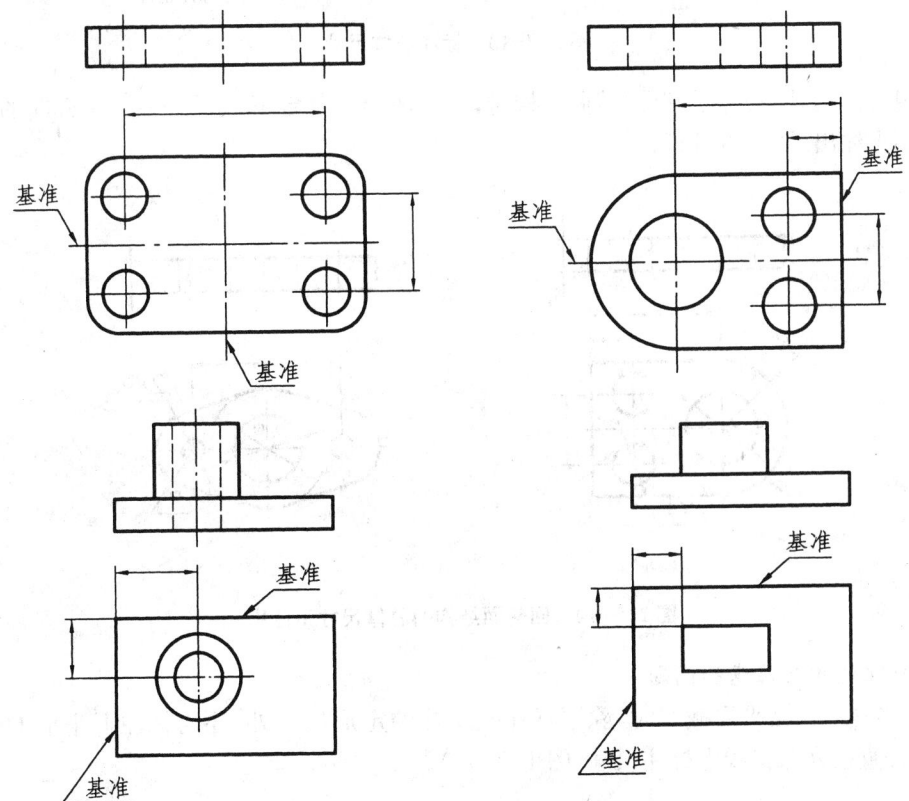

图 1-3-12 基本形体的定位尺寸

图 1-3-12 是一些常见形体的定位尺寸。从图中可以看出，在标注回转体的定位尺寸时，一般都是标注它的轴线的位置。

3. 组合体的总体尺寸

组合体的总体尺寸是指组合体在长、宽、高三个方向的最大尺寸。若总体尺寸有时即是形体的某定形尺寸或定位尺寸，则一般不再标注。当出现多余尺寸时，需作适当调整。如图 1-3-13a)中标注了每个形体的定形、定位尺寸后，物体的总长、总宽就是底板的定形尺寸，不再标注。但标注了总高尺寸后，出现了多余尺寸，这时需作调整，去掉一个次要尺寸，正确的标注方法如图 1-3-13b)所示。

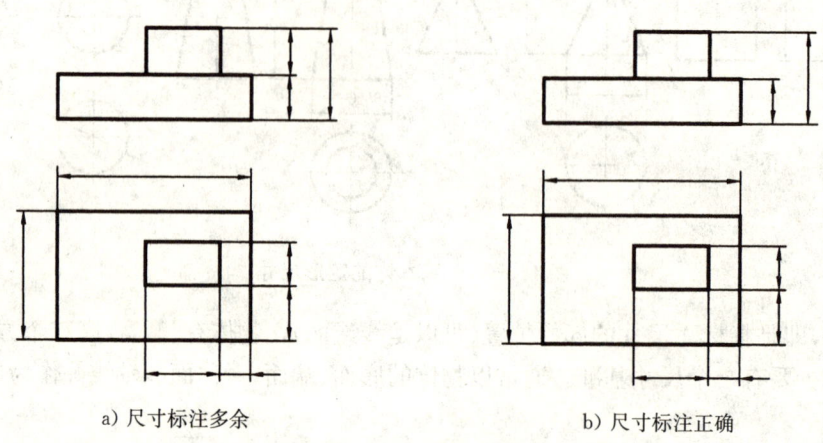

a) 尺寸标注多余　　　　　　b) 尺寸标注正确

图 1-3-13　标注总体尺寸

当组合体的某一方向具有回转面结构时，由于注出了其定形、定位尺寸，该方向的总体尺寸一般不再注出（图 1-3-14）。

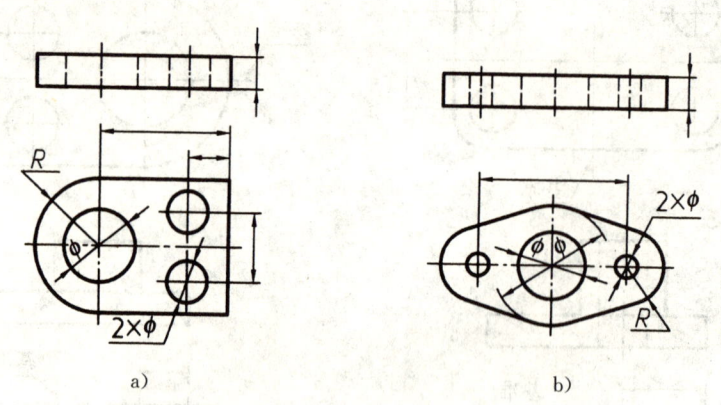

a)　　　　　　b)

图 1-3-14　回转面结构的总体尺寸不注出

4. 标注尺寸应注意的问题

（1）当基本体被平面截切时，除了标注基本体的定形尺寸外，还需标注截平面的定位尺寸，不允许直接在截交线上标注尺寸（图 1-3-15）。

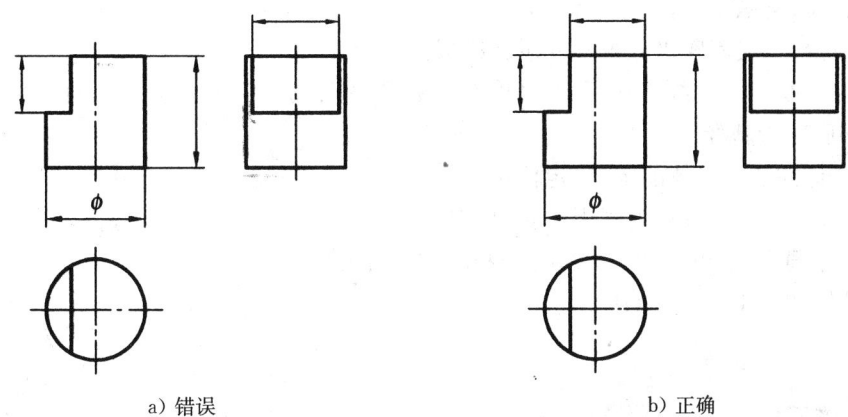

a) 错误　　　　　　　　　　　　b) 正确

图 1-3-15　表面具有截交线时尺寸的标注

(2) 如图 1-3-16 所示，当形体的表面具有相贯线时，应标注产生相贯线的两形体的定形、定位尺寸，而不允许直接在相贯线上标注尺寸。

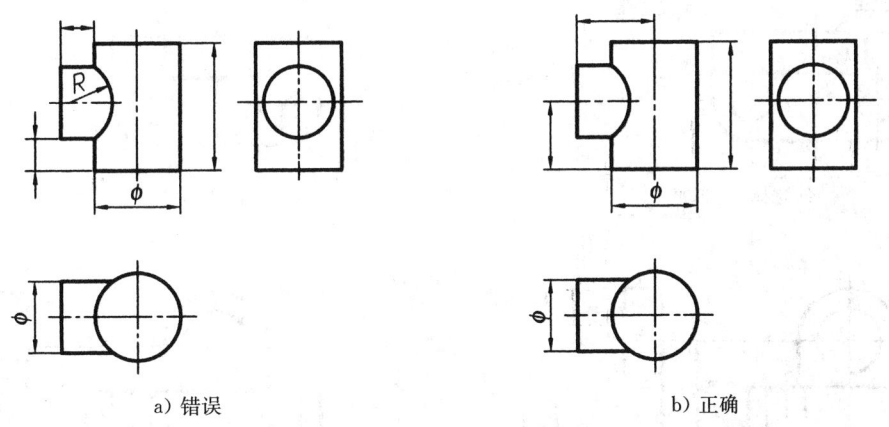

a) 错误　　　　　　　　　　　　b) 正确

图 1-3-16　表面具有相贯线时尺寸的标注

(3) 对称结构的尺寸，不论是定形尺寸还是定位尺寸，不能只注一半（图 1-3-17）。

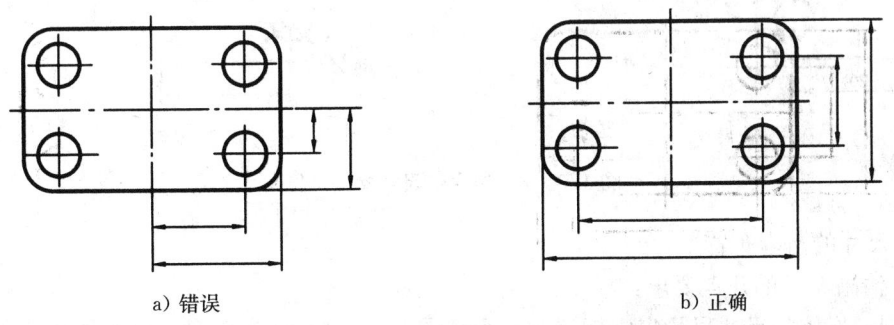

a) 错误　　　　　　　　　　　　b) 正确

图 1-3-17　对称结构尺寸的标注

(4) 组合体的尺寸标注方法

形体分析法是标注组合体尺寸的基本方法。现以图 1-3-18 所示的支承座为例来说明组合体的尺寸标注过程。

① 形体分析：支承座由底板和支承板组成。

② 选尺寸基准：长度方向以左右对称面为基准；宽度方向以底板的后端面为基准；高度方向以底板的底面为基准。

③ 逐个标注各个形体的定形、定位尺寸。

④ 标注总体尺寸：总长为底板的长度方向的定形尺寸；总高由支承板高度方向的定位尺寸和定形尺寸确定，不再标注；总宽由底板宽度方向的定形尺寸确定。

标注结果如图 1-3-18(d)所示。

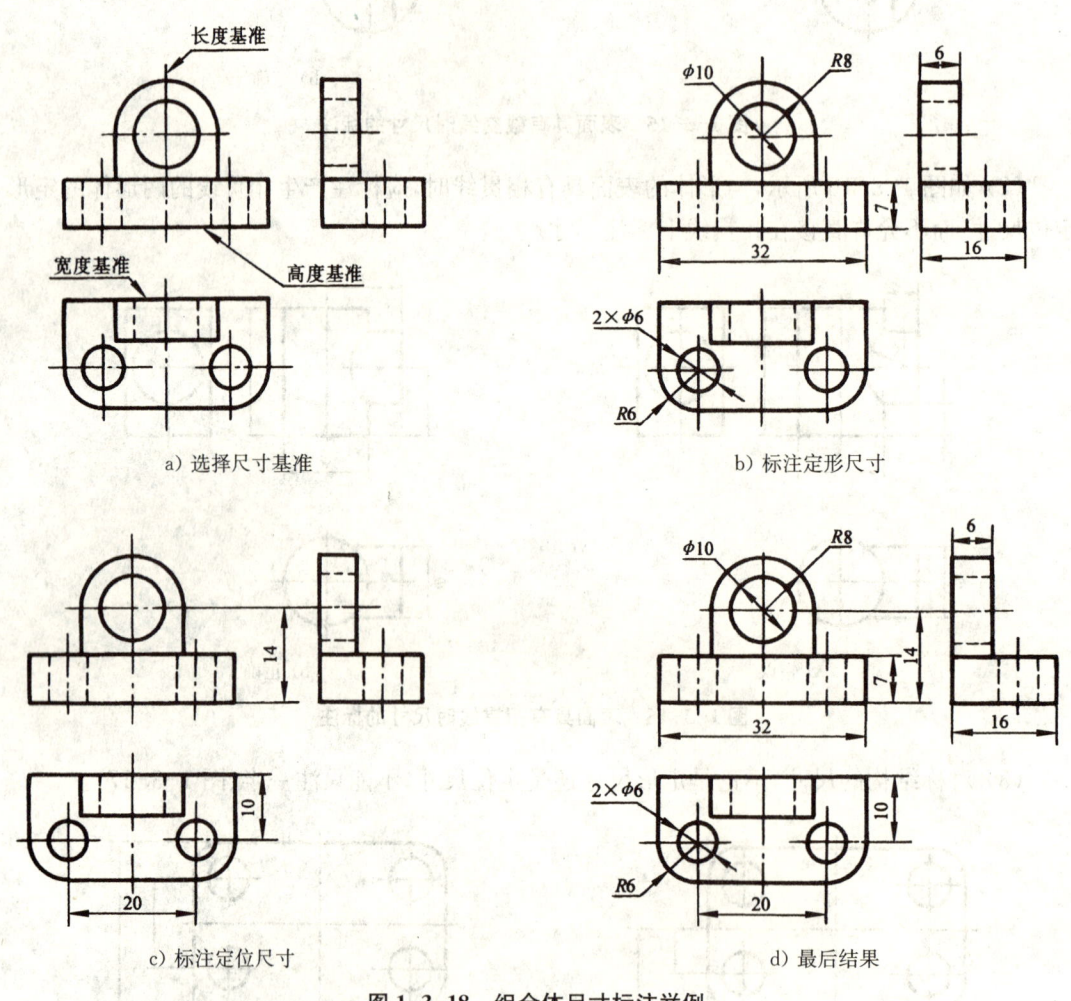

图 1-3-18 组合体尺寸标注举例

(5) 尺寸的清晰布置

尺寸清晰布置的几点要求：

① 同一形体的尺寸尽量集中标注在一个视图上，且尽量标注在表达形体特征最明显的视图上，如图 1-3-19 所示。

② 尽量将尺寸布置在视图外面，以免尺寸线、尺寸数字与视图的轮廓线相交，使读图不便，如图 1-3-20 所示。当无法避免尺寸数字与图形轮廓线重合时，轮廓线应断开。

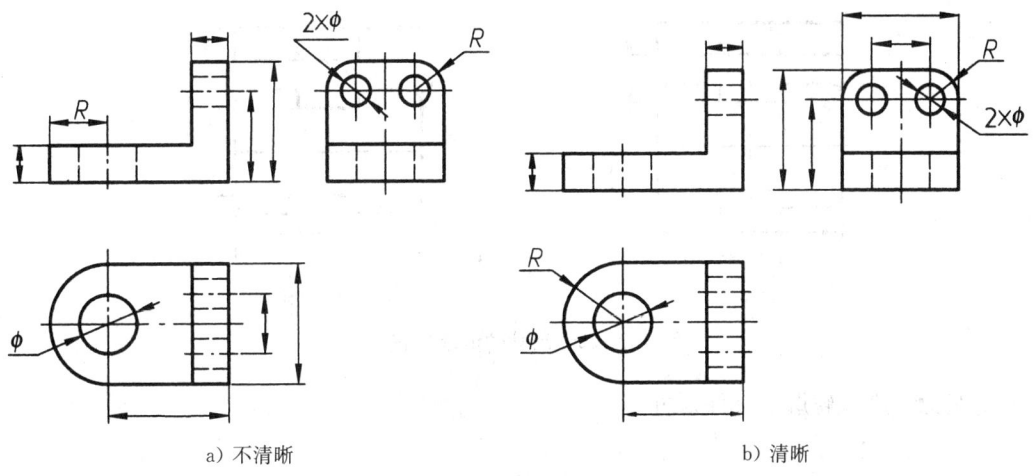

a) 不清晰　　　　　　　　　　　　b) 清晰

图 1-3-19　尺寸的清晰布置(1)

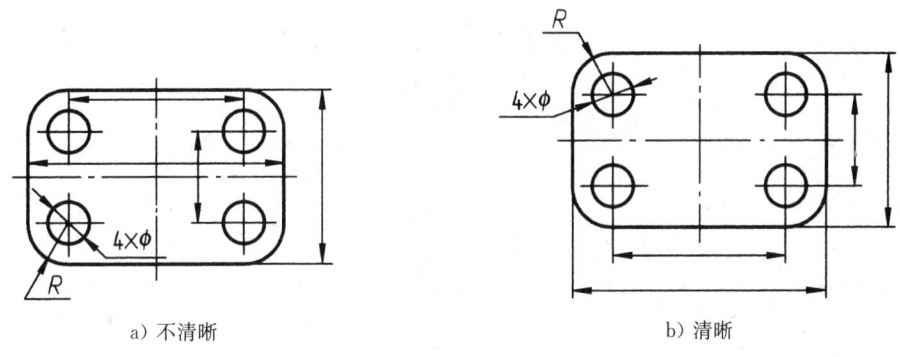

a) 不清晰　　　　　　　　　　　　b) 清晰

图 1-3-20　尺寸的清晰布置(2)

③ 同心圆柱的直径尺寸，不要集中标注在投影为圆的视图上，如图 1-3-21 所示。

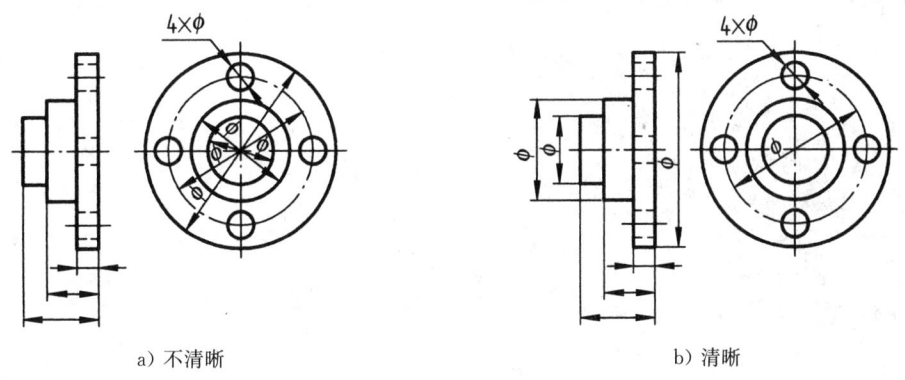

a) 不清晰　　　　　　　　　　　　b) 清晰

图 1-3-21　尺寸的清晰布置(3)

④ 相互平行的尺寸，应按大小顺序排列，小尺寸在内，大尺寸在外，以免尺寸线与尺寸界线相交，如图 1-3-22 所示。

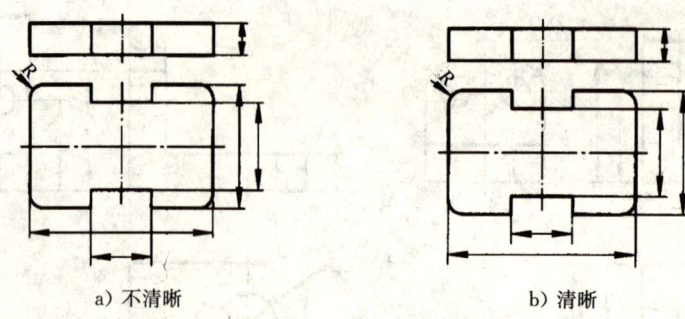

图 1-3-22 尺寸的清晰布置(4)

⑤ 避免在虚线轮廓上标注尺寸。

第四章　机件常用表达方法

在生产实际中,机件的结构形状是多种多样的,仅用前面所学的三个视图已不能将机件的结构表达清楚,而有些机件又不需要用三个投影。为此,国家标准《技术制图》中规定视图(GB/T 17451—1998)、剖视图和断面图(GB/T 17452—1998)及简化表示法(GB/T 16675.1、16675.2—1996),还规定了视图、剖视图、断面图和其他表达方法,供绘图时选用。

【017】　视　图

一、基本视图的画法与标注

将机件放在正六面体内,分别向各基本投影面投射,得到的六个视图叫基本视图,见图1-4-1a)。除了已介绍过的主、俯、左视图外,还有:

右视图——从右向左投射所得的视图;
仰视图——从下向上投射所得的视图;
后视图——从后向前投射所得的视图。

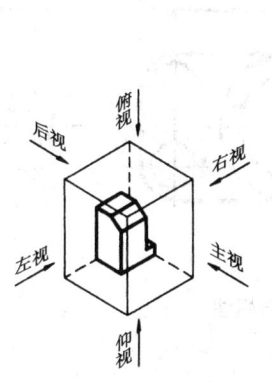
a) 基本视图的形成

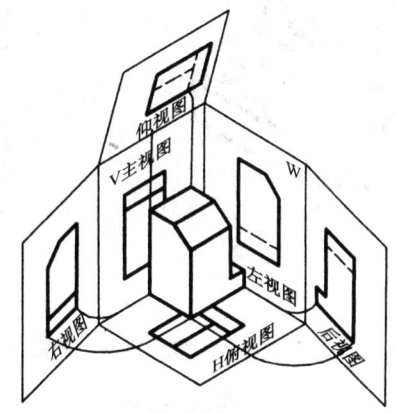
b) 基本视图的展开

图 1-4-1　六个基本视图的形成及展开

各投影面的展开方法见图1-4-1b),展开后六个视图的位置及其投影规律见图1-4-2。在同一张图纸内按图1-4-2配置视图时,一律不标注视图名称。如不能按图1-4-2配置视图时,应在视图的上方标出视图名称,在相应的视图附近用带相同字母的箭头指明投射方向,见图1-4-3。

二、局部视图的画法与标注

将机件的某一部分向基本投影面投射所得的视图叫局部视图。

局部视图常用于表达机件上局部结构的外形。见图1-4-4凸台的端面形状,在主、俯视图中无法表达清楚,又没有必要画出完整的左视图,这时可用局部视图 A 表示,见图

1-4-4b)。

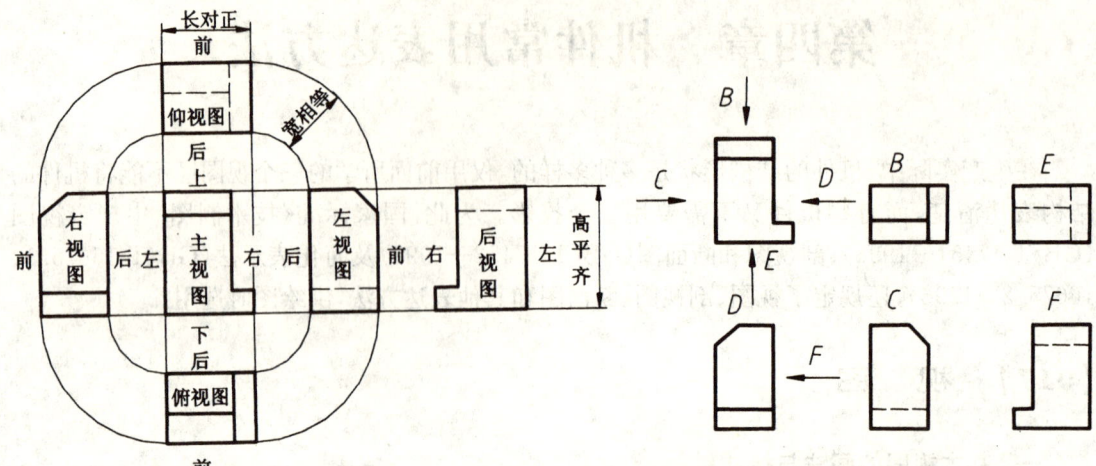

图 1-4-2　六个基本视图及其投影规律　　图 1-4-3　不按规定配置时基本视图的标注

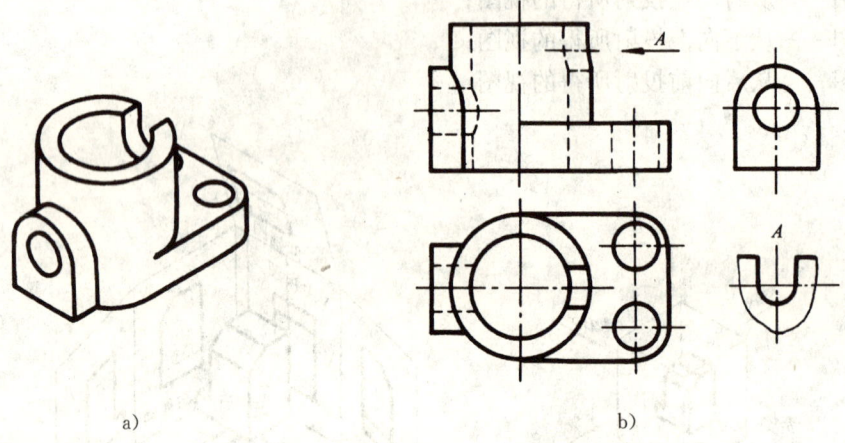

图 1-4-4　局部视图的画法与标注

局部视图的画法与标注规定如下：

(1) 在局部视图上方标出视图名称"×"，(×为大写拉丁字母)，在相应的视图附近用带相同字母的箭头指明投射方向，见图 1-4-4b)中的局部视图"A"所示。当局部视图按投影关系配置，中间又没有其他图形隔开时，可省略标注，见图 1-4-4b)中的局部左视图所示。

(2) 通常局部视图配置在箭头所指的方向或基本视图的位置，必要时也允许配置在其他位置。

(3) 局部视图的断裂边界线通常以波浪线表示，见图 1-4-4b)中的局部视图"A"。但当所表示的结构是完整的，且外轮廓线又成封闭时，波浪线可省略不画。

三、斜视图的画法与标注

几何体向不平行于基本投影面的平面(辅助投影面)投射所得的视图称为斜视图。斜视图一般用于表示几何体上倾斜结构表面的真实形状。

当机件上有与基本投影面倾斜的结构时,如图 1-4-5 上的倾斜面若用基本视图表示,视图不反映实形。因此生成斜视图时,可增设一个与机件倾斜部分平行,且垂直一个基本投影面的辅助投影面(见图 1-4-5a)中平面 P),将机件的倾斜结构向辅助投影面投射,投射方向垂直辅助投影面,所得投影图反映实体的实形(图 1-4-5b)),也可将辅助投影面按箭头所指方向旋转到与其垂直的基本投影面上(图 1-4-5c))。

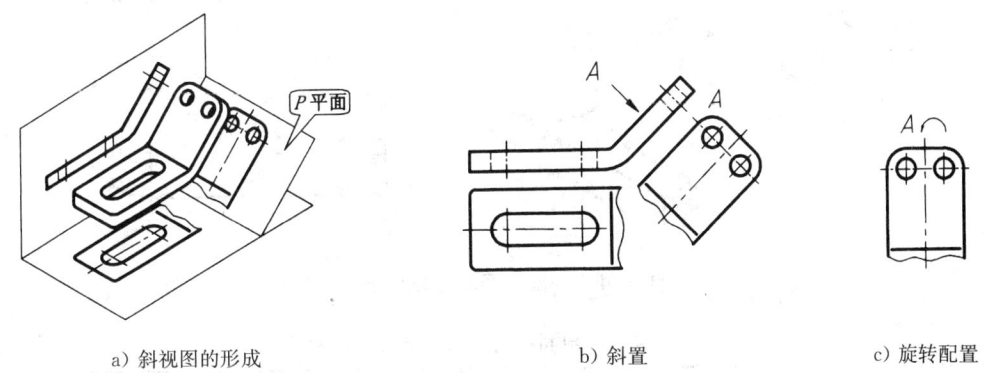

a) 斜视图的形成　　　　b) 斜置　　　　c) 旋转配置

图 1-4-5　斜视图的形成、画法与标注

斜视图的画法与标注规定如下:

(1) 必须在斜视图上方标出视图名称"×"(×为大写字母),在相应的视图附近用带相同字母的箭头指明投射方向,见图 1-4-5b)。

(2) 斜视图一般按投影关系配置,必要时允许将斜视图旋转。此时表示旋转斜视图名称的大写字母应靠近旋转符号的箭头端,见图 1-4-5c)。

(3) 斜视图通常画成局部的斜视图,其断裂边界常以波浪线表示。

【018】 剖视图

一、剖视图概念

用视图表达机件内部结构时,图中会出现许多虚线(见图 1-4-6)。由于视图上虚、实线交错重叠,往往影响图形的清晰,不利于读图。国家标准规定用剖视图的画法来解决机件内部结构的表达问题。

剖视是假想用剖切平面剖开机件,将处在观察者和剖切面之间的部分移去,而将其余部分向投影面投射所得的图形称为剖视图,见图 1-4-7 所示。

1. 剖面符号规定

在剖视图中,被剖切面剖切部分的断面称为剖面。为了在剖视图上区分剖面和其他表面,分清机件的实心、空心部分及远近层次,要在剖面上画上剖面符号。机件材料不同,其剖面符号的画法也不同,见表 1-4-1。

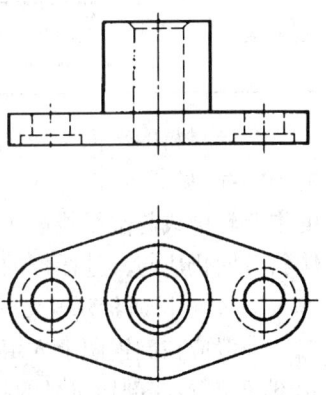

图 1-4-6　用虚线表示内部结构

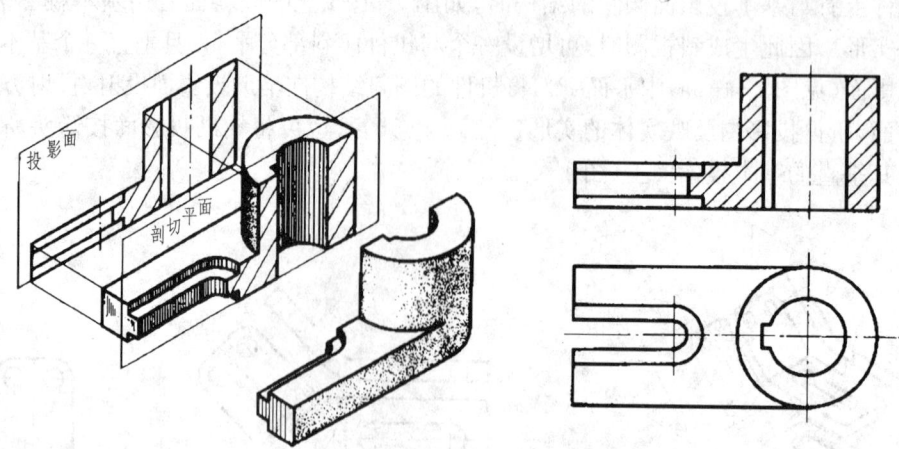

图 1-4-7　剖切图的形成与画法

表 1-4-1　剖面符号（GB 4457.5—84）

金属材料（已有规定剖面符号者除外）		型砂、填砂、粉末冶金、砂轮、陶瓷刀片、硬质合金刀片等		木材纵剖面	
非金属材料（已有规定剖面符号者除外）		钢筋混凝土		木材横剖面	
转子电枢变压器和电抗器等的叠钢片		玻璃及供观察用的其他透明材料		液体	
线圈绕组元件		砖		木质胶合板（不分层数）	
混凝土		基础周围的泥土		格网（筛网、过滤网）	

金属材料的剖面符号（剖面线）为一组间隔相等、方向相同、一般与水平成 45°的相互平行的细实线，见图 1-4-7。同一机件的所有剖面图形上，剖面线方向及间隔要一致。如果图形中的主要轮廓线与水平线成 45°，应将该图形的剖面线画成与水平线成 30°或 60°的平行线，但其倾斜方向仍应与其他图形的剖面线一致，见图 1-4-8。

2. 剖视图的标注规定

一般应在剖视图上方用字母标注出剖视图名称"×—×"，在相应的视图上用剖切符号表示剖切位置，在剖切符号的两端用箭头表示剖切后的投射方向，并在剖切符号附近注上相同的字母，见图 1-4-9。

剖切符号的画法是在剖切面投影积聚处两端和转折位置，画两小段不与图形轮廓线相交的粗实线（线长 3～8 mm，线宽 1～1.5d），见图 1-4-9。

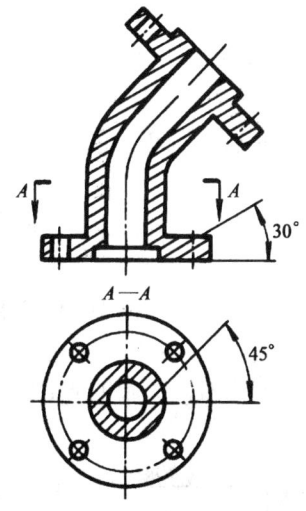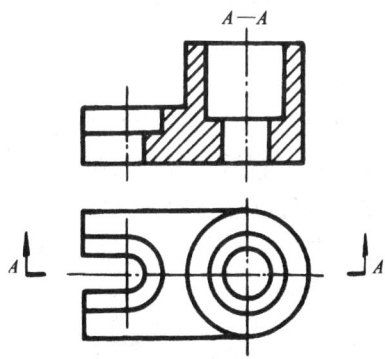

  图 1-4-8 特殊情况时剖面线的画法   图 1-4-9 剖面图的标注

  当剖视图是按投影关系配置，中间又无其他图形隔开时，可省略箭头，见图 1-4-10d)中主、左视图的标注方法。当仅用一个剖切平而且通过机件的对称平面剖切时，剖视图按投影关系配置，中间无其他图形隔开，可全部省略标注，见图 1-4-10d)中主、俯视图。

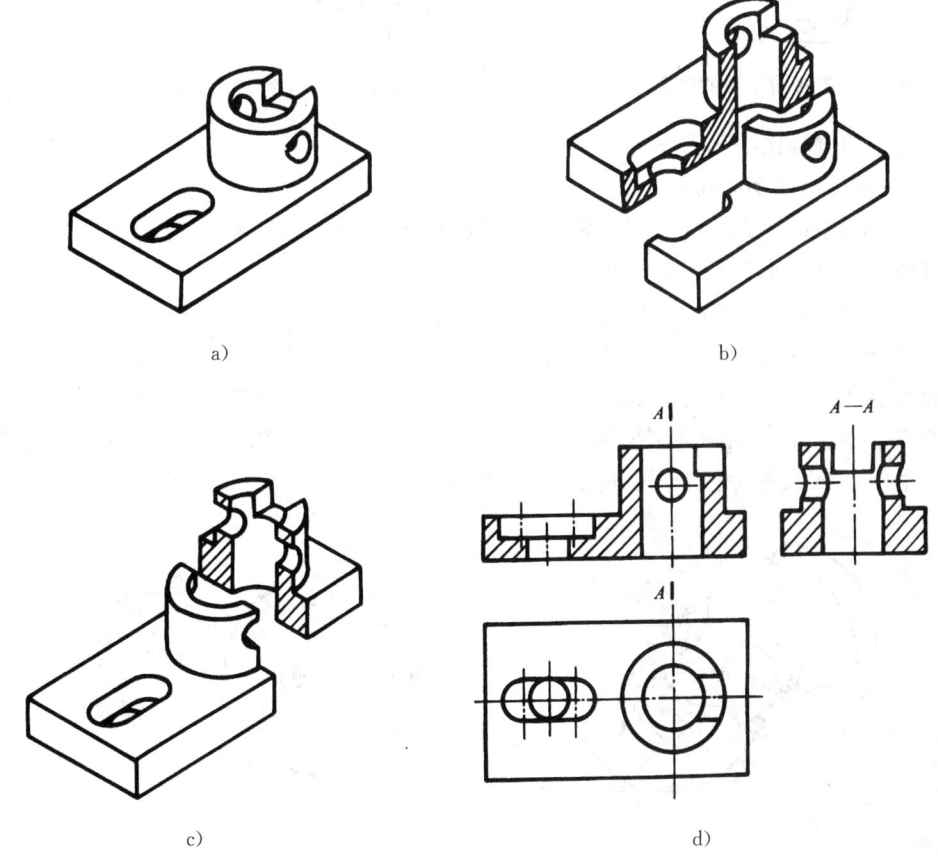

图 1-4-10 剖视图的省略标注

3. 画剖视图应注意的问题

（1）画剖视图时，机件的剖开是假想的，并不是真正把机件的一部分切去。因此，画其他视图时仍应按完整的机件画出，不应出现图 1-4-11 中俯视图只画一半的错误。

（2）剖切平面应通过零件上孔、槽的中心线或内部图形的对称面，且平行于某个基本投影面。

（3）画剖视图时，剖切平面之后的可见轮廓线均用粗实线全部画出，不应出现图 1-4-11 主视图中漏画阶梯孔分界面投影的错误。

（4）机件取剖视后，剖视图、视图中一般不再画虚线。见图 1-4-10 中，不但主、左剖视图上不画虚线，而且机件前后方向的通孔在俯视图上的虚线亦可省略。但是，如果虚线不画以后，致使机件的结构形状特征不能确定，这时，剖视图中的虚线仍应该画出，见图 1-4-12。

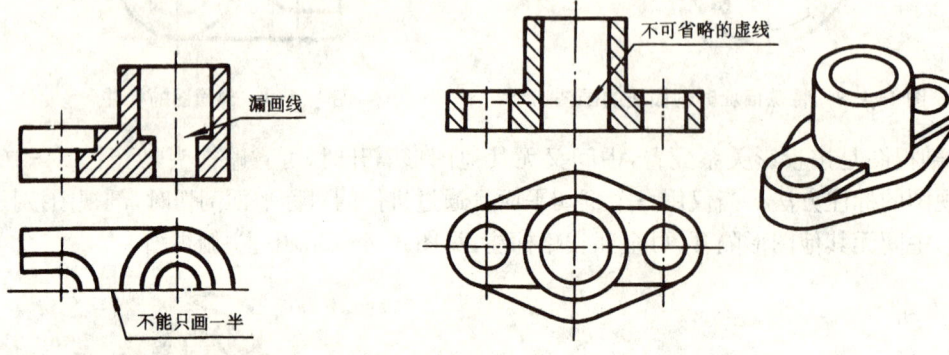

图 1-4-11　剖视图画法的错误　　　　图 1-4-12　剖视图中虚线的处理

二、常见的剖视图的画法与标注

1. 单一剖切面的全剖视图

图 1-4-8、图 1-4-9、图 1-4-10 等所示的剖视图均为单一剖切面的全部视图。这种剖视图适用于外形简单，内形结构处于同一对称面上的机件。

2. 两相交剖切面的全剖视图

此剖视图用两个相交的剖切平面（交线垂直于某一基本投影面）完全地剖开机件，适用于表达内部结构不在同一平面上，且具有明显旋转轴线的机件。画剖视图时，将倾斜的剖切平面剖开的结构及有关部分绕两剖切平面交线（旋转轴）旋转到与选定的基本投影面平行时再进行投射。这种剖视图又称旋转剖，其画法与标注见图 1-4-13。

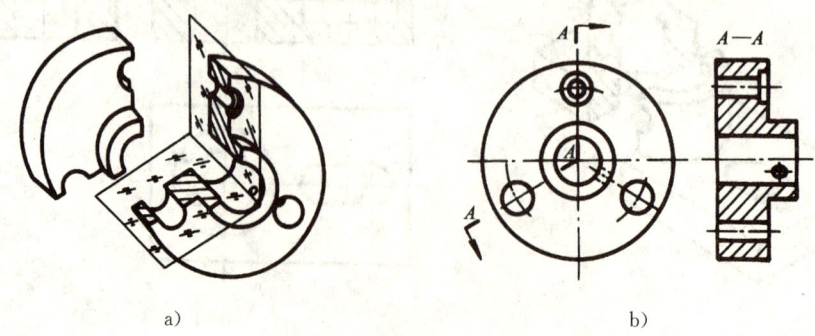

a)　　　　　　　　　　　　　　b)

图 1-4-13　两相交剖切面的全剖视图

但需注意的是,凡没有被剖切平面剖切到的结构,应按原来位置画它的投影,见图6-13所示的小孔。

3. 几个平行剖切平面的全剖视图

这种剖视图用几个平行的剖切平面完全地剖开机件。适用于表达机件上孔、槽及空腔对称中心线不在同一平面内的情况。该剖视图又称阶梯剖,其画法与标注见图1-4-14。

画阶梯剖视图时应注意:

(1) 平行剖切面之间必须垂直转折,由于剖切是假想的,剖视图中剖切面的转折处不应画出分界线,其错误画法见图 1-4-14c)。

(2) 在剖切面转折处,表示剖切位置的短粗实线不应与图的轮廓线重合,见图 1-4-14b)。

(3) 采用阶梯剖时,在剖视图中不应出现不完整的要素,其错误画法见图 1-4-14c)。

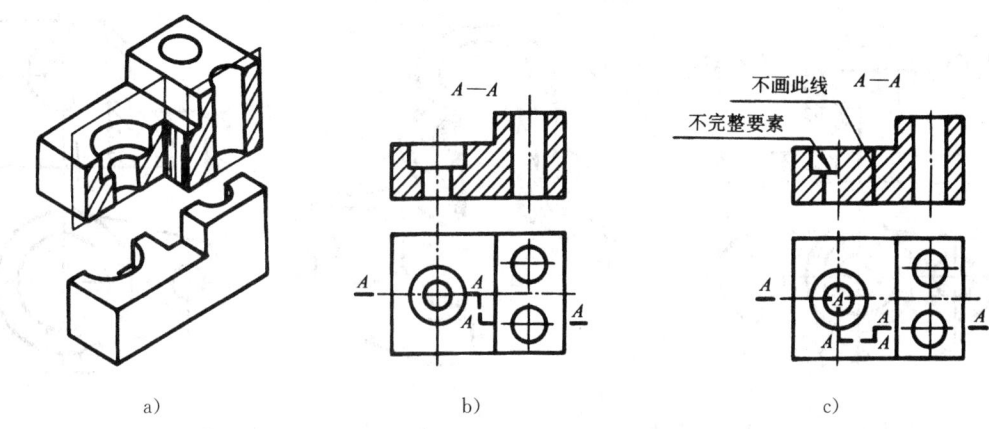

图 1-4-14 几个平行剖切面的全剖视图画法与标注

4. 半剖视图

半剖视图适用于内外形状都需要表达的对称机件或基本对称机件。当机件对称时,在垂

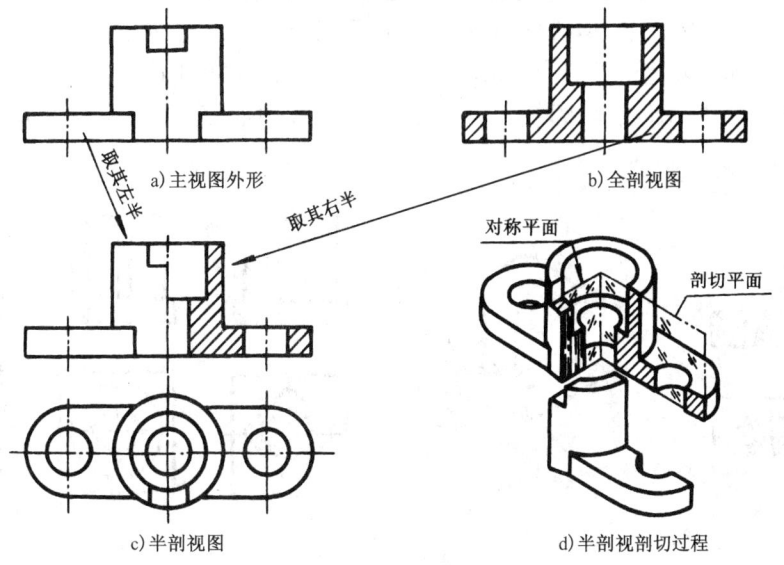

图 1-4-15 半剖视图

直于对称平面的投影面上投射所得的图形,可以以对称中心线为界,一半画成剖视图,另一半画成视图,这种剖视图称为半剖视图,见图 1-4-15。

画半剖视图时应注意：

(1) 半个视图与半个剖视图的分界线应以作为对称中心线的细点画线为界,不能画成其他图线,更不能理解为机件被两个相互垂直的剖切面共同剖切将其改画为粗实线。半剖视图常见的错误画法见图 1-4-16。

(2) 采用半剖视图后,不剖的一半一般不画虚线,但对孔、槽等结构需用细点画线画出其中心位置。

(3) 通常习惯把半剖视图画成"剖右留左、剖前留后、剖上留下"。

(4) 半剖视图的标注方法与全剖视图相同。

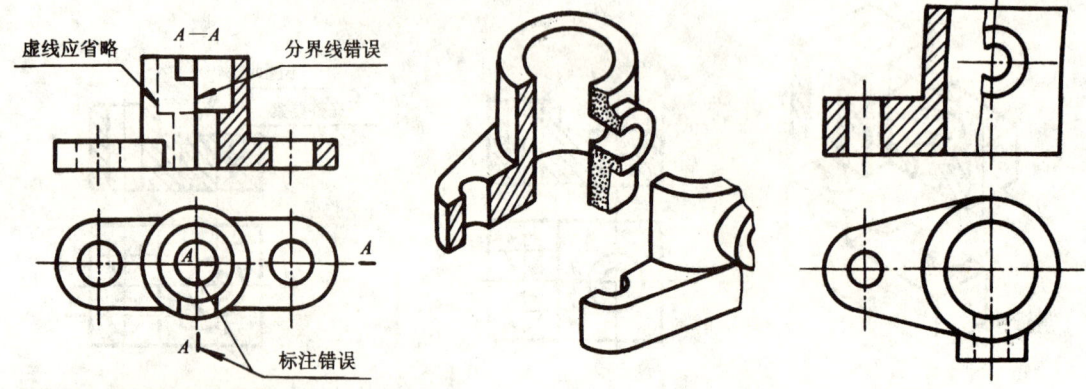

图 1-4-16　半剖视图的错误画法与标注　　　　图 1-4-17　局部剖视图(一)

5. 局部剖视图

用剖切平面局部地剖开机件所得的剖视图称为局部剖视图,见图 1-4-17。

局部剖视图是一种比较灵活的表达方法,适用于下列情况：

(1) 内外形状均需表达,但机件不对称,不宜采用半剖的情况时,见图 1-4-17。

(2) 仅需局部地表达机件的内部形状,不必采用全剖时,见图 1-4-18。

(3) 对称机件内外形的轮廓线正好与图形的对称中心线重合,不宜采用半剖时,见图 1-4-19。

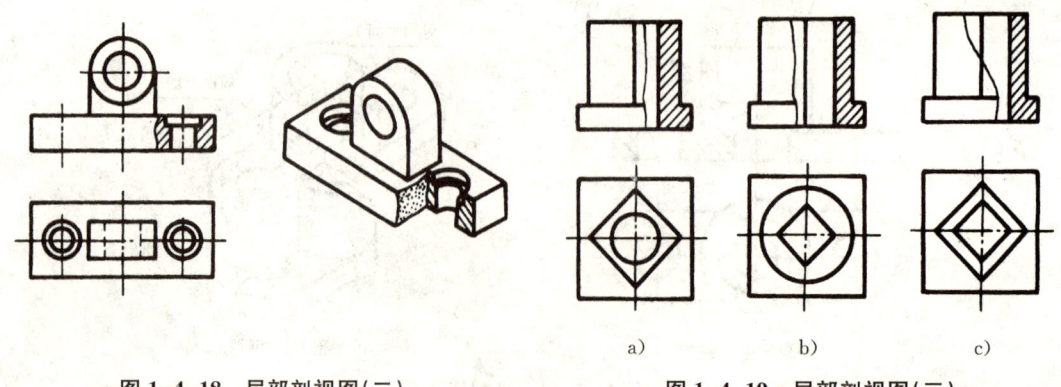

图 1-4-18　局部剖视图(二)　　　　图 1-4-19　局部剖视图(三)

画局部剖视图时须注意：

（1）局部剖视图用波浪线作为剖与不剖的分界线。波浪线不应与图中其他图线重合，也不能画在轮廓线的延长线上。波浪线可看作机件断裂痕迹的投影，因此它必须画在机件的实体上，不要超出实体外。遇到通孔、通槽等结构时波浪线应断开。波浪线的错误画法见图1-4-20。

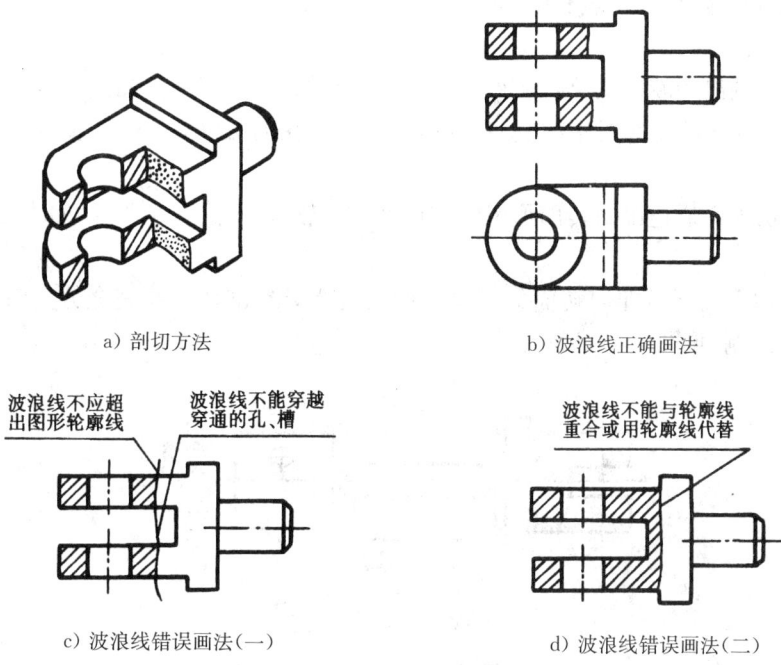

图 1-4-20　局部剖视图中波浪线常见错误画法

（2）局部剖视图的标注一般可省略不注。

【019】　断面图

一、断面图的概念

假想用剖切平面将机件的某处切断，只画出剖切平面与机件接触部分的图形，这种图形称为断面图，见图1-4-21a）、b）。

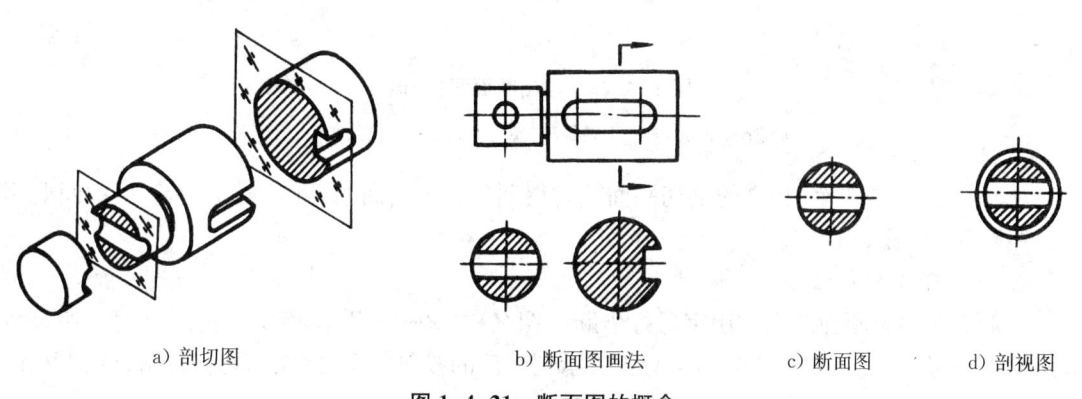

图 1-4-21　断面图的概念

断面图与剖视图的区别是：断面图只画出物体被切处的断面形状,如图1-4-21c),而剖视图除了画出其断面形状之外,还必须画出断面后物体所有可见部分的投影,如图1-4-21d)。

断面图分为移出断面图和重合断面图。

二、移出断面图的画法与标注

画在视图外的断面图称为移出断面图,见图1-4-21b)。

1. 移出断面图的画法

(1) 为了使画出的断面图反映实形,剖切平面应垂直被剖切部分的主要轮廓线或轴线。

(2) 移出断面图的轮廓线用粗实线绘制,并尽量画在剖切位置线的延长线上,见图1-4-22a)、c)。

(3) 当剖切平面通过由回转面形成的孔或凹坑的轴线时,这些结构应按剖视图绘制,见图1-4-22c)。

(4) 当剖切平面通过非回转面的孔、槽剖切,且会导致剖切断面完全分离时,则这些结构也应按剖视图绘制,见图1-4-22a)。

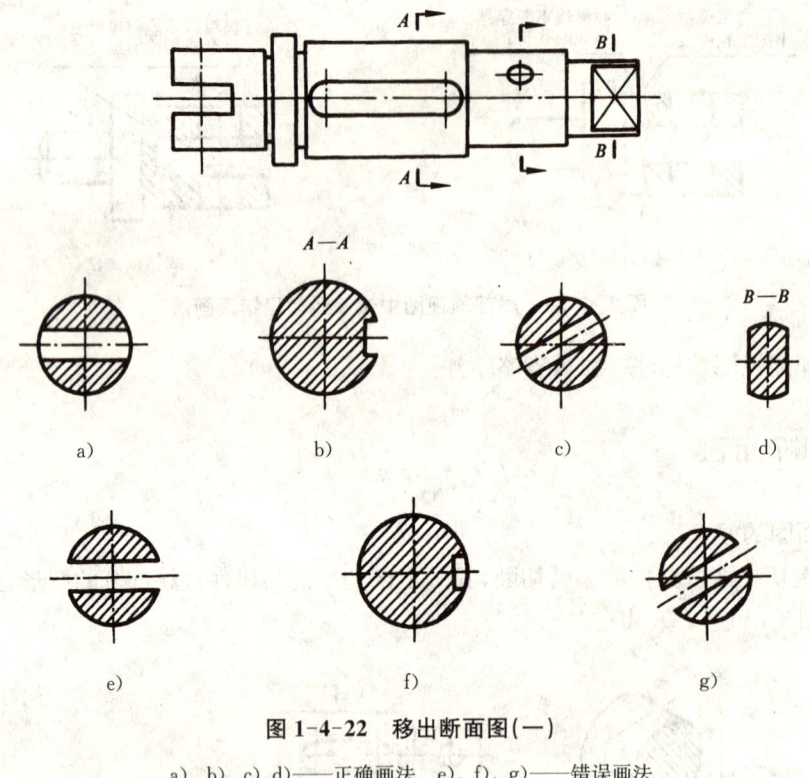

图 1-4-22 移出断面图(一)

a)、b)、c)、d)——正确画法　e)、f)、g)——错误画法

(5) 由两个(或多个)相交的剖切平面剖切得到的移出断面图,可以画在一起,但中间要用波浪线断开,见图1-4-23。

2. 移出断面的标注

一般应在移出断面图上方用字母标出断面图名称"×—×",在相应的视图上用剖切符号表示剖切位置,在剖切符号的两端用箭头表示剖切后的投射方向,并在剖切符号附近注上相同的字母,见图1-4-22b)。

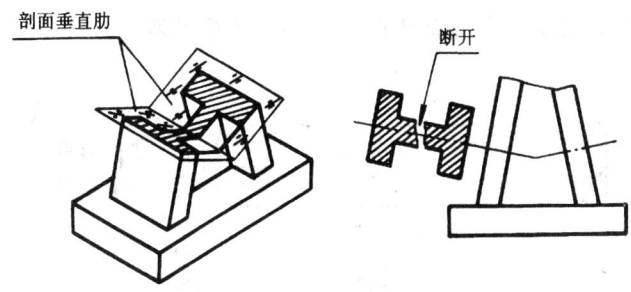

图 1-4-23 移出断面图(二)

画在剖切位置线的延长线上且移出的断面图对称时,可省略所有标注,用点画线表示剖切位置,见图 1-4-22a)。画在剖切位置线的延长线上,移出的断面图不对称时,只可省略断面图名称和字母,见图 1-4-22c)。不画在剖切位置线的延长线上且为对称的移出断面图时,只可省略箭头,见图 1-4-22d)。

三、重合断面图的画法与标

画在视图内的断面图称为重合断面图,见图 1-4-24。

1. 重合断面图的画法

剖切后将断面图形绕剖切位置旋转 90°,使断面图重叠在视图上。

重合断面图的轮廓线用细实线绘制。当视图中的轮廓线与重合断面图重叠时,视图中的轮廓线仍应连续画出,不可间断,见图 1-4-24b)。

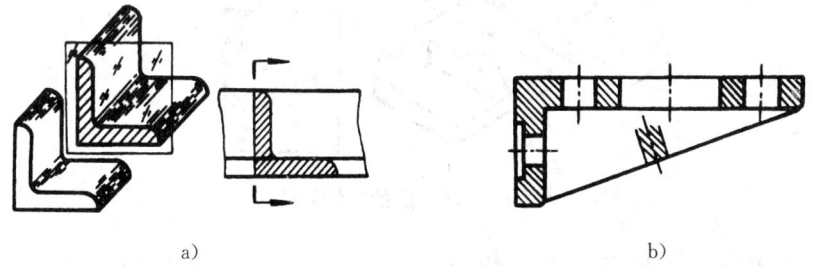

图 1-4-24 重合断面图

2. 重合断面图的标注

对称的重合断面图,省略标注,见图 1-4-24b)。不对称的重合断面图,应注出剖切符号和箭头,见图 1-4-24a)。

【020】 其他表达方法简介

一、局部放大图

当机件上某些细小结构,在视图中不易表达清楚和不便标注尺寸时,可将该局部结构用比原图放大的比例画出,这种图形称为局部放大图,见图 1-4-25。

局部放大图可画成视图、剖视或断面图,应尽量配置在被放大部位附近。

局部放大图必须标注,方法是在视图中用细实线圈出需要放大的部位,在局部放大图上方注写绘图比例(指放大图与机件实际大小之比,而不是与原图之比)。当放大部位不止一处时,须用罗马数字编号,并在放大部位及放大图上方注写相应的罗马数字,见图1-4-25。

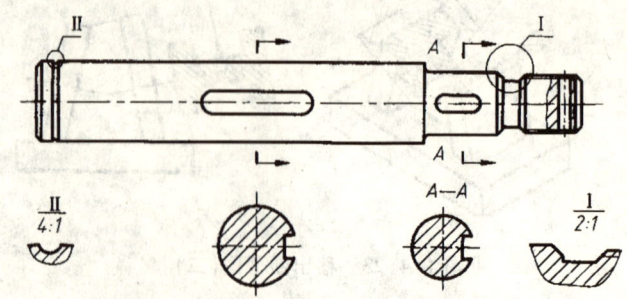

图1-4-25 局部放大图

二、简化画法与规定画法举例

(1) 对于机件的筋、轮辐、薄壁等,若按纵向剖切,这些结构都不画剖面符号,而用粗实线将其与邻接部分分开。但横向剖切时,则应画剖面符号,见图1-4-26、图1-4-27。

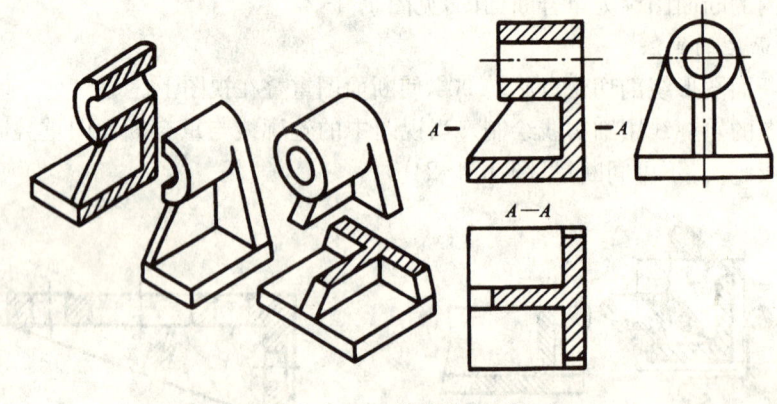

图1-4-26 筋的剖切画法

(2) 当回转体上均匀分布的筋、轮辐、孔等结构不处于剖切平面上时,可将这些结构旋转到剖切平面上画出,见图1-4-28。

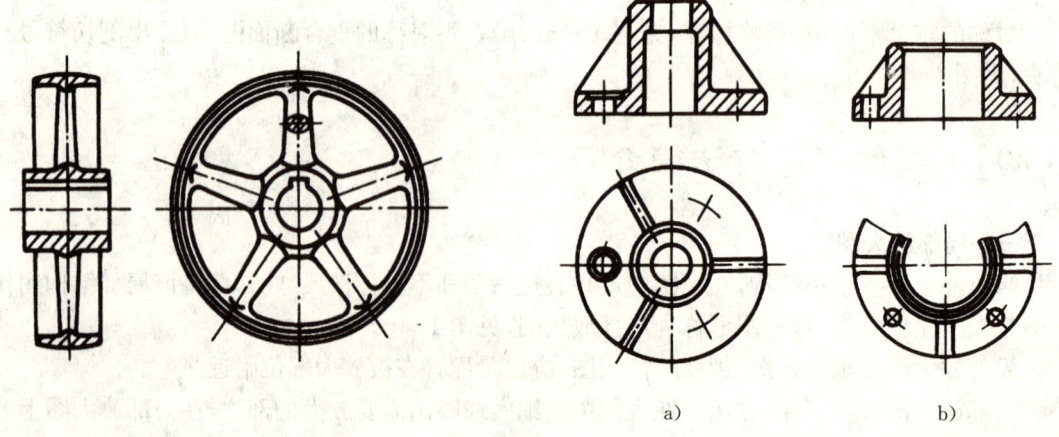

图1-4-27 轮辐的剖切画法　　　　图1-4-28 盘形零件上筋、孔的画法

(3) 当机件上具有若干相同结构(如孔、齿、槽等),并按一定规律分布时,只需画出几个完整的结构,其余用细实线连接,或画出它们的中心线,然后在图中注明其总数,见图 1-4-29。

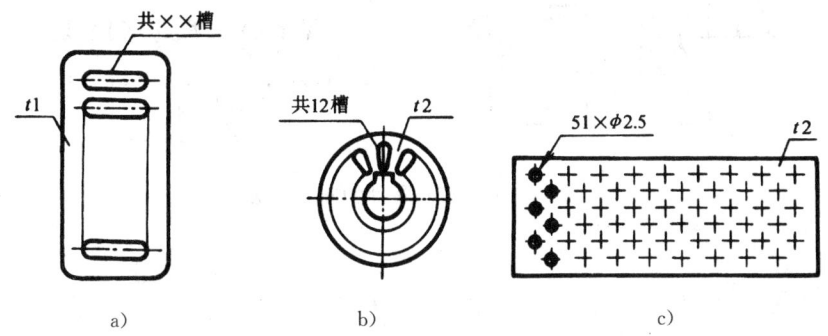

图 1-4-29 相同结构要素的画法

(4) 当图形不能充分表达平面时,可用平面符号(两相交的细实线)表示,见图 1-4-30。

(5) 与投影面倾斜角度小于或等于 30°的圆或圆弧,其投影可用圆或圆弧代替椭圆,见图 1-4-31。

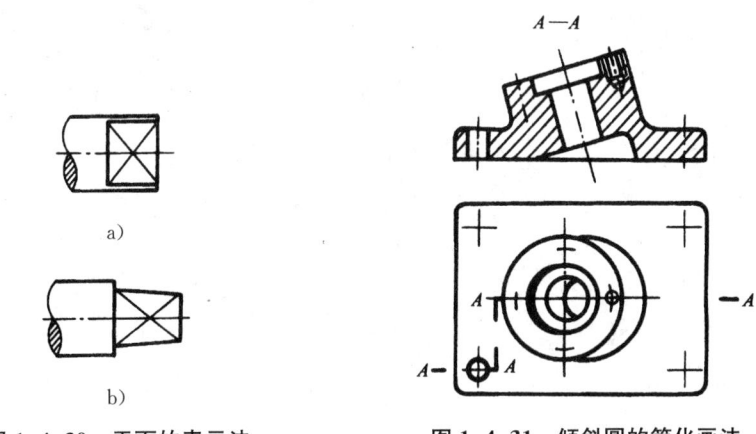

图 1-4-30 平面的表示法　　图 1-4-31 倾斜圆的简化画法

(6) 对称机件的视图可只画一半或四分之一,并在对称中心线的两端画出两条与其垂直的平行细实线,见图 1-4-32。

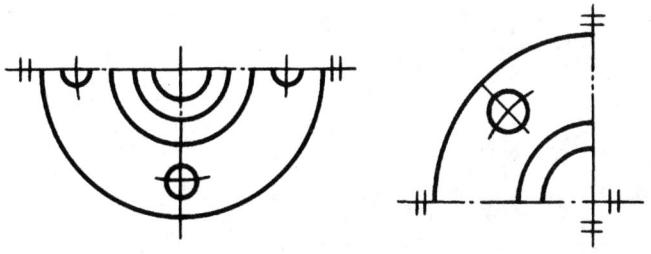

图 1-4-32 对称零件的简化画法

（7）较长机件（轴、型材、连杆等）沿长度方向的形状一致或按一定规律变化时，可断开后缩短绘制，见图 1-4-33。

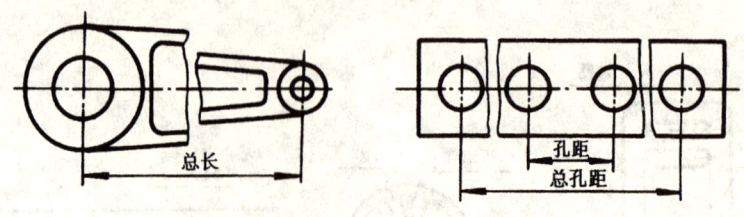

图 1-4-33　较长零件的简化画法

第五章 图样中的技术要求

【021】 极限与配合

在成批或大量生产中,要求零件具有互换性,即当装配一台机器或部件时,只要在一批相同规格的零件中任取一件装配到机器或部件上,不需修配加工就能满足性能要求。零件在制造过程中其尺寸不可能做得绝对准确,只能根据尺寸的重要程度对其规定允许的误差范围即公差要求。

一、公差的有关术语和定义(GB/T 1800.2—1998)

以图 1-5-1 销轴为例。

(1) 基本尺寸 零件设计时,根据性能和工艺要求,通过必要的计算和实验确定的尺寸。如图 1-5-1 中销轴直径 $\phi 20$,长度 40。

(2) 实际尺寸 加工后实际测量获得的尺寸。

(3) 极限尺寸 允许零件实际尺寸变化的两个极限值。实际尺寸应位于其中,也可达到极限尺寸。两个极限值中,大的一个称最大极限尺寸,小的一个称最小极限尺寸。如图 1-5-1 中销轴的最大极限尺寸为 $\phi 20.023$,最小极限尺寸为 $\phi 20.002$。

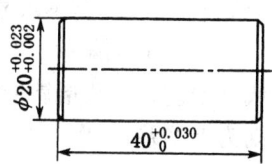

图 1-5-1 销轴尺寸公差标

(4) 尺寸偏差(简称偏差) 某一尺寸(实际尺寸、极限尺寸等)减去基本尺寸所得的代数差。其中

$$最大极限尺寸 - 基本尺寸 = 上偏差$$

$$最小极限尺寸 - 基本尺寸 = 下偏差$$

如图 1-5-1 中销轴直径的上偏差为:$\phi 20.023 - \phi 20 = +0.023$,下偏差为:$\phi 20.002 - \phi 20 = +0.002$。

孔和轴的上偏差分别以 ES 和 es 表示;孔和轴的下偏差分别以 EI 和 ei 表示。

偏差可能是正的,也可能是负的,甚至可能是零。

(5) 尺寸公差(简称公差) 允许尺寸的变动量,可用下式表示:

$$尺寸公差 = 最大极限尺寸 - 最小极限尺寸$$

尺寸公差是一个没有符号的绝对值。图 1-5-1 中销轴直径的尺寸公差 $= \phi 20.023 - \phi 20.002 = 0.021$。

(6) 公差带 图 1-5-2 为极限与配合的示意图,图中零线及公差带的定义如下:

零线:在极限与配合图解中,表示基本尺寸的一条直线,以其为基准确定偏差和公差。

公差带:在公差带图解中,由代表上偏差和下偏差或最大极限尺寸和最小极限尺寸的两条直线所限定的一个区域。

公差带的示意图如图 1-5-3 所示。

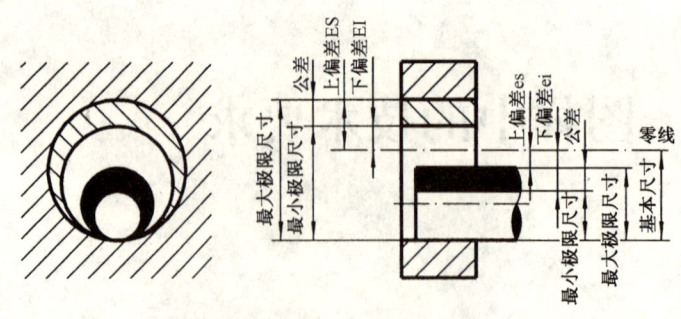
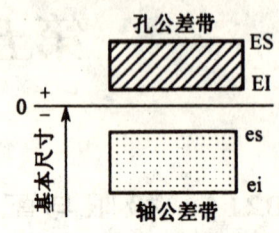

图 1-5-2 极限与配合示意图　　　　图 1-5-3 公差带示意图

(7) 标准公差　标准公差是国标规定的用来确定公差带大小的标准化数值。

由 IT 和数字组成的代号为标准公差等级代号,如 IT7。标准公差按基本尺寸范围和标准公差等级确定,分 20 个级别,即 IT01、IT0、IT1 至 IT18。随着公差等级的增大,尺寸的精确程度依次降低,公差数值依次增大,其中 IT01 级精度最高,IT18 级最低。

对一定的基本尺寸而言,公差等级越高,公差数值越小,尺寸精度越高。属于同一公差等级的公差数值,基本尺寸段越大,对应的公差数值越大,但被认为具有同等的精确程度。

(8) 基本偏差　基本偏差是确定公差带相对零线位置的那个极限偏差,它可以是上偏差或下偏差。一般指靠近零线的那个偏差。当公差带在零线上方时,基本偏差为下偏差;反之,则为上偏差。

国标规定了孔、轴基本偏差代号各有 28 个。大写字母代表孔的基本偏差代号,A～H 为下偏差,J～ZC 为上偏差,JS 对称于零线,其基本偏差为 $(+IT/2)$ 或 $(-IT/2)$;小写字母代表轴的基本偏差代号,a～h 为上偏差,j～zc 为下偏差,js 对称于零线,其基本偏差为 $(+IT/2)$ 或 $(-IT/2)$,如图 1-5-4 所示。

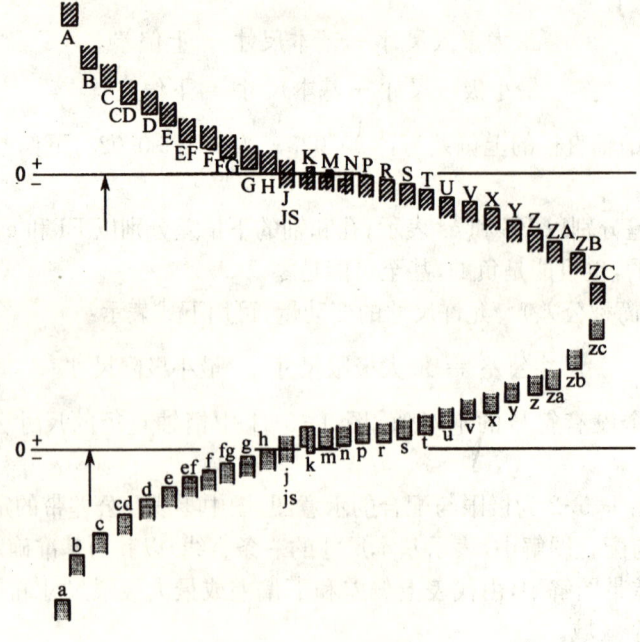

图 1-5-4　基本偏差系列

图 1-5-4 中每个公差带都没有封口,是由于基本偏差仅确定了公差带相对零线的位置,而一个基本尺寸的某种基本偏差还对应着 20 种(20 个公差等级)公差带的大小。其中,基本偏差代号为 H 和 h 时,它们的基本偏差均为零。

(9) 公差带代号　公差带代号由基本偏差代号和公差等级组成。如:

H8——表示基本偏差代号为 H,公差等级为 8 级的孔公差带代号。

f7——表示基本偏差代号为 f,公差等级为 7 级的轴公差带代号。

当基本尺寸和公差带代号确定时,可根据公差表"孔、轴极限偏差"中查得极限偏差值。

二、配合与基准制

1. 配合

配合是基本尺寸相同,相互结合的孔、轴公差带之间的关系。根据使用要求不同,孔和轴装配可能出现不同的松紧程度。

国家标准将配合分为如下三类:

(1) 间隙配合　任取一对基本尺寸相同的轴和孔相配,当孔的尺寸减去轴的尺寸为正或零时称间隙配合。此时孔的公差带在轴的公差带之上,如图 1-5-5 所示。

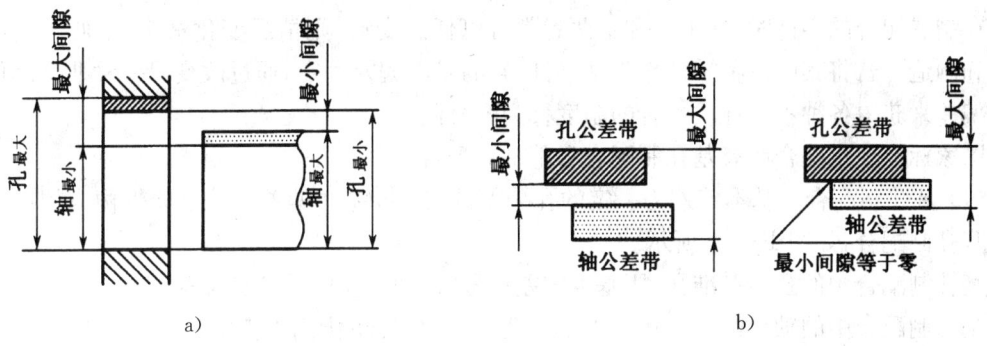

图 1-5-5　间隙配合公差带

(2) 过盈配合　任取一对基本尺寸相同的轴和孔相配,当孔的尺寸减去轴的尺寸为负或零时称过盈配合。此时轴的公差带在孔的公差带之上,如图 1-5-6 所示。

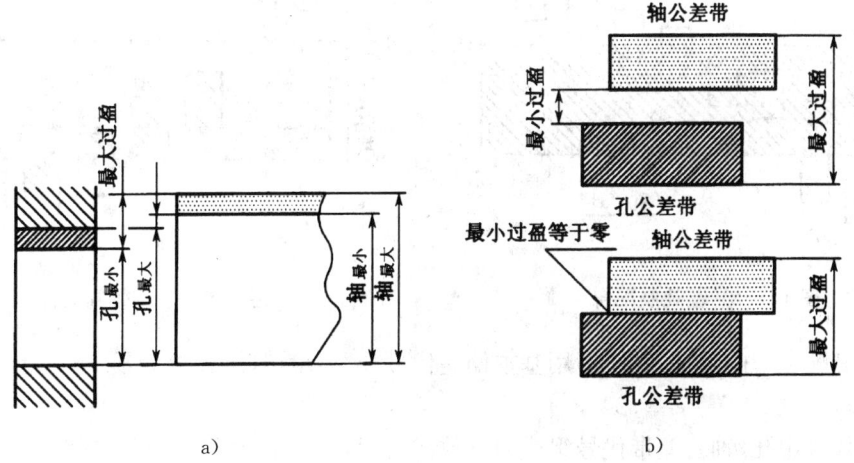

图 1-5-6　过盈配合公差带

(3) 过渡配合 任取一对基本尺寸相同的轴和孔相配,当孔的尺寸减去轴的尺寸可能为正也可能为负时称过渡配合。此时孔的公差带和轴的公差带相互重叠,如图 1-5-7 所示。

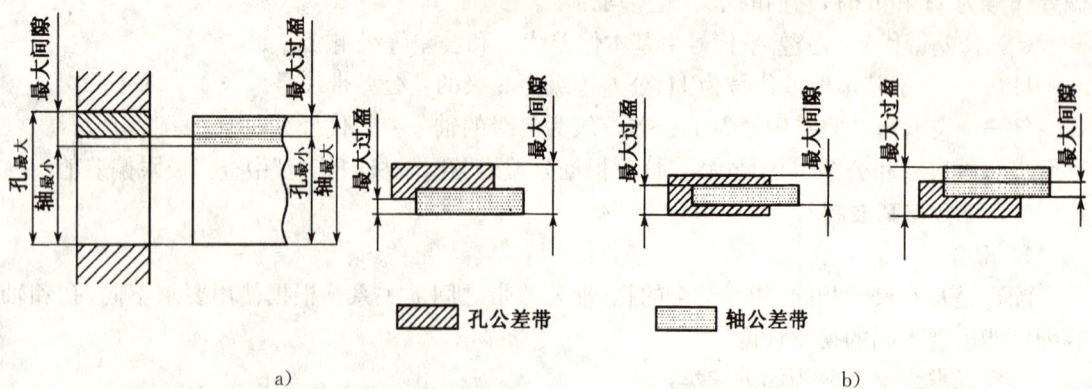

图 1-5-7 过渡配合公差带

2. 配合制

在制造配合的零件时,如果孔和轴两者都可以任意变动,则情况变化极多,不便于零件的设计和制造。若将其中一种零件作为基准件,它的基本偏差固定,通过改变另一种非基准件的基本偏差来获得各种不同性质配合的制度称为配合制。

国家标准规定配合制有基孔制配合和基轴制配合。

(1) 基孔制配合 基本偏差为一定的孔公差带与不同基本偏差的轴公差带构成的各种配合称基孔制配合,如图 1-5-8 所示。

基孔制配合中的孔称基准孔,用基本偏差代号"H"表示,其下偏差为零。

基孔制配合中的轴称配合件。如轴承内孔与轴的配合就属于"基孔制"。

(2) 基轴制配合 基本偏差为一定的轴公差带与不同基本偏差的孔公差带构成的各种配合称基轴制配合,如图 1-5-9 所示。

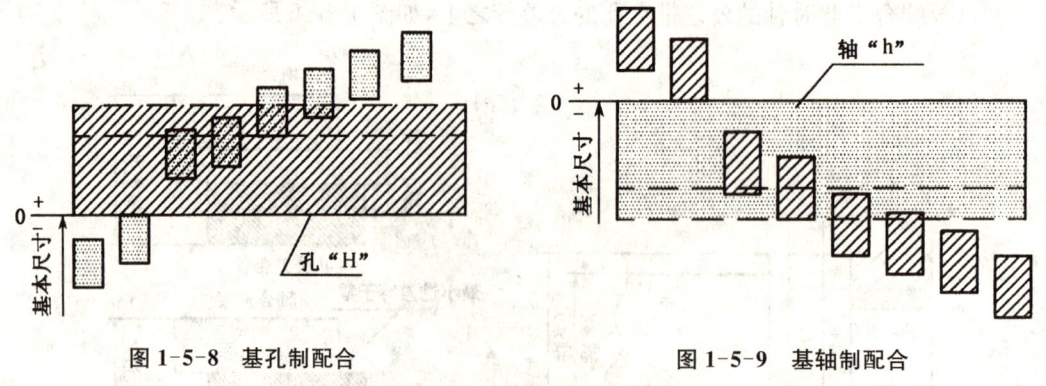

图 1-5-8 基孔制配合　　　　图 1-5-9 基轴制配合

基轴制配合中的轴称基准轴,用基本偏差代号"h"表示,其上偏差为零。

3. 配合代号

配合代号用孔、轴公差带代号组成的分数式表示,分子表示孔的公差带代号,分母表示轴的公差带代号。

如 H8f7、H9h9、P7h6 等,也可写成:H8/f7、H9/h9、P7/h6 的形式。
一般而言,在配合代号中有"H"者为基孔制配合;有"h"者为基轴制配合。

三、公差与配合标注法

1. 零件图上注法

零件图上通常只标注公差,不标注配合代号。可按下列三种形式之一标注,如图 1-5-10 所示。

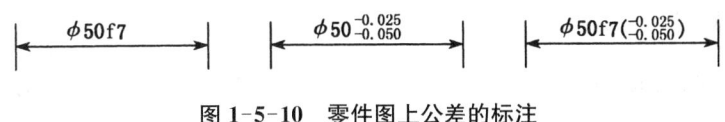

图 1-5-10 零件图上公差的标注

(1) 在基本尺寸后面注出公差带代号,如:$\phi 50f7$。

(2) 在基本尺寸后面注出极限偏差数值,如:$\phi 50^{-0.025}_{-0.050}$。

(3) 两者同时注出,如:$\phi 50f7(^{-0.025}_{-0.050})$。

2. 装配图中注法

装配图中只注配合代号,不注公差。装配图中配合代号以孔、轴公差带代号的分数形式注出,如 H8f7 或 H8/f7,分子表示孔的公差带代号,分母表示轴的公差带代号。其一般形式如下:

(1) 基孔制配合的标注方法 如图 1-5-11 所示。

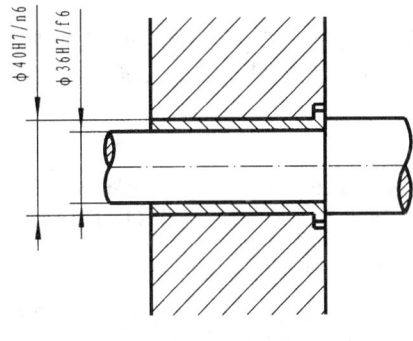

图 1-5-11 基孔制配合的标注

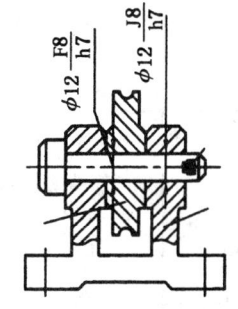

图 1-5-12 基轴制配合的标注

(2) 基轴制配合的标注方式 如图 1-5-12 所示。

【022】 表面粗糙度

一、表面粗糙度代号及其注法(GB/T 3505—2000)

1. 表面粗糙度概念

表面粗糙度是指零件表面上所具有的较小间距的峰谷所组成的微观几何形状特征,如图 1-5-13 所示。

表面粗糙度是评定零件表面质量的一项重要技术指标。它对零件的配合、耐磨性、抗腐蚀性、密封性和外观等都有影响。所以,在保证机器性能的前提下,应根据零件不同的作用,恰当地选择表面粗糙度参数及其数值。

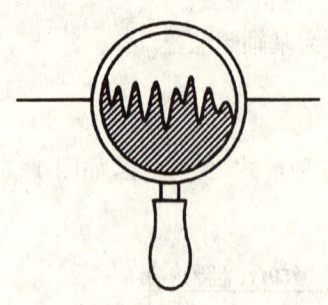 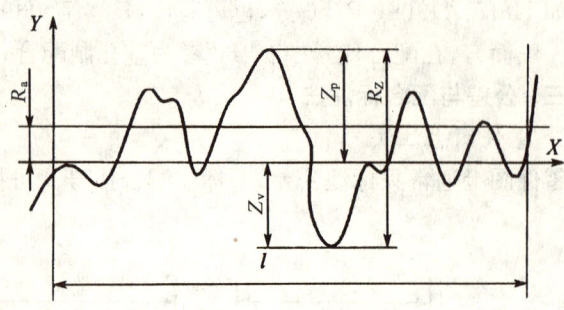

图 1-5-13　表面粗糙度概念　　　　图 1-5-14　表面粗糙度参数

2. 评定表面粗糙度的参数及其数值

评定零件表面粗糙度的主要参数是轮廓算术平均偏差 R_a。

R_a 是在取样长度 L 内，纵坐标值 $Z(x)$ 的绝对值的算术平均值。其值为（见图 1-5-14 所示）

$$R_a = \frac{1}{l} \int |Z(x)| \, \mathrm{d}x$$

表 1-5-1 给出了常用 R_a 数值及其相应的加工方法和应用。

表 1-5-1　表面 R_a 数值对应的加工方法和应用

$R_a/\mu m$	加工方法	应用举例
50	粗车、粗铣、粗刨、钻孔等	不重要的接触面或非接触面，如凸台顶面、轴的端面、倒角、穿入螺纹紧固件的光孔表面
25		
12.5		
6.3	精车、精铣、精刨、铰孔等	较重要的接触面，转动和滑动速度不高的配合面和接触面，如轴套、齿轮端面、键及键槽工作面
3.2		
1.6		
0.8	精铰、磨削、抛光等	要求较高的接触面、转动和滑动速度较高的配合面和接触面，如齿轮工作面、导轨表面、主轴轴颈表面、销孔表面
0.4		
0.2		
0.1	研磨、超级精密加工等	要求密封性能较好的表面，转动和滑动速度极高的表面，如精密量具表面、气缸内表面及活塞环表面、精密机床主轴轴颈表面等
0.05		
0.025		
0.012		
0.008		

3. 表面粗糙度代号的意义

在表面粗糙度符号中，按功能要求加注一项或几项有关规定后，形成表面粗糙度代号，如表 1-5-2。

国标规定，当在符号中标注一个参数值时，为该表面粗糙度的上限值；当标注两个参数值时，一个为上限值，另一个为下限值；当表示最大允许值或最小允许值时，应在参数值后加注符号"max"或"min"，见表 1-5-2。

表 1-5-2 R_a 的代号及意义

代 号	意 义	代 号	意 义
3.2∇	任何方法获得的表面粗糙度，R_a 的上限值为 3.2μm	3.2max∇	用任何方法获得的表面粗糙度，R_a 的最大值为 3.2μm
3.2∇	用去除材料方法获得的表面粗糙度，R_a 的上限值为 3.2μm	3.2max∇	用去除材料方法获得的表面粗糙度，R_a 的最大值为 3.2μm
3.2∇	用不去除材料方法获得的表面粗糙度，R_a 的上限值为 3.2μm	3.2max∇	用不去除材料方法获得的表面粗糙度，R_a 的最大值为 3.2μm
3.2 1.6∇	用去除材料方法获得的表面粗糙度，R_a 的上限值为 3.2μm，R_a 的下限值为 1.6μm	3.2max 1.6min∇	用去除材料方法获得的表面粗糙度，R_a 的最大值为 3.2μm，R_a 的最小值为 1.6μm

4. 表面粗糙度标注方法

（1）标注规则　在同一张图样上，每一表面一般只标注一次代（符）号，并按规定分别注在可见轮廓线、尺寸界线、尺寸线或其延长线上。

（2）符号尖端必须从材料外指向加工表面。

（3）代号不带横线时，粗糙度参数值的方向与尺寸数字方向一致。

（4）标注示例　有关标注方法的图例见表 1-5-3。

表 1-5-3 粗糙度标注图例

图 例	说 明	图 例	说 明
(图例)	代号中数字的方向必须与尺寸数字方向一致。对其中使用最多的一种代（符）号，可以统一标注在图纸右上角，并加注"其余"两字，代（符）号的大小应是图形上其他代号的1.4倍	(图例)	各倾斜表面粗糙度代（符）号的标注法
(图例)	当零件所有表面为同一代（符）号时，可在图形右上角统一标注，其代（符）号应是图形上其他代（符）号的1.4倍	(图例)	在指引线上标注表面粗糙度代（符）号时，均按水平方向标注

【023】 形状和位置公差

一、形状和位置公差概念

零件经加工后,不仅会产生表面微观不平整和尺寸误差,还会产生形状误差和位置误差(简称形位误差)。

按图 1-5-15a)所示尺寸制造一个小轴,加工后发现其形体弯曲了,没有成为准确的圆柱形状,如图 1-5-15b)所示,这种形状上的不准确,属于形状误差。

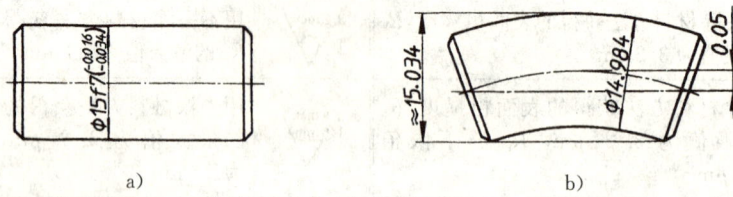

图 1-5-15 形状误差

图 1-5-16a)所示的 $\phi20H8$ 和 $\phi15H8$ 两孔轴线要求在同一直线上,加工后,两孔轴线出现了偏移 e,如图 1-5-16b)所示,这种两孔轴线在相互位置上的偏移属于位置误差。

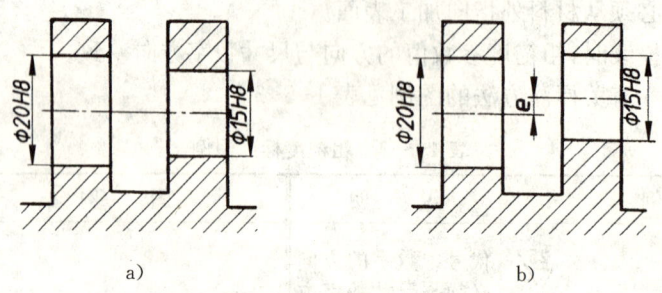

图 1-5-16 位置误差

零件的形状和相对位置误差对机器的装配、工作性能和使用寿命都有一定的影响。因此,对于较重要的零件,除了控制其表面粗糙度、尺寸误差外,有时还要对其形状和位置误差加以限制,给出经济、合理的允许值,称为形状和位置公差,简称为形位公差。

二、形状和位置公差的符号

形状和位置公差共有 14 项,如表 1-5-4 所示。其符号的画法如图 1-5-17 所示。其中除跳动公差的符号用细实线绘制外,其余各符号笔画粗度均为 $h/10$(h 为尺寸数字的高度)。

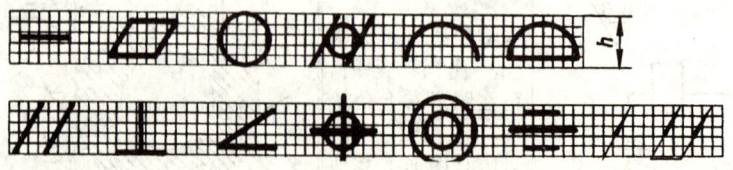

图 1-5-17 形位公差项目符号的画法

表 1-5-4 形位公差项目的符号

分类	项目	符号	分类		项目	符号
形状公差	直线度	─	位置公差	定向	平行度	∥
	平面度	▱			垂直度	⊥
	圆度	○			倾斜度	∠
	圆柱度	⌭		定位	同轴度	◎
	线轮廓度	⌒			对称度	═
	面轮廓度	⌓			位置度	⊕
				跳动	圆跳动	∕
					全跳动	∕∕

三、形位公差的代号标注

形位公差代号的标注方法，是用带箭头的指引线和形位公差框格、形位公差有关项目的符号、形位公差数值和其他有关符号及基准符号等表示，如图 1-5-18 所示。

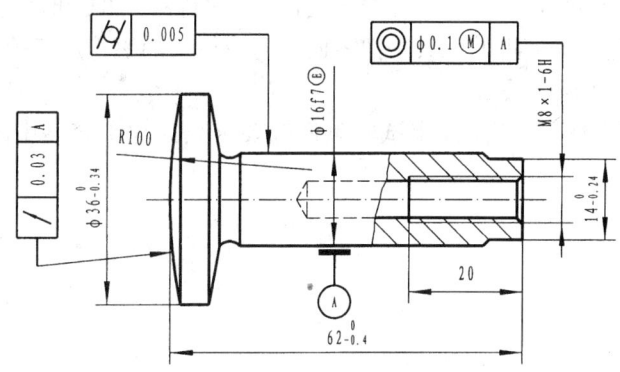

图 1-5-18 形位公差标注示例

公差框格应水平或垂直放置，其线型为细实线。框格分成两格或多格，自左至右填写以下内容：

第一格为形位公差项目的符号；
第二格为形位公差数值和有关符号；
第三格及以后各格为基准代号字母和有关符号。

多格式的框格如图 1-5-19 所示，其中 h 为尺寸数字的字高。

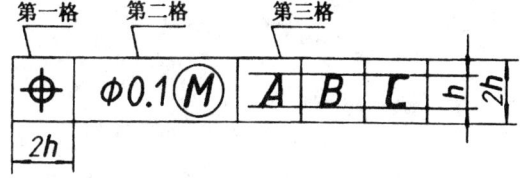

图 1-5-19 公差框格

【024】 其他技术要求

除前述几项基本的技术要求外,还应包括对表面的特殊加工及修饰、对表面缺陷的限制、对材料性能的要求、对加工方法、检验和实验方法的具体说明等,其中有些项目可单独写成技术文件。

1. 零件毛坯的要求

对于铸造或锻造的毛坯零件,应有必要的技术说明。如铸件的圆角、气孔及缩孔、裂纹,锻件去除氧化皮等影响零件使用性能的现象应有具体的限制。

2. 热处理要求

热处理对于金属材料的机械性能的改善与提高有显著作用,因此在设计机器零件时常提出热处理要求。如:轴类零件的调质处理、齿轮轮齿的淬火等。

热处理要求一般是写在技术要求条目中,对于表面渗碳及局部热处理要求也可直接标注在视图上。

3. 对表面涂层、修饰的要求

根据零件用途的不同,常对一些零件表面提出必要的特殊加工和修饰。如为防止零件表面生锈,对非加工面应喷漆。再如工具手把表面为防滑提出的滚花加工等。

4. 对试验条件与方法的要求

为保证部件的安全使用,常需提出试验条件等要求。如化工容器中的压力试验、强度试验、齿轮泵的密封要求等。

第六章　标准件和常用件的画法

【025】　螺　纹

一、螺纹的结构与五要素

螺纹是根据螺旋线的形成原理加工而成,螺纹制作的方法很多,图 1-6-1 所示为在车床上车削螺纹的情况。在圆柱外表面上形成的螺纹叫外螺纹,在圆柱内表面上形成的螺纹叫内螺纹。

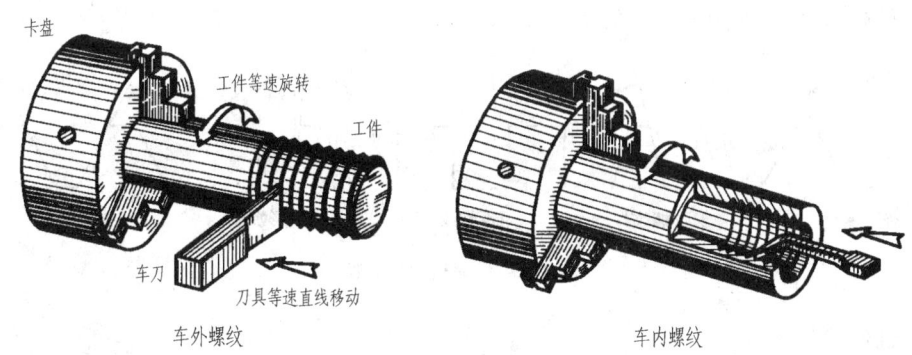

图 1-6-1　车削螺纹

1. 螺纹的结构

(1) 螺纹端部

为了便于安装和防止螺纹端部损坏,通常将螺纹端部做成规定的形状,常见型式如图 1-6-2 所示。

端部倒成圆锥面

端部倒成球面

端部为平面

图 1-6-2　螺纹的端部

(2) 螺尾和螺纹退刀槽

当车削螺纹的车刀逐渐离开工件的螺纹终了处时,出现一段牙型不完整的螺纹,称为螺纹收尾,简称螺尾,如图 1-6-3a)。为了便于退刀,并避免出现螺尾,可在螺纹终了处预先车出一个小槽,称为螺纹退刀槽,如图 1-6-3b) 所示。

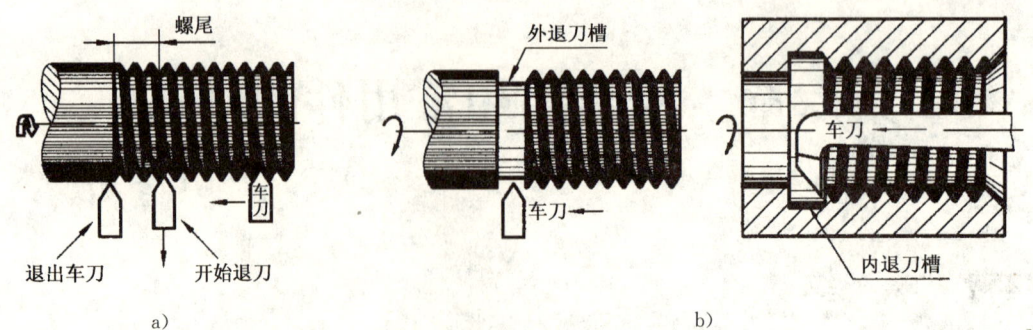

图 1-6-3 螺尾及退刀槽

2. 螺纹的五要素
(1) 牙型

沿螺纹轴线剖切的断面轮廓形状称为牙型。主要有普通螺纹、梯形螺纹、矩形螺纹、锯齿形螺纹及管螺纹等，如图 1-6-4 所示。

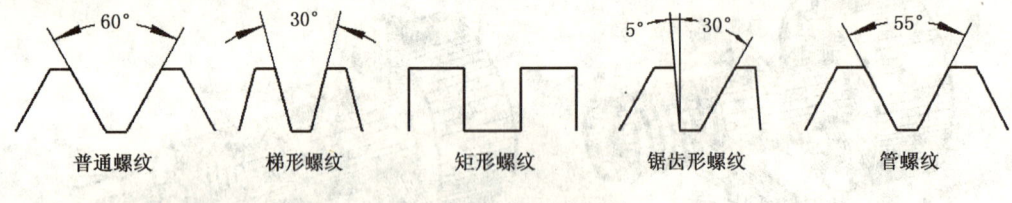

图 1-6-4 螺纹的牙型

(2) 直径

有大径、小径、中径三种，见图 1-6-5。

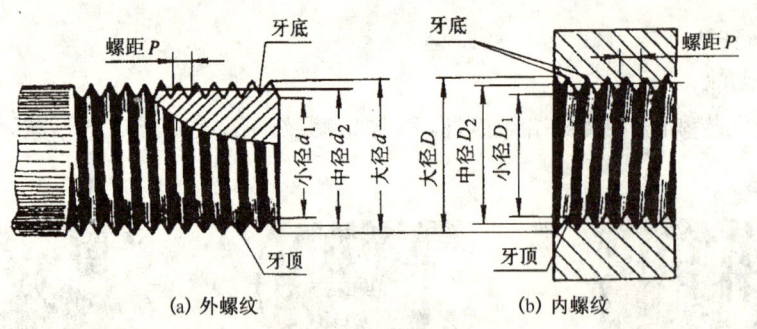

图 1-6-5 内外螺纹的各部分名称和代号

① 大径：又称为螺纹的公称直径。外螺纹大径用代号 d，内螺纹大径用代号 D。

② 小径：外螺纹小径用代号 d_1，内螺纹小径用代号 D_1。

③ 中径：中径是一个假想圆柱面的直径，即牙型的中间直径，该处牙型上的沟槽和凸起宽度相等。外螺纹中径用代号 d_2，内螺纹中径用代号 D_2。

(3) 线数(n)

① 单线螺纹：沿一条螺旋线所形成的螺纹，见图 1-6-6a)。

② 多线螺纹：沿两条或两条以上螺旋线所形成的螺纹，见图 1-6-6b)。

(4) 螺距(P)和导程(S)

① 螺距：相邻两牙在中径线上对应两点间的轴向距离，见图 1-6-6a）。

② 导程：同一条螺旋线上的相邻两牙在中径线上对应点间的轴向距离，见图 1-6-6b）。

螺距、导程、线数三者间的关系式：

$$导程(S) = 螺距(P) \times 线数(n)$$

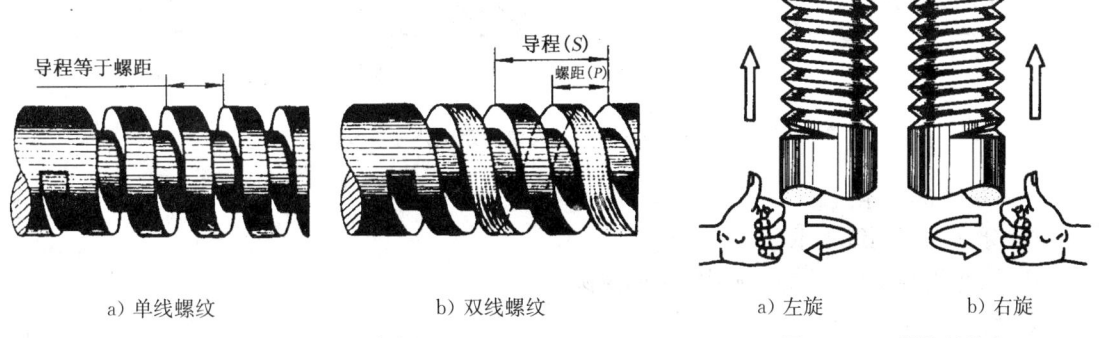

a) 单线螺纹　　　　b) 双线螺纹　　　　　　　a) 左旋　　　b) 右旋

图 1-6-6　导程与螺距　　　　　　　　　图 1-6-7　螺纹的旋向

(5) 旋向

螺纹按旋进的方向分为左旋螺纹和右旋螺纹，符合右手定则的螺纹称为右旋螺纹，反则为左旋螺纹（图 1-6-7）。工程上常用右旋螺纹。

五个结构要素相同的内外螺纹才能旋合在一起。五个要素中，牙型、大径和螺距是决定螺纹结构的基本要素，国家标准规定，凡这三个要素都符合标准的螺纹称为标准螺纹，否则为非标准螺纹或特殊螺纹。

二、螺纹的规定画法

为方便作图，国家标准规定了螺纹的画法（图 1-6-8、图 1-6-9）。

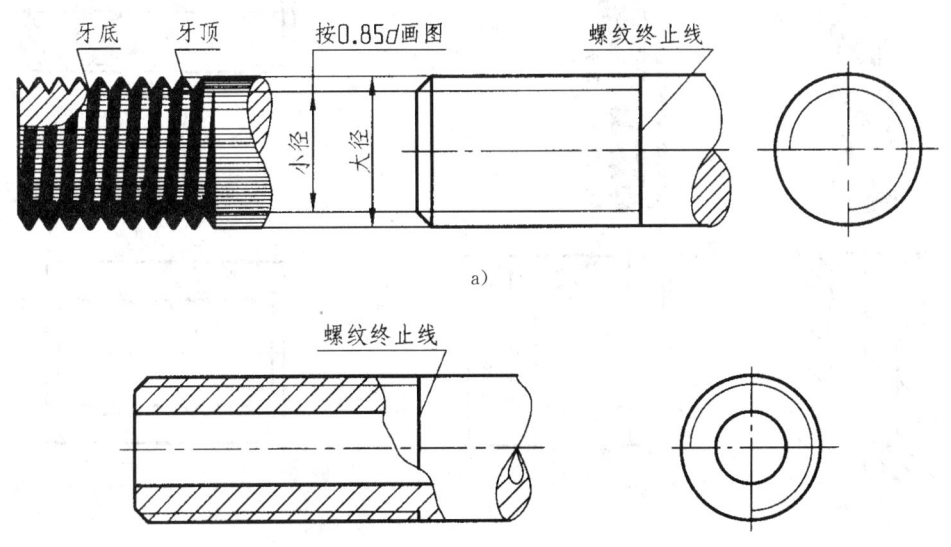

图 1-6-8　外螺纹规定画法

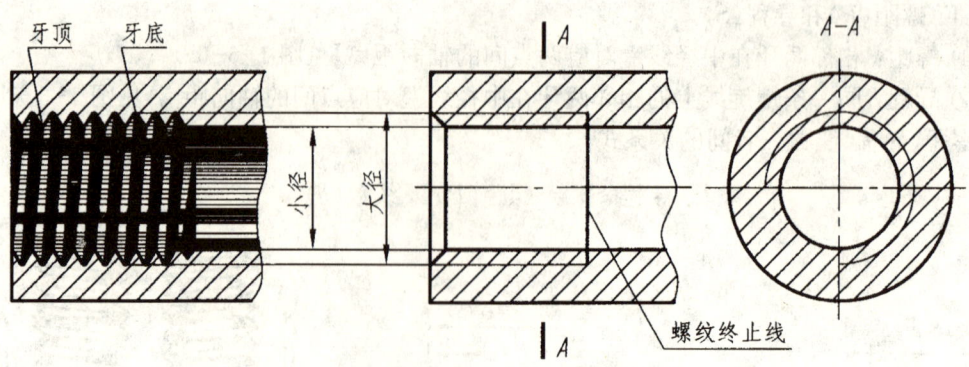

图 1-6-9　内螺纹规定画法

(1) 螺纹的三条线
① 牙顶用粗实线表示；
② 牙底用细实线表示并画到倒角或倒圆部分；
③ 螺纹终止线用粗实线表示。
(2) 在螺纹圆投影的视图中，表示牙底的细实线圆只画约 3/4 圈，倒角圆省略不画。
(3) 在螺纹的剖视图或断面图中，剖面线都必须画到螺纹牙顶线。
(4) 绘制不通孔螺纹时，一般将钻孔深度与螺纹部分的深度分别画出，钻头头部形成的锥顶角画成 120°，如图 1-6-10 所示。
(5) 当需要表示螺纹牙型时，按图 1-6-11 的形式绘制。

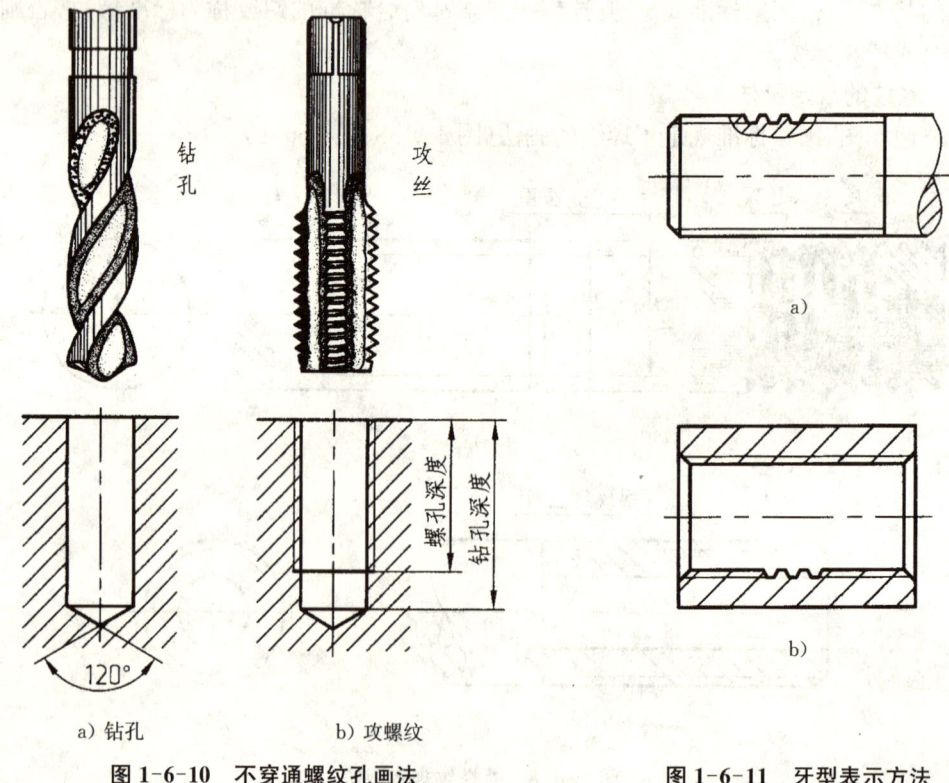

图 1-6-10　不穿通螺纹孔画法　　图 1-6-11　牙型表示方法

（6）螺纹孔相交时,只画出钻孔的交线,如图1-6-12所示。

（7）螺纹联接的画法:内、外螺纹的联接以剖视图表示时,其旋合部分按外螺纹画出,其余各部分仍按各自的画法表示。当剖切平面通过螺杆轴线时,螺杆按不剖绘制。内、外螺纹的大径线和小径线,必须分别位于同一条直线上,如图1-6-13a)、b)所示。对于传动螺纹,应在旋合处用局部剖视表示几个牙型,如图1-6-13c)所示。

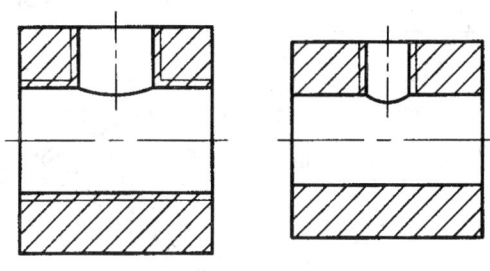

图 1-6-12 螺纹孔相交的画法

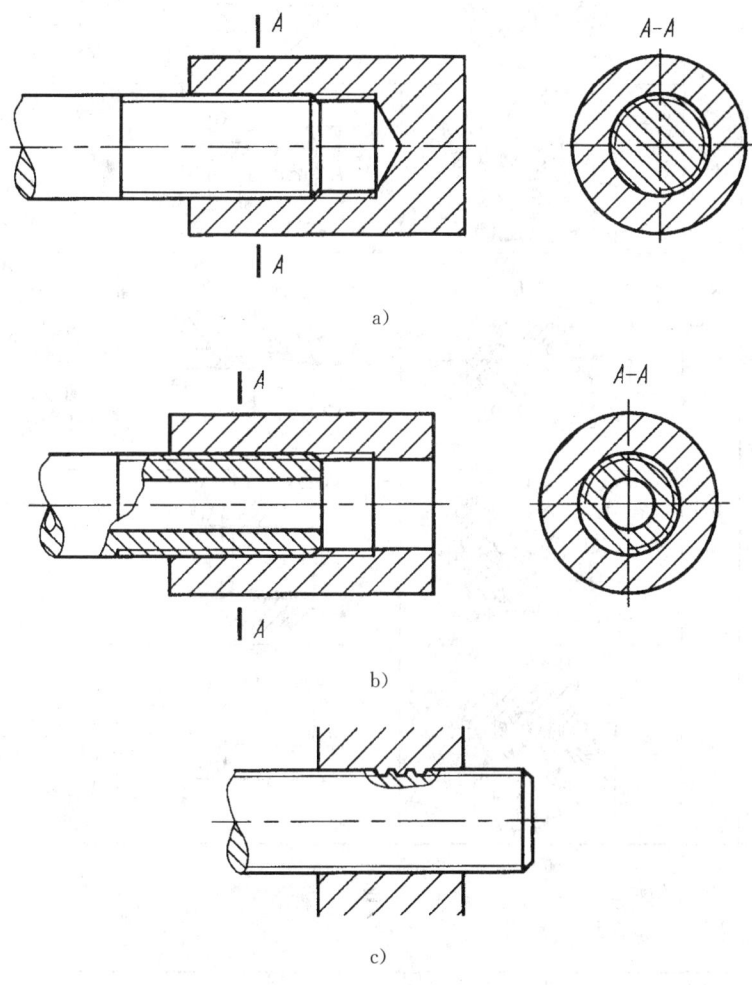

图 1-6-13 螺纹联接的画法

在内、外螺纹联接图中,同一零件在各个剖视图中剖面线的方向和间隔应一致;在同一剖视图中相邻两零件剖面线的方向和间隔应不同。

三、螺纹的种类、标注、识图和查表

1. 螺纹的种类

见表 1-6-1。

表 1-6-1 常用标准螺纹的种类、牙型与标注

螺纹种类		特征代号	牙型略图	标注示例	说　明
联接螺纹	粗牙普通螺纹	M	内螺纹 60° 外螺纹	M16-6g	粗牙普通螺纹,公称直径16,右旋。中径与大径公差带均为6g。中等旋合长度
	细牙普通螺纹		内螺纹 60° 外螺纹	M16×1-6H	细牙普通螺纹,公称直径16,螺距1,右旋。中径与小径公差带均为6H。中等旋合长度
	非螺纹密封的管螺纹	G	接头 55° 管子	G1A / G1	非螺纹密封的圆柱管螺纹,1为尺寸代号,A为外螺纹公差等级代号
	用螺纹密封的管螺纹	圆锥内螺纹 Rc	接头 55° 管子	Rc1½ / R1½	Rc为用螺纹密封的圆锥内螺纹,R为用螺纹密封的圆锥外螺纹,尺寸均为1½英寸
		圆柱内螺纹 Rp			
		圆锥外螺纹 R			
传动螺纹	梯形螺纹	Tr	内螺纹 30° 外螺纹	Tr36×12(P6)-7H	梯形内螺纹,公称直径36,双线,导程12,螺距6,右旋。中径公差带为7H。中等旋合长度
	锯齿形外螺纹	B	内螺纹 3° 30° 外螺纹	B70×10LH-7C	锯齿形外螺纹,公称直径70,单线,螺距10,左旋。中径公差带为7C。中等旋合长度

2. 螺纹的标注、识读

(1) 普通螺纹标注规定格式如下:

| 特征代号 | 公称直径 | × | 导程(P 螺距) | 旋向 | — | 公差带代号 | — | 旋合长度代号 |

单线螺纹的螺距与导程相同,导程一项只注螺距。

普通螺纹特征代号用大写拉丁字母 M 表示。公称直径系螺纹大径。粗牙普通螺纹不标注螺距。左旋螺纹用 LH 表示,右旋螺纹不标注旋向。公差带代号由表示中径和顶径的公差等级的数字及表示公差带位置的字母组成。大写字母代表内螺纹,小写字母代表外螺纹。若中径和顶径的公差带相同,则只写一组。旋合长度分为短(S)、中(N)、长(L)三种,一般多采用

中等旋合长度,其代号 N 省略不注。

例 1 粗牙普通外螺纹,大径为 10,右旋,中径公差带为 5g,顶径公差带为 6g,短旋合长度。其标记为:M10-5g6g-S。

(2) 管螺纹

① 非螺纹密封的管螺纹标注如下:

| 特征代号 | 尺寸代号 | — | 公差等级代号 | 旋向代号 |

螺纹特征代号用 G 表示;尺寸代号用 1/2、3/4……表示;公差等级代号:对外螺纹分 A、B 两级标记,对内螺纹则不标记;左旋螺纹加注 LH,右旋螺纹不标注旋向。

例 2 1½A 级右旋外螺纹标注为:G1½A;左旋内螺纹则标注为:G1½—LH。

② 用螺纹密封的管螺纹有圆锥外螺纹(R)、圆锥内螺纹(Rc)和圆柱内螺纹(Rp)三种。标注如下:

| 特征代号 | 尺寸代号 | — | 旋向代号 |

例 3 3/4 右旋圆锥内螺纹标注为:Rc¾;¾ 左旋圆柱内螺纹标注为:Rp¾—LH。

(3) 梯形和锯齿形螺纹标记

梯形螺纹(Tr)和锯齿形螺纹(B)其标注如下:

| 特征代号 | 公称直径 | × | 螺距(单线) | — | 旋向 | — | 中径公差带 | — | 旋合长度 |

公称直径指外螺纹大径。左旋螺纹用 LH 表示,右旋螺纹不标注旋向。

例 4 单线梯形外螺纹,大径为 36,螺距为 6,右旋,中径公差带为 7e,中等旋合长度,标注为:Tr36×6—7e。

【026】 常用螺纹紧固件

一、常用螺纹紧固件的种类、标记和查表

螺栓、螺柱、螺钉、螺母和垫圈等统称为螺纹紧固件,它们主要起联接、紧固作用,其结构和尺寸都已经标准化,查相应的标准可得有关尺寸。

常用紧固件的标记见表 1-6-2。

表 1-6-2 常用螺纹紧固件及其标注

名称	标记内容			标记示例	
	标准编号	型式与尺寸	热处理表面处理性能等级	图例主要尺寸及标记示例	说 明
螺母	GB/T 6170—2000	螺纹代号	性能等级	M10	A 级 I 型六角螺母,螺纹规格 $D=10$
垫圈	GB/T 97.2—2002	公称直径	性能等级	φ10.5 10-140HV	A 级倒角型平垫圈,性能等级为 140HV 级,公称直径 $d=10$(非内径)
开槽圆柱头螺钉	GB/T 67—2000	螺纹代号×公称长度	性能等级表面处理等	M8 30 M8×30	螺纹规格 $d=8$,公称长度 $L=30$

二、常用螺纹紧固件联接图画法

螺纹紧固件都是标准件,根据它们的标记,在有关标准中可以查到它们的结构型式和全部尺寸。为了作图方便,在画图时,一般不按实际尺寸作图,而是采用按比例画出的简化画法。即除公称长度 L 需经计算,并查其标准选定标准值外,其余各部分尺寸都按与螺纹大径 d(或 D)成一定比例确定。

1. 螺纹紧固件的简化画法

图 1-6-14、图 1-6-15、图 1-6-16 和图 1-6-17 分别为六角螺母、垫圈、六角头螺栓和螺柱的简化画法。螺栓的六角头除厚度为 $0.7d$ 外,其余尺寸与图 1-6-14 六角螺母画法相同。

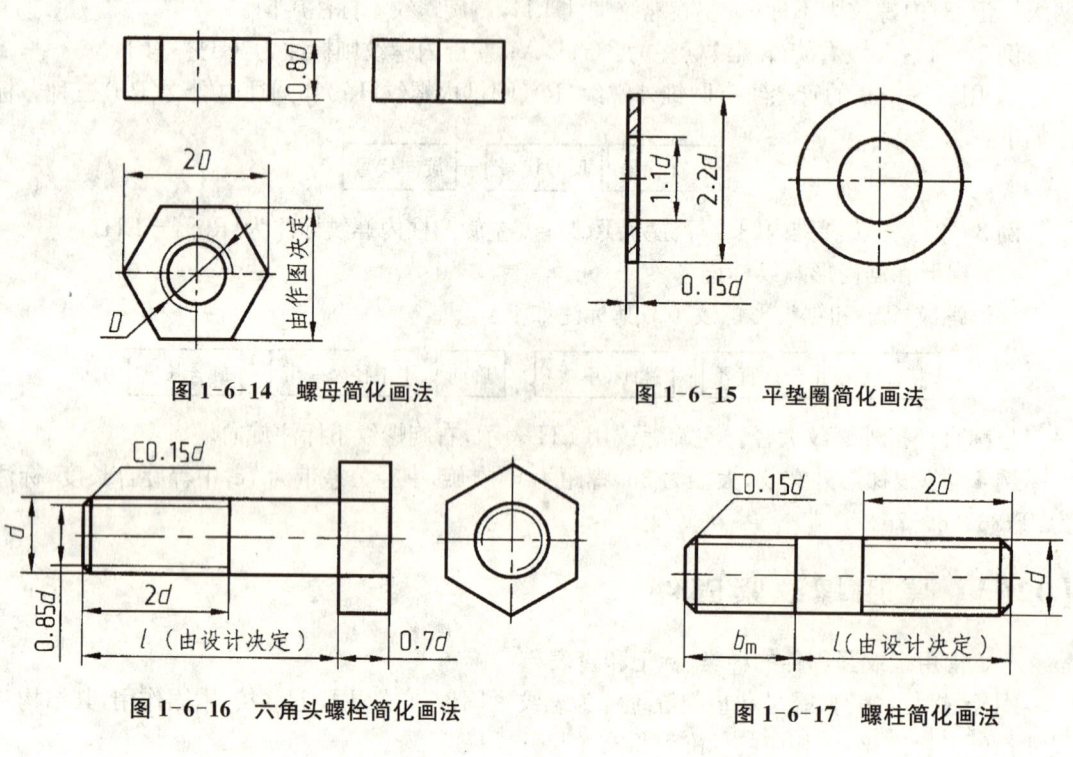

图 1-6-14　螺母简化画法　　　　图 1-6-15　平垫圈简化画法

图 1-6-16　六角头螺栓简化画法　　图 1-6-17　螺柱简化画法

2. 螺栓联接装配图的画法

图 1-6-18 为螺栓的联接。所用的螺纹紧固件有螺栓、螺母和垫圈,它常用于两被联接件都不太厚,能制出通孔的情况。其通孔的大小,可根据装配精度的不同,查机械设计手册确定。为便于成组(螺栓联接一般为2个或多个)装配,被联接件上通孔直径比螺栓直径大,一般可按 $1.1d$ 画出。螺栓联接装配图的画法如图 1-6-18 所示。

图 1-6-18　螺栓联接

画螺栓联接装配图时,应注意以下几个问题:
(1) 螺栓的公称长度 L 的确定
螺栓的公称长度 L 按下式计算:

$$L_{计} = t_1 + t_2 + 0.15d (垫圈厚) + 0.8d(螺母厚) + 0.3d$$

在标准中,选取与 $L_{计}$ 接近的标准长度值 L,即为螺栓标记中的公称长度。
(2) 在剖视图中,当剖切平面通过螺杆轴线时,螺栓、螺母和垫圈这些标准件均按不剖绘制。
(3) 在剖视图中相邻两零件的剖面线方向应相反。
螺栓的联接如图 1-6-19 所示。

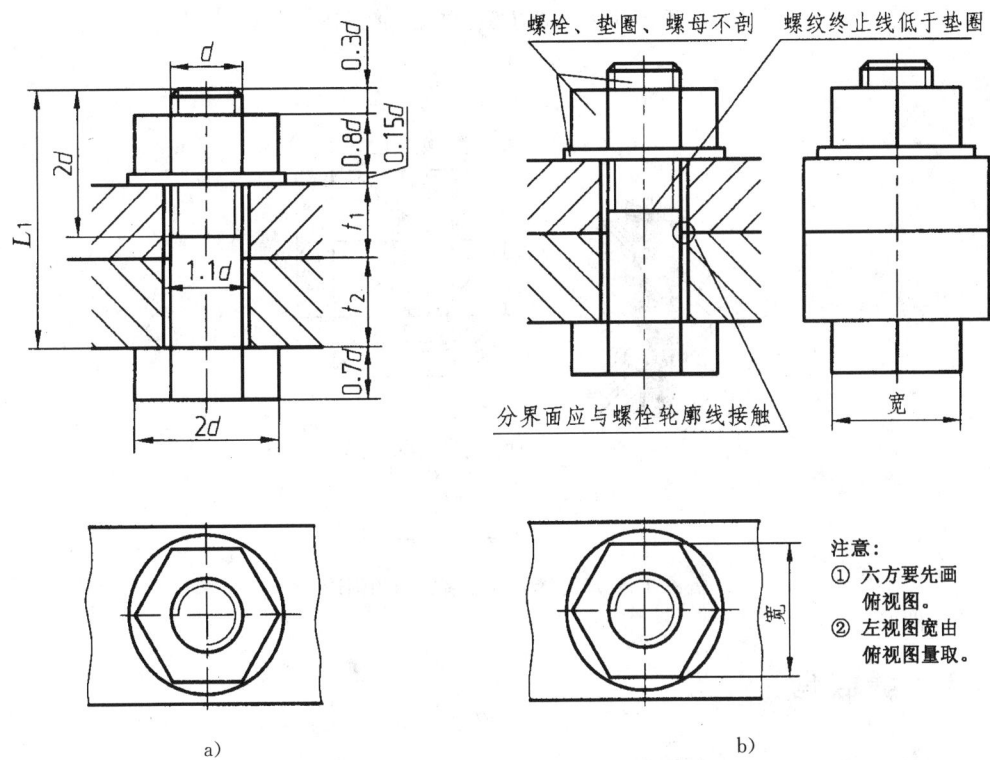

图 1-6-19 螺栓联接装配图的画法

3. 螺柱联接装配图的画法

适用于被联接件之一比较厚,不宜钻孔或者经常拆卸又不宜采用螺钉联接的场合。联接时,将螺柱一端全部旋入被联接件的螺孔内,另一端穿过被联接件的光孔,垫上垫圈后旋紧螺母。

螺柱联接图见图 1-6-20。

4. 螺钉联接

螺钉种类很多,联接图画法也不完全一样,它适用于被联接件受力不大、又经常拆卸的场合。通常情况下,联接时将螺钉穿过一个被联接件的光孔,而旋入另一被联接件的螺孔中。

螺钉联接装配图见图 1-6-21。

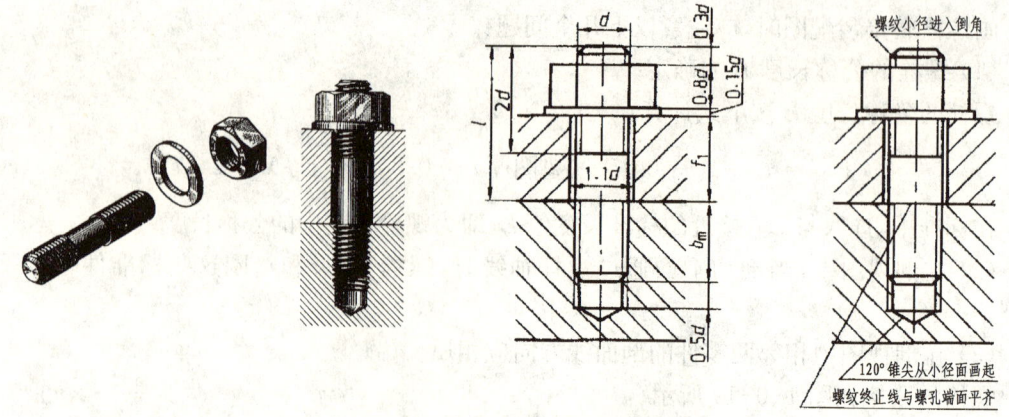

图 1-6-20 螺柱联接装配图的画法

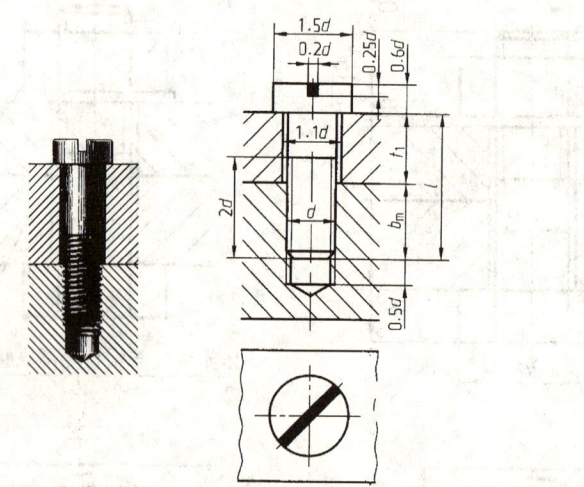

图 1-6-21 螺钉联接装配图的画法

【027】 键联接

键主要用来联接轴上的齿轮、带轮等传动零件,起传递扭矩的作用。键的种类较多,常用的有普通平键、半圆键、钩头楔键等。

常用键的型式和标记示例,见表 1-6-3。

表 1-6-3 键的型式和标记示例

名称	标 准 号	图 例	标 记 示 例
普通平键	GB/T 1096—2003		圆头普通平键(A 型) $b=18$, $h=11$, $L=100$： 键 18×100 GB/T 1096—2003 平头普通平键(B 型) $b=18, h=11, L=100$： 键 B18×100 GB/T 1096—2003

续表 1-6-3

名称	标准号	图例	标记示例
半圆键	GB/T 1099.1—2003		半圆键 $b=6$, $h=11$, $d_1=25$, $L=24.5$； 键 6×25 GB/T 1099.1—2003
钩头楔键	GB/T 1565—2003		钩头楔键 $b=18$, $h=11$, $L=100$； 键 18×100 GB/T 1565—2003

一、平键联接图

普通平键联接图见图 1-6-22，这是键联接的轴向剖视图和断面图。工作面与键槽的侧面无间隙，键与轮毂的顶面为非工作面，有间隙，画图时需注意普通平键与轴、轮三者间的联接位置关系。

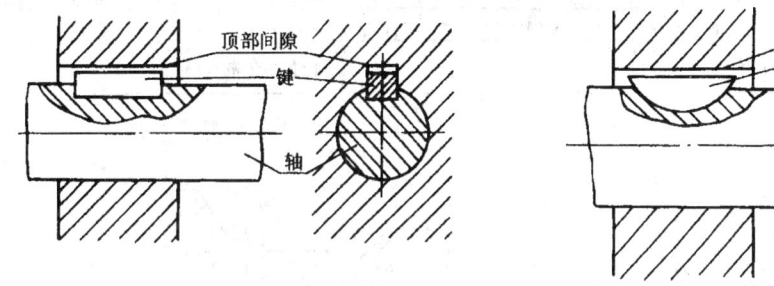

图 1-6-22 普通平键联接图　　　　图 1-6-23 半圆键联接图

二、半圆键联接图

半圆键联接图见图 1-6-23 所示，工作面与键槽侧面无间隙，顶面为非工作面，有间隙。

【028】 销联接

销是标准件，用于定位和联接，常用有圆柱销，圆锥销和开口销三种。销在联接图中，当剖切平面通过其轴线时，按不剖处理。销的形式和标记示例见表 1-6-4。

一、圆柱销联接图

圆柱销用于零件的联接或定位，被联接的两零件上有圆柱孔，然后用圆柱销将它们联接在一起。图 1-6-24 为圆柱销联接图，齿轮、轴通过圆柱销联接起来。若轴转动，即可通过圆柱销将动力传递给齿轮。

表 1-6-4 销型式、标记示例

名称	标准号	图例	标记示例
圆柱销	GB/T 119—2000		公称直径 $d=8$,长度 $L=30$,材料为 35 钢,热处理硬度 38~28HRC,表面氧化处理的 A 型圆柱销(B 型可省略标注"B"): 销 GB/T 119—2000 A8×30
圆锥销	GB/T 117—2000		圆锥销公称直径 $d=10$,长度 $L=60$,材料为 35 钢,热处理硬度 28~38HRC,表面氧化处理 A 型: 销 GB/T 117—2000 A10×60(圆锥销的公称直径是指小端直径)
开口销	GB/T 91—2000		公称直径 $d=5$,长度 $L=50$,材料为低碳钢、不经表面处理的开口销: 销 GB/T 91—2000 5×50(销孔的直径=公称直径)

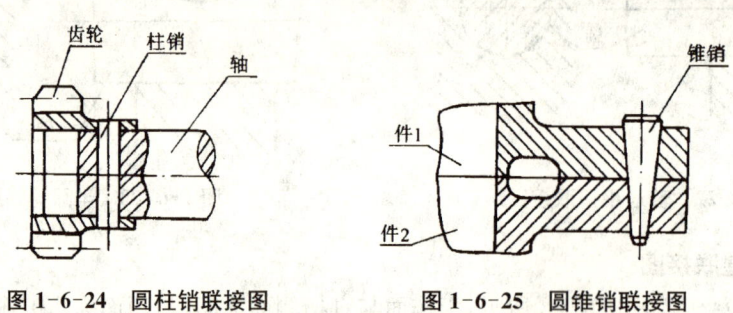

图 1-6-24 圆柱销联接图　　图 1-6-25 圆锥销联接图

二、圆锥销联接图

圆锥销联接是在两零件上作有圆锥孔,然后用圆锥销将它们联接在一起见图 1-6-25。这样,图中件 1 和件 2 的相对位置就固定下来了,取出锥销,件 1 和件 2 即可分开。

【029】 弹　簧

一、用途和种类

1. 用途

弹簧主要用于减震、夹紧、测力、储存和输出能量。

2. 种类

弹簧是一种常用件，种类很多，主要有压缩弹簧、拉伸弹簧、扭转弹簧、涡卷弹簧、板簧等，见图 1-6-26。这里只介绍圆柱螺旋压缩弹簧。

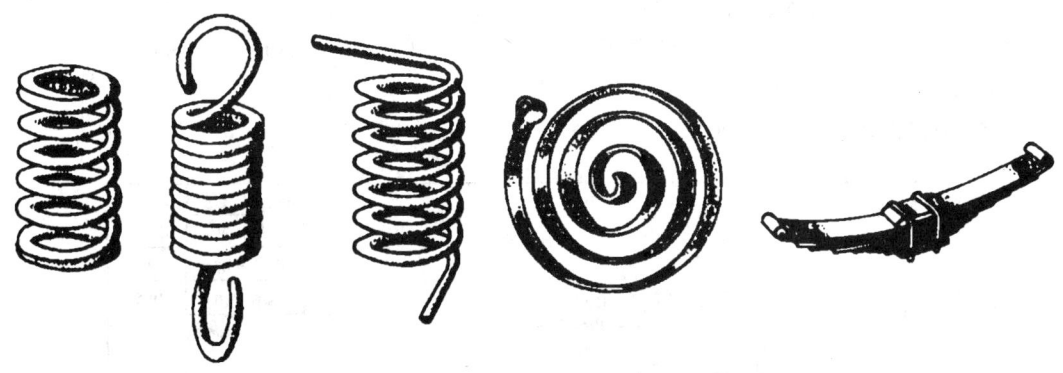

a) 压缩弹簧　　b) 拉伸弹簧　　c) 扭转弹簧　　d) 涡卷弹簧　　e) 板簧

图 1-6-26　弹簧

二、圆柱螺旋压缩弹簧各部分的名称及尺寸关系

圆柱螺旋压缩弹簧各部分的名称及尺寸关系如图 1-6-27 所示。

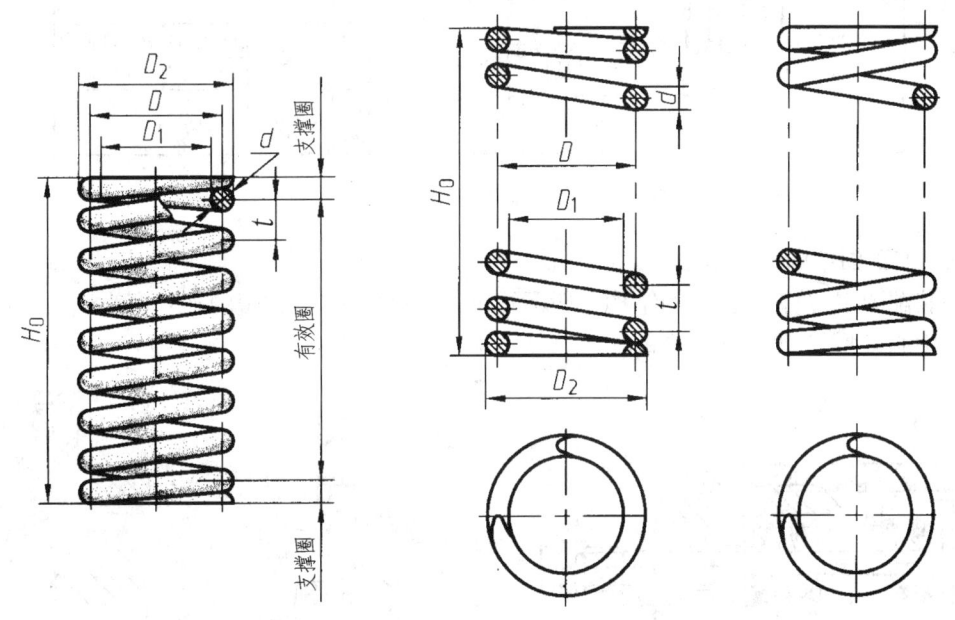

图 1-6-27　圆柱螺旋压缩弹簧画法

(1) 簧丝直径 d　　制作弹簧的簧丝直径。

(2) 弹簧中径 D　　弹簧的平均直径，按标准选取。

(3) 弹簧内径 D_1　　弹簧的最小直径，$D_1 = D - d$。

(4) 弹簧外径 D_2　　弹簧的最大直径，$D_2 = D - d$。

(5) 弹簧节距 t　　两相邻有效圈截面中心线的轴向距离。

(6) 有效圈数 n　弹簧上能保持相同节距的圈数。有效圈数是计算弹簧刚度时的圈数。

(7) 支撑圈数 n_2　为使弹簧受力均匀,放置平稳,一般都将弹簧两端并紧磨平,工作时起支撑作用,这部分称为支撑圈。支撑圈有 1.5 圈、2 圈、2.5 圈三种,后两者较为常见。

(8) 总圈数 n_1　弹簧的有效圈数与支撑圈数之和,$n_1 = n + n_2$。

(9) 弹簧的自由高度 H_0　弹簧在未受力时的高度,$H_0 = n \times t(n_2 - 0.5)d$。

(10) 展开长度 L　弹簧制造时坯料的长度,$L \approx \pi D n_1$。

弹簧零件图如图 1-6-28 所示。

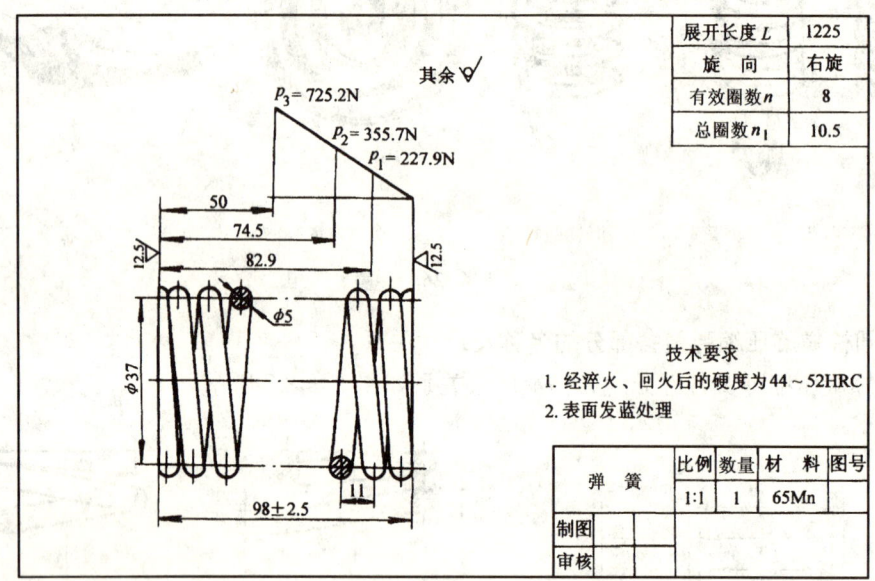

图 1-6-28　圆柱螺旋压缩弹簧零件图

三、装配图中弹簧的画法

在装配图中,被弹簧挡住的结构一般不画出,可见部分应从弹簧的外轮廓线或从弹簧钢丝剖面的中心线画起,见图 1-6-29。

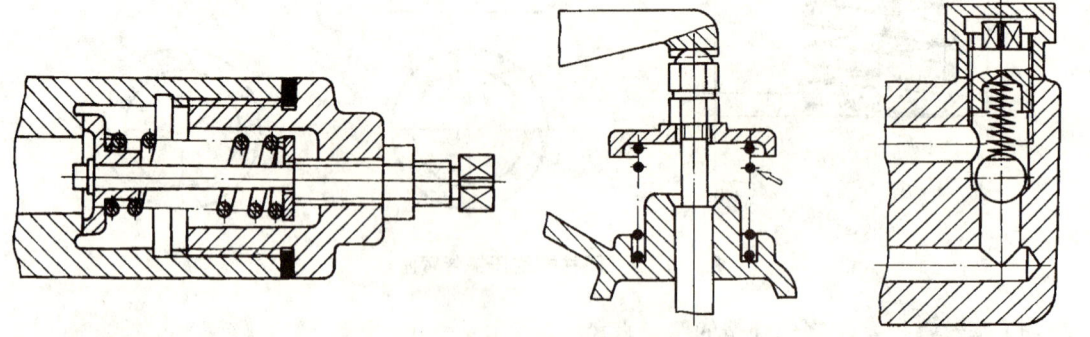

图 1-6-29　装配图中弹簧的画法　　图 1-6-30　剖面涂黑画法　　图 1-6-31　弹簧示意画法

当弹簧被剖切时,簧丝剖面的直径在图形上等于或小于 2 mm 时,剖面可以涂黑表示,见图 1-6-30。在装配图中弹簧也可示意绘制,见图 1-6-31。

【030】 齿轮画法

齿轮广泛应用于传动、变速和变向。齿轮的轮齿部分已标准化，常用的齿轮传动有如下三种形式(图 1-6-32)。

  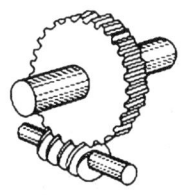

a) 圆柱齿轮　　　　b) 圆锥齿轮　　　　c) 蜗杆蜗轮

图 1-6-32　常用齿轮传动类型

一、渐开线标准直齿圆柱齿轮

1. 渐开线标准直齿圆柱齿轮各部分名称

齿轮各部分的名称如图 1-6-33 所示。

(1) 齿顶圆　齿顶所确定的圆，其直径和半径分别以 d_a 和 r_a 表示。

(2) 齿根圆　齿槽底部所确定的圆，其直径和半径分别以 d_f 和 r_f 表示。

(3) 齿厚　任意直径 d_k 的圆周上，轮齿两侧齿廓之间的弧长，用 s_k 表示。

(4) 齿槽宽　齿槽两侧齿廓间的弧长，用 e_k 表示。

(5) 齿宽 b　轮齿沿轴向的宽度。

(6) 齿距　任意直径的圆周上，相邻两齿同侧齿廓之间的弧长，用 p_k 表示。可以看出 $p_k = s_k + e_k$。

(7) 分度圆　为便于齿轮各部分尺寸的计算，在齿轮上选择一个圆作为计算基准，称该圆为分度圆。其直径、半径、齿厚、齿槽宽和齿距分别用 d、r、s、e、p 表示，且 $p = s + e$。

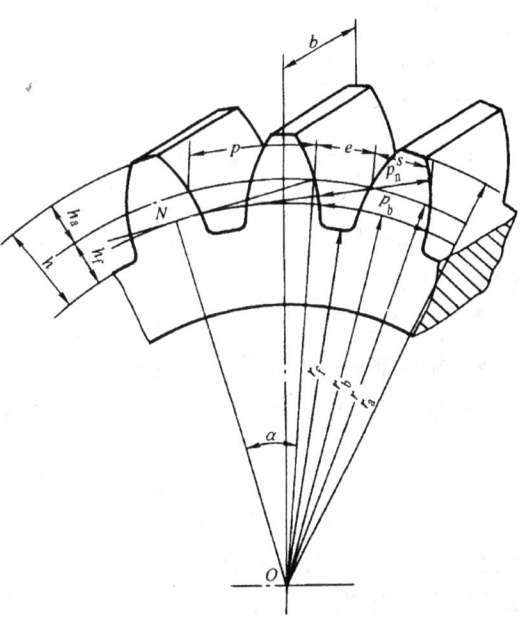

图 1-6-33　齿轮各部分名称

(8) 齿顶高　介于齿顶圆和分度圆之间的径向高度称为齿顶高，用 h_a 表示。

(9) 齿根高　介于齿根圆和分度圆之间的径向高度称为齿根高，用 h_f 表示。

(10) 全齿高　齿顶圆和齿根圆之间的径向高度，用 h 表示，可以看出 $h = h_a + h_f$。

2. 基本参数

(1) 齿数　在齿轮整个圆周上轮齿的总数，用 z 表示。

(2) 模数　在分度圆上，根据齿轮周长 $\pi d = pz$。得：

$$d = \frac{p}{\pi} z$$

为方便设计、制造和检验,将比值 p/π 规定为有理数列,并把这一比值称为模数,用 m 表示,单位 mm。即

$$m = \frac{p}{\pi}$$

模数 m 是齿轮几何尺寸计算的基础。显然,m 越大,轮齿就越大,轮齿的抗弯曲能力也越强。所以 m 又是轮齿抗弯曲能力的重要标志。图 1-6-34 是几种常用模数齿轮轮齿大小的比较。

我国已规定标准模数系列,表 1-6-5 是摘自 GB 1357—1987 的一部分。

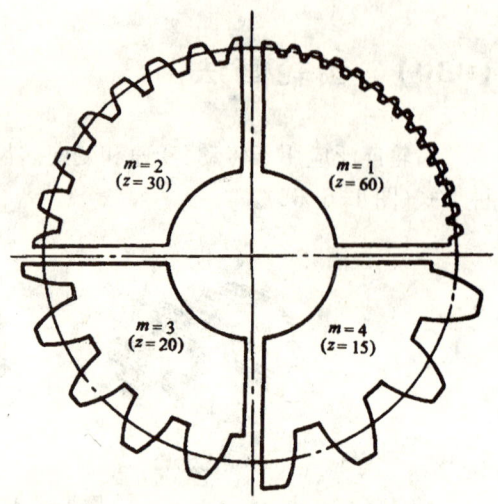

图 1-6-34　几种常用模数齿轮轮齿大小的比较

表 1-6-5　标准模数系列

第一系列	1	1.25	1.5	2	2.5	3	4	5	6	8	10	12	16	20	25	32	40	50
第二系列		2.25	2.75	(3.25)	3.5	(3.75)	4.5	5.5	(6.5)	7	9	(11)	14	18	22	28	36	45

注:优先采用第一系列,括号内模数尽可能不用。

(3) 分度圆压力角(简称压力角,又称齿形角)

图 1-6-35 中角 α 称为压力角,指齿廓曲线上与分度圆交点处所作切线与径向的夹角。国标 GB 1356—1988 规定标准压力角为 20°。

3. 齿轮各部分尺寸计算公式

齿轮各部分尺寸计算公式见表 1-6-6。表中 h_a^* 称为齿顶高系数,c^* 称为顶隙系数,这两个系数也已标准化。

$$h_a^* = 1, \quad c^* = 0.25$$

顶隙 $c = c^* m$,是指一对齿轮啮合时,一个齿轮的齿顶圆到另一个齿轮的齿根圆的径向距离。顶隙是为储存润滑油以润滑齿廓表面而设置的。

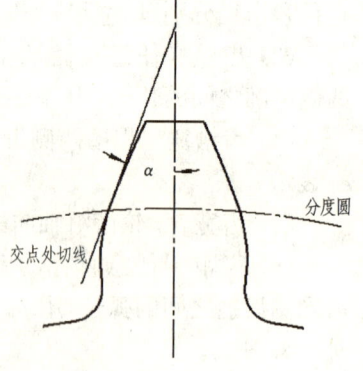

图 1-6-35　压力角

表 1-6-6　渐开线标准直齿圆柱齿轮传动几何尺寸计算公式

名　称	代　号	公　式
模　数	m	强度计算后获得,并选取标准模数
分度圆直径	d	$d_1 = mz_1$;　$d_2 = mz_2$
齿顶高	h_a	$h_a = h_a^* m = m$
齿根高	h_f	$h_f = (h_a^* + c^*)m = 1.25m$
全齿高	h	$h = h_a + h_f = (2h_a^* + c^*)m = 2.25m$

续表 1-6-6

名　　称	代　　号	公　　式
齿顶圆直径	d_a	$d_{a1} = d_1 + 2h_a = (z_1 + 2h_a^*)m = (z_1 + 2)m$ $d_{a2} = d_2 + 2h_a = (z_2 + 2h_a^*)m = (z_2 + 2)m$
齿根圆直径	d_f	$d_{f1} = d_1 - 2h_f = (z_1 - 2h_a^* - 2c^*)m = (z_1 - 2.5)m$ $d_{f2} = d_2 - 2h_f = (z_2 - 2h_a^* - 2c^*)m = (z_2 - 2.5)m$
基圆直径	d_b	$d_{b1} = d_1 \cos\alpha$；$d_{b2} = d_2 \cos\alpha$
齿　距	p	$p = \pi m$
齿　厚	s	$s = p/2 = \pi m/2$
槽　宽	e	$e = p/2 = \pi m/2$
中心距	a	$a = \dfrac{d_1 + d_2}{2} = \dfrac{m}{2}(z_1 + z_2)$

分度圆上齿厚和齿槽宽相等，且齿顶高和齿根高为标准的齿轮称标准齿轮。

当 m、z、a、h_a^*、c^* 确定后，标准齿轮的主要尺寸和齿廓可以完全确定。

4. 圆柱齿轮的规定画法

(1) 单个齿轮的画法

图 1-6-36 所示为圆柱齿轮的规定画法。

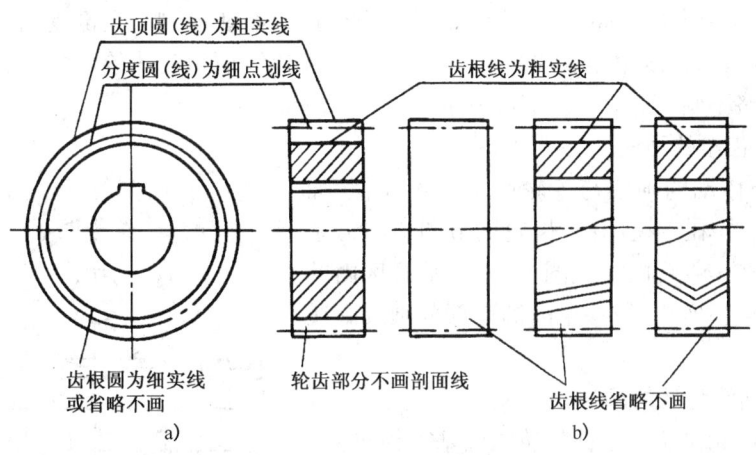

图 1-6-36　圆柱齿轮的规定画法

① 齿顶圆和齿顶线用粗实线绘制。
② 分度圆和分度线用细点画线绘制。
③ 齿根圆和齿根线用细实线绘制，也可省略不画。在剖视图中，齿根线用粗实线绘制。
④ 在剖视图中，当剖切平面通过齿轮轴线时，轮齿一律按不剖画出。

若为斜齿轮或人字形齿轮，则在其投影为非圆的视图上，用三条互相平行的细实线表示轮齿方向。

齿轮轮齿部分以外的结构，均按其真实投影绘制。

(2) 两齿轮啮合的画法

两标准齿轮啮合时,两轮分度圆相切,此时分度圆又称节圆。两齿轮啮合的画法,除啮合区外,其余部分的结构均按单个齿轮绘制。

① 在圆视图中,两分度圆相切(节圆),两齿顶圆用粗实线绘制,如图 1-6-37a)所示;啮合区内齿顶圆也可省略不画,齿根圆用细实线绘制,也可省略不画,如图 1-6-37b)所示。

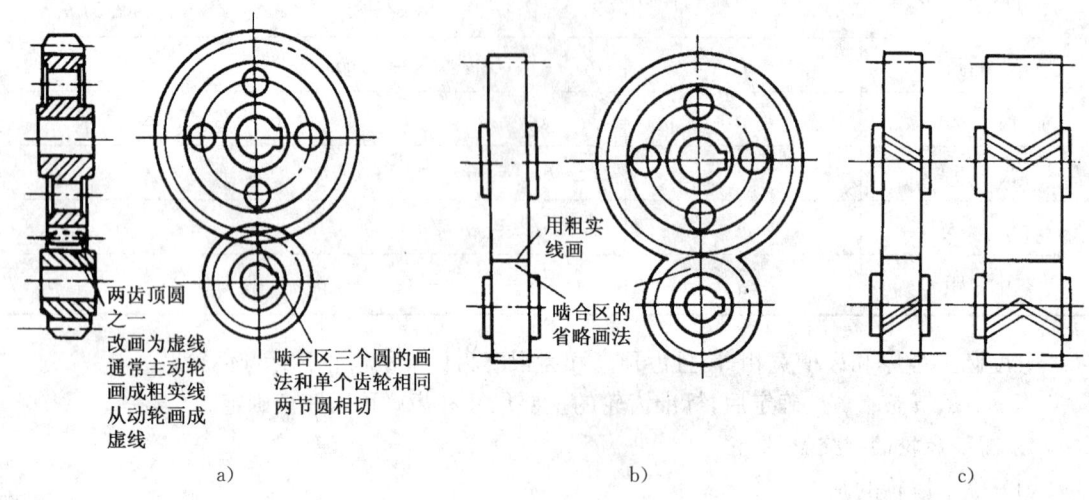

图 1-6-37　圆柱齿轮啮合的画法

② 在非圆视图中,不剖时两分度线(节线)重合用粗实线绘制。在剖视图中,两节线重合用细点画线绘制,齿根线用粗实线绘制,一个齿轮的齿顶线用粗实线绘制,另一个齿轮的齿顶线画虚线或省略不画,如图 1-6-37c)所示。

二、齿轮、齿条的画法

齿轮、齿条传动的画法与齿轮画法基本相似,如图 1-6-38 所示。在主视图中,齿轮的节圆应与齿条的节线相切。在全剖视的左视图中,应将啮合区内的齿顶线之一画成粗实线,另一轮齿被遮部分画成虚线或省略不画。

三、直齿圆锥齿轮的画法

直齿圆锥齿轮画法与圆柱齿轮画法基本相同。

(1) 单个圆锥齿轮画法　单个圆锥齿轮的画法如图 1-6-39 所示。

(2) 圆锥齿轮的啮合画法　圆锥齿轮啮合区的画法与圆柱齿轮啮合区画法基本相同,如图 1-6-40 所示。

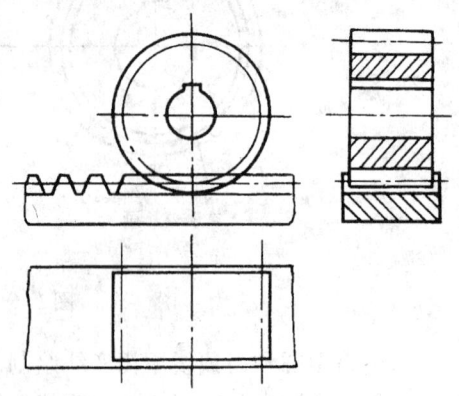

图 1-6-38　齿轮齿条啮合画法

四、蜗杆、蜗轮规定画法

蜗杆和蜗轮的齿向是螺旋形,为便于啮合,蜗轮的齿顶面制成弧面,传动时蜗杆是主动件,蜗杆、蜗轮传动可以获得较大的传动比,且结构紧凑、无噪声,但传动效率低。一对蜗杆、蜗轮啮合必须模数、导程角、螺旋角、旋向相同。

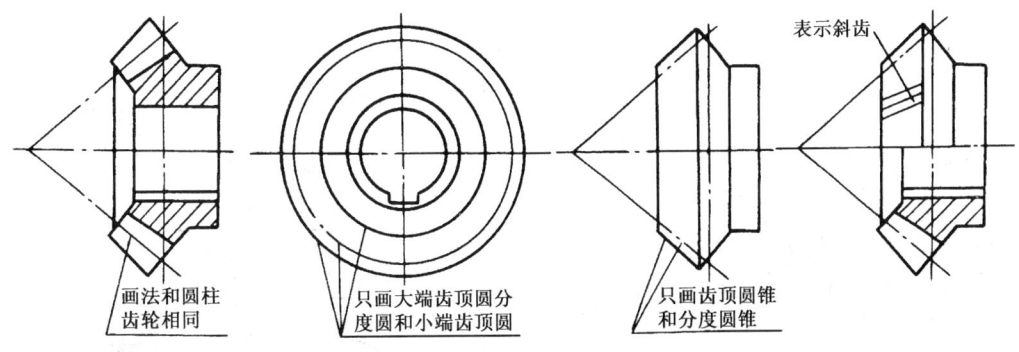

图 1-6-39 单个圆锥齿轮画法

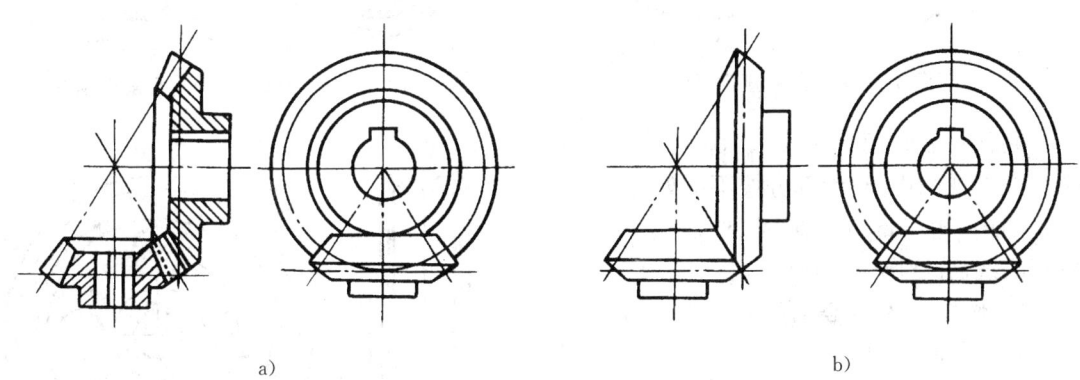

图 1-6-40 圆锥齿轮的啮合画法

1. 蜗杆规定画法(图 1-6-41)

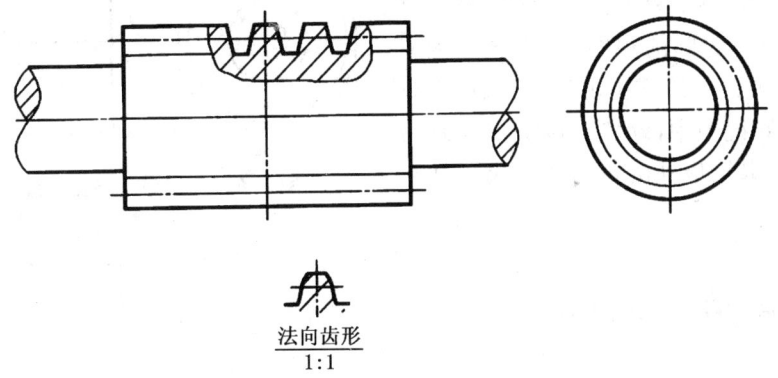

法向齿形
1:1

图 1-6-41 蜗杆规定画法

① 蜗杆的齿顶线和齿顶圆画粗实线。
② 分度线和分度圆画点画线。
③ 齿根线和齿根圆画细实线(也可省略不画)。
④ 齿形一般应画出轴向和法向断面图。

2. 蜗轮规定画法（图1-6-42）

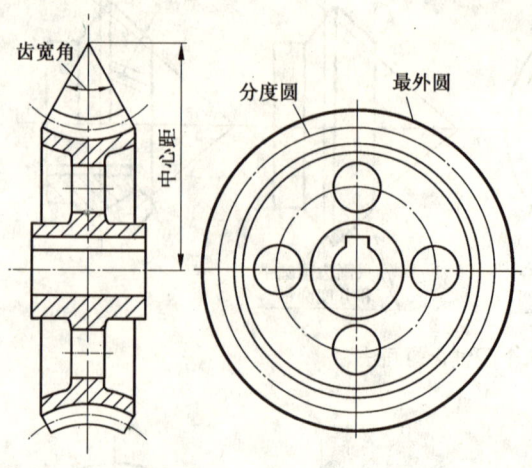

图1-6-42　蜗轮规定画法

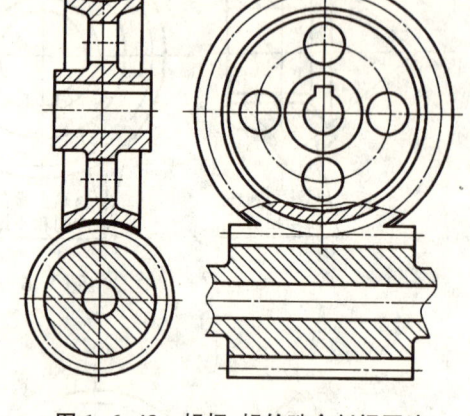

图1-6-43　蜗杆、蜗轮啮合剖视画法

蜗轮一般画两个视图，非圆剖开作主视图。在剖视图中，轮齿部分按不剖处理；在圆形视图中，轮齿部分只画两个圆——最外圆画粗实线；分度圆画点画线。

3. 蜗杆、蜗轮啮合剖视画法（图1-6-43）

蜗轮非圆剖开作主视图（啮合区内假设蜗轮轮齿被挡住可不画出），在蜗轮投影为圆的视图中，蜗轮分度圆应与蜗杆分度线相切，啮合区内的重叠部位均可不画。

4. 蜗杆、蜗轮啮合外形图画法（图1-6-44）

在蜗杆投影为圆的视图中，啮合区内只画蜗杆，蜗轮被遮挡的部位可省略不画；在蜗轮投影为圆的视图中，蜗轮分度圆应与蜗杆分度线相切，蜗轮最外圆可与蜗杆齿顶线相交画出。

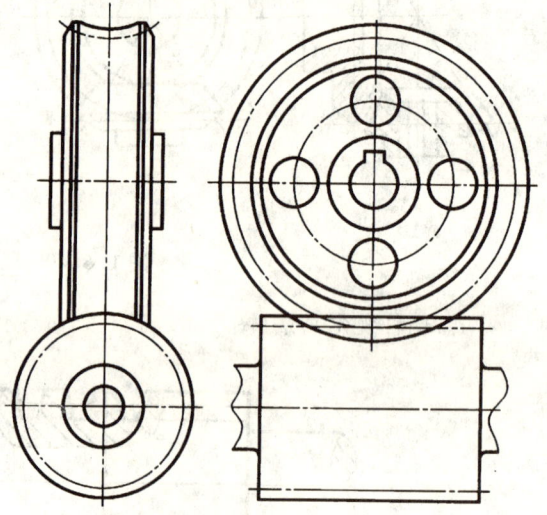

图1-6-44　蜗杆、蜗轮啮合外形图画法

【031】滚动轴承画法

一、滚动轴承的结构

滚动轴承用于支承轴及轴上零件使它们保持确定的位置，同时可以减少轴与支承间的摩擦和磨损。

滚动轴承结构如图1-6-45所示，由内圈、外圈、滚动体和保持架组成。内、外圈上有凹槽滚道，便于滚动体滚动并限制其轴向移动，保持架将滚动体均匀分开。滚动体的形状有圆柱形、球形、圆锥形、鼓形、针形等。滚动轴承的内、外圈及滚动体均用轴承合金钢制成，保持架多用软钢或塑料冲压而成。

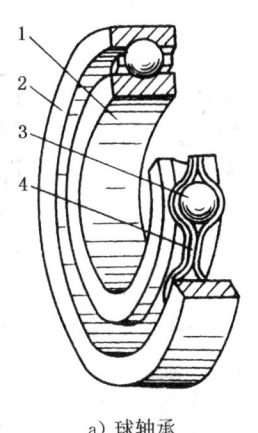 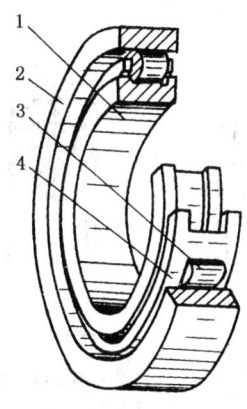

a) 球轴承　　　　　　　　b) 滚子轴承

图 1-6-45　滚动轴承

1—内圈　2—外圈　3—滚动体　4—保持架

滚动轴承有以下优点:摩擦系数小,效率高;径向游隙小,旋转精度高;其宽度比同孔径的滑动轴承小,轴向结构紧凑;已实现标准化,由专门厂家生产,成本低,便于维修和更换。

滚动轴承主要缺点是:由于滚动体与滚道间属点或线接触,因此抗冲击能力差,径向尺寸大,高速旋转时噪声较大。

图 1-6-45 为滚动轴承的主要类型,它们的主要特点及应用介绍如下:

1. 深沟球轴承 60000 型

主要承受径向载荷,也可承受不大的轴向载荷。该轴承结构简单紧凑,价格最低,极限转速高,摩擦阻力小,适用于转速较高、载荷平稳的场合。

2. 调心球轴承 10000 型

受力同 60000 型,但外圈滚道为球面,能自动调心,内、外圈允许有小于 3°的倾角,适用于多支点、弯曲刚度小及对中困难的轴。

3. 圆柱滚子轴承 N0000 型

和 6000 型轴承相比,能承受较大的径向载荷,外圈无挡边时,不能承受轴向载荷,内外圈可分开安装,极限转速较高,适用于刚性大、对中好的支承中。

4. 角接触球轴承 70000 型

能同时承受较大的径向载荷和单向的轴向载荷。接触角越大,承受的轴向载荷也越大。这类轴承一般成对使用,适用于旋转精度高,支点跨距小,轴的刚度较大的支承中。

5. 圆锥滚子轴承 30000 型

与角接触球轴承类似,但滚动体为滚子,可承受较大的径向和轴向载荷,外圈可分离,安装调整方便,宜成对使用,对称安装。

6. 推力球轴承 51000 型

只能承受轴向载荷,适用于轴向载荷大、转速不高的支承中。

7. 调心滚子轴承 20000 型

性能特点同调心球轴承,但可承受较大的径向力。

8. 滚针轴承 NA0000 型

外径小，内外圈可分离，一般不带保持架，可承受较大的径向力。

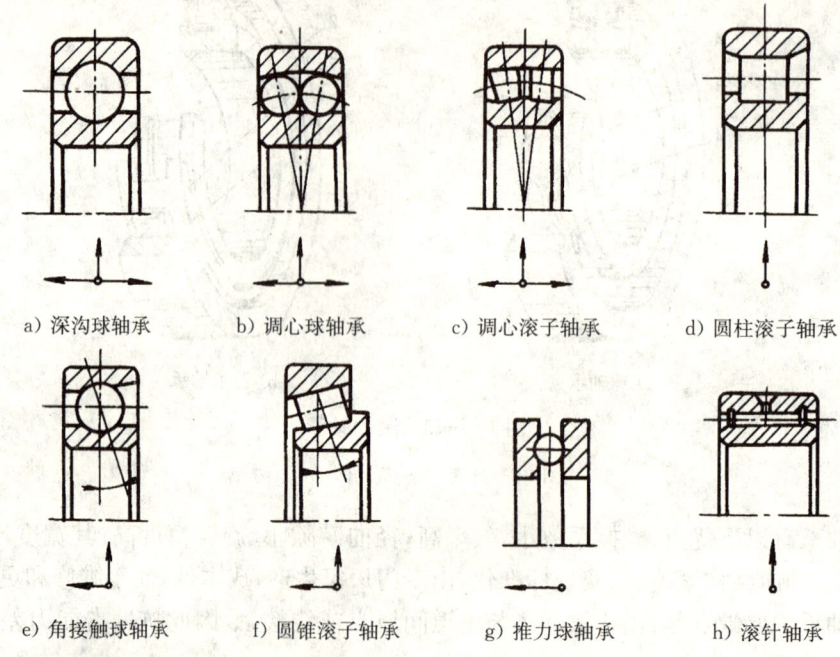

a) 深沟球轴承　　b) 调心球轴承　　c) 调心滚子轴承　　d) 圆柱滚子轴承

e) 角接触球轴承　　f) 圆锥滚子轴承　　g) 推力球轴承　　h) 滚针轴承

图 1-6-46　滚动轴承各种类型的结构示意图

二、滚动轴承的代号

滚动轴承种类很多，各类中又有不同的结构、尺寸、精度等，为便于组织生产和选用，国家标准规定了滚动轴承的代号并打印在轴承的端面上。GB/T 272—1993 规定的轴承代号表示方法，用字母和数字表示。按从左至右顺序依次为：

| 前置代号 | — | 基本代号 | — | 后置代号 |

前置代号表示轴承的某些特殊特征，用字母表示，如用 L 表示可分离轴承的可分离套圈。后置代号用字母和数字表示轴承结构、公差等级等要求。如角接触轴承，接触角 $\alpha=15°$ 时用 C 表示，公差等级用/P2、/P4、/P5、/P6 等表示。

基本代号用来表示轴承的基本特征。如内径、直径系列、宽度系列和类型，最多有五位数字，从右至左各位数字意义如下：

```
        五    四    三    二    一
       类型  宽度  直径  内径
       代号  系列  系列  代号
             代号  代号
```

1. 内径代号

对内径尺寸为 20～495 mm 的轴承，这两位数字等于内径实际尺寸除以 5 得的商数，如 08 表示内径 $d=40$ mm。内径尺寸一般为 5 的倍数，当内径尺寸为 10 mm、12 mm、15 mm 和 17 mm 时，分别表示为 00、01、02 和 03；内径小于 10 mm 和大于 500 mm 的轴承，另有规定，可参见 GB/T 272—1993。

2. 直径系列代号

结构、内径相同的轴承,根据受力大小不同,可选用不同的滚动体,该数字即表示外径和宽度变化的系列。0、1 表示特轻系列,2 为轻系列,3 为中系列,4 为重系列。各系列间尺寸的对比如图 1-6-47 所示。

3. 宽度系列代号

结构、内径及直径系列都相同时,为适应不同轴向尺寸而制定的轴承在宽度方面的变化系列。一般轴承为正常宽度系列(0 系列)时,代号中可不标出,但调心滚子轴承和圆锥滚子轴承,0 应标出。

4. 轴承类型代号

轴承代号的详细方法可查阅 GB/T 272—1993。

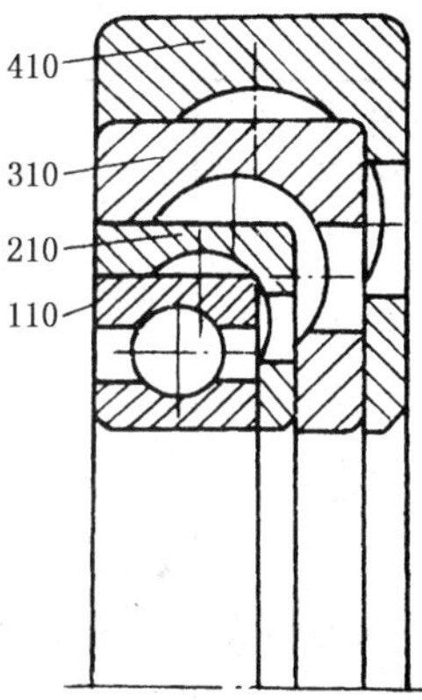

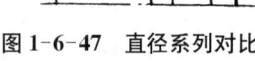

图 1-6-47 直径系列对比

轴承代号举例:

6206:内径为 30 mm,轻系列深沟球轴承,正常宽度,正常结构,0 级公差。

7322B/P2:内径为 110 mm,中系列角接触球轴承,正常宽度,接触角 $\alpha = 15°$,2 级公差。

30218B:内径 90 mm,轻系列、正常宽度的圆锥滚子轴承,接触角 $\alpha = 27°\sim 30°$,0 级公差。

三、常用滚动轴承的特征画法和规定画法

滚动轴承在装配图中若按真实投影画出,不仅费工费时,图形复杂,而且有关结构也表达不清楚和不完整。所以,国标给出了它们的特征画法和规定画法。表 1-6-7 是常用滚动轴承的特征画法和规定画法示例,表 1-6-8 是常用滚动轴承的主要参数。

表 1-6-7 常用滚动轴承特征画法和规定画法尺寸比例示例

名 称	特 征 画 法	规 定 画 法
向心轴承	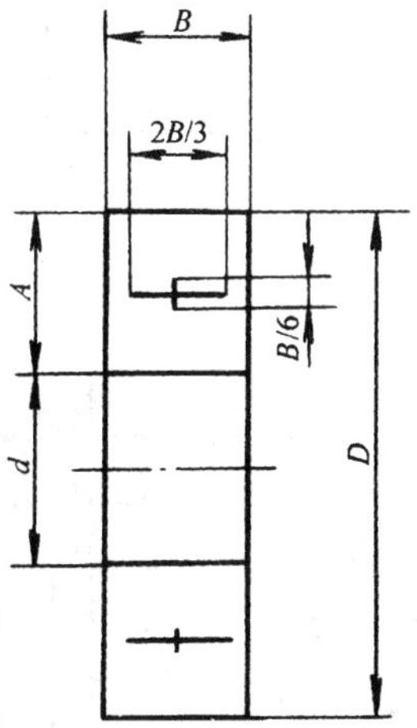	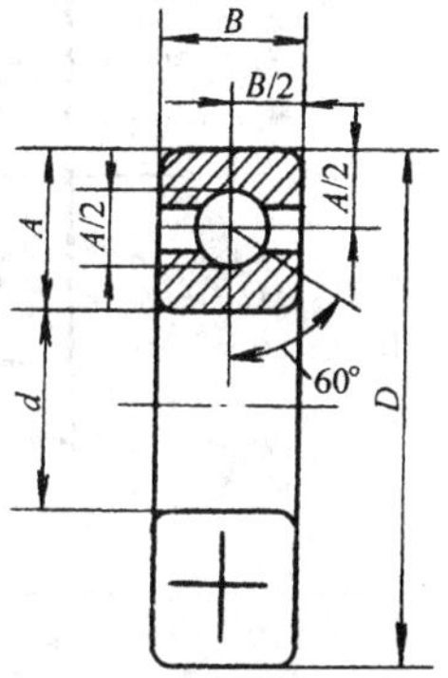 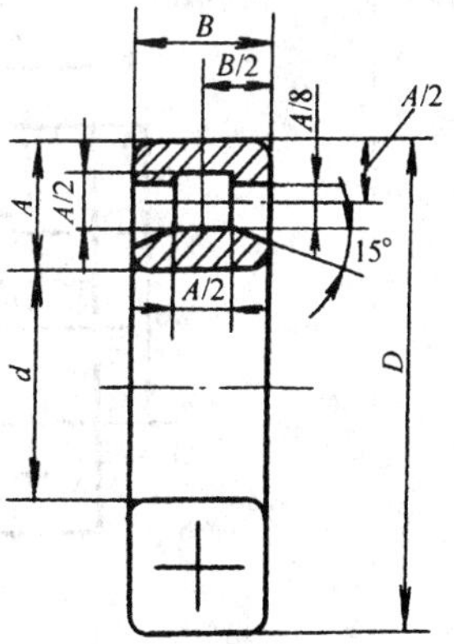

续表 1-6-7

名 称	特 征 画 法	规 定 画 法
角接触轴承	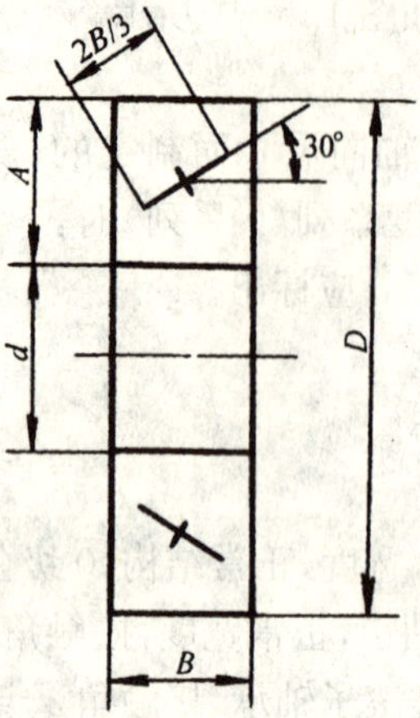	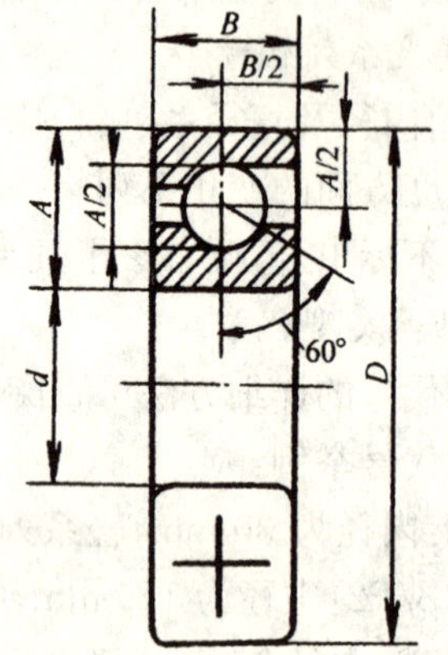
角接触轴承	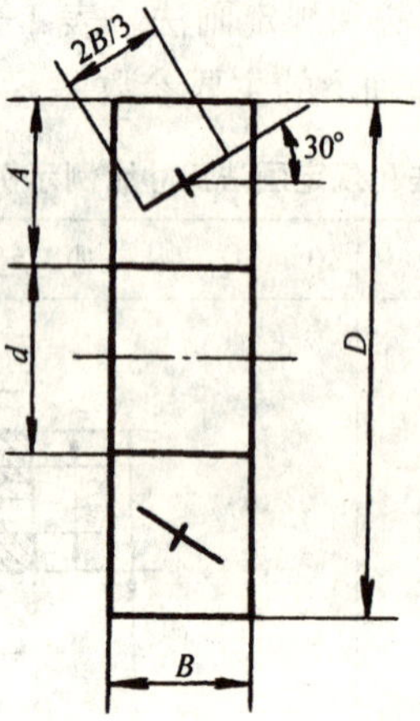	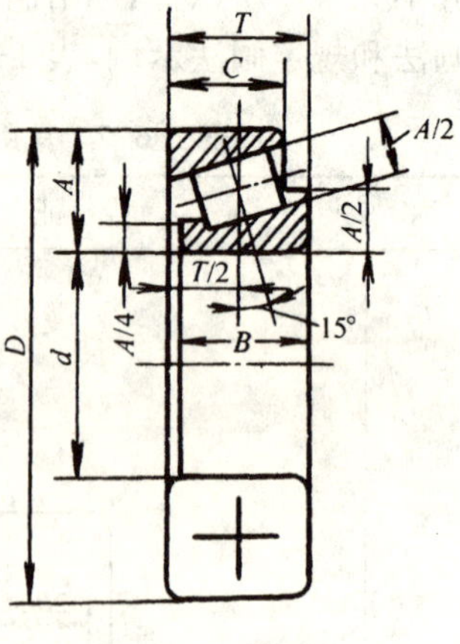
推力轴承	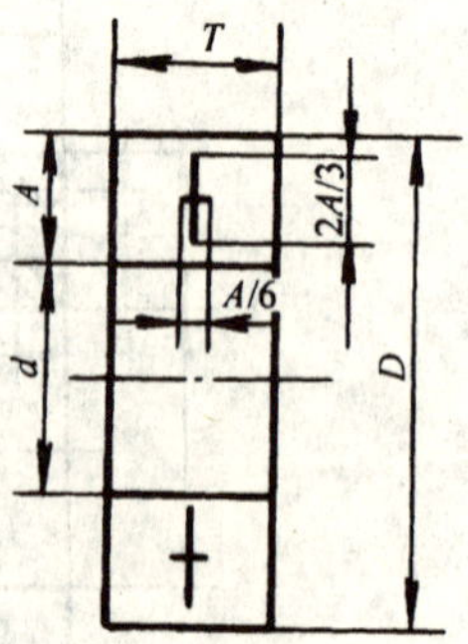	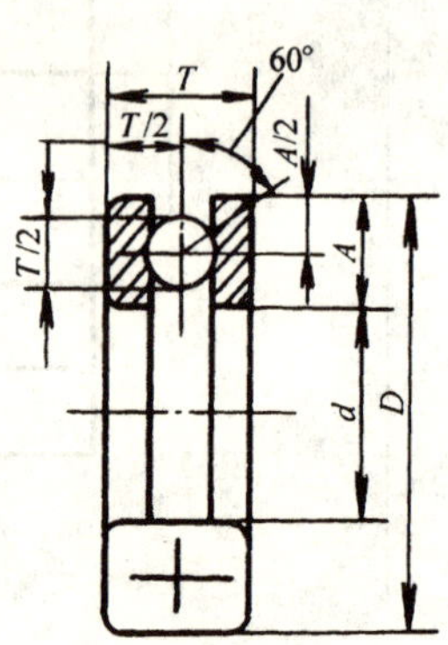

表 1-6-8 常用滚动轴承主要尺寸参数标准

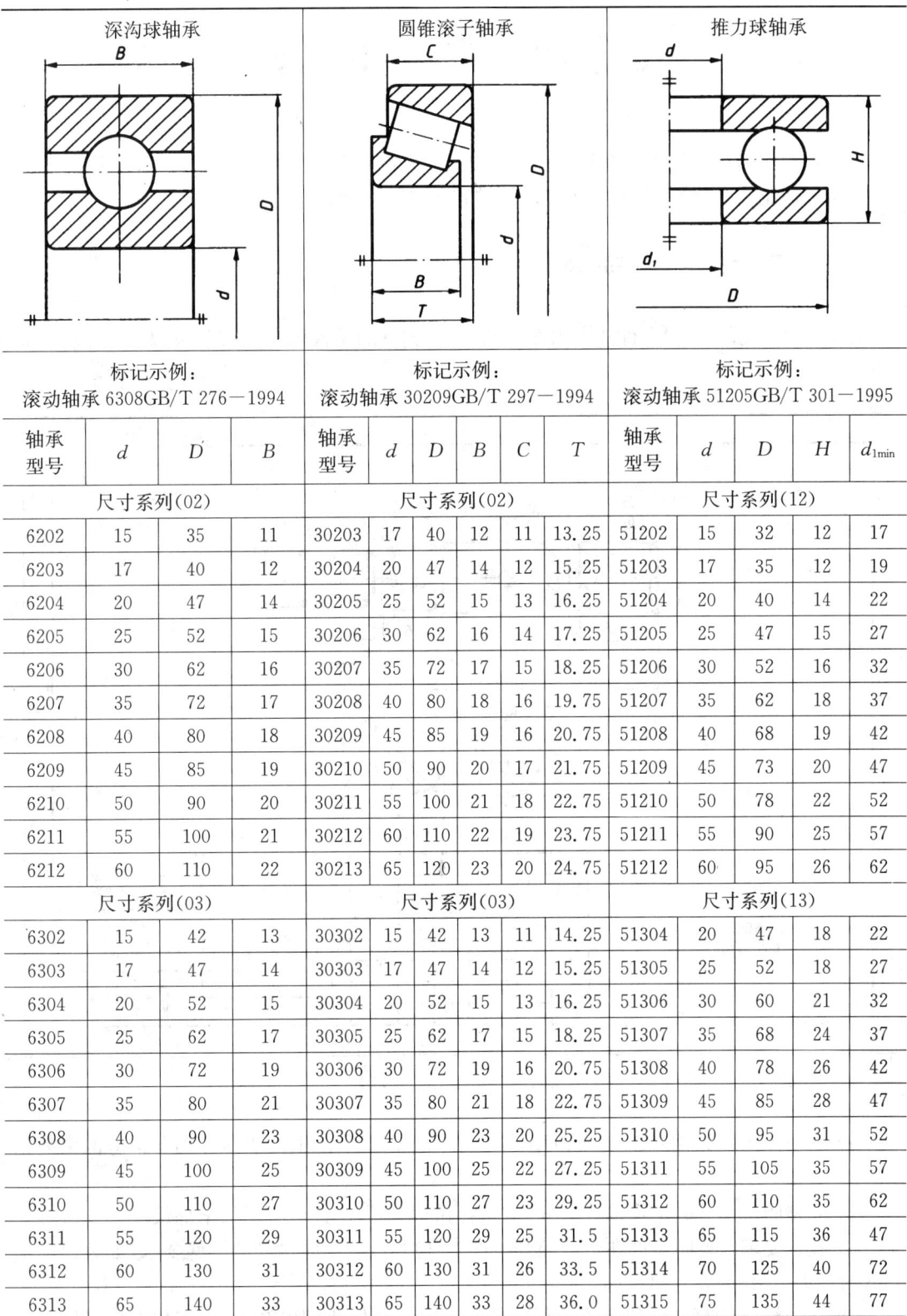

标记示例：
滚动轴承 6308 GB/T 276—1994

标记示例：
滚动轴承 30209 GB/T 297—1994

标记示例：
滚动轴承 51205 GB/T 301—1995

轴承型号	d	D	B	轴承型号	d	D	B	C	T	轴承型号	d	D	H	d_{1min}
尺寸系列(02)				尺寸系列(02)						尺寸系列(12)				
6202	15	35	11	30203	17	40	12	11	13.25	51202	15	32	12	17
6203	17	40	12	30204	20	47	14	12	15.25	51203	17	35	12	19
6204	20	47	14	30205	25	52	15	13	16.25	51204	20	40	14	22
6205	25	52	15	30206	30	62	16	14	17.25	51205	25	47	15	27
6206	30	62	16	30207	35	72	17	15	18.25	51206	30	52	16	32
6207	35	72	17	30208	40	80	18	16	19.75	51207	35	62	18	37
6208	40	80	18	30209	45	85	19	16	20.75	51208	40	68	19	42
6209	45	85	19	30210	50	90	20	17	21.75	51209	45	73	20	47
6210	50	90	20	30211	55	100	21	18	22.75	51210	50	78	22	52
6211	55	100	21	30212	60	110	22	19	23.75	51211	55	90	25	57
6212	60	110	22	30213	65	120	23	20	24.75	51212	60	95	26	62
尺寸系列(03)				尺寸系列(03)						尺寸系列(13)				
6302	15	42	13	30302	15	42	13	11	14.25	51304	20	47	18	22
6303	17	47	14	30303	17	47	14	12	15.25	51305	25	52	18	27
6304	20	52	15	30304	20	52	15	13	16.25	51306	30	60	21	32
6305	25	62	17	30305	25	62	17	15	18.25	51307	35	68	24	37
6306	30	72	19	30306	30	72	19	16	20.75	51308	40	78	26	42
6307	35	80	21	30307	35	80	21	18	22.75	51309	45	85	28	47
6308	40	90	23	30308	40	90	23	20	25.25	51310	50	95	31	52
6309	45	100	25	30309	45	100	25	22	27.25	51311	55	105	35	57
6310	50	110	27	30310	50	110	27	23	29.25	51312	60	110	35	62
6311	55	120	29	30311	55	120	29	25	31.5	51313	65	115	36	47
6312	60	130	31	30312	60	130	31	26	33.5	51314	70	125	40	72
6313	65	140	33	30313	65	140	33	28	36.0	51315	75	135	44	77

第七章 零件图

零件工程图简称零件图,它是建立在投影法的基础上,用于表达零件内外结构形状、尺寸大小和与零件制造、检验有关的技术要求等内容的二维图样。

【032】 零件图的四项内容

图 1-7-1 所示为主轴零件图。由图可知,一张完整的零件图一般应具有以下四个方面的内容:

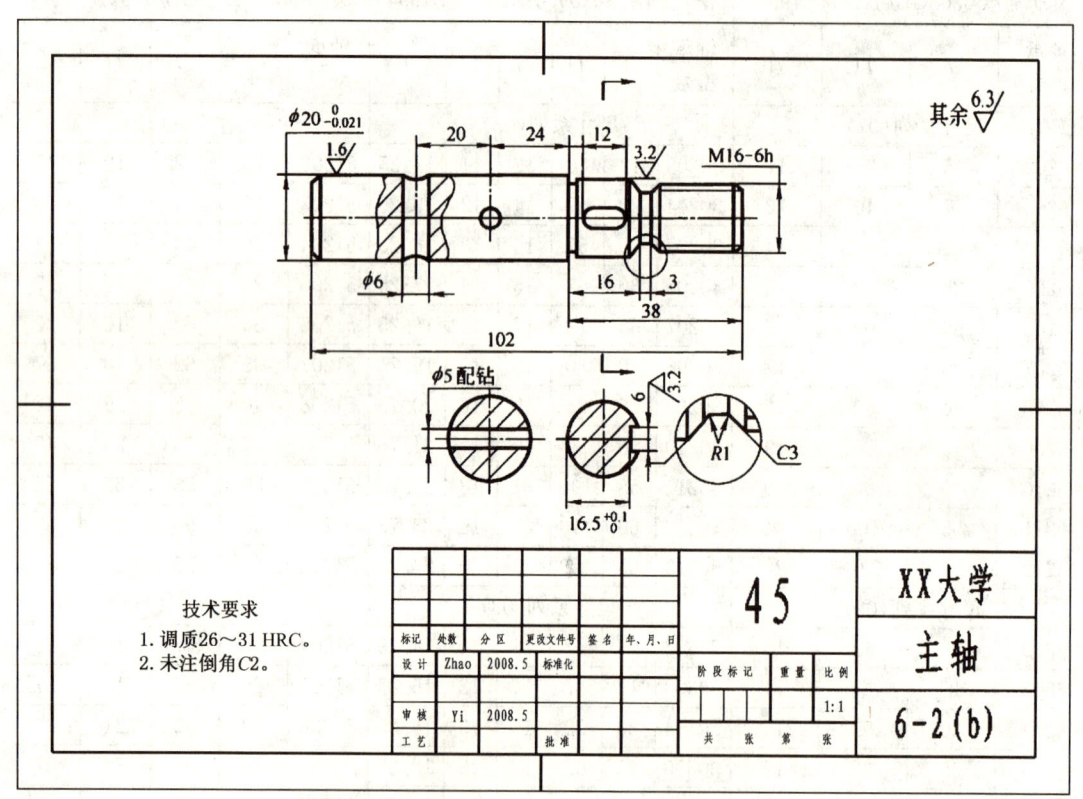

图 1-7-1 主轴零件图

(1) 一组图形 采用的剖视、断面图等表示方法,完整、清晰地表达零件各部分的内外结构形状。

(2) 完整的尺寸 确定零件各部分形状结构的大小和位置所必需的全部尺寸。

(3) 技术要求 说明零件在生产、制造、加工、检验过程中应达到的一些要求,如表面粗糙度、尺寸公差、形位公差、热处理等。

(4) 标题栏 注写零件的名称、材料、数量、图号、图样比例以及设计、审核者填写姓名和日期等。

【033】 视图选择原则

画零件图时,要求选用适当的视图、剖视、断面图等表示方法,将零件各部分结构形状和相对位置完整、清晰地表示出来,并方便看图,画图简便。

一、主视图的选择

主视图是表达零件的最为重要视图。选择主视图,一般应遵循下列三原则:

1. 形状特征原则

主视图应最能反映零件的形状特征。例如图 1-7-2a),它由直径大小不同的同轴圆柱体构成,轴上有键槽、倒角等结构。以箭头方向作为轴的主视图投射方向。最后确定的主视图如图 1-7-2b)所示。

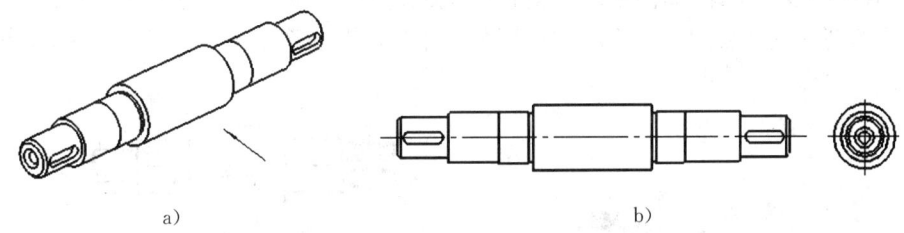

图 1-7-2 轴的主视图选择

2. 加工位置原则

主视图按零件在机加工过程中的主要加工位置绘制,以便于加工时看图和测量。例如图 1-7-2b)所示的轴主要是在车床、磨床上进行加工,主视图将其放成水平,就是符合加工位置原则。通常轴、套、轮、盘等回转体零件,其主视图一般都选择将其轴线置于水平位置。

3. 工作位置原则

主视图按零件在机器中工作的位置绘制,以便于根据零件间装配关系分析零件的结构形状。例如图 1-7-3 所示的减速器,需要在不同的机床上加工,应选择箭头方向视图作为箱体主视图。通常,对于类似于壳体、支架(座)等零件,都可按零件在机器或部件中的工作位置来选择主视图。

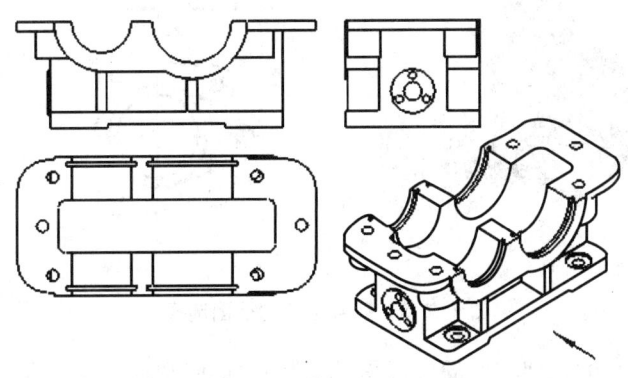

图 1-7-3 减速器箱体的主视图选择

二、其他视图的选择

主视图确定以后,应根据零件的复杂程度来选择必要的其他视图,形成一组完整、清晰的视图,并采用合适的剖视或断面等表达方法。选择视图表示方案时,应避免出现图形繁杂或者多余重复。

三、几种典型零件的视图生成

零件的结构形状大致可以归纳为轴套类、轮盘类、叉架类和箱壳类四种类型。其中每类零件的结构、工艺、视图表示及尺寸标注等都具有其共同的特点,而了解它们的这些特点有利于选择视图和读图。

下面举例说明视图的选择方案。

例 1 确定轴的视图表达方案。

由图 1-7-4a)所示传动轴可见,轴上有键槽、方头、倒角及一个定位用的小锥坑。主视图的选择,显然应该按轴的主要加工位置来选定,将轴线放成水平位置。其左视图是一串同心圆,不能更清楚地表达形体,而俯视图与主视图类似,因而基本视图只需一个主视图。轴上小锥坑可用局部剖视图来表达。方头和键槽可分别用移出断面图来表达,如图 1-7-4b)所示。

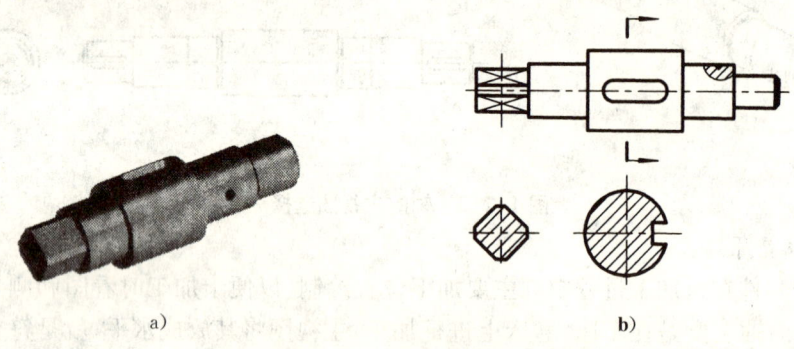

图 1-7-4 轴的视图选择

例 2 确定托架的视图表达方案。

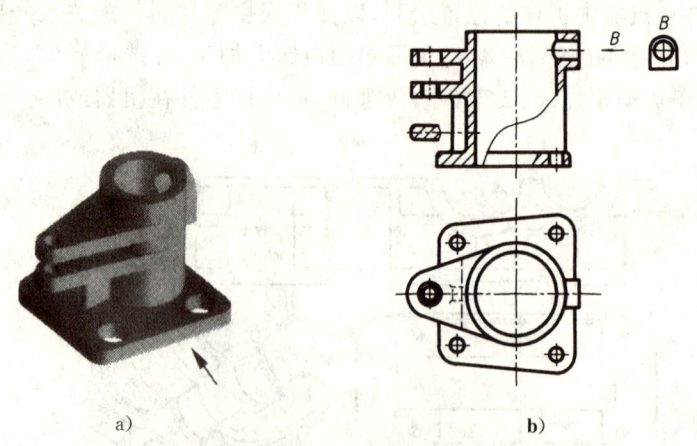

图 1-7-5 托架零件的视图选择

由图 1-7-5a)所示的托架零件的底板是其安装基准面,顶面为支承面,右端带孔的凸缘用来安装其他零件,而肋板是用来加强凸缘刚性的。

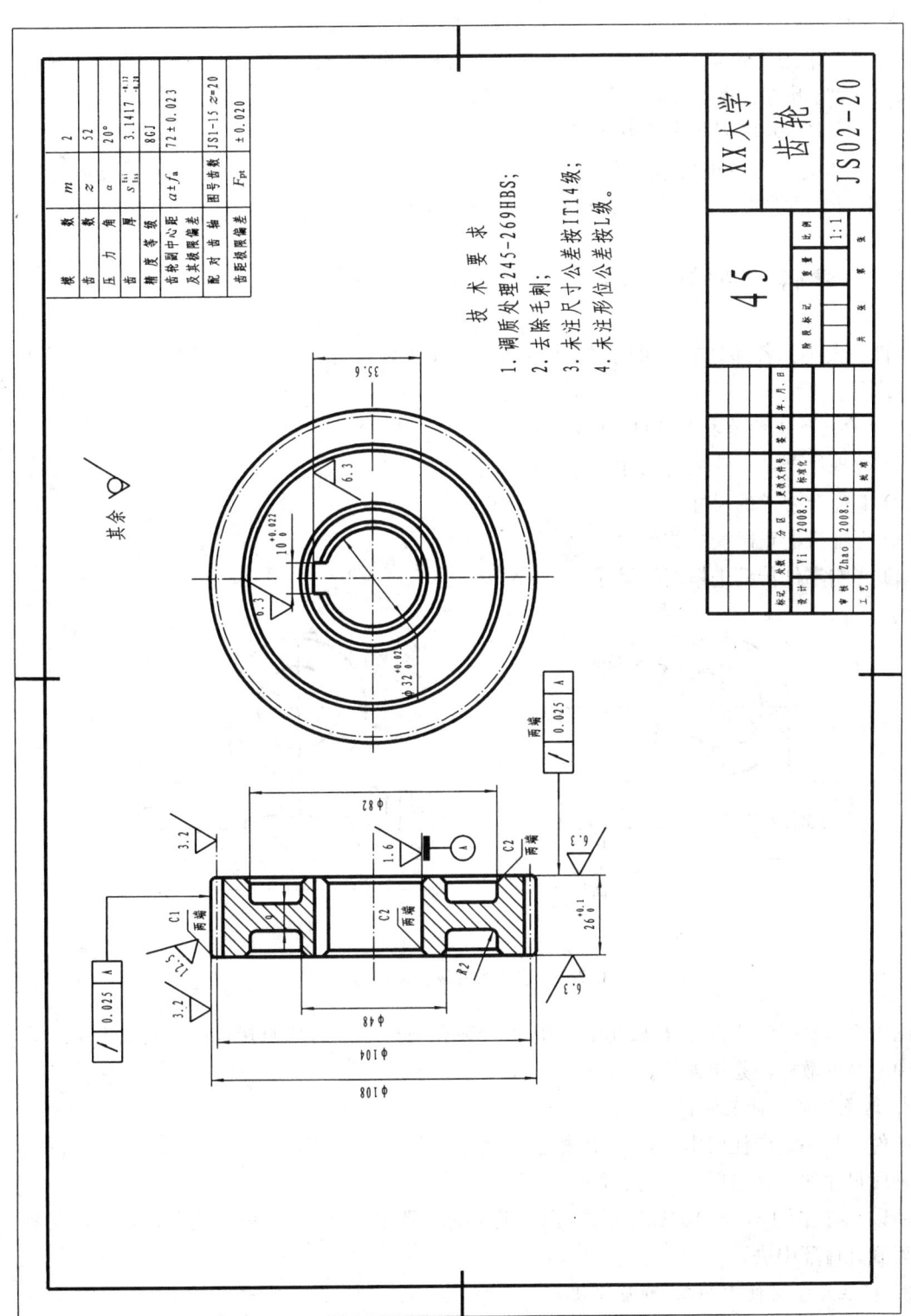

图 1-7-6 齿轮零件图

托架零件的视图选择：按工作位置原则、且又能清楚地反映托架各部分组成情况（即形状特征）来确定主视图投射方向，如图 1-7-5a) 箭头所示。俯视图则用以表达各组成部分的形状结构。主视图采用两处局部剖视来表达其内部结构和底板上小孔，右端的小凸台用 B 向局部视图来表达，肋板的断面形状可用移出断面表示。

例 3 确定齿轮的视图表达方案。

图 1-7-6 是一齿轮的完整零件图。主视图一般按齿轮安装位置放置，为表示其内部结构，采用全剖切的方法，另一视图用于表示零件端面外形轮廓。

【034】 零件图的尺寸标注

零件的大小和各部分的位置则完全是由零件图上所注尺寸来决定的。零件图的尺寸标注基本要求是：

1. **主要尺寸必须直接标注**（图 1-7-7）
 (1) 体现机器规格性能的尺寸；
 (2) 有配合要求的尺寸；
 (3) 保证机器正确安装的尺寸；
 (4) 影响零件传动进精度的尺寸。

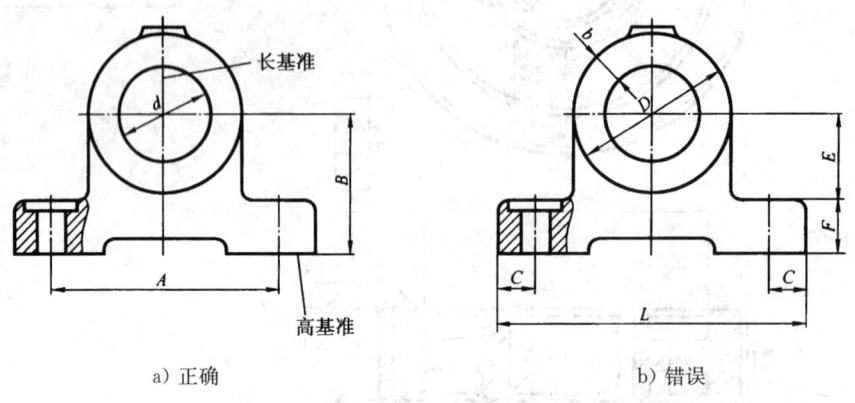

a) 正确　　　　　　　　　　　　b) 错误

图 1-7-7　主要尺寸应直接注出

图 1-7-7a) 中轴孔直径 d、轴孔中心高 B、安装孔中心距 A 都应直接标注。而图 1-7-7b) 中把中心高拆散标注是错误的。

2. **避免注成封闭尺寸链**

零件上某一方向注成串联式、首尾相连的封闭形式，称为封闭尺寸链，如图 1-7-8a) 所示。每个轴段尺寸加工合格后，则总长就难于达到精度要求了。

所以，应按图 1-7-8b) 的标注形式，把要求不高的尺寸 26 空出不注（称为开口环），让误差都积累到开口环中去。

3. **标注尺寸应便于加工、测量方便**

尺寸标注应考虑便于加工和测量，见图 1-7-9 标注中间孔深度尺寸 44 是错误的，不便于测量。

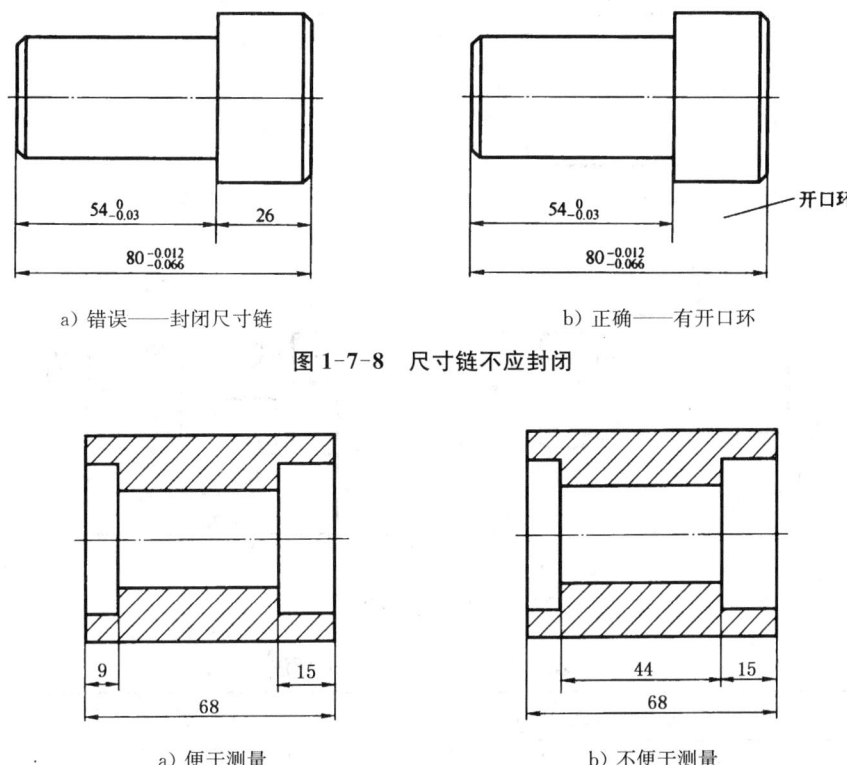

图 1-7-8 尺寸链不应封闭

a) 便于测量   b) 不便于测量

图 1-7-9 尺寸标注——应便于加工、测量

4. 加工面与非加工面的标注

零件上的加工面尺寸和非加工面尺寸应分开标注；在同一方向上，加工面与非加工面只能有一个尺寸联系。如图 1-7-10a)所示，加工面(底面)与非加工面只有一个尺寸 9 相联系；若按图 1-7-10b)那样标注，让加工面与非加工面有多个尺寸 9、41、33 联系，就很难确保这些尺寸的精度。

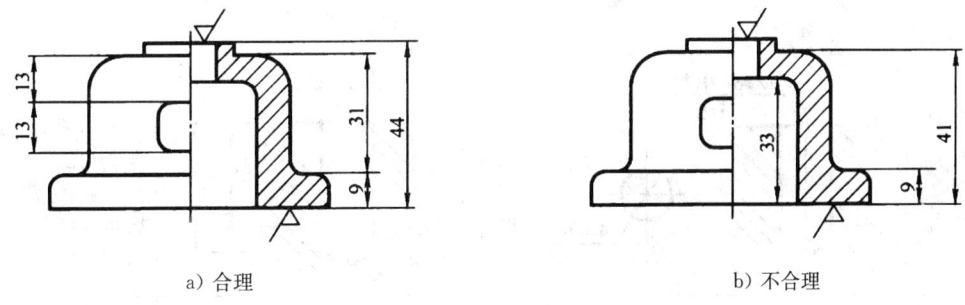

a) 合理   b) 不合理

图 1-7-10 加工面与非加工面只能有一个尺寸联系

5. 标注尺寸应符合加工工序

按加工工序标注尺寸，确保加工顺利进行，如图 1-7-11 所示。

6. 标准结构应按标准标注

零件上的标准结构，如退刀槽、键槽、倒角、沉孔、销孔及螺纹等，应按国标规定标注尺寸，见表 1-7-1。

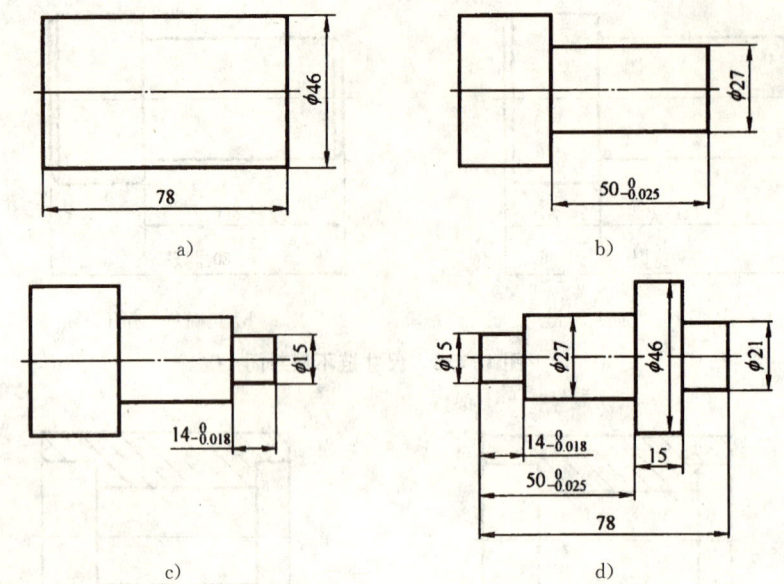

图 1-7-11 按工序标注尺寸

表 1-7-1 常见孔的尺寸标注

类型		旁注法	普通注法	说明
螺孔	通孔	4×M6-7H	4×M6-7H	4个螺纹孔,大径为M6,公差带为7H,均布
	不通孔	3×M6-7H▼12 ▼15	3×M6-7H	3个螺纹孔,大径为M6,公差带为7H,螺孔深12,光孔深15,均布
光孔	精加工孔	4×φ6-7H▼12 ▼15	φ6-7H	4个φ6孔,精加工深度为12,公差带为7H,光孔深度15,均布
	锥销孔	锥销孔φ5 配钻	锥销孔φ5 配钻	锥销孔小端直径为φ5;要与相邻接零件配钻

续表 1-7-1

类型		旁 注 法	普 通 注 法	说 明
沉孔	柱形沉孔	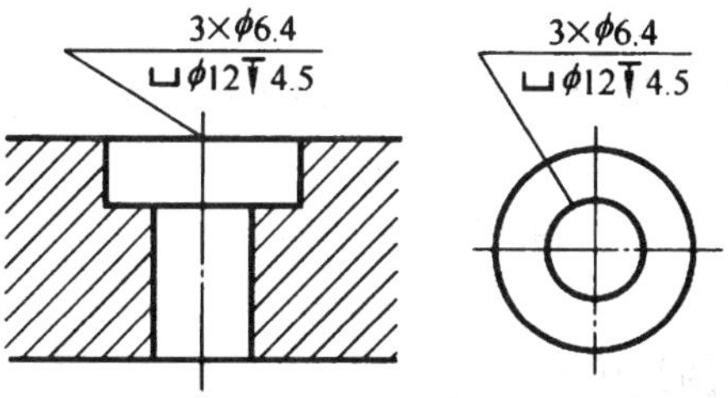 3×φ6.4 ⌴φ12⩔4.5	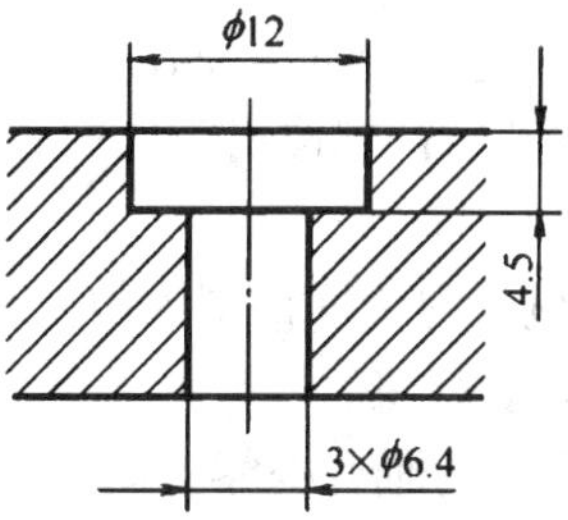 φ12, 4.5, 3×φ6.4	3×φ6.4 为小柱形孔的尺寸；柱形沉孔的尺寸为：φ12 深 4.5
	锪平孔	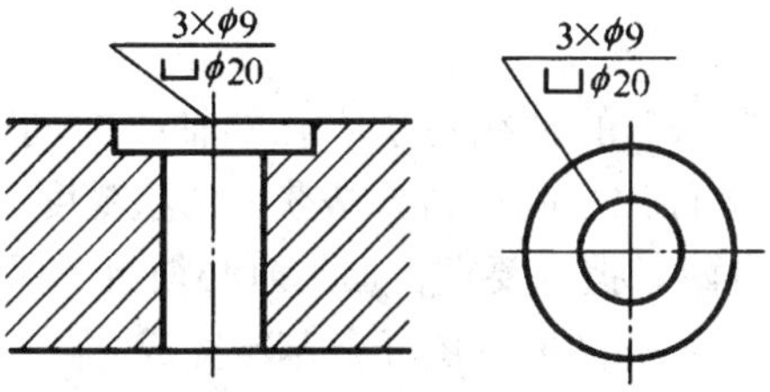 3×φ9 ⌴φ20	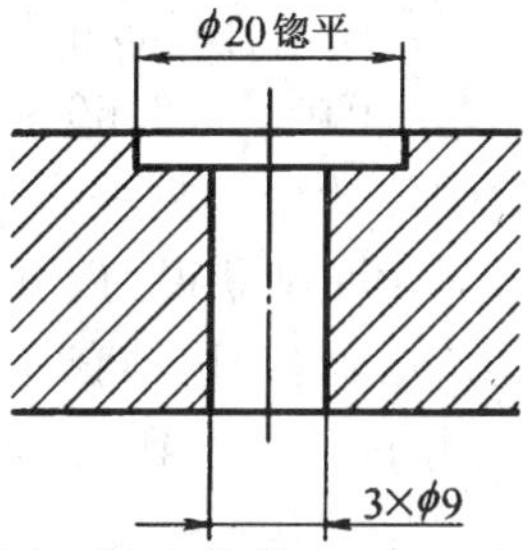 φ20 锪平, 3×φ9	3×φ9 为小柱形孔的尺寸；锪平孔尺寸为：φ20 深度不需标注，一般锪平到光面为止
	锥形沉孔	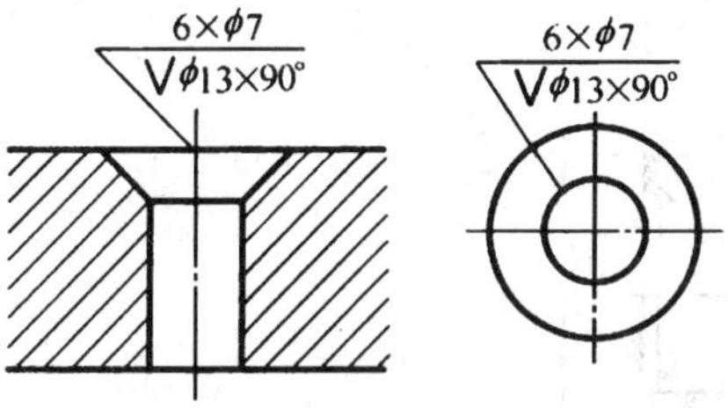 6×φ7 ⌵φ13×90°	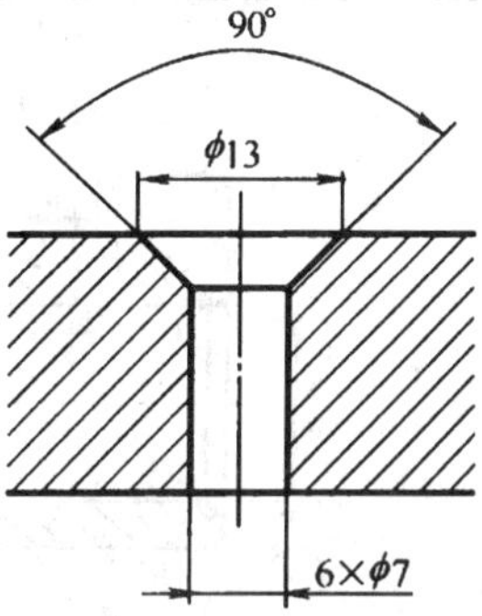 90°, φ13, 6×φ7	6 个直径为 φ7 的通孔；锥形沉孔的直径为 φ13，锥角为 90°

【035】 读零件图

图样是指导生产的必要文件。生产实践中，对读图的质量和速度提出了严格要求。机器中各类零件的结构形状特征不同，每个零件在机器中的作用也不一样，读图难易程度也就不同。

阅读零件图一般可按四步进行：

(1) 概括了解　从标题栏入手，了解零件的名称、材料、比例、重量、数量等，必要时还需参照装配图或其他资料，弄清零件的功用及在机器中的位置。

(2) 表达分析　以主视图为中心，弄清采用的剖视、断面、其他画法等表达意图。一般是根据先主体，后次要；先外形，后内部的分析思路分析投影，从而想像各部分的结构形状及相对位置，构思出零件的完整形状。

(3) 尺寸分析　按形体分析法,弄清各形体的定形尺寸和定位尺寸。先找出零件的长、宽、高三个方位尺寸基准。从基准出发,分清主要尺寸和一般尺寸。

(4) 弄清技术要求　明确加工零件的质量指标、落实措施、技术要求(如表面粗糙度、尺寸公差、形位公差)、其他技术要求等四方面内容。

通过看图应综合归纳,想像出零件的总体形状、结构全貌,以便于加工出符合图样要求的合格零件。

下面以简单图例学习读零件图入门的基本方法与步骤。

1. 读简单轴套类零件图

如图 1-7-12 所示为轴套类零件图,主视图是作单一剖切面的全剖视图,即形体特征为圆筒。在圆筒的内外圆有尺寸公差要求,两端均倒角 0.5×45°。小圆孔的定形尺寸 $\phi4$,定位尺寸 14。该轴套的极限配合尺寸有:$\phi35$ 的尺寸公差为 0.016、$\phi24$ 的尺寸公差为 0.021;圆筒长度的实际尺寸允许变动的范围是:39.66～40。

该轴套零件图中的位置公差框格含义是:$\phi35$ 的轴线对 $\phi24$ 孔的轴线的同轴度公差为 $\phi0.04$。该零件 $\phi24$ 孔是用车削获得的表面。表面用去除材料方法获得的粗糙度 R_a 的值分别为 3.2 μm、6.3 μm、25 μm 等。该轴套零件有两条技术要求在加工时必须给予保证。轴套材料名称为灰铸铁,牌号为 HT200。到此,该轴套零件图的读图任务基本完成。

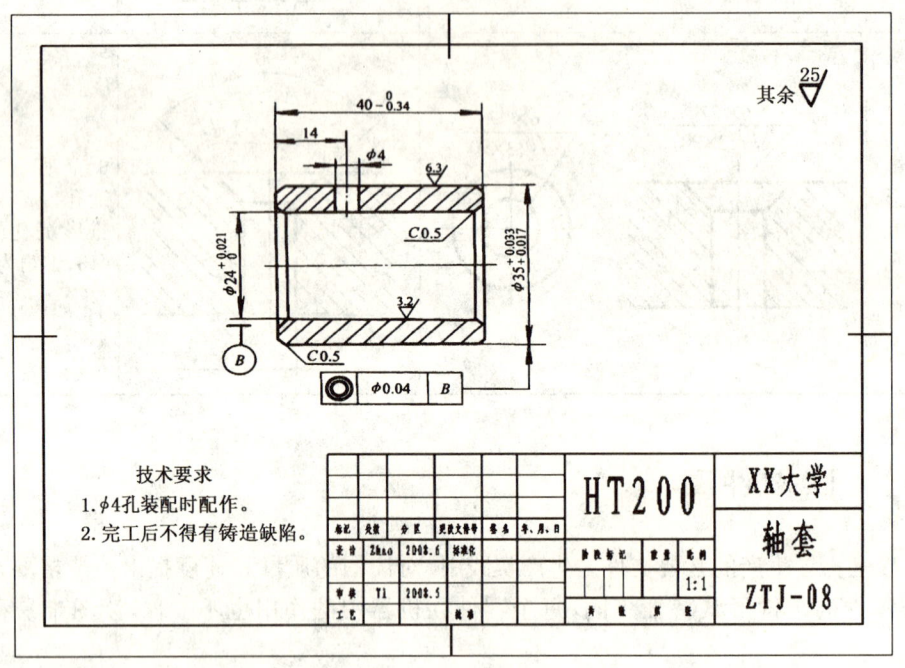

图 1-7-12　轴套零件图

2. 读简单端盖类零件图

图 1-7-13 为一端盖零件图,参照读轴套零件图方法采用填空答题方式读图。

按端盖零件图填空回答以下问题:

(1) 写出端盖所用材料名称是＿＿＿＿。

(2) 端盖的表达方案由＿＿＿＿、＿＿＿＿图组成,其主视图是单一剖切平面剖切的

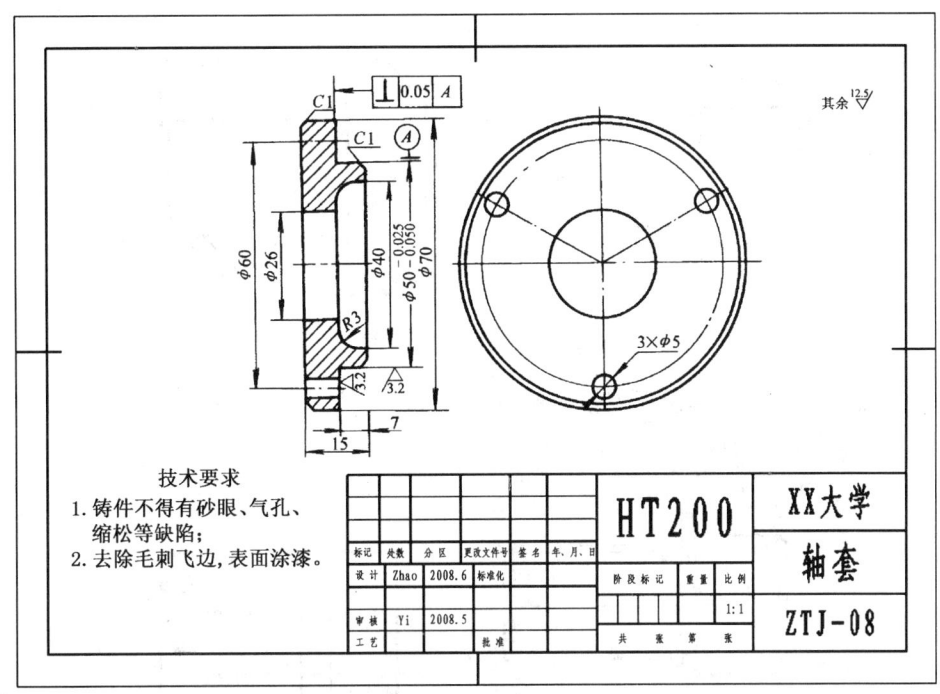

图 1-7-13 端盖零件图

_____视图。

(3) 写出 3×φ5 的定位尺寸_____。

(4) 写出端盖的总体尺寸_____和_____。

(5) φ26 孔圆柱面的表面粗糙代号是_____，φ50 圆柱面的表面粗糙度代号是_____，其余粗糙度为_____。

(6) φ50 尺寸的上偏差是_____，下偏差是_____，最大极限尺寸是_____，最小极限尺寸是_____，尺寸公差是_____。

(7) 图中形位公差框格含义：被测要素_____，基准_____，形位公差项目名称_____，允许的公差数值_____。

(8) 倒角的尺寸为_____，圆角半径为_____。

(9) 技术要求含义是_____、_____、_____。

【036】 零件的切削加工工艺结构

零件的加工工艺对零件的形状会产生某些结构要求，如退刀槽、圆角、凸台等。现举例说明。

(1) 圆角和倒角　阶梯轴和孔，为避免在轴肩和孔肩处应力过分集中产生裂纹，常以圆角过渡。在轴和孔的端部常加工成倒角，是为了便于安装和操作安全，如图 1-7-14 所示。45°倒角用 C 表示；非 45°倒角应注明角度数。

当圆角或倒角无一定要求时，可统一在技术要求中注明："未注圆角 R1~3"或"锐边倒钝"。

(2) 退刀槽和砂轮越程槽　车削螺纹或阶梯轴细端及阶梯孔粗端时，为便于退出刀具，常

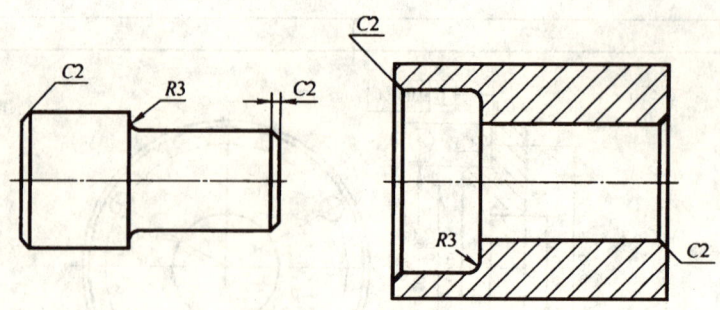

图 1-7-14 圆角和倒角

在零件的待加工表面末端车出退刀槽。退刀槽的尺寸标注一般按："槽宽×槽深"或"槽宽×直径"的形式标注，如图 1-7-15 所示。

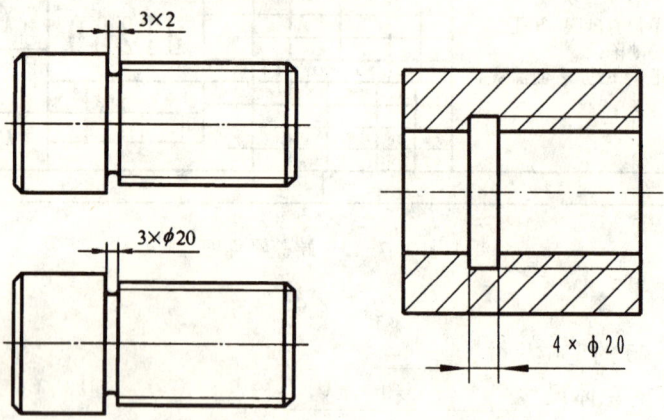

图 1-7-15 退刀槽尺寸标注

磨削加工时，为使砂轮能稍微越过加工面，确保磨削完全，常在待加工面的末端预先加工出砂轮越程槽。磨削外圆及端面的砂轮越程槽见图 1-7-16。

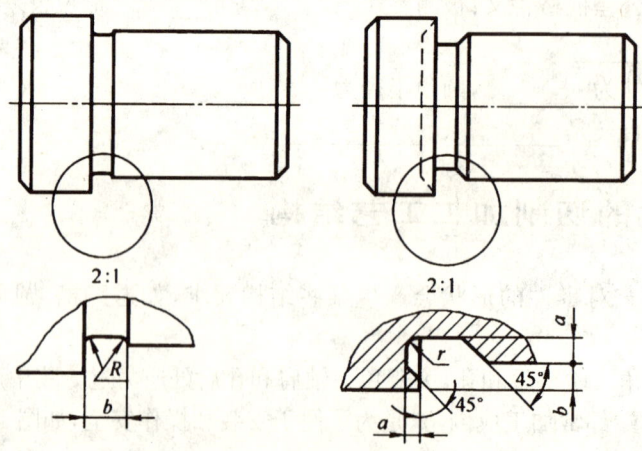

图 1-7-16 砂轮越程槽尺寸标注

(3) 钻孔结构 用钻头钻盲孔时,钻头顶角约为 120°,所以盲孔底部应画出 120°锥角。但图中不标此角度,钻孔深度也不包括此锥坑。在阶梯孔过渡处,也应画出 120°的圆锥,画法及尺寸如图 1-7-17 所示。

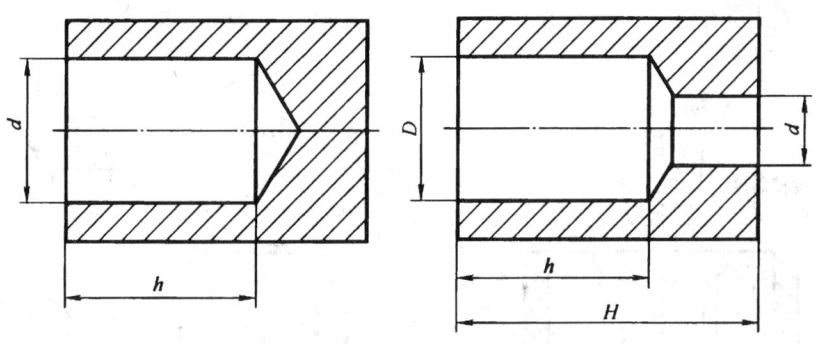

图 1-7-17 钻孔结构

为避免钻头折断和确保钻孔准确,钻头轴线应与钻孔表面垂直,如要在倾斜表面钻孔时,应增设凸台或凹坑,而不应让钻头单边受力,如图 1-7-18 所示。

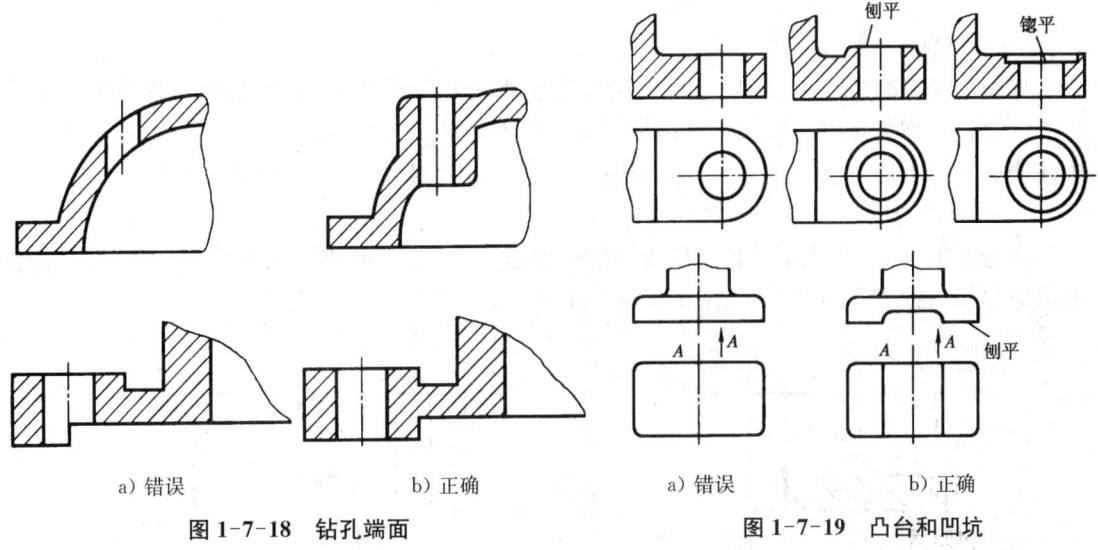

图 1-7-18 钻孔端面　　　　　　　　　图 1-7-19 凸台和凹坑

(4) 凸台和凹坑 为确保相邻零件表面接触良好,一般要切削平面。为减少加工面积,保证加工精度,应在铸件上设计出凸台或凹坑,如图 1-7-19 所示。

【037】 零件的铸造工艺结构

1. 最小壁厚

为防止金属熔液在未充满砂型之前就凝固,铸件壁厚应视材料的铸造流动性能而定,一般对于灰铸铁应≥8 mm;对于铸钢应≥10 mm;对于铝合金应≥4 mm;对于铜合金应≥5 mm。

2. 铸造圆角

为避免在铸件转角处应力过分集中，防止铸件冷却时产生裂纹、缩孔、夹砂等缺陷，也为防止金属熔液冲毁砂型转角处，铸件相邻表面相交处都应以圆角过渡。圆角半径一般取壁厚的 1/3 为宜，其尺寸可在技术要求中统一注明，如"未注圆角 R2～4"，见图 1-7-20。

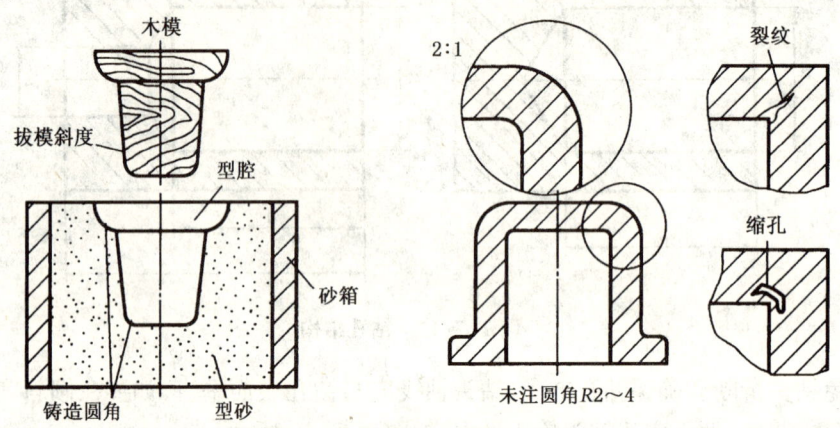

图 1-7-20　铸造圆角和拔模斜度

3. 拔模斜度

如图 1-7-18 所示，在铸造零件时，为便于将木模从砂型中取出，一般沿拔模方向做成约 1∶20 的斜度，称为拔模斜度。这种拔模斜度一般不必画出，也不必标注，必要时可在技术要求中注明。木模工已传承工艺，会自然地将拔模斜度和铸件收缩率置于模型制作工序中。

4. 壁厚均匀

为避免由于铸件壁厚不均匀，造成铸件冷却速度不一致，形成缩孔等铸造缺陷，设计铸件壁厚应尽量一致或逐渐变化，如图 1-7-21 所示。

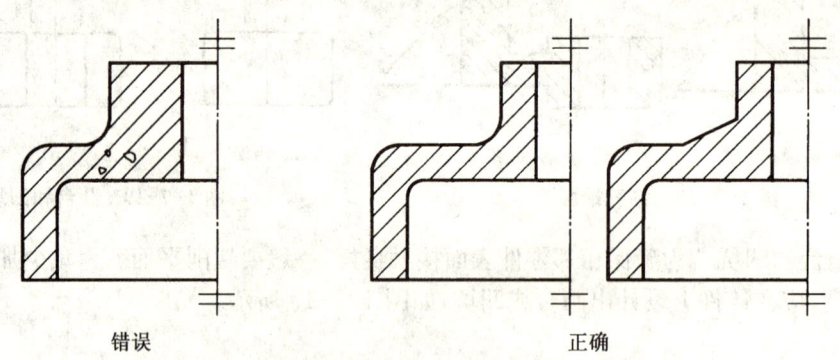

图 1-7-21　铸件壁厚——应均匀或逐渐变化

5. 过渡线

由于铸造圆角导致相交表面的交线不甚明显，这种交线称为过渡线。国标规定，过渡线按其理论交线的投影，用细实线画出，但线的两端应断开留空，如图 1-7-22 所示。

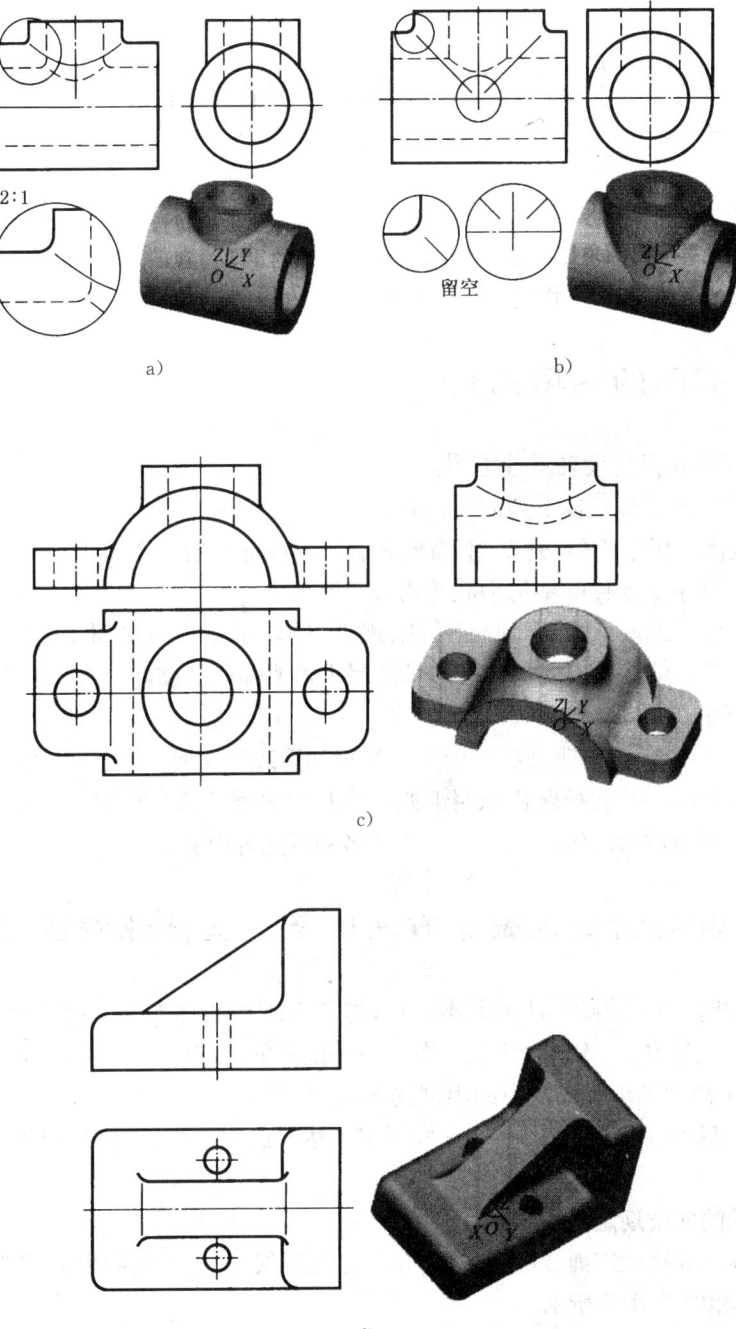

图 1-7-22 过渡线——画细实线

第八章　装　配　图

装配图是建立在二维投影法的基础上,用于表达机器、产品或部件中各零件间连接、装配关系等内容的技术图样。通常表达一台完整的机器或机械产品的装配图称为总装配图,表达机器中某一部件或组件的装配图称为部件或组件装配图。

【038】　装配图的四项内容

如图 1-8-1 所示是滑动轴承装配图。
一张完整的装配图应具备下列四项内容:
（1）一组视图　用于正确、完整、清晰地表达机器或部件的工作原理、零件间的相对位置、装配连接关系以及主要零件的结构形状等内容。
（2）必要尺寸　表示机器或部件的性能、规格、装配、检验及安装时所需的一些尺寸。
（3）技术要求　用文字或规定符(代)号注写机器或部件的装配、调试、检验、安装、使用及维修等方面的要求。
（4）标题栏、零件编号及明细栏　因生产组织和管理的需要,装配图中必须按一定的格式对各零、部件进行编号,并在标题栏和明细栏中注写出机器或部件的名称、图号、比例,各零件的名称、代号、材料、件数以及设计、审核者的姓名和日期等内容。

【039】　装配图的规定表达方法以及一些特殊表达方法

生成装配图时,需利用投影法的基本原理,选择合理的表达方案。前面介绍的各种视图、剖视和断面图等表达方法,均适合于装配图。在装配图的视图中,各种剖视应用非常广泛。例如图 1-8-1 所示滑动轴承装配图中的半剖视图。

此外,在国家标准中对装配图还有一些规定表达方法和一些特殊表达方法。

一、装配图的四条规定画法

（1）两个零件的接触表面或配合表面,用一条轮廓线表达,不接触表面或非配合表面用两条轮廓线表达,如图 1-8-2 所示。
（2）相互邻接的金属零件的剖面线,其倾斜方向应相反,或方向一致、间隔不等,如图 1-8-3 所示。若非金属零件,当邻接零件的剖面符号相同时,应采用疏密不一的方法以示区别。
（3）同一装配图中的同一零件的剖面线应方向一致、间隔相等。
（4）在装配图中,图形宽度小于或等于 2 mm 的狭小面积的剖面,可用黑色填充代替剖面符号,如图 1-8-2 中的垫片。

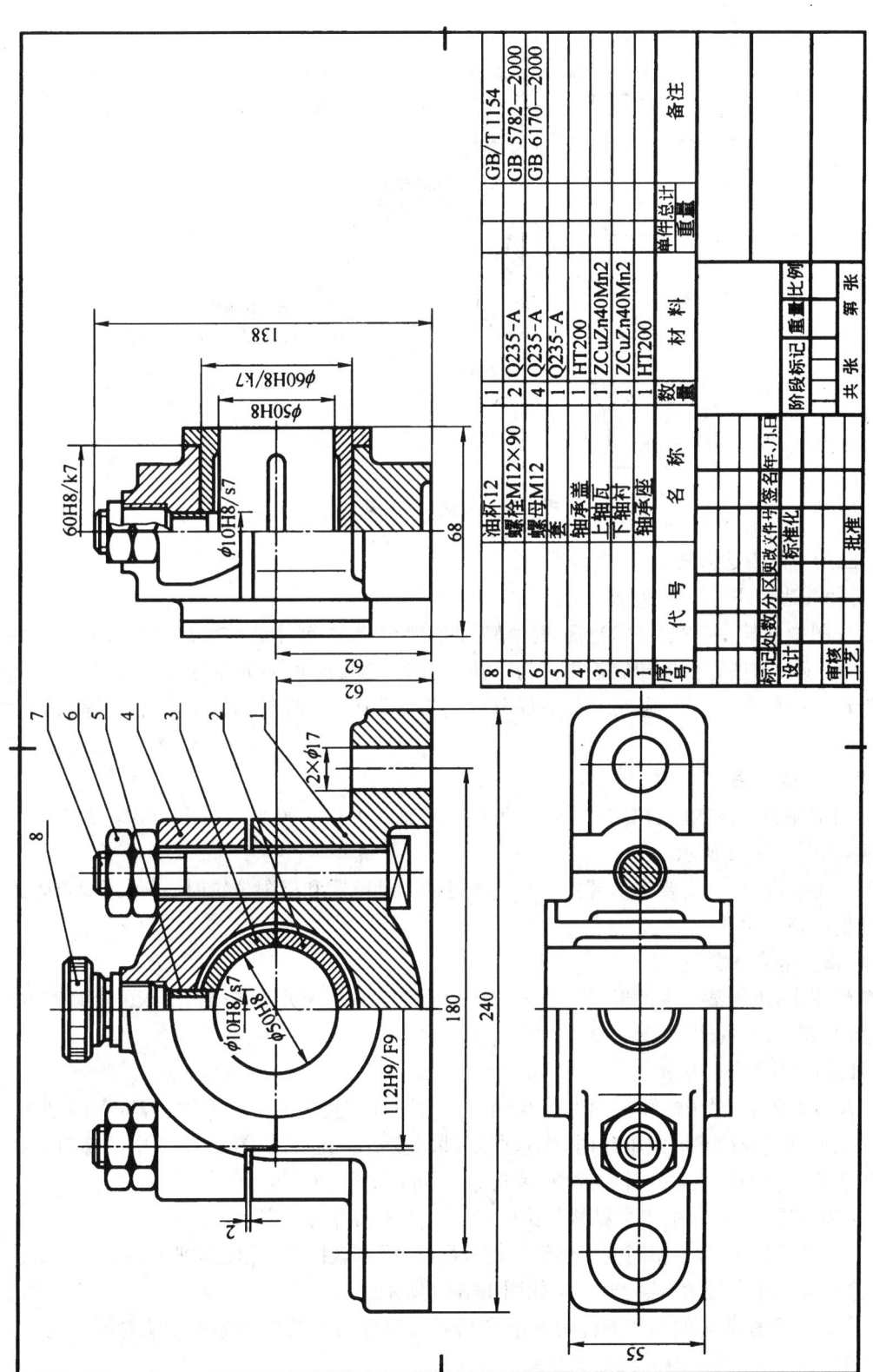

图 1-8-1 滑动轴承装配图

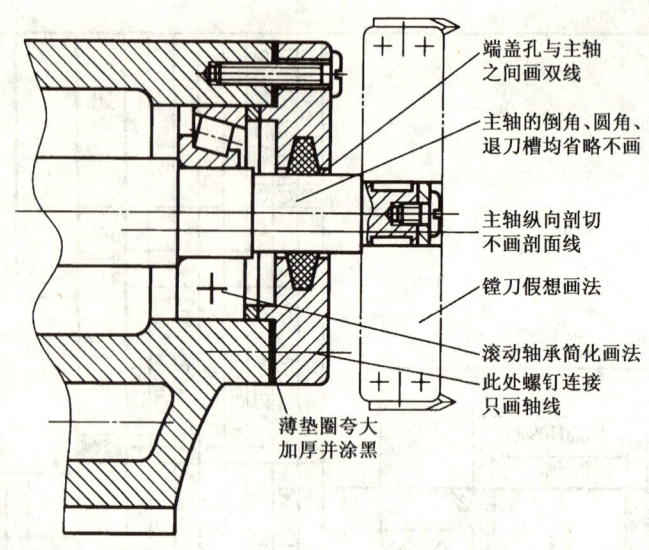

图 1-8-2 规定表达方法和简化表达方法

二、三条特殊表达方法

1. 拆卸表达方法

在装配图中的某一个视图内,当需表达清楚的装配关系或零件结构被某一个或几个零件遮住时,可假想将这些零件拆卸后投影。为了便于看图,需要时可加标注"拆去××等",如图 1-8-1 滑动轴承装配图中的俯视图右边部分就是拆去轴承盖、螺栓、螺母、上轴衬等以后生成的。

2. 假想表达方法

装配图中需表示该零件的安装关系时,可用双点画线的假想投影表达出与其相邻零件的部分轮廓,如图 1-8-2 所示。

还有一种情况是,当需要表示部件上某些零件的运动范围和极限位置时,一般用双点画线表达出它们的极限位置。

3. 单独表示某个零件

在装配图中,由于某个零件形状没有表达清楚而影响对装配关系或结构形状的理解时,可单独投影出该零件的视图,如图 1-8-3 中"泵盖 B"视图。

三、四条简化画法

(1) 在装配图中,对于螺纹紧固件以及轴、连杆、钢球、键、销等实心零件,若按纵向剖切,且剖切平面通过其对称平面或轴线时,则这些零件均按不剖表示,如图 1-8-3 中的螺钉。如需要特别表明零件的构造,如凹槽、键槽、销孔等,则可用局部剖视表示。

(2) 在装配图中,零件的工艺结构如倒圆、倒角、退刀槽等可不表示出。

(3) 对于装配图中若干相同的零件组如螺栓联接、螺钉联接等,可仅详细地表示出一组或几组,其余只需用中心线表示装配位置,如图 1-8-3 所示。

(4) 当剖切平面通过的某些部件为标准产品或该部件已由其他图形表示清楚时,可按不剖绘制,如图 1-8-1 中的油杯(标准产品)。

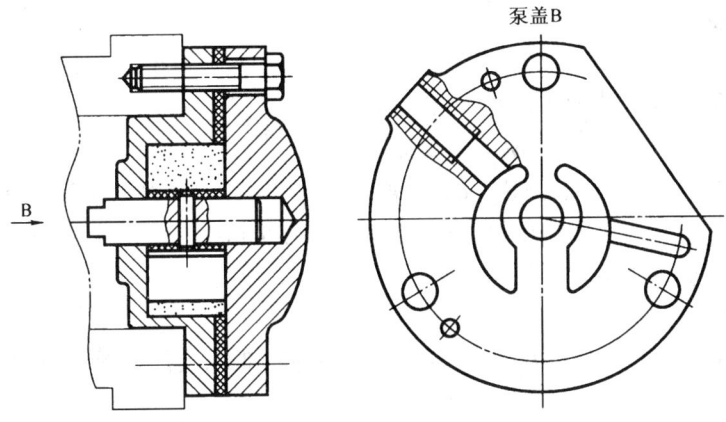

图 1-8-3 零件图单独画法

【040】 尺寸标注、零件编号、标题栏及明细栏

一、装配图中的尺寸

装配图与零件图的作用不同,因此标注尺寸的要求也不同。在装配图中,一般应标出下列几种尺寸(参见图 1-8-4):

1. 性能尺寸或规格尺寸

指表示机器或部件的性能或规格的尺寸。它是设计和用户选用时的依据,在设计时就已确定,如图 1-8-4 中截止阀的尺寸 $\phi 50 \ H8$。

2. 配合尺寸

表示零件间有配合要求的尺寸,如图 1-8-1 中 $\phi 10 \ H8/s7$。

3. 相对位置尺寸

表示零件间比较重要的相对位置尺寸,如图 1-8-4 中的中心高 62。

4. 安装尺寸

指将机器或部件安装到基座或其他部件上所需要的尺寸,如图 1-8-1 中底座孔距 240 等尺寸。

5. 外形尺寸

指机器或部件的总长、总宽、总高的尺寸。外形尺寸表明机器或部件所占空间的大小,供包装、运输、安装时参考,如图 1-8-1 中的 240、68 和 138。

6. 其他重要尺寸

此外,还有在设计时经过计算确定或选定的、而又未包括在上述几种尺寸之中的重要尺

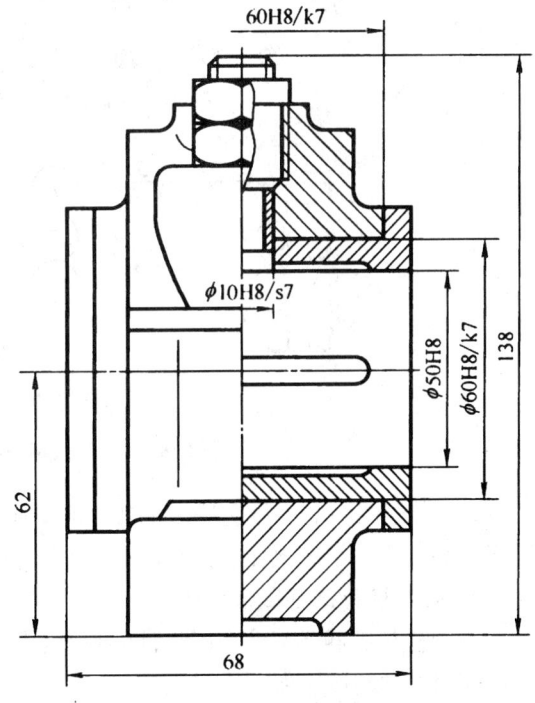

图 1-8-4 装配图尺寸

寸,在装配图中也必须注出。

每张装配图中不一定都具有上述各种尺寸,而且有的尺寸可能同时具有几种含义,因此必须根据具体的产品或部件装配图,合理地标注尺寸。

二、装配图中零部件的编号、明细栏及标题栏

为了便于图样管理、生产准备、产品的装配和使用以及读装配图,对装配图中的每个零件都必须编注序号和代号,并填写标题栏和明细栏。序号是指在装配图中零件的编号,代号一般是零件图样编号或标准件的标准编号。

1. 零部件序号及其编排方法

(1) 装配图中所有的零部件都必须编号。每一种零部件在各视图中只编一个序号,一般只标注一次。

(2) 序号应注写在指引线的水平线上或圆内,水平线和圆均用细实线表示,如图 1-8-5a)所示。序号字高应比装配图中所注尺寸数字的高度大一号或两号。同一张装配图中注写序号形式应一致。

(3) 指引线应从所指部分的可见轮廓内引出,若所示部分为很薄的零件或涂黑的剖面时,可将指引线末端的圆点改为指向该部分轮廓的箭头,如图 1-8-5b)。指引线相互之间不能相交,当通过有剖面线区域时不应与剖面线平行。必要时可以用折线表示,但只能折一次。

(4) 一组紧固件以及装配关系清楚的零件组,可以采用公共的指引线,如图 1-8-5c)所示。

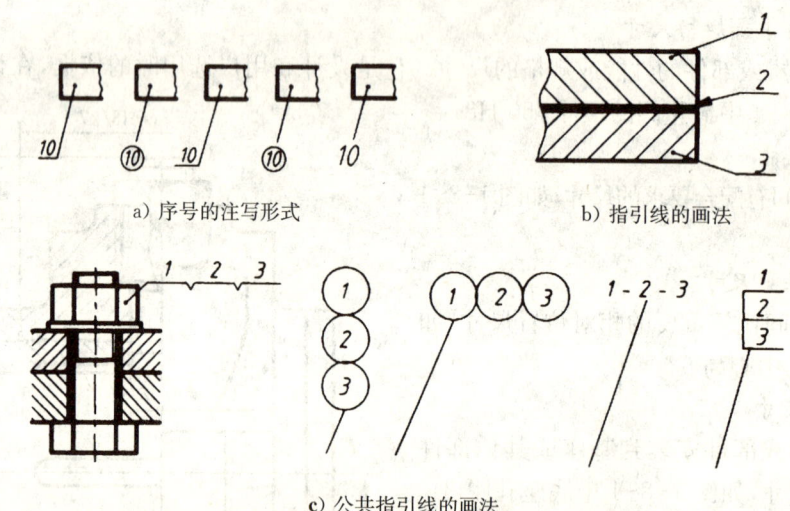

图 1-8-5 序号、指引线的注写形式与表示法

(5) 装配图中的序号应按水平或垂直方向排列整齐,注写序号应按顺时针或逆时针方向顺序排列。当整个图上无法连续时,可只在每个水平或垂直方向顺次排列。

2. 明细栏和标题栏

明细栏是机器或部件全部零件的目录,内容一般有序号、代号、名称、数量和材料等。明细栏中序号必须与图中所注序号一致。

明细栏画在标题栏上方,外框的竖线为粗实线,其余均为细实线。当标题栏上方位置受限制时,可在标题栏左边继续画出。明细栏中零件序号填写顺序应从下往上,以便增加零件时,可以继续向上画格。在实际生产中,若零件数量较多,可另列表格填写。

【041】 装配工程图的生成

图 1-8-6 是一齿轮泵的装配图,下面就以该齿轮泵为例介绍其装配图。

一、分析所要生成的部件

在生成装配图前,必须首先对所要生成部件的工作原理、结构特点、零件之间的相对位置、装配连接关系等进行了解、分析,以便选择装配图的表示方案。

二、确定视图表达方案

装配图视图表达的基本要求是:必须清楚地表示所要表达部件的工作原理、各零件间的装配关系以及主要零件的基本形状。

在选择装配图的视图表示方案时,首先要选好主视图,然后配合主视图选择其他视图。

1. 主视图的选择

主视图的选择应满足下列要求:

(1) 应按部件的工作位置放置。当工作位置为倾斜时,可将它放正,使主要装配轴线处于水平或铅垂位置。

(2) 应将能充分显示机器或部件特征的一面作为主视图,能较好地表达部件工作原理和主要装配关系,并作适当的剖切或拆卸。

例如在图 1-8-6 中,主视图与左视图比较起来,前者除了可表示出齿轮泵的工作原理和主、从动齿轮的啮合关系外,还表达了主、从动齿轮轴向有关零件的装配连接关系。

2. 其他视图的确定

根据对装配图视图表达的基本要求,主视图选定后,再进一步分析还有哪些应该表达的内容尚未表示清楚,宜选用其他什么视图予以补充,并进一步选用合适的剖视或剖面加以调整充实,使视图表达方案趋于完善。

例如在图 1-8-6 中,除了主视图采用了全剖视外,还采用了左视图的局部剖视,以表示两啮合齿轮两边的进、出流体的孔道情况。

从以上装配图视图选择过程可以看出,装配图的视图选择,主要是围绕着如何表达部件的工作原理和部件的各条装配线进行的。而在表达部件的各条装配线时,还要分清主次,首先把部件的主要装配线反映在基本视图上,然后再考虑如何表示部件的局部装配关系,使各个视图和剖视图的表达内容有明确的目的。在装配图视图选择时,不需要把每个零件的细部形状都表示清楚。

三、生成装配图

按照所选定的装配图视图表达方案,根据机器或部件的大小和复杂程度,首先选定视图的比例(尽可能采用 1∶1),确定图幅大小,并考虑标题栏和明细栏所需的幅面,然后可按下述步骤生成装配图:

(1) 根据所要描述的装配体的大小,选择图幅大小。

(2) 根据所选择的主视方向确定主视图,并在此基础上生成其他视图。放置视图位置时,要为标注尺寸及编写序号留出足够的位置,并使总体布局匀称协调。

(3) 补画出主要零件的轴线、对称中心线。

(4) 标注尺寸,编写序号、填写明细表、标题栏和技术要求。经过最后校核,在设计、绘图

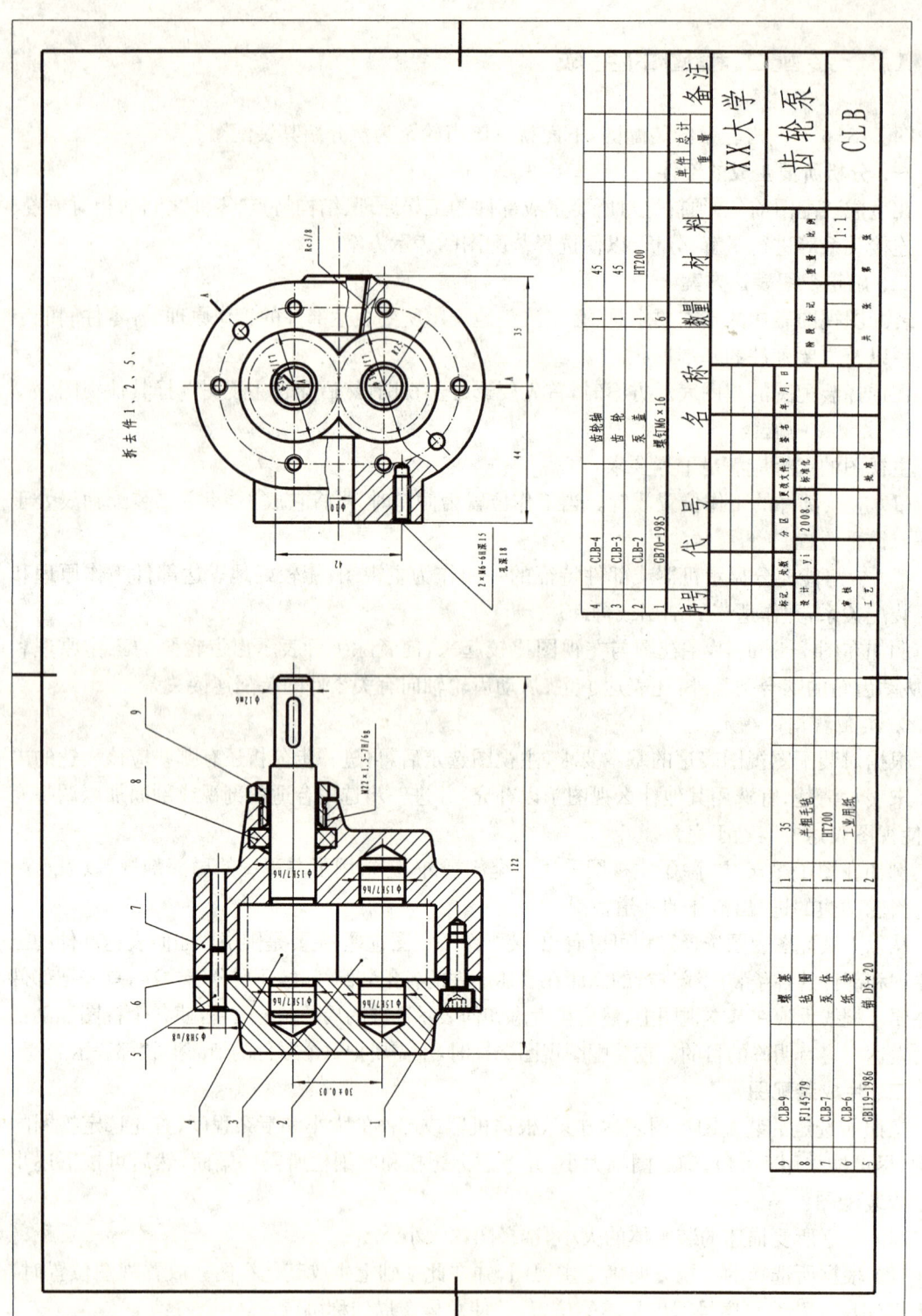

图 1-8-6 齿轮泵装配图

项内签上姓名和日期。

【042】 装配图的阅读和拆画零件图

在以图纸作为信息传递中,设计、制造、装配机器或部件,或对引进产品实施"反求工程"等生产活动,都会涉及到阅读装配图,或在读懂装配图的基础上,拆画零件图。

一、读装配图的步骤

下面以如图 1-8-6 所示齿轮泵的装配图为例,介绍读装配图的步骤:

1. 了解装配体的名称、用途

首先必须从标题栏中先了解该装配体的名称,再从有关资料中了解该装配体的作用,接着按序号阅读明细栏,以便了解各零件的名称、数量、材料及各零件的位置。

2. 了解零件间的装配关系、连接方式、相对位置关系,分析装配体的工作原理

由描述各零件的名称、数量、零件间相互位置关系和装配关系的齿轮泵装配示意图入手,抓住装配干线,弄清各零件的配合种类、连接方式及相互位置关系,结合主视图,对各零件的作用、运动状态逐个进行分析,从而弄清楚各装配体的工作原理和装配连接关系。

3. 分析各零件的作用,确定各零件的结构形状

如想分析齿轮泵中泵体零件的结构,首先应将其从该装配体中分离出来,通过对投影、想形体,分析出该零件的结构。

4. 分析尺寸,总结归纳,以加深对整个装配体的认识

分析齿轮泵的安装尺寸、配合尺寸,为所拆画的零件图的尺寸、标注技术要求提供依据。

二、拆画零件图

拆画零件图一般从以下几个步骤进行:

1. 分离零件,完善结构

(1) 读懂装配图,分析所拆零件的作用,将该零件从装配体中分离出来。

(2) 分析该零件的结构形状,对装配体中尚未表达清楚的结构进行再设计。

(3) 根据该零件的加工工艺,补充规定省略和简化了的结构。

2. 生成零件图

生成零件图一般从以下几个步骤进行:

(1) 确定视图表示方案。表示零件图和装配图的目的不同,因此,拆画零件图时,选择的表示方法不能照搬装配图的表示方法,而应针对具体零件的结构特点,重新确立表示方法。通常箱体类零件的主视图的方案选择与装配图一致,按工作位置确定;轴套类零件一般仍按该零件主视图选择方案(即按加工位置)确定。

3. 确定、标注零件的尺寸

(1) 标注装配体上与某零件相关的全部尺寸。

(2) 对于装配体上未注出的有关该零件结构的尺寸,需按装配图的比例直接量出,零件上的一些标准结构如螺纹、倒角,需查有关标准,确定标出。

(3) 注写技术要求、标题栏。注写零件的技术要求,如表面粗糙度、形位公差及热处理等,一般可根据零件在装配体中的作用以及与其他零件的接触关系来提出。

齿轮泵的零件图如图 1-8-7、图 1-8-8、图 1-8-9、图 1-8-10、图 1-8-11 所示。

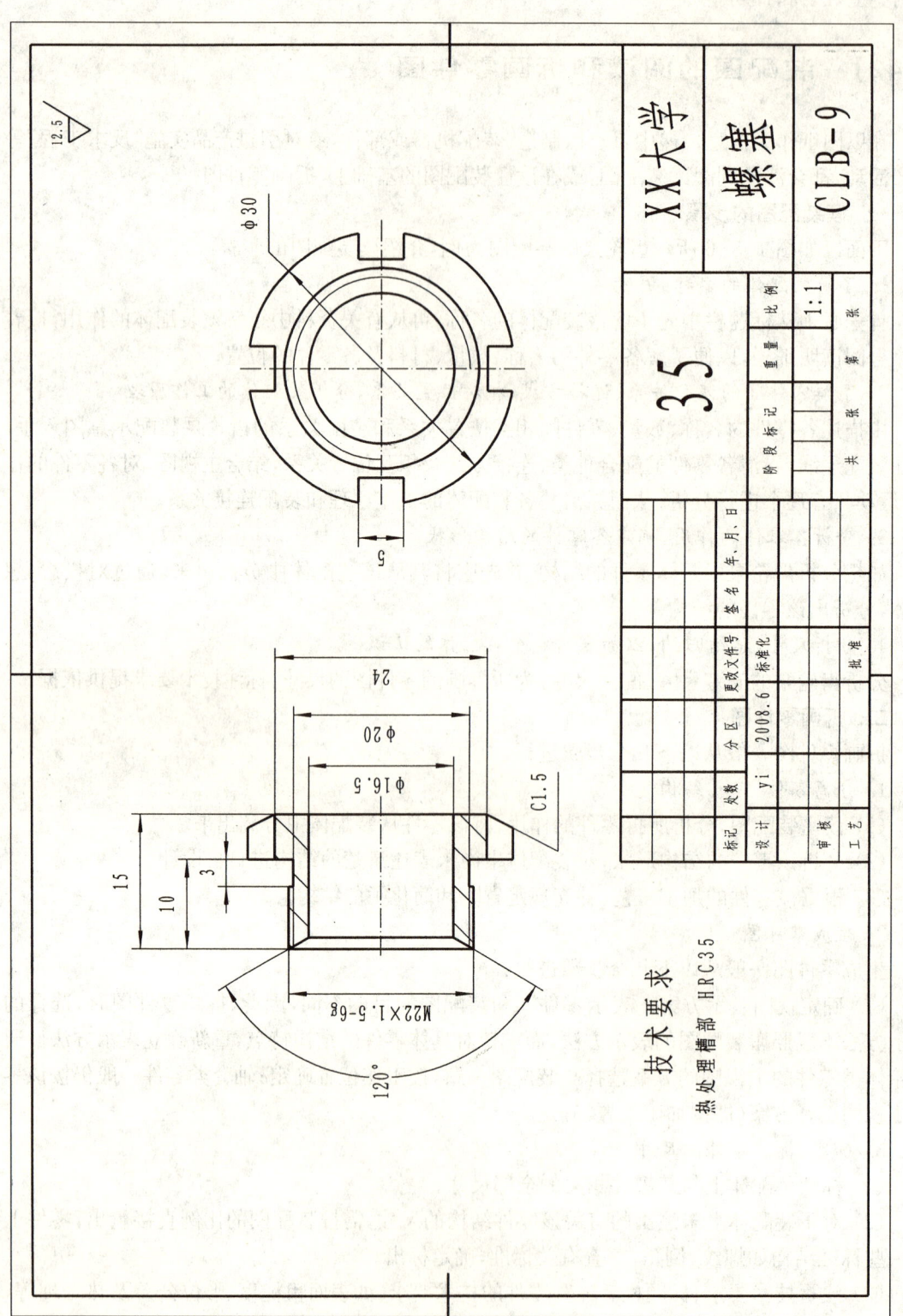

图 1-8-7 螺塞零件图

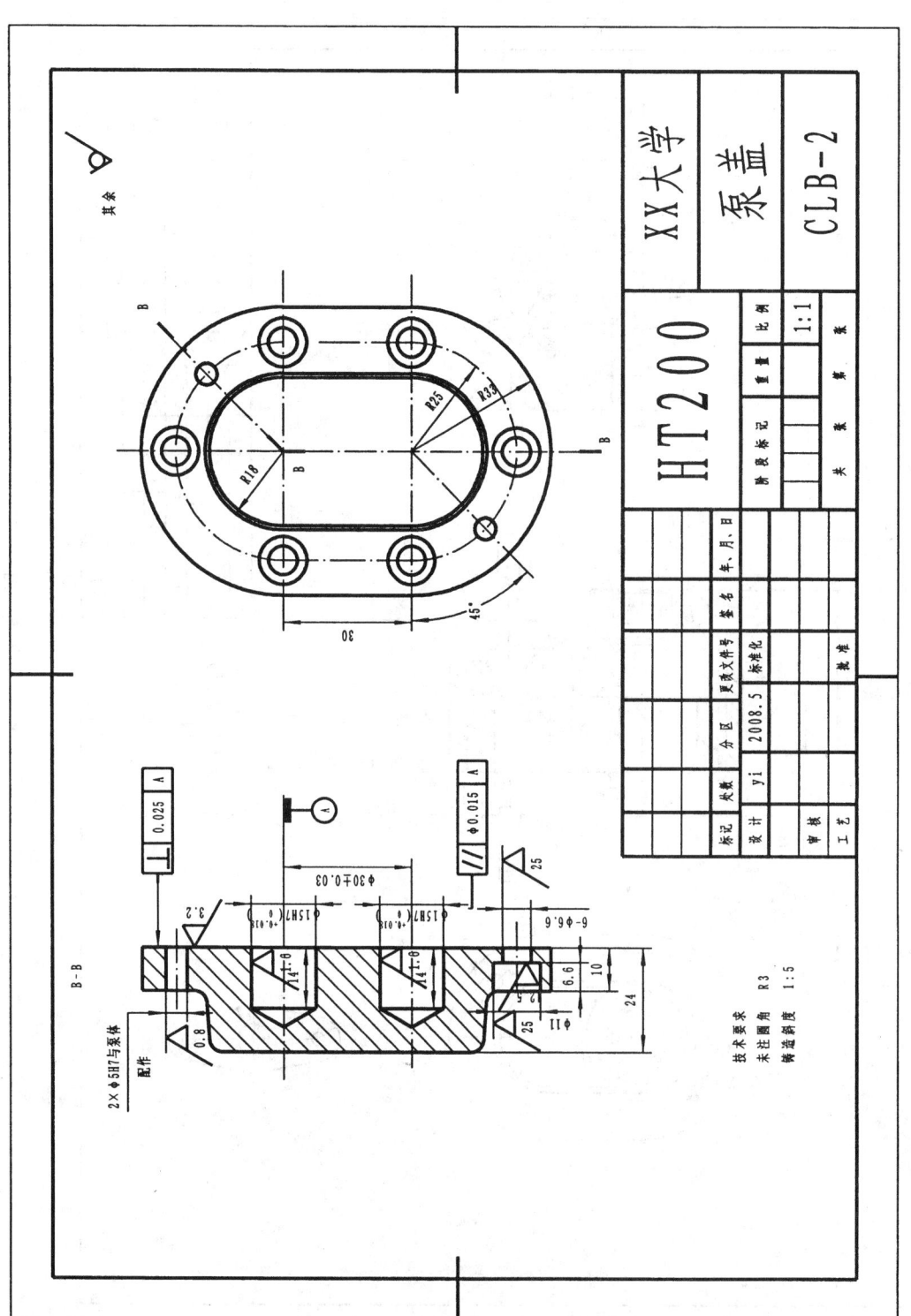

图 1-8-8 泵盖零件图

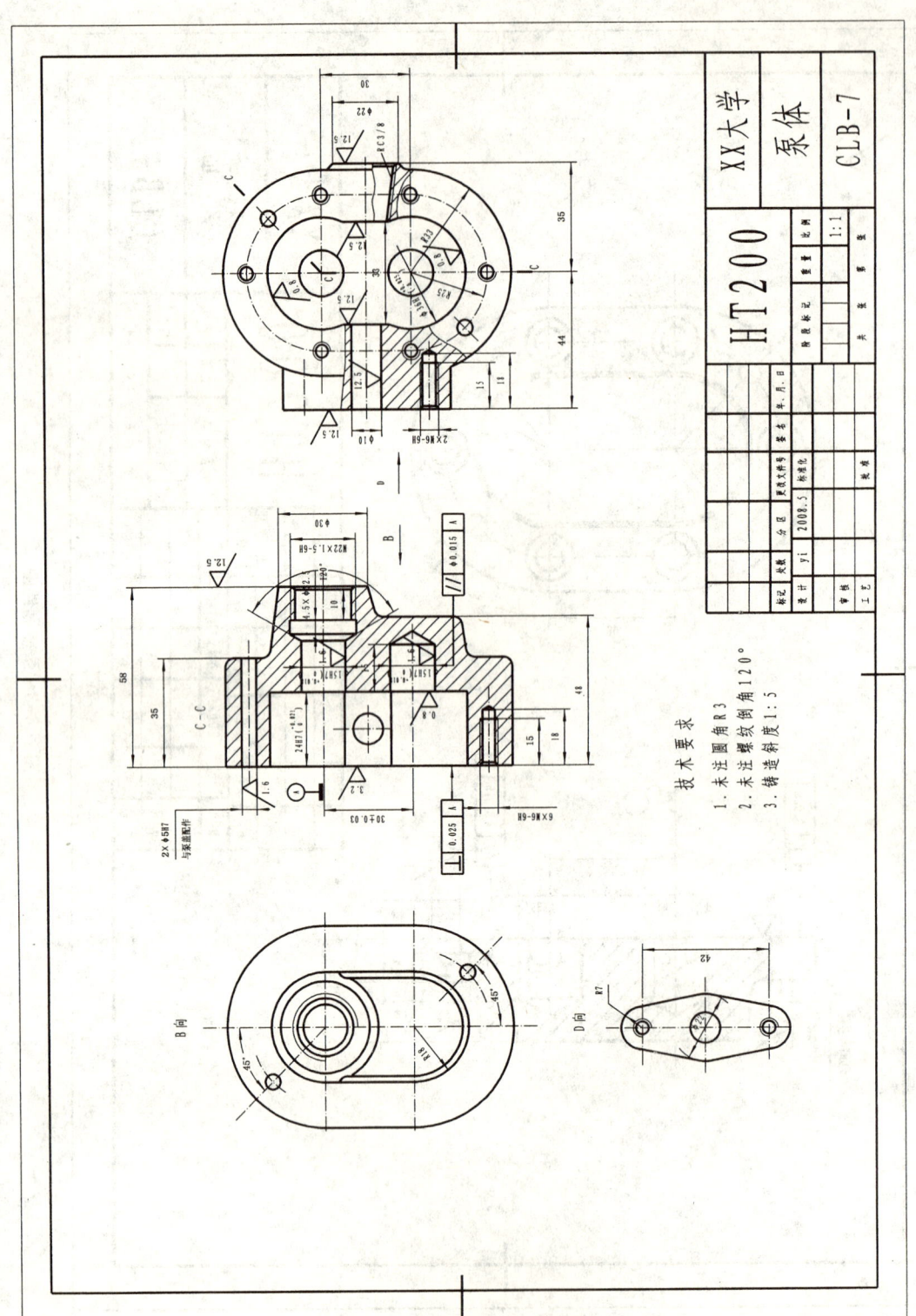

图 1-8-9 泵体零件图

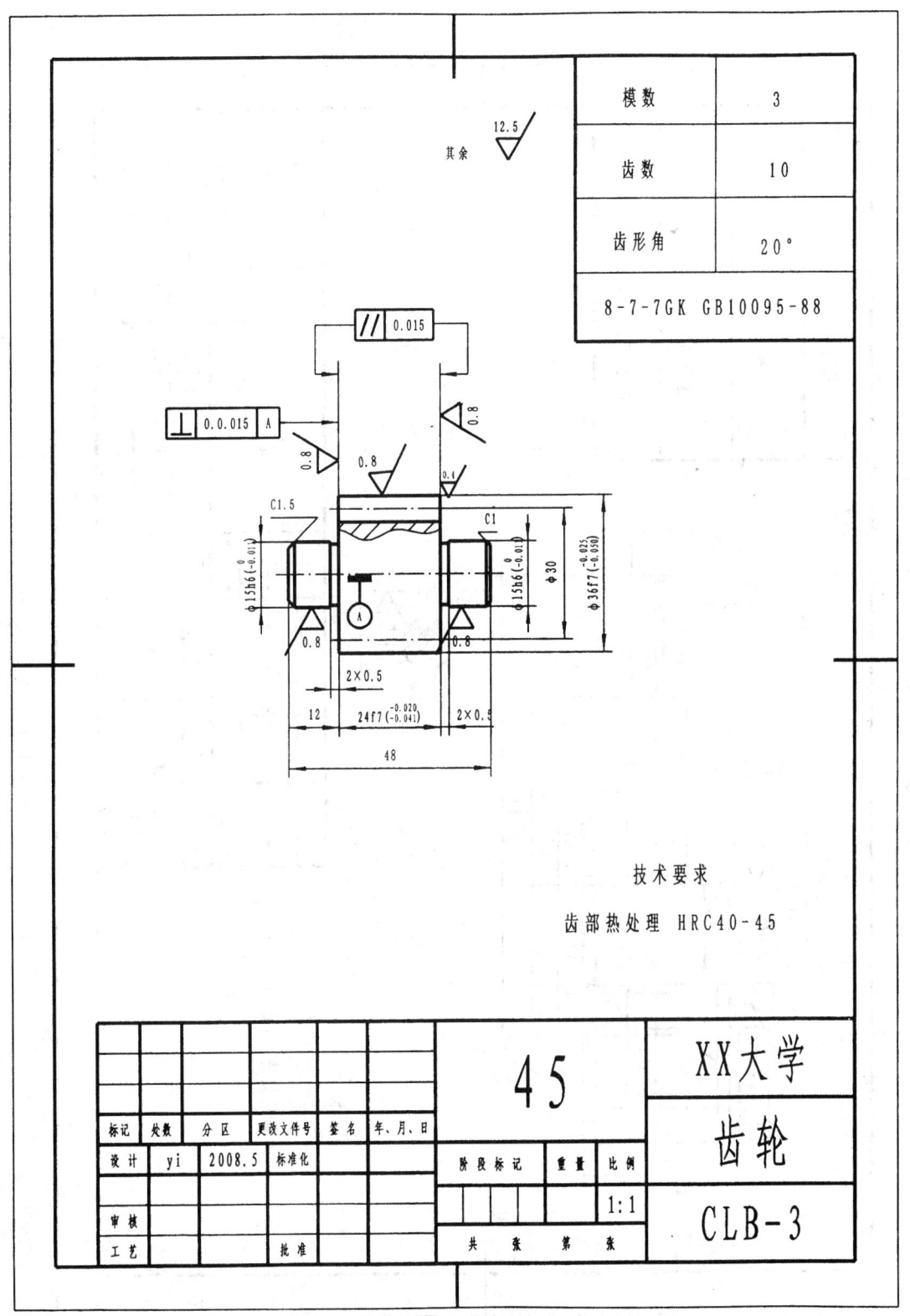

图 1-8-10 齿轮零件图

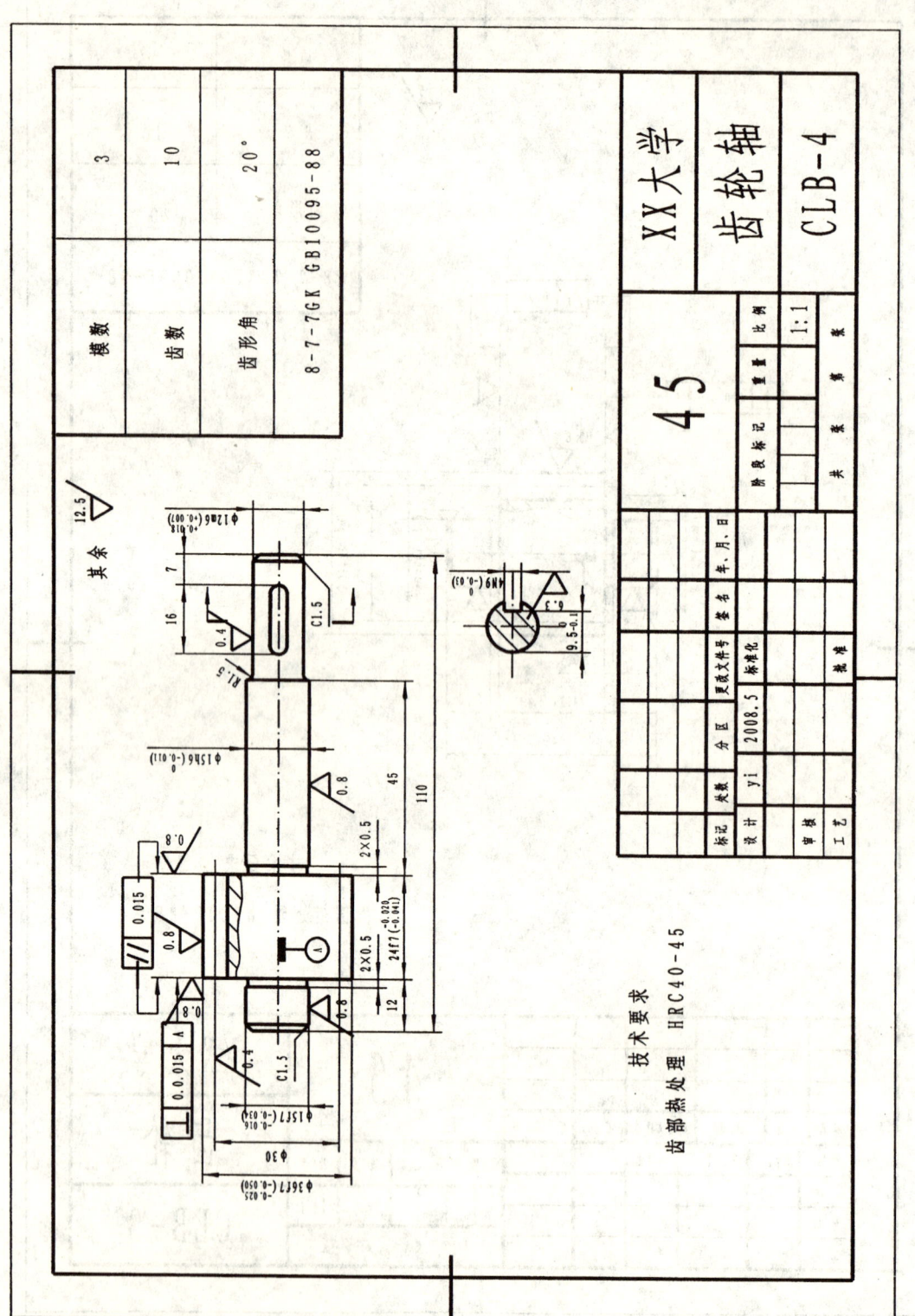

图 1-8-11 齿轮轴零件图

【043】 装配结构的合理性简介

零件在装配过程中,为保证零件间不发生干涉,并使拆、装方便,对装配结构要有一定的合理性要求,否则难以达到原设计要求,无法保证机器性能的可靠性。下面介绍几种常见的装配工艺结构。

(1) 轴与孔配合且两端面互相贴合时,为保证轴肩和孔端接触良好,孔端应倒角或轴根部加工出退刀槽,如图 1-8-12 所示。

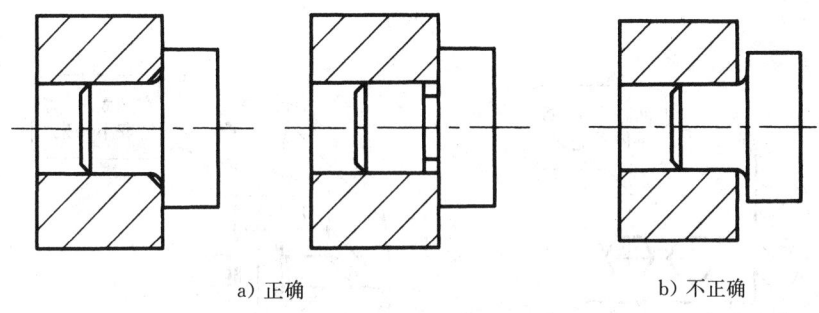

图 1-8-12 轴孔配合时结构的合理性

(2) 两零件接触时,为了满足装配要求,同一方向只能有一个接触面,如图 1-8-13 所示。

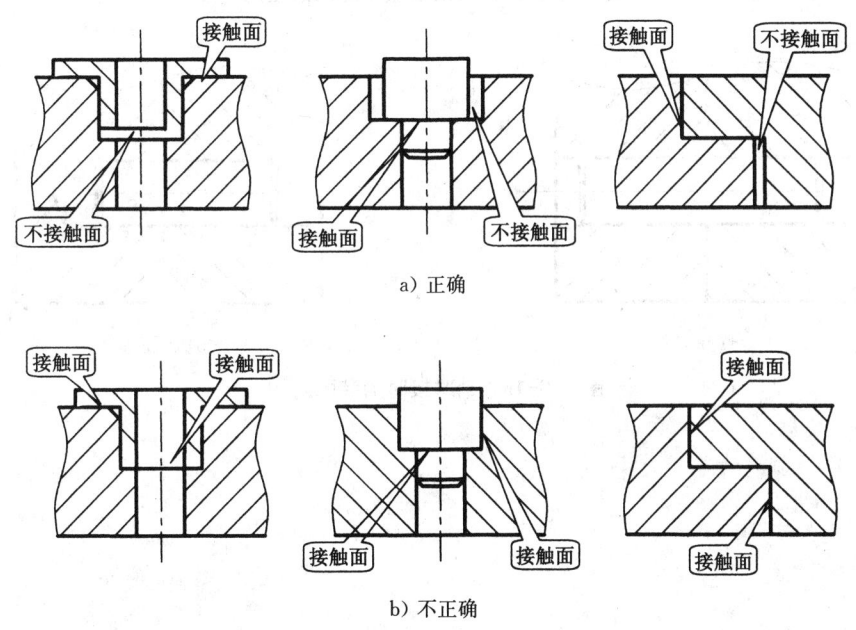

图 1-8-13 零件装配时同一方向的接触面

为保证装、拆方便,必须留有扳手活动空间,如图 1-8-14 所示。

(3) 用圆柱销或圆锥销定位两零件时,为了便于加工、拆装,一般最好将销孔做成通孔,如图 1-8-15 所示。

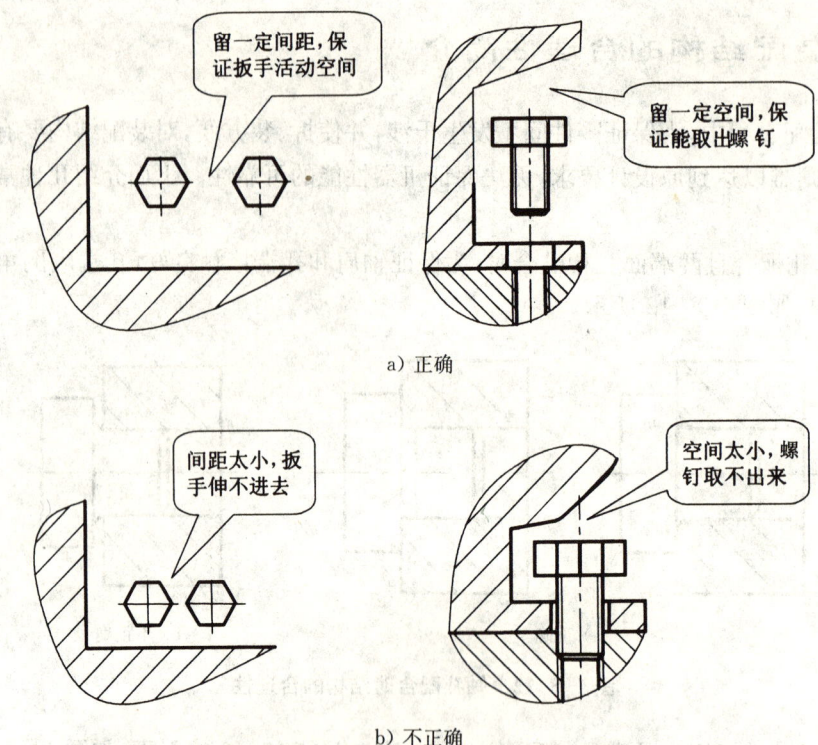

图 1-8-14 留有活动扳手运动的空间

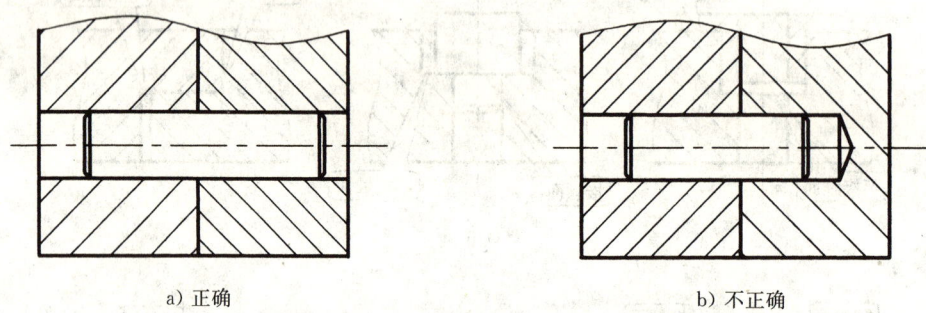

图 1-8-15 销联接时的装配结构

第九章 轴 测 图

【044】 轴测图的概念

一、轴测图的形成
将直角坐标系连同物体,沿不平行于任一坐标平面的方向,用平行投影法将其投射在特定的投影面(P面)上,得到具有立体感的图形称为轴测图,见图 1-9-1。投影面 P 称为轴测投影面。

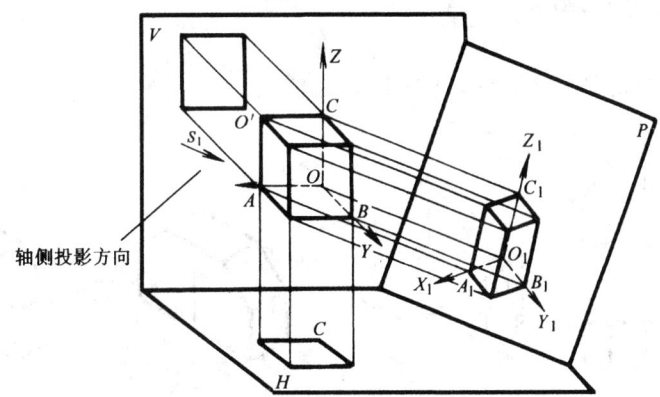

图 1-9-1 轴测图的形成

二、轴间角和轴向伸缩系数
直角坐标系中的坐标轴 OX、OY、OZ 在轴测投影面上的投影 O_1X_1、O_1Y_1、O_1Z_1 称为轴测轴;相邻两轴测轴间的夹角称为轴间角;直角坐标轴的轴测投影的单位长度与相应直角坐标上的单位长度之比称为轴向伸缩系数,如图 1-9-1 所示。

$O_1A_1/O_A = p$,为 O_1X_1 的轴向伸缩系数;$O_1B_1/OB = q$,为 O_1Y_1 的轴向伸缩系数;$O_1Z_1/OC = r$,为 O_1Z_1 的轴向伸缩系数。

三、常用的两种轴测图
按投影方向与轴测投影面的夹角不同,轴测图可分为:

(1) 正轴测图 用正投影法得到的轴测投影。

(2) 斜轴测图 用斜投影法得到的轴测投影。

工程上常见的轴测图有正等测图和斜二测图,见图 1-9-2。

正等测图:正轴测投影图上的三个轴向

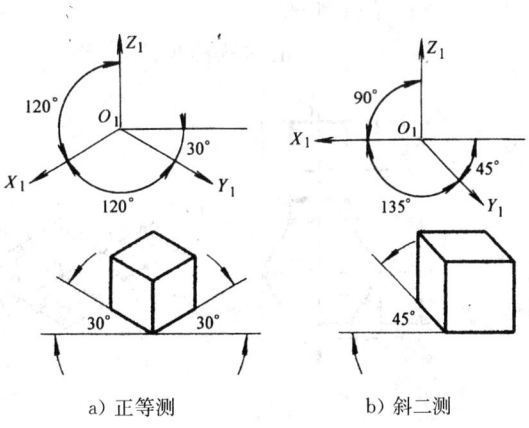

a) 正等测　　b) 斜二测

图 1-9-2 正等测图和斜二测

伸缩系数相等，三个轴间角均为 $120°$，$p=q=r\approx 0.82$，为作图方便，通常把轴向伸缩系数简化为 1，即凡与轴测轴平行的线段，作图时均按实长量取。

斜二测图：斜轴测投影图上的一个投影面平行于坐标平面，且平行于坐标平面的那两个轴的轴向伸缩系数相等，此时轴间角 $\angle X_1O_1Z_1=90°$，$\angle X_1O_1Y_1=\angle Y_1O_1Z_1=135°$，$p=r=1$，$q=0.5$，即轴测轴 Y_1 方向长度应缩短一半。

四、轴测图的投影特性

（1）物体上与坐标轴平行的线段，在轴测图上也平行于相应轴测轴。

（2）物体上相互平行的线段，在轴测图上也互相平行。

【045】 轴测图画法示例

一、正等测轴测图的画法

1. 平面柱体

（1）方箱法——切割柱体画法，见图 1-9-3。

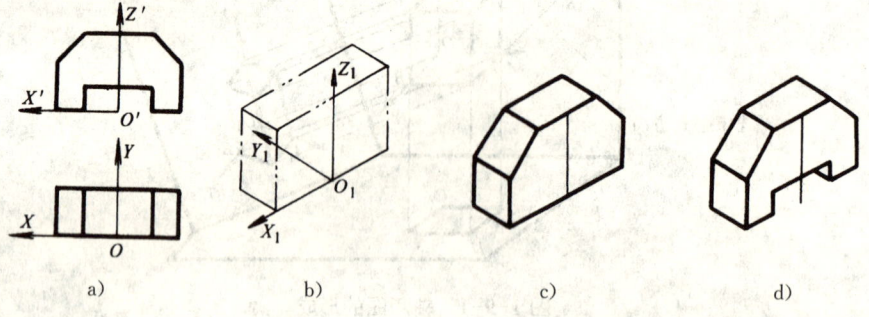

图 1-9-3 方箱法画平面柱体

平面柱体的正等测图作图步骤如下：

① 在主、俯视图上设置坐标轴；

② 画轴测轴及长方体；

③ 切斜面；

④ 挖通槽并加深。

（2）坐标法——正六棱柱画法，见图 1-9-4。

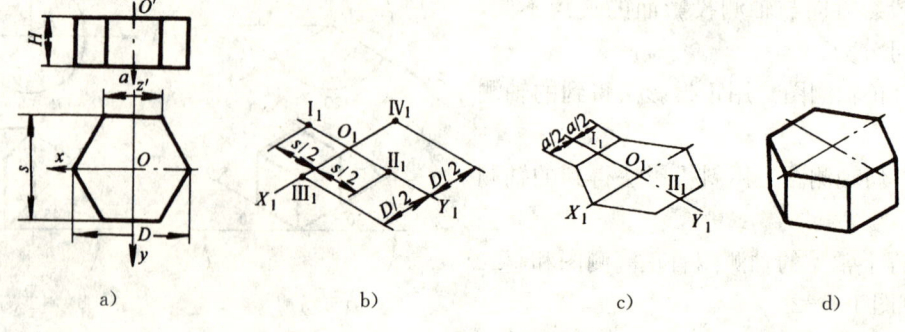

图 1-9-4 正六棱柱正等测图画法

正六棱柱的正等测图作图步骤如下：
① 六棱柱的左右、前后均对称,选顶面中心为坐标原点；
② 画轴测轴,根据尺寸 s、D 定出 I_1、II_1、III_1、IV_1 点；
③ 过点 I_1、II_1 作直线平行 O_1X_1 轴,并在所作两直线上各取 $a/2$,连接各顶点；
④ 过顶点向下画侧棱,取尺寸 H,画底面各边,加深,完成全图。

2. 正三棱锥

正三棱锥正等测图的画法见图 1-9-5（坐标法）。

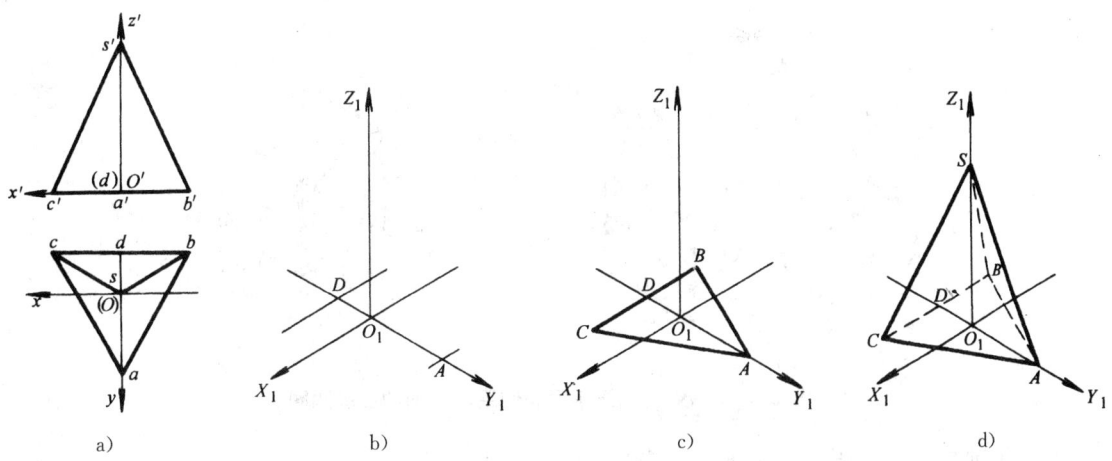

图 1-9-5　正三棱锥正等测图的画法

正三棱锥正等测图的作图步骤如下：
① 取俯视图中锥顶 S 点的投影 s 为坐标原点；
② 画轴测轴,在 Y_1 上定出点 A、D 的位置（$AO_1=aO$，$DO_1=dO$）；
③ 过点 D 作平行于 O_1X_1 的直线,在直线上定点 B、C（$BC=bc$）,并连接 AB、AC；
④ 在 Z_1 上取 $O_1S=o's'$,连接 SA、SB、SC,加深,完成全图。

3. 圆及圆柱

（1）圆的正等测图画法　圆平行于坐标面时,其轴测投影图为椭圆,图 1-9-6 为四心圆法画水平面上圆的正等测图。步骤如下：

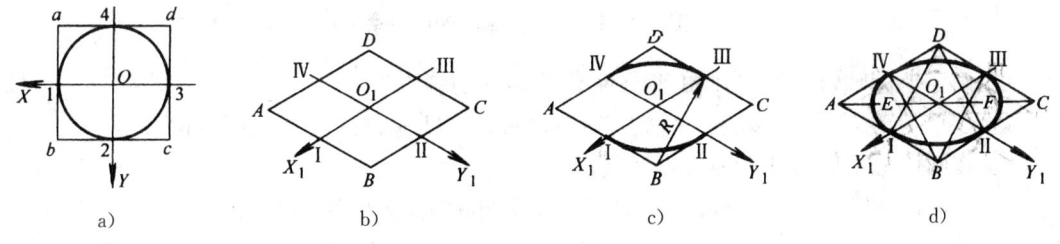

图 1-9-6　四心圆法画水平面上圆的正等测图

① 确定坐标轴并作圆外切正方形 □$abcd$；
② 作轴测轴 X_1、Y_1,并在 X_1、Y_1 轴截取 $O_1I=O_1II=O_1III=O_1IV=D/2$,得切点 I、II、III、IV,过这些点分别作 X_1、Y_1 平行线,得辅助菱形 $ABCD$；

③ 分别以 B、D 为圆心，$B\text{Ⅲ}$ 为半径作弧 Ⅰ Ⅱ 和 Ⅲ Ⅳ；

④ 连接 $B\text{Ⅲ}$ 和 $B\text{Ⅳ}$，交 AC 于 E、F，分别以 E、F 为圆心，$E\text{Ⅳ}$ 为半径作弧 Ⅰ Ⅳ 和 Ⅱ Ⅲ。即得由四段圆弧组成的近似椭圆。

正平面和侧平面上的圆正等测图作图方法类似，但其长短轴方向各不相同，见图 1-9-7 所示。

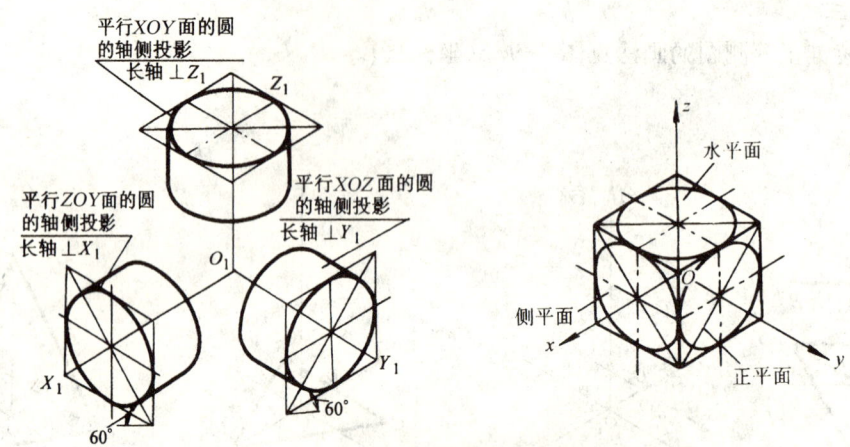

图 1-9-7 水平面、正平面和侧平面上圆的正等测图

(2) 圆柱 圆柱正等测图画图方法和步骤如图 1-9-8 所示。

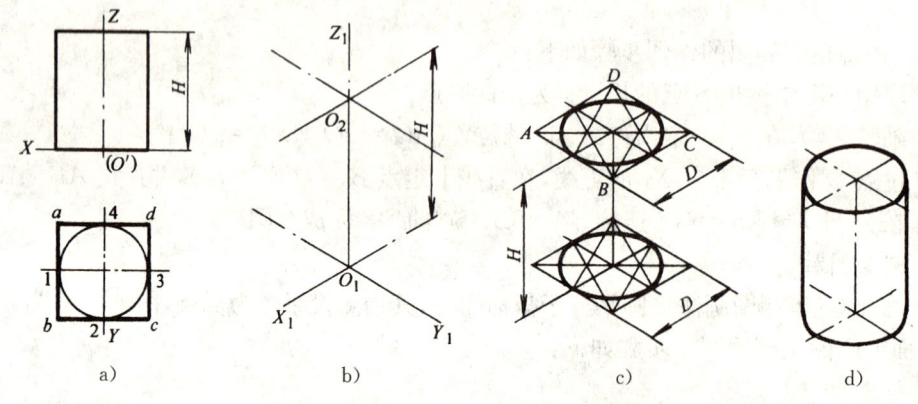

图 1-9-8 圆柱正等测图的画法

① 确定坐标轴，在投影为圆的视图上作圆的外切正方形；
② 作轴测轴 X_1、Y_1、Z_1，Z_1 轴上截取圆柱高度 H 并作 X_1、Y_1 的平行线；
③ 作圆柱上下底面的轴测投影椭圆；
④ 作两椭圆的公切线，对可见轮廓进行整理加深（虚线省略不画）。

4. 圆锥台

圆锥台的正等测图画法见图 1-9-9，先作两底圆的轴测图，然后作两椭圆的公切线。

5. 圆球

圆球的正等测图是圆。画圆球的轴测图常画出三个与坐标面平行的转向轮廓线圆的轴测投影，见图 1-9-10。

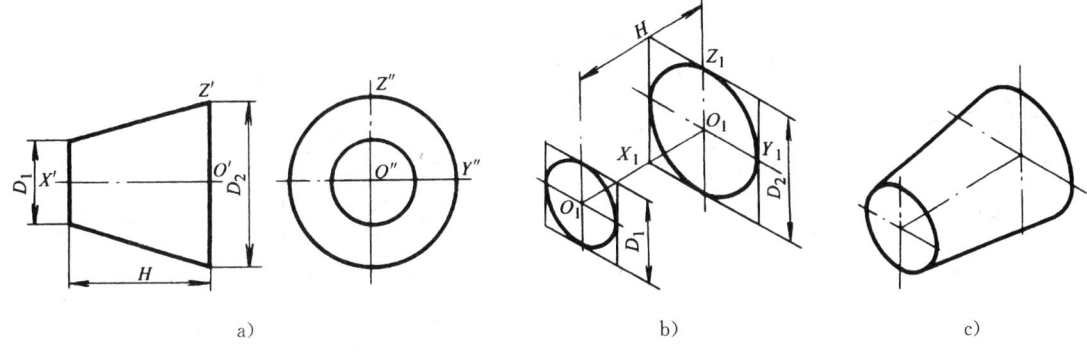

图 1-9-9 圆锥台的正等测图

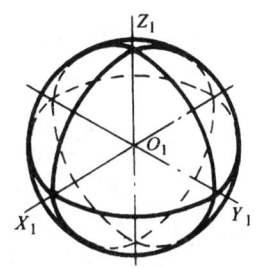

图 1-9-10 圆球的正等测图

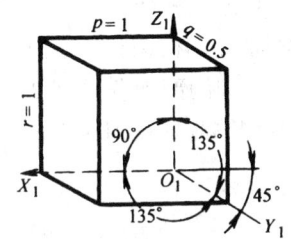

图 1-9-11 斜二测的轴间角与轴向伸缩系数

二、斜二测轴测图的画法

斜二测的轴测轴、轴间角见图 1-9-11 所示，轴向伸缩系数 $p=r=1$，$q=0.5$，在平行于坐标面 X_1OZ_1 的圆或曲线在轴侧图中均反映实形，作图方便。

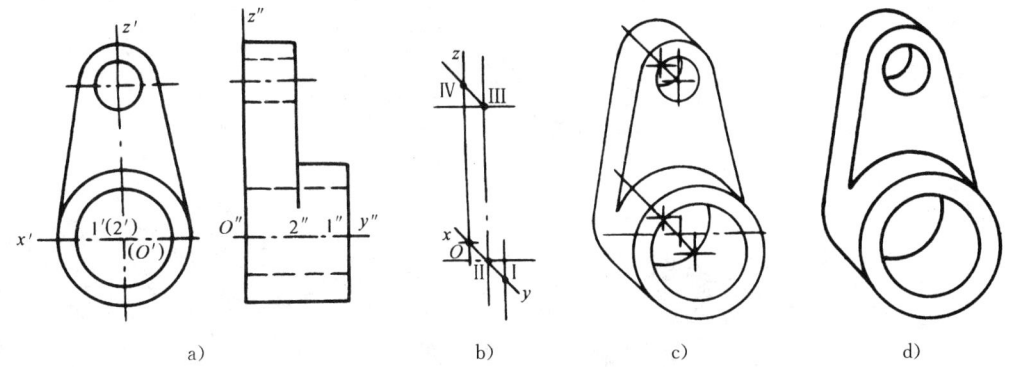

图 1-9-12 连杆的斜二测轴测图画法

图 1-9-12 为连杆的斜二测轴测图的画法，其步骤如下：
① 确定坐标系，标明各圆圆心位置；
② 画轴测轴，按轴向伸缩系数的不同，分别确定圆心 Ⅰ、Ⅱ、Ⅲ、Ⅳ；
③ 按各圆的实际半径，画出圆和圆弧，并作圆的公切线；
④ 整理，完成全图。

图 1-9-13 是同一物体的两种轴测图（图中为剖视图）的示例。

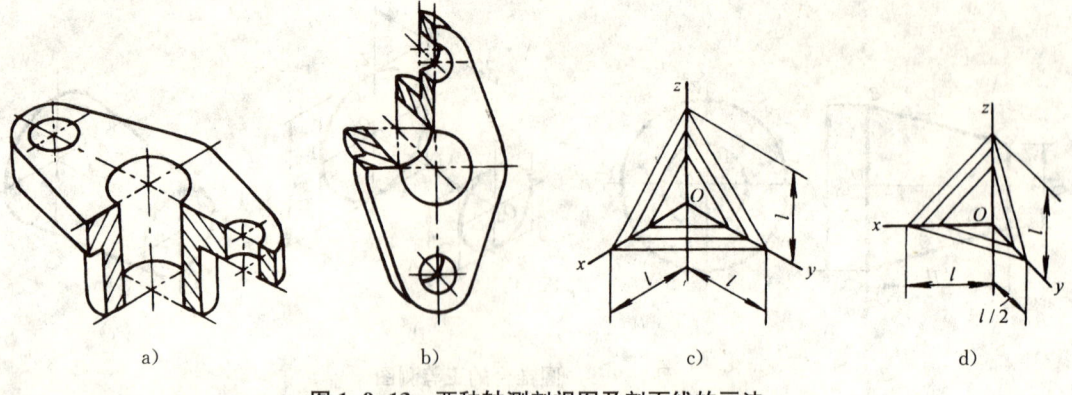

图 1-9-13　两种轴测剖视图及剖面线的画法

a)为正等测轴测剖视图；
b)为斜二测轴测剖视图；
c)为画正等测轴测剖视图时剖面线的画法；
d)为画斜二测轴测剖视图时剖面线的画法。

第二篇 计算机平面图形绘制

第一章 CAXA 电子图板 V2 的基本知识

【046】 CAXA-V2 电子图板软件简介与界面操作

目前,国内外均开发了许多计算机绘图和设计的软件,例如美国开发的 AutoCAD、MDT、Solidworks 以及中国开发的 CAXA 电子图板等。

CAXA 电子图板是中国自主版权的绘图软件包,全部采用中文界面,符合我国的设计和制图标准。系统提供强大的图形绘制、图形编辑、工程标注功能及标准件和常用件的参数化图形库,设计人员还可根据自身的实际情况,建立自己的参数化图符,从而提高工作效率,缩短新产品的设计周期。目前,该软件包已在工程设计领域中得到了广泛应用,并且被作为全国计算机绘图技能考核的指定软件。

CAXA 电子图板已有多种版本,本章以使用较广的 CAXA 电子图板 V2 为例,介绍其基本特性和绘图操作。

1. CAXA-V2 电子图板软件的启动

(1) 从桌面上双击电子图板图标；

(2) 选择[开始]—[程序]—[CAXA 三维电子图板 V2]—[CAXA 电子图板]。

2. 界面介绍(图 2-1-1)

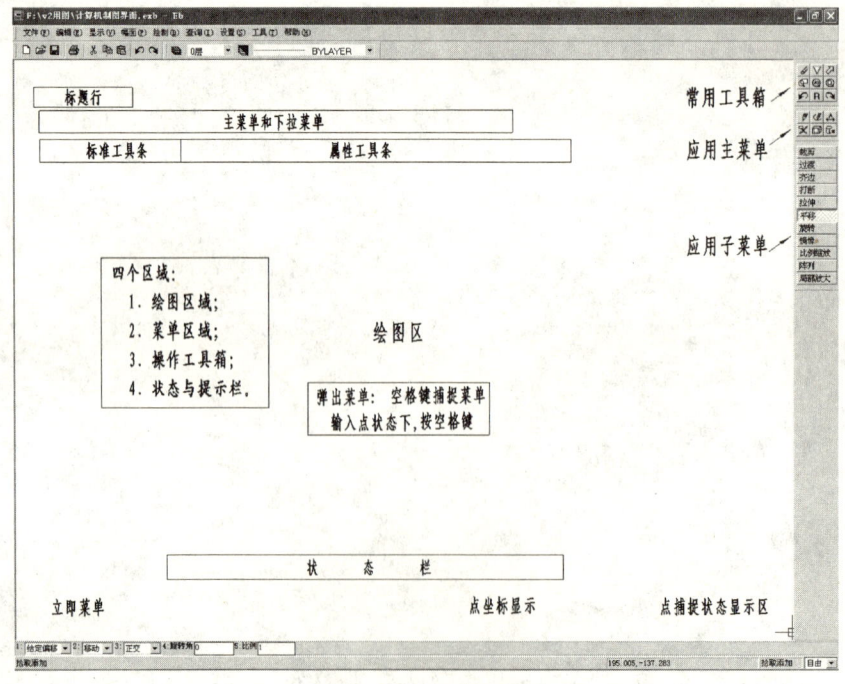

图 2-1-1　界面介绍

(1) 标题行

标题行位于窗口的最上一行,左端为窗口图标,其后显示当前文件名,右端依次为"最小化"、"最大化/还原"、"关闭"三个图标按钮。

(2) 绘图区

绘图区是进行绘图设计的工作区域。绘图区中央的二维直角坐标系为世界坐标系。它的坐标原点为(0.0000,0.0000);水平方向为 X 轴,向右为正,向左为负;垂直方向为 Y 轴,向上为正,向下为负。

(3) 命令和状态栏

命令和状态栏由操作信息提示、当前点的坐标显示和点捕捉状态设置三部分组成,分别位于该栏底部左、中、右的位置上,对当前状态进行显示与提示。

(4) 工具条

工具条以图标的形式汇集了常用的图形文件管理、编辑、绘图输出和帮助等命令。包括新文件、打开文件、存储文件、剪切、复制、粘贴、绘图输出和帮助等。

(5) 属性条

属性条中显示当前系统的图层、颜色和线型属性,用鼠标左键单击相应的按钮,可以修改属性。

【047】 常用键、功能键与命令的执行

1. 常用键的功能和分类

所谓常用键,是指在输入设备(鼠标和键盘)中除了普通字母键和数字键之外的常用按键。它们主要包括鼠标按键、回车键、空格键等。下面介绍的是 CAXA 电子图板为这些键设置的功能和操作方法。

(1) 鼠标

鼠标是交互式绘图软件的输入设备之一。在 CAXA 电子图板中,使用具有两个按键的鼠标,其左、右两个按键的作用分别如下:

左键:点取菜单,输入命令;输入点坐标;拾取图形对象。

右键:确认拾取,终止当前命令;重复刚才执行过的命令(在命令状态下)。

Shift+右键的功能是弹出工具点菜单(同空格作用)。

(2) 回车键

在 CAXA 电子图板中,回车键具有如下功能:

重复刚才执行的命令(在命令状态下)。

重复数据输入或确认缺省值。

终止当前命令。

(3) 空格键

在 CAXA 电子图板中,空格键具有如下功能:

弹出拾取选项菜单。

弹出工具点菜单。

2. 功能键

功能键是键盘上方的 F1～F9 键。在 CAXA 电子图板中为各个功能键定义的操作如下：

F1 键：请求系统帮助。

F2 键：拖画时切换显示当前坐标/显示相对移动距离。

F3 键：显示全部。

F4 键：指定一个点作为参考点。

F5 键：当前坐标系切换开关。

F6 键：屏幕点捕捉方式切换开关。

F7 键：三视图导航开关。

F8 键：鹰眼开关。

F9 键：全屏显示开关。

【048】 国家标准的有关规定

一张符合国标的工程图纸，不仅需有图形元素，而且需要有图框、标题栏、零件编号和明细表等元素。

电子图板根据绘制工程图的要求，提供了设置图幅和比例、调用及定制图框和标题栏、编写零件序号并自动生成明细表等功能。

此功能安排在"幅面"下拉菜单中，如图 2-1-2 所示。这里先介绍图幅、图框和标题栏的有关操作。"零件序号"和"明细表"将在以后再作介绍。

1. 图幅设置

"幅面"下拉菜单如图 2-1-2。

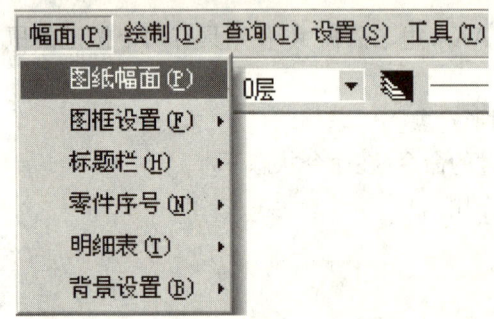

图 2-1-2 "幅面"下拉菜单

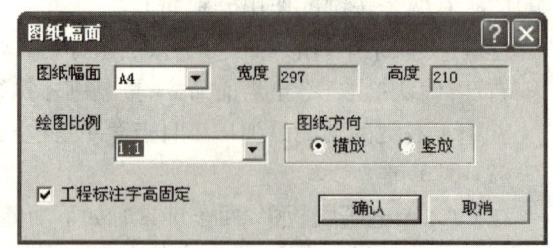

图 2-1-3 "图纸幅面"对话框

选取下拉菜单"幅面"—"图纸幅面"，系统弹出"图纸幅面"对话框，如图 2-1-3 所示。

在此对话框中，点取"图纸幅面"窗口弹出下拉列表框，可选择标准图幅（A0～A4），也可选择"用户定义"，则分别在"宽度"和"高度"编辑框内给定宽度和高度自定义图幅。

点取"绘图比例"窗口可直接输入比例，也可点击右端箭头弹出下拉列表框，从中选择标准比例。

此外，还可选择图纸方向（横放或竖放）以及工程标注字高是否固定。最后单击"确定"按钮,选取结束。

图幅设定之后,屏幕上按所选图幅尺寸和比例调整显示比例,但并不画出,只有调入了图框之后,图幅大小才会被显示出来。

2. 图框设置

选取下拉菜单"幅面"—"图框设置"—"调入图框",弹出"读入图框文件"对话框,如图2-1-4所示。其中显示出当前所设置的图纸幅面下的图框的几种格式,从中选取某种格式,确定后即在屏幕上自动画出图框。如果图纸中已经有图框,新图框将替代旧图框。

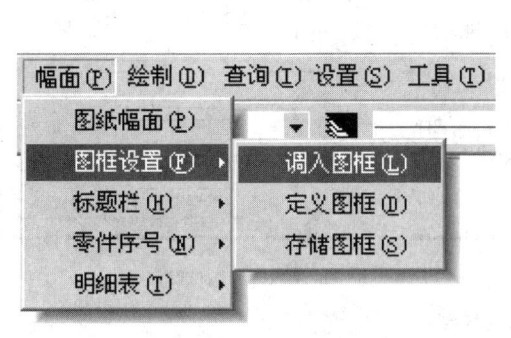 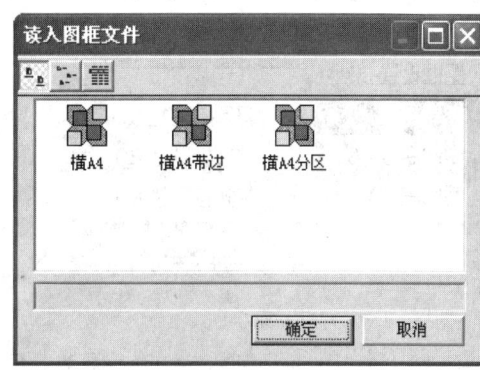

a) 下拉菜单　　　　　　　　　　　　b)"读入图框文件"对话框

图 2-1-4　图框设置

3. 标题栏

调入标题栏在下拉菜单中选取"幅面"—"标题栏"—"调入标题栏",弹出"读入标题栏文件"对话框,如图2-1-5所示。

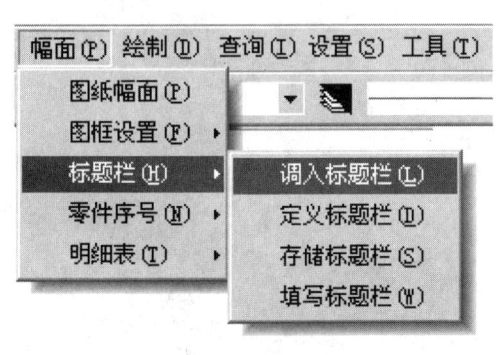 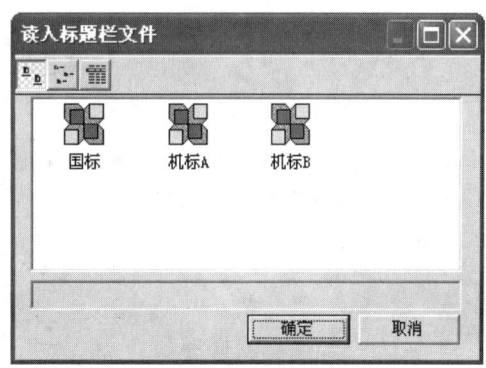

a) 下拉菜单　　　　　　　　　　　　b)"读入标题栏文件"对话框

图 2-1-5　调入标题栏

(1) 从中选取所需格式,确定后即在屏幕上自动画出标题栏。如果图纸已经有标题栏,新的标题栏将替代旧标题栏。

(2) 填写标题栏　在下拉菜单中选取"幅面"—"标题栏"—"填写标题栏",弹出"填写标题栏"对话框,如图2-1-6所示。将"I"字型光标移至某一表格内,点击左键,然后输入该表项的内容。再将光标移至其他表格,依次填写完各表项后,点击"确定"。系统自动按中间对齐的方式,根据表格大小将填写的内容分布在表格内。

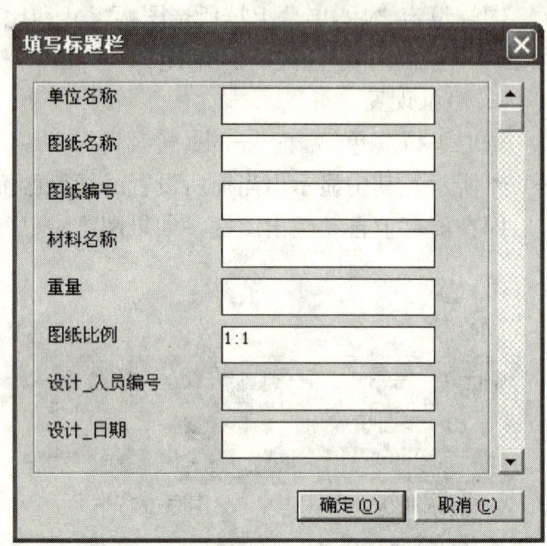

a) 下拉菜单　　　　　　　　　　b) "填写标题栏"对话框

图 2-1-6　填写标题栏

第二章 基本曲线的操作

CAXA 电子图板中的各种绘图命令分别用于绘制各种不同的图形。用户在使用各种绘图命令之前，应了解它们各自不同的使用方法以及要绘制图形的结构和已掌握的图形数据形式。为了能够准确地绘制各种图形，绘图前应先设置图形并调入图框。因此，建议你在学习绘图命令之前，应先了解幅面一章中有关图幅设置和调入图框的方法。

CAXA 电子图板中的绘图命令分为基本曲线、曲线编辑和高级曲线三部分。它们只不过是分为了两组，基本曲线比高级曲线的使用频率更高一些，使用过程并没有大的区别。

【049】 直线的基本操作

在基本曲线对话框中选择直线按钮后，在作图区的下方出现立即菜单和操作提示，如图 2-2-1。

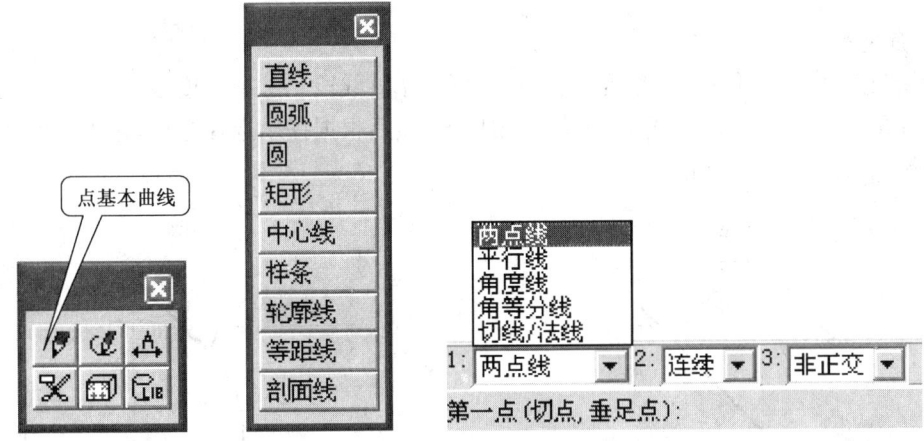

图 2-2-1 基本曲线菜单

CAXA 电子图板绘制直线有两点线、平行线、角度线、角等分线、切线/法线等五种方式，用户可根据自己的需要，输入直线命令后，在立即菜单中选择一项。下面对这五种画线方式分别加以介绍。

1. 两点线

利用两点方式只需要先后输入直线的起点和终点，即可完成直线的绘制。输入点时，可利用键盘输入坐标、鼠标直接点击或利用工具点捕捉等方式，快速完成直线绘制，如图 2-2-2 所示。

2. 平行线

利用平行线方式可按给定距离或给定绘制与已知线段平行的单向或双向平行线段。选择平行线方式后，需要先选择一条直线，然后输入偏移距离或通过点即可完成直线的绘制，如图

2-2-3 所示。

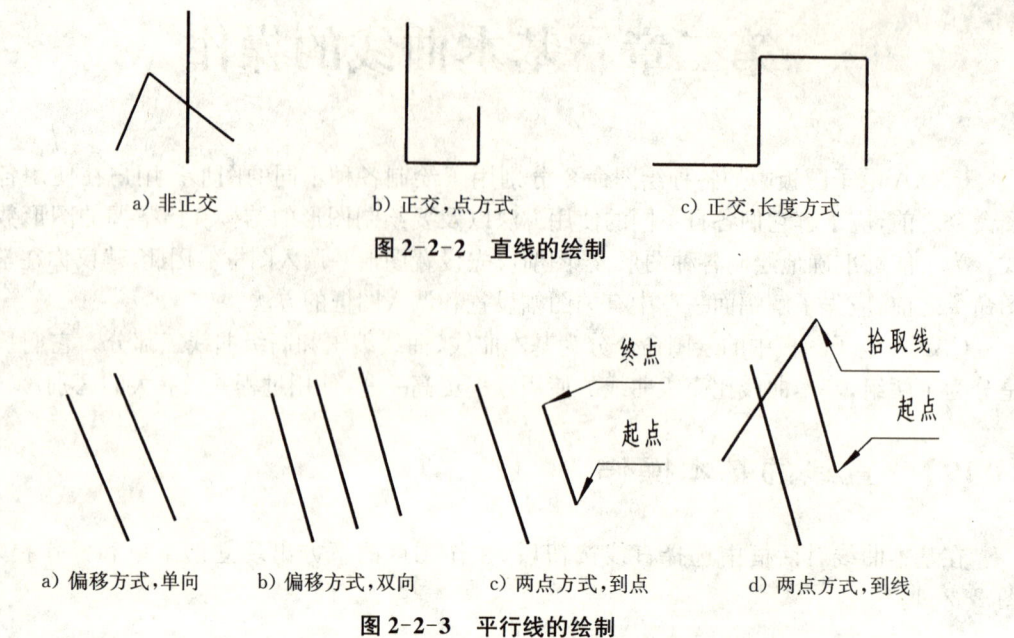

a) 非正交　　　　b) 正交,点方式　　　　c) 正交,长度方式

图 2-2-2　直线的绘制

a) 偏移方式,单向　　b) 偏移方式,双向　　c) 两点方式,到点　　d) 两点方式,到线

图 2-2-3　平行线的绘制

3. 角度线

利用角度线方式可按给定角度、给定长度画一条直线段。选择角度线方式,需要在立即菜单中选择角度的基准为 X 轴或 Y 轴,输入角度值,然后根据提示选择起点,输入长度即可完成直线的绘制,如图 2-2-4 所示。

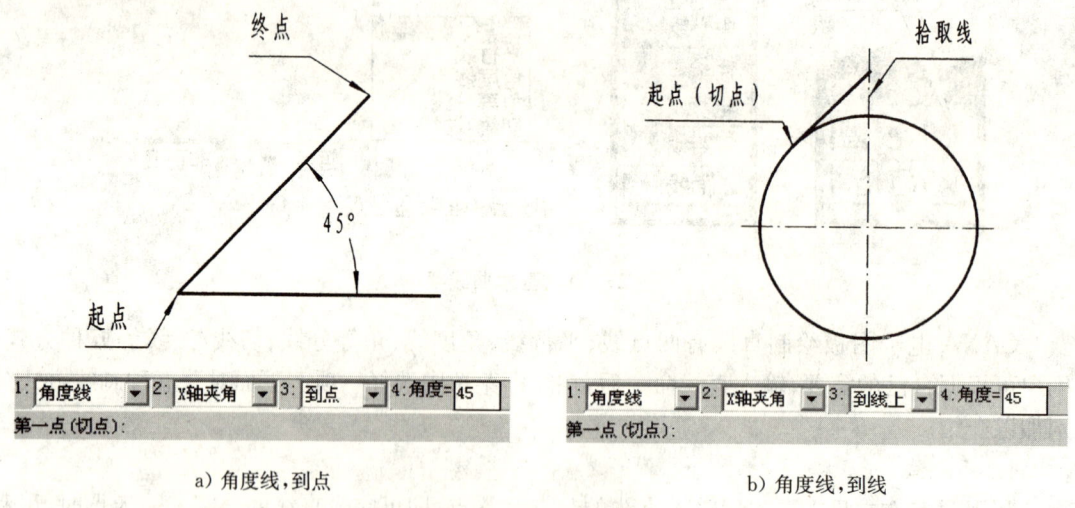

a) 角度线,到点　　　　　　　　　　　　b) 角度线,到线

图 2-2-4　角度线的绘制

4. 角等分线

利用角等分线方式可绘制选定的某两条直线的角等分线。绘制的角等分线将从两条直线的交点或延伸交点开始。选取立即菜单"2:份数"、"3:长度",在其出现后输入所要的等分线份数和长度值。系统先后提示"拾取第一条直线"、"拾取第二条直线",拾取两条直线后即可完成

一次等分线作图,可接着拾取另两条直线,右击鼠标退出操作。

5. 切线/法线

利用切线/法线方式可以通过给定点绘制已知曲线的切线和法线。在立即菜单中选取"切线"或"法线",选择已知曲线,输入通过点,移动鼠标,输入直线的长度或从键盘上输入直线的长度,即可绘制出切线或法线,如图 2-2-5 所示。

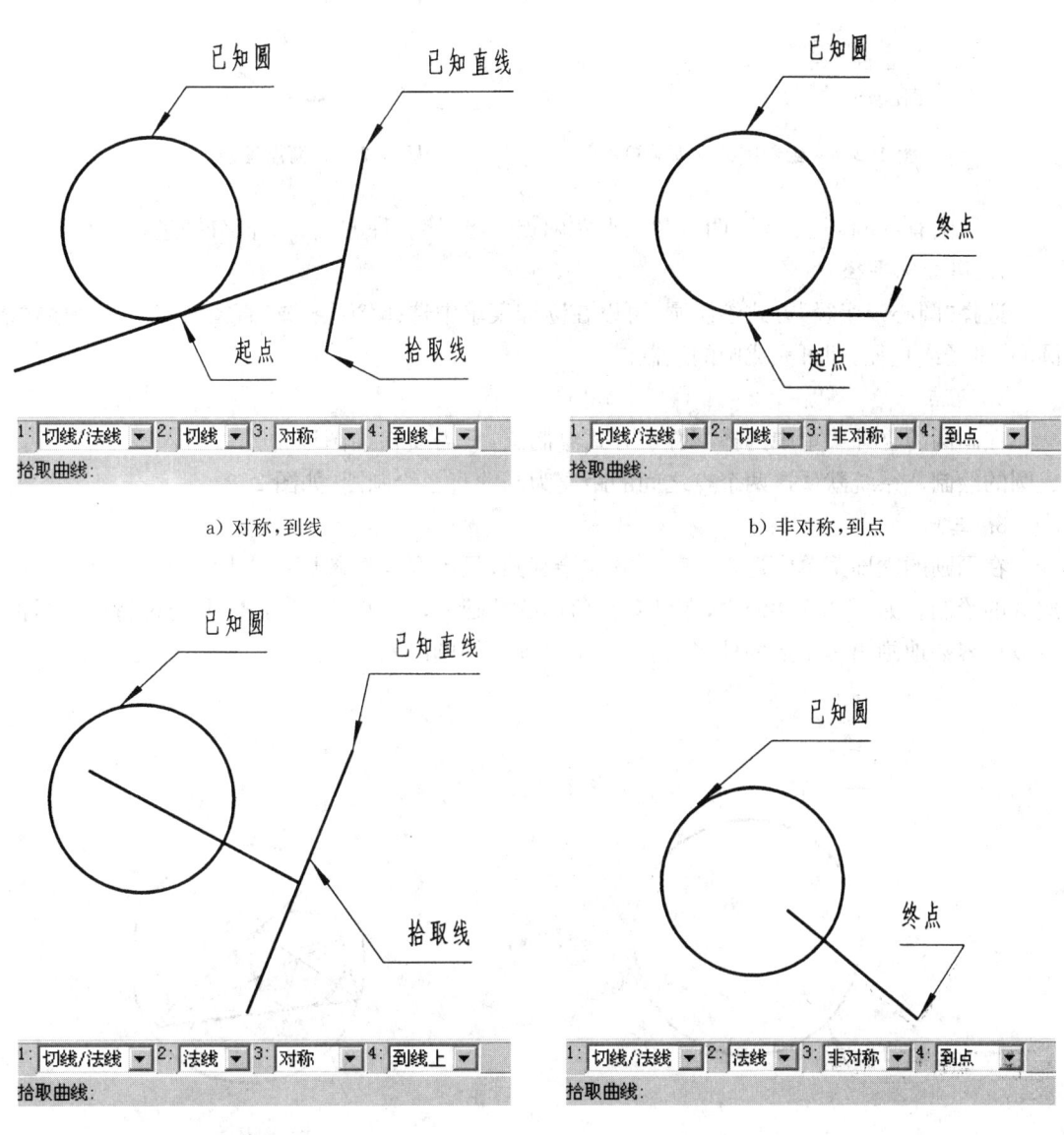

图 2-2-5 切线/法线的绘制

【050】 圆的绘制

点取基本曲线工具栏中圆的相应图标,即出现画圆的立即菜单,如图 2-2-6。

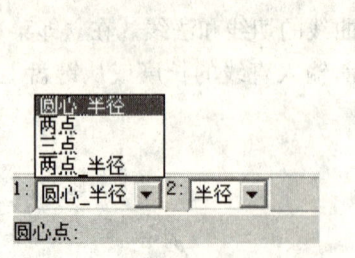

图 2-2-6 绘制圆的立即菜单

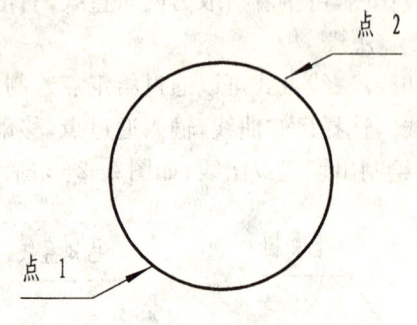

图 2-2-7 两点画圆

绘制圆有"圆心—半径""两点""三点""两点—半径"四种方式。下面分别进行介绍。

1. 圆心—半径

选择"圆心—半径"方式绘制圆,可以在立即菜单中选择"半径"或"直径",然后按顺序输入圆心、半径或直径,即可完成圆的绘制。

2. 两点

在画圆的立即菜单中选择"两点"方式绘制圆,只需要在绘图区中先后输入两个点即可完成圆的绘制。系统默认这两个点之间的距离为圆的直径绘制圆,如图 2-2-7。

3. 三点

在画圆的立即菜单中选择"三点"方式绘制圆,只需要在绘图区中先后输入三个点即可完成圆的绘制。如图 2-2-8b)中,在已有三角形的基础上,利用"三点"方式,并通过特征点捕捉,可以很容易地画出三角形的外接圆和内切圆(画内切圆时,要作角等分线,找出三个相应的切点)。

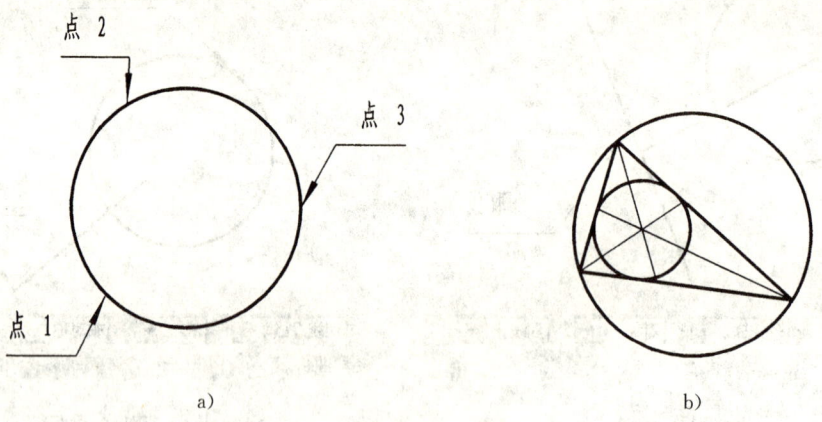

图 2-2-8 三点画圆

4. 两点—半径

在画圆的立即菜单中选择"两点—半径"方式绘制圆,只需按顺序输入两个点和半径。输入点时,可利用特征点捕捉保证绘制的圆一定通过给定点或与已知曲线相切。输入半径时应将光标移至圆呈现的理想位置,从而保证绘制的圆不会出现在其他位置。

【051】 圆弧的绘制

点取基本曲线工具栏中圆弧的相应图标,即出现画圆弧的立即菜单,如图 2-2-9。

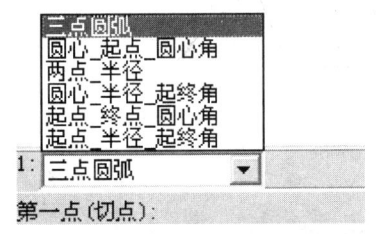

图 2-2-9 绘制圆弧的立即菜单

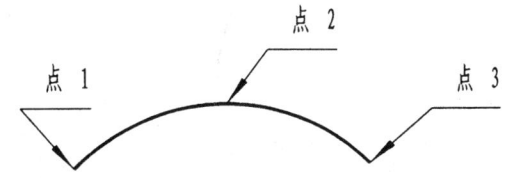

图 2-2-10 三点圆弧绘制

绘制圆弧有"三点圆弧""圆心—起点—圆心角""两点—半径""圆心—半径—起终角""起点—终点—圆心角""起点—半径—起终角"等六种方式。下面分别介绍。

1. 三点圆弧

在画圆弧的立即菜单中选择"三点圆弧"方式绘制圆弧,只需顺序输入三个点即可完成圆弧的绘制。输入时,可采用工具点保证输入的点一定通过给定点,如图 2-2-10。

2. 圆心—起点—圆心角

在画圆弧的立即菜单中选择"圆心—起点—圆心角"方式绘制圆弧,只需通过鼠标或键盘顺序输入圆心、圆弧的起点和圆心角,即可完成圆弧的绘制,如图 2-2-11。

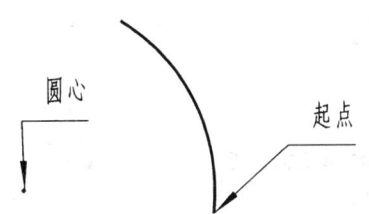

图 2-2-11 圆心—起点—圆心角绘制圆弧

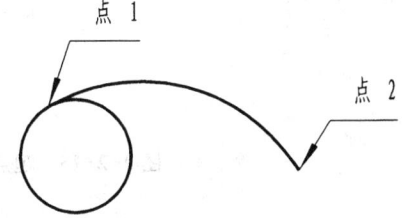

图 2-2-12 两点—半径绘制圆弧

3. 两点—半径

在画圆弧的立即菜单中选择"两点—半径"方式绘制圆弧,只需顺序输入圆弧的起点、终点和半径。输入起点、终点时,可利用工具点保证绘制的圆弧一定通过给定点,输入半径时应先将光标移至显示圆弧呈现的理想位置后,再输入半径,才可保证绘制的圆弧不出现在其他位置,如图 2-2-12。

4. 圆心—半径—起终角

在画圆弧的立即菜单中选择"圆心—半径—起终角"方式绘制圆弧,只需在立即菜单中输入圆弧的半径、起始角度和终止角度,在绘图区中只需要输入圆心,即可完成圆弧绘制,如图 2-2-13。

5. 起点—终点—圆心角

在画圆弧的立即菜单中选择"起点—终点—圆心角"方式绘制圆弧,只需在立即菜单中输入圆心角,在绘图区中先后输入圆弧的起点和终点,即可完成圆弧的绘制,如图 2-2-14。

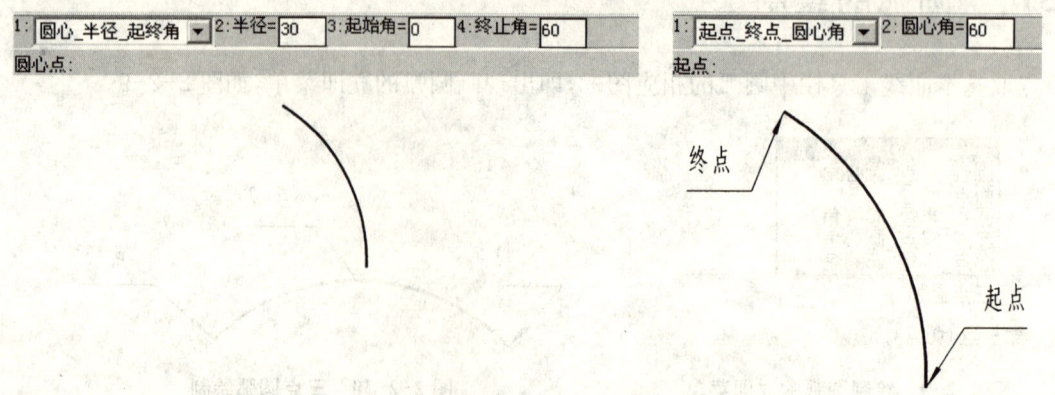

图 2-2-13　圆心—半径—起终点绘制圆弧　　　图 2-2-14　起点—终点—圆心角绘制圆弧

6. 起点—半径—起终角

在画圆弧的立即菜单中选择"起点—半径—起终角"方式绘制圆弧,只需在立即菜单中输入半径、起始角度和终止角度,然后在绘图区中输入圆弧的起点即可完成圆弧的绘制,如图2-2-15。

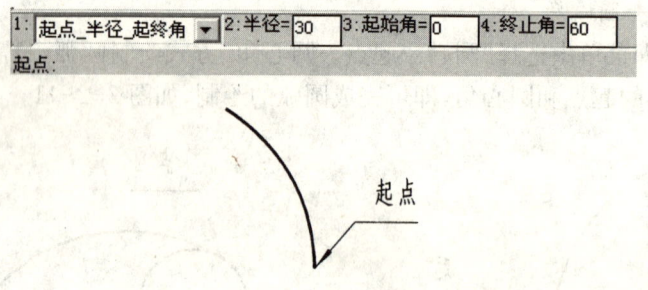

图 2-2-15　起点—半径—起终角绘制圆弧

【052】　矩形的绘制

绘制矩形有"两角点"和"长度和宽度"两种方式,在立即菜单"1:"中可进行切换,如图2-2-16所示。

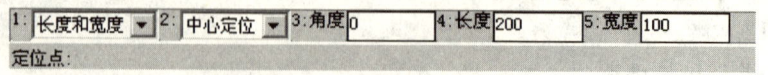

图 2-2-16　矩形绘制的立即菜单

1. "两角点"方式:给定两个角点画矩形

采用"两角点"方式绘制矩形,只需先后输入两对角点即可完成矩形的绘制。输入第二个角点时,使用相对坐标可控制矩形的长度和宽度。

2. "长度和宽度"方式：给定长和宽画矩形

如图 2-2-16，图中立即菜单表明以长度和宽度为条件绘制一个以中心定位、倾角为零度、长度为 200、宽度为 100 的矩形。系统提示"定位点："这时一个长 200，宽 100 的矩形的中心"挂"在十字光标上被动态拖动。一旦输入一点，该矩形即被绘制出来。

点取上述立即菜单中的"2："，则该处的显示由"中心定位"切换为"顶边中点"定位。即以矩形顶边的中点为定位点绘制矩形。

点取上述立即菜单中的"3：角度"、"4：长度"、"5：宽度"，均出现"输入实数"的数值编辑框，可改变所画矩形的倾斜角度、长度和宽度。

【053】 中心线的绘制

可绘制圆、圆弧、椭圆或两条直线的中心线。

在中心线的立即菜单中，"延线长度"表示中心线超出轮廓线的长度，缺省值为 3。用鼠标点取该项，可在"输入实数"的编辑栏中改变延伸长度值。

绘制中心线时，根据提示在屏幕上选择圆、圆弧或椭圆，可直接绘制中心线。若拾取的是一条直线，系统将提示"拾取另一条直线"，拾取与第一条直线平行或对称的另一条直线后，在两条直线间画出中心线；若拾取的两条平行直线是矩形的两条边，即在相互垂直的两个方向上对称，则拾取第二条直线后，一条红色中心线在屏幕上显示出来，此时操作提示"左键切换，右键确认："，点左键切换中心线的方向，点右键则画出中心线，如图 2-2-17 所示。

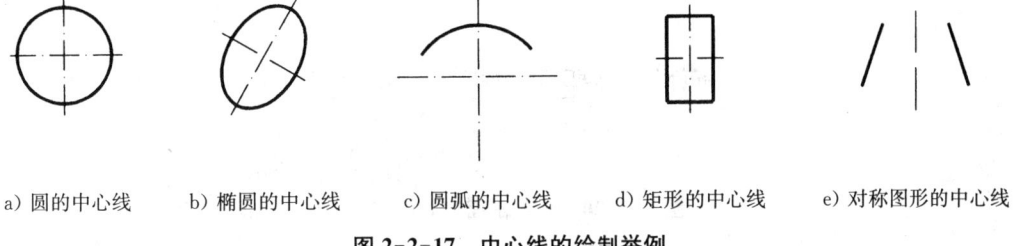

a) 圆的中心线　　b) 椭圆的中心线　　c) 圆弧的中心线　　d) 矩形的中心线　　e) 对称图形的中心线

图 2-2-17　中心线的绘制举例

【054】 等距线的绘制

利用等距方式可以生成一条或同时生成数条给定曲线的等距线。

在基本曲线中选择等距线即可出现立即菜单，有"单个拾取"和"链拾取"两种方式，如图 2-2-18。

a)　　　　　　　　　　　　　　　b)

图 2-2-18　绘制等距线的立即菜单

"单个拾取"每次只能绘制一段图形，"链拾取"每次可绘制若干段首尾相接的图形。"单向"方式要求给出偏移量,只需在偏移方向上点击一下即可。"空心"或"实心"决定是否将偏移的图线与原图线之间填实。"距离"值决定了偏移出的图线与原来图线之间的距离。"份数"值表示一次绘制出的偏移图线的份数,只能取整数。实例如图 2-2-19。

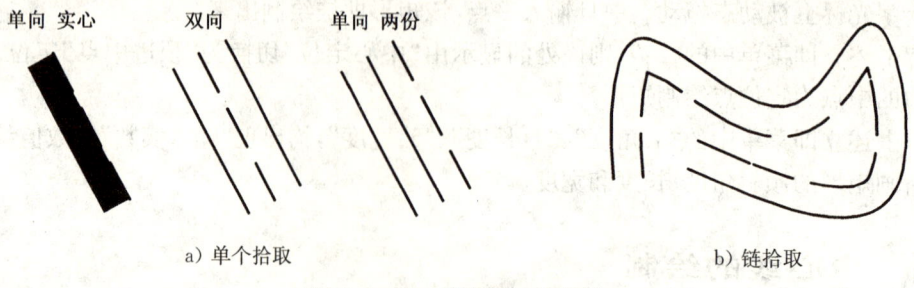

图 2-2-19 等距线绘制实例

【055】 剖面线的绘制

按给定的间距、角度,在指定的区域内画剖面线,在立即菜单中点取"剖面线"即可出现立即菜单。在立即菜单中可更改剖面线的间距和角度。

画剖面线有两种方式:"拾取点"、"拾取边界"方式,如图 2-2-20。

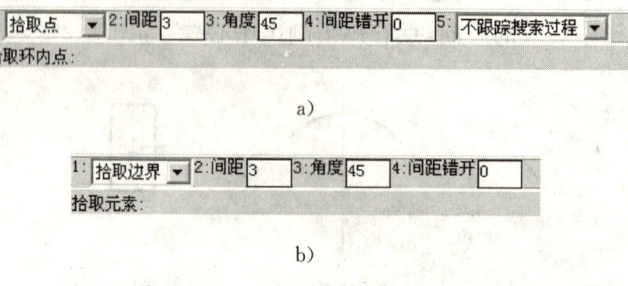

图 2-2-20 绘制剖面线立即菜单

1. 拾取点

操作提示"拾取环内点:",在待画剖面线的封闭环内拾取一个点。系统将根据拾取点的位置,从右向左搜索最小内环,根据环生成剖面线。如果拾取点在环外,则操作无效。如果拾取点在环内,则被搜索到的环变成红色,按右键确认后,画出剖面线。如图 2-2-21。

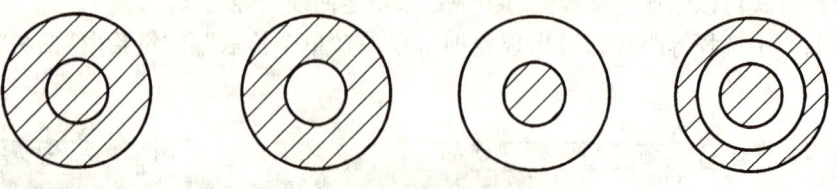

图 2-2-21 拾取点画剖面线

2. 拾取边界

系统将根据拾取的边界搜索环而生成剖面线。如果拾取到的边界不能构成互不相交的封闭环,则操作无效。拾取边界时,可以单个拾取,也可以用窗口拾取。被拾取的边界变为红色。拾取结束,按下右键加以确认,如果边界正常,则画出剖面线。如图 2-2-22。

图 2-2-22 拾取边界画剖面线

第三章 编辑曲线

在计算机绘图中,熟练地掌握和应用图形编辑命令,是提高绘图效率的重要手段。图形编辑包括曲线编辑和图形编辑两部分。曲线编辑操作主要用于提高绘图效率以及删除绘图过程中出现的部分多余的线条;图形编辑主要用于操作的撤销、恢复、修改图线的属性等。

在应用主菜单中点取"曲线编辑"图标,即出现如图 2-3-1 曲线编辑子菜单。

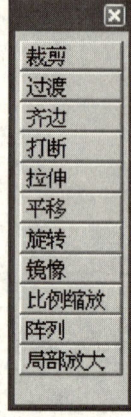

图 2-3-1 曲线编辑子菜单

【056】 裁剪的编辑

裁剪操作用于对给定曲线进行修剪,删除不需要的部分,得到新的曲线。

裁剪操作有"快速裁剪"和"拾取边界"两种方式。

1. 快速裁剪

采用此方式时,用鼠标左击图形中需要裁剪的部分。系统自动计算离拾取点最近的交点作为裁剪的断点将其裁剪,如图 2-3-2。

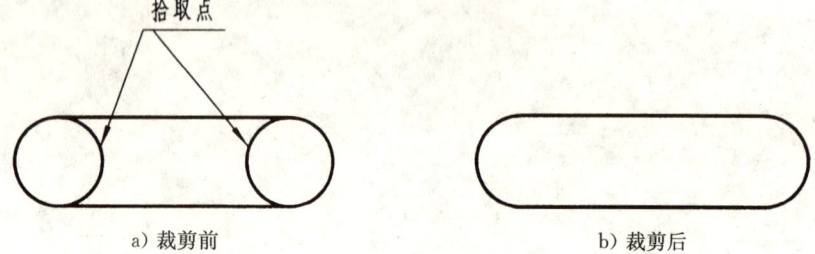

a) 裁剪前　　　　　　　　b) 裁剪后

图 2-3-2 曲线快速裁剪

2. 拾取边界

采用此方式时,用鼠标拾取一条或多条曲线作为裁剪边界,然后按下鼠标右键结束"拾取边界"。此时,提示变为"拾取要裁剪的曲线",用鼠标点取要裁剪的曲线,系统在边界范围内裁剪掉拾取的曲线段,而保留边界另一侧的部分,如图 2-3-3。

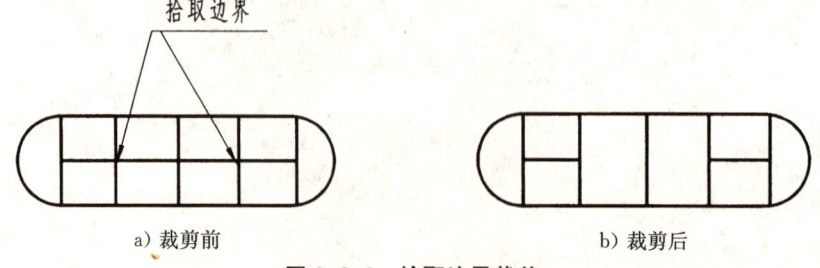

a) 裁剪前　　　　　　　　b) 裁剪后

图 2-3-3 拾取边界裁剪

【057】 过渡的编辑

过渡是在两线段之间处理其相接部分,有圆角、倒角、尖角等形式。

过渡操作有"圆角""多圆角""倒角""外倒角""内倒角""多倒角""尖角"七种形式,点击过渡命令后出现如图2-3-4 立即菜单。

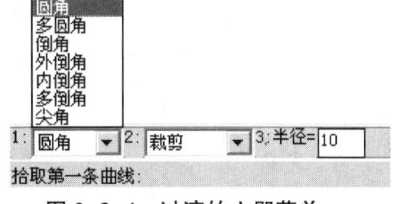

图 2-3-4　过渡的立即菜单

1. 圆角、多圆角

圆角和多圆角的操作需要输入倒角的半径。圆角是用已知半径的圆弧将两线段连接,多圆角用给定半径的圆弧对首尾相连的直线段(封闭或不封闭的图形)在其相交处同时绘出多个圆角,如图 2-3-5 所示。

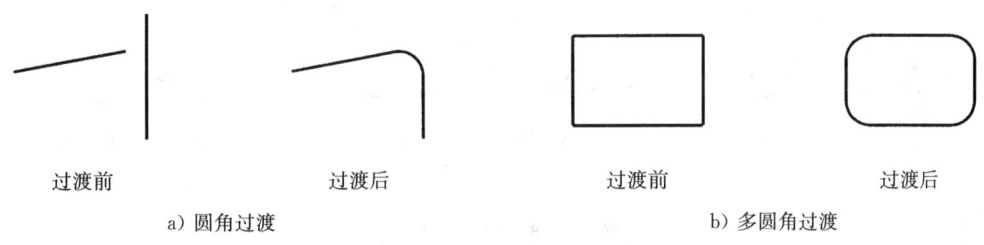

　　　过渡前　　　　　　过渡后　　　　　　　过渡前　　　　　　过渡后
　　　　　a) 圆角过渡　　　　　　　　　　　　　　b) 多圆角过渡

图 2-3-5　圆角、多圆角操作

2. 倒角、多倒角

按给定的尺寸在两直线间进行倒角过渡。对于非 45°倒角,其与拾取直线的顺序有关,倒角长度和角度是相对于首先拾取的第一条直线而言的,如图 2-3-6。倒角角度可在立即菜单中输入。

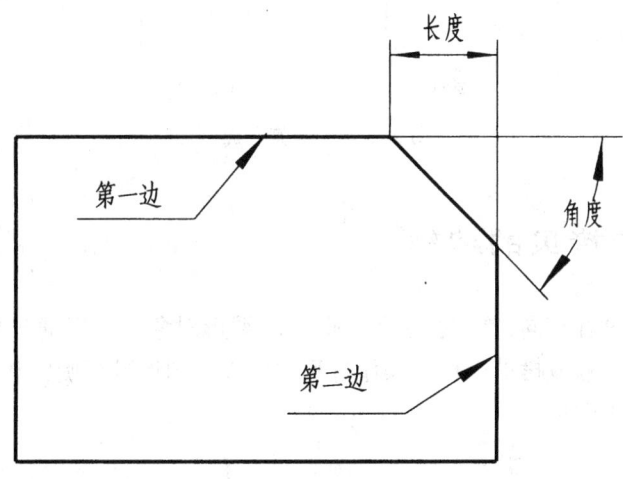

图 2-3-6　倒角长度、角度的定义

3. 外倒角、内倒角

外倒角和内倒角操作分别适用于轴端和孔口的倒角操作。操作过程中只需连续拾取参与倒角的三条直线即可,如图 2-3-7。

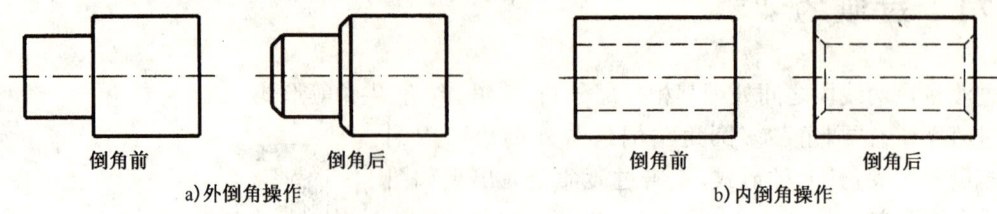

图 2-3-7　内、外倒角操作

4. 尖角

在两条线段(直线、圆、圆弧等)的交点处,形成尖角过渡。系统将自动对两线段进行裁剪或延伸,使它们正好相交于交点。也就是说,如果两线相交,则以交点为界,多余部分被裁剪掉,如图 2-3-8a)、b)所示;如果两线不相交,则将两线延长至交点处,如图 2-3-8c)所示。

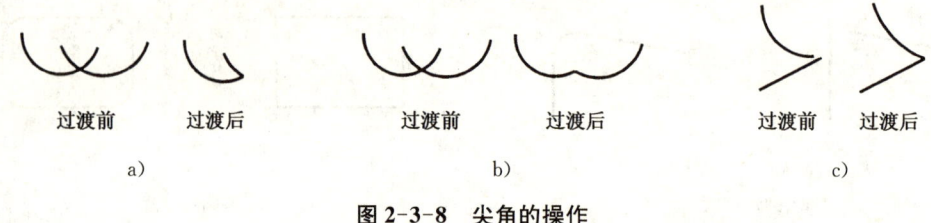

图 2-3-8　尖角的操作

在过渡时,立即菜单中可以设置三种裁剪方式:裁剪,裁剪始边,不裁剪。绘图效果如图 2-3-9。

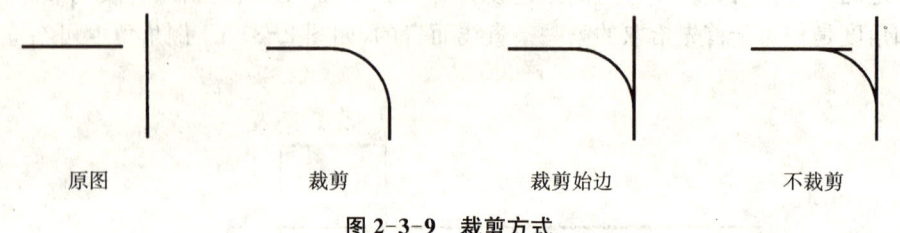

图 2-3-9　裁剪方式

【058】　平移与拷贝的编辑

平移和拷贝操作过程相同,差别在于是否保留原图形对象。可以通过修改立即菜单中的选项来确定实体进行平移或拷贝操作。操作过程中可以对图形进行旋转和比例缩放。拷贝操作可以一次复制出多个图形。

1. 给定偏移

给定偏移在拾取完成后,给出一个偏移距离,即可完成对图形的移动或拷贝。用户也可以通过移动光标预览,点击完成对图形的移动或拷贝。

2. 给定两点

给定两点操作在拾取完成后,应先后给出两点,系统通过将这两个点重合在一起的方法去移动图形的位置。

【059】 齐边的编辑

齐边是以一条选择的曲线为边界对一系列曲线进行裁剪或延伸。

齐边操作时根据系统提示拾取边界曲线,然后根据作图需要选取要编辑的曲线。如果所拾取的曲线与边界曲线有交点,则按"裁剪"命令进行操作,即裁剪所拾取的曲线至边界为止;如果所拾取的曲线与边界曲线无交点,则将其延伸至边界,如图 2-3-10 所示。拾取一条,编辑一条,直至按鼠标右键退出。

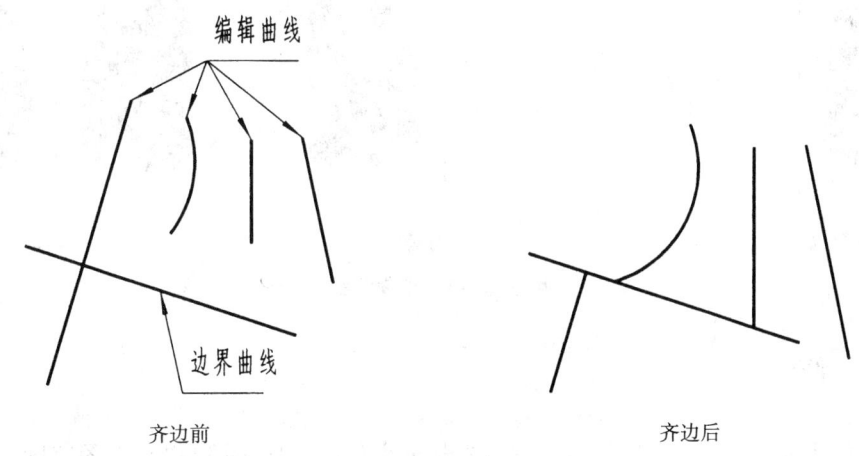

图 2-3-10 齐边的操作

【060】 旋转的编辑

旋转过程中可以对实体进行拷贝或旋转操作,图 2-3-11a)是只旋转,不拷贝图形,图 2-3-11b)是旋转拷贝图形。

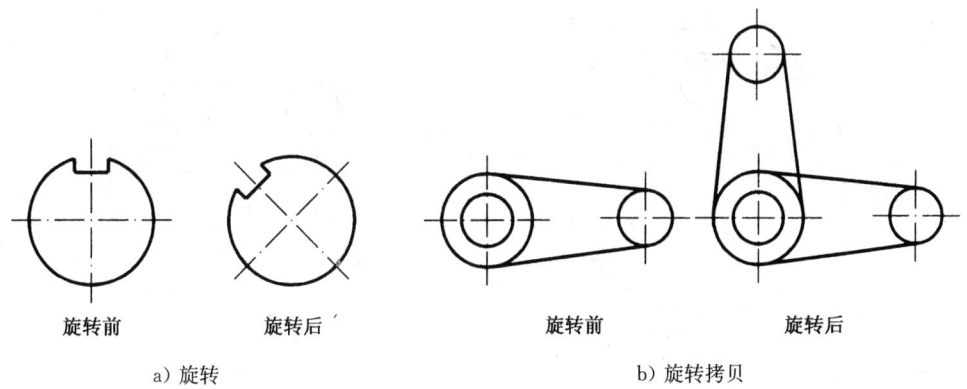

图 2-3-11 旋转的编辑

【061】 镜像的编辑

镜像是指对拾取到的图形进行镜像拷贝或镜像位置翻转。可在立即菜单中选择操作类型,如图 2-3-12。

立即菜单可进行"选择轴线"和"给定两点"的窗口切换。前者指定一条直线作为镜像的对称线,后者通过给定两点确定对称线。图 2-3-13b)是镜像的结果,图 2-3-13c)是拷贝的结果。

图 2-3-12 镜像的立即菜单

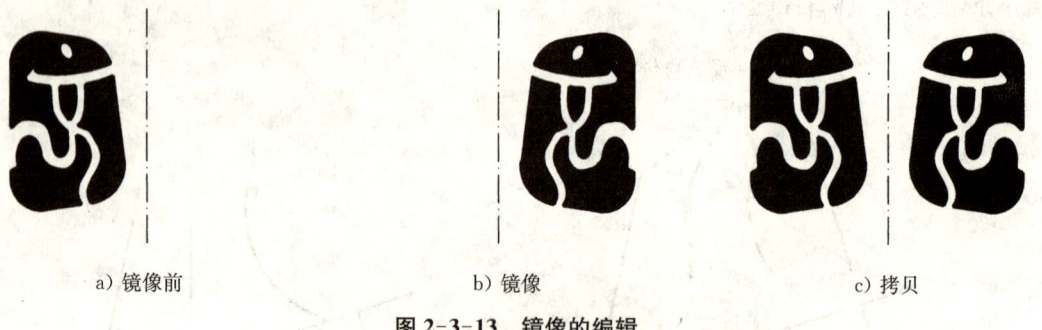

a) 镜像前　　　　　　b) 镜像　　　　　　c) 拷贝

图 2-3-13 镜像的编辑

【062】 阵列

阵列的目的是通过一次操作可同时生成若干个相同的图形,以提高作图速度。阵列有圆形阵列和矩形阵列。

1. 圆形阵列

圆形阵列操作只需通过立即菜单选择,确定阵列方式,如图 2-3-14,选择图形对象并确定后,即可完成图形阵列操作,如图 2-3-15 所示。

图 2-3-14 圆形阵列的立即菜单

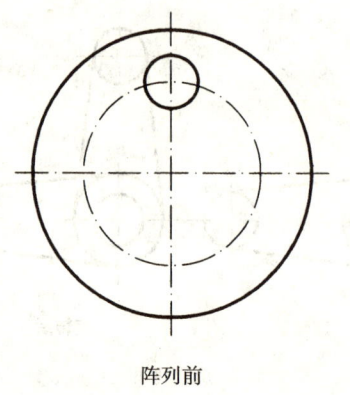

阵列前

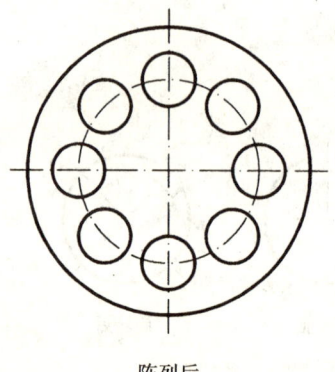

阵列后

图 2-3-15 圆形阵列

2. 矩形阵列

矩形阵列操作过程与圆形阵列操作相似，只需通过在立即菜单中输入各项数据，如图 2-3-16，选择图形对象并确定后，即可完成对图形的阵列操作，如图 2-3-17 所示。

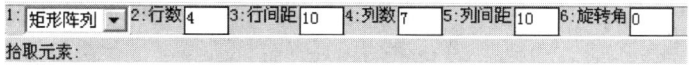

图 2-3-16　矩形阵列的立即菜单

图 2-3-17　矩形阵列

第四章 高级曲线的绘制

【063】 正多边形

绘制正多边形有"中心定位"和"底边定位"两种方式。

1. 中心定位

在工具栏中选择正多边形即出现立即菜单,在"1:"中选中心定位,如图2-4-1。

图2-4-1 中心定位立即菜单

画正多边形时,切换立即菜单"2:",可以按"给定半径"或按"给定边长"画正多边形。当按"给定半径"画正多边形时,立即菜单"3:"又有"内接"和"外切"两种方式,表示可以画一个给定半径的圆的内接或外切正多边形。

在当前立即菜单中,系统提示"中心点:",给出正多边形的中心点,提示"圆上点或圆的半径:",再输入圆上一点或圆的半径,即可画出一个旋转角度为0°的正六边形。

2. 底边定位

在工具栏中选择正多边形即出现立即菜单,在"1:"中选底边定位,如图2-4-2。

图2-4-2 底边定位立即菜单

在底边定位方式下画正多边形,操作提示"第一点:",输入底边的一端点,操作提示"第二点或边长:",输入底边的另一个端点或输入正多边形的边长,则按给定边数和旋转角度画出正多边形。

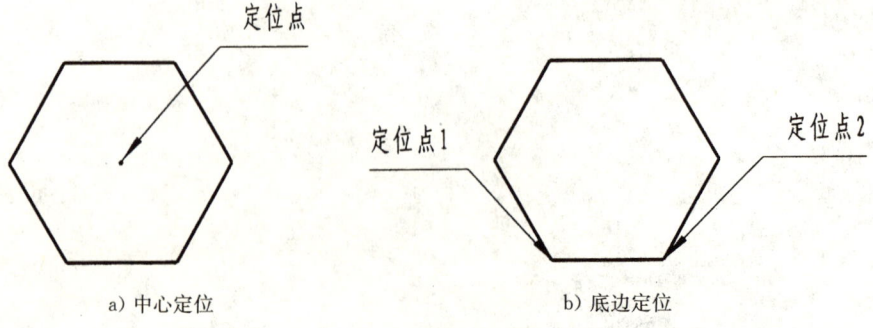

图2-4-3 正多边形绘制

【064】 椭圆的绘制

根据给定的数据绘制椭圆,在工具栏中选"椭圆",即出现立即菜单,如图 2-4-4。

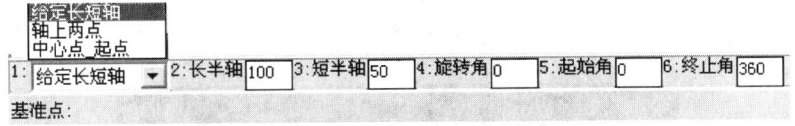

图 2-4-4　椭圆绘制的立即菜单

绘制椭圆有"给定长短轴""轴上两点""中心点—起点"三种方式。下面分别进行介绍:

1. 给定长短轴

在"给定长短轴"方式下,立即菜单"2:"、"3:"中给出椭圆长半轴及短半轴的数值,可以进行修改。立即菜单"4:"的旋转角控制椭圆的方向,是指椭圆长轴与 X 轴夹角的大小。立即菜单"5:"、"6:"中的"起始角"和"终止角"是指椭圆曲线的起始点及终止点与 X 轴的夹角,改变其大小,可以画完整的椭圆,也可以画椭圆弧。当前立即菜单下,操作提示"基准点:",移动鼠标时,一个符合立即菜单的条件的椭圆被动态拖动出来,其中心在光标上,输入一个点后,完成椭圆的绘制。

2. 轴上两点

在"轴上两点"方式下,操作提示"轴上第一点:",输入一个点,操作提示"轴上第二点:",再输入一个点后,操作提示变为"另一轴的长度:",此时移动鼠标,则以第一点和第二点作为椭圆一个轴的两端点,拖动出一个椭圆,输入另一轴的长度值,或用鼠标拖动决定椭圆的形状,点下左键,则椭圆被画出。

3. 中心点—起点

在"中心点—起点"方式下,操作提示"中心点:",输入一个点,操作提示变为"起点:",再输入一个点后,操作提示又变为"另一轴的长度:"此时移动鼠标,则以"中心点:"作为椭圆的中心,"起点:"作为椭圆一个半轴的端点,拖动出一个椭圆,输入另一轴的长度值或用鼠标拖动决定椭圆的形状,点下左键,则画出椭圆。

【065】 波浪线的绘制

绘制波浪线时,可在立即菜单中设置波峰,如图 2-4-5,根据提示输入若干个点即可绘制出连续的波浪线,如图 2-4-6。

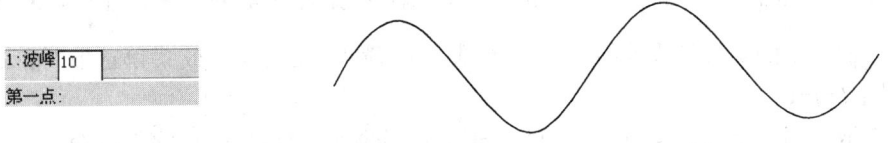

图 2-4-5　波浪线绘制的立即菜单　　　　图 2-4-6　波浪线的绘制

需注意,绘图时可根据图幅大小改变波峰的大小。

【066】 公式曲线

公式曲线为数学表达式的曲线图形,也就是根据数学公式或参数表达式绘制的数学曲线。公式的给出既可以是直角坐标形式,也可以是极坐标形式。

在工具栏中选取"公式曲线",系统将自动弹出如下图"公式曲线对话框",如图 2-4-7。

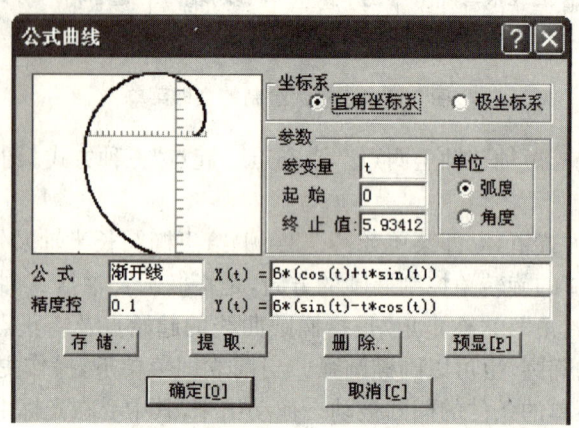

图 2-4-7 "公式曲线"对话框

对话框中提供了坐标系的类型,参数的初始值及单位,公式曲线的名称,公式的具体内容以及精度控制等多项对话内容,可根据作图需要一步步操作。单击预显按钮,可在对话框左上角的预览框中显示出该公式曲线。

在对话框的内容设定之后,点击确定按钮,对话框消失。操作提示"曲线定位点:",用鼠标和键盘输入一个点,则一条设定的公式曲线被画出来。

【067】 双折线和箭头的绘制

双折线用于表示图样中的折断部分。绘制双折线时,如同绘制单个直线一样,只需输入起点和终点,即可完成双折线的绘制。如图 2-4-8 所示。

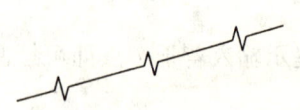      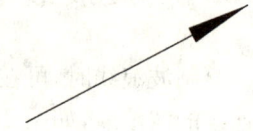

图 2-4-8 双折线的绘制　　图 2-4-9 箭头绘制的立即菜单　　图 2-4-10 箭头的绘制

绘制单个的实心箭头或给弧、直线绘制实心箭头,在工具栏或菜单选取"箭头",其立即菜单如图 2-4-9。

点取立即菜单可切换"正向"和"反向"。操作提示"拾取直线、圆弧或第一点:",若拾取一条直线或一段圆弧,操作提示变为"箭头位置:",选定位置按下左键,则在直线或圆弧上画出箭头。若在某一点处加画一个箭头,则按操作提示输入一点,此时移动鼠标,一条带箭头的直线被拖动着,再按操作提示确定箭头(或箭尾)的位置,即可画出箭头。如图 2-4-10 所示。

【068】 齿轮的绘制

按给定的参数生成整个齿轮或生成给定个数的齿形。在高级曲线工具栏中点取"齿轮"按钮,出现图 2-4-11 所示对话框。

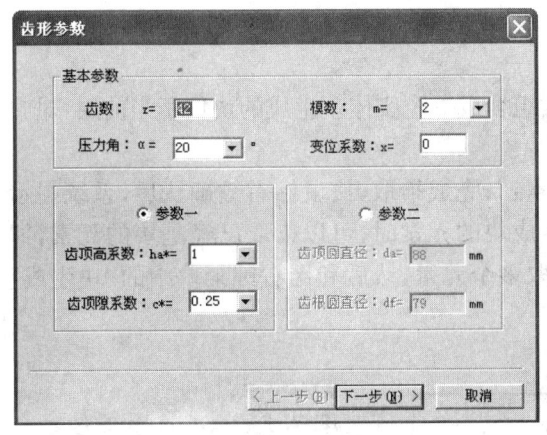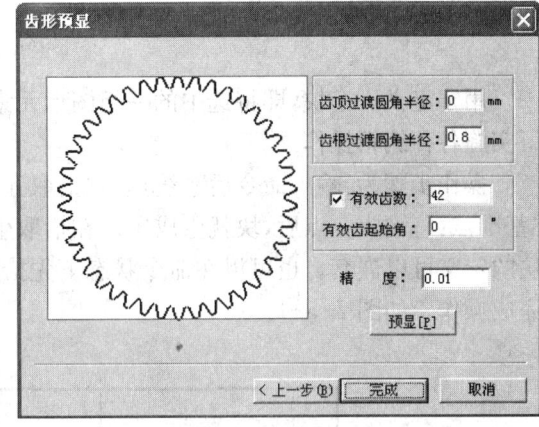

图 2-4-11　齿轮齿形参数对话框　　　　图 2-4-12　齿轮齿形预显对话框

在对话框中可设置齿轮的齿数、模数、压力角、变位系数等,用户还可改变齿轮的齿顶高系数和齿顶隙系数来改变齿轮的齿顶圆半径和齿根圆半径,也可直接指定齿轮的齿顶圆直径和齿根圆直径。只需在其中调整好参数,确定后在绘图区中输入定位位置即可完成齿轮和齿形的绘制,如图 2-4-12。

【069】 孔、轴的绘制

绘制"孔/轴"时,需要在立即菜单中选择其方式,输入中心线的角度。然后根据提示在屏幕上输入插入点,修改起始直径和终止直径,根据提示输入轴或孔的终止点或长度即可。反复操作,直至绘制完成。如图 2-4-13。

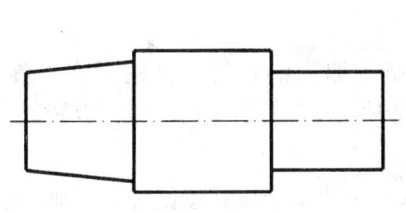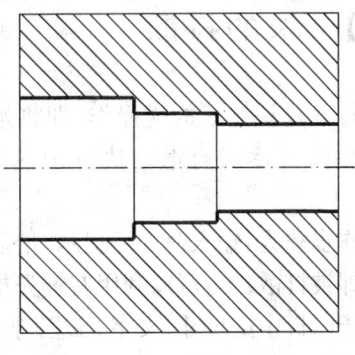

a) 轴　　　　　　　　　　　　b) 孔

图 2-4-13　孔/轴的绘制

第五章 块 的 操 作

【070】 块的生成

用于定义一个块,即将选中的一组图形元素组合成一个实体。生成的块位于当前层,对它可实施各种编辑操作。

操作步骤为:输入命令后系统提示"拾取元素:";完成拾取,按鼠标右键确认后,系统提示"基准点:";输入一点后,块就生成了。在拾取生成块的元素时,可以拾取已经是块的元素,即块的定义可以嵌套。也可以在命令状态下先拾取多个元素,然后利用右键菜单中的"块生成"完成操作。如图 2-5-1。

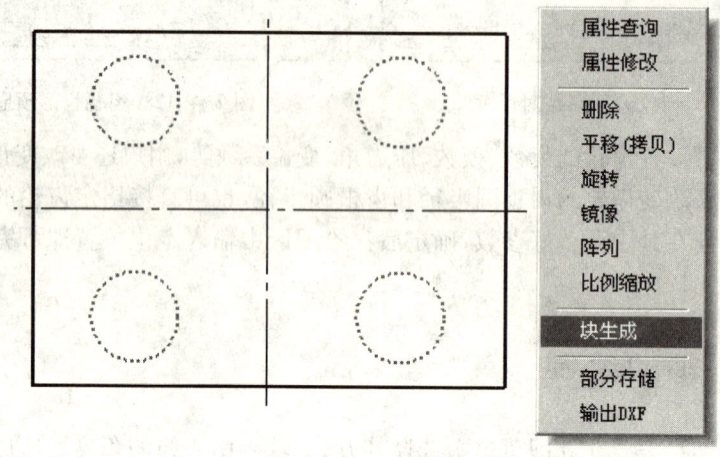

图 2-5-1　块生成的操作

【071】 块的打散

块打散是块生成的逆操作,即将生成的块再分解为原来的各自独立的元素。逐级嵌套生成的块则可逐级打散。块打散后其各成员彼此独立,并分别归属于块生成之前的原图层。

操作步骤为:输入命令后提示"拾取元素:",拾取一个或多个块并按鼠标右键确认后,所拾取的块即被打散。也可以利用右键先拾取后操作。

电子图板中的尺寸、文字、工程符号、图框、标题栏、明细表以及图符中的图符都属于块。如果要对它们作非整体的编辑操作,就需要先将它们打散。

【072】 块的消隐

利用块可以实现二维消隐功能,即将具有封闭外轮廓的块作为前景图形区,自动隐藏该区内的其他图形。操作时点取"块消隐"图标或菜单项,提示"请拾取块:",这时拾取一个,消隐一个,直至按鼠标右键退出。如图 2-5-2 为块消隐前后的效果。

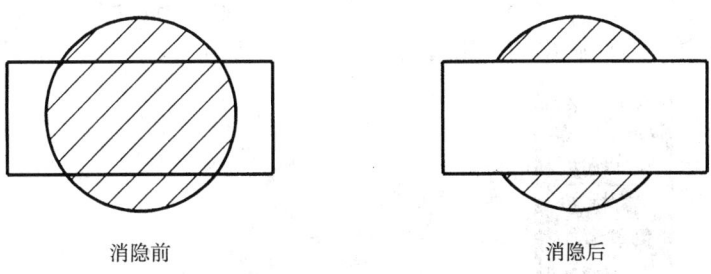

消隐前　　　　　　　　　　　消隐后

图 2-5-2　块消隐的操作

块消隐的立即菜单只有一个窗口,缺省选项为"消隐",可切换为"取消消隐",则将所选已被消隐块的消隐效果取消。块消隐也可通过右键菜单操作。

第六章 工程标注

电子图板提供了对工程图进行尺寸标注、文字标注和工程符号标注的一整套方法，它是绘制工程图样十分重要的手段和组成部分。从下拉菜单"绘制"中选择"工程标注"或选择应用主菜单中的"工程标注"图标，弹出的应用子菜单如图 2-6-1 所示。

图 2-6-1 工程标注应用子菜单

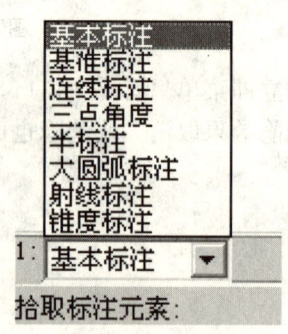

图 2-6-2 尺寸标注的立即菜单

【073】 尺寸标注

点击子菜单中"尺寸标注"，这时在屏幕下方会出现立即菜单可以选择类型，如图 2-6-2 所示。

1. 基本标注

(1) 单个元素的标注

① 直线的标注

"基本标注"是进行尺寸标注的主体命令，多数尺寸都可以通过"基本标注"来实现，因此把它作为尺寸标注的缺省选项。在基本标注状态下，系统提示"拾取标注元素"，这时可用鼠标拾取直线、圆或圆弧，也可连续拾取两个元素。系统在本命令执行过程中提供智能判别，根据拾取元素的不同，自动标注相应的线性尺寸、直径尺寸、半径尺寸或角度尺寸。当拾取一条直线时，出现如图 2-6-3 立即菜单。通过选择立即菜单，可以标注该线段的水平、垂直或与直线平行方向的线性尺寸；也可以在尺寸前加"ϕ"，按直径尺寸标注；还可以标注该直线与坐标轴的夹角。

在立即菜单中可修改其指令从而得到所需标注。

文字平行/文字水平：保证尺寸文字始终处于与尺寸线平行方向或保持水平方向。

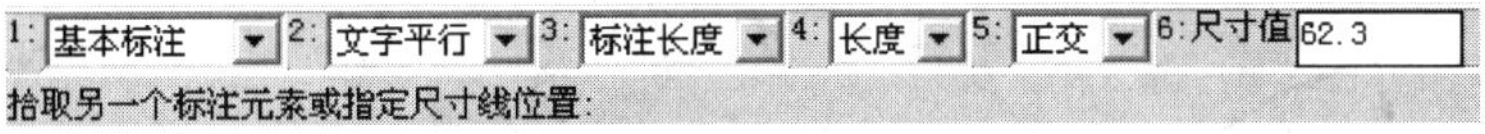

图 2-6-3 标注直线时的立即菜单

标注长度/标注角度:标注被选直线的长度或与所选轴的夹角。

正交/平行:标注正交方向尺寸或标注与被标注直线平行的尺寸。标注水平方向尺寸或垂直尺寸由光标拖动的位置决定,如图 2-6-4。

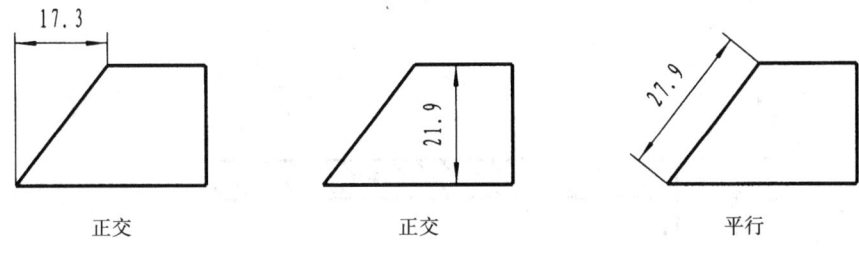

图 2-6-4 单个直线的标注

② 圆的标注

拾取要标注的圆,即会出现如图 2-6-5 立即菜单。通过选择不同的立即菜单选项,可标注圆的直径、半径及圆周直径,如图 2-6-6。

图 2-6-5 标注圆、圆弧时的立即菜单

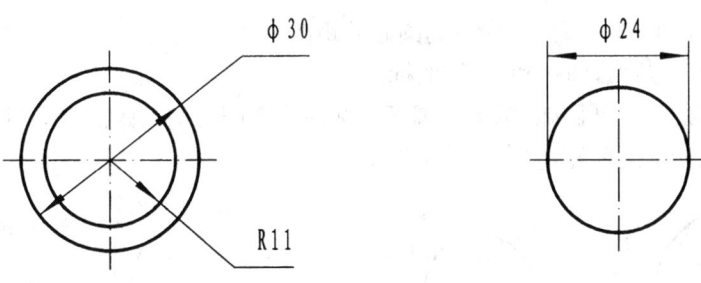

图 2-6-6 单个圆的标注

③ 圆弧的标注

拾取要标注的圆弧,即会出现与标注圆的立即菜单相类似的立即菜单。不同的是,通过修改选项,可标注圆弧的半径、直径、圆心角和弦长,如图 2-6-7。

(2) 两个元素的标注

① 点和点的标注

分别拾取点和点[孤立点或控制点(端点、交点等)],标注两点间的距离。如图 2-6-8 中尺寸 φ24。

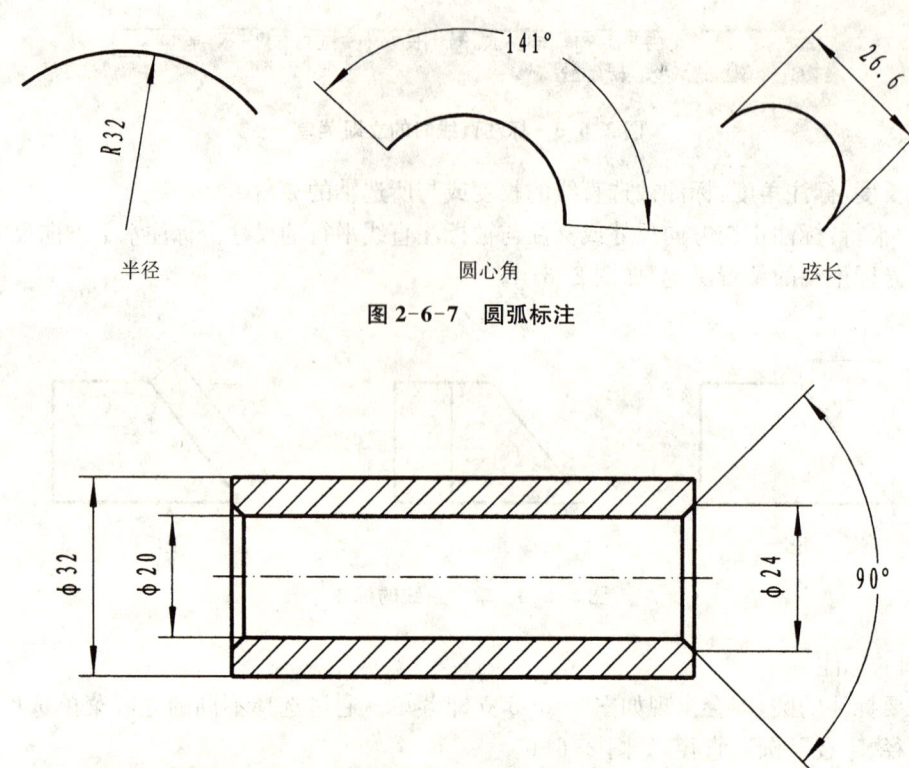

图 2-6-7 圆弧标注

图 2-6-8 两直线、两点间的标注

② 点和直线的标注

分别拾取点和直线,标注点到直线的距离。

③ 点和圆(或圆弧)的标注

分别拾取点和圆(或圆弧),标注点到圆心的距离。

④ 圆和圆(圆和圆弧,圆弧和圆弧)的标注

分别拾取圆和圆(圆和圆弧,圆弧和圆弧),标注两个圆心间的距离。通过调整立即菜单中的选项,可改变两圆弧之间距离的标注,如图 2-6-9。

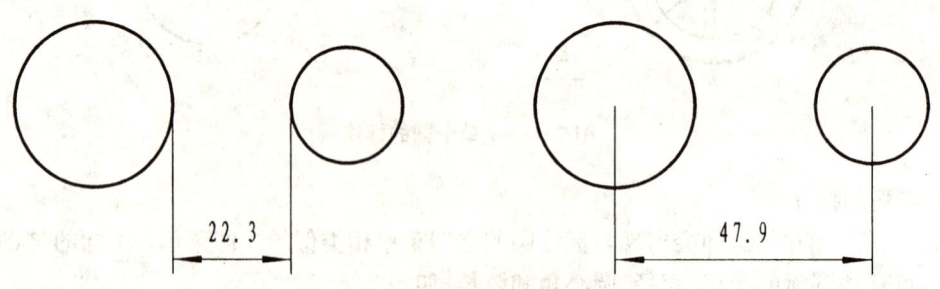

图 2-6-9 两圆之间的标注

2. 基准标注

基准尺寸可标注若干个从同一基准线引出的尺寸,如图 2-6-10。输入命令后,系统提示

拾取一个已标注的线性尺寸或拾取一个点。如果拾取到一个已标注的线性尺寸,则新标注尺寸的第一个引出点为所拾取线性尺寸距离拾取点最近的引出点。此时系统提示"输入第二引出点",拖动光标可动态显示所生成的尺寸。如此循环,直至标注结束。

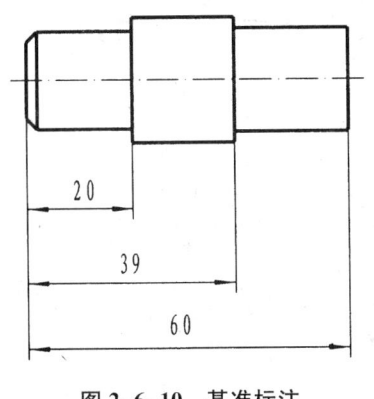

图 2-6-10　基准标注 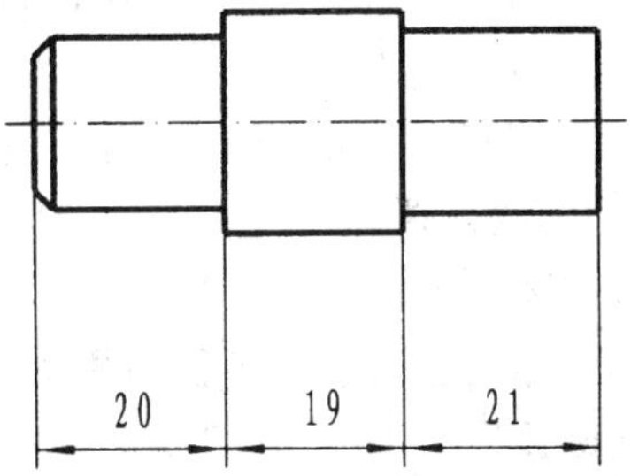　　　　　　　图 2-6-11　连续标注

3. 连续标注

基准尺寸可标注若干个首尾相接的连续尺寸,如图 2-6-11。输入命令后,系统提示拾取一个已标注的线性尺寸或拾取一个点。按提示拾取第二个引出点,拖动光标可动态地显示所生成的尺寸。新生成尺寸的尺寸线与被拾取尺寸的尺寸线在一条直线上。

输入完第二个引出点后,系统接着提示"第二引出点"。新生成的尺寸将作为下一尺寸的基准尺寸。如此循环,直至标注结束。

4. 三点角度

三点角度标注用于标注三点形成的角度。点取尺寸标注立即菜单中的"三点角度",立即菜单变为如图 2-6-12。系统提示变为"顶点"。按系统提示依次输入顶点、第一点、第二点和位置点即可生成三点角度尺寸,如图 2-6-13。

图 2-6-12　三点角度的立即菜单

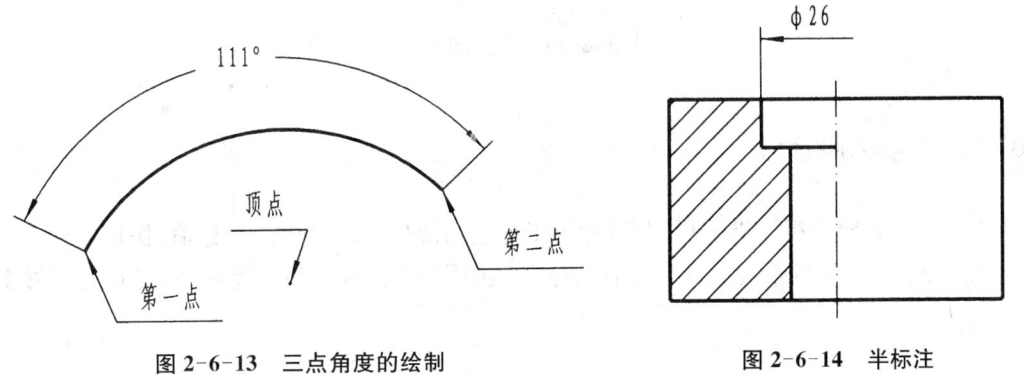

图 2-6-13　三点角度的绘制　　　　　　　图 2-6-14　半标注

5. 半标注

半标注适用于只存在一个尺寸的引出点。这种情况多出现在半剖视或局部剖视图中,如图 2-6-14。

在立即菜单中选择"半标注",系统提示"拾取直线或第一点"。如果拾取到一条直线,系统提示"拾取于第一条直线平行的直线或第二点",如果拾取到一个点,系统提示"拾取直线或第二点"。如果两次拾取的都是点,第一点到第二点的距离的两倍为尺寸值,如果拾取的为点和直线,点到被拾取直线的垂直距离的两倍为尺寸值,如果拾取的是两条平行的直线,两直线之间距离的两倍为尺寸值。尺寸值的测量值在立即菜单中显示,可以自己输入数值。输入第二个元素后,系统提示"尺寸线位置"。确定尺寸线位置。用光标拖动尺寸线,在适当的位置确定尺寸线位置后,即完成标注。

6. 大圆弧标注

大圆弧标注适用于为半径特别大、圆心已经超出图形之外的圆弧标注半径,如图 2-6-15。

在大圆弧标注状态下,系统依次提示"拾取圆弧""引出点""定位点",在立即菜单中显示尺寸的测量值。按要求依次输入相应内容即可完成操作。

7. 锥度标注

进入锥度标注状态,系统依次提示"拾取轴线""拾取直线""定位点"。在立即菜单中显示尺寸的测量值。用户也可以在立即菜单中输入尺寸值。在立即菜单中可选择锥度标注、斜度标注以及正向、反向和加不加引线标注。举例如图 2-6-16。

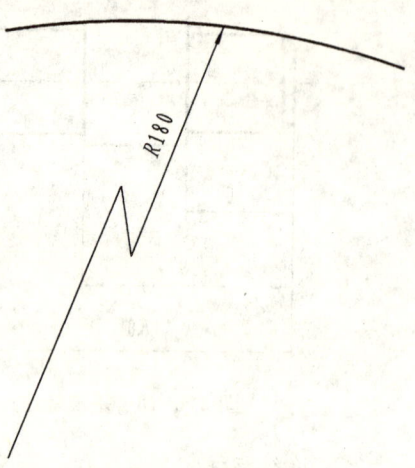

图 2-6-15　大圆弧标注

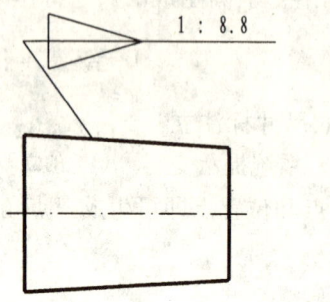
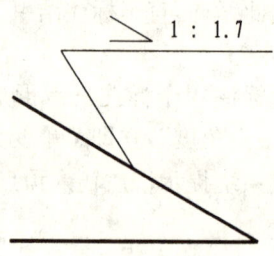

图 2-6-16　锥度、斜度标注

【074】 坐标标注

坐标标注有原点标注等七项,分别适用于标注当前坐标系的原点坐标值,快速标注出用户给出的点 X,Y 坐标等情况。此标注在机械制图中用得较少,遇到此类标注,可自行练习掌握其方法。

【075】 倒角标注

直接拾取要标注倒角部位的直线。拖动光标至合理位置确定即可。

【076】 引出说明

选择引出说明指令,出现如图 2-6-17 对话框。在上下说明框中输入参数或文字确定后,拖动至合理位置即可,如图 2-6-18。

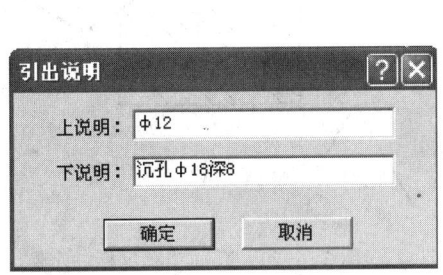

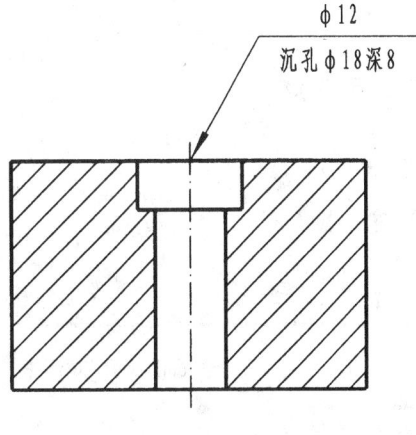

图 2-6-17 "引出说明"对话框　　　　图 2-6-18 引出说明图例

【077】 粗糙度标注

在工程标注工具栏或菜单中,选取"粗糙度",出现的立即菜单和提示,如图 2-6-19。

图 2-6-19 粗糙度标注立即菜单

标注粗糙度分为"简单标注"和"标准标注",可通过立即菜单中进行切换,零件图上常见的表面粗糙度一般通过简单标注即可实现。

1. 简单标注

简单标注方式下,通过立即菜单可切换表面粗糙度符号的三种形式,即"去除料"、"不去除材料"和"基本符号"。粗糙度 R_a 值在立即菜单可以输入。

当按照提示拾取了直线或圆(弧)后,系统提示"拖动确定标注位置:",选定位置后,即标注出与所选直线或圆(弧)相垂直的表面粗糙度。如拾取的是一个点,系统提示"输入角度或由屏幕上确定:(-360,360)",操作者键入角度值或拖动定位后即完成标注。

2. 标准标注

在粗糙度立即菜单"1:"中选择"标准标注"将弹出"表面粗糙度"对话框,如图 2-6-20 所示,可进行内容较复杂的粗糙度标注。从中可选择"基本符号"、"纹理方向",可选择或输入粗糙度参数的"上限值"、"下限值"以及"上说明"、"下说明",对话框左上角的预览区即时显示标注内容。确定后,对话框消失,提示"拾取定位点或直线或圆弧:",接下来的操作与前述"简单标注"相同。示例如图 2-6-21。

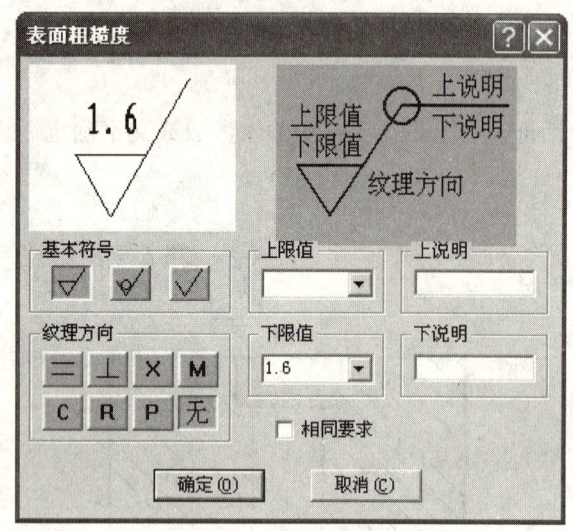
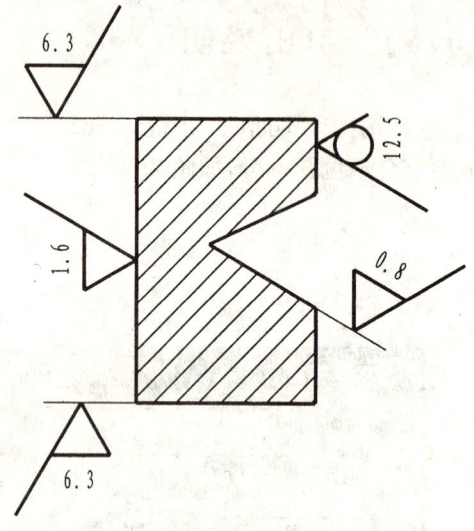

图 2-6-20 "表面粗糙度"对话框　　　　图 2-6-21 表面粗糙度标注示例

【078】 形位公差与基准代号

形位公差用于标注形状和位置的公差。

输入命令,即可出现如图 2-6-22 对话框。

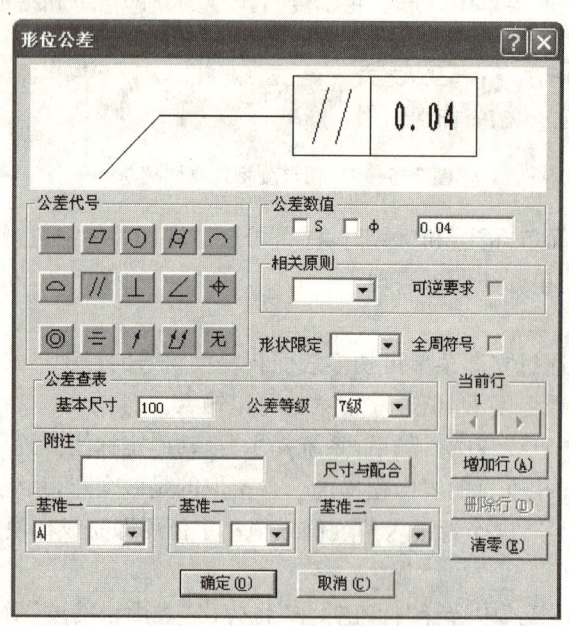

图 2-6-22 "形位公差"对话框

1. 设置对话框

在"形位公差"的对话框中,选择代号、输入公差值及有关符号,同时可直观地预览公差框格。

2. 拾取元素

在对话框中点击确定后,对话框消失,系统提示"拾取标注元素:",并出现立即菜单可选择指引线是否带有箭头。拾取标注元素(即形位公差的被测要素)时可以拾取直线、圆、圆弧或一个点,也可拾取块中的直线、圆、圆弧,如尺寸界线、尺寸线。

3. 确定引线转折点

拾取标注元素后,提示"引线转折点:"。这时移动光标可动态确定指引线的引出位置和引线转折点。

4. 确定定位点

确定引线转折点后,提示变为"拖动确定定位点:",这时系统自动进入对转折点的导航捕捉,移动光标输入一点即完成形位公差的标注。

基准代号标注用于标注形位公差中的基本部件的代号。

可在立即菜单中改变基准代号名称符号。基准代号名称可以由两个字符或一个汉字组成。可以通过拾取点或直线、圆弧和圆来确定基准代号的位置。

【079】 剖切符号

剖切符号用来在工程图中标出剖切面的剖切位置。

在立即菜单中改变剖切面名称。剖切面名称可以由两个字符或一个汉字组成。以两点线的方式画出剖切轨迹线,绘制完成后,右击结束画线状态。此时在剖面轨迹线的终止点显示出沿最后一段剖切轨迹线法线方向的两个箭头标识,系统提示"请拾取所需方向"。选择所需方向确定后拖动一个表示文字大小的矩形所需位置确定,即完成操作。如图 2-6-23。

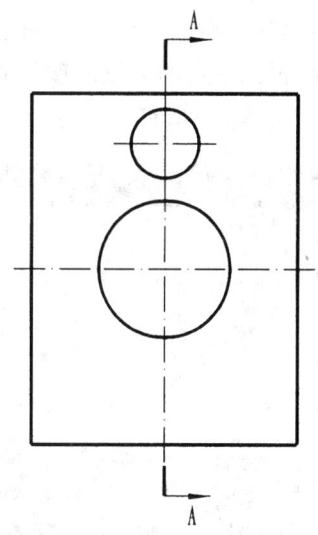

图 2-6-23 剖切符号图例

【080】 装配图和零件图的公差标注

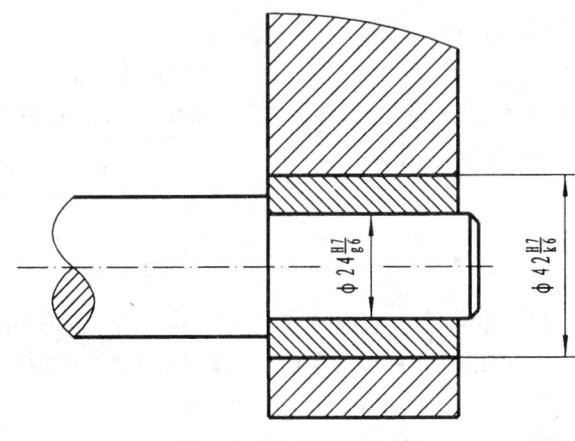

图 2-6-24 装配图公差

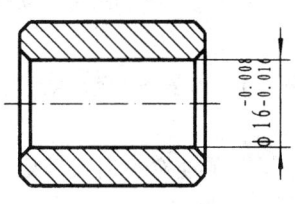

图 2-6-25 零件图公差

如图 2-6-24 中，$\phi 24\dfrac{H7}{g6}$ 在电子图板中输入 %c24%&H7/g6 即可，$\phi 42\dfrac{H7}{k6}$ 在电子图板中输入 %c42%&H7/k6 即可。

如图 2-6-25 中，$\phi 16_{-0.016}^{-0.008}$ 在电子图板中输入%c16%-0.008%-0.016 即可。

【081】 文字标注与编辑

文字标注用于在图形中标注文字。

文字可以写多行，可以横写或竖写，并可以根据指定的宽度进行换行。首先输入文字标注命令，根据具体情况从立即菜单中选择"指定两点"或"搜索边界"。如果选择"指定两点"，则根据提示用鼠标输入两点，指定要标注的区域；如果选择"搜索边界"，立即菜单出现"边界间距系数"，此时绘图区已出现填入文字的矩形图框，用鼠标单击矩形内任意一点，系统将根据指定的区域或搜索到的边界结合对齐方式决定文字的位置。确定位置后出现如图 2-6-26 对话框。

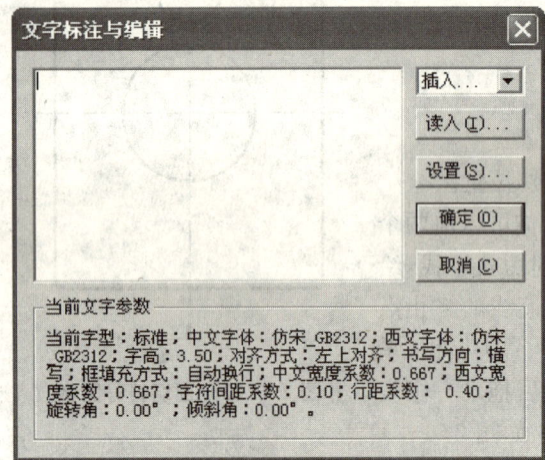

图 2-6-26 文字标注与编辑对话框

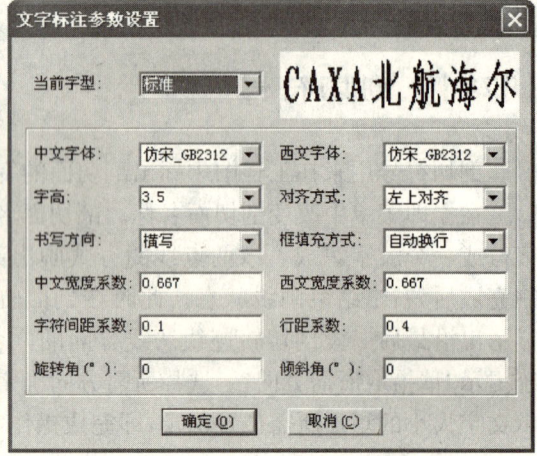

图 2-6-27 文字标注参数设置对话框

在其光标所显示的空白处输入你要编辑的文字等，如果要标注的文字已存到文件里，可点击读入按钮，在弹出的对话框中选择指定文件，再点击"确定"即可。

如果想对输入的字体大小进行修改，点击设置按钮，则出现如图 2-6-27 对话框，可在对话框中设置字高，宽度系数等。完成了输入和设置后，点击"确定"按钮，系统开始生成相应的文字并将其插入到指定的位置；单击"取消"按钮，则取消操作。

【082】 序列号与明细表

零件序号和明细表是绘制装配图不可缺少的内容。电子图板设置了序号生成和插入功能，并且与明细表联动，在生成和插入零件序号的同时用户可以选择填写或不填写明细表中的各项，而且对从图库中提取的标准件，在零件序号生成时可自动填入明细表。

零件序号部分有四个选项：生成序号，删除序号，编辑序号和序号设置。

1. 零件序号

(1) 生成序号

选取"生成序号"菜单项,弹出如图 2-6-28 所示的立即菜单,其各项选项的含义说明如下。

图 2-6-28 生成序号立即菜单

序号:系统默认初值为 1,并且根据当前序号自动递增生成下次标注时的序号值。选取它可以改变序号,数字前还可以加前缀。零件序号的默认形式如图 2-6-29a)所示,若采用图 2-6-29b) 所示加圈形式序号,需在序号数值前加前缀"@"。

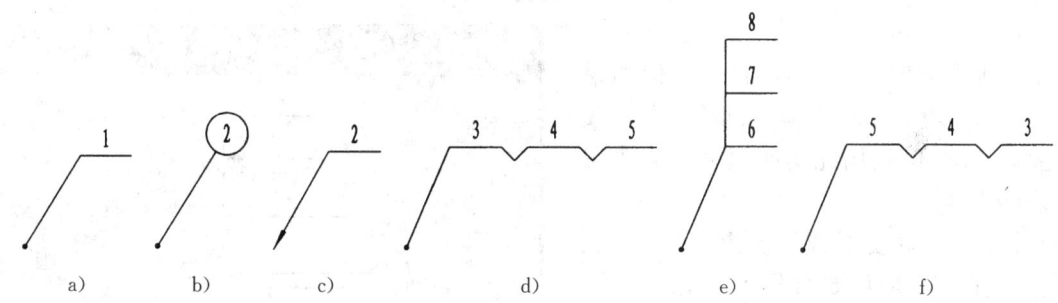

图 2-6-29 零件序号的标注形式

份数:一般情况下为 1,若是采用公共指引线的一组零件(如螺栓、螺母及垫圈),则输入零件数,如图 2-6-29d)、e)、f)所示。

水平/垂直:选择零件的序号是水平(图 2-6-29d))还是垂直(图 2-6-29e))排列。

由外至内/由内至外:确定零件序号的标注方向。如图 2-6-29 中 d)、e)为"由内向外",图 2-6-29f)为"由外向内"。

圆点/箭头:用来选择零件序号指引线末端的表示形式。默认为圆点,必要时可改为箭头,如图 2-6-29c)所示。

生成明细表/不生成明细表:用来选择在生成序号的同时是否生成明细表。

填写/不填写:在"生成明细表"情况下,用来选择是否同时填写明细表。在"不生成明细表"情况下无此选项。

(2) 删除序号

如果想要删除不需要的序号,点取下拉菜单"删除序号"选项,系统提示"拾取零件序号:"。用鼠标拾取某一序号,该序号即被删除。对于采用公共指引线的一组序号,可删除整体,也可只删除其中某一个序号,这取决于拾取位置。用鼠标拾取其中的一个序号值时,只删除该序号;而拾取其他位置时,则删除同一指引线下的所有序号。序号删除后,系统将重新调整序号使其保持连续。

在删除序号的同时,也删除明细表中的相应表项,并按调整后的序号对其他表项的序号作相应修改。

(3) 编辑序号

编辑序号命令用于修改制定序号的位置,根据鼠标拾取位置的不同修改序号的指引线和序号。如果鼠标拾取的是序号指引线,则所编辑的是序号引出点及指引线的位置;如果拾取的是序号的序号值,则编辑的是转折点和序号位置。

(4) 序号设置

输入命令打开序号设置对话框,在此对话框中选择零件序号的标注形式。各种形式的区别在于是否有折线或圆圈,字体比圆中的尺寸字体大一号或两号。在一张图纸上零件序号形式应统一,如果图纸中已标注了零件序号,就不能再改变零件序号的位置。

2. 明细表

电子图板的明细表与零件序号是联动的,在生成零件序号的同时也就自动生成了明细表,并且可以随零件序号的插入和删除产生相应的变化。除此之外,明细表本身还有定制表头、填写表项、删除表项、表格折行、输出数据和读入数据等操作。

(1) 填写表项

明细表随着生成序号而生成,但如果生成序号时没有填写表项,或填写不全,或需要修改时,可利用此功能填写或修改明细表的内容。

执行"填写表项",系统提示"拾取表项:",用鼠标点取所要填写或修改的表项,弹出"填写明细表"对话框(图 2-6-30),填写或修改完毕后,点击"确定"所填项目即添加到明细表中。接着继续提示"拾取表项:",按右键结束操作。

(2) 删除表项

删除表项就是将明细表中的某一表项的表格及项目内容全部删除。由于零件序号和明细表双向联动,因此与其相对应的零件序号也被删除。一个表项及序号被删

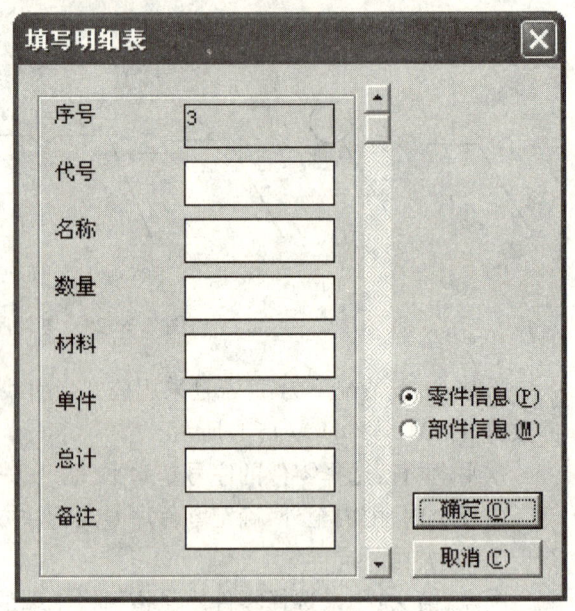

图 2-6-30　填写明细表对话框

除的同时,系统自动重新调整序号的排列顺序,即将所删除序号以后的序号加 1 递补,保持序号的连续。

执行"删除表项",系统提示"拾取表项:",拾取一项,删除一项,直至按鼠标右键结束。拾取明细表表头,可删除全部表项和序号。

(3) 表格折行

电子图板中,明细表自下而上地自动生成在标题栏上方,当表项较多而位置受到限制时,可以通过"表格折行"将明细表上面的一部分向左折到标题栏的左侧。

第七章 系统设置

【083】 屏幕点的设置

选取合适的屏幕点,可以使我们在绘图时更好更快的捕捉到所需的点,屏幕点有自由、智能、栅格、导航四种方式。点取屏幕点设置命令,则出现如图 2-7-1 对话框。

(1) 自由点捕捉

自由点捕捉是指鼠标在屏幕上绘图区移动时不自动吸附到任何特征点上,点的输入完全由当前鼠标在绘图区内的实际定位来确定。

(2) 栅格点捕捉

栅格点是在屏幕上绘制区沿当前用户坐标系的 X 方向和 Y 方向等间距排列的点。栅格点捕捉是指鼠标在屏幕上绘图区内移动时会自动吸附到与其距离最近的栅格点上,这时点的输入是由吸附上的栅格点坐标来确定的。当选择栅格点捕捉方式时,还可以设置栅格点的间距、栅格点的可见与不可见。当栅格点不可见时,栅格点的自动吸附依然存在。

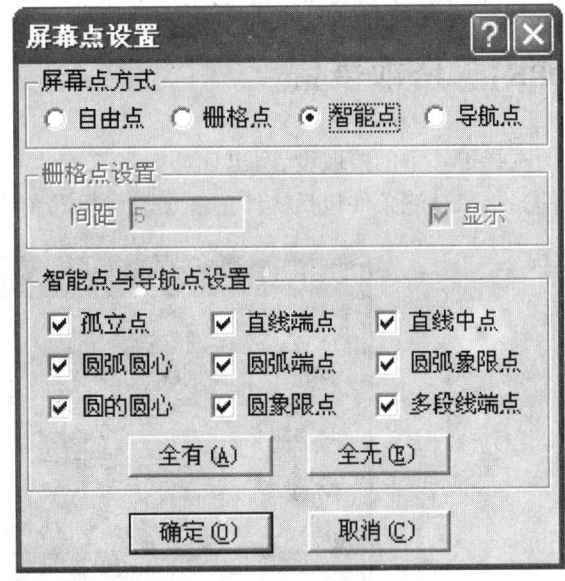

图 2-7-1 "屏幕点设置"对话框

(3) 智能点捕捉

智能点捕捉是指当鼠标在屏幕上绘图区内移动时,如果它与某特征点距离在拾取范围内,那么它将自动吸附到与其距离最近的那个特征点上,这时点输入时由吸附上的特征点坐标来确定的。

(4) 导航点捕捉

导航点捕捉与智能点捕捉有相似之处但也有区别。相似处是捕捉的特征点一致。区别在于智能点捕捉时,十字光标线的 X 坐标线和 Y 坐标线都必须距离智能点最近时才能吸附上,而导航点捕捉时,十字光标线的 X 坐标线和 Y 坐标线中其中一个坐标与导航点接近就可吸附上。

【084】 用户坐标系设置

绘制图形时,合理使用用户坐标系可以使坐标点的输入很方便,从而提高绘图效率。在用户坐标系中有设置、切换、可见(不可见)和删除四种方式。

(1) 设置坐标系

通过此功能,用户可指定一个坐标系的原点及坐标系 X 轴的旋转角,可设置用户坐标系。注意:CAXA 电子图板只允许设置 16 个坐标系。

(2) 切换

切换坐标系用于切换当前用户坐标系。执行此功能时,原坐标系失效,坐标系标志变为非当前坐标系颜色(默认红色);新坐标系生效,坐标系标志变为当前坐标系颜色(紫色)。如果坐标系为不可见状态,则坐标系切换功能无效。

(3) 可见

该功能用于隐藏或显示系统的坐标系。

(4) 删除

该命令用于删除系统当前的用户坐标系。

【085】 拾取设置

选择工具中的拾取设置,出现如图 2-7-2 对话框。此功能用于设置拾取图形元素的过滤条件。拾取过滤条件包括实体过滤、线型过滤、图层过滤、颜色过滤。

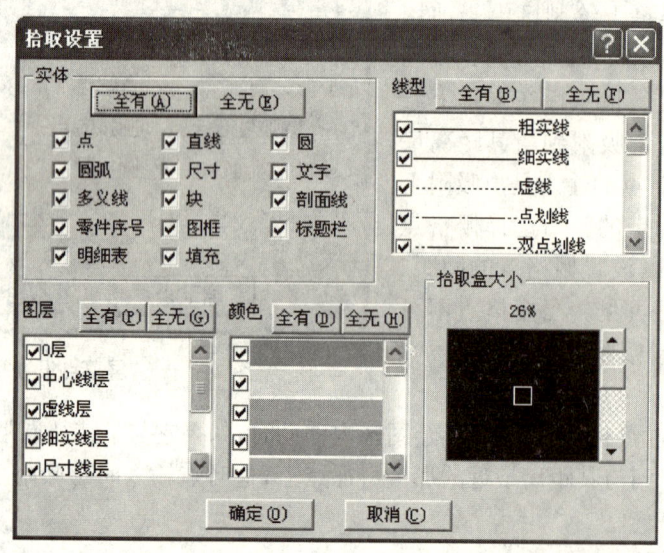

图 2-7-2 "拾取设置"对话框

(1) "实体"选项组

在该选项组含有 14 个复选框,包括系统所有图形元素的种类:点、圆弧、直线、圆等。选择该选项组中元素种类,则在用鼠标拾取元素时就可以捕捉到图层中的该类元素;如果没有选取,则不会对该类元素进行拾取。

(2) "线型"列表框

在该列表框中可以选择你所需的线型。绘图过程中则会捕捉到图层中你所选的线型。

(3) "图层"列表框

在"图层"列表框中包括系统当前所有处于打开状态的图层,选项可以复选。选择该列表框中的图层,则在用鼠标拾取元素时就可以捕捉到图层中的该图层(图层必须处于打开状态)。

(4)"颜色"列表框

该列表框中有 64 种颜色,可以根据自己的喜好选择你所喜欢的图层颜色。

(5)"拾取盒大小"选项组

拾取盒大小用来控制拾取的范围,当鼠标在屏幕上绘图区内移动需要拾取的图形元素时,凡是与拾取盒相交的图形元素符合拾取条件的则被拾取,而具体拾取对象是根据拾取盒中心到各个图形元素的投影点之间距离来确定的。

【086】 剖面图案设置

此操作是为所绘制的图形区域内添加剖面线。在"设置"里选择"剖面图案"按钮则会出现如图 2-7-3 所示的对话框。

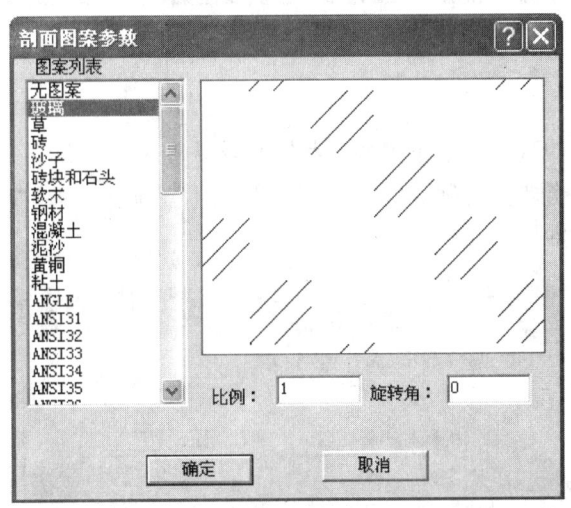

图 2-7-3 "剖面图案"对话框

在此对话框中可以根据你的需要选取不同的剖面图案。

【087】 系统设置

在系统设置中可进行"参数设置"、"颜色设置"、"文字设置"。

1. 参数设置

点击系统设置对话框中的参数设置,即出现如图 2-7-4 对话框。

此设置中可设置以下几项:

"存盘间隔":存盘间隔以增删操作单位,达到所设置的值时系统就自动存盘。

"查询小数点位":指在进行查询操作时输出结果的小数位数。

"最大实数":系统立即菜单中所允许输入的最大实数。

"存盘路径":可以设定电子图板文件的存盘路径。

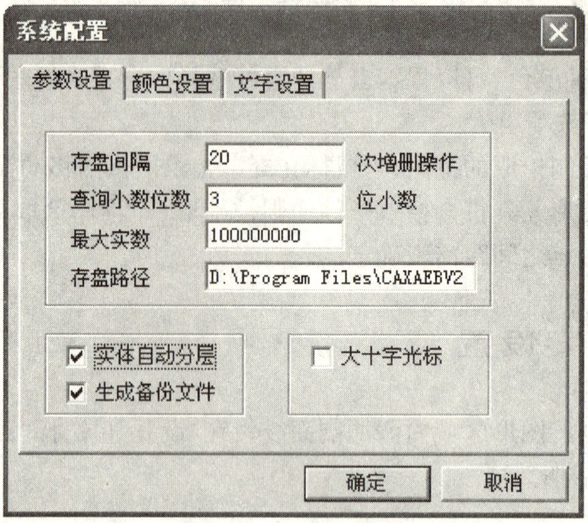

图 2-7-4 "系统设置"对话框中的参数设置

2. 颜色设置

此选项可设置常用颜色、设置更多颜色和恢复默认颜色。

设置常用颜色：单击要设置项的颜色按钮右侧的下拉箭头，弹出如图 2-7-5 常用颜色列表，从中选择所需颜色即可。

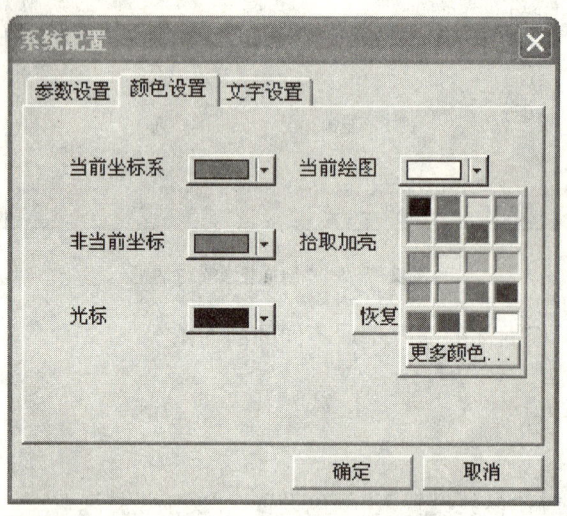

图 2-7-5 常用颜色列表

设置更多颜色：单击此按钮，弹出如图 2-7-6 对话框。在这里可以设置图层颜色，也可以自定义颜色。

恢复默认颜色：在对话框中单击"恢复默认颜色"按钮，可以恢复到系统默认的颜色。

3. 文字设置

如图 2-7-7 为文字设置选项，此选项中可设置标题栏、明细表、零件序号的字型。

"中文备用字体"和"西文备用字体"下拉列表框中有可用中西字体，可以从中选择相应的备用字体。备用字体用于打开文件时生成字体为文件字体或系统中不存在的字体的文字,以及生成 IGES 文件中的字体,因为 IGES 文件不记录文字的字体。

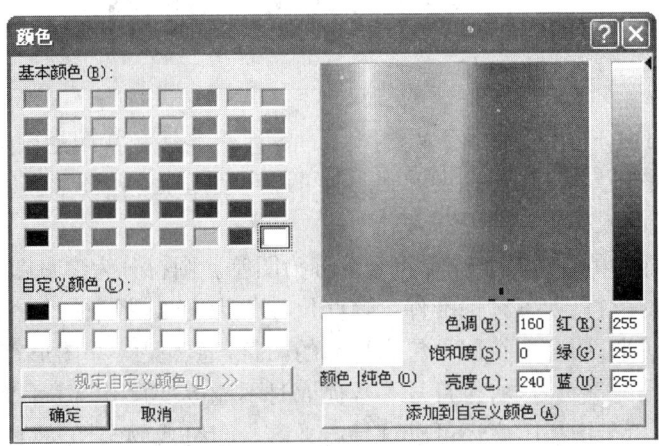

图 2-7-6 "颜色"对话框

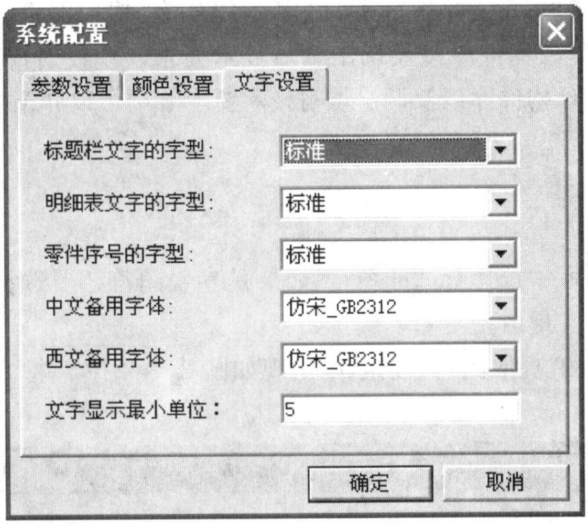

图 2-7-7 "系统设置"对话框中的文字设置

文字显示最小单位用屏幕像素来衡量,当文字在屏幕上的显示高度小于制定像素个数时,文字被显示成相应大小的矩形,以提高显示速度。

第八章 图库操作

电子图板定义了用户在设计时经常要用到的各种标准件和常用的图形符号,如螺栓、螺母、轴承、垫圈、电气符号等。用户在设计绘图时可以直接提取这些图形插入图中,避免不必要的重复劳动,提高绘图效率。

电子图板对图库中的标准件和图形符号统称为图符。图符分为参量图符和固定图符。参量图符即包含尺寸的图符(如各种标准件),这些尺寸作为变量,提取时按指定的尺寸规格生成图形;固定图符即不包含尺寸的图符,通常是一些图形符号(如液压气动符号、电气符号、农机符号等),提取时不能改变尺寸,但可以放大、缩小或旋转。电子图板图库还可以自行定义参量图符或固定图符,即可以对图库进行扩充。

进行图库操作时,用鼠标点取绘制工具栏中的图标,弹出库操作工具栏或屏幕菜单,如图 2-8-1 所示。对图库可以进行的操作有:提取图符、定义图符、驱动图符、图库管理、构件库以及调出填写技术要求。现仅对应用较多的提取图符、定义图符、构件库以及调出填写技术要求等项予以介绍。

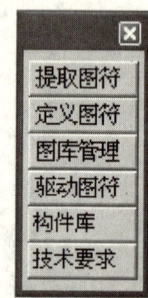

图 2-8-1 库操作工具栏

【088】 提取图符

提取图符就是从图库中选择合适的图符(如果是参量图符还要选择其尺寸规格),并将其插入到图中合适的位置。提取图符基本操作如下:

(1) 单击工具栏中的"提取图符"按钮,则出现如图 2-8-2 对话框。在此对话框中选择要提取的图符。

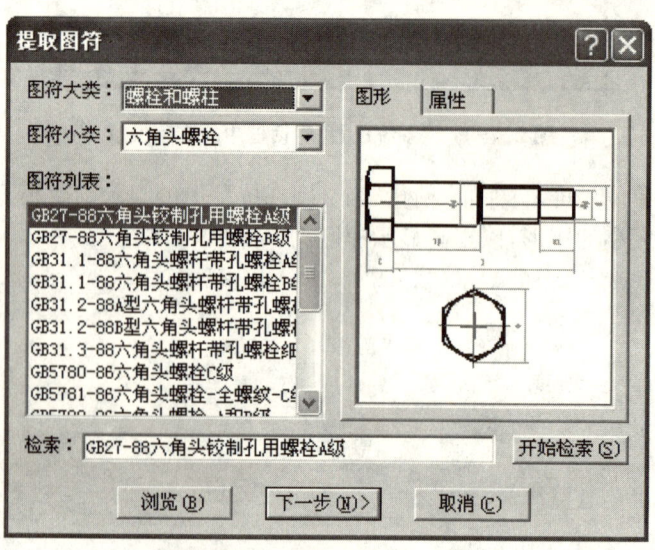

图 2-8-2 "提取图符"对话框

（2）在"图符预处理"界面下右击预览框中任一点，则图形将以该点为中心放大显示，可以反复放大；在预览框内同时按下鼠标的左右两键则图形恢复最初的显示大小。

（3）如果不清楚要提取的图符在哪个类或者需要查看图库中符合一定条件的所有图符，可以使用图符检索功能，在"检索"文本框中输入检索文件，单击"开始检索"按钮进行检索。

（4）选定要提取的图符后，如果选定的是固定图符，则直接进入插入图符的过程，通过交互将图符插入到图中合适的位置。如果选定的是参量图符，单击"下一步"按钮，则进入"图符预处理"对话框，如图 2-8-3 所示。这时，首先进行尺寸规格的选择及尺寸开关、视图开关等选项的设置，然后再通过交互，将图符插入到图中，可通过一次提取反复向图中插入同一个图符。

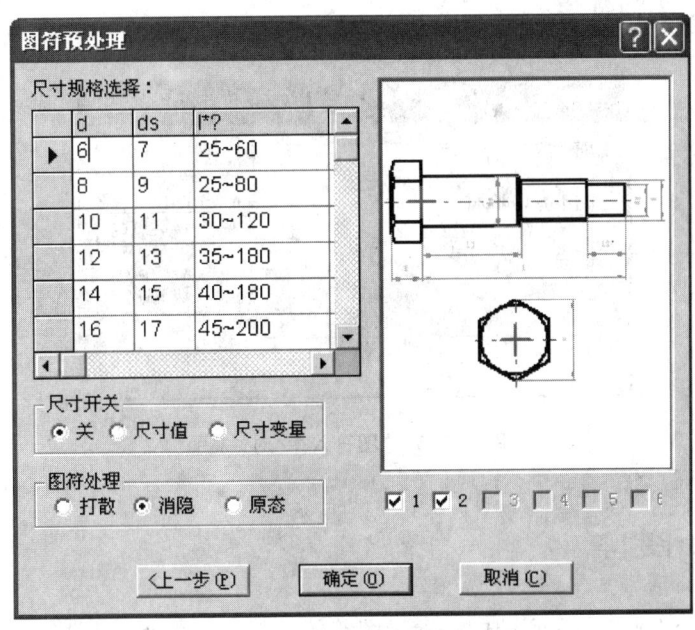

图 2-8-3 "图符预处理"对话框

【089】 定义图符

定义图符就是用户将自己要用而图库中没有的参数化图形或固定图形加以定义，存储到图库中，供以后选用。可以定义到图库中的图形元素类型有：直线、圆、圆弧、点、尺寸、块、文字等。如果有其他类型的图型的图形元素（如多义线、样条等）需要定义到图库中，可以将其做成块。定义步骤如下：

（1）制作好要定义的图形并生成块，点击"库操作"命令中的"定义图符"按钮。

（2）设置状态栏中提示的"图符的视图个数"（个数范围在 1~6 之间）。

（3）根据提示拾取图符，右击"确定"。

（4）根据提示定义视图的基点，操作如图 2-8-4。

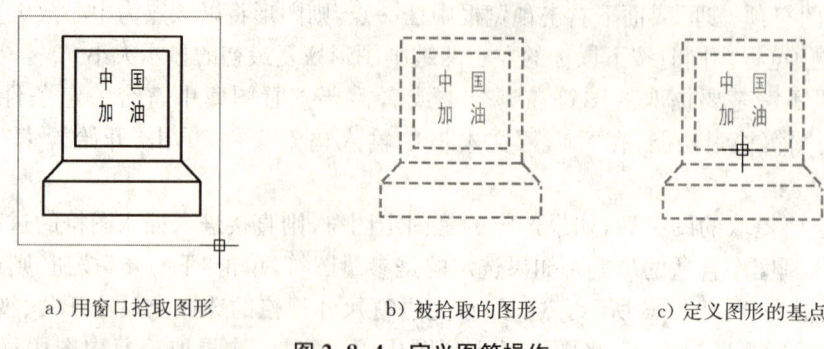

a) 用窗口拾取图形　　b) 被拾取的图形　　c) 定义图形的基点

图 2-8-4　定义图符操作

(5) 制定完视图后,如果是固定图符,直接进入如图 2-8-5 所示"图符入库"对话框,在该对话框中可以给要入库的图符选择图符大类、图符小类和图符名。

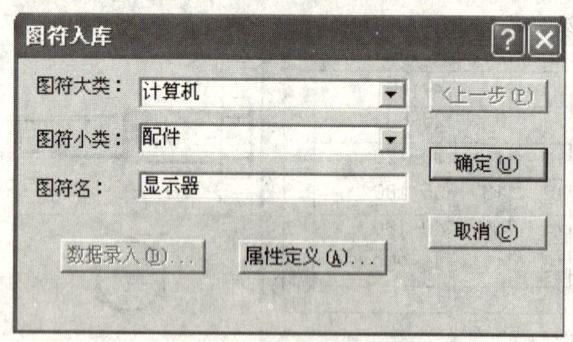

图 2-8-5　"图符入库"对话框

【090】 驱动图符

驱动图符就是将已经插入到图中的参量图符的某个视图的尺寸规格进行修改。选择"库操作"中的"驱动图符",状态栏中提示"请选择想要变更的图符"。选取要驱动的图符,将弹出"图符预处理"对话框。在此对话框中修改该图符的尺寸及各选项的设置。操作方法与图符预处理时相同。然后单击"确定"按钮,被驱动的图符将在原来的位置以原来的旋转角被按新尺寸生成的图符所取代。

【091】 构件库

构件库是一种新的二次开发模块的应用形式,构件库的开发和普通二次开发基本上是一样的,只是在使用上与普通二次开发应用程序有以下几点不同。

(1) 普通二次开发程序中的功能是通过菜单激活的,而构件库模块中的功能是通过构件库管理器进行统一管理和激活的。

(2) 构件库一般用于不需要对话框进行交互,而只需要立即菜单进行交互的。

(3) 构件库的功能使用更直观,它不仅有功能说明等文字说明,还有图片说明,更加形象。

在使用构件库之前,首先应该把编写好的库文件"*.eba"复制到 EB 安装路径下的构件库目录"\ConLib"中。在该目录中已经提供了一个构件库的例子"EbcSample",可供直接调用。在"绘制"菜单的"库操作"子菜单中选择"构件库"命令,或者在"库操作"工具栏中点击按钮,弹出如图 2-8-6 所示的对话框。

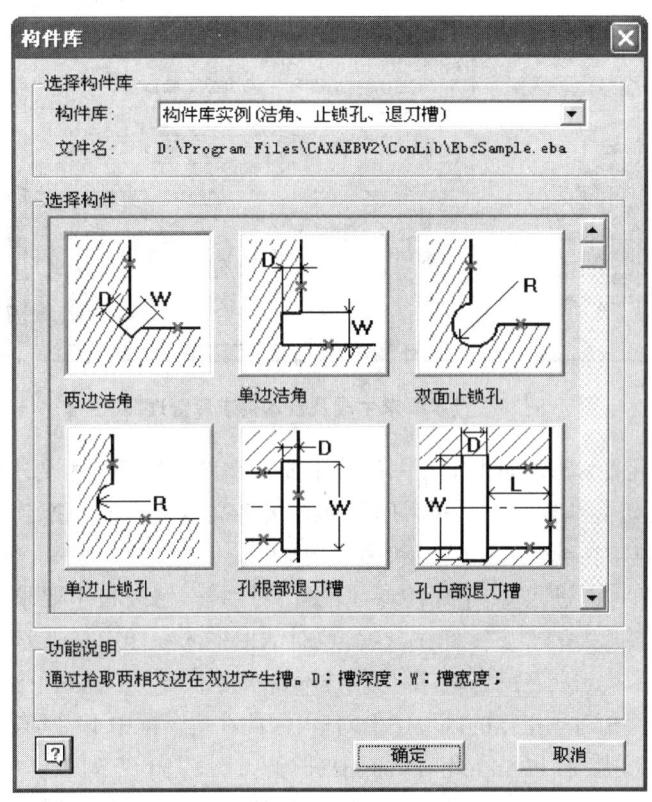

图 2-8-6 "构件库"对话框

在"构件库"下拉列表框中可以选择不同的构件库,在"选择构件"列表框中以图标按钮的形式列出了这个构件库中的所有构件,单击选中后在"功能说明"栏中列出了所选构件的功能说明,单击"确定"则执行所选构件。

【092】 技术要求库

技术要求库用数据库文件分类记录了常用的技术要求文本项,可以辅助生成技术要求文本插入工程图,也可以对技术要求库中的类别和文本进行添加、删除和修改,即进行技术要求库管理。

选择"库操作"工具栏的"技术要求库"按钮,进入如图 2-8-7 所示"技术要求生成及技术要求库管理"对话框。左下角的列表框列出了所有已有的技术要求类别,右下方表格列出了当前类别的所有文本项。如果某个文本项内容较多、显示不全,可以将鼠标光标移到表格中任意两个相邻行的选择区之间,此时光标形状改变,向下拖动鼠标则行的高度增大,向上拖动则行的高度减小。

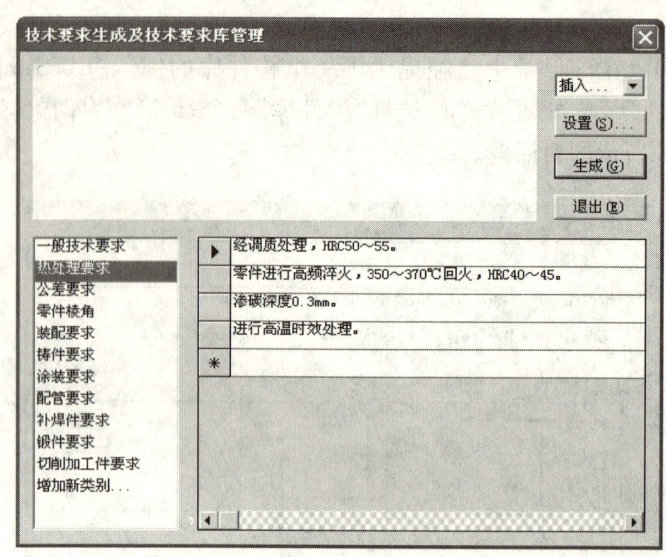

图 2-8-7 "技术要求生成及技术要求库管理"对话框

顶部的编辑框用来编辑要插入工程图的技术要求文件。如果技术要求库中已经有了要用到的文本，则可以在切换到相应的类别后用鼠标直接将文本从表格中拖到上面的编辑框中合适的位置。也可以直接在编辑框中输入和编辑文本。

单击"设置"按钮可以进入"文字标注参数设置"对话框，修改技术要求文本要采用的文字参数。右上角的组合框用法与"文字标注与编辑"对话框中的一样。完成编辑后，单击"生成"按钮，根据提示指定技术要求所在的区域，即生成技术要求文本插入工程图。标题"技术要求"四个字由系统自动生成，并相对于指定的区域中上对齐，因此在编辑框中不需要输入这四个字。

技术要求库的管理工作也是在此对话框中进行。选择左下方列表框中的不同类别，右下方表格中的内容随之变化。要修改某个文本项的内容，只需在表格中修改；要增加新的文本项，可以在表格最后左边有星号的行输入；要删除文本项，先用鼠标单击相应行左边的选择区选中该行，再按"Del"键删除。要增加一个类别，选择列表框中的最后一项"增加新类别…"，输入新类别的名字，然后在表格中为新类别增加文本项；要删除一个类别，选中该类别，按"Del"键，在弹出的消息框中选择"是"，则该类别及其中的所有文本项都被从数据库中删除；要修改类别名，先用鼠标双击，再进行修改。完成管理工作后，单击"退出"按钮退出对话框。

【093】 拼画装配图

用计算机画装配图时，如果已经用计算机绘制出了相关的零件图，利用 CAXA 电子图板所提供的拼图和其他功能，可以大大地简化装配图的作图。标准件直接从图库中提取，非标准件则从其零件图中提取所需图形，按机器（部件）的组装顺序依次拼插成装配图。

由零件图拼画装配图时应注意以下几个问题：

(1) 处理好定位问题。一是按装配关系决定拼插顺序；二是基点、插入点的确定要合理；三是基点、插入点要准确，要善于利用捕捉和导航。

(2) 处理好可见性问题。电子图板提供的块消隐功能可显著提高绘图效率，但当零件较多时很容易出错,一定要细心。

(3) 将零件图中的某图形拼插到装配图中后,不一定完全符合装配图要求,很多情况下要进行编辑修改。因此拼图后必须认真检查。

(4) 装配图通常较为复杂,操作中应及时缩放,应善于使用"鹰眼"显示控制。

下面以传动器为例,根据零件图绘制其装配图。其步骤如下:

(1) 初始设置 首先确定装配图表达方案,选择图幅、比例。这里的传动器装配图选择主视图和左视图两个基本视图,采用1∶1,A2图幅横放。启动电子图板后,执行"新建文件",选择"A2"。

(2) 拼画装配图 首先拼入起总体定位作用的基准件,然后根据装配关系逐一插入其他各零部件。对于标准件,可直接从图库中提取。对于非标准件,则从零件图上选择需要的图形插入到装配图中。

由于拼图时需经常在装配图和零件图之间切换,为提高效率,可同时打开两个电子图板窗口。一个用于拼画装配图,另一个打开相应零件图用来定义固定图符。

就传动器而言,在分析其装配关系的基础上,按以下步骤拼画装配图:

① 拼入箱体零件的主、左视图:打开箱体零件图,将主、左视图的图形定义为固定图符。为了保证拾取的元素只含图形,不包括尺寸、文字等其他内容,可采用以下两种方法:一是如果零件图上的实体严格按图层生成,可关闭尺寸、文字等内容所在的图层;二是通过拾取设置,抑止对尺寸、文字等内容的拾取。也可以将尺寸、文字等内容删除,但注意不要存盘,以免破坏零件图文件。

将箱体主、左视图定义为固定图符并命名入库后,回到装配图中,提取该图符,插入到合适位置,如图2-8-8a)所示。

② 拼入左端盖:打开端盖零件图,将其主视图的图形定义为固定图符,在装配图中提取该图符在箱体左端插入,如图2-8-8b)所示。须注意,利用捕捉恰当且准确地给定图符的"基点"和插入"定位点"是非常重要的。这里以端盖上内侧装配面与轴线的交点作为该图符的基点,以箱体上左端面(即与端盖的装配面)与轴承孔中心轴线的交点为插入定位点,如图中的 A 点。

③ 插入左端轴承:调用图库,提取滚动轴承(6305)图符,插入到左端盖里侧端面,如图2-8-8c)的 B 点。

④ 拼入轴:打开轴的零件图,将主视图的图形定义为固定图符,基点定在左边与轴承接触的轴肩处;在装配图上插入时的定位点为轴承内侧端面的中点,如图2-8-8d)的 C 点。

⑤ 插入右侧轴承:调用图库,提取滚动轴承(6305)图符,插入到右端盖里侧,但定位点应为轴的右侧相应轴肩端面的中点,如图2-8-8e)的 D 点。

⑥ 拼入右端盖:提取已定义了的端盖图符,以箱体右侧面中点为插入点,如图2-8-8f)中的 E 点。注意插入时须旋转180°。

⑦ 拼入带轮和齿轮:基点和定位点分别为轴上相应的轴肩端面的中点,如图2-8-8g)的 F、G 点。

⑧ 插入螺钉、挡圈、键、销等。

(3) 对装配图进行编辑修改 由零件图拼入的图形不一定完全符合装配图的投影和表达要求,拼图前必须认真检查,对不正确的或不恰当之处予以修改、补充和完善。图2-8-8g)中,两端盖的下面一个孔应删除,左视图需按装配图加以完善,不少地方相邻图线距离太近应适当夸大以避免粘连,有些零件的剖面线可能不符合装配图要求须予以修改,等等。

插入的图符通常是一个块,对其进行编辑时,应先打散,编辑完成后再定义成块以便消隐。编辑完成后的主、左视图如图 2-8-8h)。应特别注意消隐情况是否正确。

(4) 标注尺寸及技术要求。

(5) 编写零件序号:逐一编写零件序号,同时生成明细表。之后经过检查,对零件序号和明细表进行编辑。

(6) 填写标题栏。

最后完成装配图(图 2-8-14)。图 2-8-9、图 2-8-10、图 2-8-11、图 2-8-12、图 2-8-13 是该传动器的主要零件图。

图 2-8-15 是联轴器装配图示例。供读者练习拼画装配图时参考。

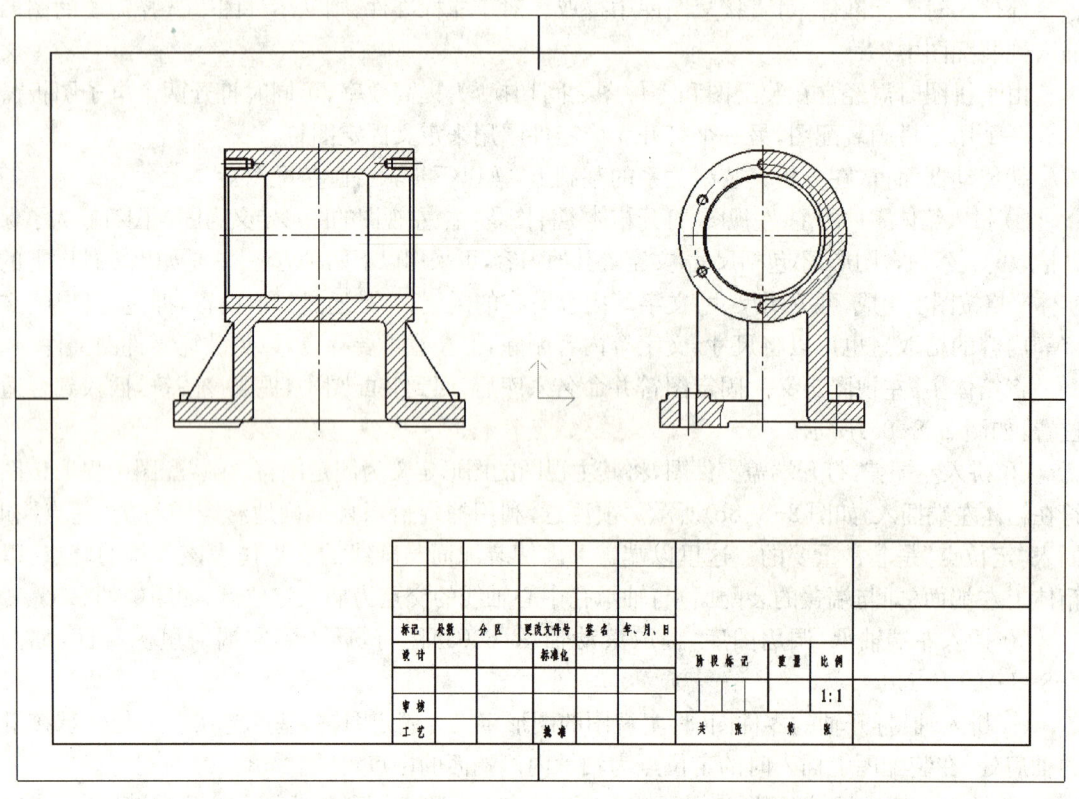

a)

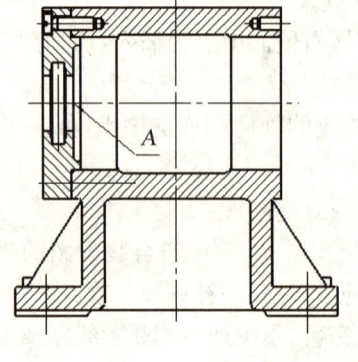

b)

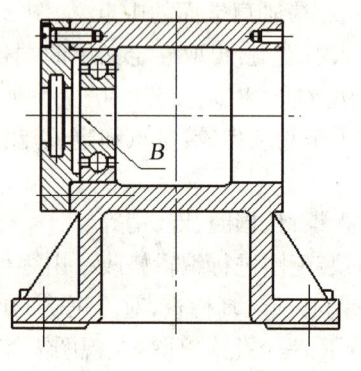

c)

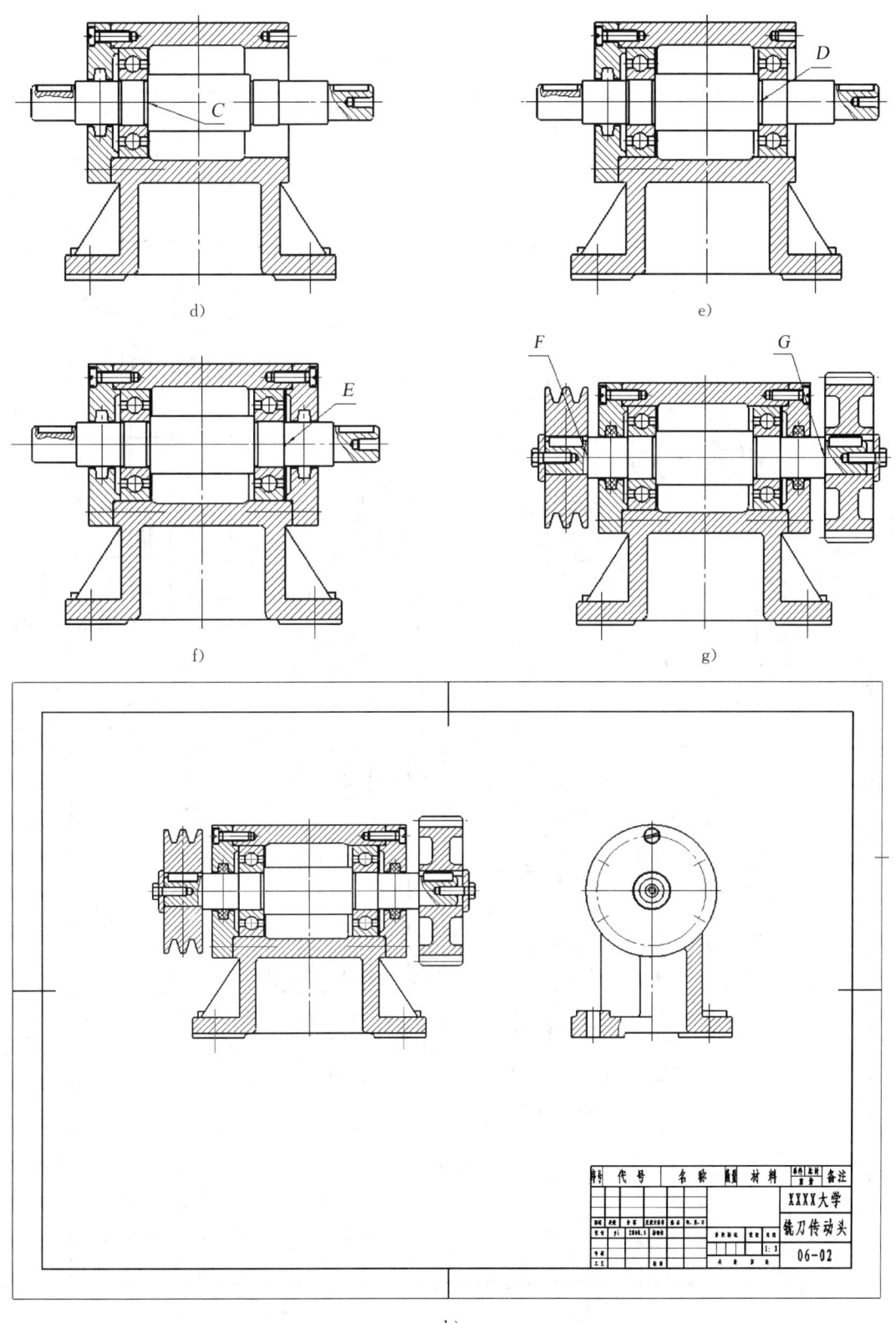

图 2-8-8 传动器装配图的画图步骤

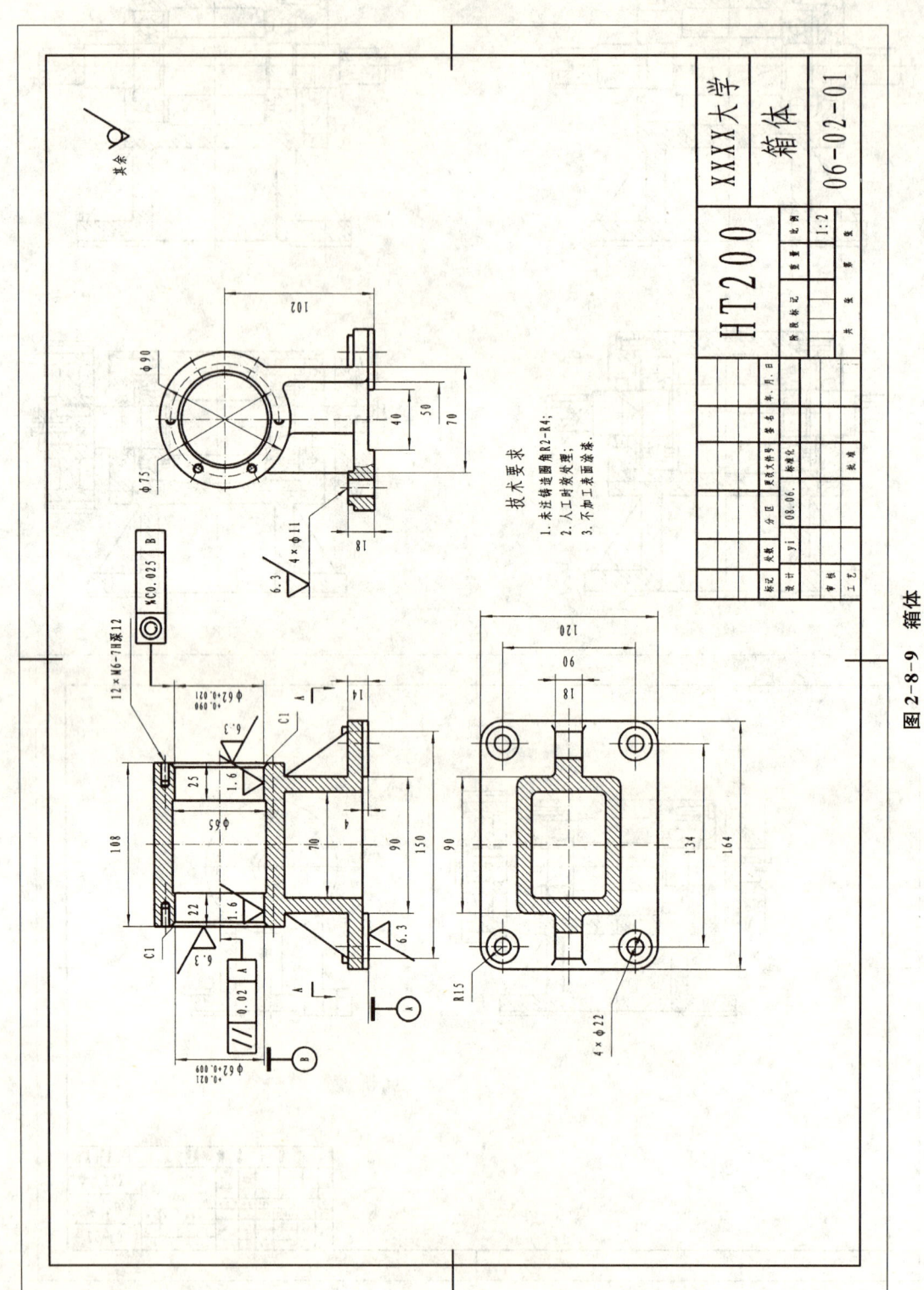

图 2-8-9 箱体

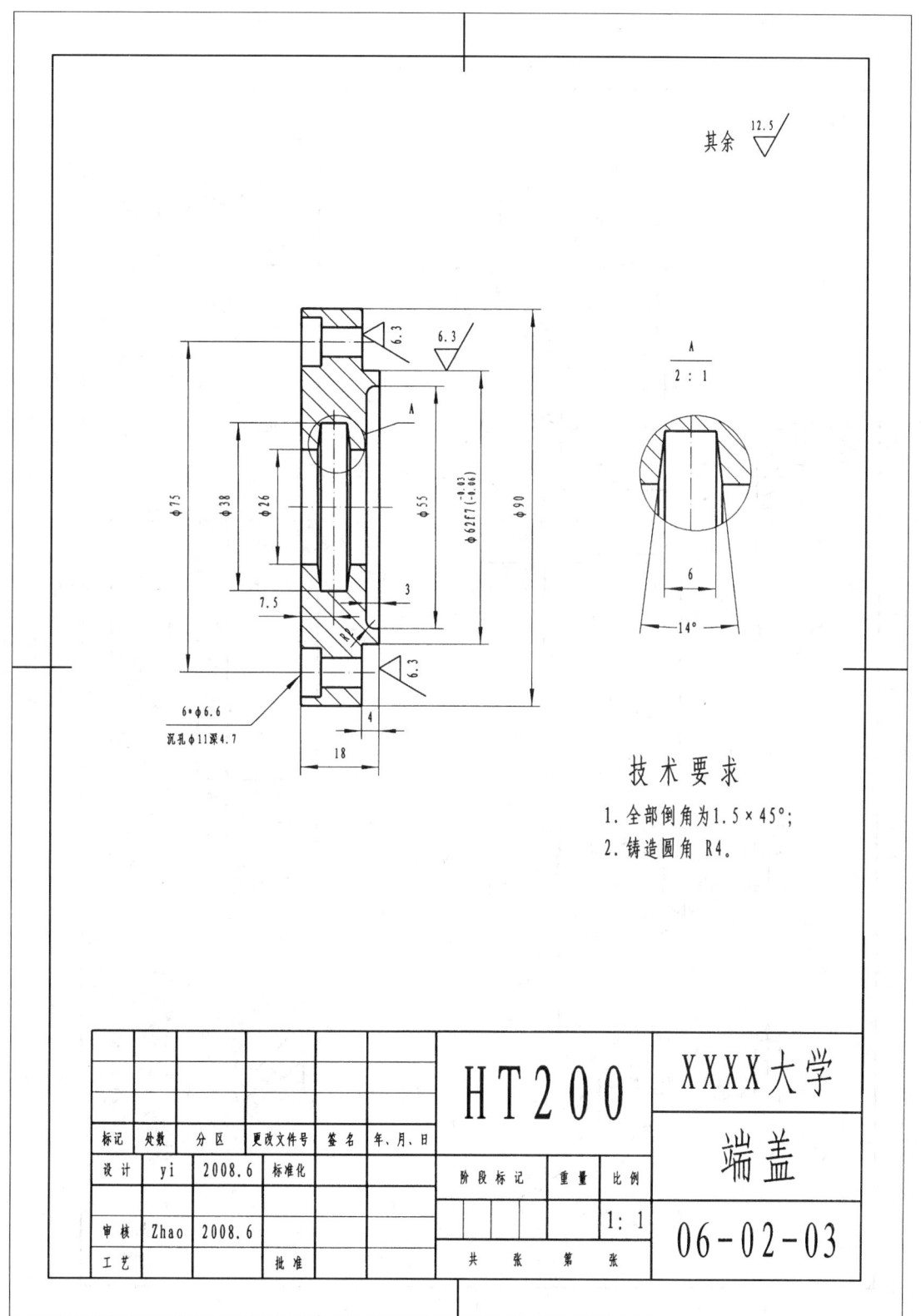

图 2-8-10 端盖

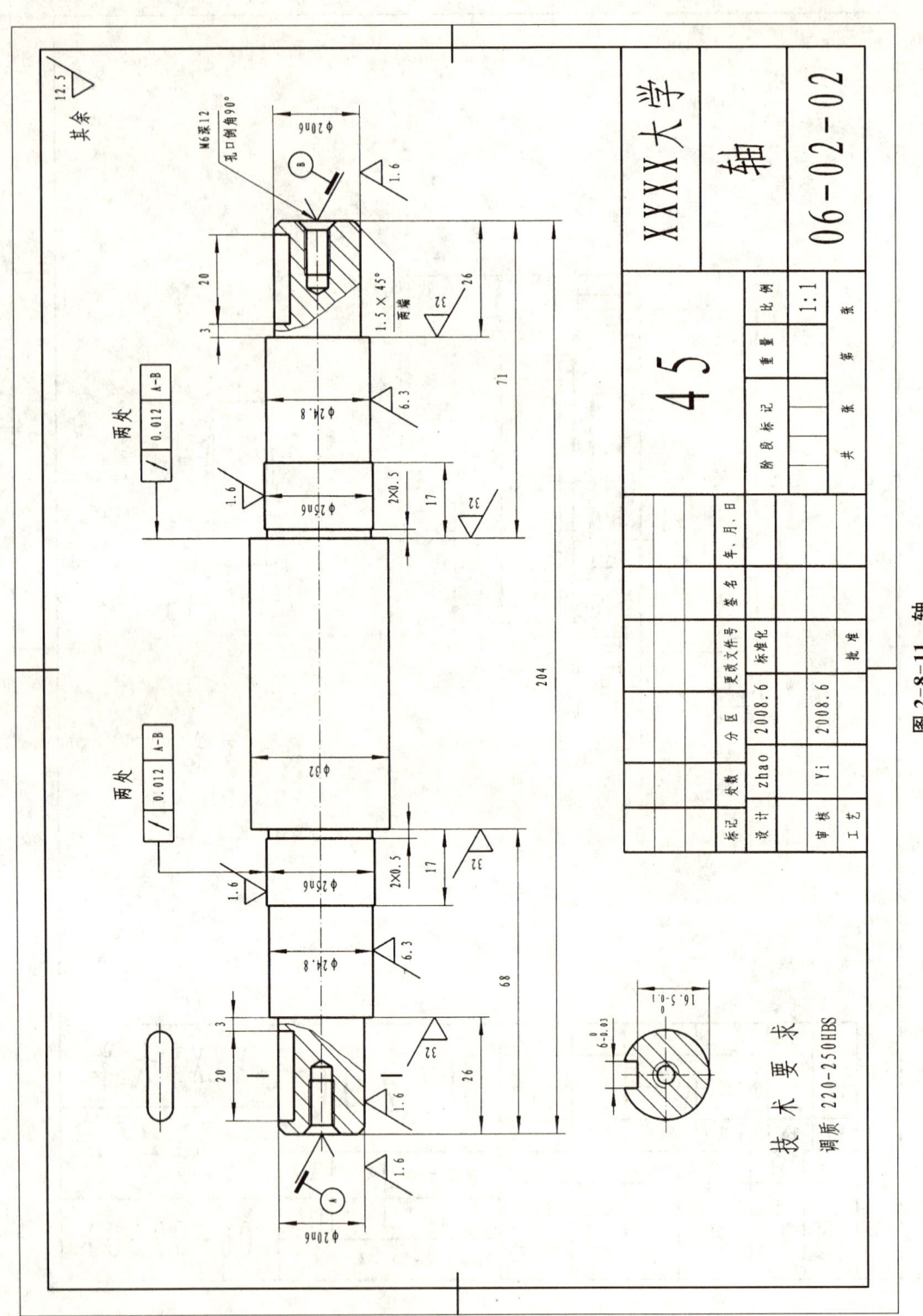

图 2-8-11 轴

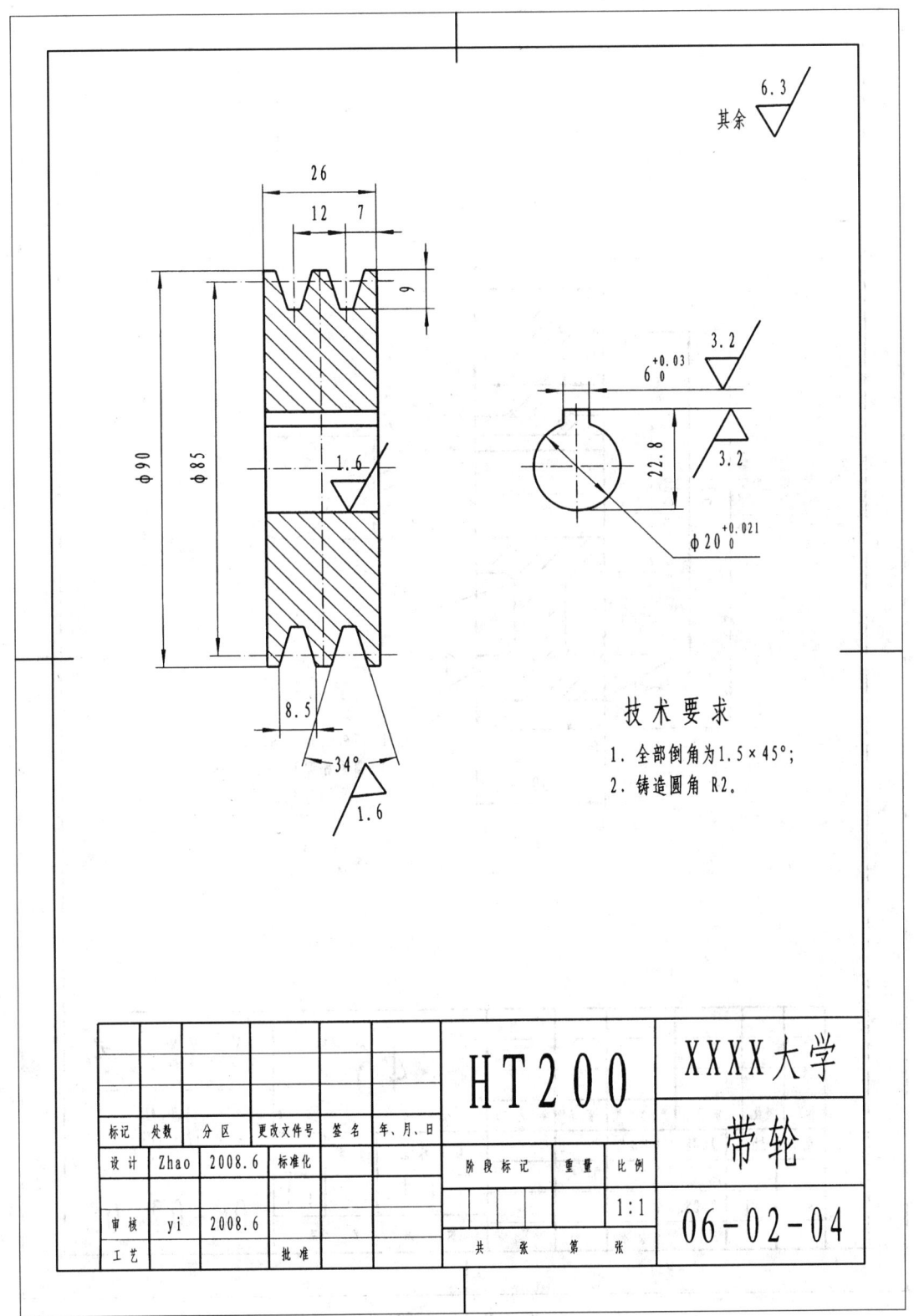

图 2-8-12 带轮

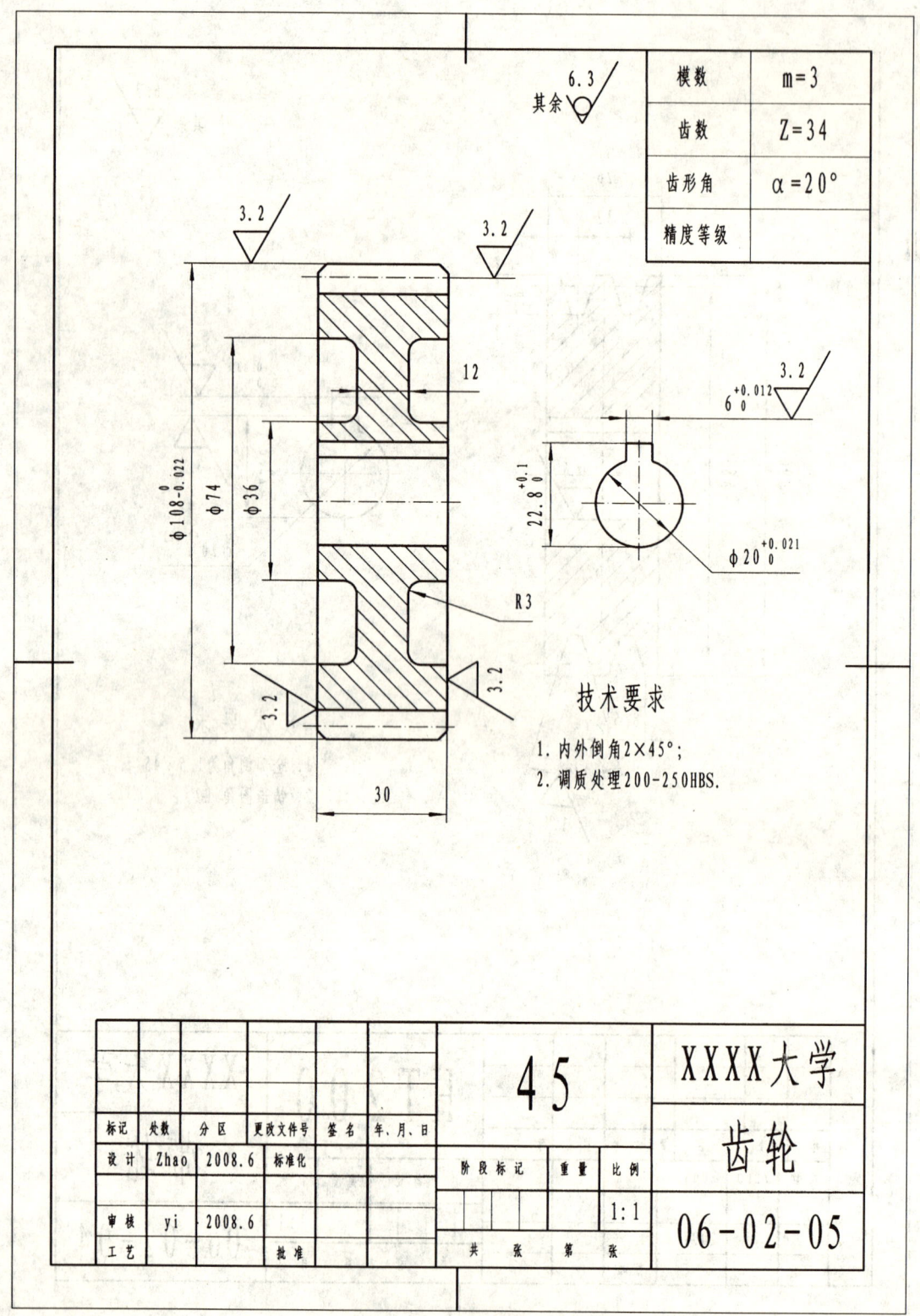

图 2-8-13 齿轮

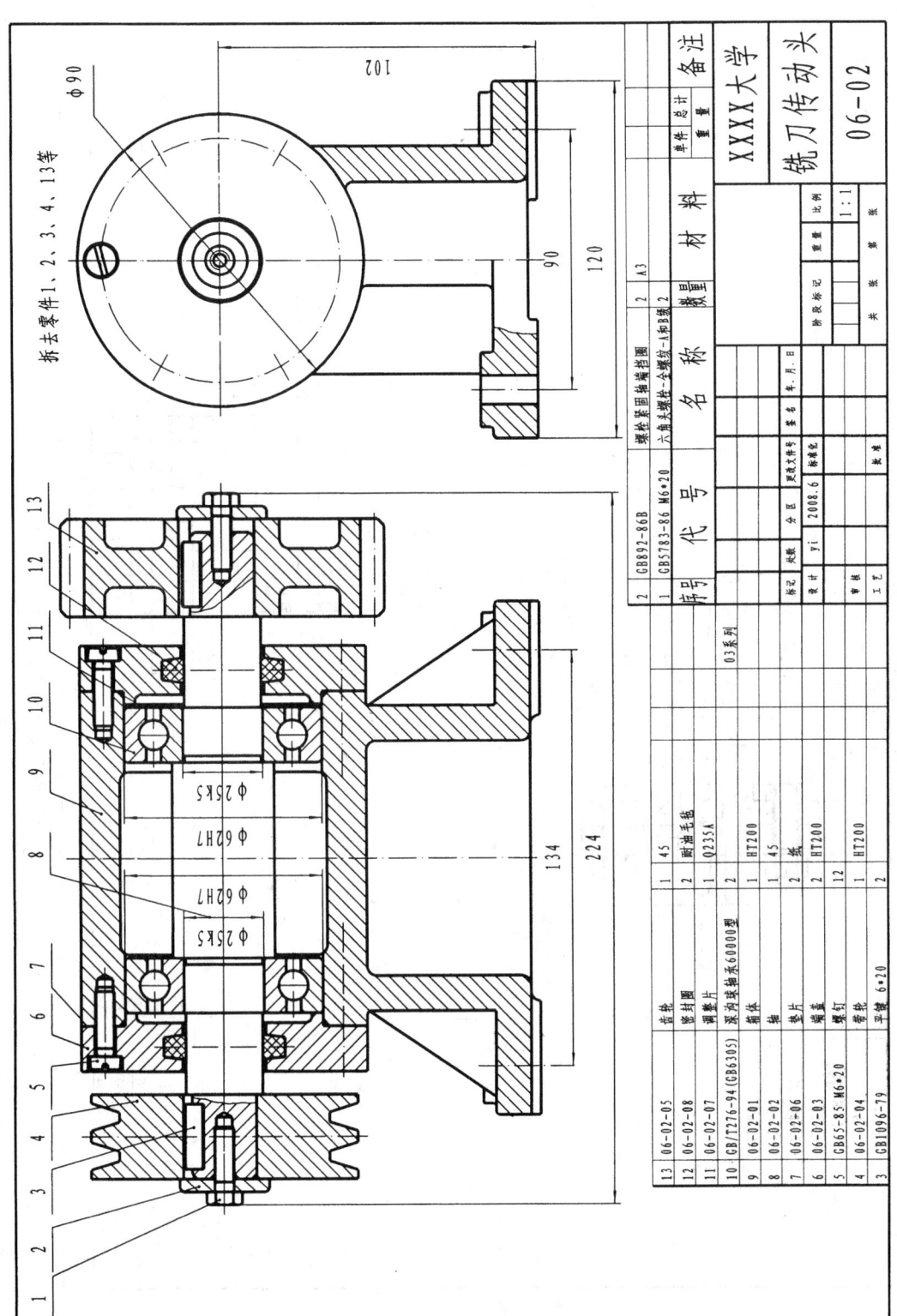

图 2-8-14 铣刀传动头装配图

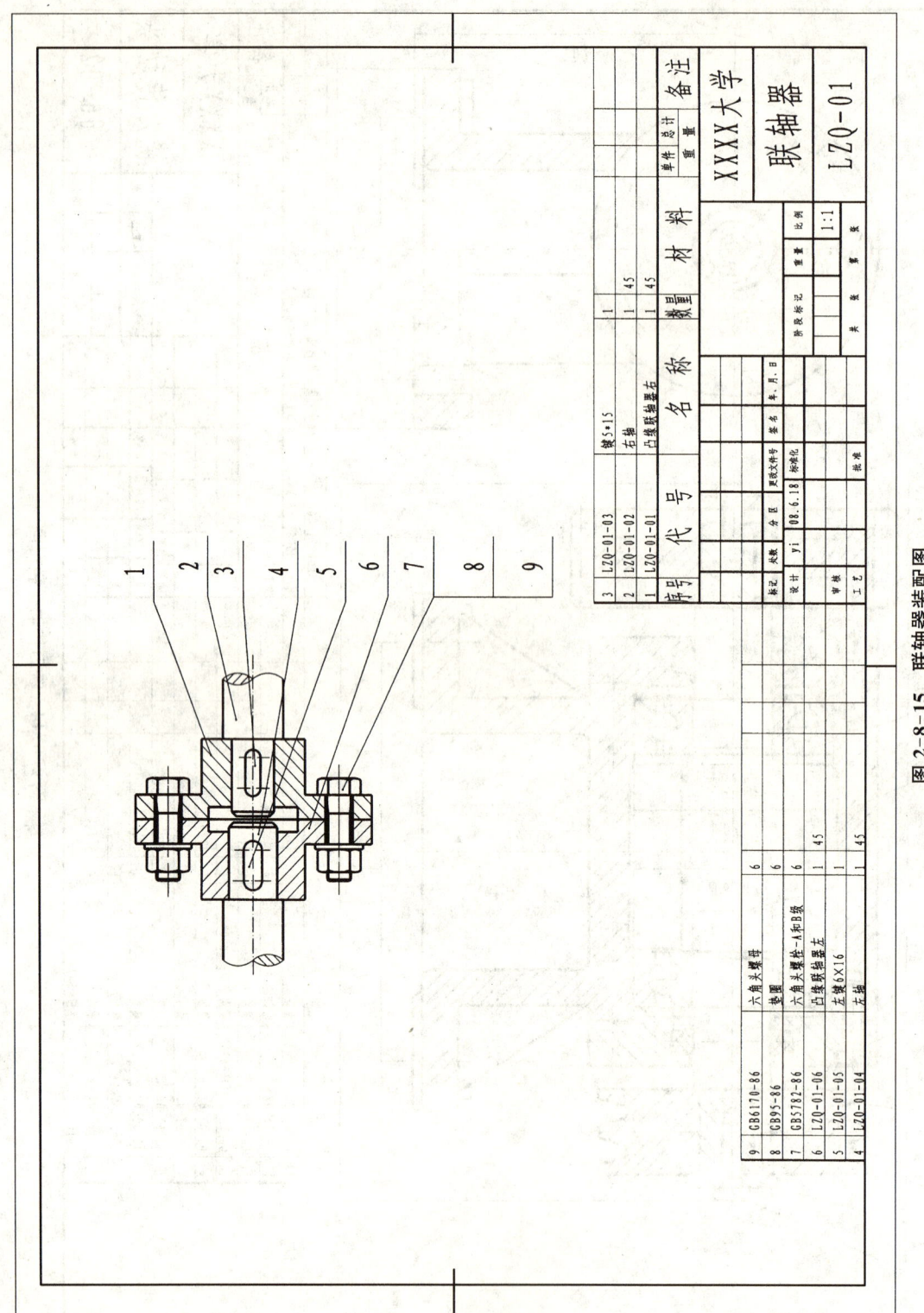

图 2-8-15 联轴器装配图

【094】 图形绘制实例

本节通过实例具体介绍图形的绘制步骤。

图 2-8-16 所示为虎头钩图形,其绘制步骤如下。

(1) 设置图纸幅面并且调入图框和标题栏 在图纸幅面对话框中将图纸幅面设置为"A3",图纸方向设置为"竖放",绘图比例设置为"1:1"。调入竖 A3 图框和国标 1 标题栏,如图 2-8-17 所示。

(2) 画主要中心线和定位线 将当前层设置为中心线层,绘出中心线,如图 2-8-18。

(3) 画已知弧 将当前层设置为 0 层。在相应位置作出 $\phi52$、$\phi26$、$R10$、$R60$、$R24$ 各圆,如图 2-8-19 所示。绘制圆时,使用圆命令中的"圆心半径"方式。

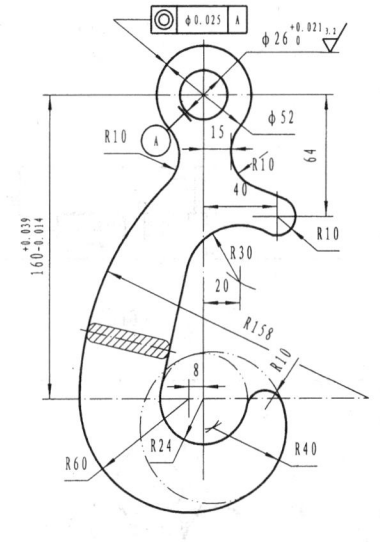

图 2-8-16 虎头钩

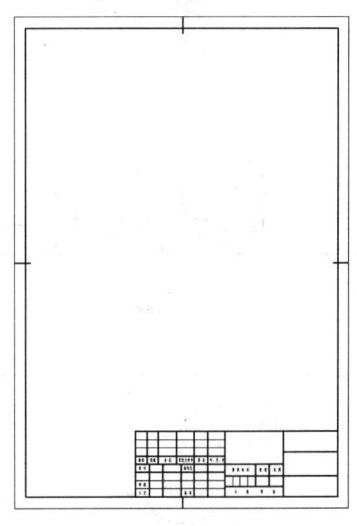

图 2-8-17 调入图框与标题栏

(4) 画中间弧 将当前层设置为 0 层,根据图中各个元素的几何关系,分别求出 $R20$、$R30$、$R40$ 和 $R158$ 的圆心 A、B、C、D,并画出相应的圆,如图 2-8-20 所示。

(5) 画连接弧 将当前层设置为 0 层,画出连接弧 $R20$、$R12$ 及 $R10$ 与 $R20$、$R30$ 与 $R24$ 的公切线,如图 2-8-21 所示。

在绘制 $R20$ 的圆时,使用"两点—半径"方法。当系统提示"第一点(切点):"时,使用工具点菜单中的"T 切点"项,然后用鼠标拾取圆弧 1,系统提示改变为"第二点(切点):";同样使用工具点菜单中的"T 切点"项,用鼠标拾取圆 2,此时系统提示"第三点(切点)或半径:",输入 20 后,系统根据输入数据绘制出所需圆;在绘制直线 1 时,使用直线命令中的两点线方式,使用工具点菜单中的"T 切点"项,先后拾取圆 2、圆 3,系统可作出圆 2、圆 3 的公切线。用同样的方法可以作出 $R12$ 圆和直线 2。

(6) 去掉多余线条 使用裁剪命令中的快速裁剪方式,逐个裁剪每一条曲线,得到所需图形,如图 2-8-22 所示。

(7) 画重合断面图 在相应位置画出重合断面的轮廓,然后用拾取点方式绘制剖面线,如

图 2-8-22 所示。

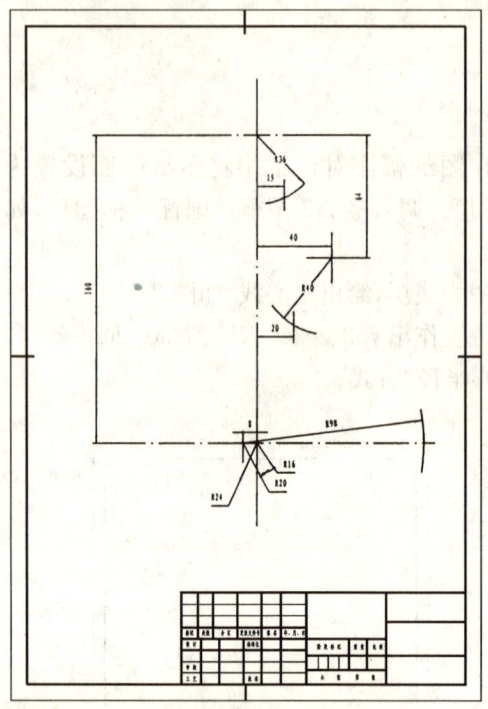

图 2-8-18 绘制中心线

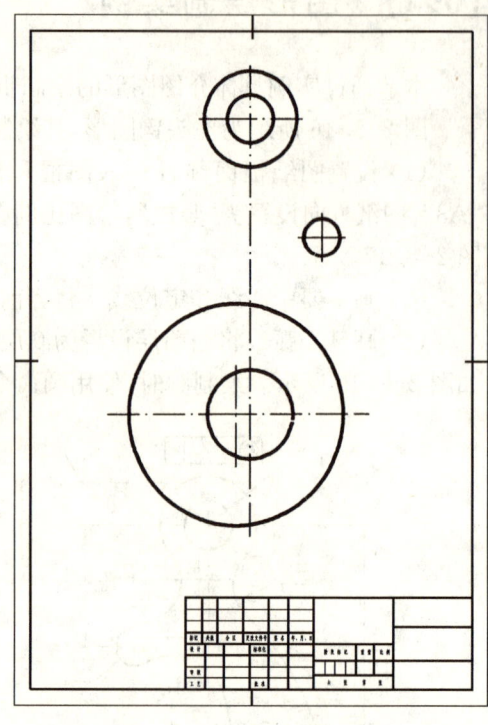

图 2-8-19 绘制已知圆弧

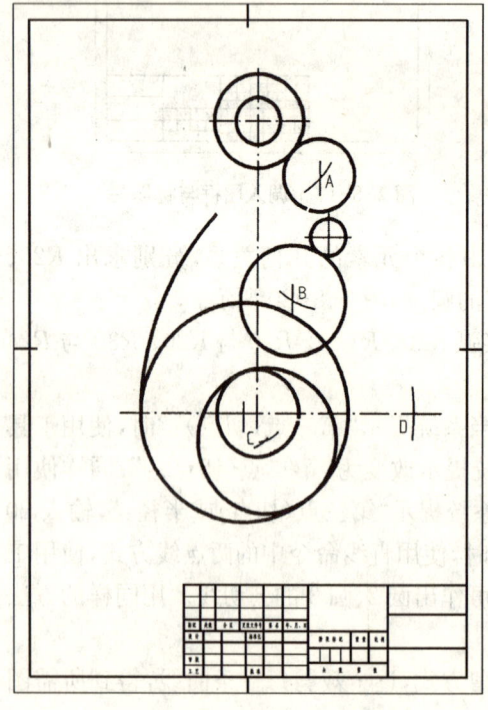

图 2-8-20 求圆心、绘制圆

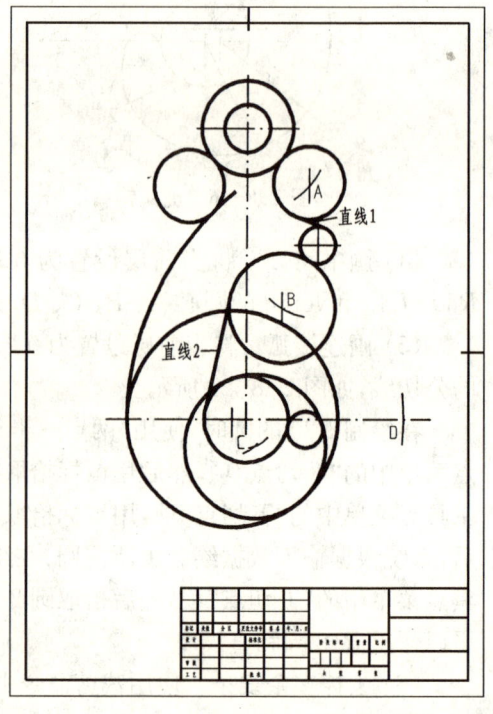

图 2-8-21 绘制公切线、公切圆

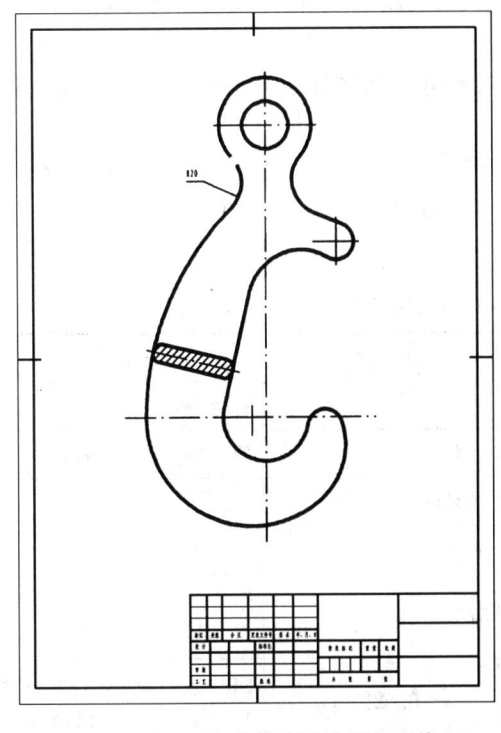
图 2-8-22 快速裁剪及绘制剖面线

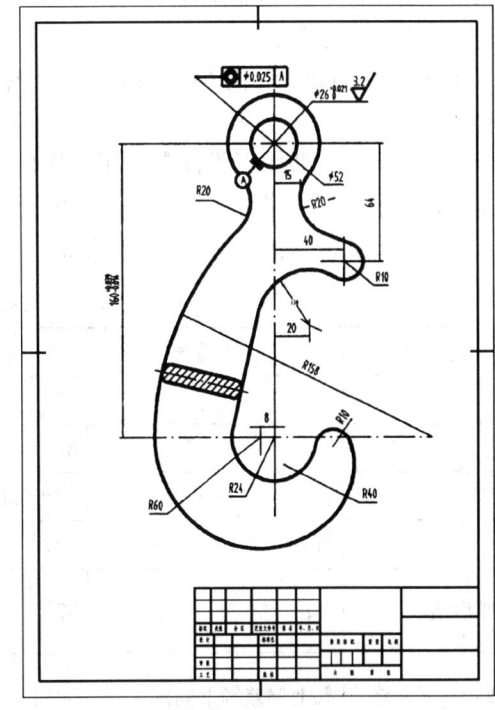
图 2-8-23 绘图结果

(8) 标注全部尺寸并填写标题栏 使用尺寸标注功能当中的基本标注方式,即可标注出图中的全部尺寸。

当标注带有公差的尺寸时,将光标移动到合适位置后,单击鼠标右键,弹出尺寸标注公差查询对话框。此时,既可以在上、下偏差编辑框内输入数值,也可以通过输入公差代号,系统自动查表得到上、下偏差值。

当进行表面粗糙度、形位公差等工程标注时,可使用不同的对应命令。

当标注形位公差时,使用形位公差命令,弹出形位公差对话框。在对话框中可以选择形位公差的项目以及公差等级和基本尺寸等,所有的操作结果都可以在对话框的预显窗口中显示。确定后,即可通过拖动,在合适的位置标注出来。

需要标注基准代号时,使用基准代号命令。输入或修改基准代号字母,在屏幕上拖动基准代号以确定代号的位置。标注表面粗糙度时,可以选择简单标注和标准标注两种形式,在这里只需要简单标注就可以了。

书写技术要求时,使用文字标注命令。可以在此命令当中修改文字的字高、字体和对齐方式等。在需要标注处,单击鼠标左键以确定文字位置、系统弹出输入条以供文字输入。

最后,使用填写标题栏功能填写标题栏,绘图结果如图 2-8-23 所示。

(9) 操作小结

在绘图过程中,以下几个问题是值得注意的:

① 绘制工程图时必须精确作图。图形的大小用坐标值准确输入;点定位时(如定圆心、标尺寸定两点等)应打开"智能"点捕捉方式或采用工具点菜单。

② 及时更换不同的图层。绘不同类型的图线,作不同类型的工作(如绘图和标尺寸等),

都应及时更换图层。例如,将作图线绘在同一层上,可关闭该层,使作图线不可见,也可打开该层查阅作图的方法是否正确。

③ 改变作图观念,用好编辑命令。绘图结果若觉得布图不合理,可用"平移"命令将图移动。

以下列举了一些图形供读者分析和操作练习(图 2-8-24 垫片,图 2-8-25 挂钩,图2-8-26 中国结,图 2-8-27 表头,图 2-8-28 连杆,图 2-8-29 丝杆)。

特殊格式和符号的输入方法,见表 2-1-1 所示。

表 2-1-1　特殊格式和符号的输入方法

内　容	输入符号	举　例	键盘输入	说　明
φ	%c	φ20	%c20	直径符号
°	%d	37°	37%d	角度单位
±	%p	36±0.07	36%p0.07	
%	%%%	60%	60%%%	
还原后缀	%b	37℃	37%d%bC	用在"°"、上下标、上下偏差、配合或分数之后
上偏差/下偏差	%上偏差%下偏差	$50^{+0.02}_{-0.06}$	50%+0.02%-0.06	偏差必须带"+"、"-"号,某一偏差位 0,可省略
上标/下标	%*p 上标/%*p 下标%*b	B_1 A^2	B%*p%*p1%*b A%*p2%*p%*b	可以只有上标或下标,但相应的%*p 不能省略
分数/配合	%%& 分子/分母	φ60 $\frac{H7}{f6}$	%c60%%&H7/f6	

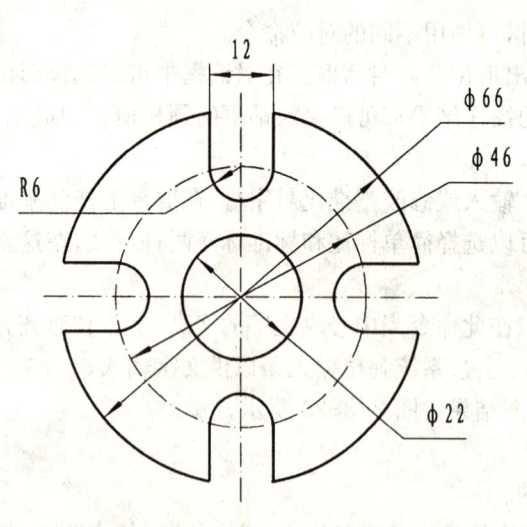

图 2-8-24　垫片

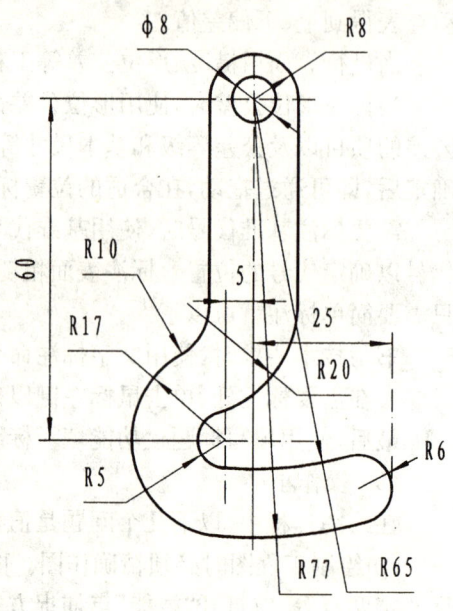

图 2-8-25　挂钩

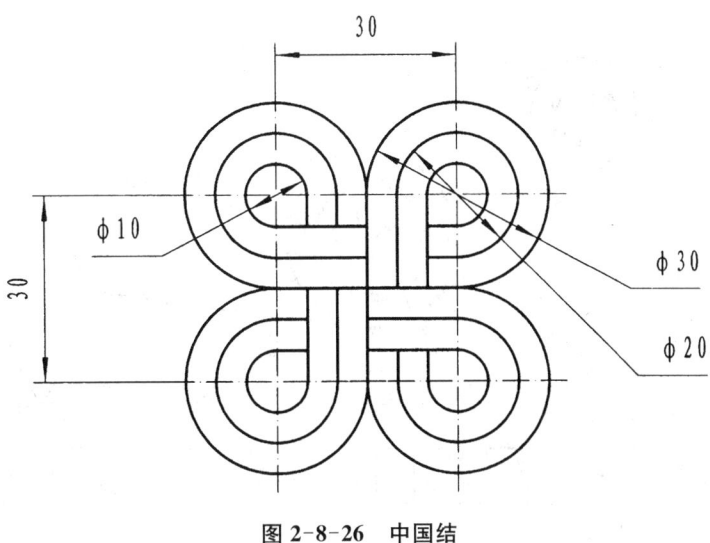

图 2-8-26 中国结

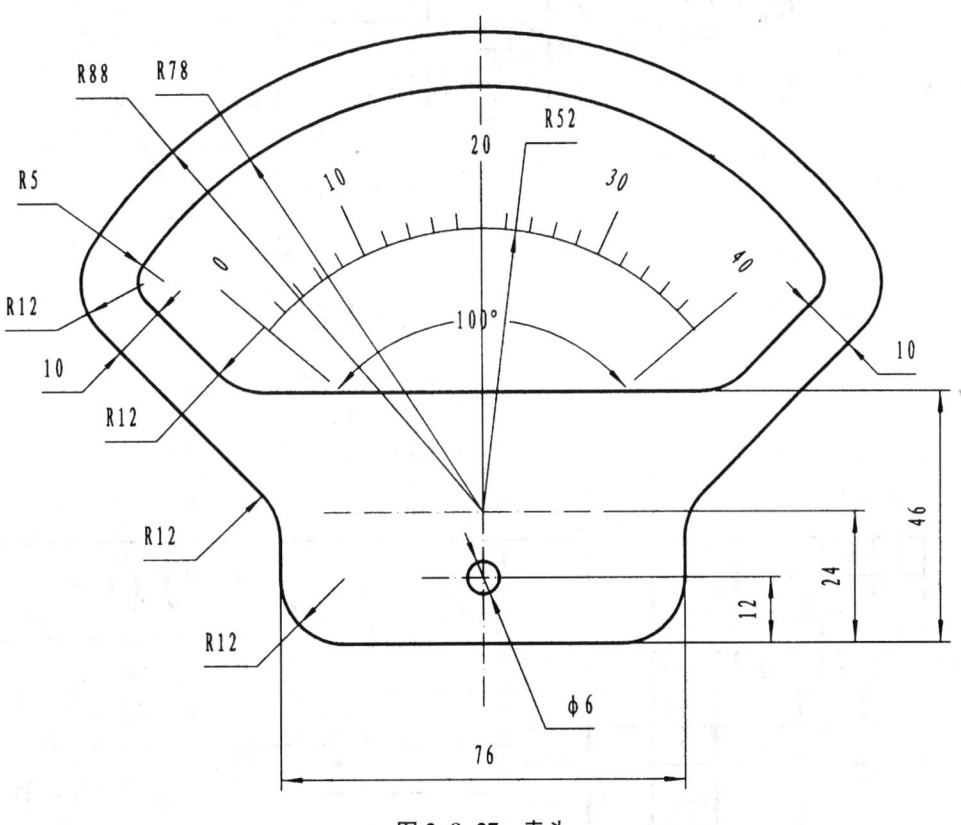

图 2-8-27 表头

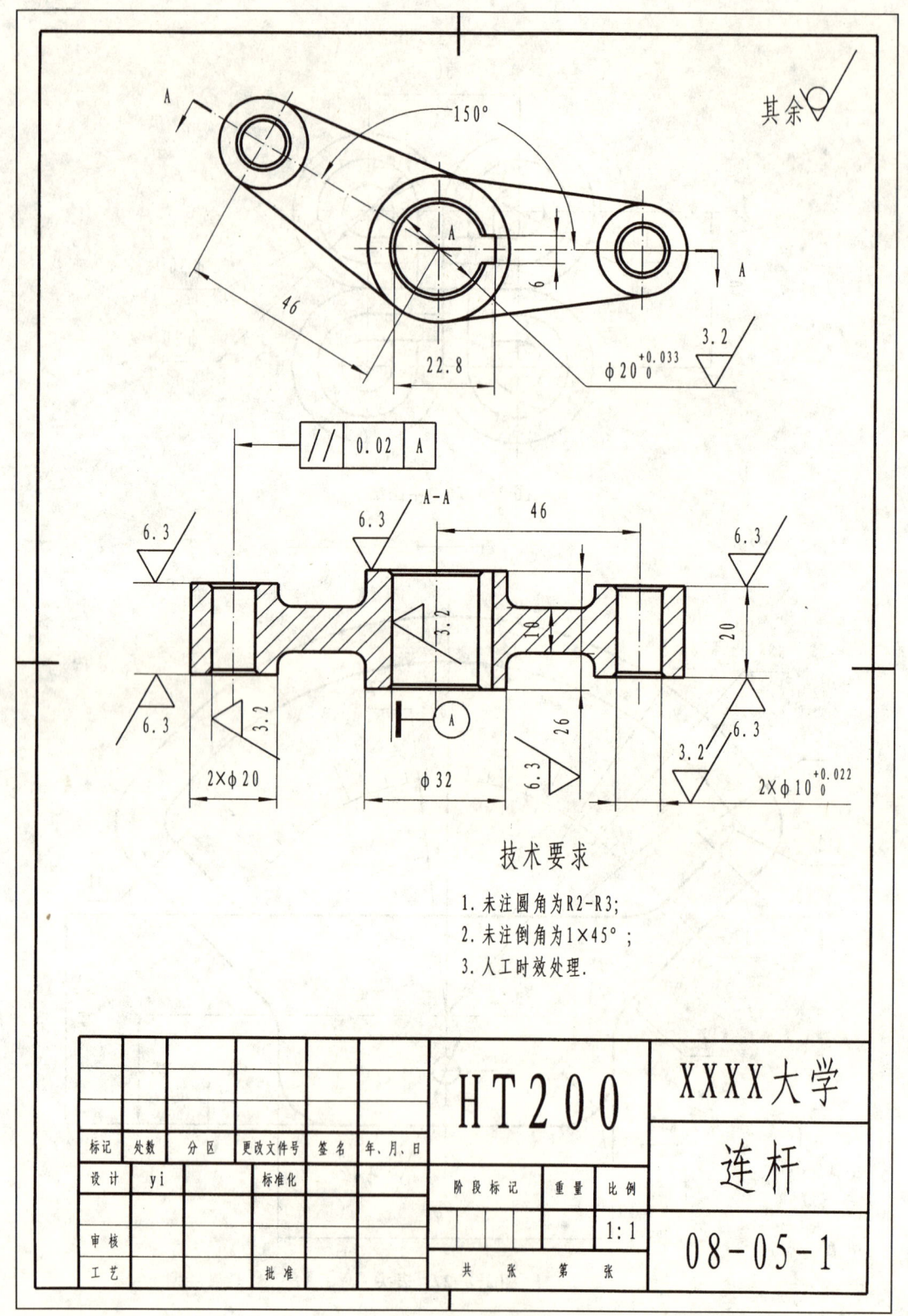

图 2-8-28 连杆

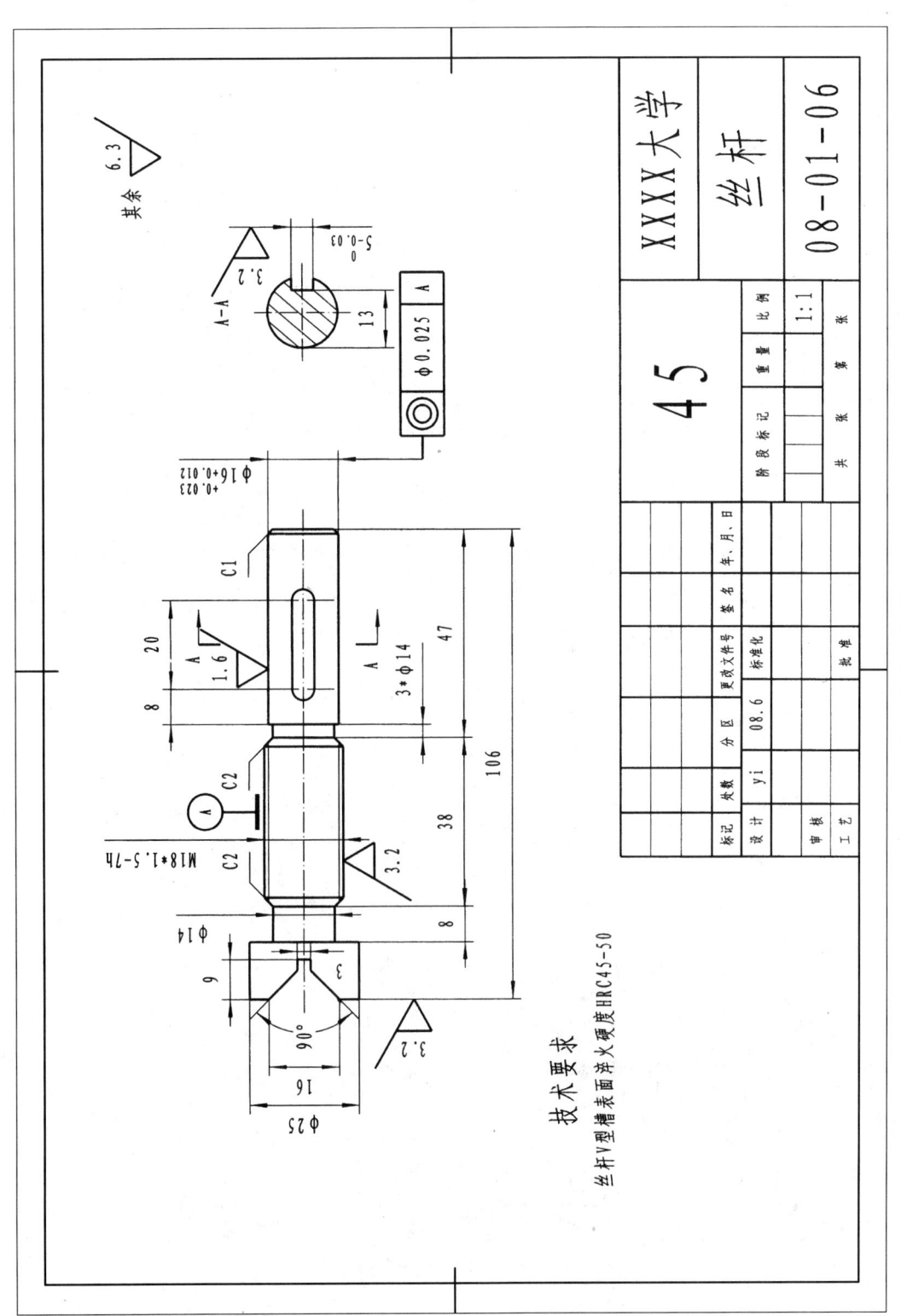

图 2-8-29 丝杆

第三篇 计算机三维实体设计

第一章 CAXA 三维电子图板 V2 软件介绍

三维电子图板 V2 分为零件设计、装配设计和渲染设计三部分，是特别为机械设计人员开发的三维设计软件。

三维电子图板零件设计是一个方便灵活的三维零件设计软件，秉承电子图板的优良特性，引入先进的参数化三维特征造型技术，具有丰富真实的渲染和强大的二维图纸自动创建功能。

零件实体设计极大程度地解除了传统制图方式对设计思路的束缚，直接进入 3D 设计空间。以平面图形为基础，轻松创造三维零件；自由改变三维零件的特征参数；精确地计算出零件的体积、面积、重量、惯性矩等物理性质；通过渲染设计，真实显示零件的效果，进而打印出真实逼真的彩色图形。

将确定后的三维零件投影到电子图板上，一次生成各向标准视图和剖视图，快速完成图纸的绘制；自动地生成任意方位的轴测图，满足编写各种零件说明以及工艺文件的要求；兼容其他大型 CAD 系统数据格式，方便接收利用以前的设计结果。

【095】 CAXA 三维电子图板 V2 的主要特色

（1）基于最新的"精确特征造型"技术，结合强大的三维曲面造型，轻松创建复杂形体。

（2）逼真效果的渲染，实现零件的未造先得，直接观察零件的实际效果。

（3）二维、三维的无缝集成，轻松转换设计空间，并能进行修改、标注和加标题栏等操作，从而生成完备的工程图纸。

（4）通过丰富流行的数据接口，如 DXF、DWG、EXB 等，实现畅通无阻的数据交换。

（5）全开放的 2D、3D 开发平台，为专业人士提供广阔的设计天地，充分体现用户的个性，随心所欲地扩展软件的功能。

（6）亲切舒畅的 Windows 界面风格，图标按钮更加方便操作，菜单和快捷键可以充分地进行个性化定制，使三维造型更加灵活与舒畅。

【096】 功能介绍

1. 方便的操作

零件设计采用原创 Windows 界面风格，支持界面的个性化定制功能，可以随意组合菜单和工具条，定制快捷键；提供灵活方便的鼠标右键操作和菜单的热键操作；强大的动态导航功能将大大方便造型操作。

2. 参数化草图绘制

零件设计提供了强大的二维绘图和草图设计功能，在草图环境下，可以绘制任意曲线，然后利用零件设计的草图参数化功能达到最终希望的精确形状。零件设计还可以直接读取非参数化的 EXB、DXF、DWG 等格式的图形文件。

3. 实体曲面混合造型

零件设计具有强大灵活的三维造型功能,可将二维的草图轮廓通过丰富的造型手段,生成三维实体,造型方式主要有拉伸、旋转、导动、放样、打孔、抽壳、过渡、倒角、拔模、加强筋等。

新增模具设计功能。对于任意复杂的零件,根据材料的特性确定其收缩率,生成模具,而且可以通过草图或曲面等分模方式进行分模,极大地简化了设计过程。

零件设计继承和发展了原有的曲面造型功能。从线框到曲面,提供了丰富的建模手段,可以通过列表数据、数学模型及各种测量数据生成样条曲线;通过直纹、旋转、扫描、导动、边界、放样、网格等多种形式生成复杂曲面,并可以对曲面进行裁剪、过渡、拼接、缝合、延伸等操作;建立任意复杂的零件模型,而且零件设计的曲面与实体能够相互结合、一体化操作,生成各种复杂的零件。

4. 零件的物性查询与计算

零件设计可对生成的零件进行物性计算,方便地得出任意复杂零件的体积、重量、惯性矩等数据的精确数值。

5. 全新的视向定位

三维电子图板 V2 零件设计有全新的视向定位功能,能从不同位置精确地选择观察方向(视向),并能将视向保存到系统或文件中,使后继设计更加方便。将视向定位和视图输出功能结合利用,还可精确地输出零件任意方位的二维投影视图。

6. 功能完全的剖视

新增的剖视图功能,可以轻松输出二维剖视图;可对零件进行阶梯剖和旋转剖,并且直接输出到二维电子图板中,自动添加剖面线,方便输出工程图。

7. 真实效果的渲染

三维电子图板渲染设计提供了丰富的材质,可以对零件进行渲染,直接观察和打印零件的真实效果。

8. 三维与两维无缝集成

三维电子图板 V2 装配设计能够与 CAXA 电子图板 V2 的最新版本无缝集成,能方便地生成二维图纸,自动创建零件在各个视向上的二维正交视图、轴测视图、剖视图,各个视图可以任意排列,并可对视图进行修改、尺寸标注和工程标注等操作,最终生成复杂而完备的工程图纸。

9. 丰富的数据接口

为了方便设计人员进行交流和数据的共享,提供了丰富的数据接口平台,以及直接输出。

【097】 系统要求

硬件环境:IBM 兼容机。基本运行配置:32 MB 内存,Pentium166 处理器;推荐配置:128MB 以上内存,PentiumⅢ。

软件环境:Windows95/98/NT/2000/XP。

【098】 零件设计界面

用户界面(简称界面)是交互式绘图软件与用户进行信息交流的中介。系统通过界面反映当前信息状态及将要执行的操作,用户按照界面提供的信息做出判断,并经由输入设备进行下一步的操作。三维电子图板 V2 的用户界面,和其他 Windows 风格的软件一样,各种应用功能通过菜单和工具条驱动;状态栏指导用户进行操作并提示当前状态和所处位置;特征树记录了历史操作和相互关系;绘图区显示各种功能操作的结果;同时,绘图区和特征树为用户提供了数据的交互功能。三维电子图板零件设计可以实现自定义界面布局。工具条中每一个按钮都对应一个菜单命令,单击按钮和单击菜单命令是完全一样的。CAXA 三维电子图板 V2 包括零件设计、渲染设计和装配设计三个设计界面,由于它们的界面基本相似,故此处仅介绍零件设计界面。

三维电子图板零件设计的界面如图 3-1-1 所示。

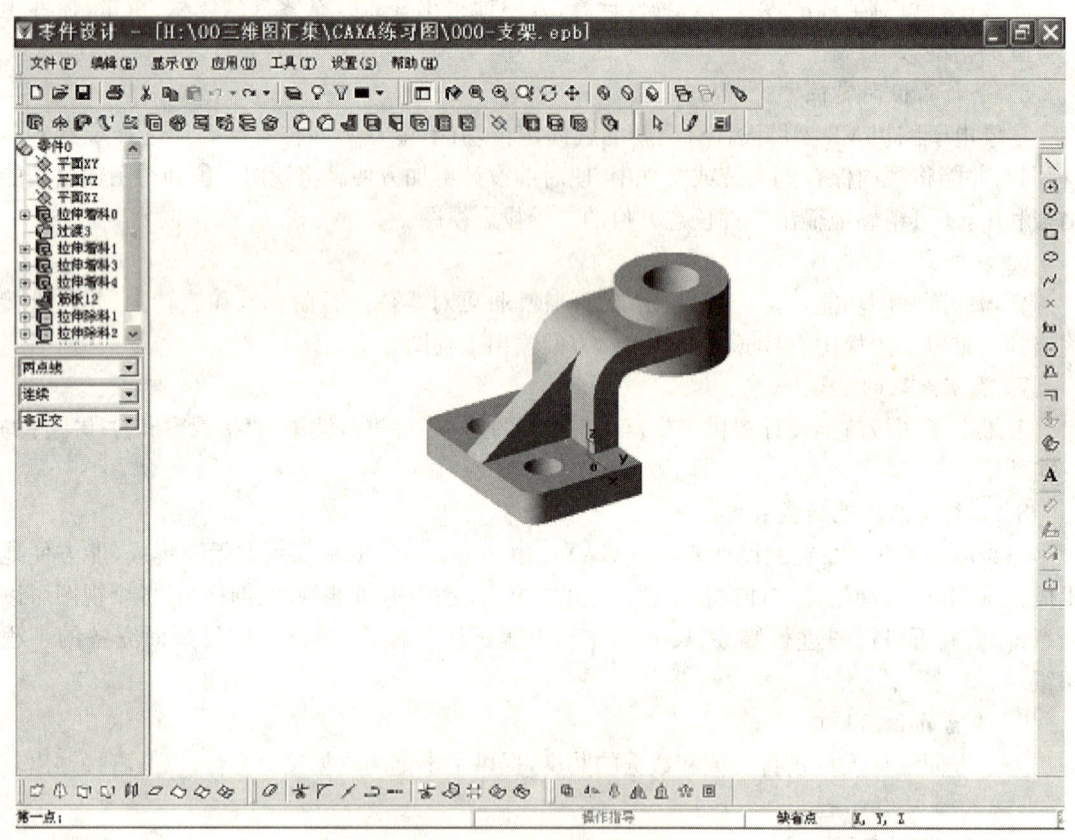

图 3-1-1　三维电子图板零件设计界面

1. 绘图区

绘图区是用户进行绘图设计的工作区域,如图 3-1-1 上所示的空白区域。它们位于屏幕的中心,并占据了屏幕的大部分面积。在绘图区的中央设置了一个三维直角坐标系,该坐标系称为世界坐标系。它的坐标原点为(0,0,0)。用户在操作过程中的所有坐标均以此坐标系的原点为基准。

2. 主菜单

主菜单是界面最上方的菜单条,单击菜单条中的任意一个菜单项,都会弹出一个下拉式菜单,指向某一个菜单项会弹出其子菜单。菜单条与子菜单构成了下拉主菜单,如图 3-1-2 所示。主菜单包括"文件"、"编辑"、"显示"、"应用"、"工具"、"设置"和"帮助"。每个部分都含有若干个下拉菜单。

例如单击主菜单中的"应用",指向下拉菜单中的"曲线生成",然后单击其子菜单中的"直线",界面左侧会弹出一个立即菜单,并在状态栏显示相应的操作提示和执行命令状态。对于除立即菜单和工具点菜单以外的其他菜单来说,某些菜单选项要求用户以对话的形式予以回答。用鼠标单击这些菜单时,系统会弹出一个对话框,用户可根据当前操作做出响应。

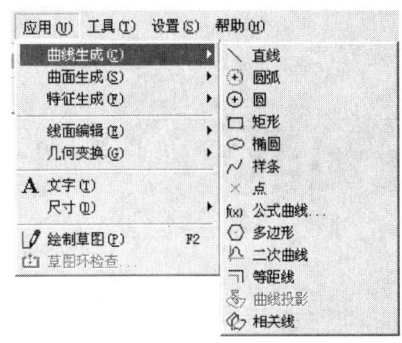

图 3-1-2　主菜单

3. 立即菜单

立即菜单描述了该项命令执行的各种情况和使用条件。用户根据当前的作图要求,正确地选择某一选项,即可得到准确的响应。在零件设计界面图中显示的是画直线的立即菜单。在立即菜单中用鼠标选取其中的某一项(例如"两点线"),便会在下方出现一个选项菜单或者改变该项内容。

4. 快捷菜单

光标处于不同的位置,右击(即按鼠标右键)会弹出不同的快捷菜单,如图 3-1-3。熟练使用快捷菜单,可以提高绘图速度。

① 将光标移到特征树中 XY、YZ、ZX 三个基准面上,右击,弹出快捷菜单

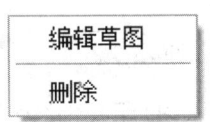

② 将光标移到特征树的草图上,右击,弹出快捷菜单

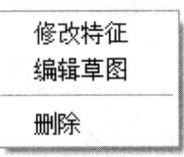

③ 将光标移到特征树中的特征上,右击,弹出快捷菜单

④ 将光标移到绘图区中的实体上,选中实体,右击,弹出快捷菜单

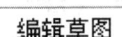

⑤ 在非草图状态下,将光标移到绘图区中的草图上,选中曲线,右击,弹出快捷菜单

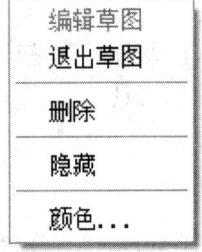

⑥ 在草图状态下,右击,弹出快捷菜单

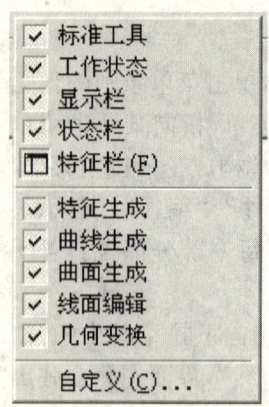

⑦ 在任意菜单空白处,右击,弹出快捷菜单

图 3-1-3　快捷菜单

5. 对话框

某些菜单选项要求用户以对话的形式予以回答,单击这些菜单时,系统会弹出一个对话框,如图 3-1-4,用户可根据当前操作作出响应。

6. 工具条

在工具条中,可以通过单击相应的按钮进行操作。工具条可以自定义,界面上的工具条包括:标准工具、显示工具、状态工具、曲线工具、几何变换工具、线面编辑工具、曲面工具和特征工具。

① 标准工具

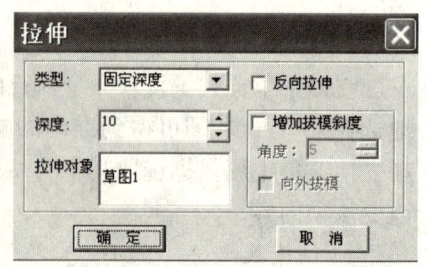

图 3-1-4　主菜单

标准工具包含了标准的"打开文件"、"打印文件"等 Windows 按钮,也有三维电子图板零件设计环境下"层设置"、"拾取过滤设置"、"当前颜色设置"按钮。

② 显示工具

显示工具包含了"缩放"、"移动"、"视向定位"等选择显示方式的按钮。

③ 状态工具

状态工具包含了"终止当前命令"、"草图状态开关"、"启动二维电子图板"三个常用按钮。

④ 曲线工具

工具包含了"直线"、"圆弧"、"公式曲线"等丰富的曲线绘制工具。

⑤ 几何变换工具

几何变换工具包含了"平移"、"镜像"、"旋转"、"阵列"等几何变换工具。

⑥ 线面编辑工具

线面编辑工具包含了曲线的"裁剪"、"过渡"、"拉伸"和曲面的"裁剪"、"过渡"、"缝合"等编辑工具。

⑦ 曲面工具

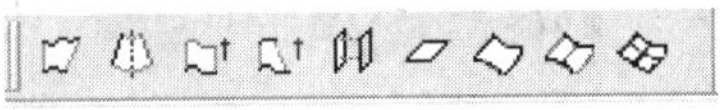

曲面工具包含了"直纹面"、"旋转面"、"扫描面"等曲面生成工具。

⑧ 特征工具

特征工具包含了"拉伸"、"导动"、"过渡"、"阵列"等丰富的特征造型手段。

⑨ 特征树

特征树记录了零件生成的操作步骤,用户可以直接在特征树中对零件特征进行编辑。

7. 点工具菜单

工具点就是在操作过程中具有几何特征的点,如圆心点、切点、端点等。

点工具菜单就是用来捕捉工具点的菜单。用户进入操作命令,需要输入特征点时,只要按下空格键,即会在屏幕上弹出点工具菜单,如图 3-1-5 所示。

默认点(S):屏幕上的任意位置点;

端点(E):曲线的端点;

中点(M):曲线的中点;

交点(I):两曲线的交点;

圆心(C):圆或圆弧的圆心;

切点(T):曲线的切点;

垂足点(P):曲线的垂足点;

最近点(N):曲线上距离捕捉光标最近的点;

控制点(K):样条特征点;

存在点(G):用曲线生成中的点工具生成的点。

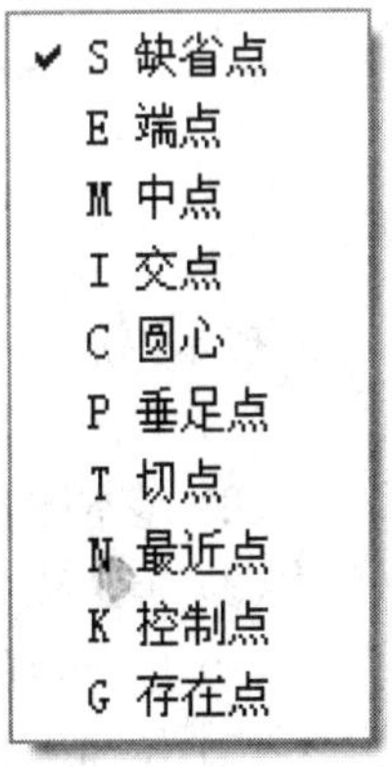

图 3-1-5 点工具菜单

第二章 绘图案例

【099】 支承座的绘制

设计目标：
根据支承座的平面图绘制轴测图，如图3-2-1所示。

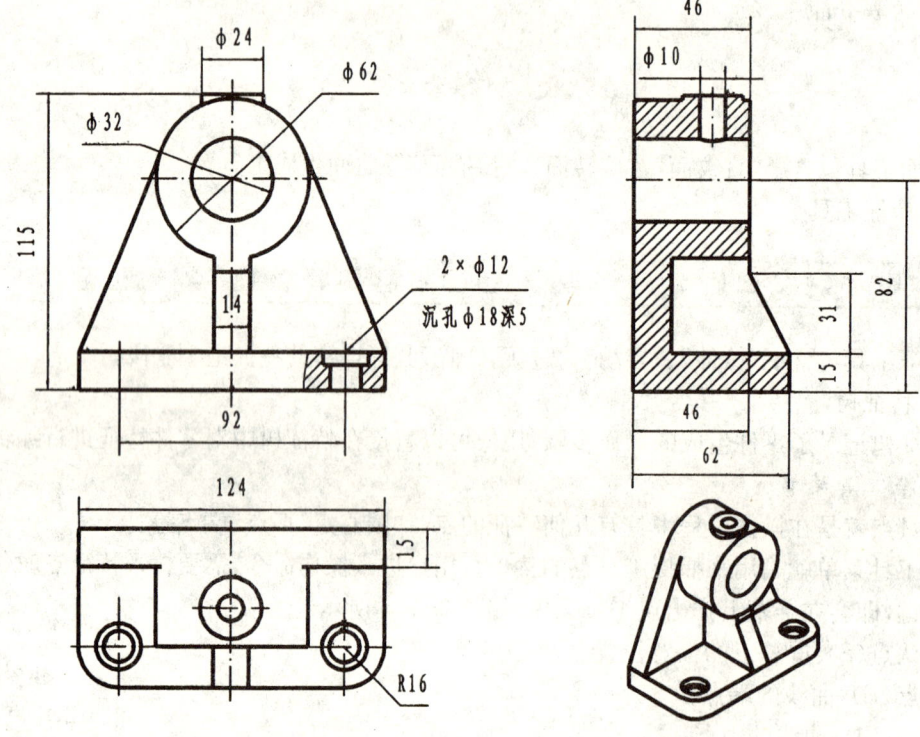

图 3-2-1

技术要点：
(1) 作图基准平面的选择与线形的选择，常用键的使用；
(2) 基本图形的绘制方法，如直线、圆弧、整圆等；
(3) 等距线与曲线拉伸、裁剪、过渡的使用方法；
(4) 屏幕点的拾取；
(5) 拉伸增料与拉伸除料；
(6) 新基准面的构造；
(7) 筋板的生成。

绘图步骤：
步骤1：

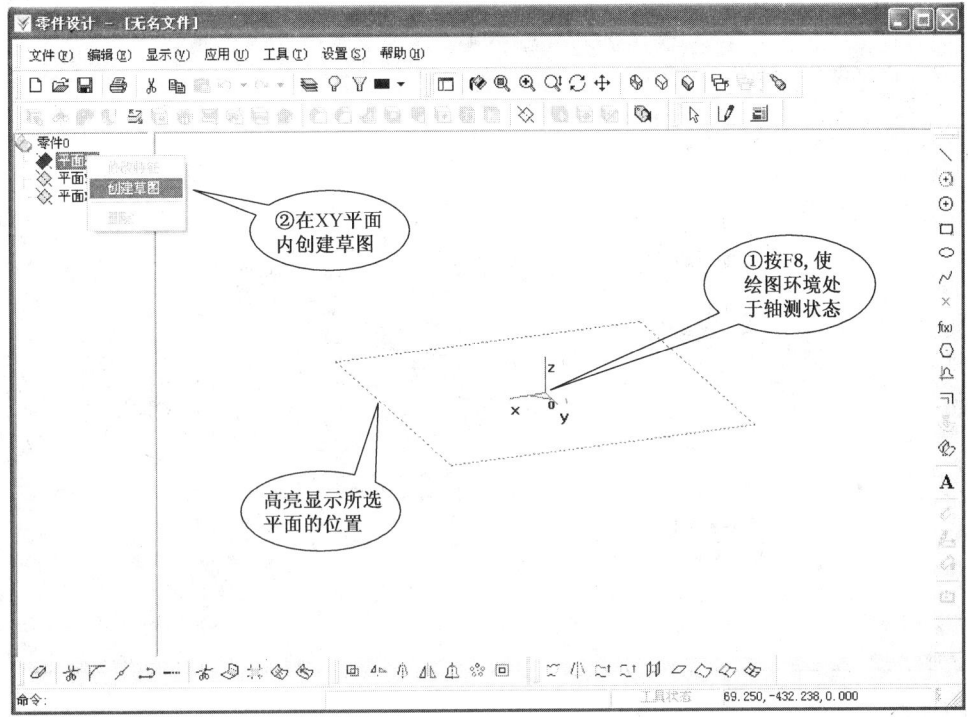

步骤2：

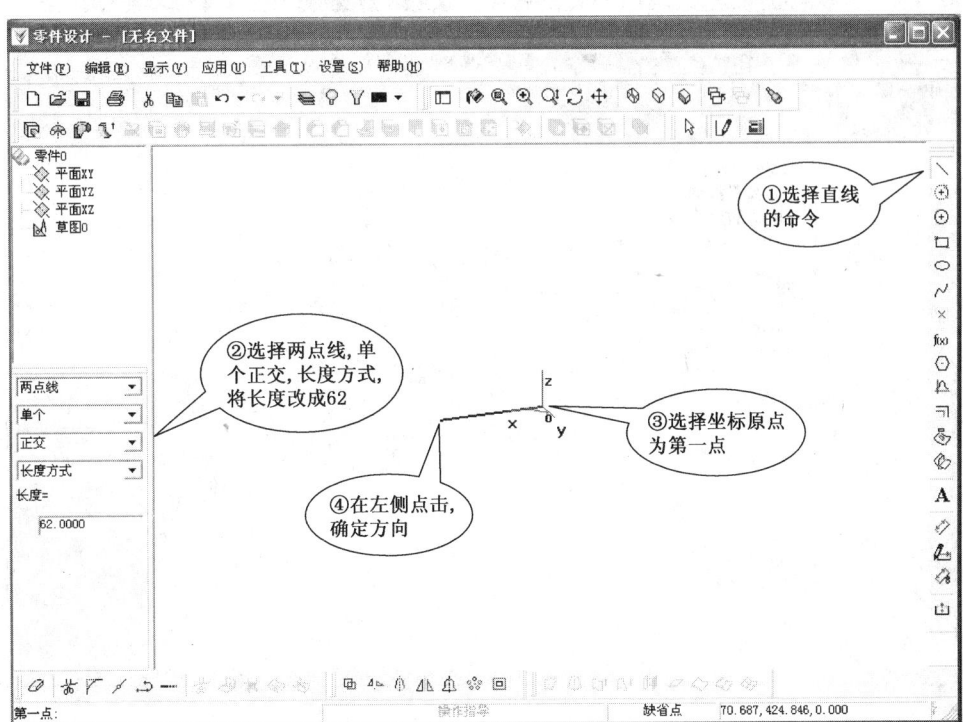

步骤3：

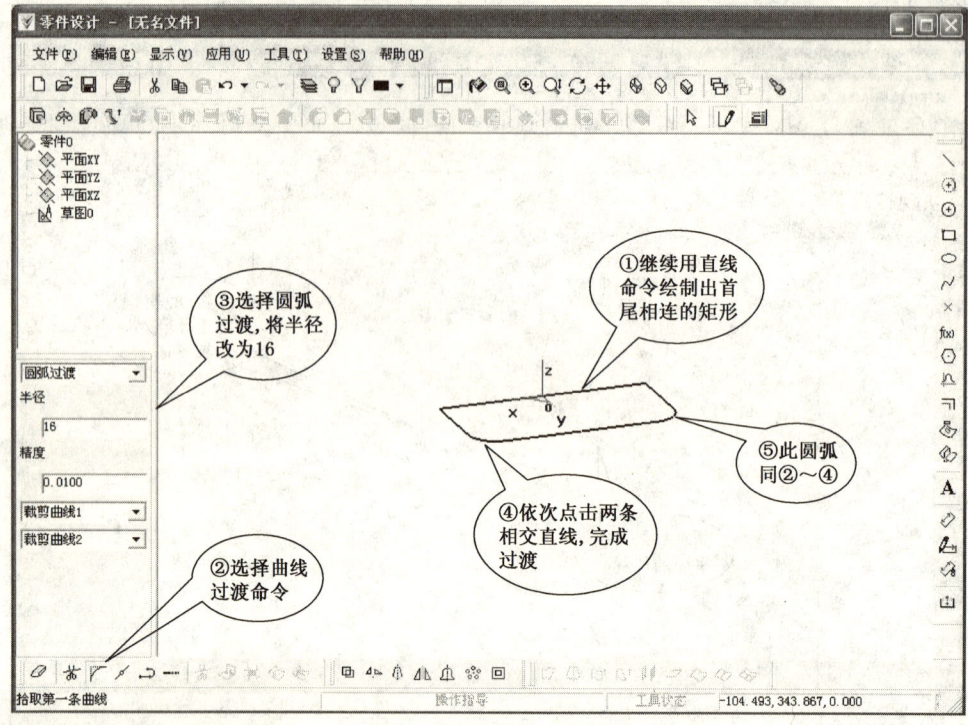

步骤4：

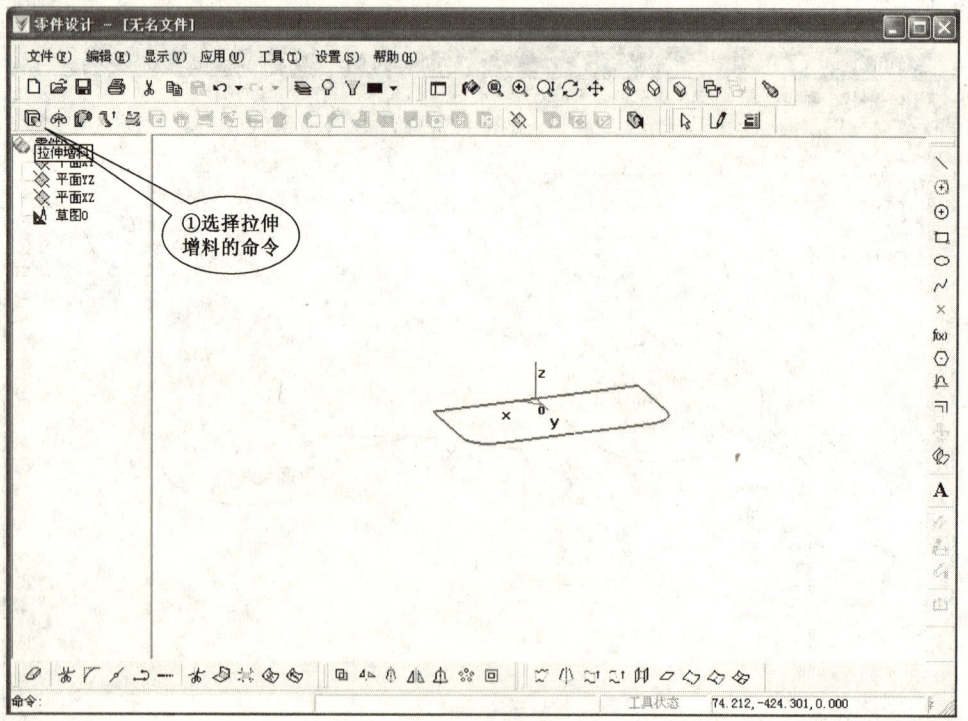

步骤5：

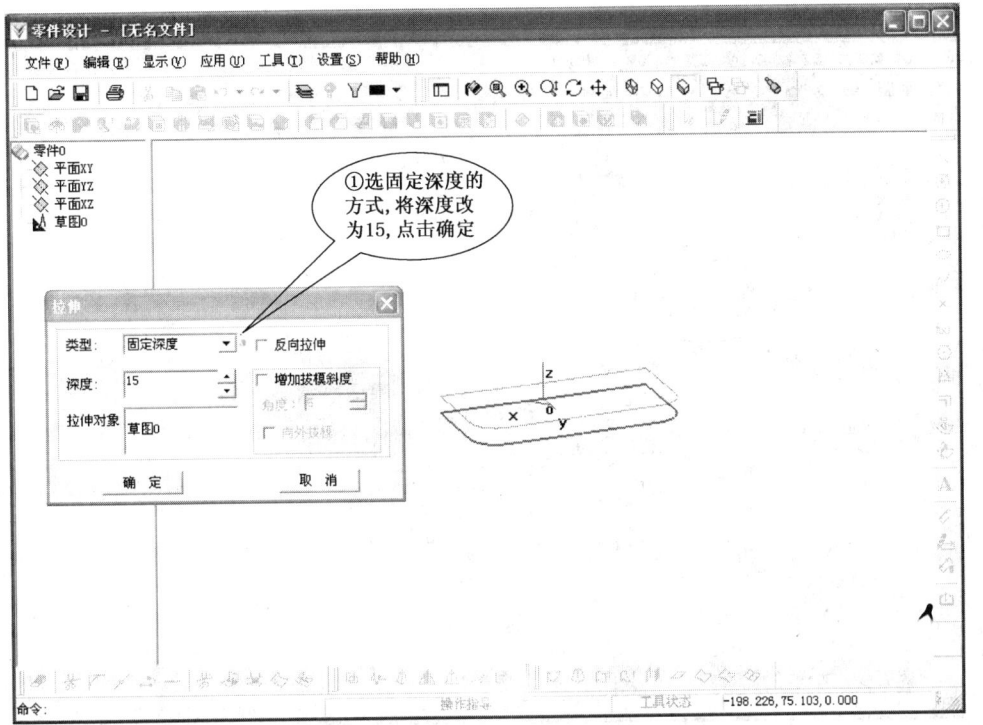

步骤6：

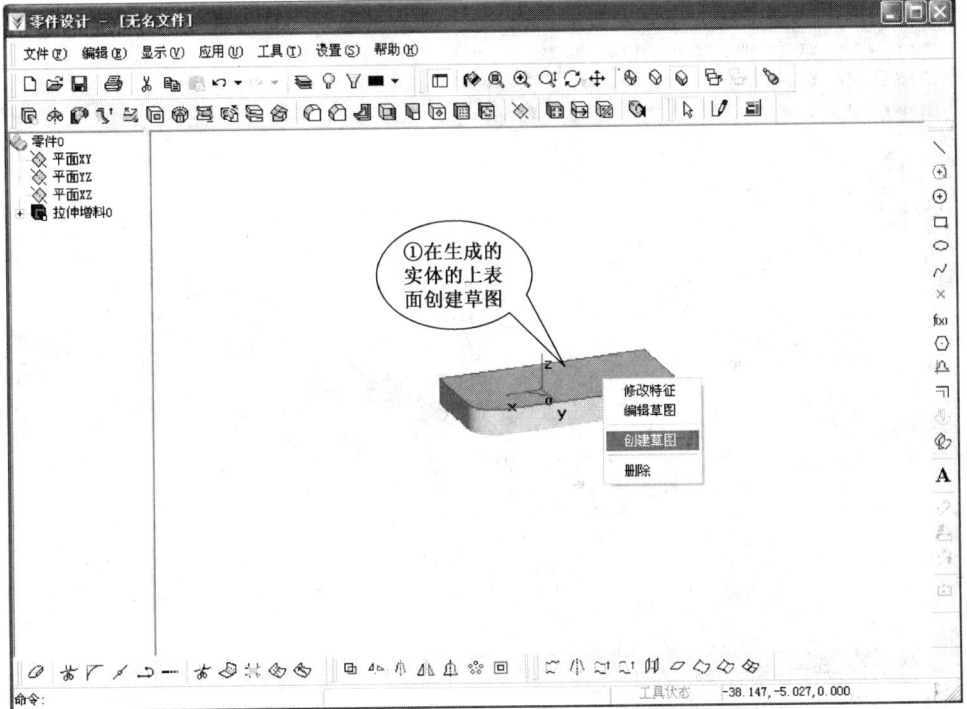

步骤7:

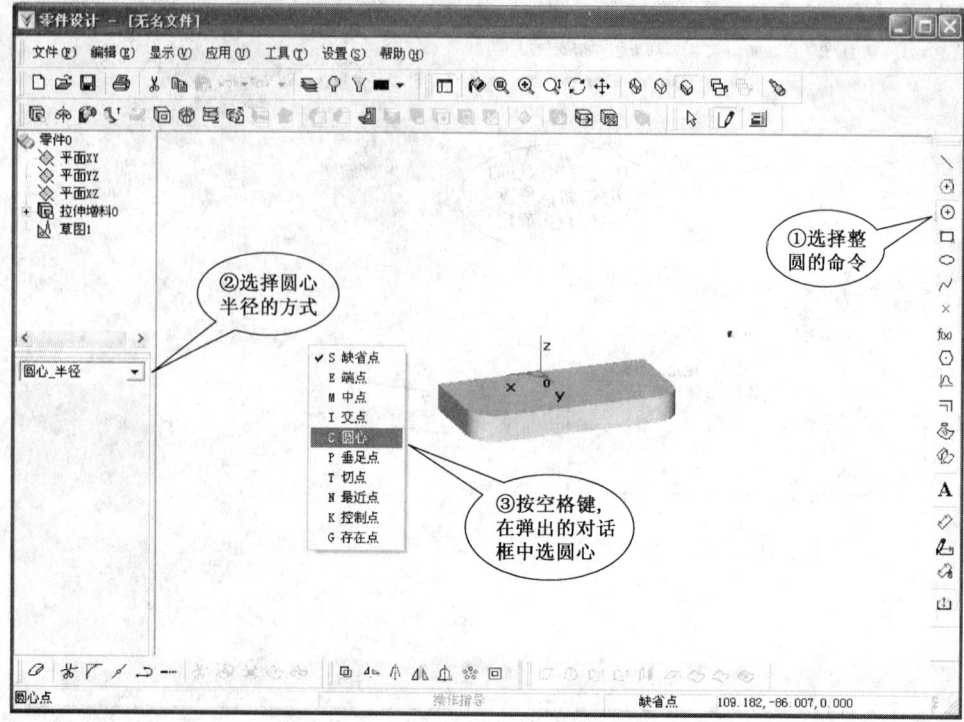

步骤8:

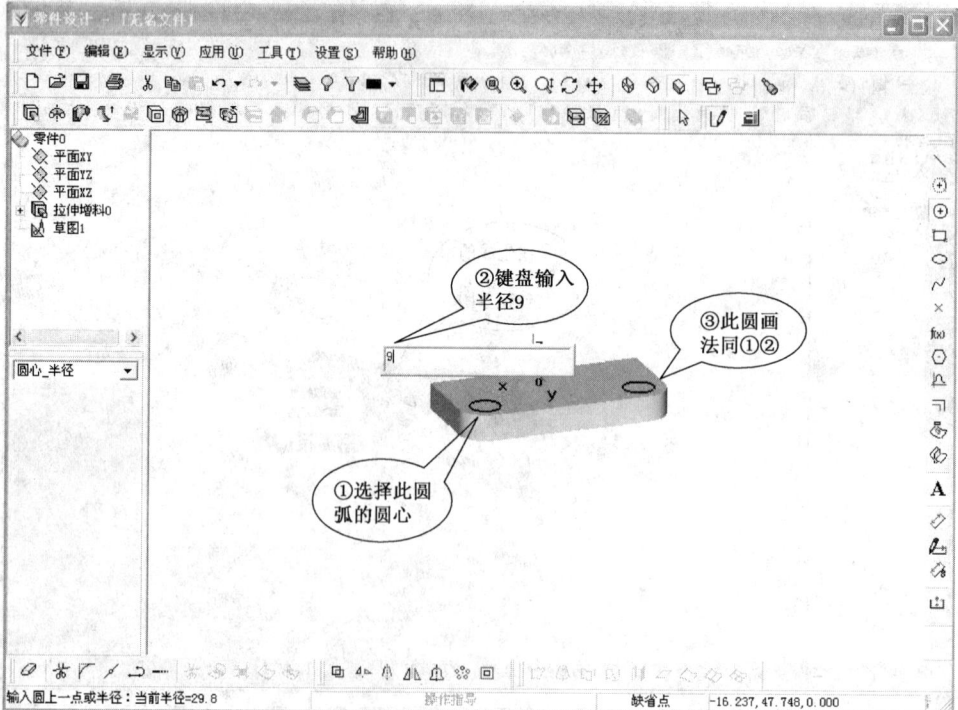

步骤9：

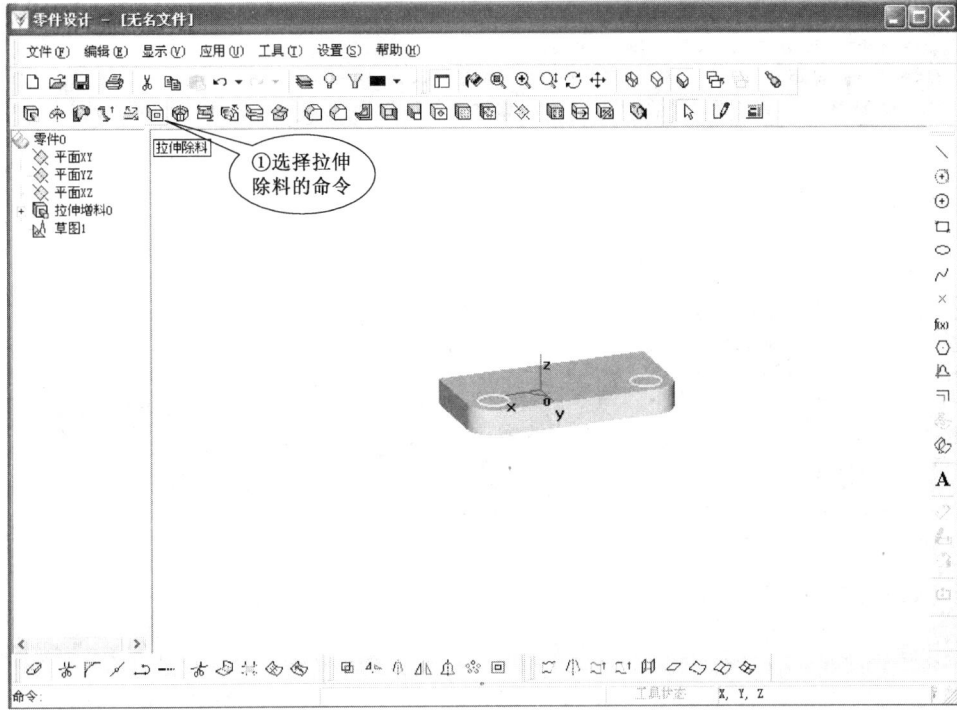

步骤10：

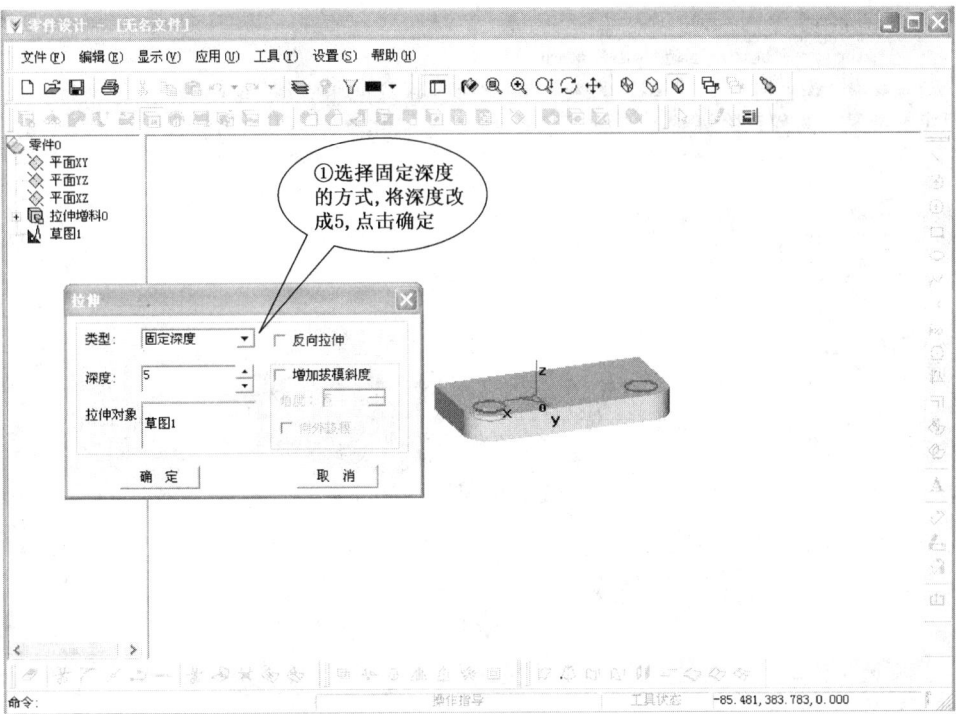

步骤11:

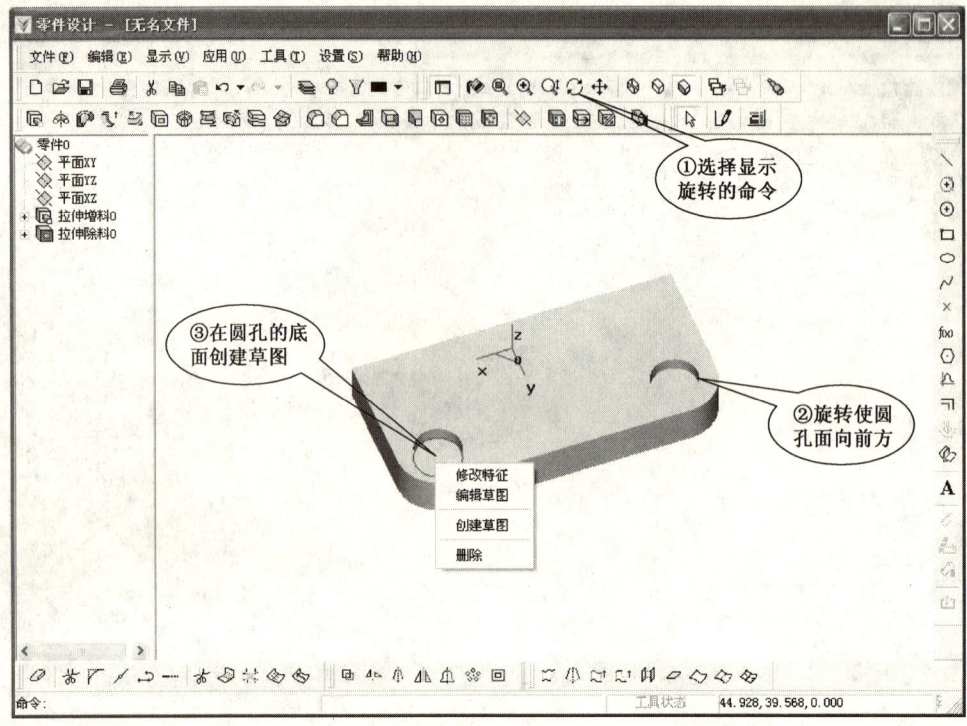

步骤12:

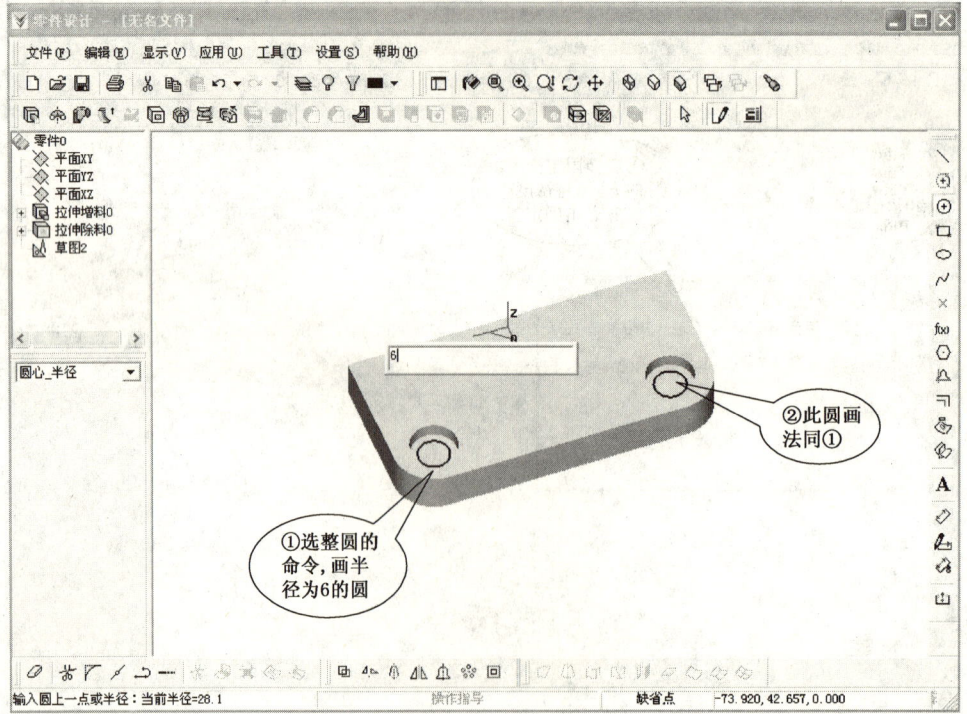

步骤13：

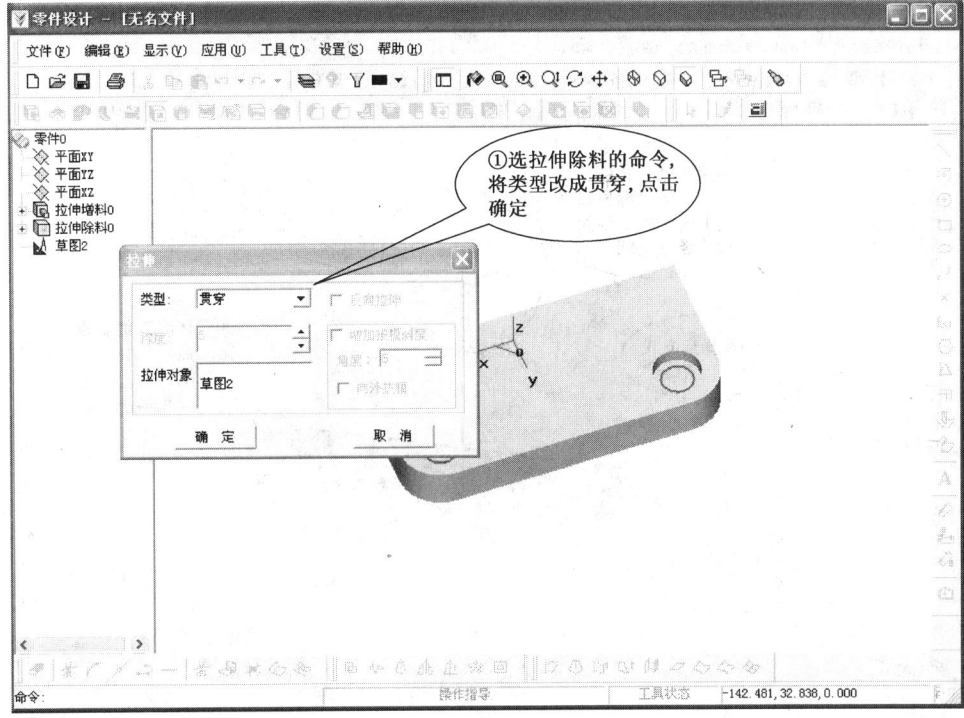

步骤14：

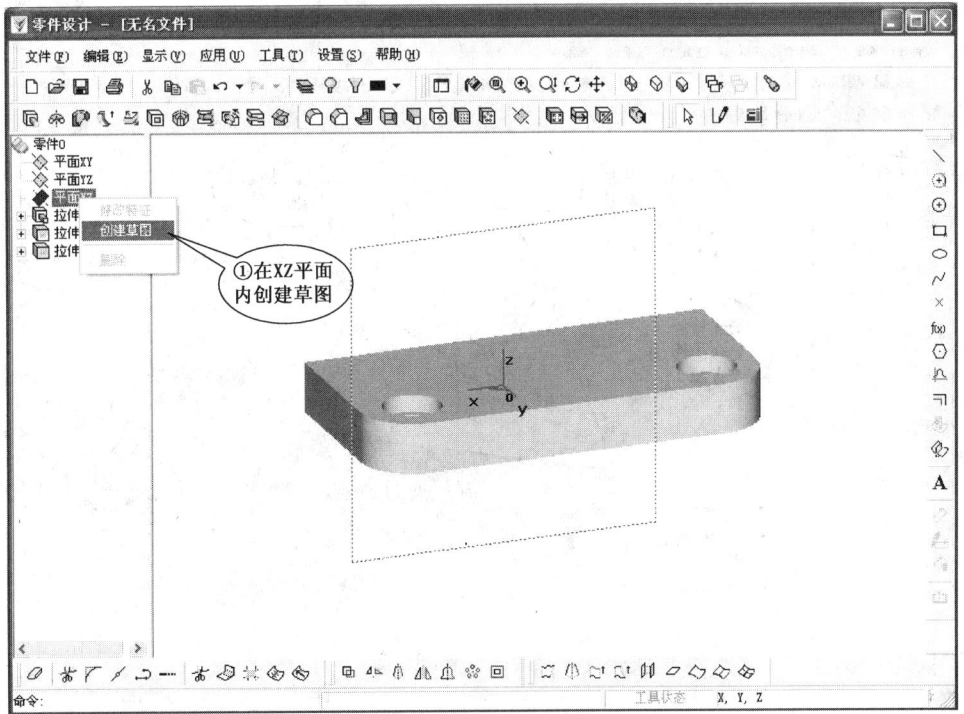

步骤15：

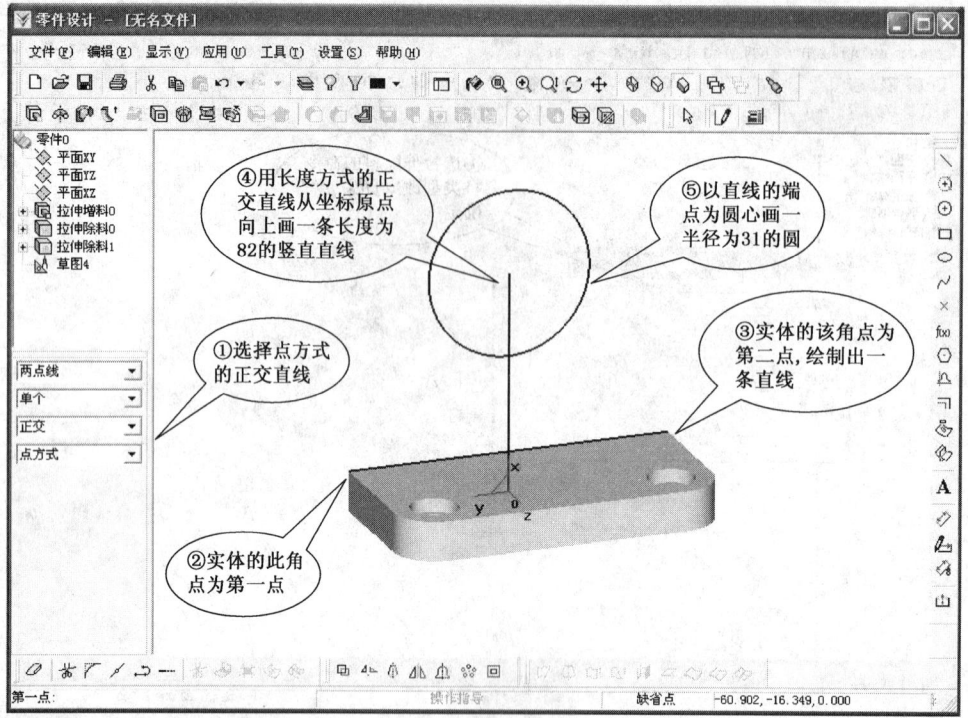

步骤16：

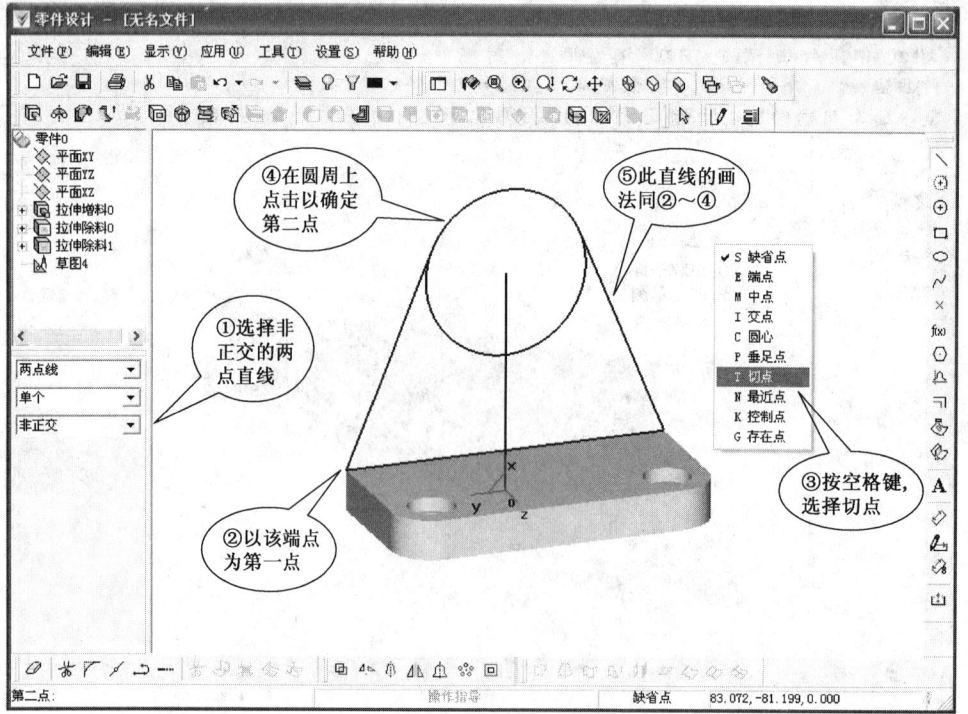

步骤17：

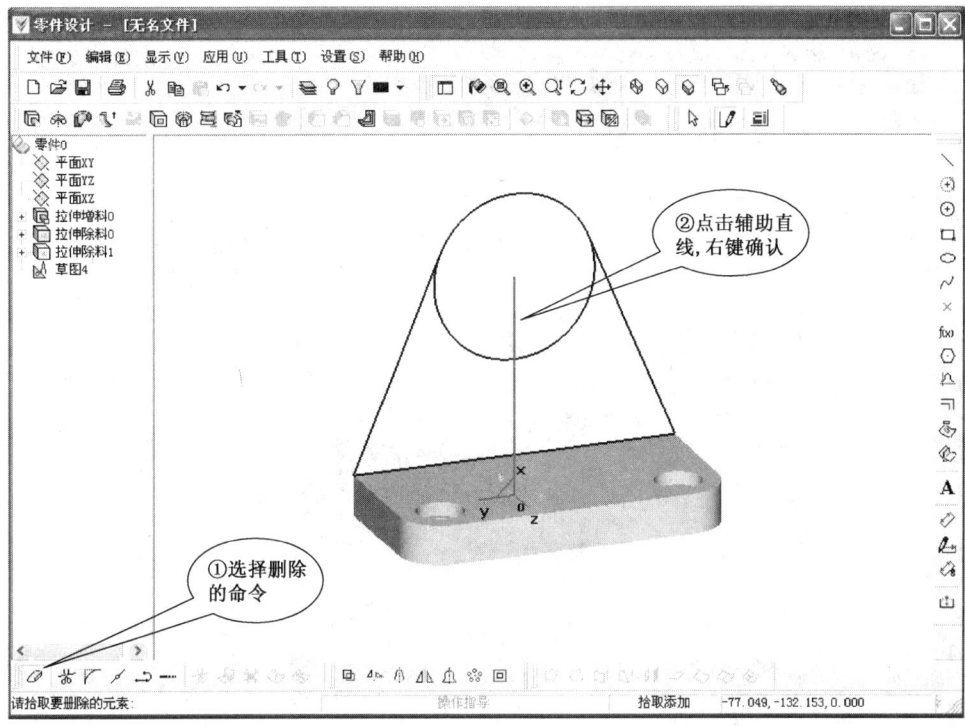

步骤18：

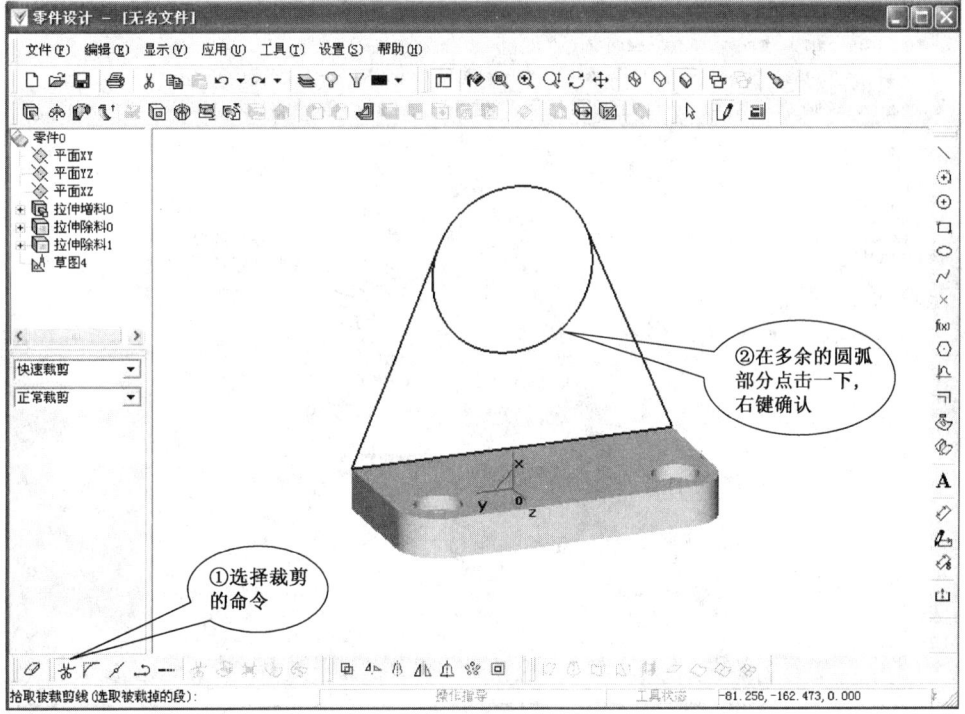

步骤19：

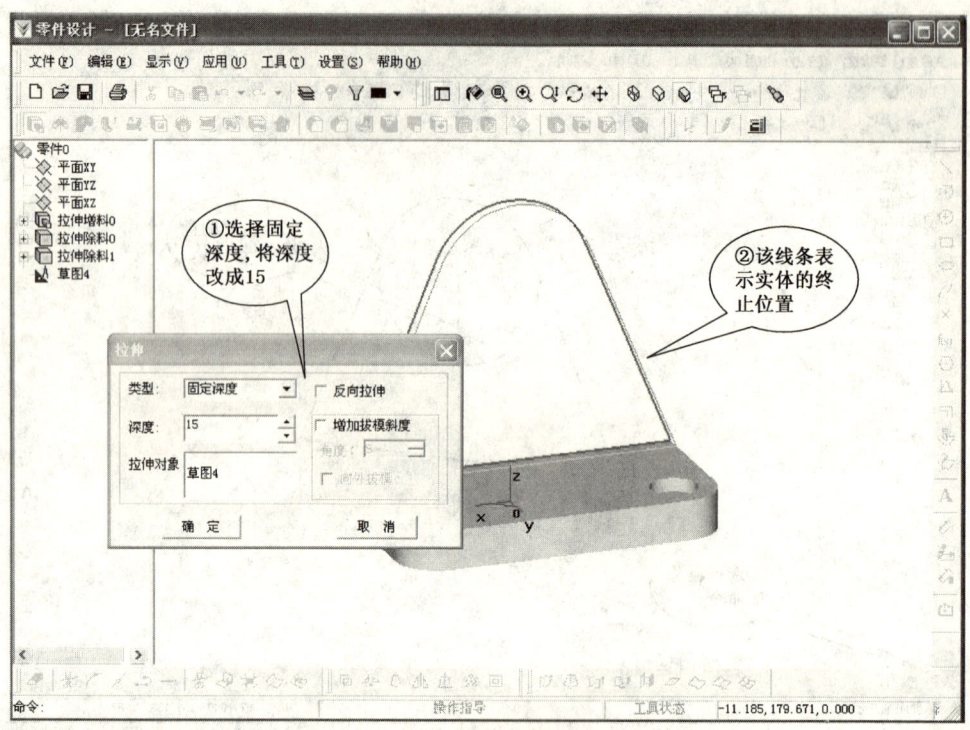

步骤20：

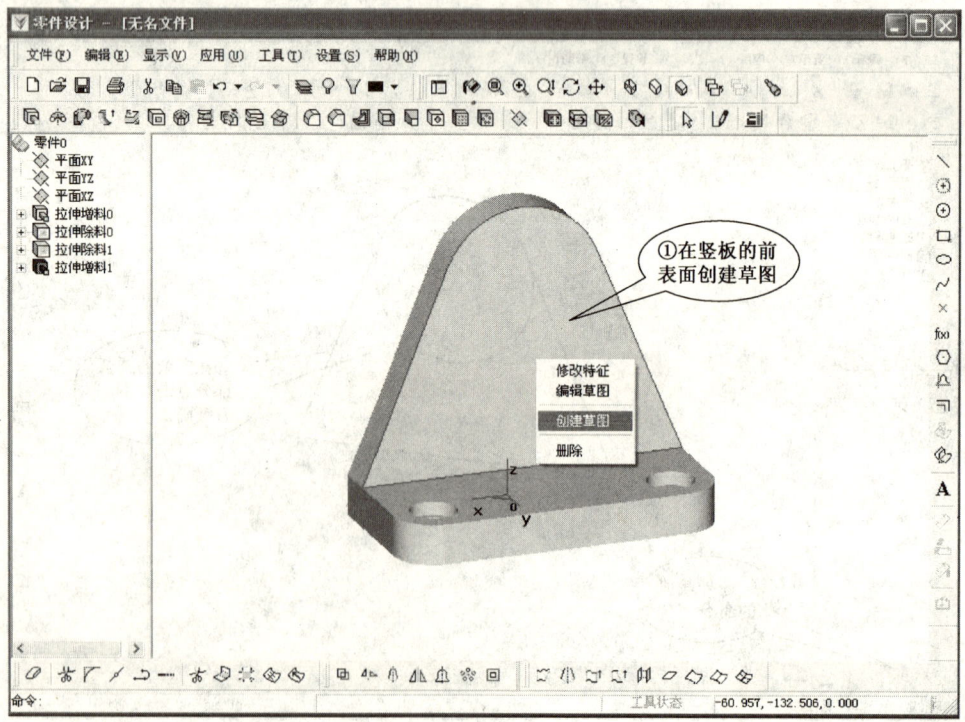

步骤21：

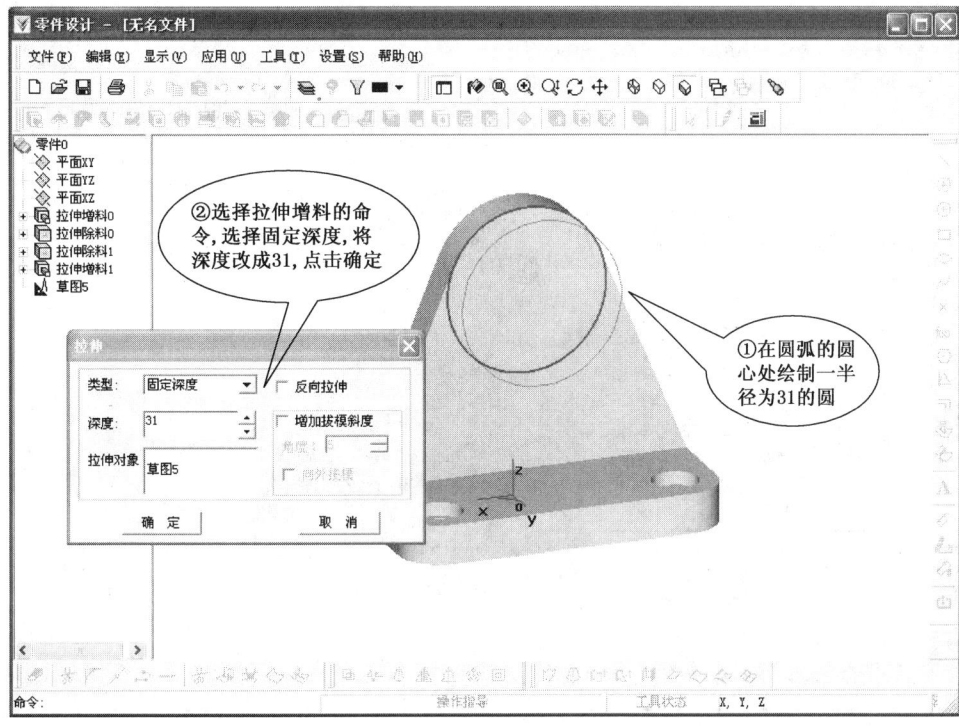

步骤22：

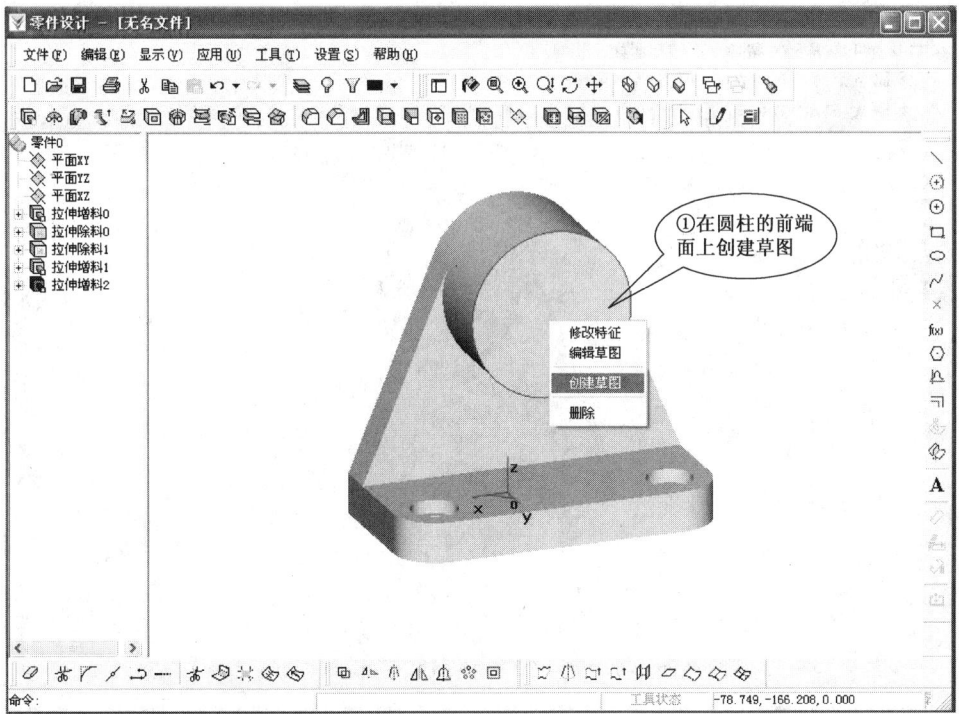

步骤23：

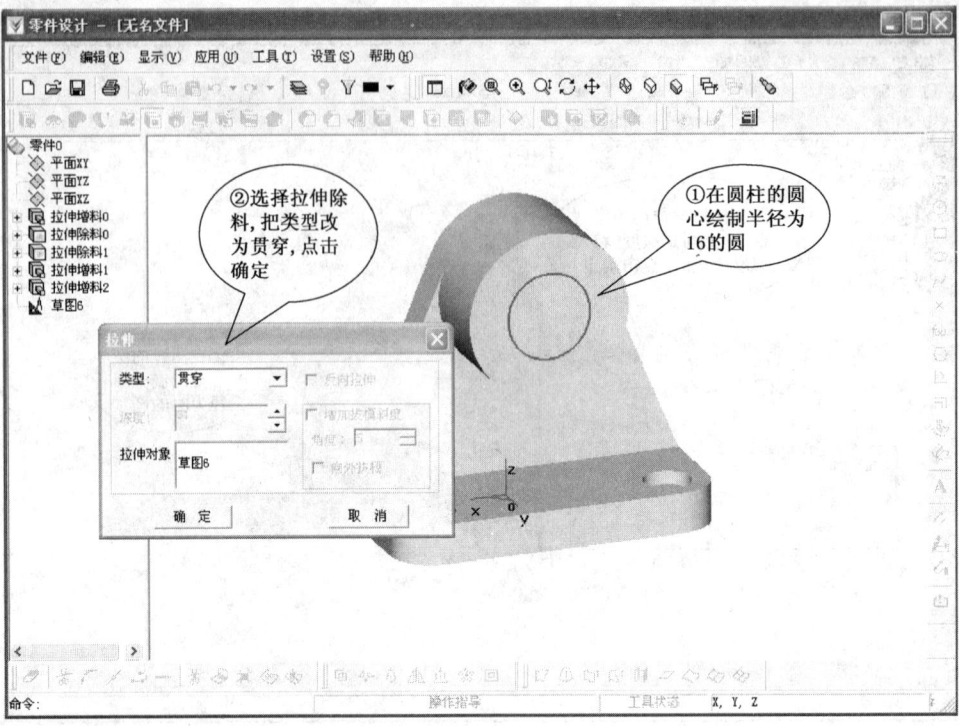

步骤24：

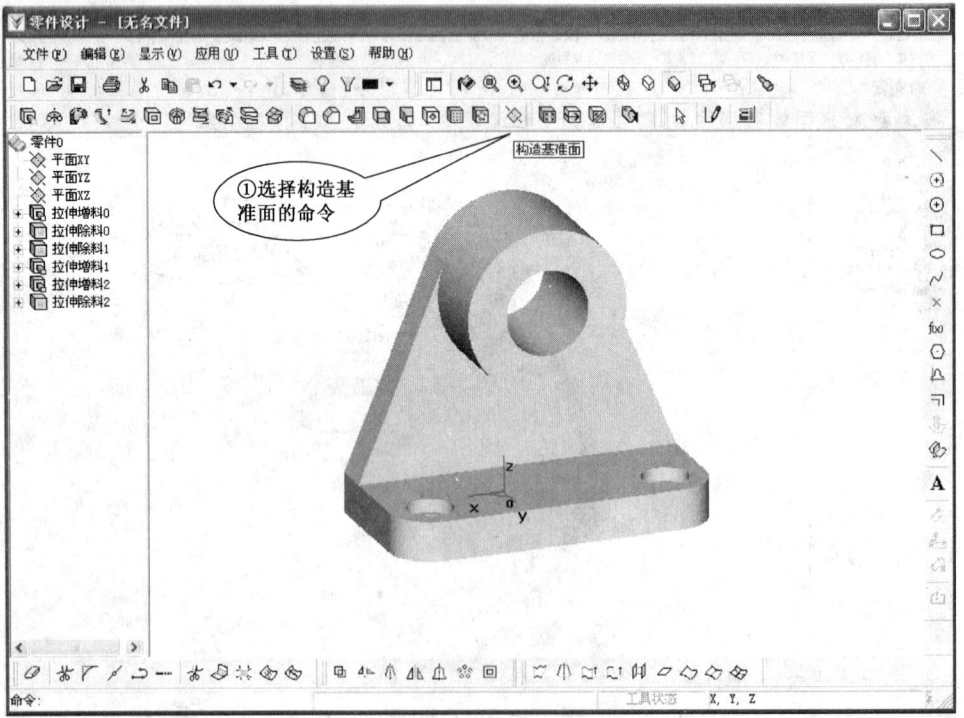

步骤25：

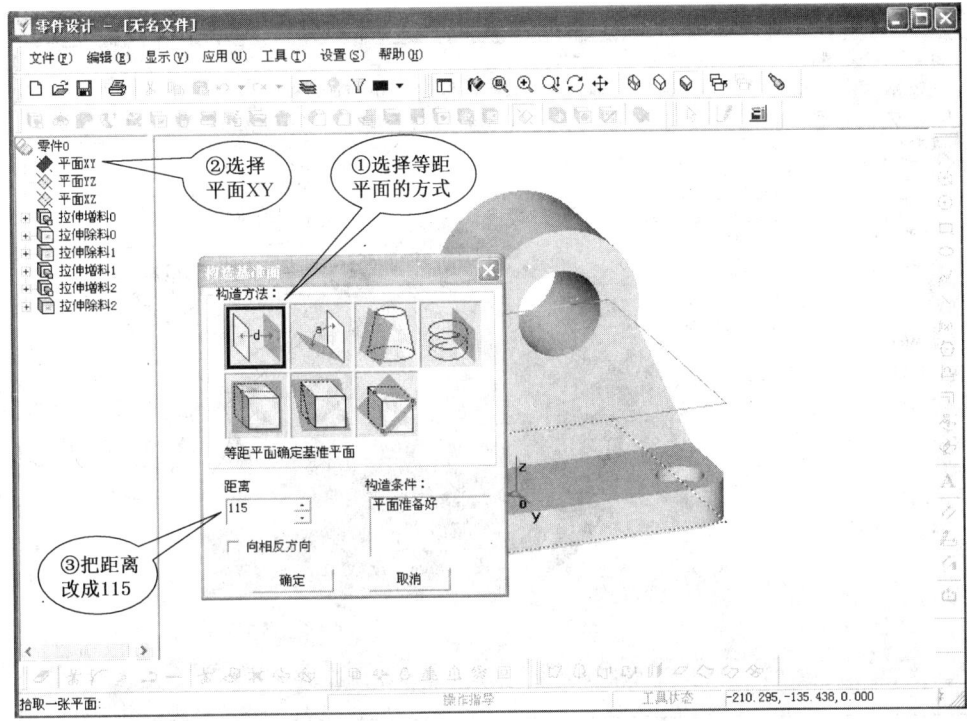

步骤26：

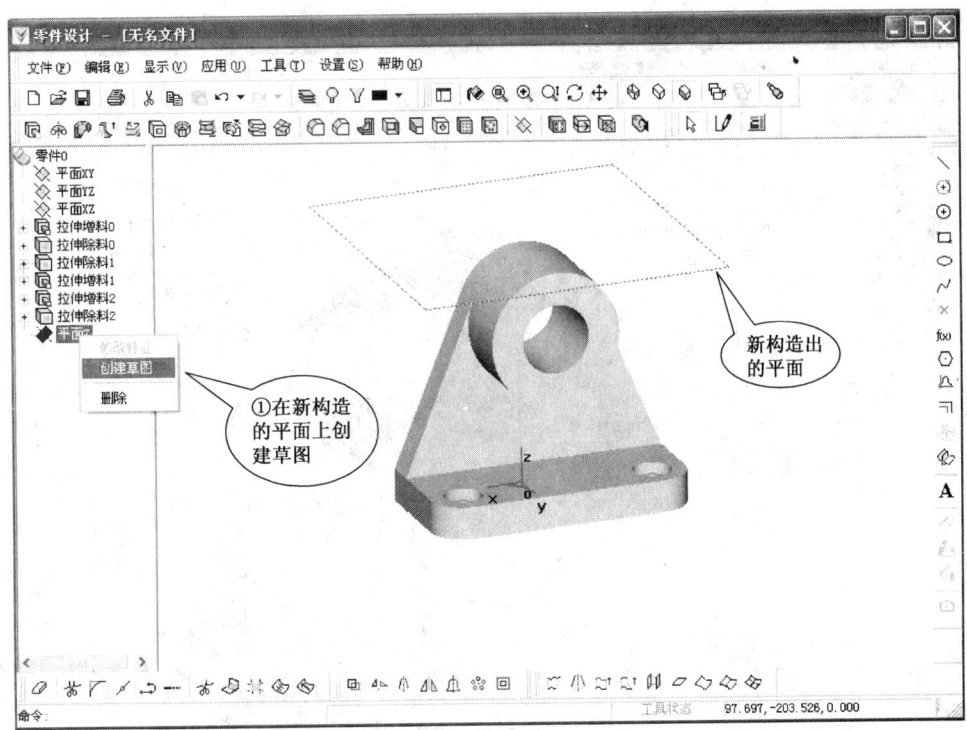

步骤27：

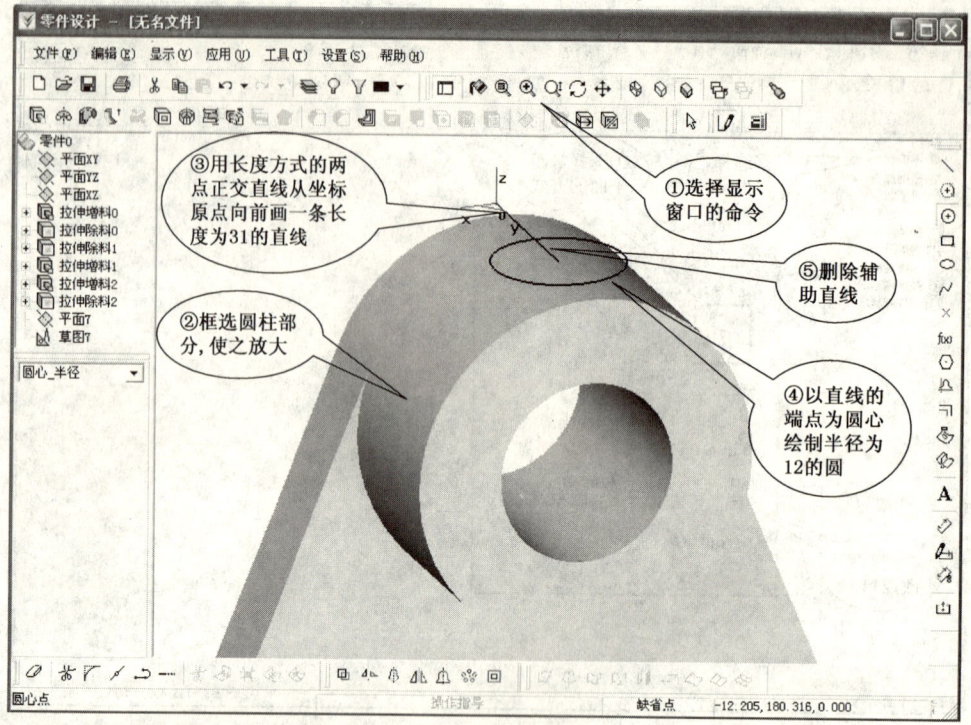

步骤28：

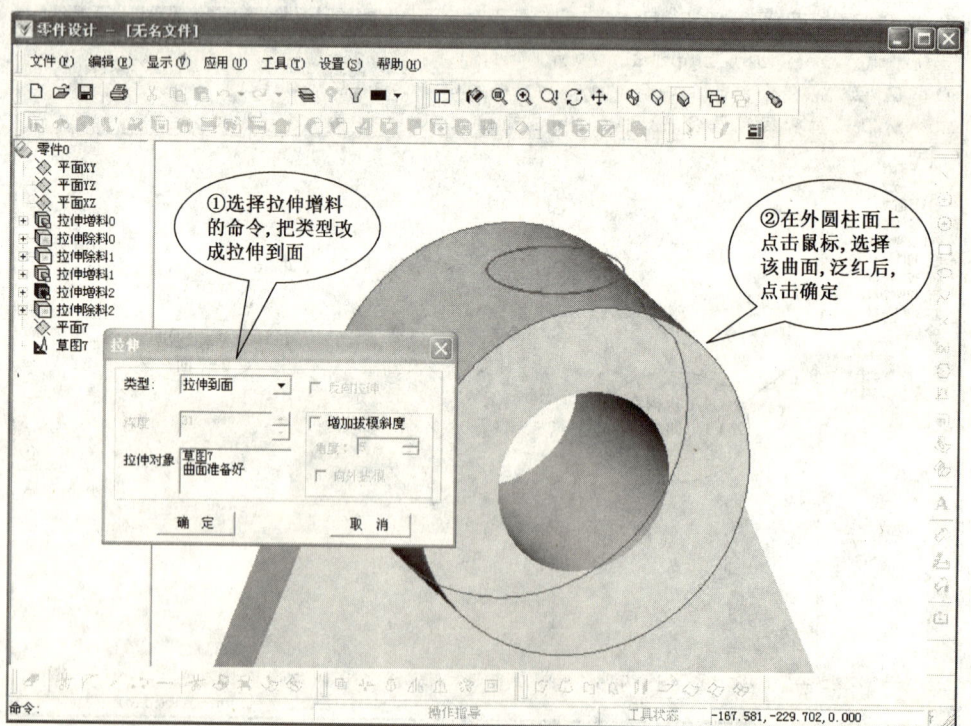

步骤 29：

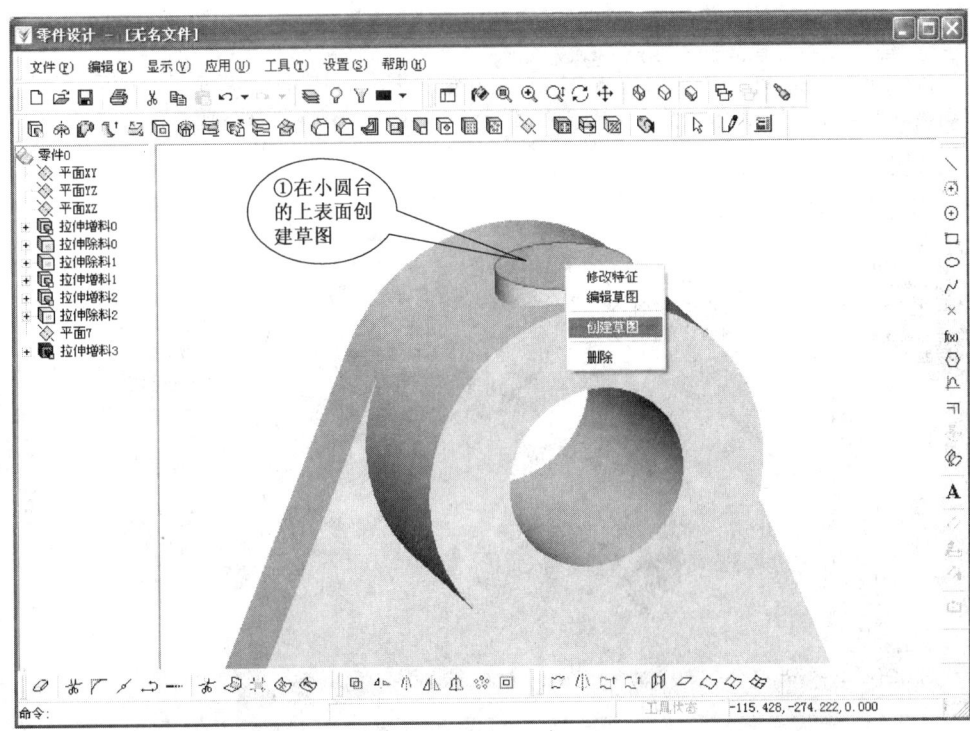

步骤 30：

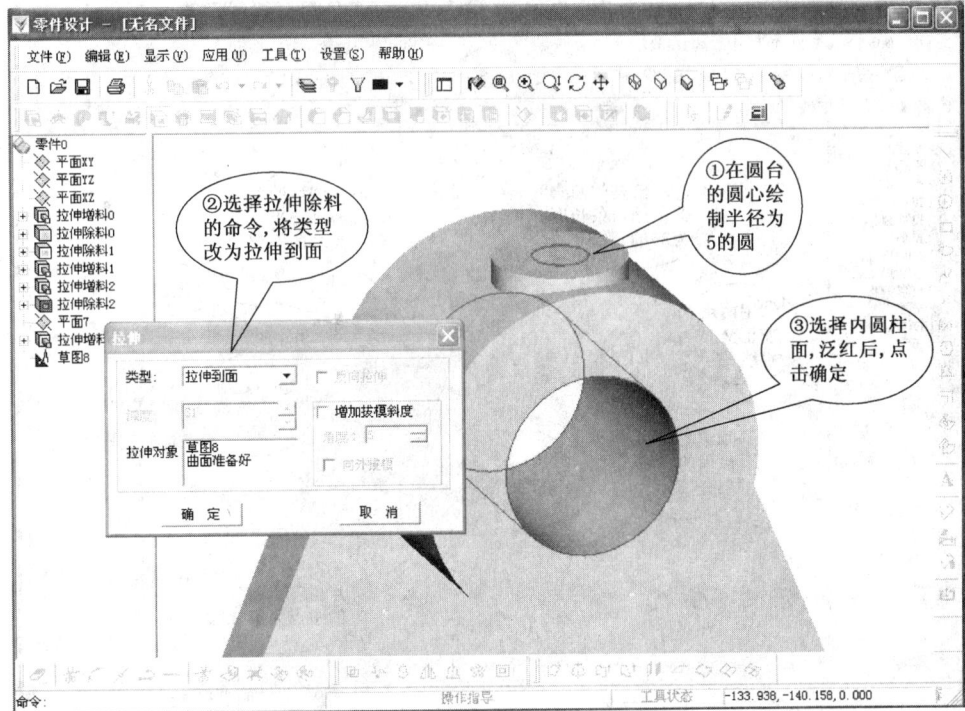

步骤 31：

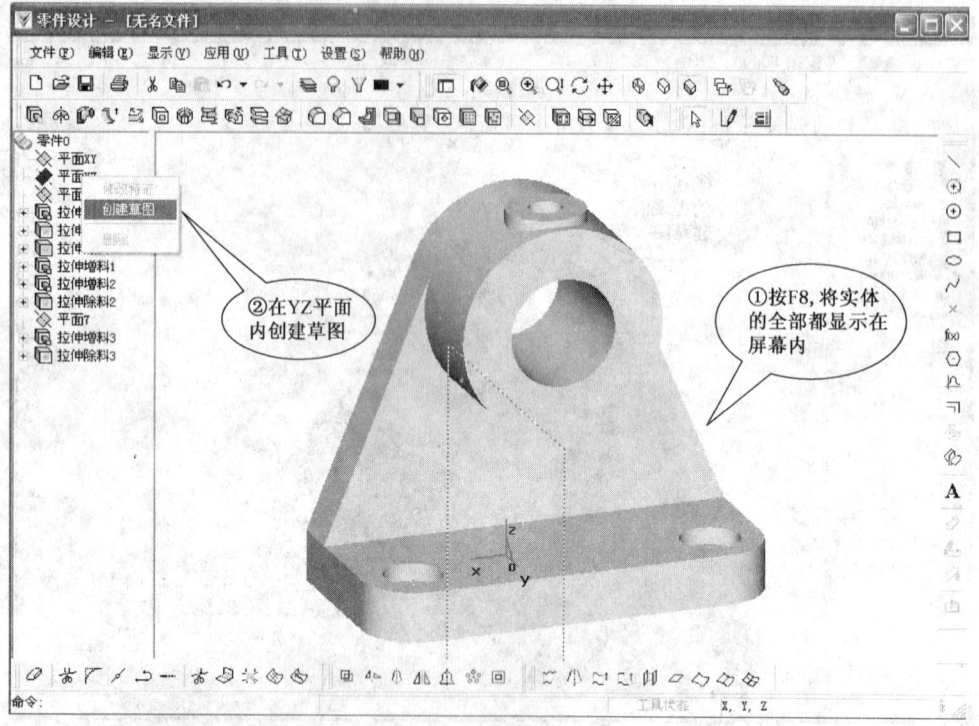

步骤 32：

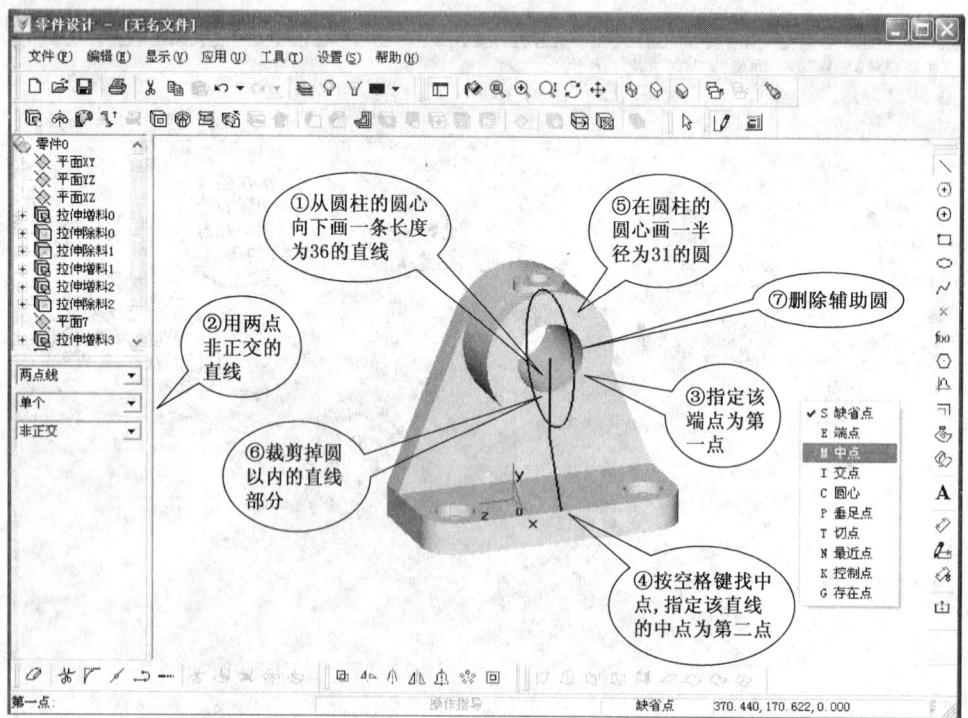

步骤33：

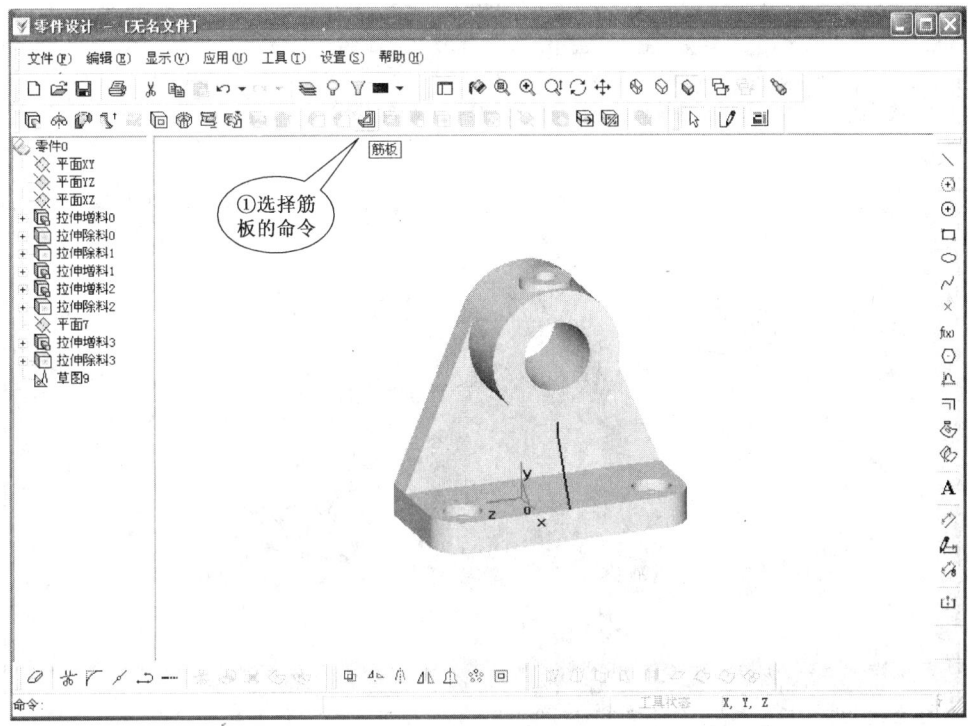

步骤34：

步骤35：

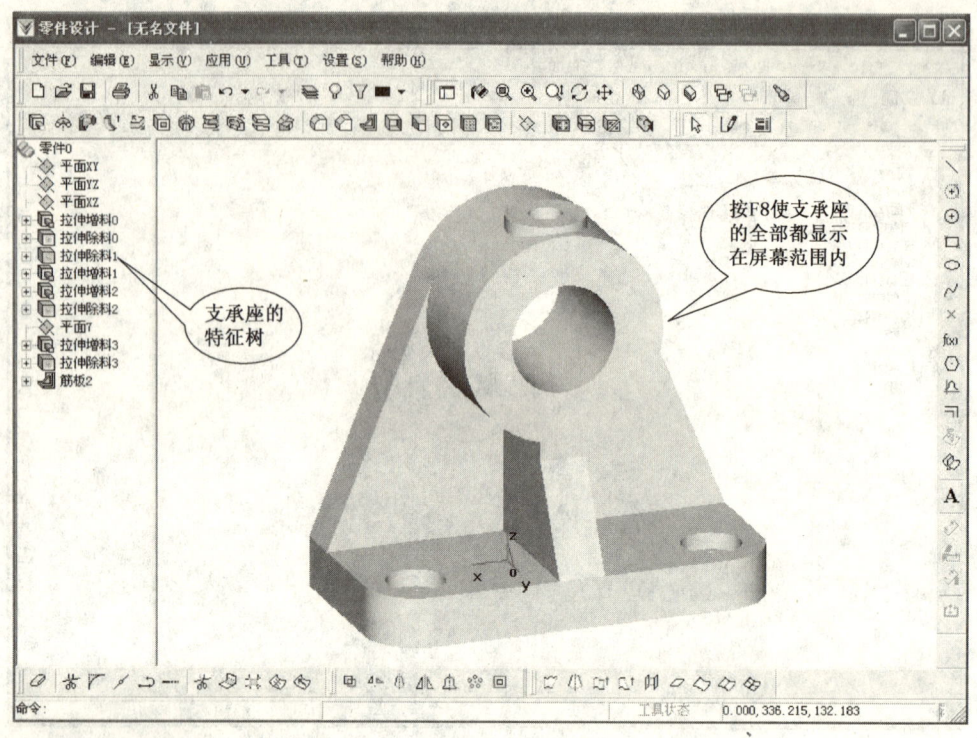

下面以一级直齿圆柱齿轮减速器 20 个非标准件的绘制来具体介绍三维实体设计。

【100】 低速轴的绘制

设计目标：

根据低速轴的平面图绘制轴测图，如图 3-2-2 所示。

技术要点：

(1) 拉伸增料的方法；
(2) 旋转增料的方法；
(3) 基准面的创建；
(4) 键槽的绘制。

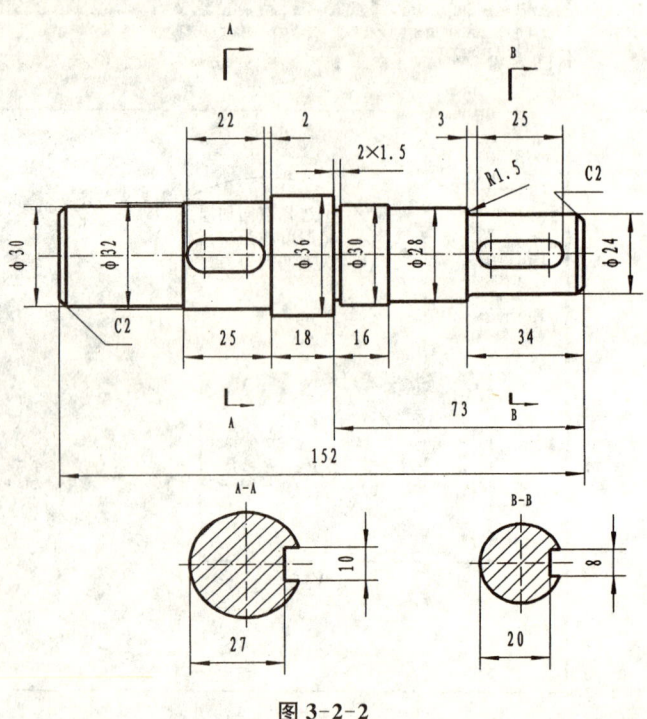

图 3-2-2

画图步骤：
步骤1：

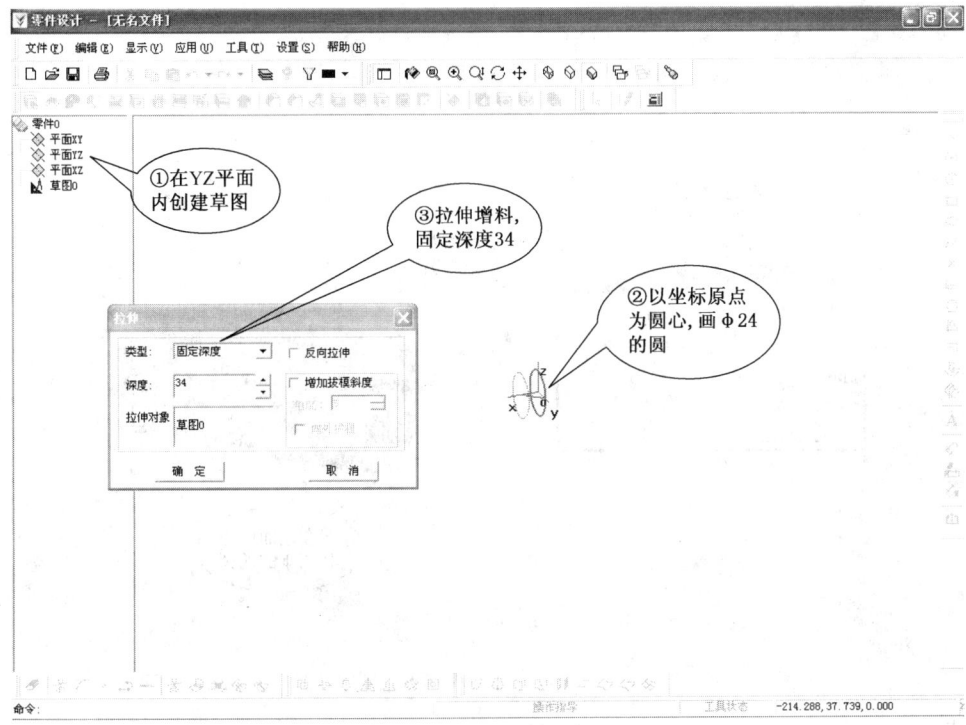

步骤2：

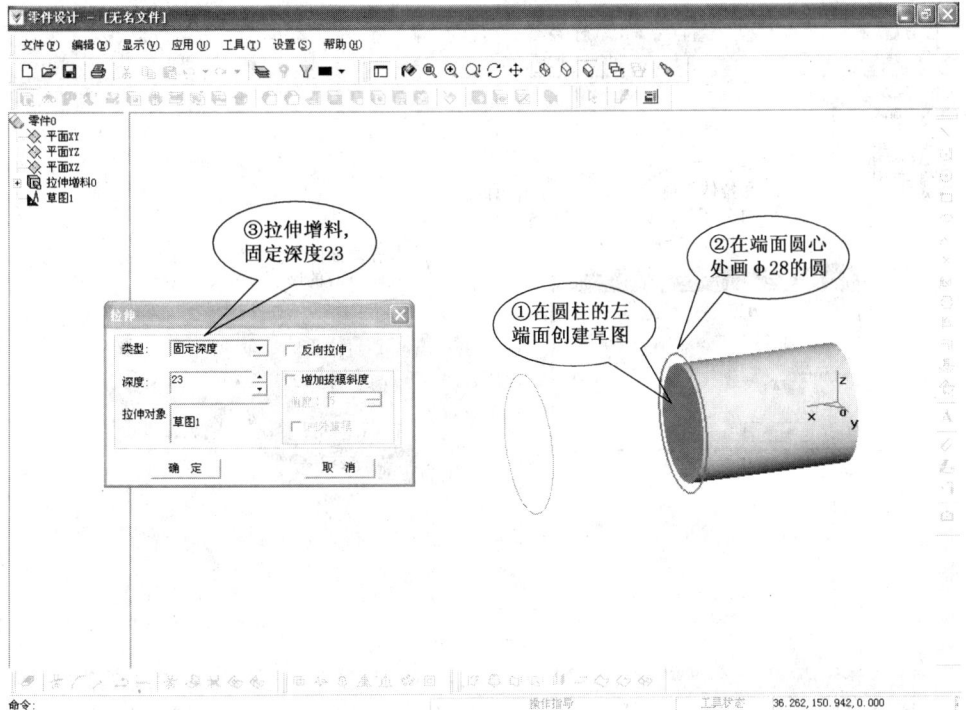

步骤3：

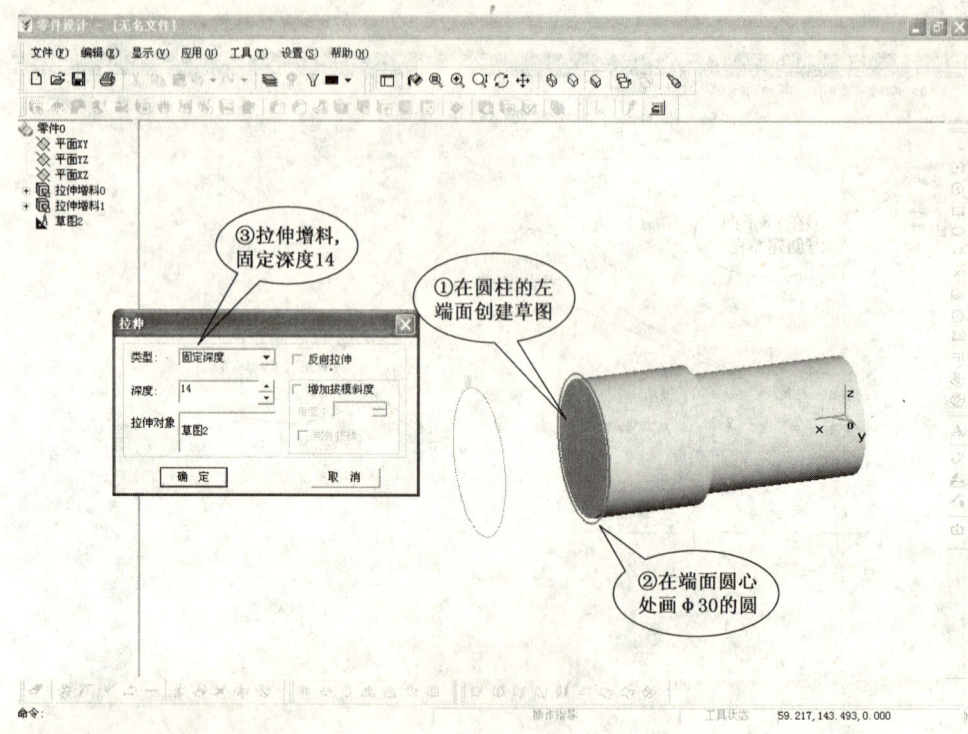

步骤4：

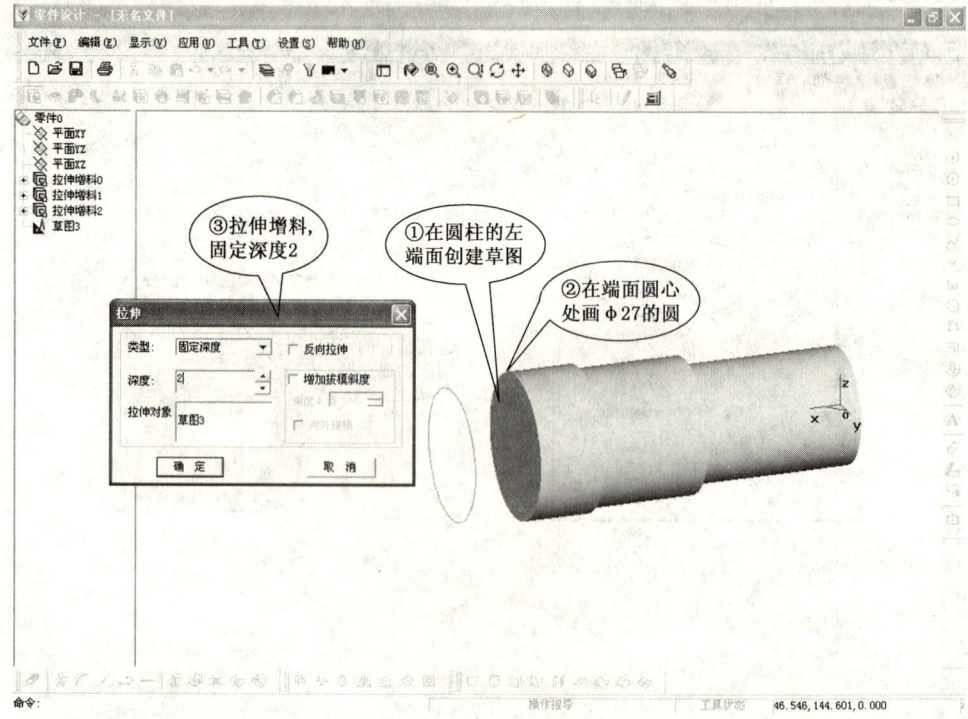

步骤5：

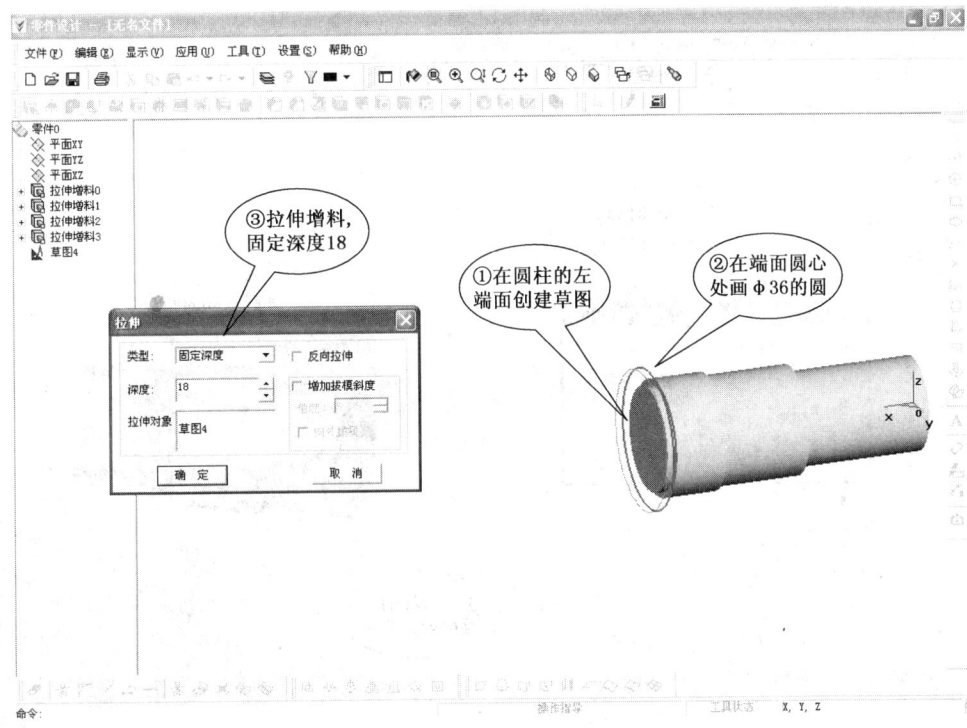

步骤6：

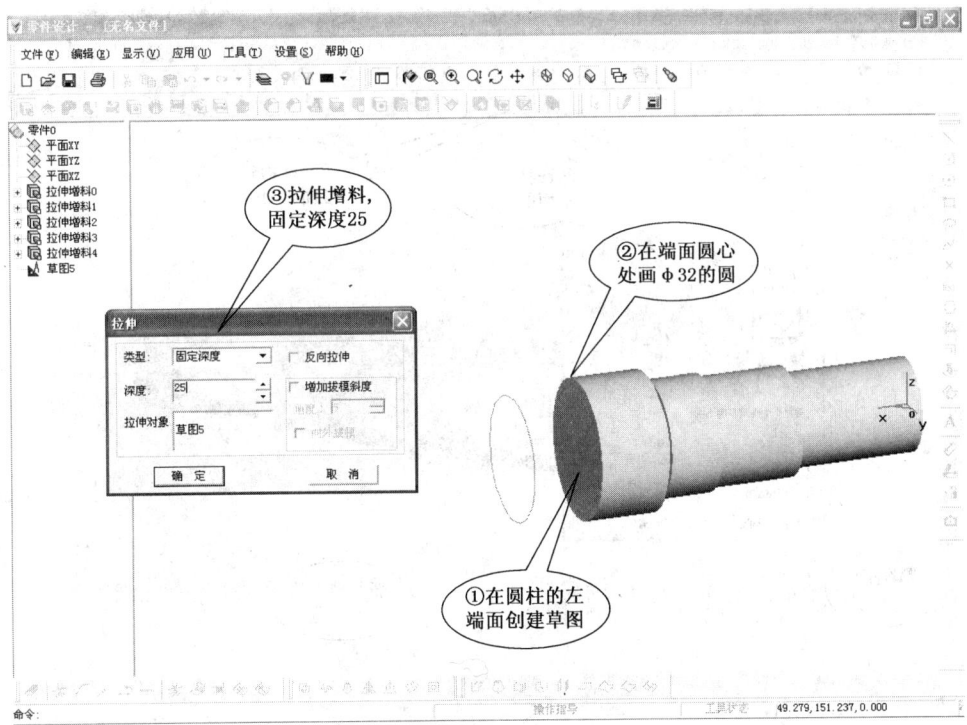

步骤7：

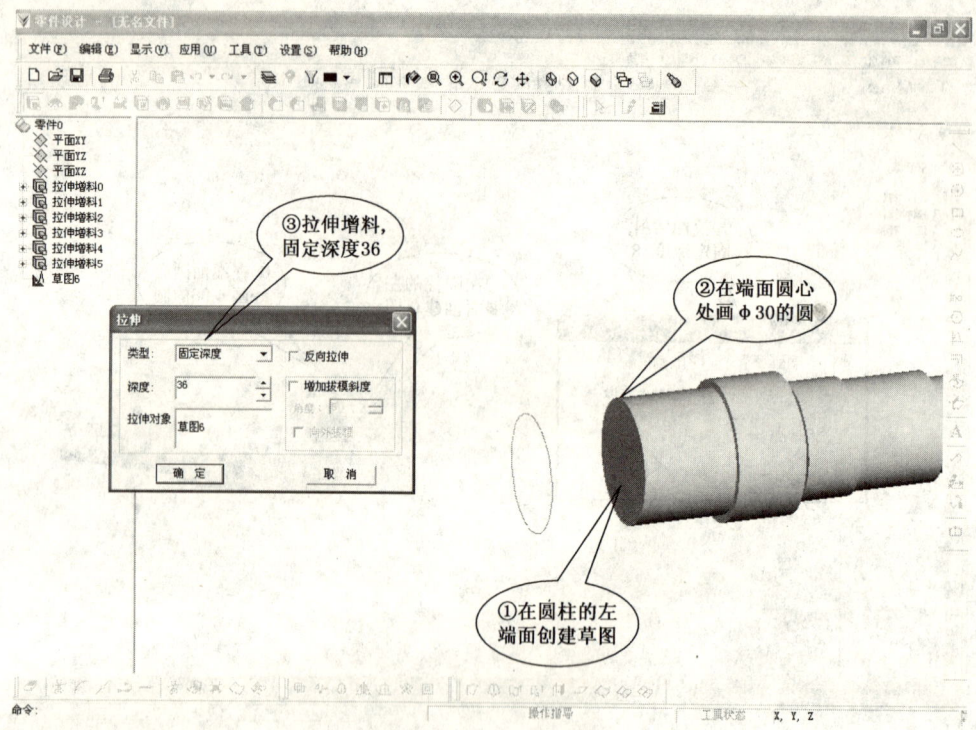

步骤8：

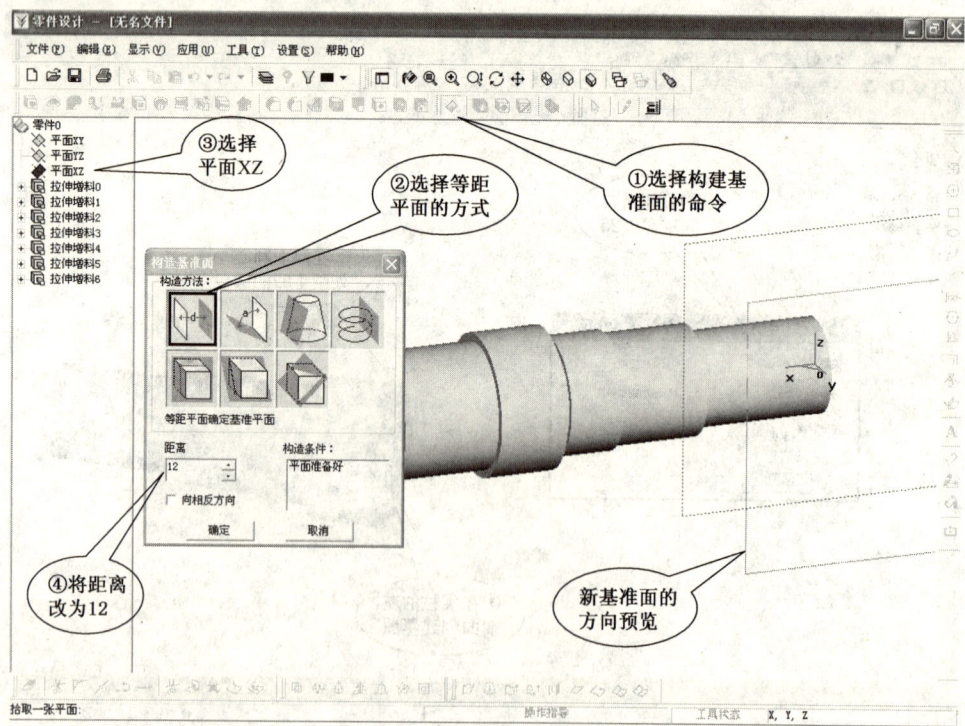

步骤9：

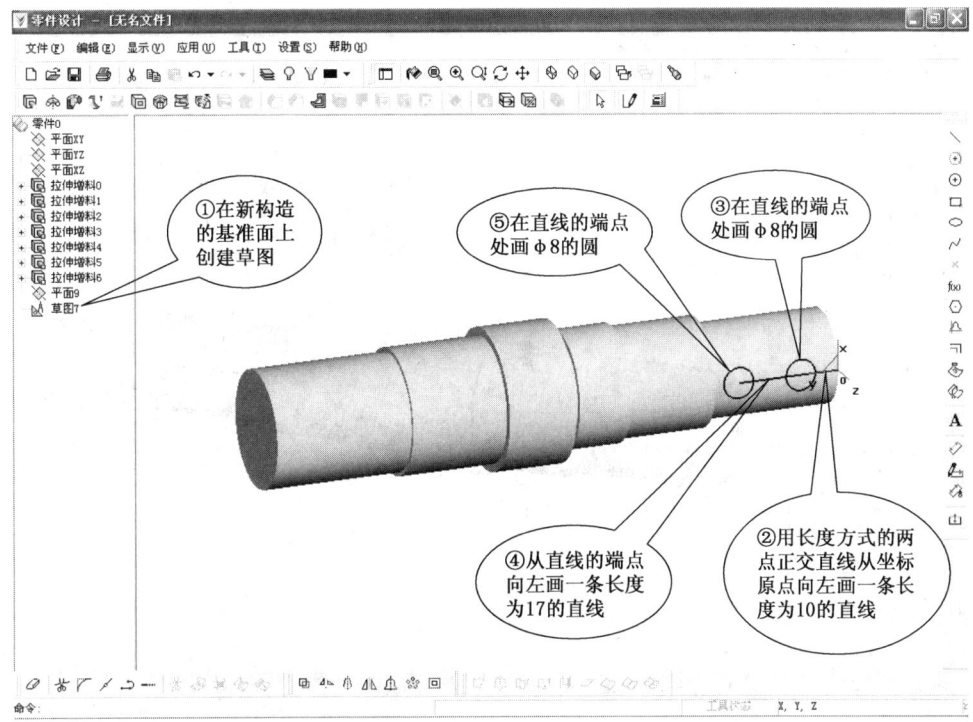

步骤10：

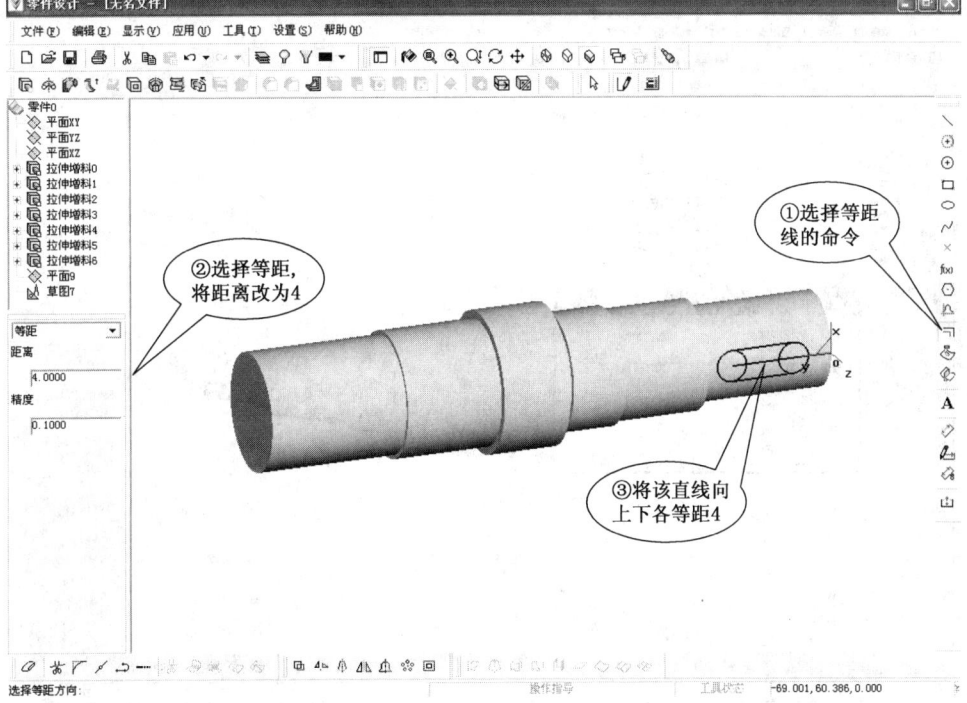

步骤11：

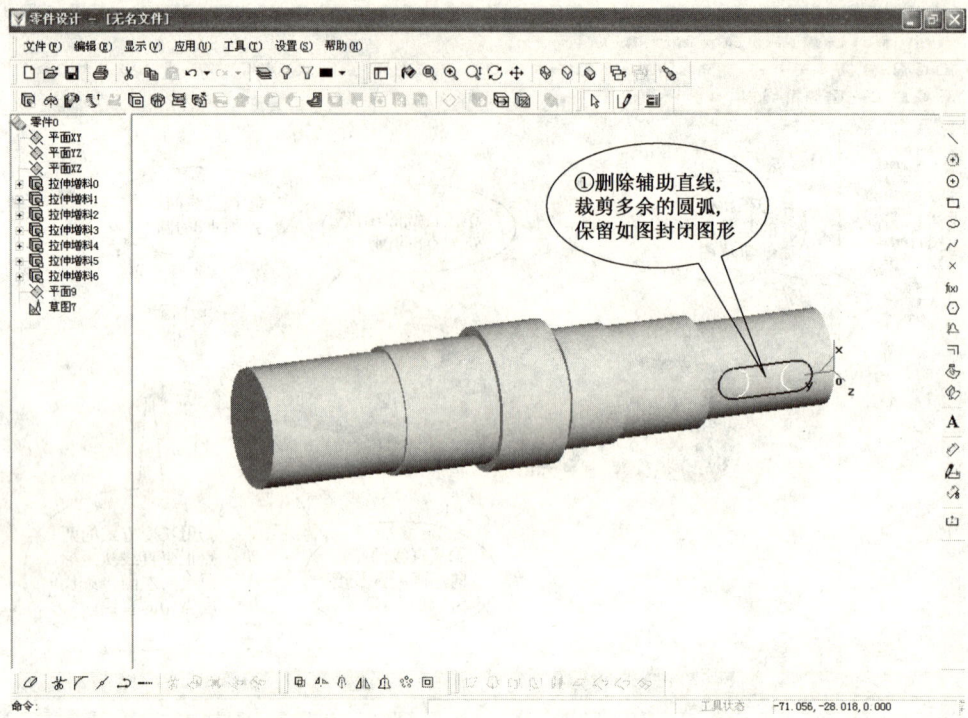

步骤12：

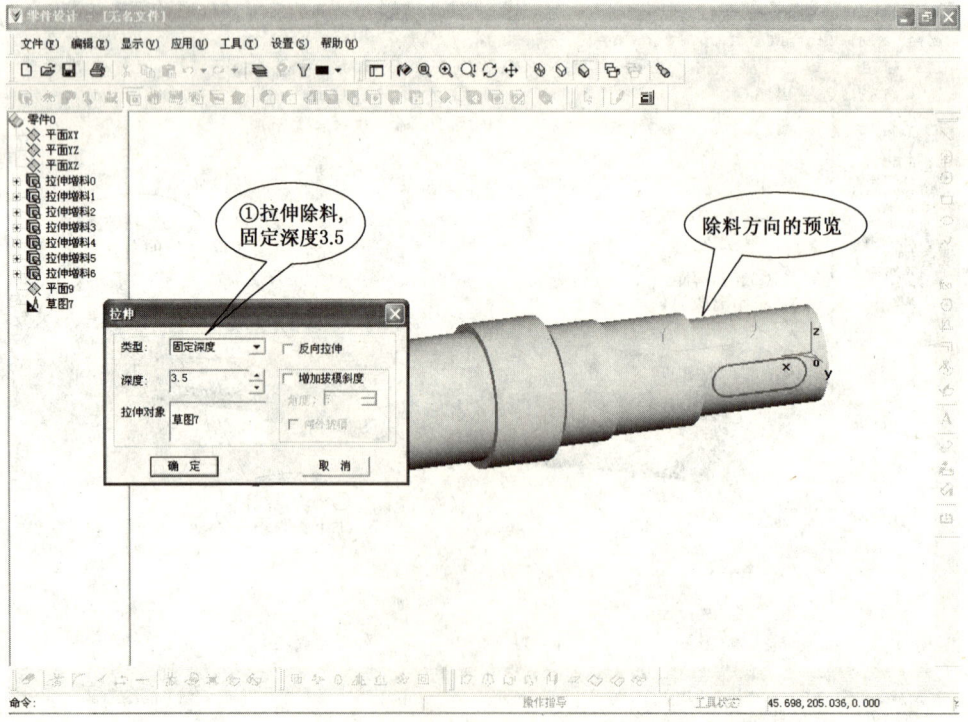

步骤13：

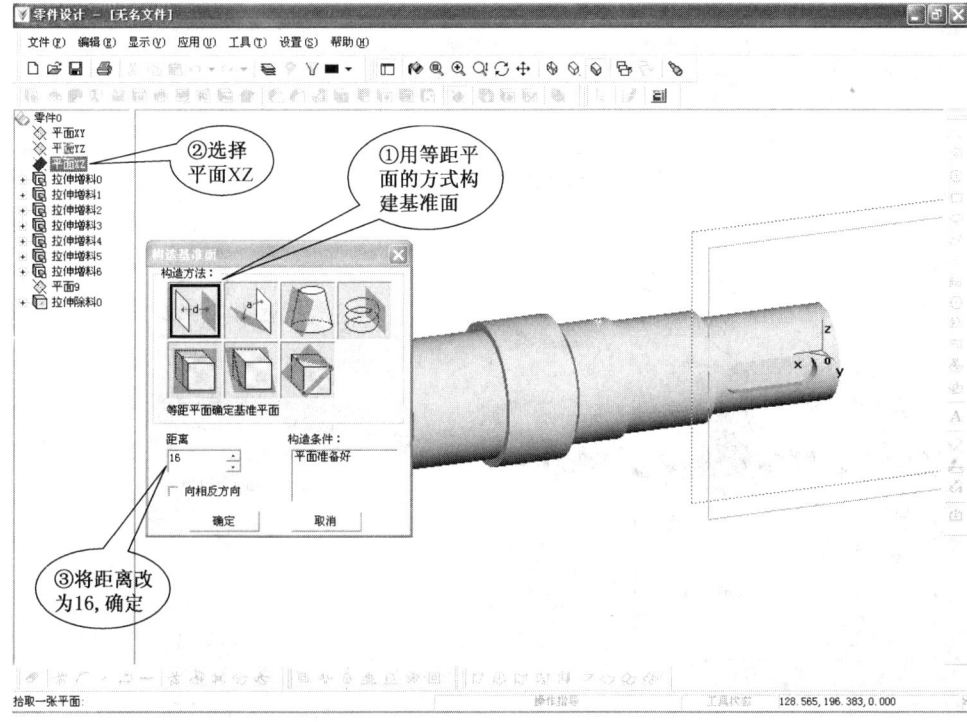

步骤14：

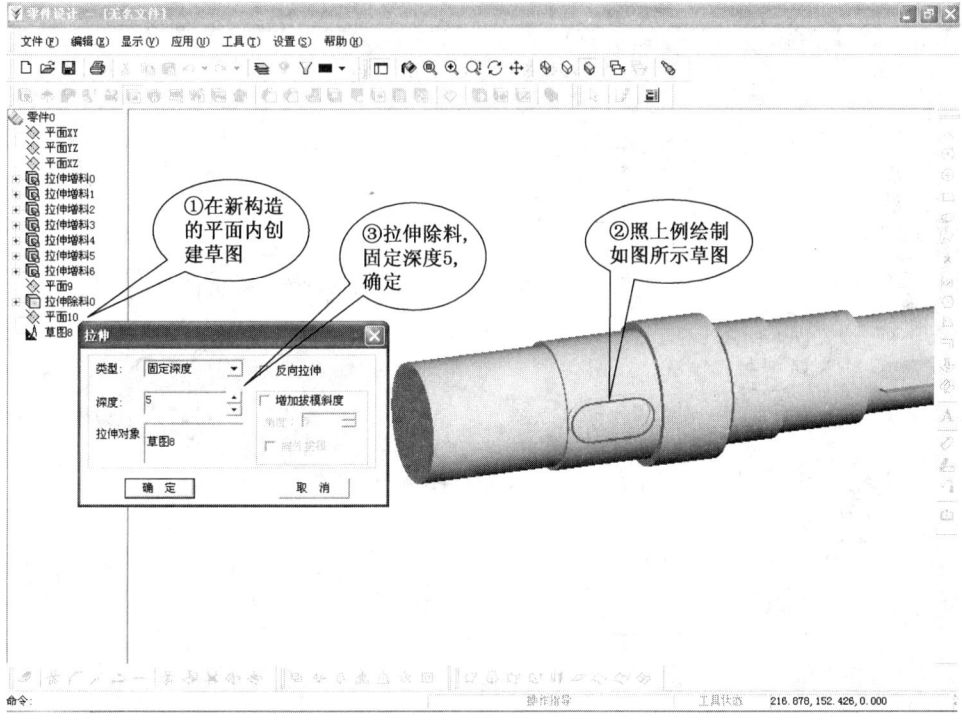

步骤15：

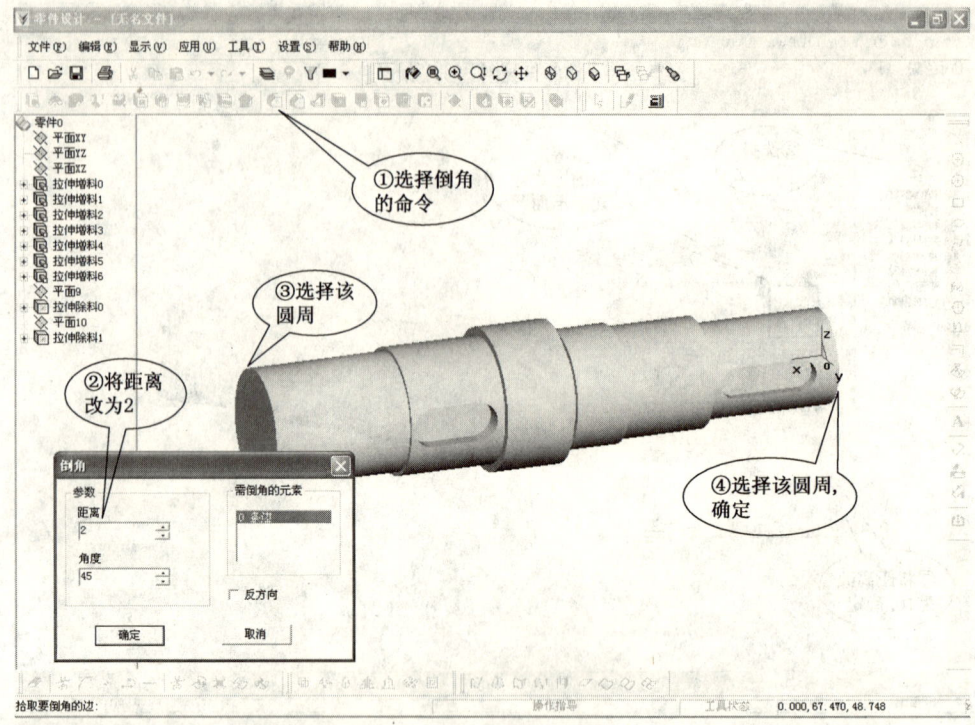

步骤16：

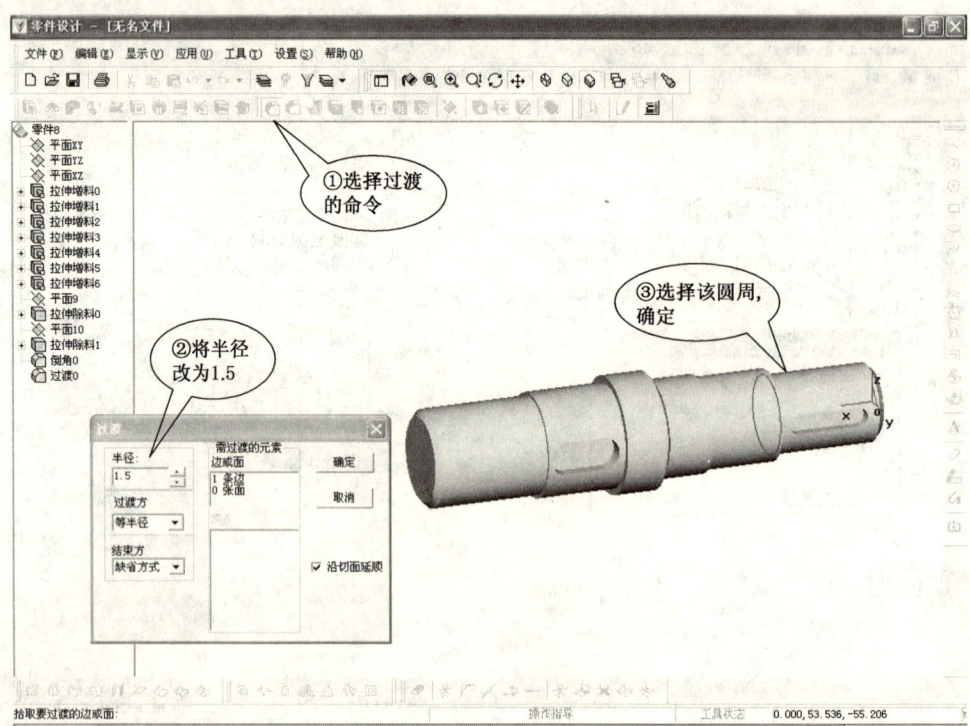

步骤17：

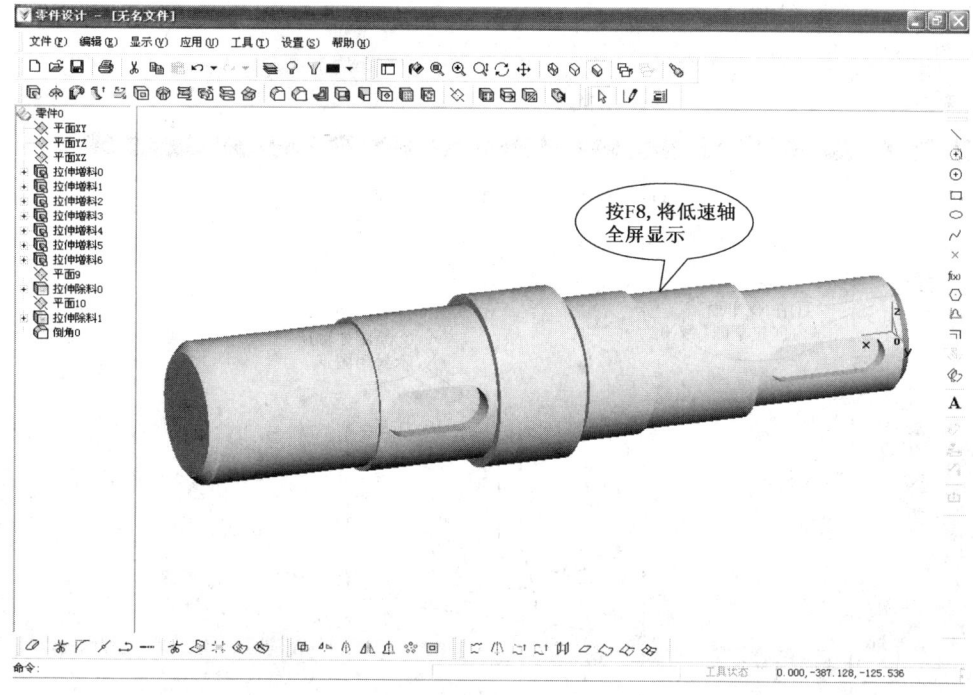

【101】 反光片的绘制

设计目标：
根据反光片的平面图绘制轴测图,如图3-2-3所示。

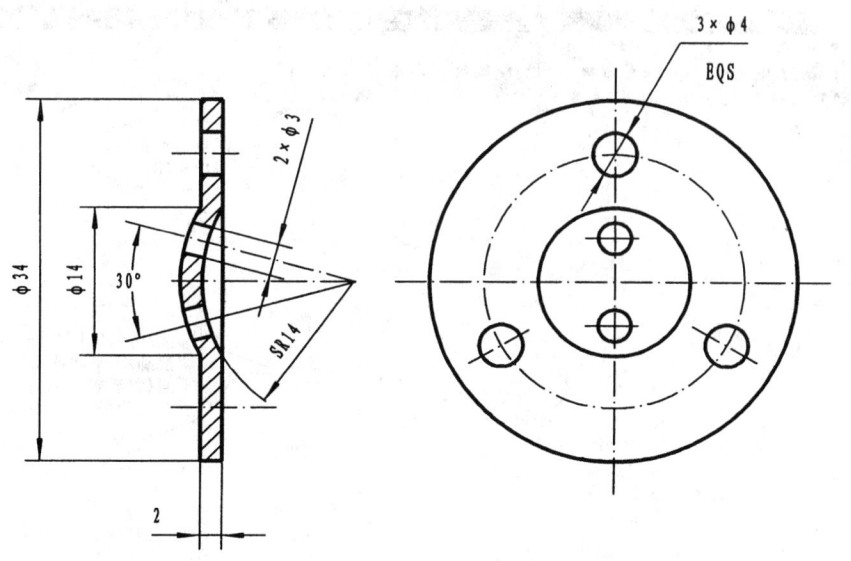

图 3-2-3

技术要点：
（1）旋转增料生成实体特征方法；

(2) 斜孔的绘制；
(3) 全剖视图的绘制。
画图步骤：
步骤1：

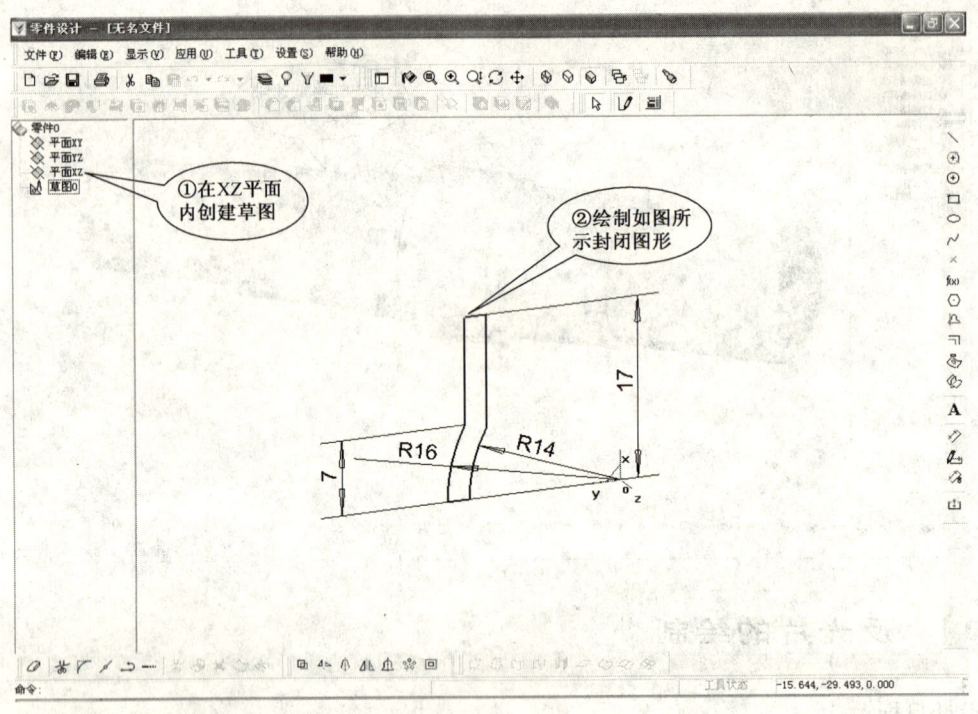

步骤2：

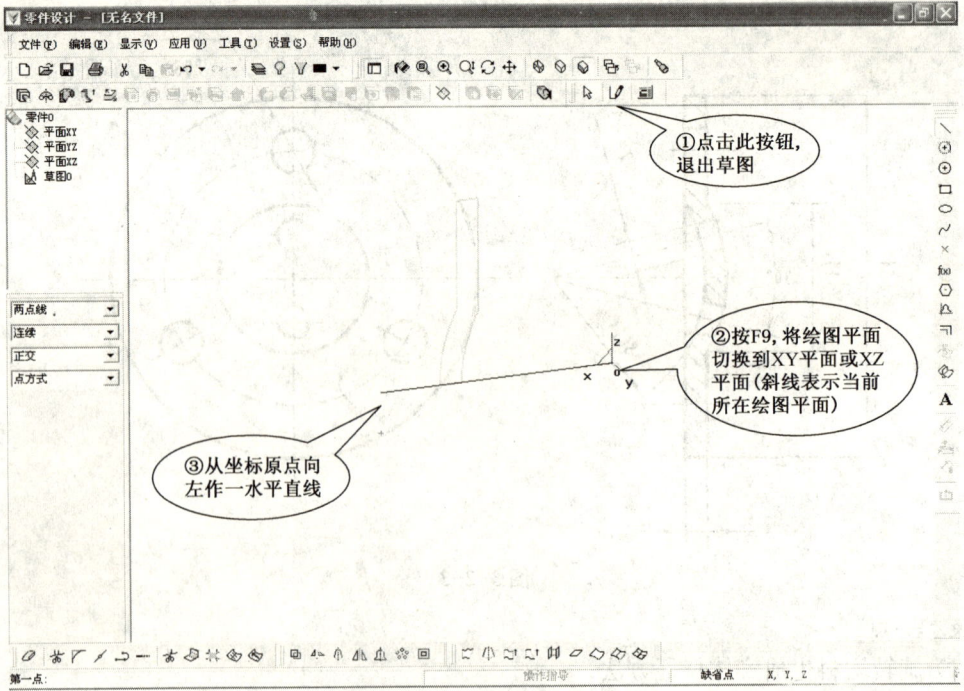

步骤3：

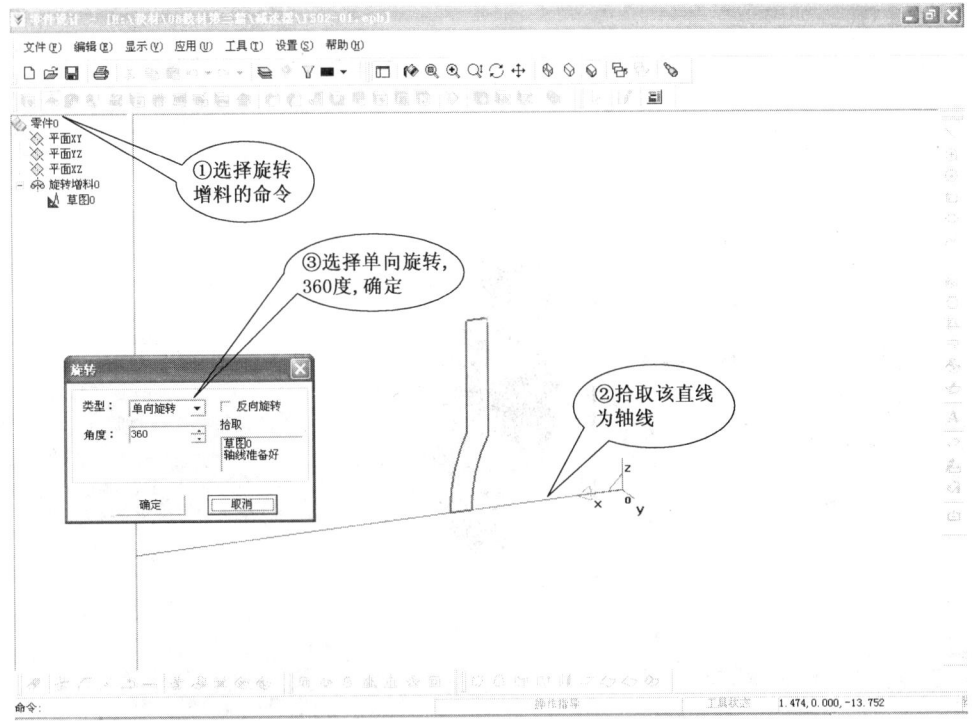

步骤4：

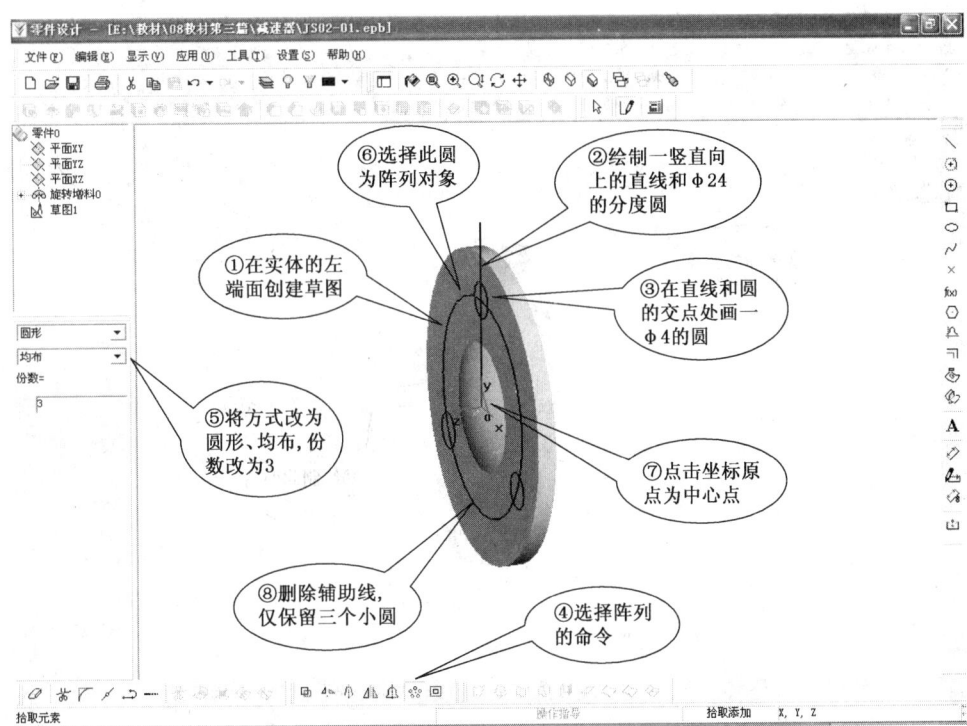

步骤5：

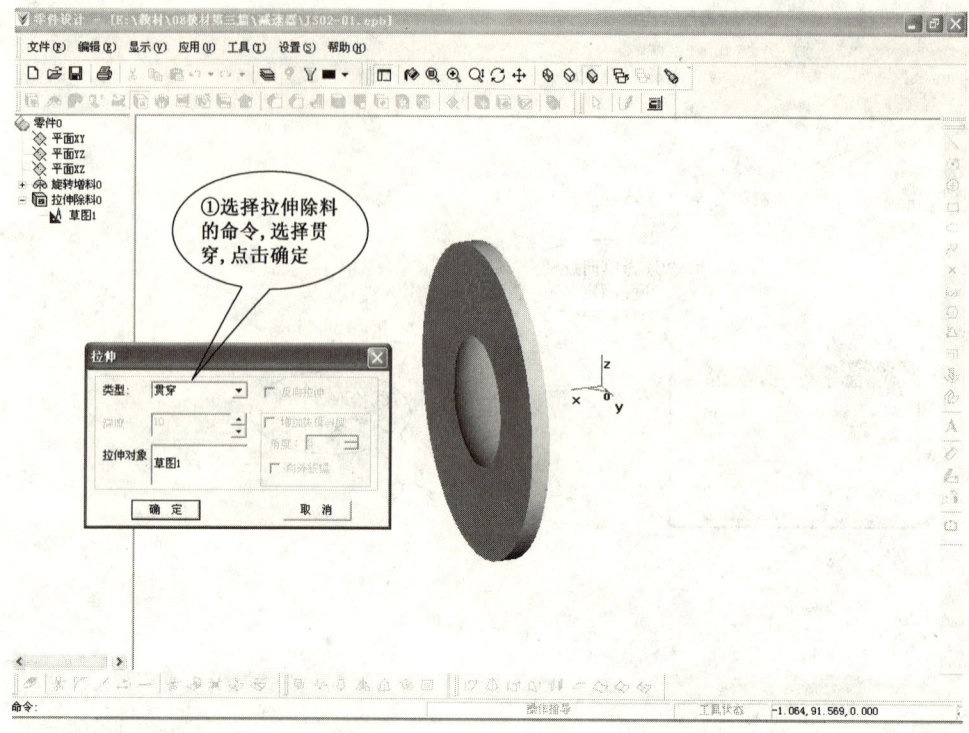

步骤6：

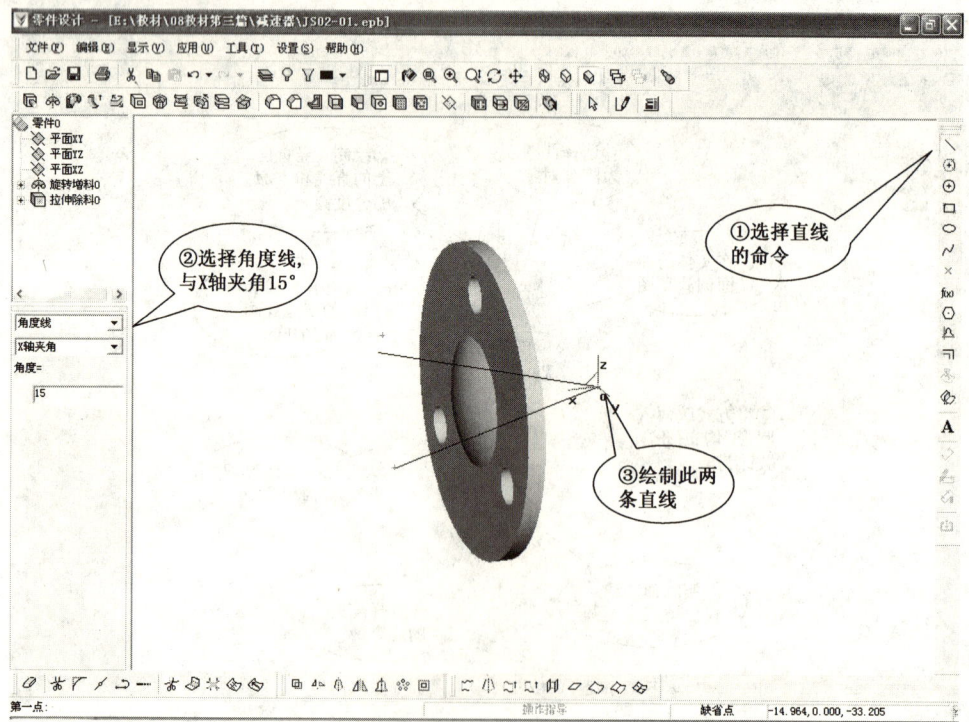

步骤7：

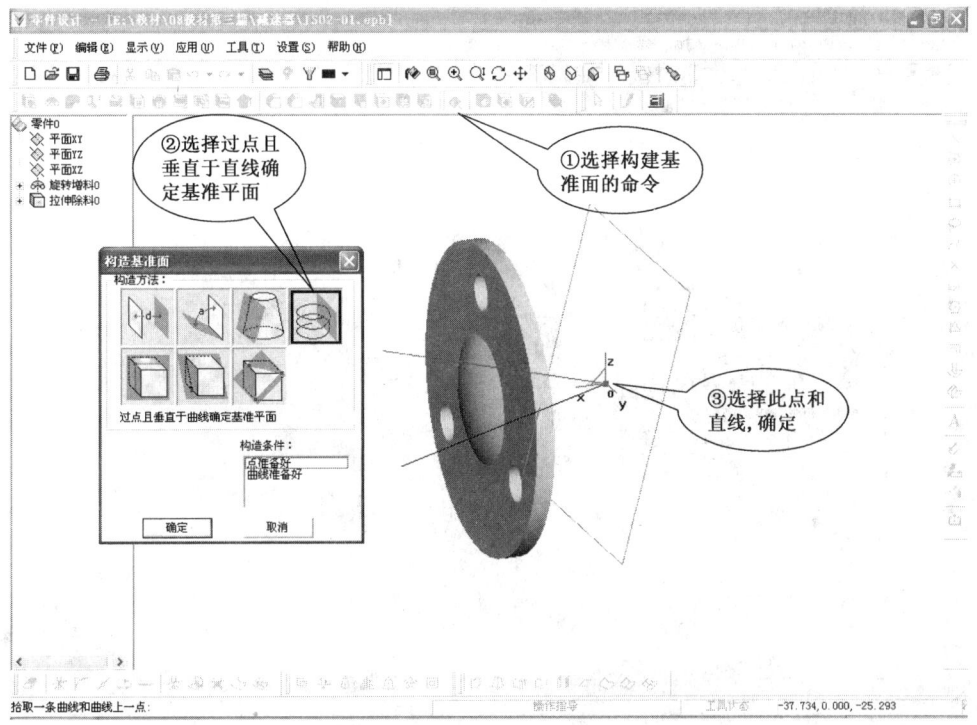

步骤8：

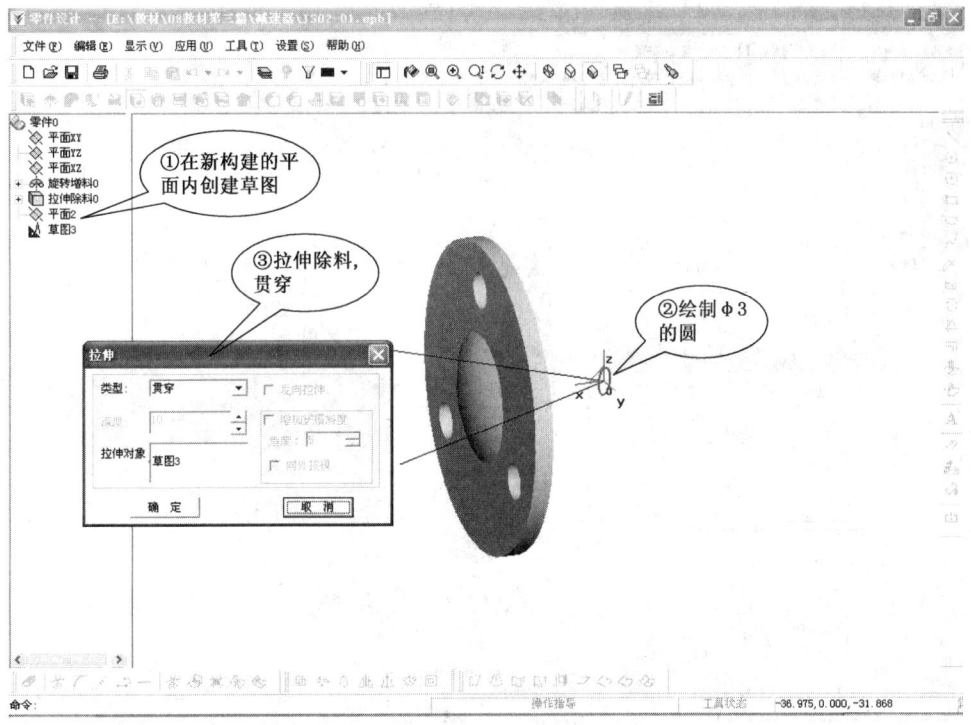

步骤9：

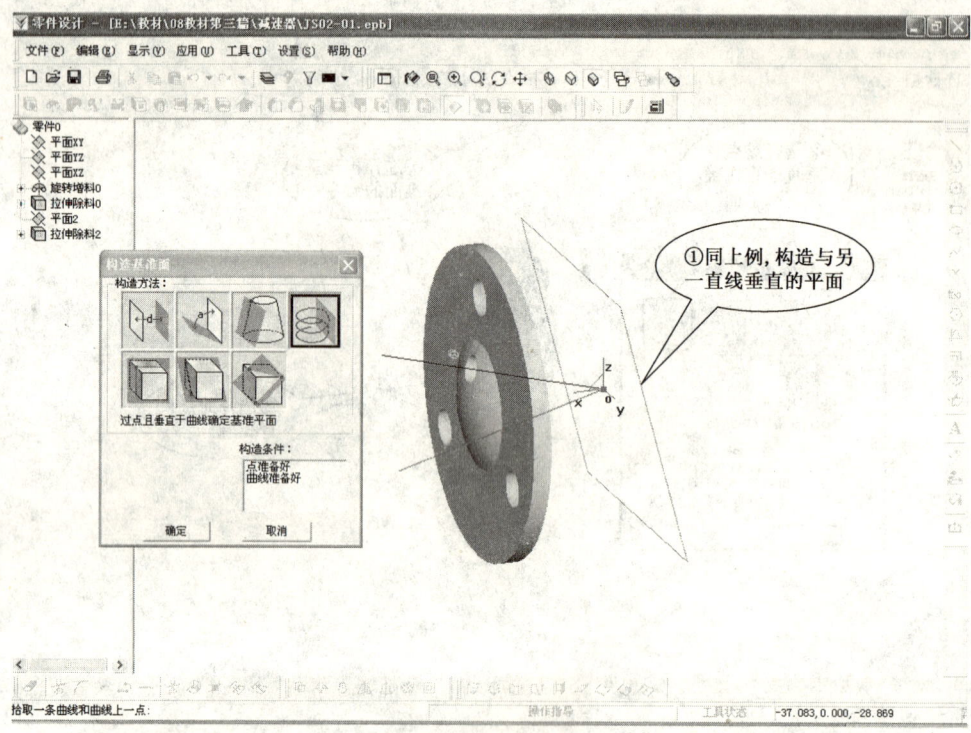

步骤10：

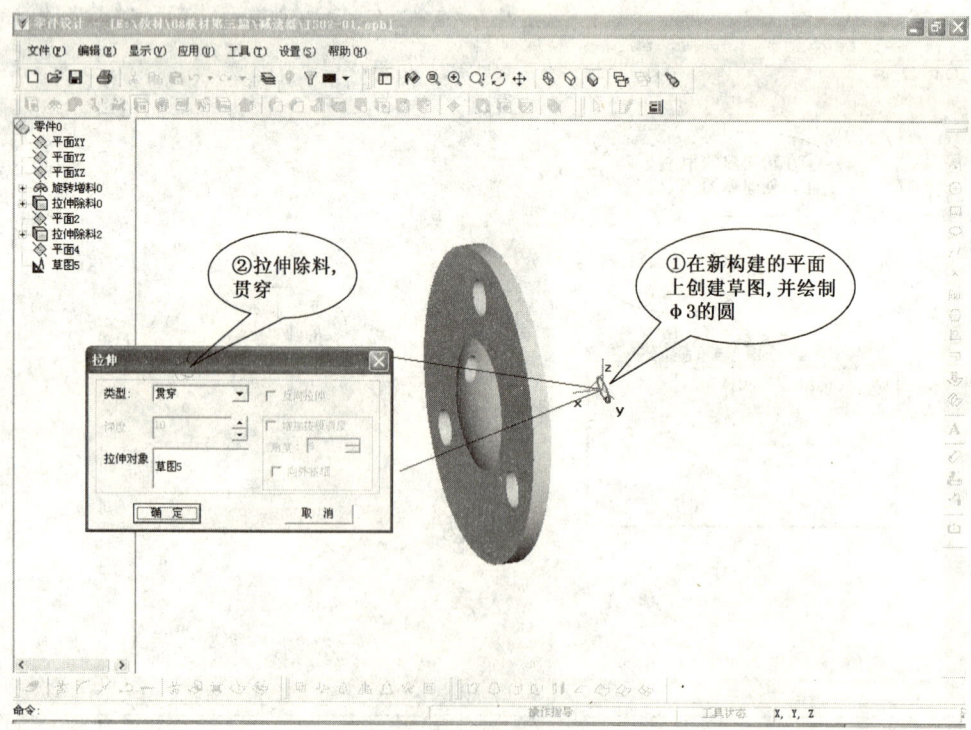

步骤11:

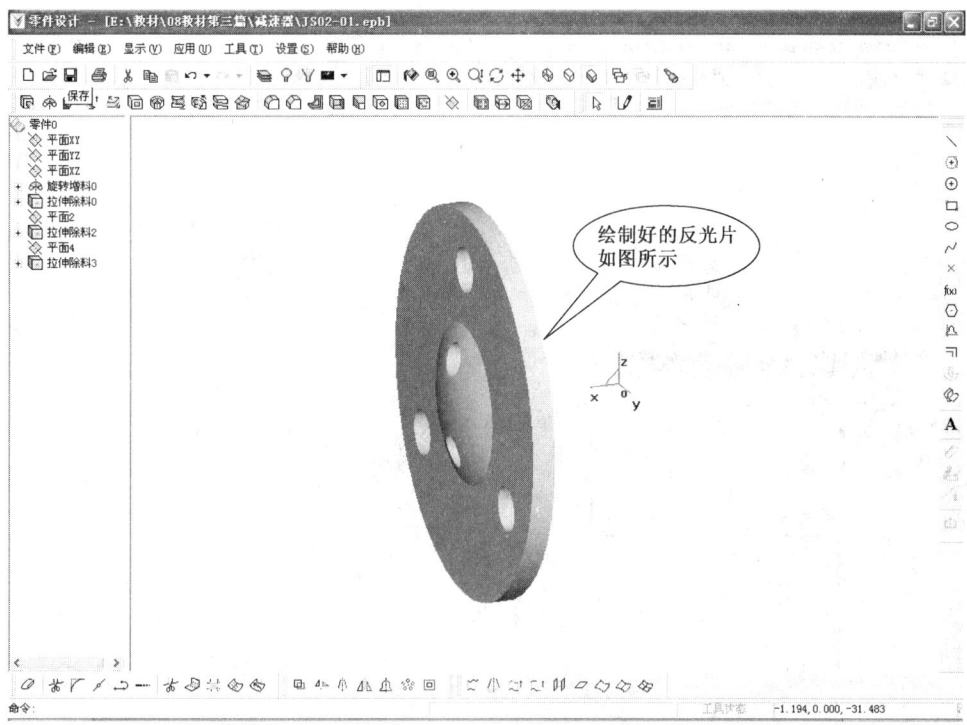

步骤12:

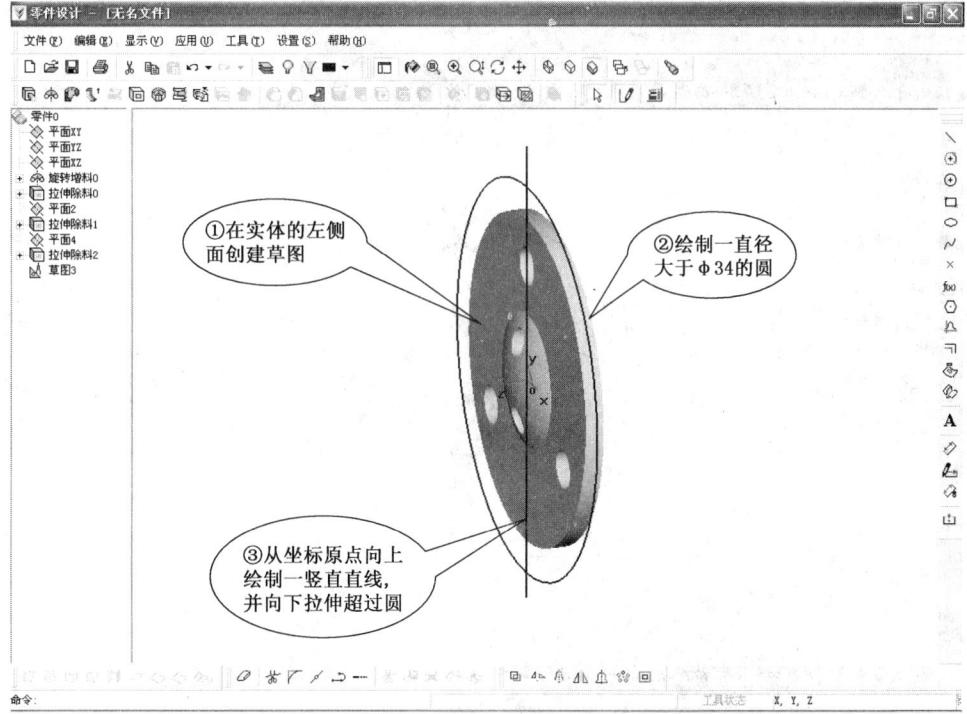

步骤13：

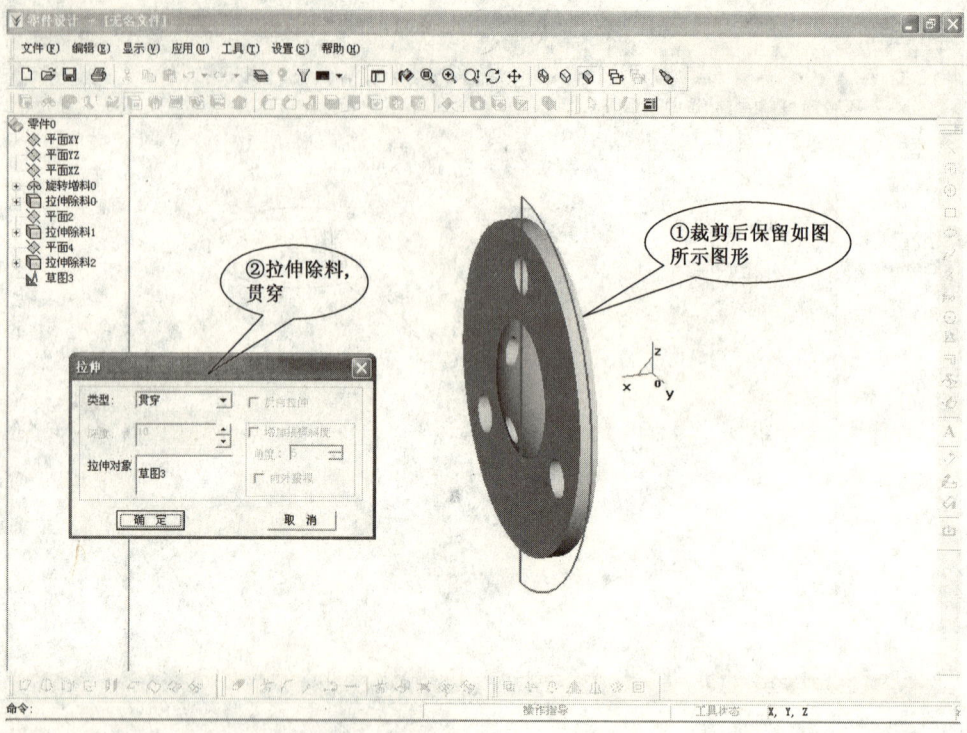

步骤14：

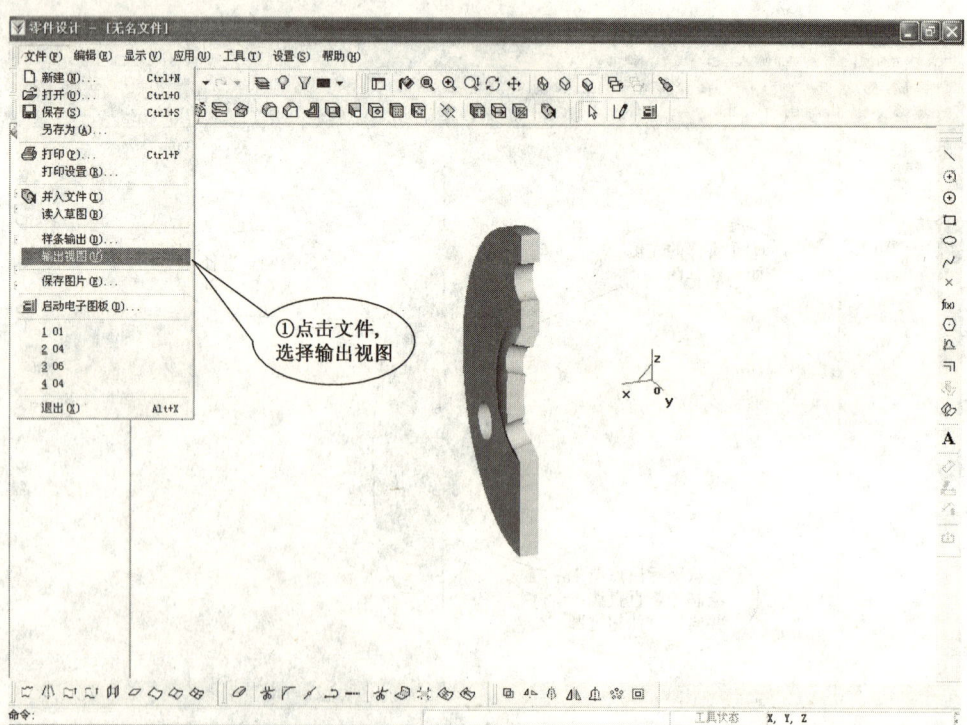

步骤15：

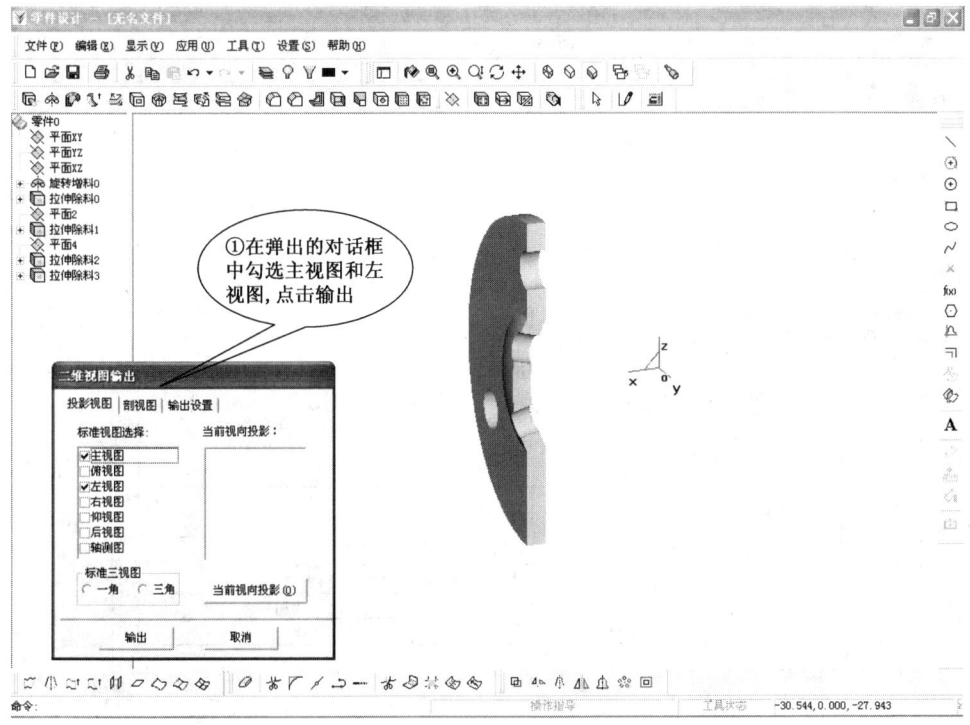

步骤16：

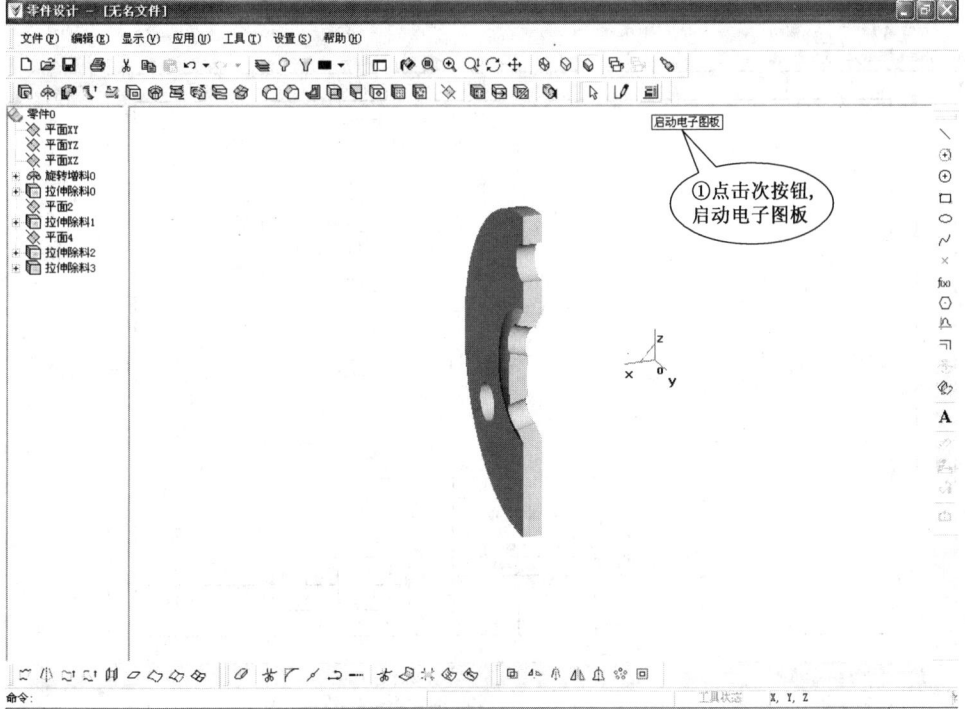

步骤17：

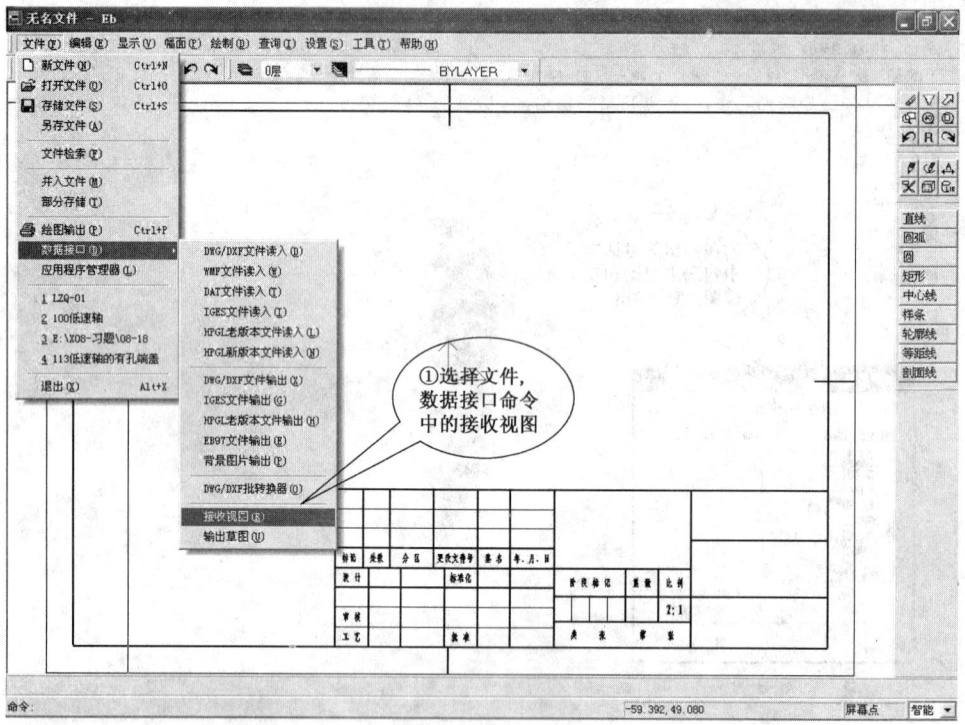

步骤18：

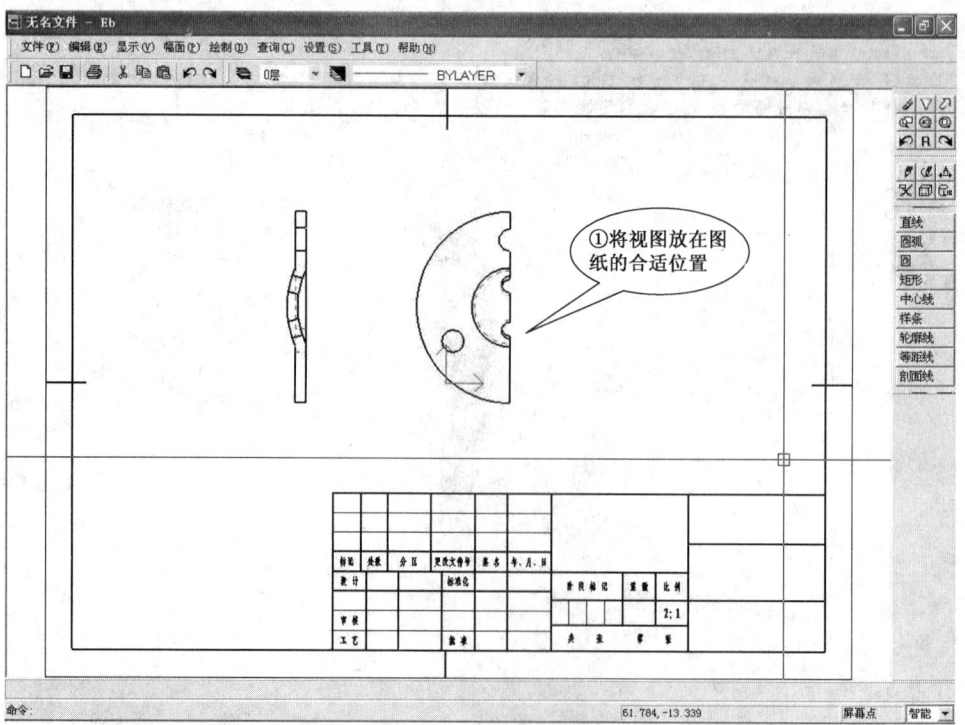

步骤19：

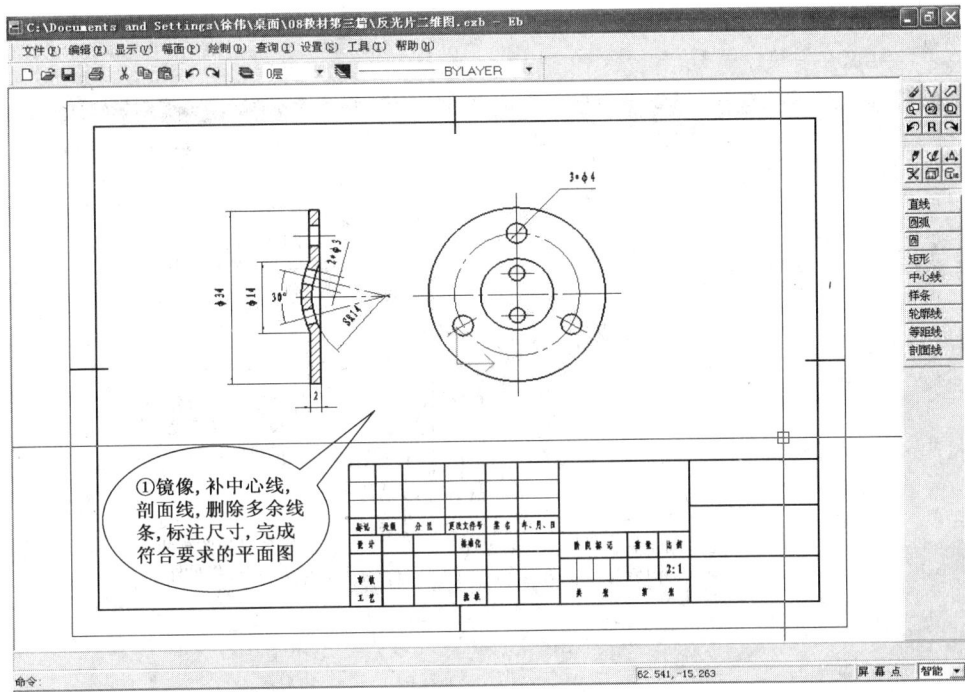

【102】 圆垫片的绘制

设计目标：

根据垫片的平面图绘制轴测图，如图 3-2-4 所示。

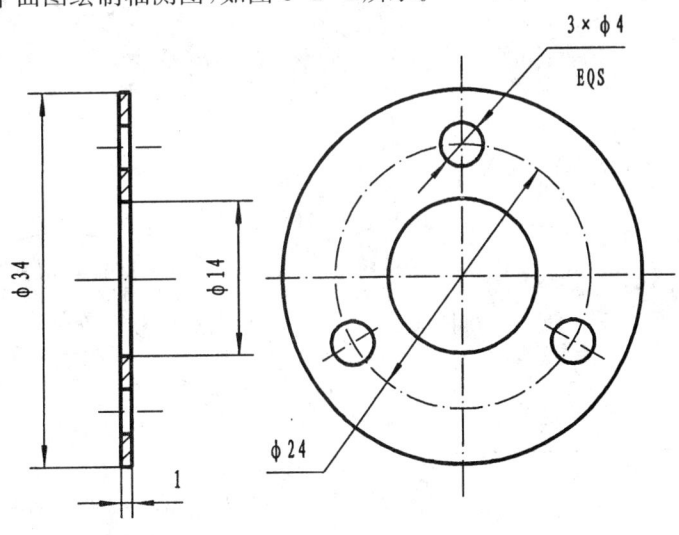

图 3-2-4

技术要点：

(1) 平面上均布孔的阵列方式；

(2) 拉伸增料。
画图步骤：
步骤1：

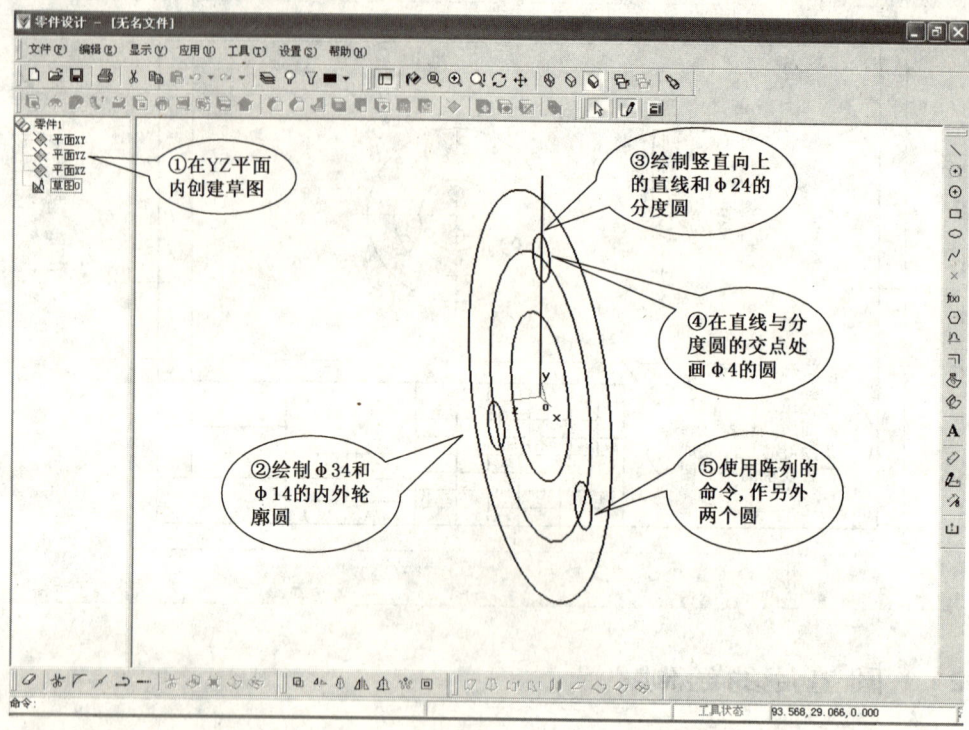

步骤2：

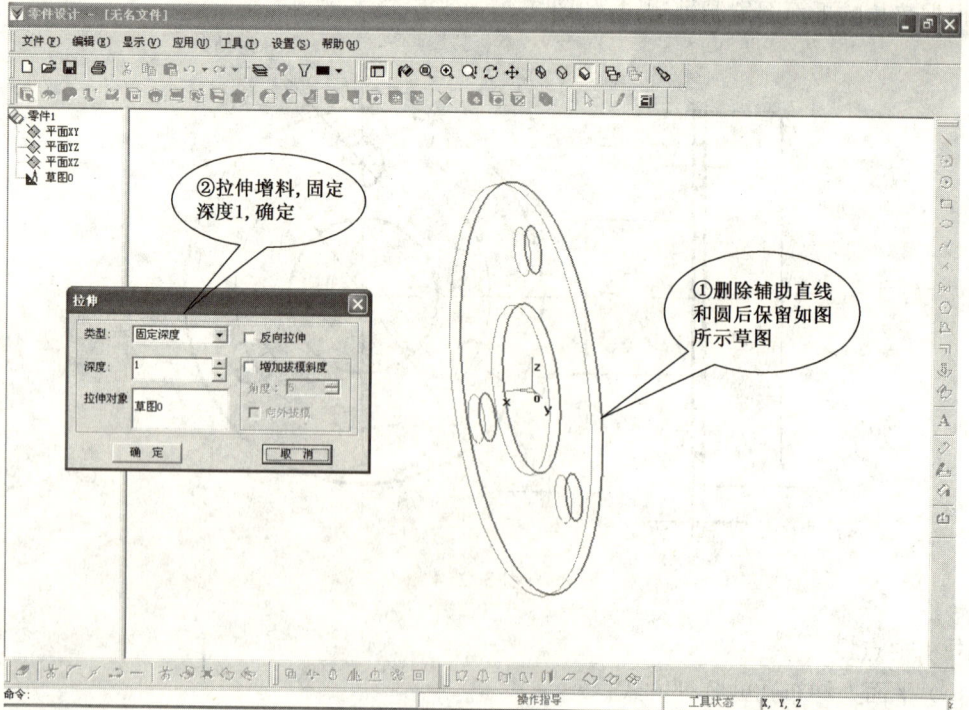

步骤3：

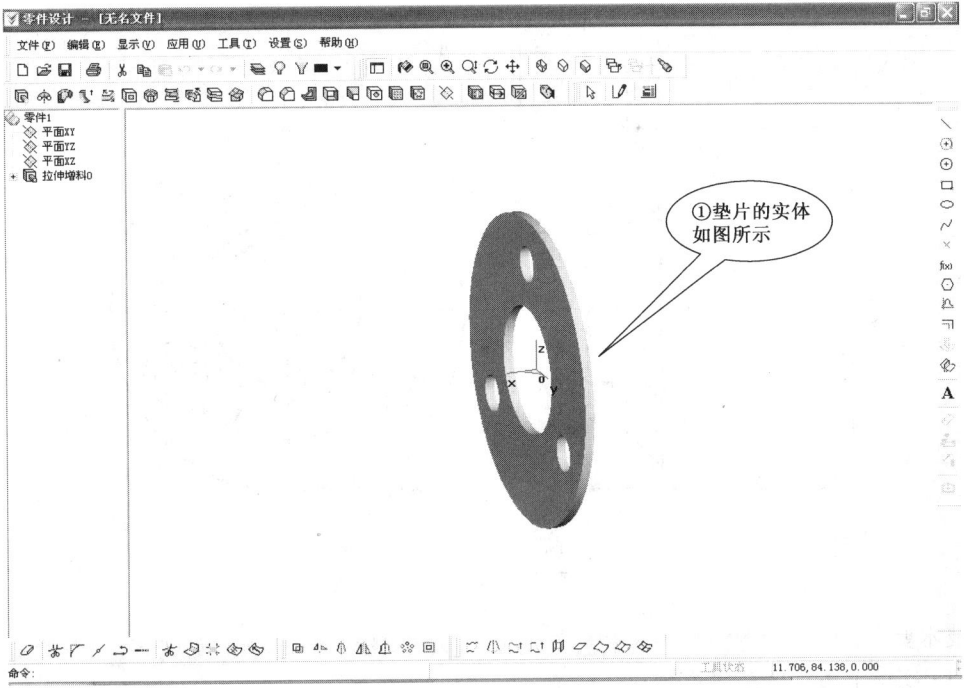

【103】 油面指示片的绘制

设计目标：

根据油面指示片的平面图绘制轴测图，如图 3-2-5 所示。

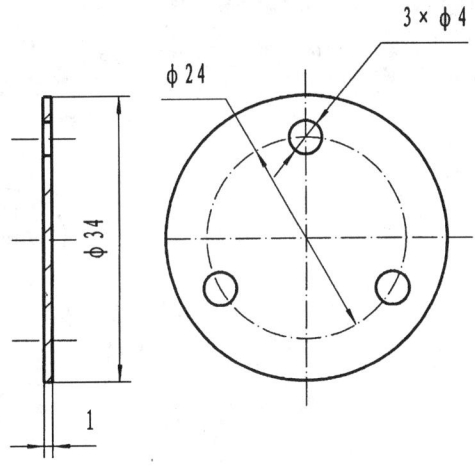

图 3-2-5

绘图过程与上例相似，从略。

【104】 小盖的绘制

设计目标：

根据小盖的平面图绘制轴测图，如图 3-2-6 所示。

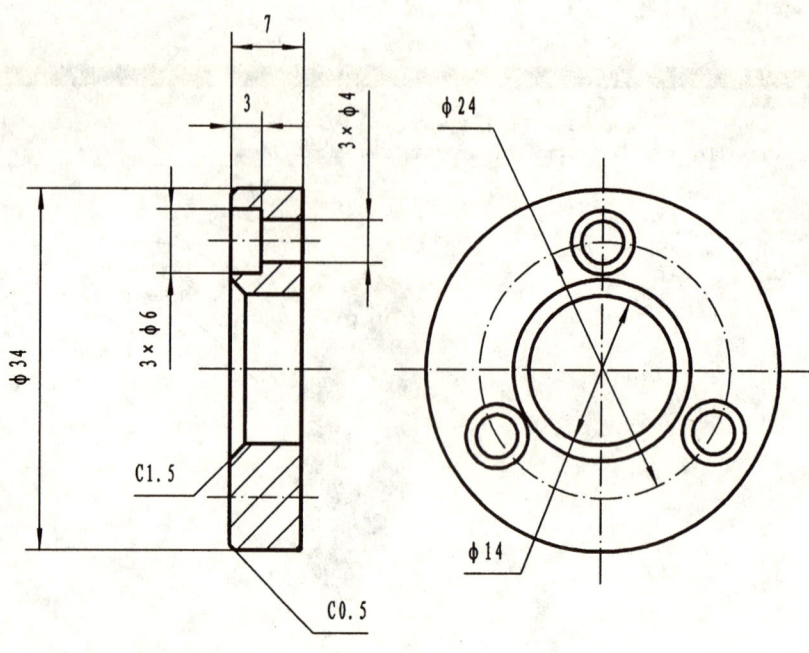

图 3-2-6

技术要点：
(1) 实体上沉孔的绘制方法；
(2) 倒角的绘制。

画图步骤：

步骤1：

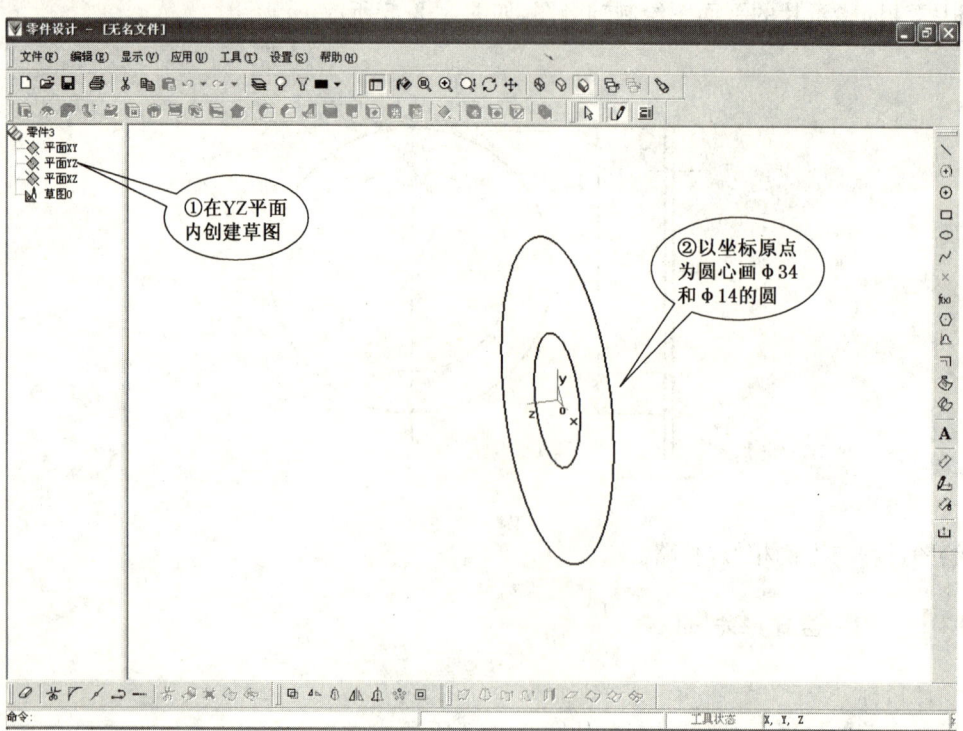

步骤2：

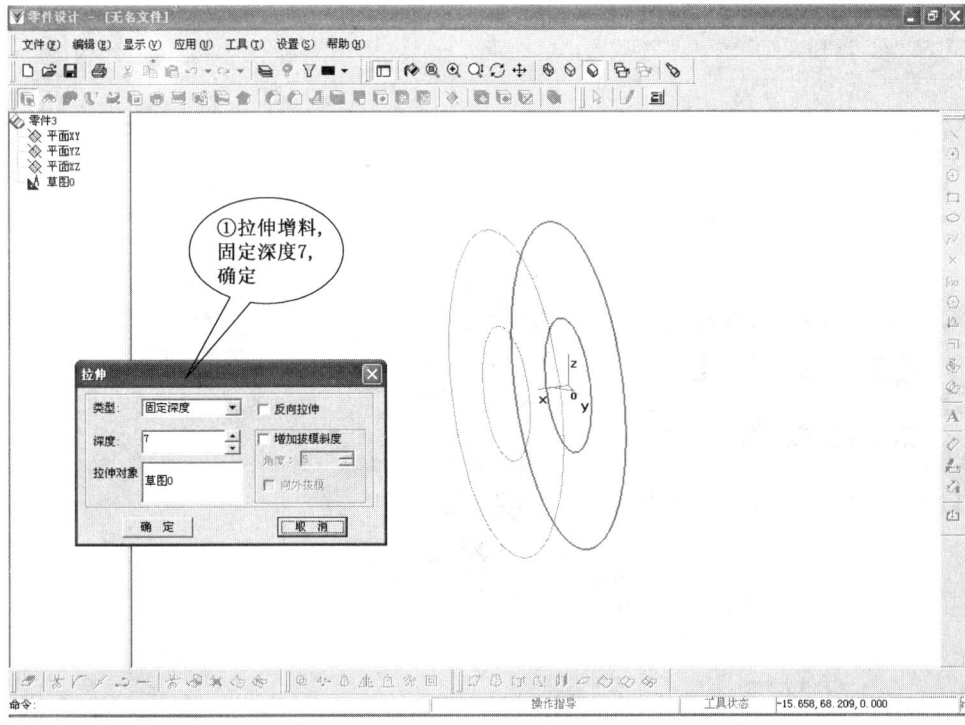

步骤3：

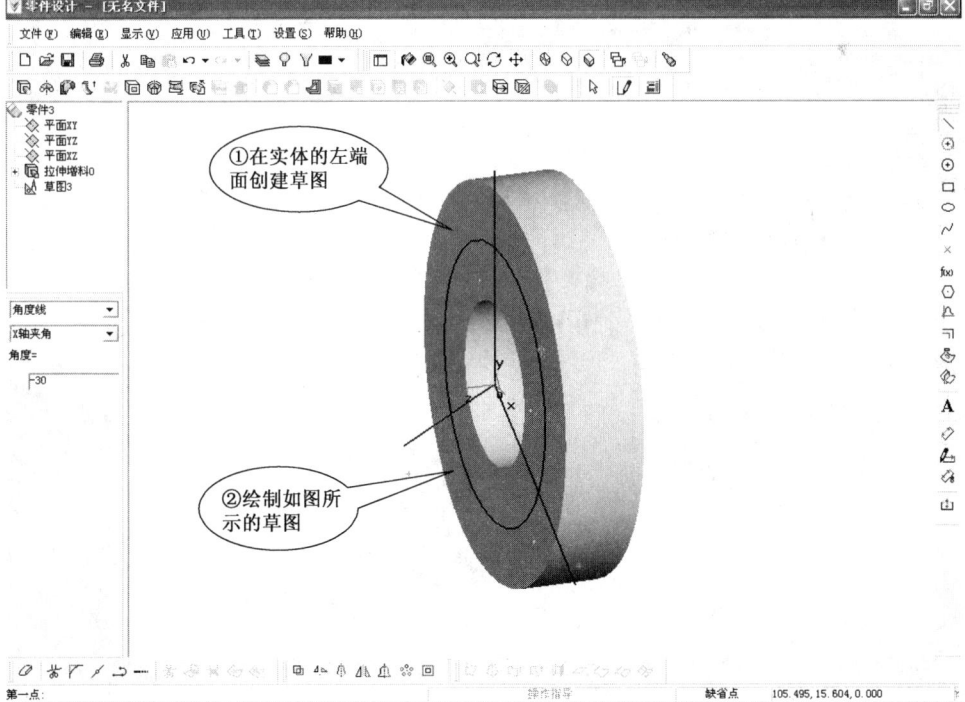

步骤4：

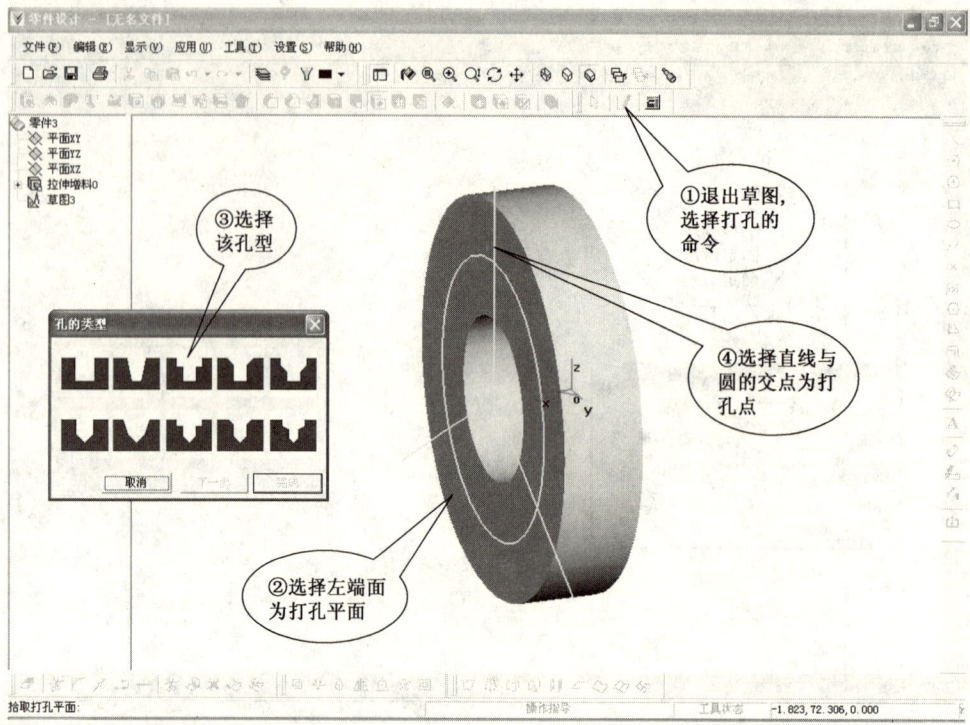

步骤5：

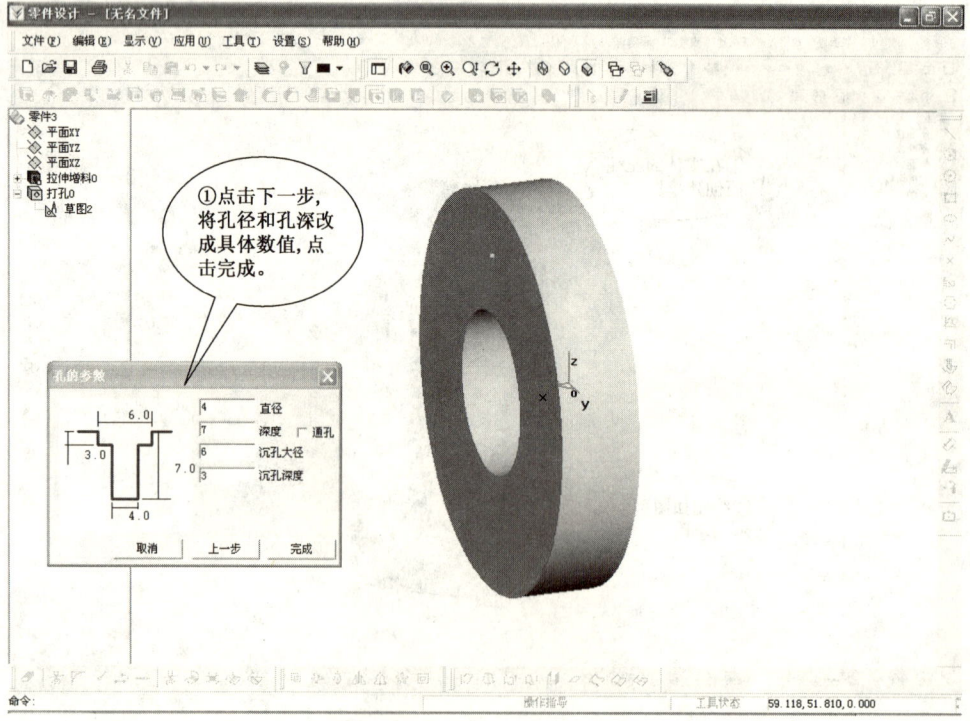

步骤6：

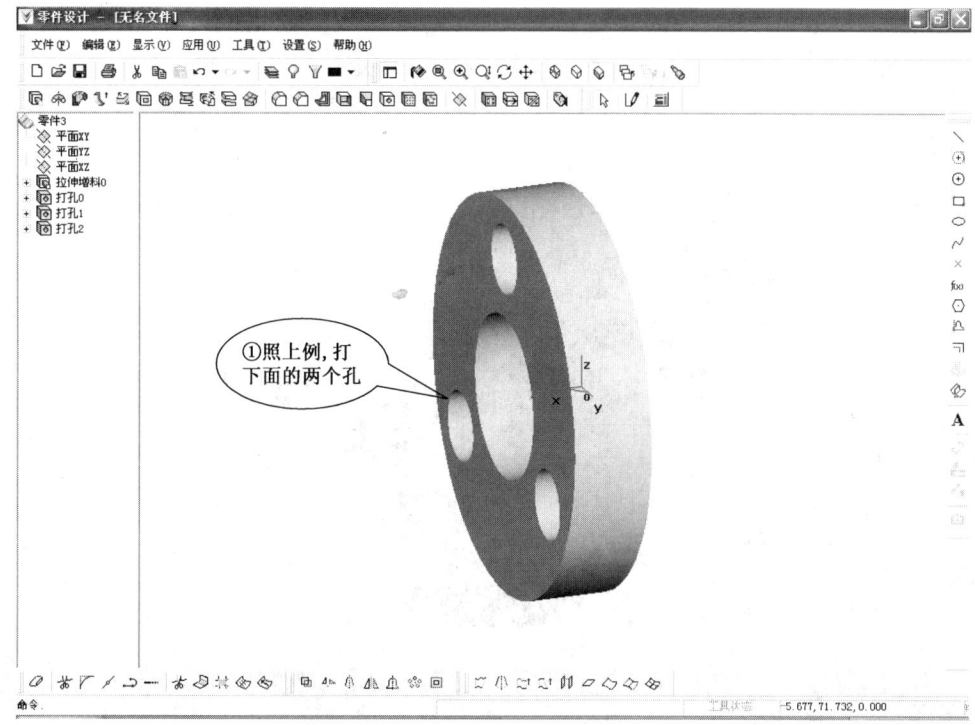

步骤7：

步骤8：

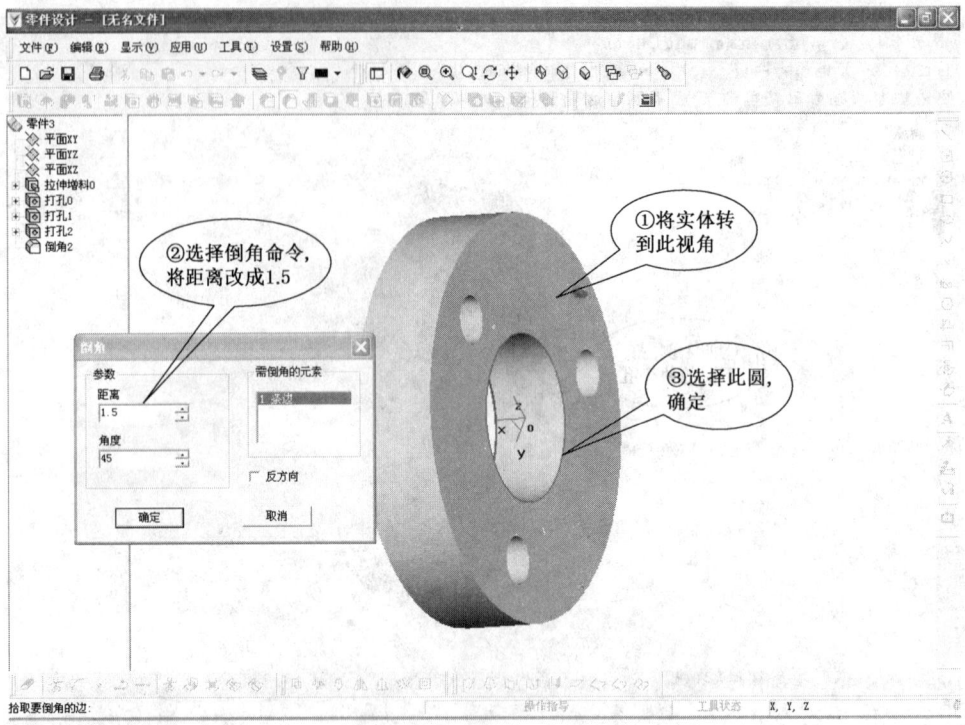

步骤9：

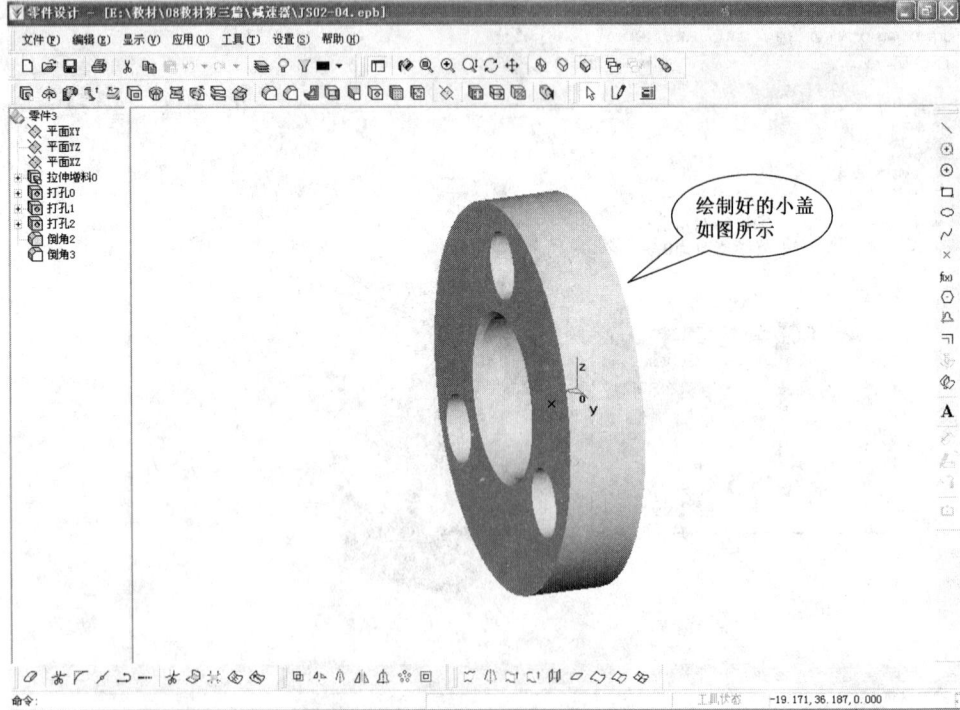

【105】 方垫片的绘制

设计目标：

根据方垫片的平面图绘制轴测图，如图 3-2-7 所示。

技术要点：

(1) 矩形的绘制方式；
(2) 方孔的绘制。

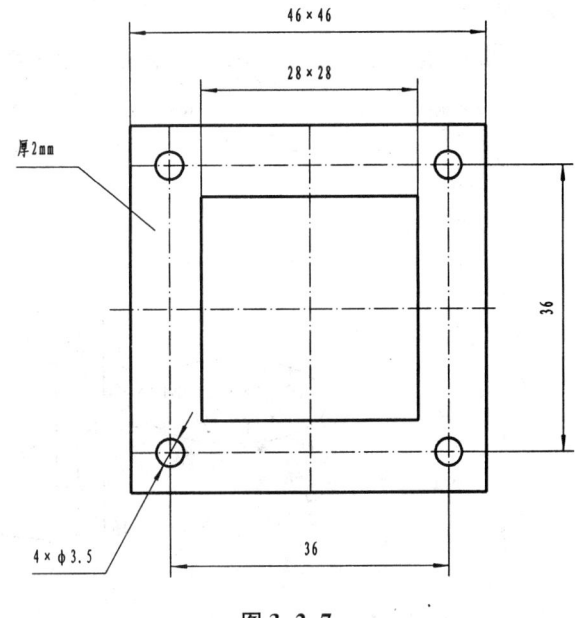

图 3-2-7

画图步骤：

步骤 1：

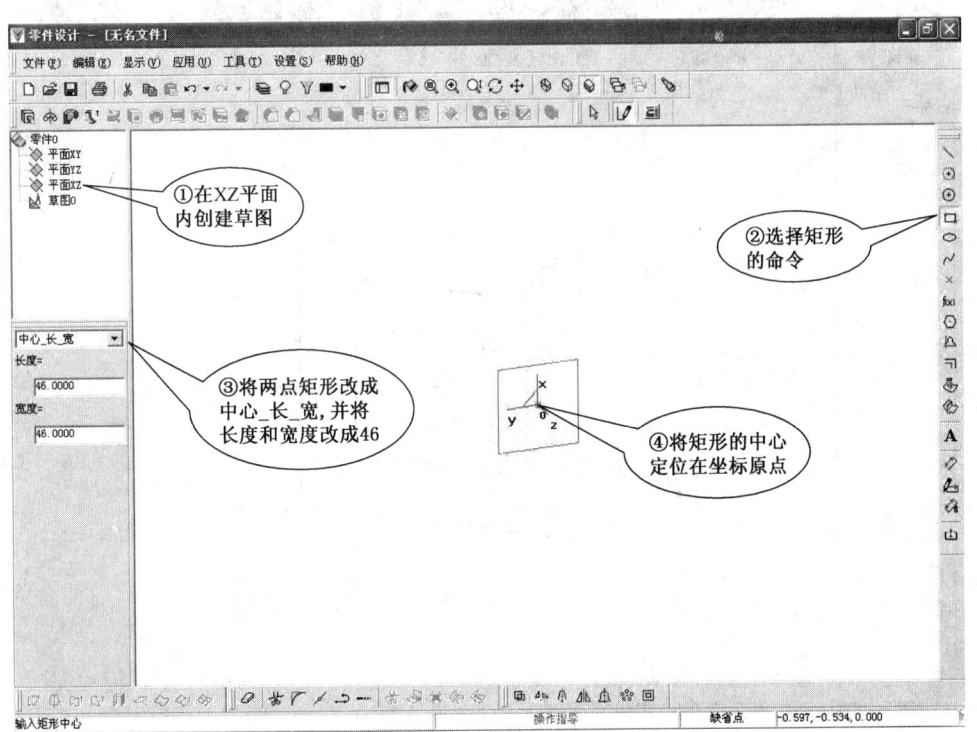

步骤2：

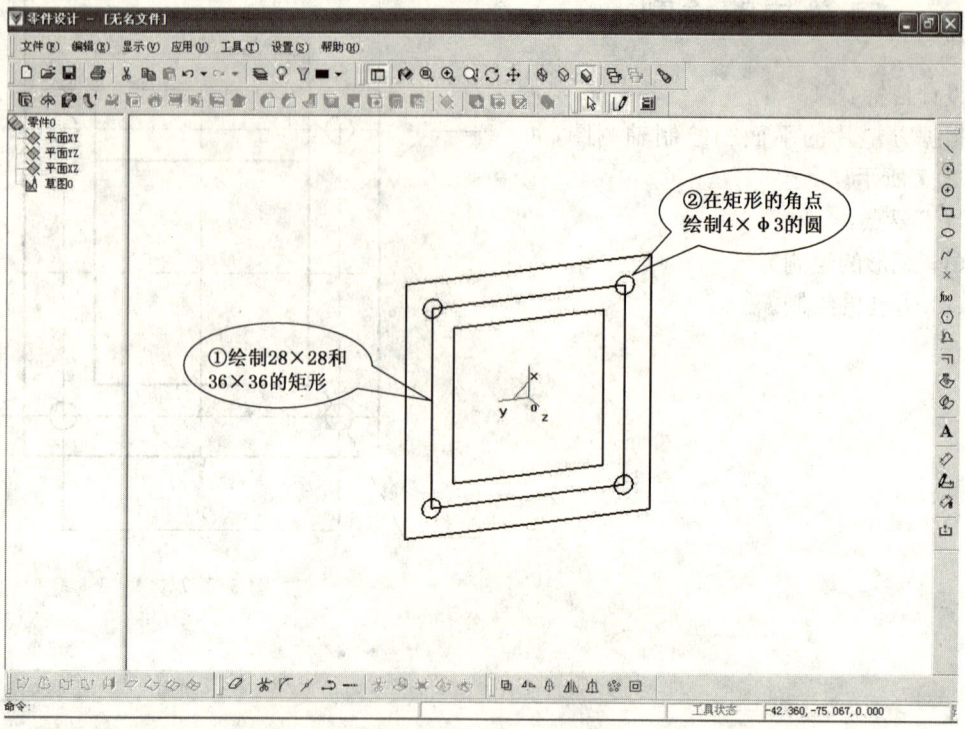

步骤3：

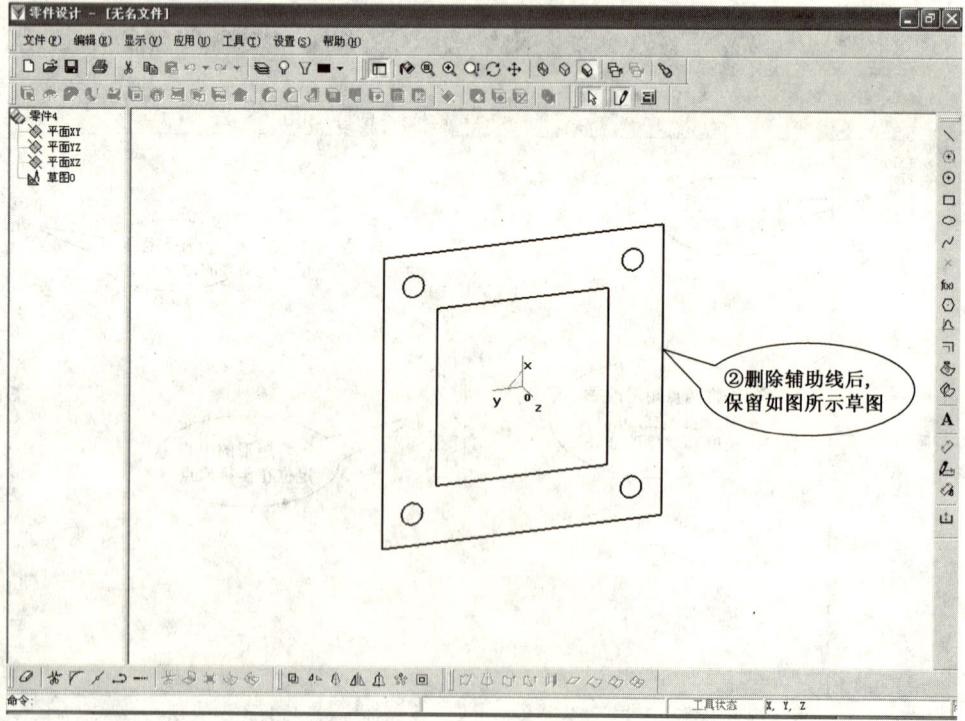

步骤4：

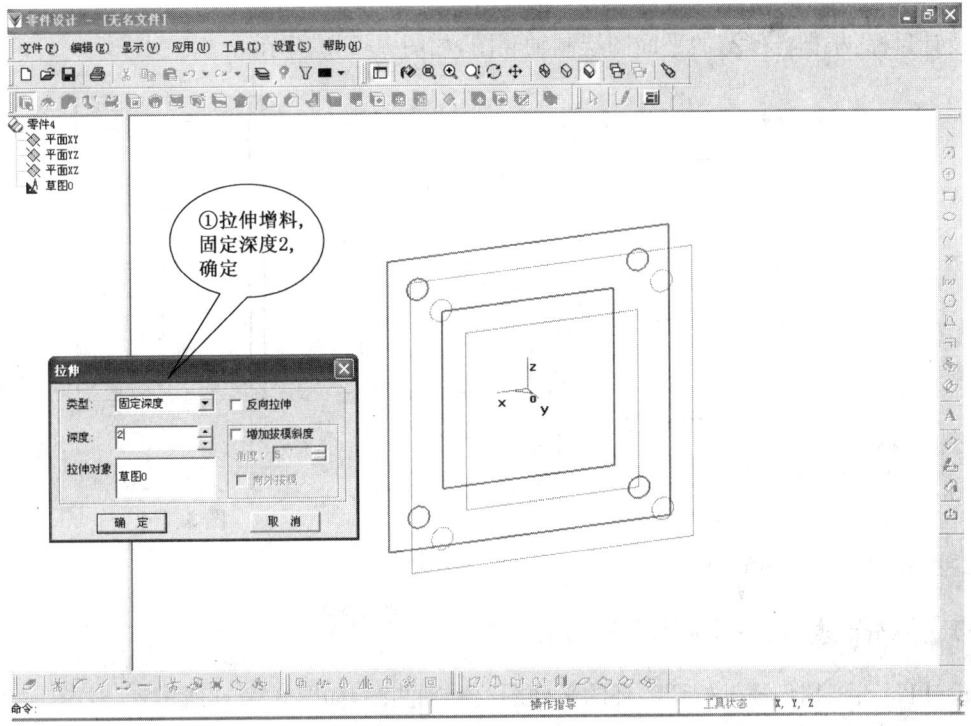

步骤5：

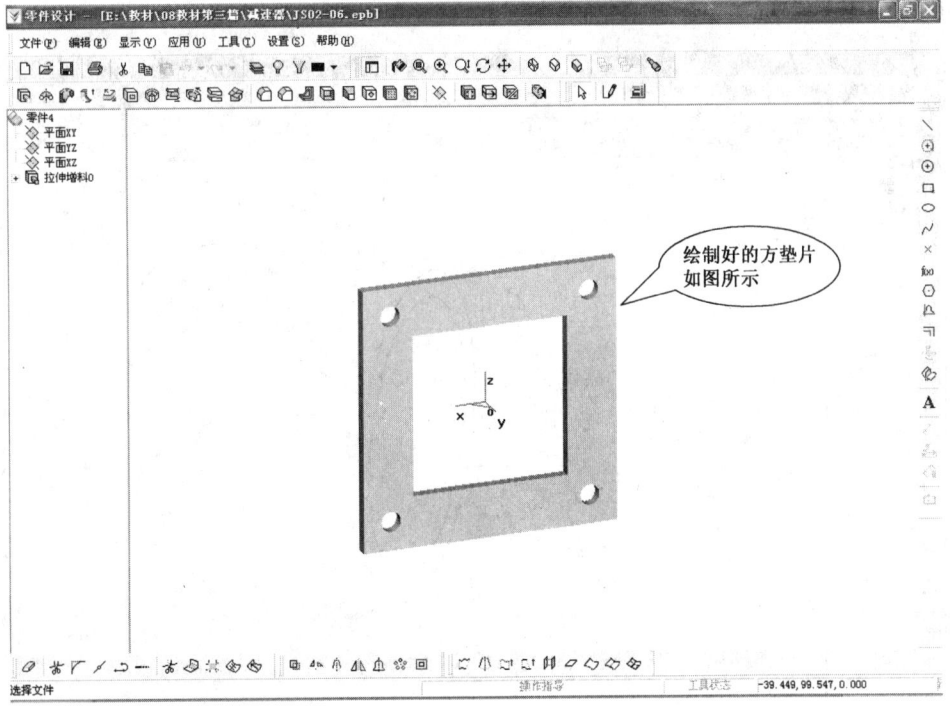

【106】 方压盖的绘制

设计目标:根据方压盖的平面图绘制轴测图,如图3-2-8所示。

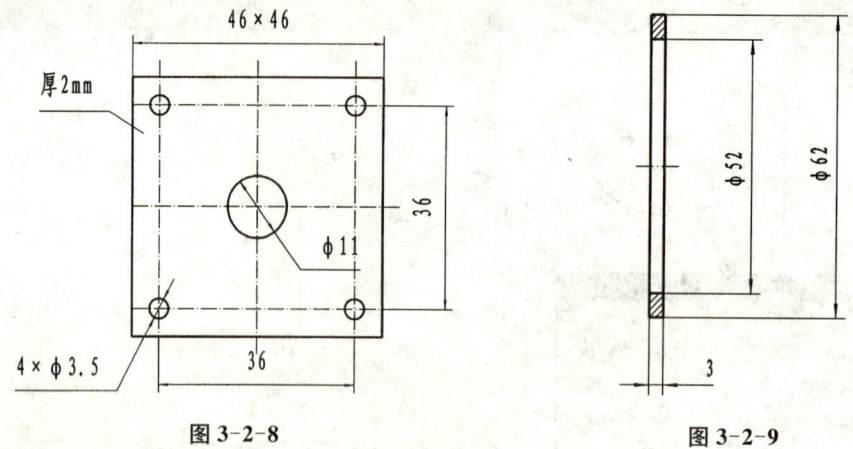

图 3-2-8　　　　　　　　　图 3-2-9

绘图过程与上例相似,从略。

【107】 低速轴的调整环的绘制

设计目标:根据低速轴的调整环的平面图绘制轴测图,如图3-2-9所示。
技术要点:环形的绘制与拉伸增料。
画图步骤:
步骤1:

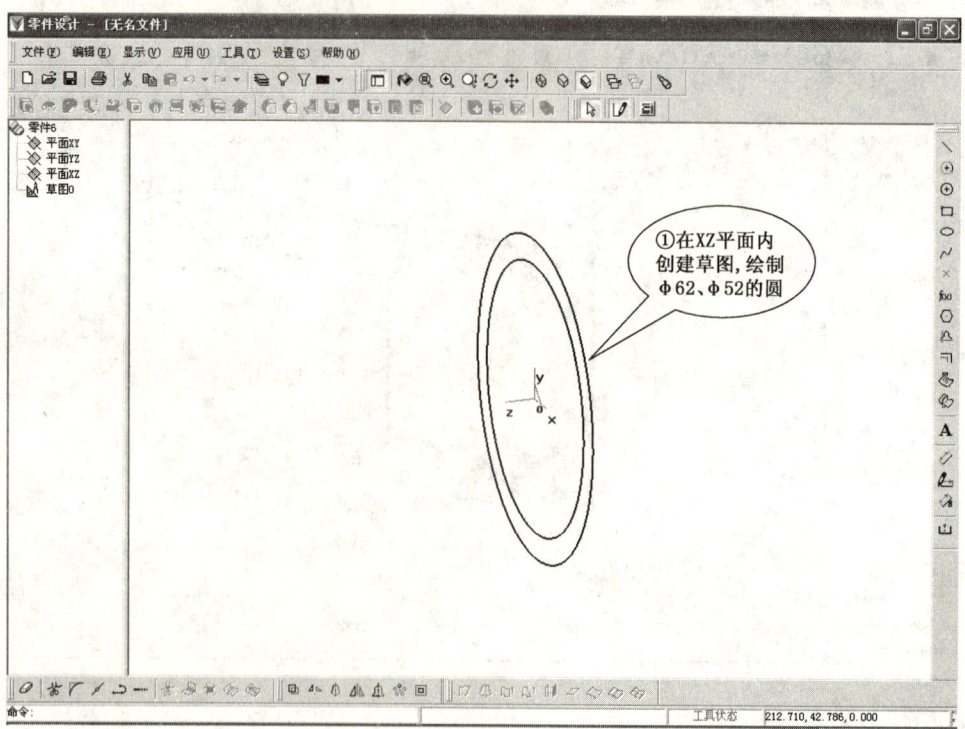

①在XZ平面内创建草图,绘制φ62、φ52的圆

步骤2:

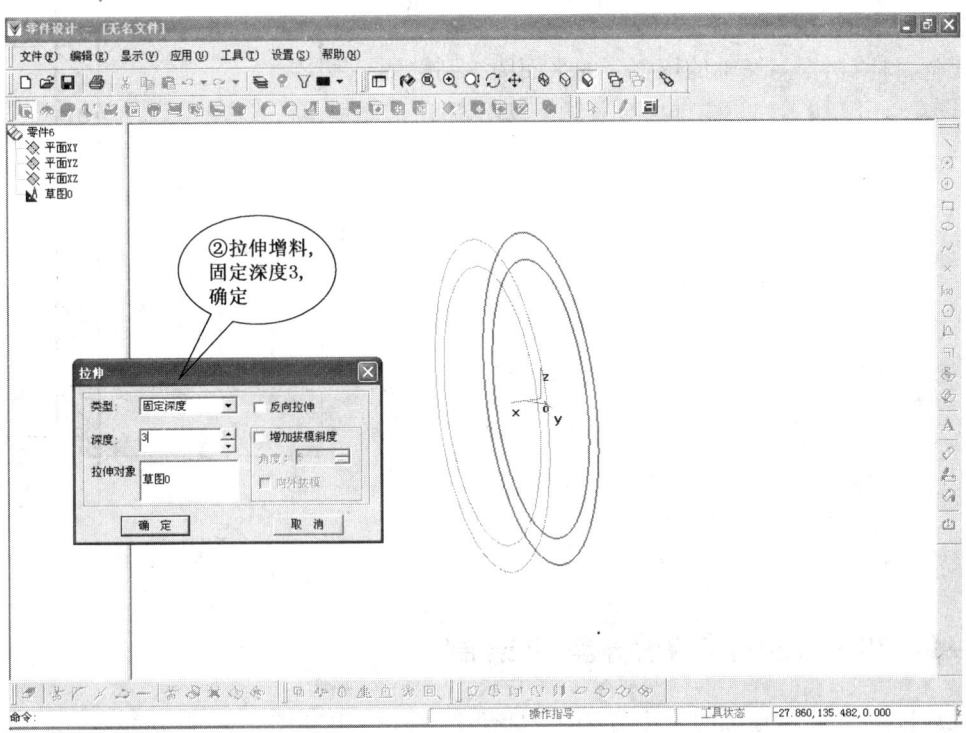

步骤3:

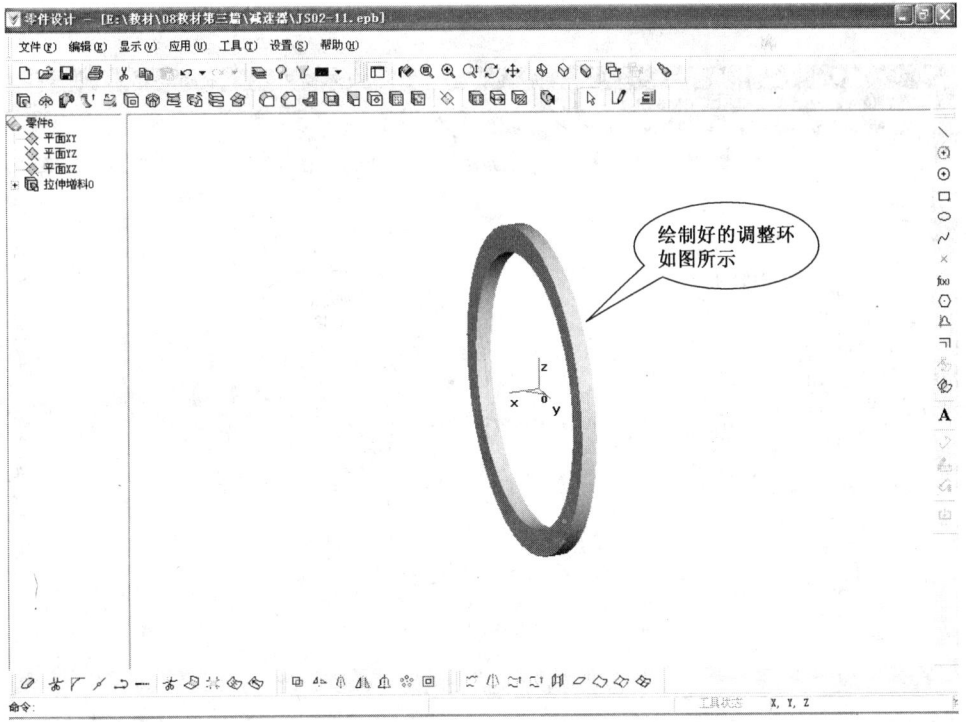

【108】 高速轴的调整环的平面图绘制

设计目标:根据高速轴的调整环的平面图绘制轴测图,如图 3-2-10 所示。绘图过程与上例相似,从略。

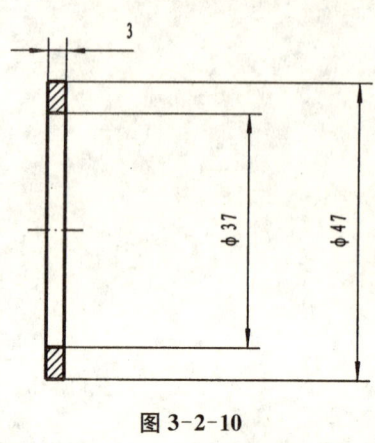

图 3-2-10

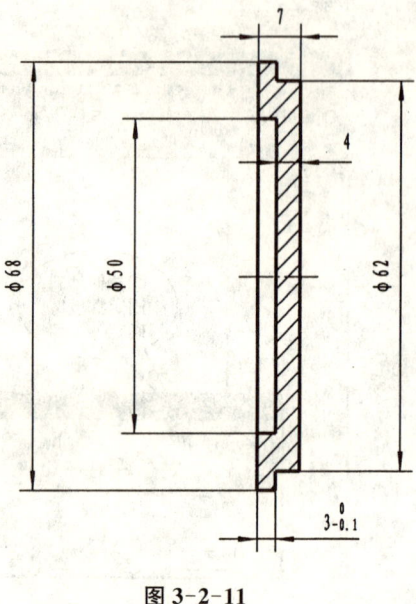

图 3-2-11

【109】 低速轴的无孔端盖的绘制

设计目标:根据低速轴的无孔端盖的平面图绘制轴测图,如图 3-2-11 所示。
技术要求:环形与圆盘叠加的绘制。
画图步骤:
步骤 1:

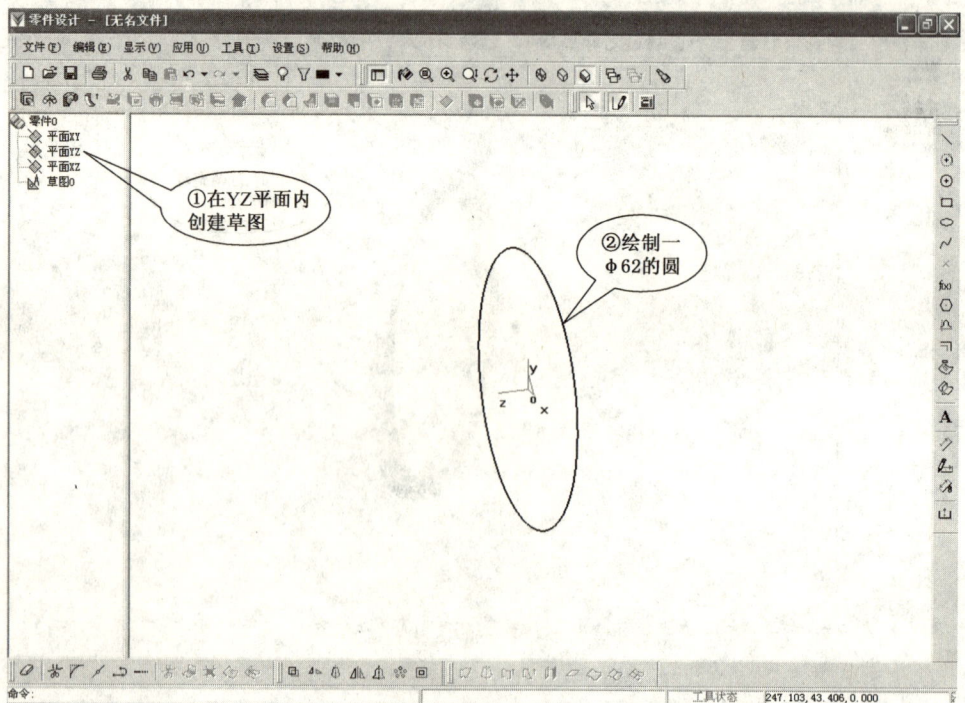

步骤2：

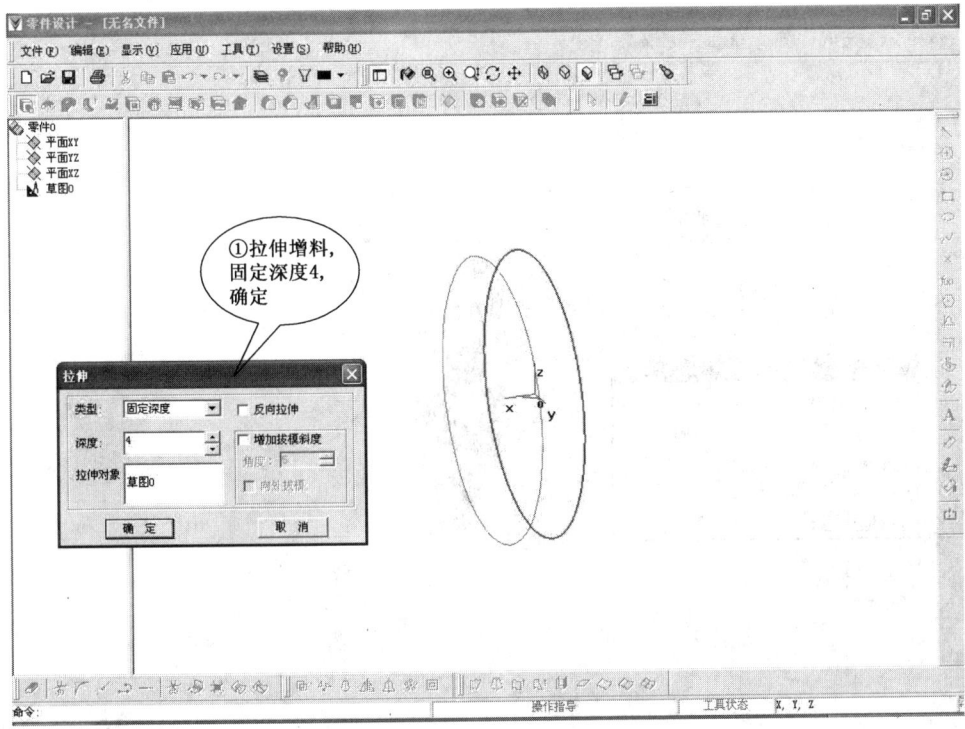

步骤3：

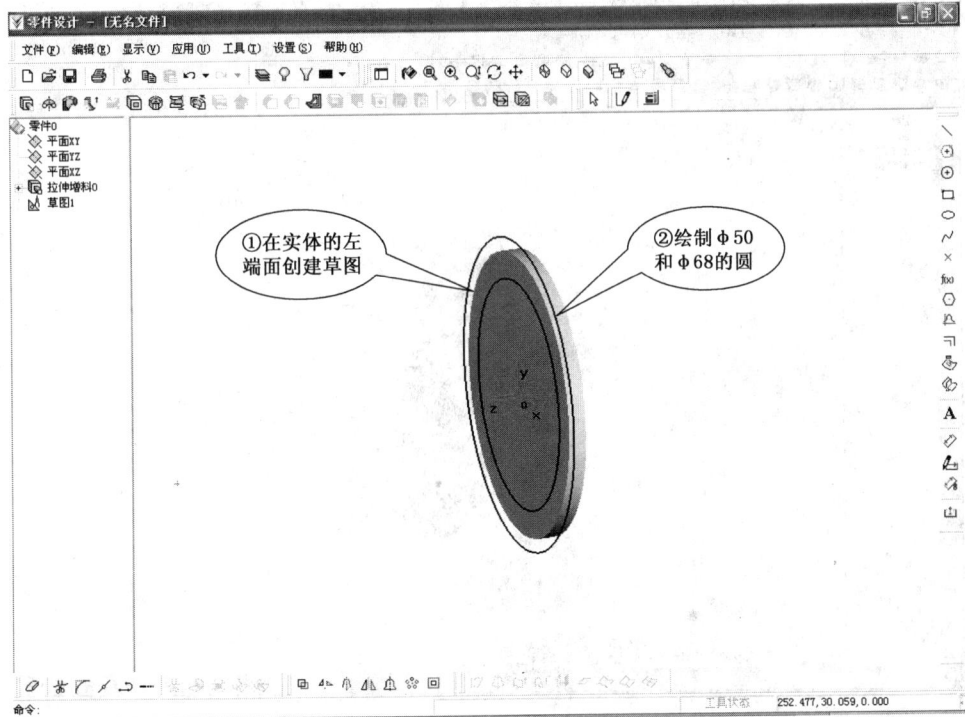

步骤4：

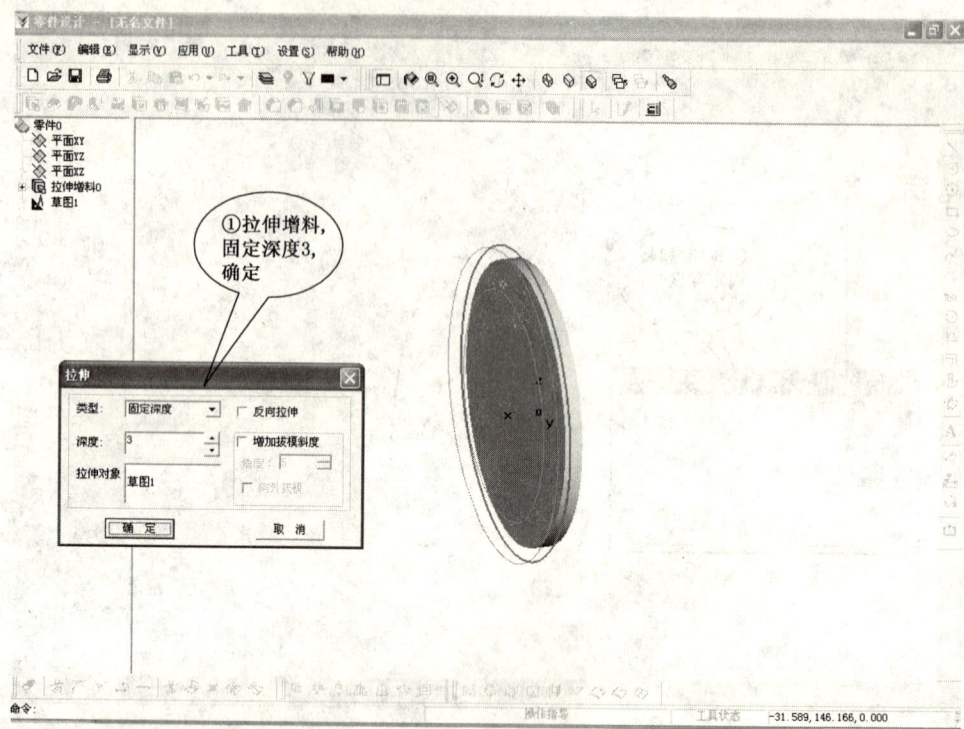

步骤5：

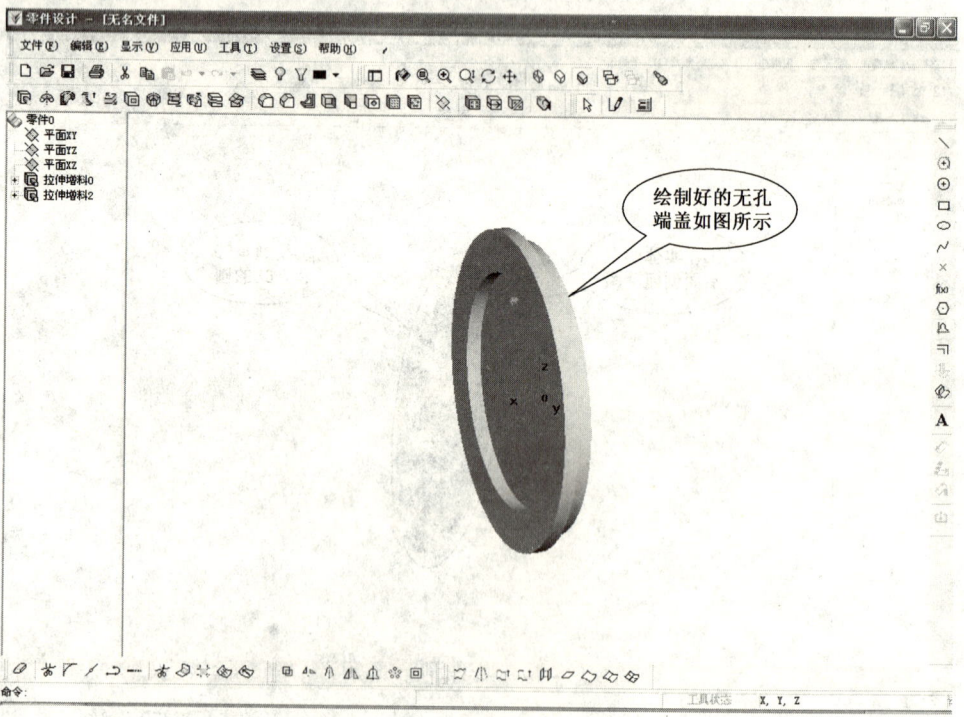

【110】 高速轴的无孔端盖的绘制

设计目标：
根据高速轴的无孔端盖的平面图绘制轴测图，如图 3-2-12 所示。

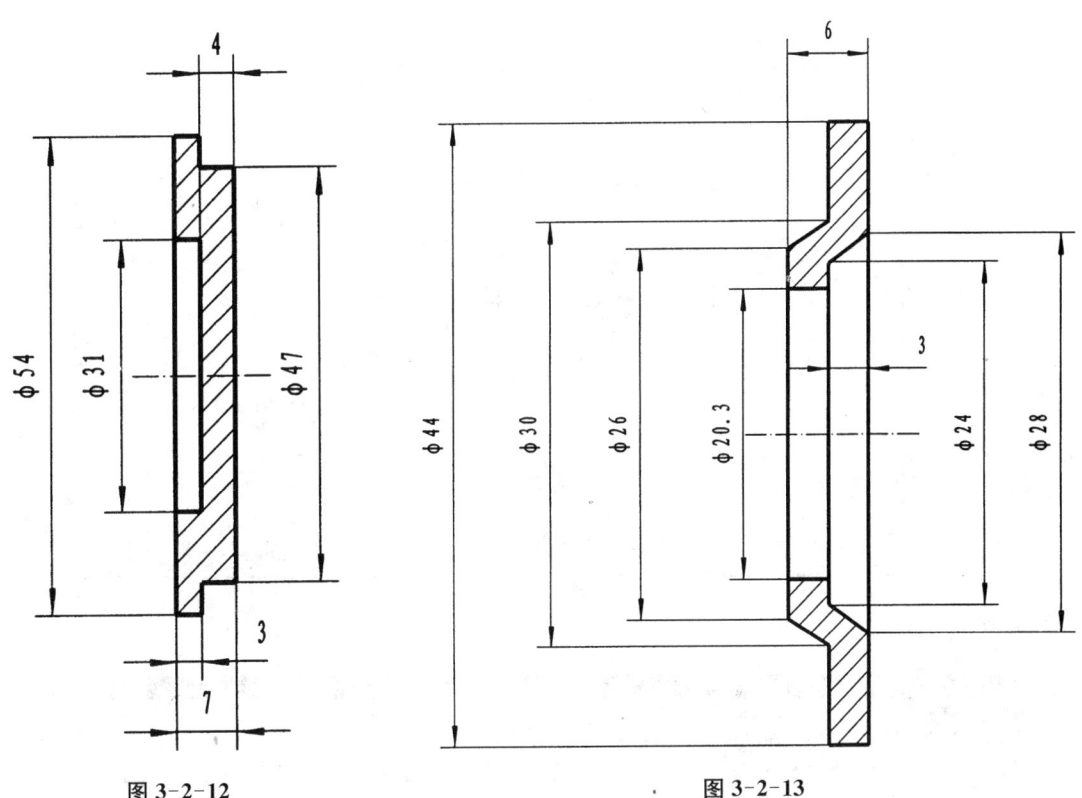

图 3-2-12   图 3-2-13

绘图过程与上例相似，从略。

【111】 挡油环的绘制

设计目标：
根据挡油环的平面图绘制轴测图，如图 3-2-13 所示。
技术要点：
（1）两点正交连续线的绘制；
（2）旋转增料的绘制。

画图步骤:
步骤1:

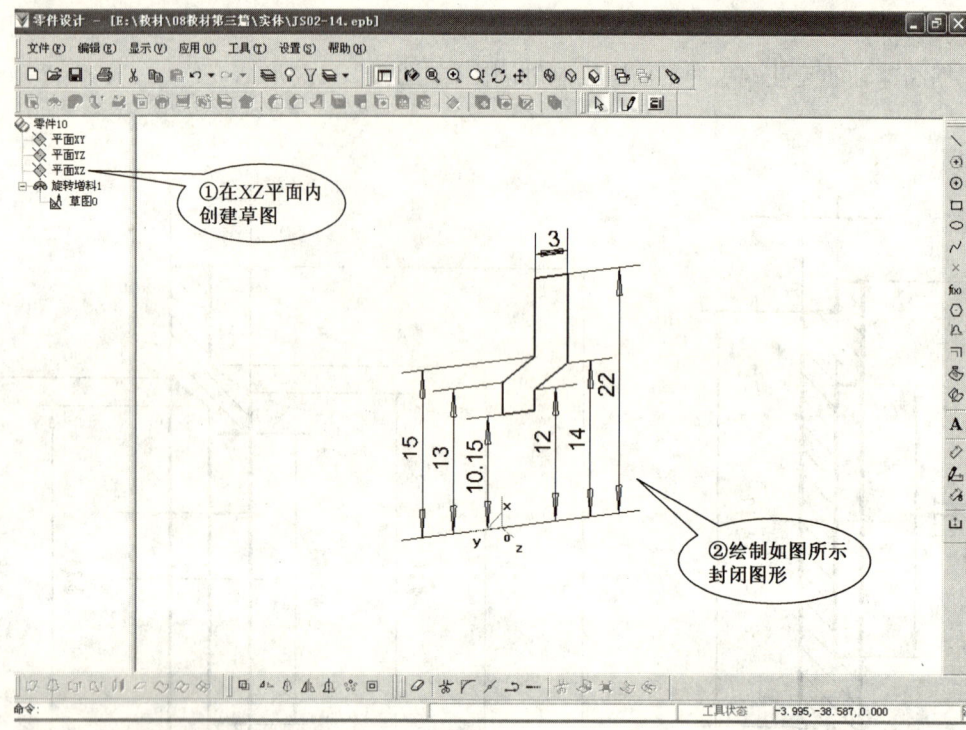

步骤2:

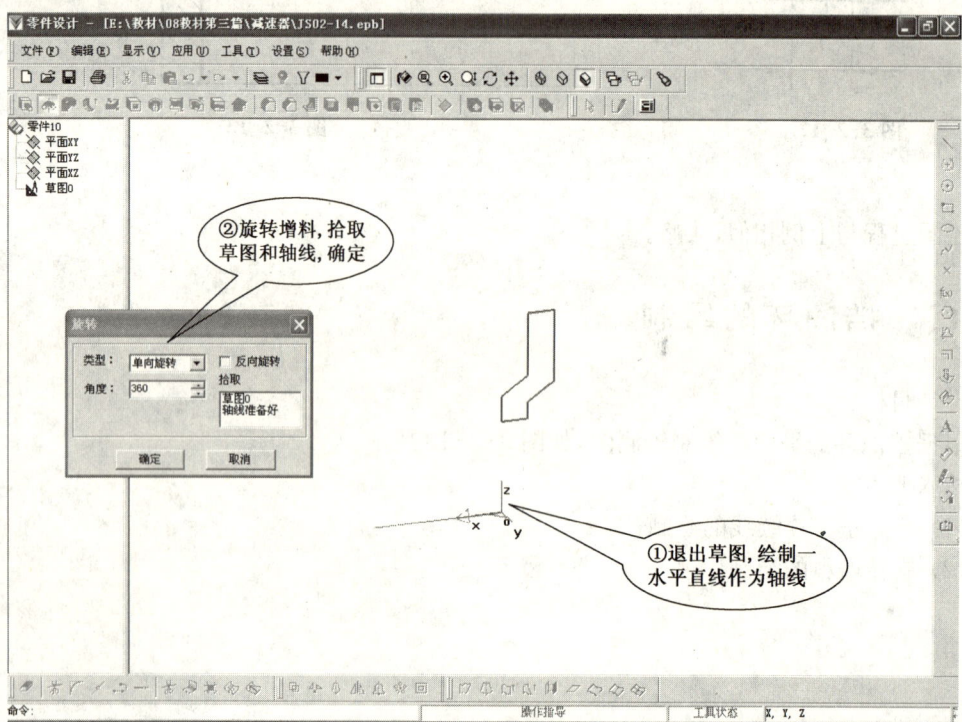

步骤3：

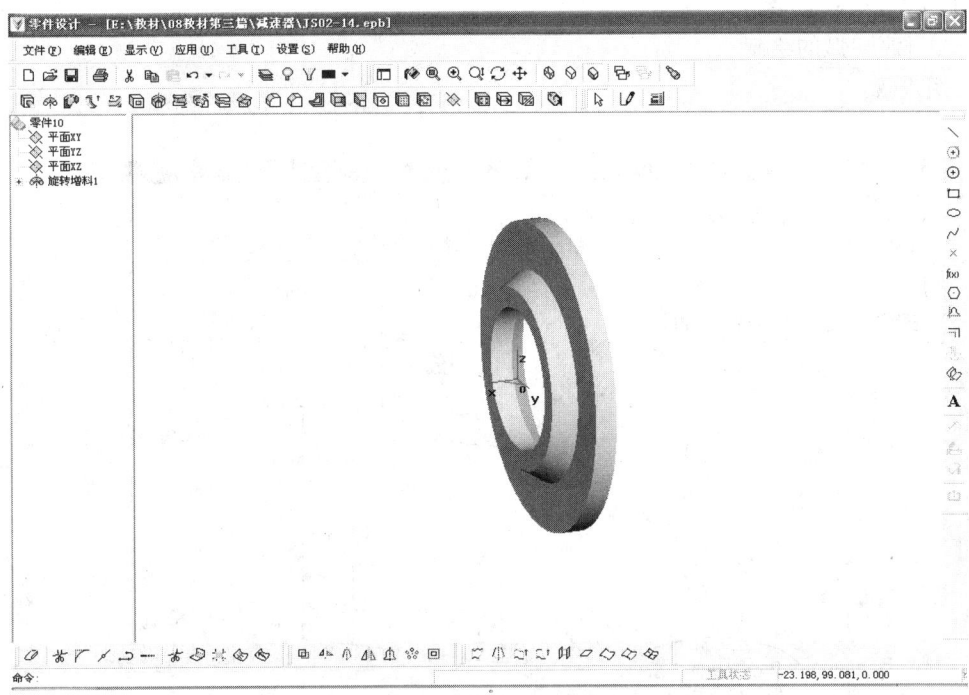

【112】 高速轴有孔端盖的绘制

设计目标：

根据高速轴的有孔端盖平面图绘制轴测图，如图 3-2-14 所示。

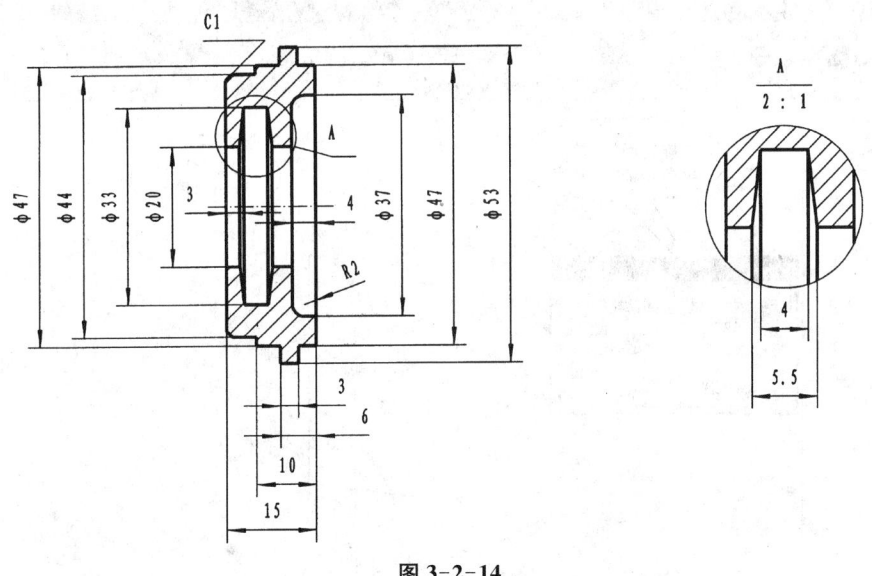

图 3-2-14

技术要点：

(1) 两点正交连续线的绘制；

(2) 旋转增料的绘制；
(3) 旋转除料的绘制；
(4) 过渡圆弧的绘制。

画图步骤：

步骤1：

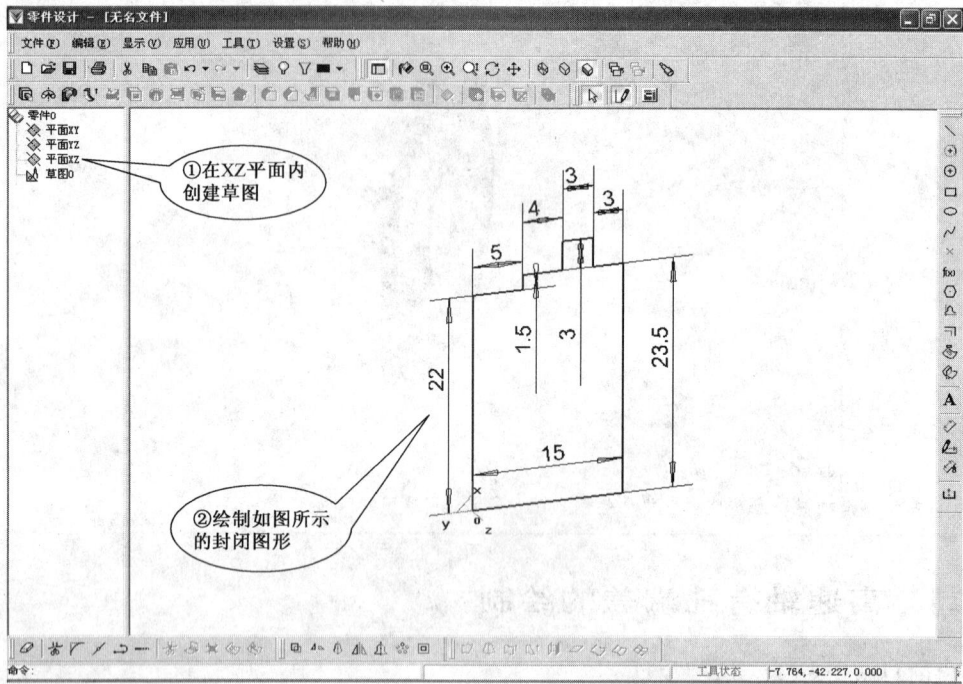

步骤2：

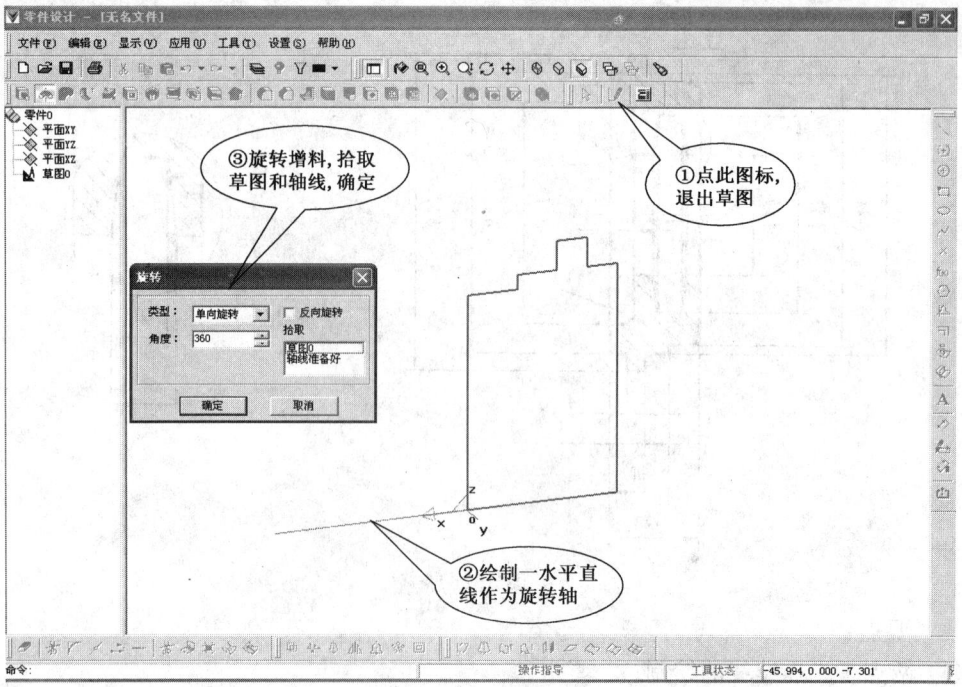

步骤3：

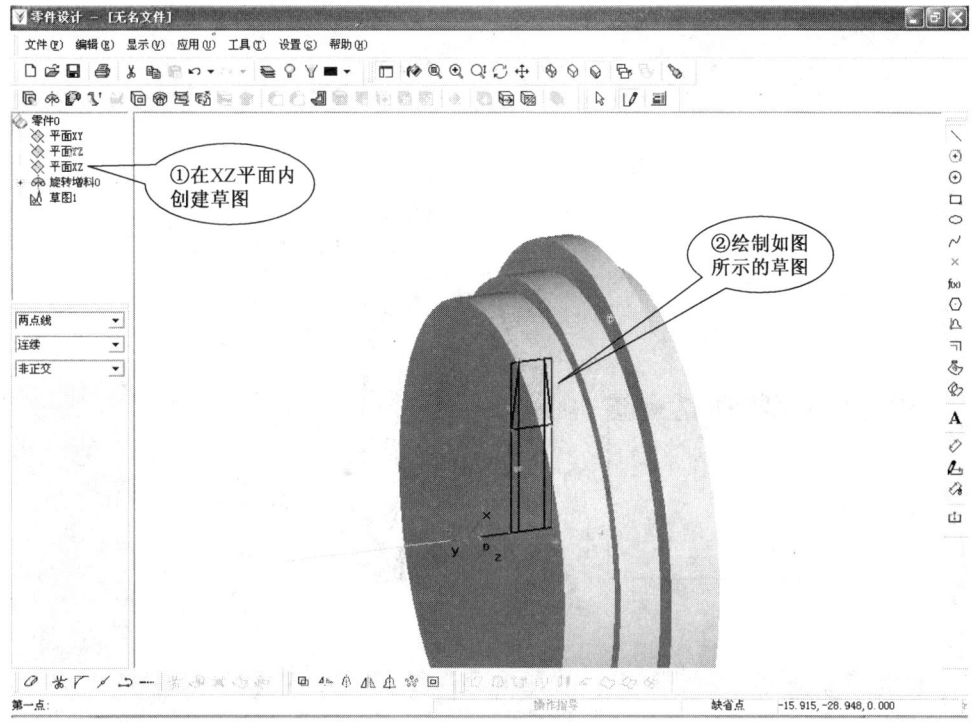

步骤4：

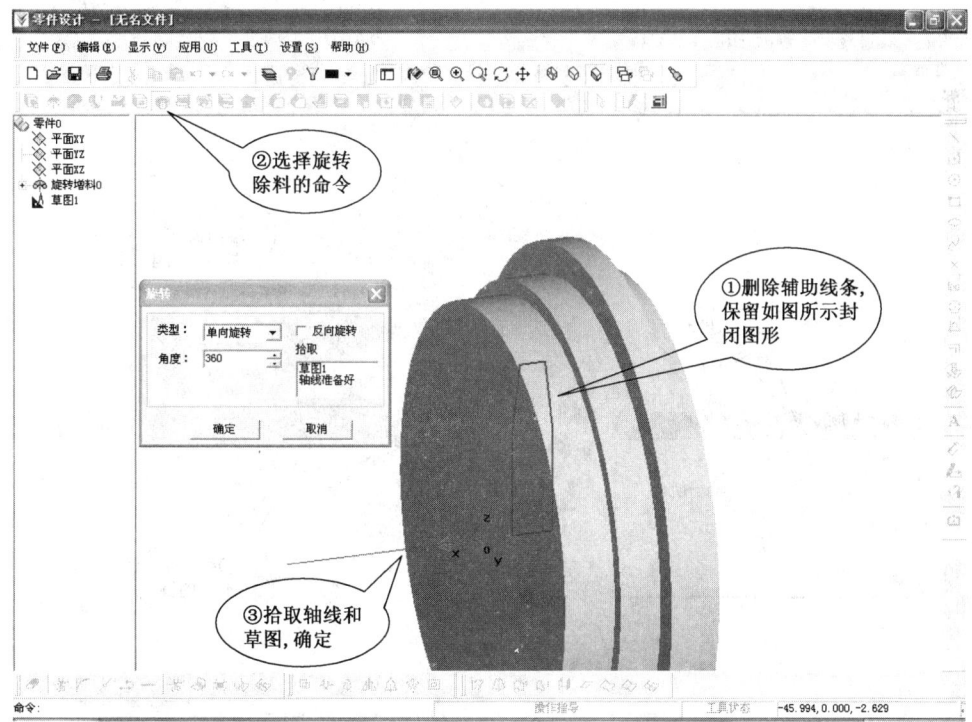

步骤5:

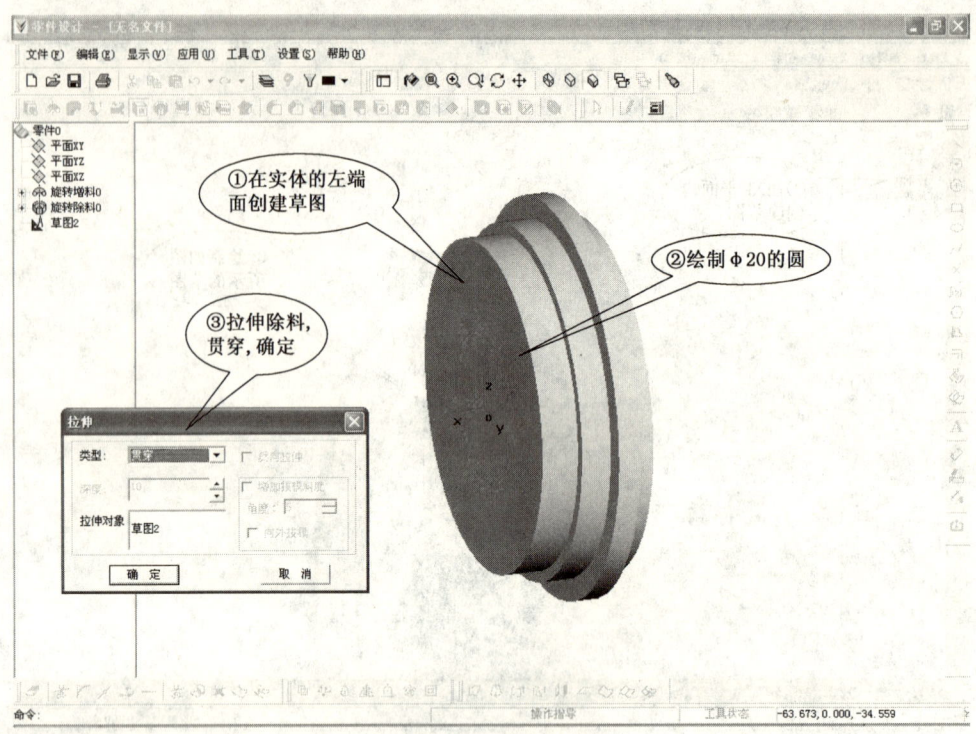

步骤6:

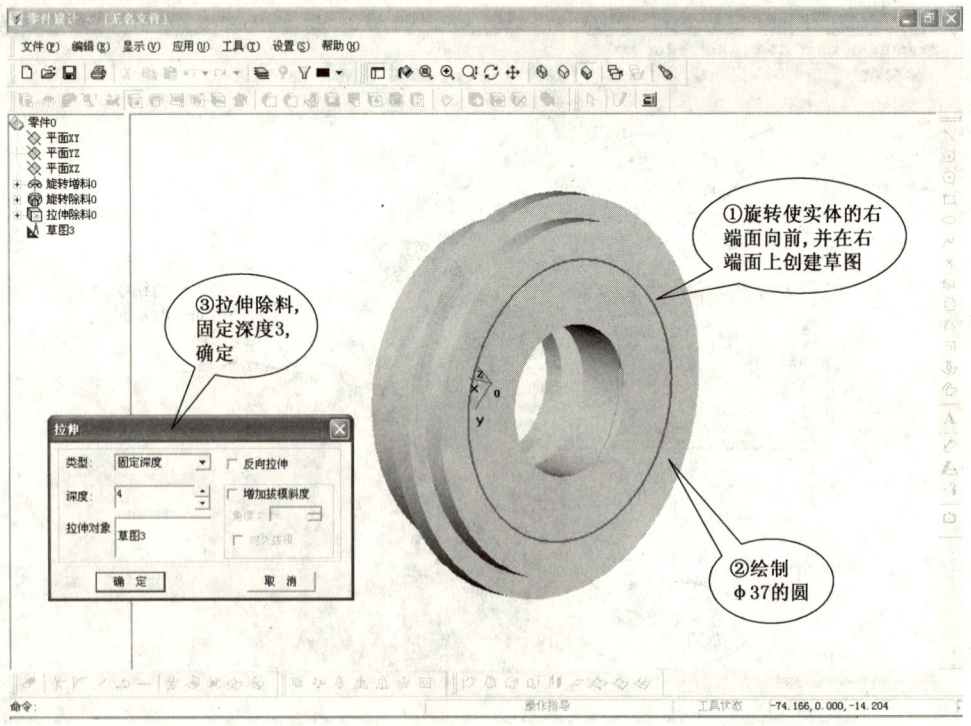

步骤7：

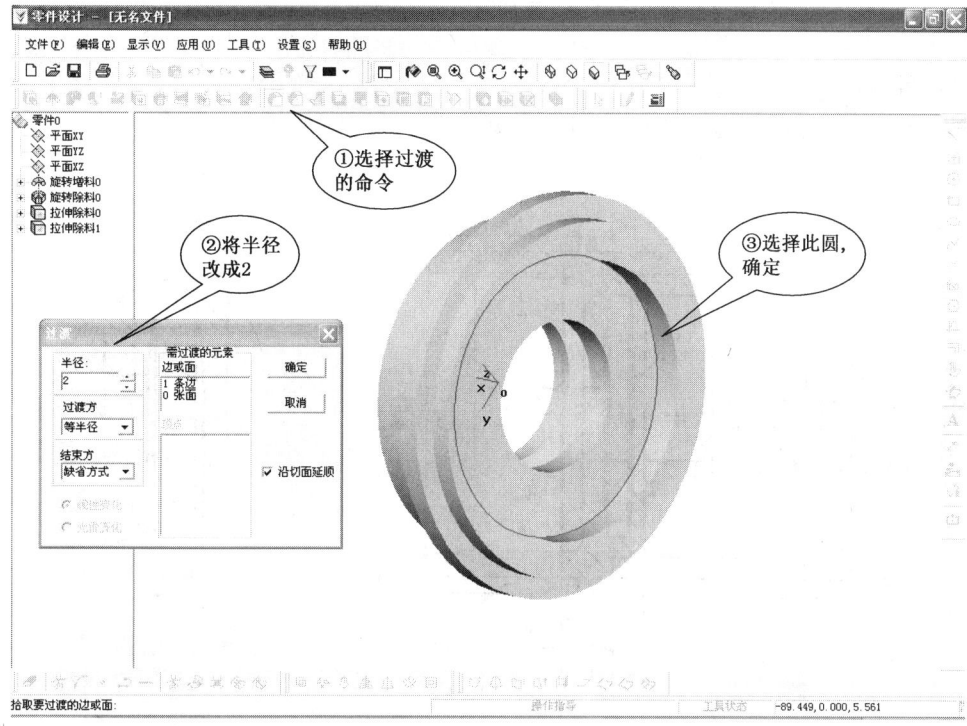

步骤8：

【113】 低速轴有孔端盖的绘制

设计目标:
根据低速轴的有孔端盖平面图绘制轴测图,如图 3-2-15 所示。

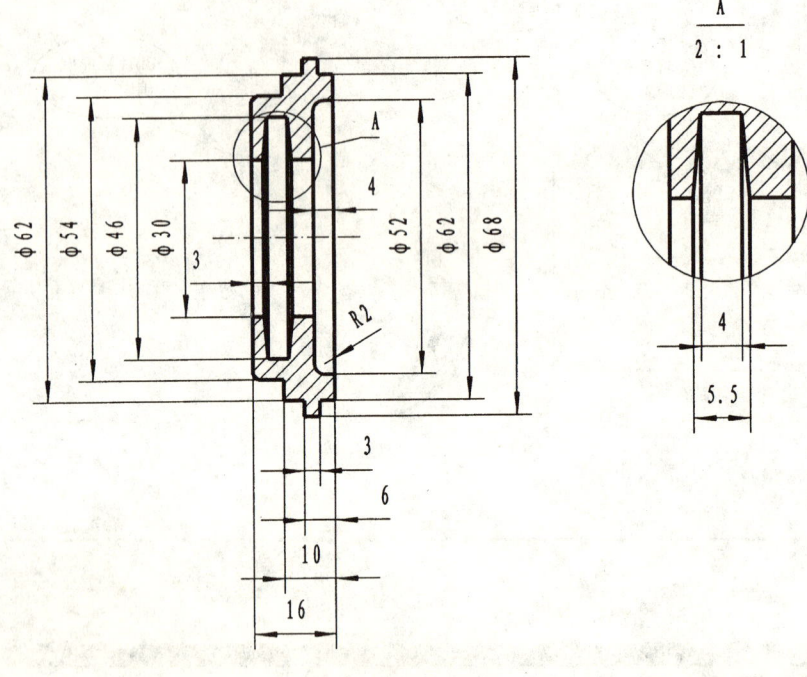

图 3-2-15

绘图过程与上例相似,从略。

【114】 齿轮的绘制

设计目标:
根据齿轮的平面图绘制轴测图,如图 3-2-16 所示。
设计要点:
(1) 从二维高级曲线输入齿轮齿数、模数、压力角、有效齿数后导入到三维的方式;
(2) 在三维界面下读入草图的方式;
(3) 拉伸增料;
(4) 角度线的绘制与旋转除料(多个齿的快速倒角);
(5) 毂上键槽的绘制;
(6) 三维导二维后的舍留。

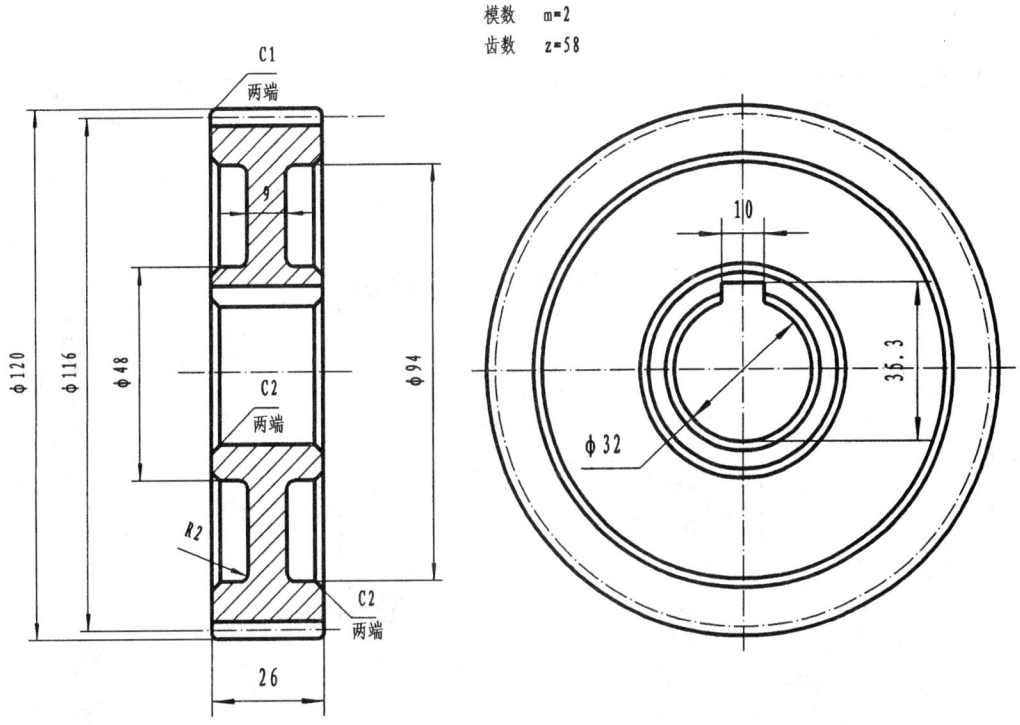

图 3-2-16

画图步骤:

步骤1:

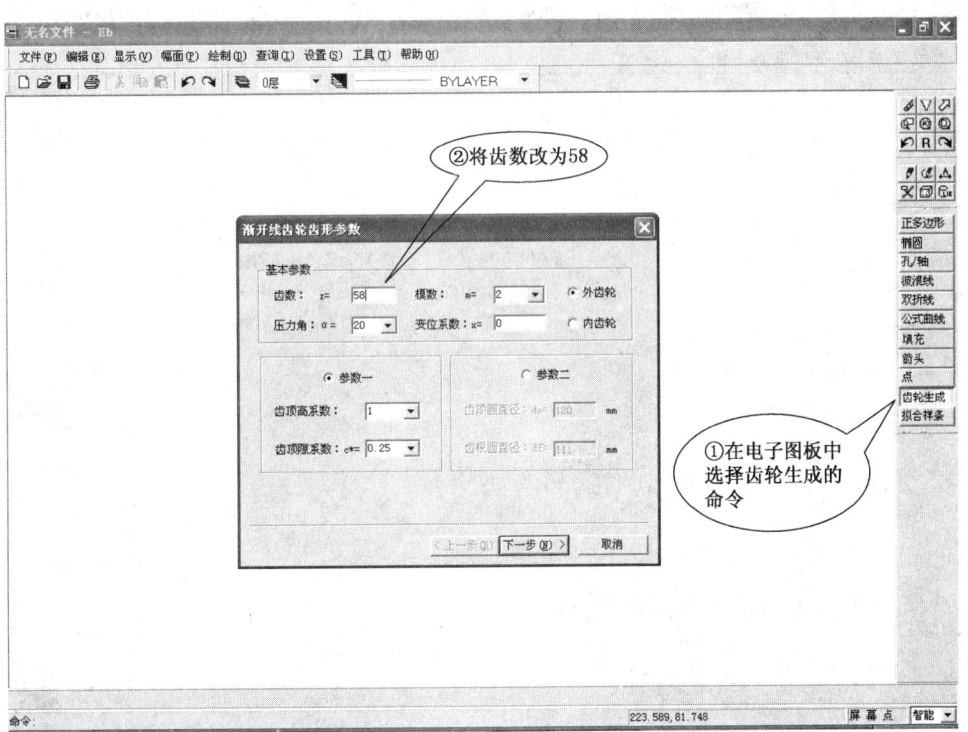

步骤2:

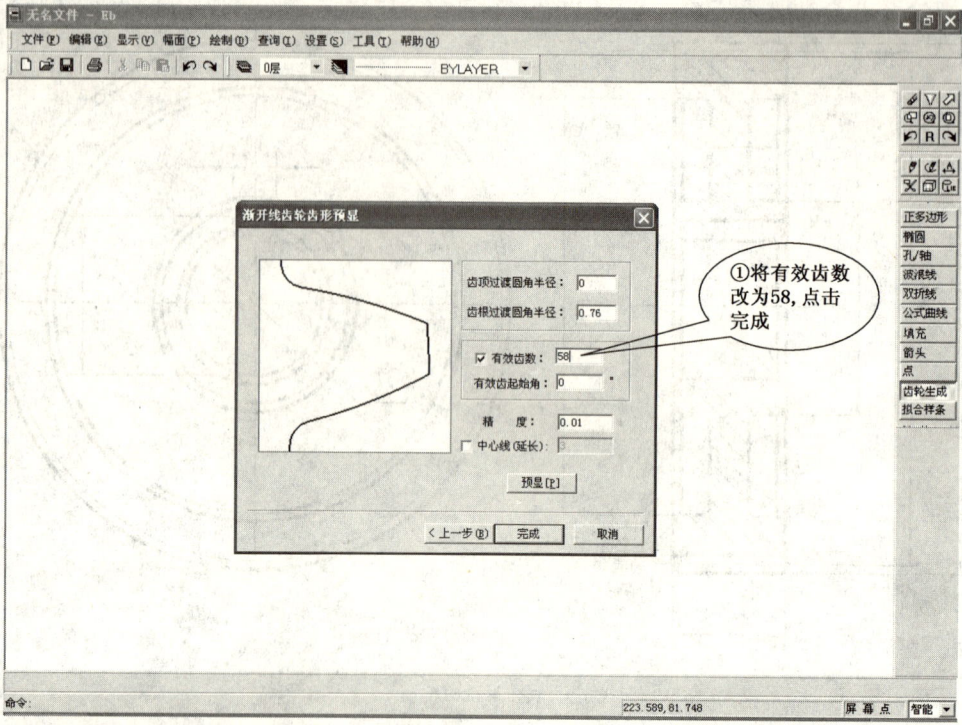

步骤3:

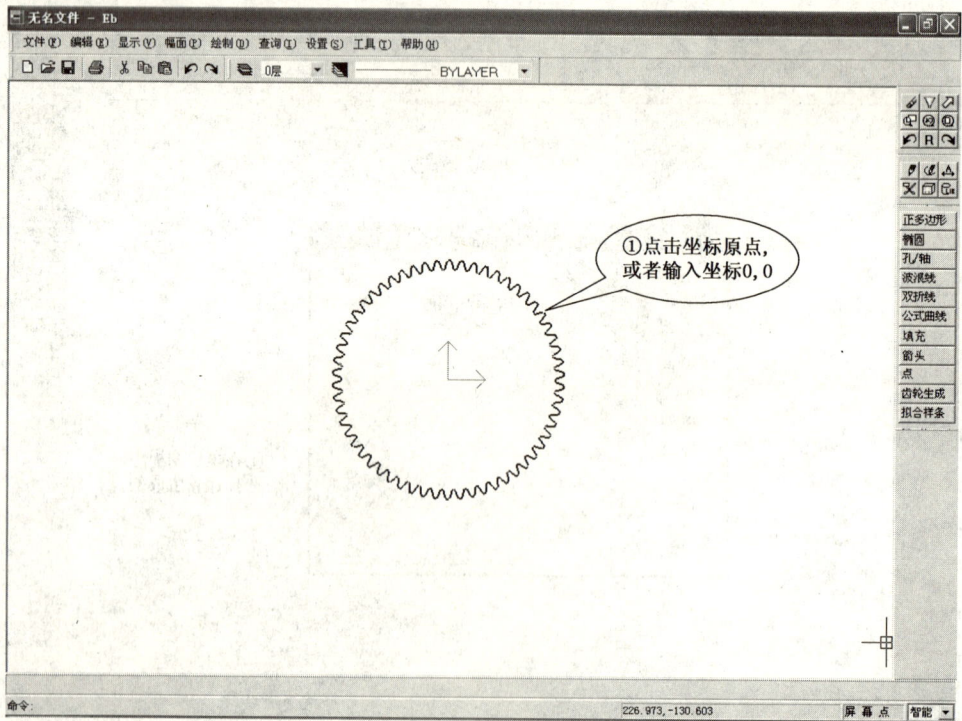

步骤4：

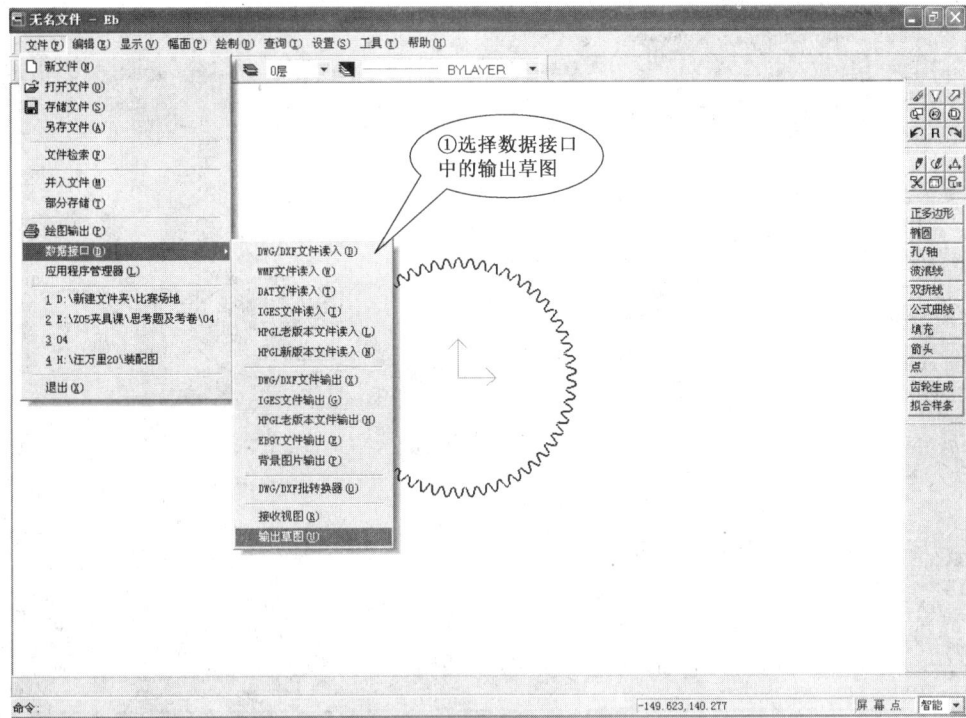

步骤5：

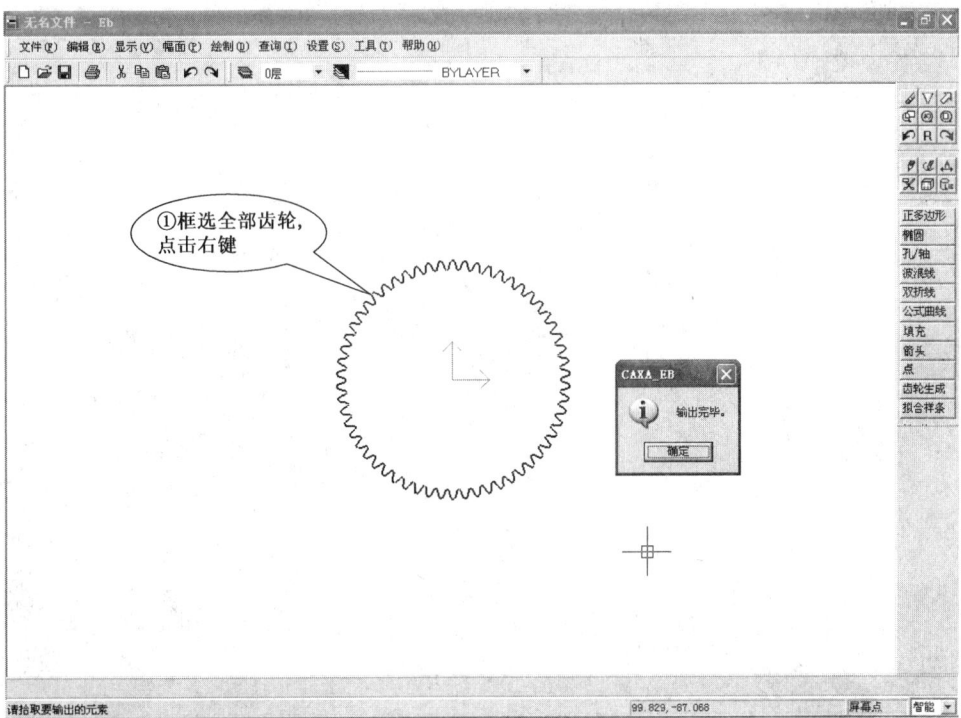

步骤6：

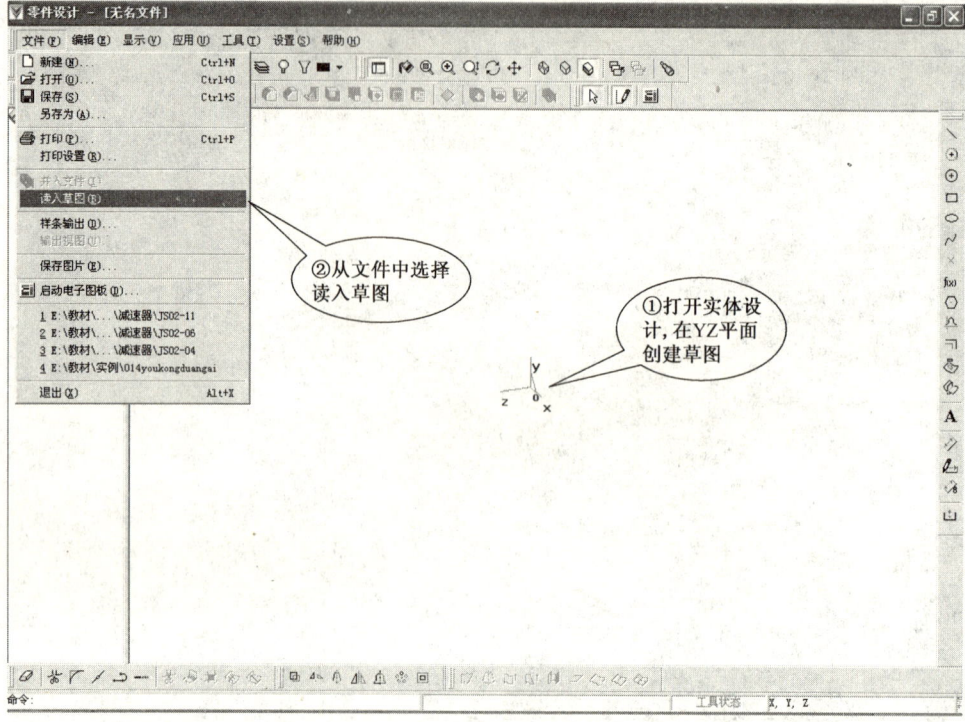

步骤7：

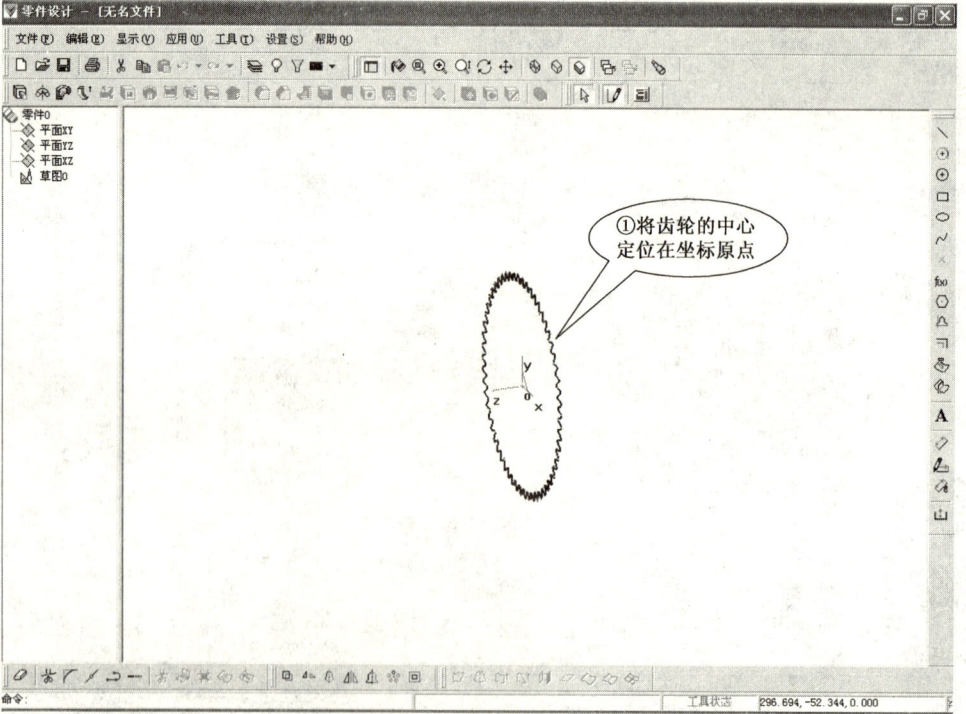

步骤 8：

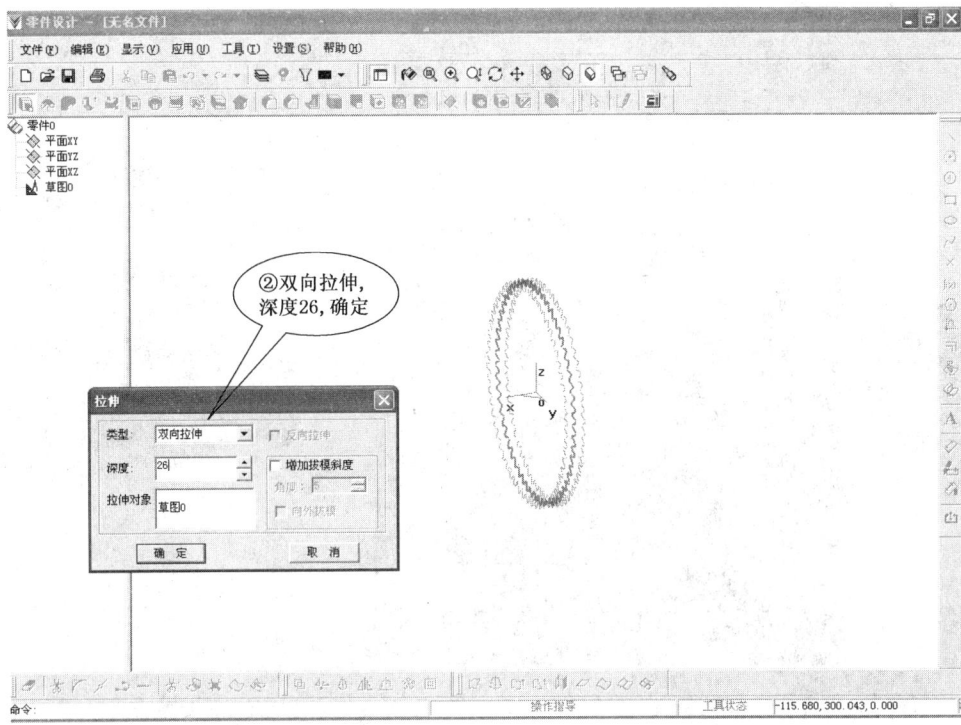

步骤 9：

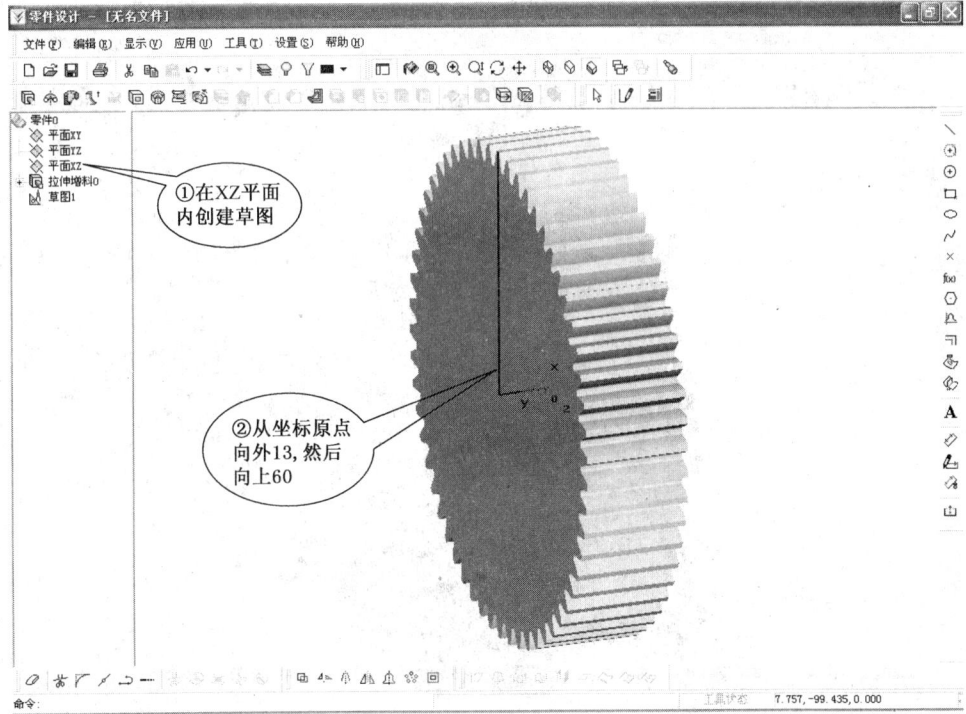

步骤10：

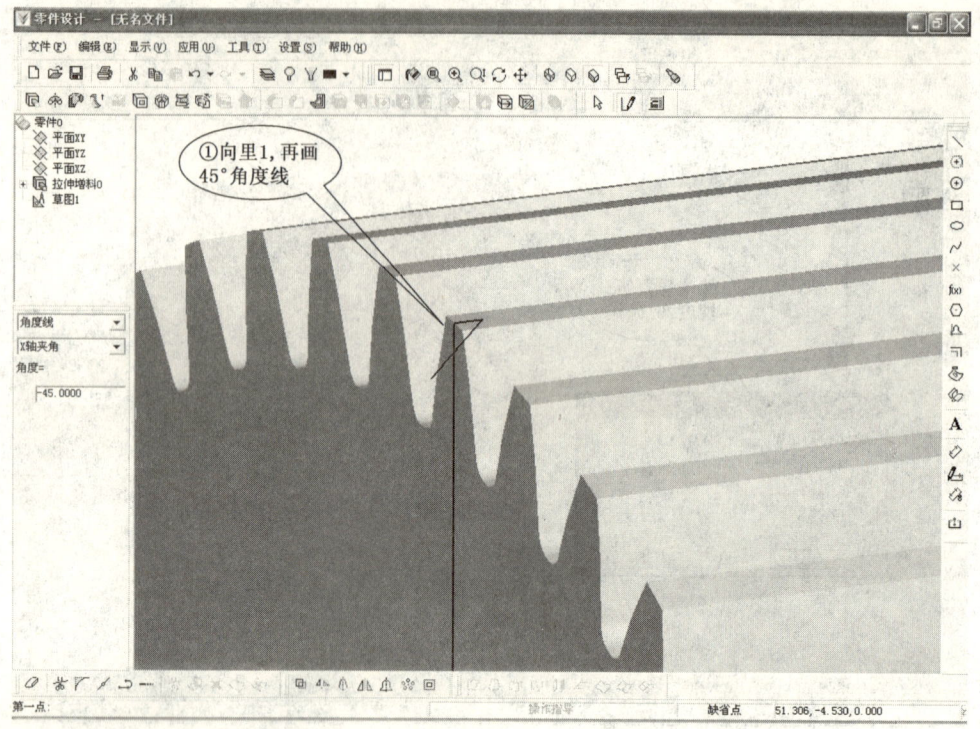

步骤11：

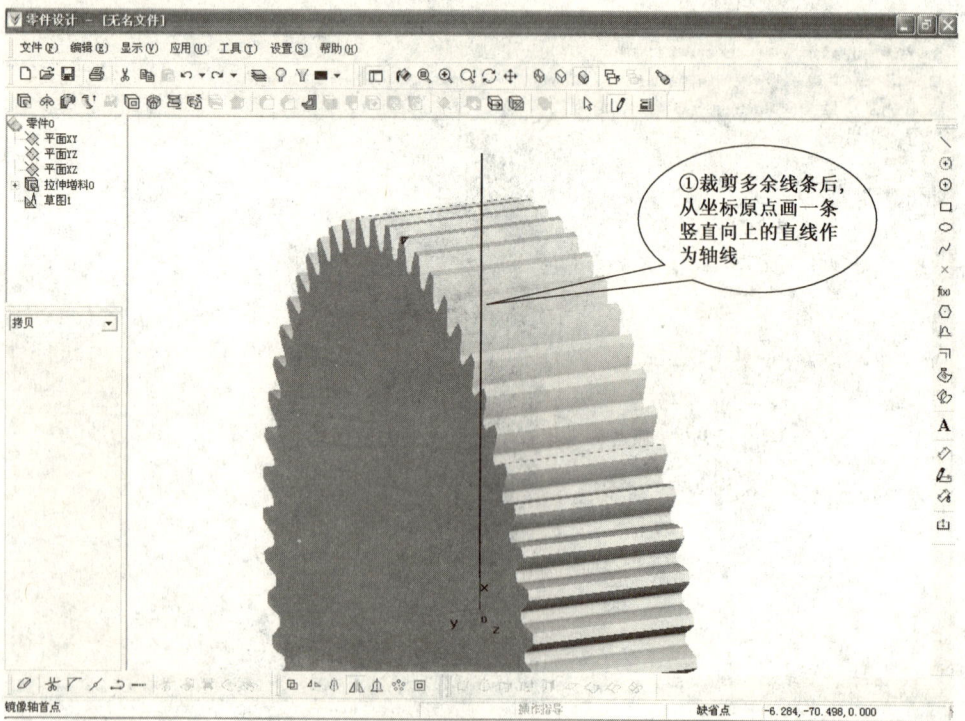

步骤12：

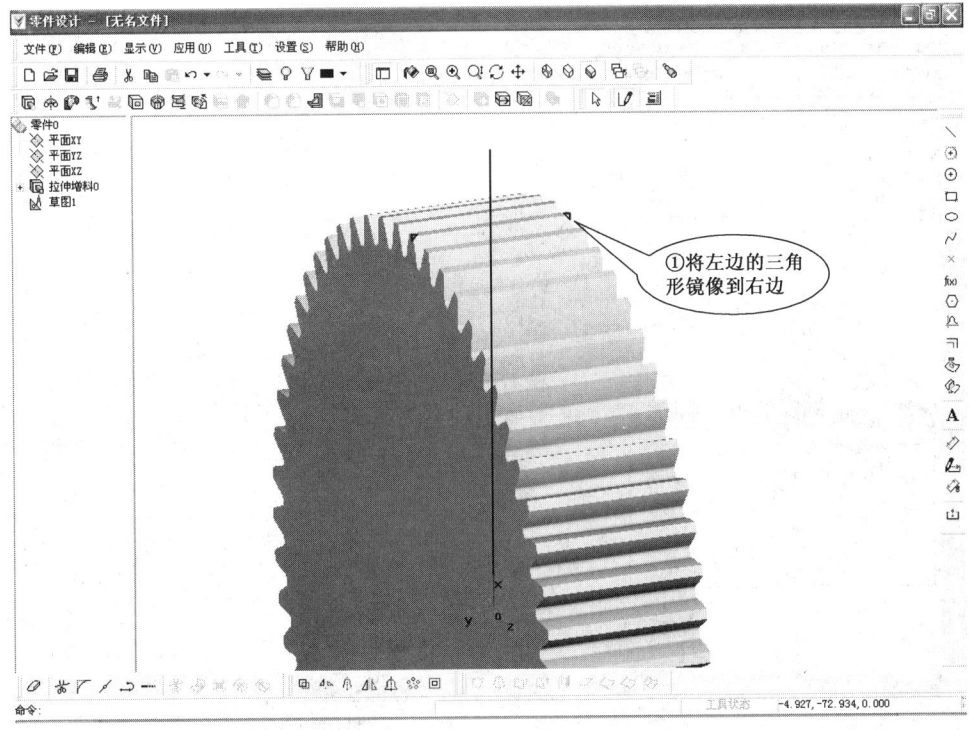

步骤13：

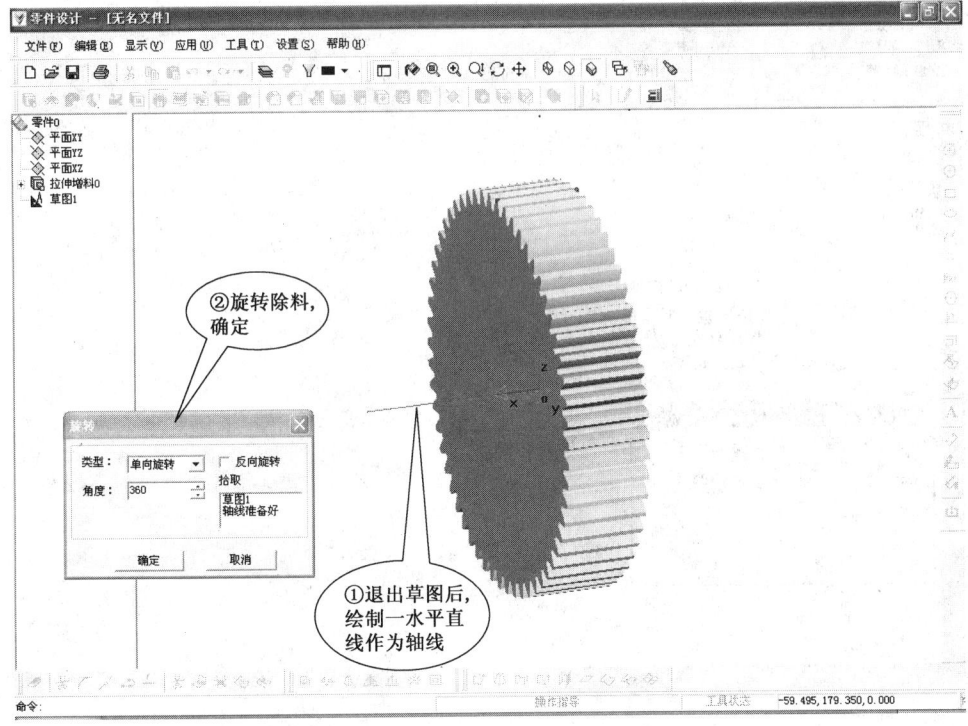

步骤14：

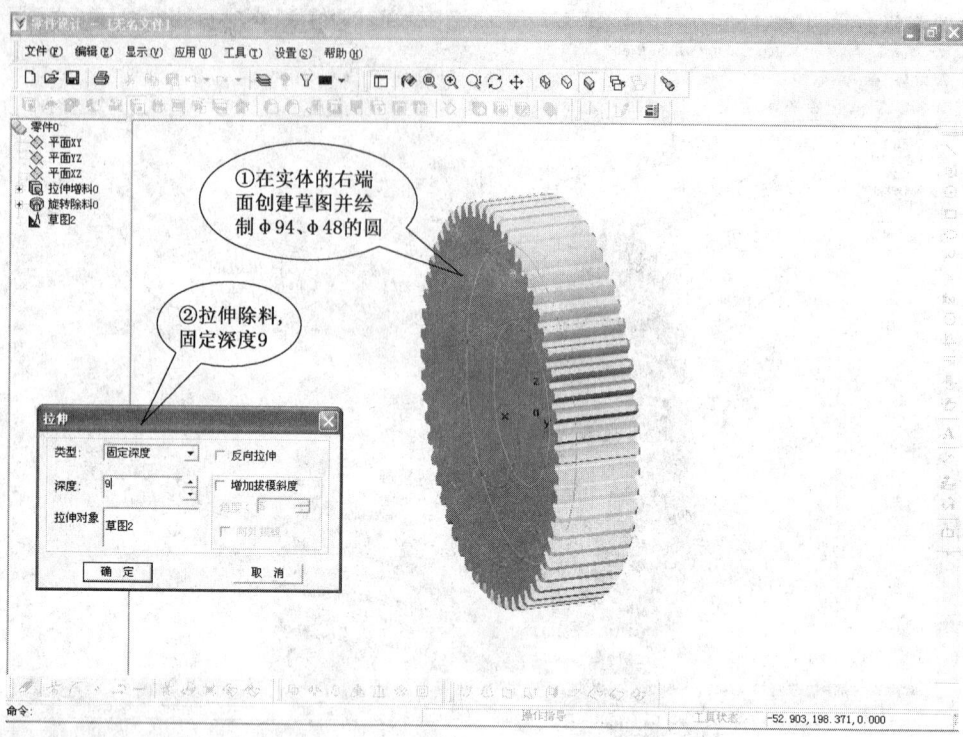

步骤15：

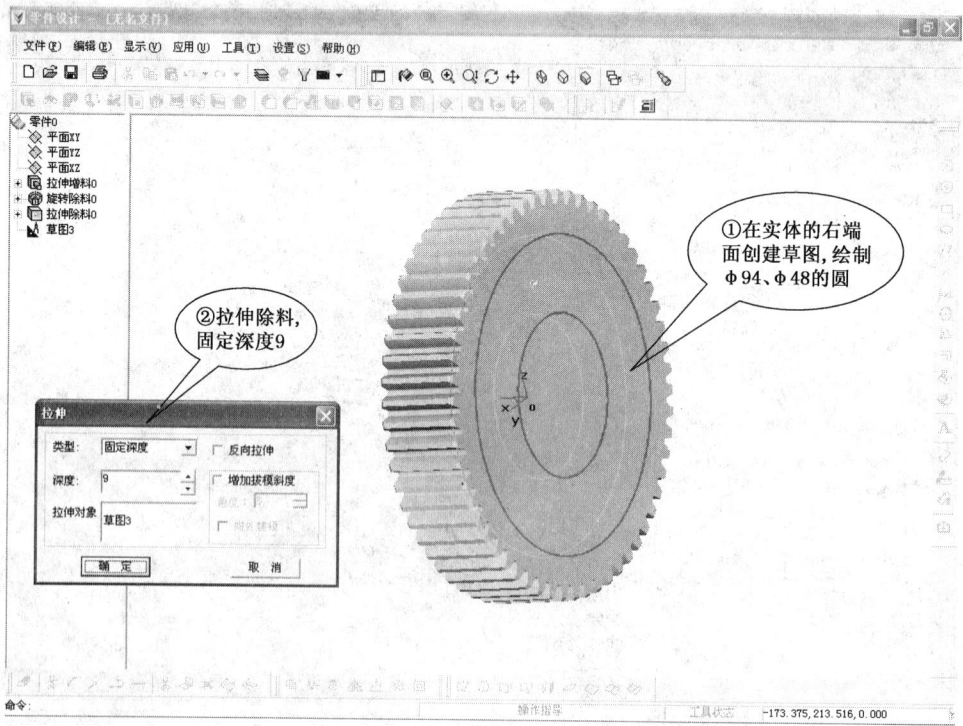

步骤16：

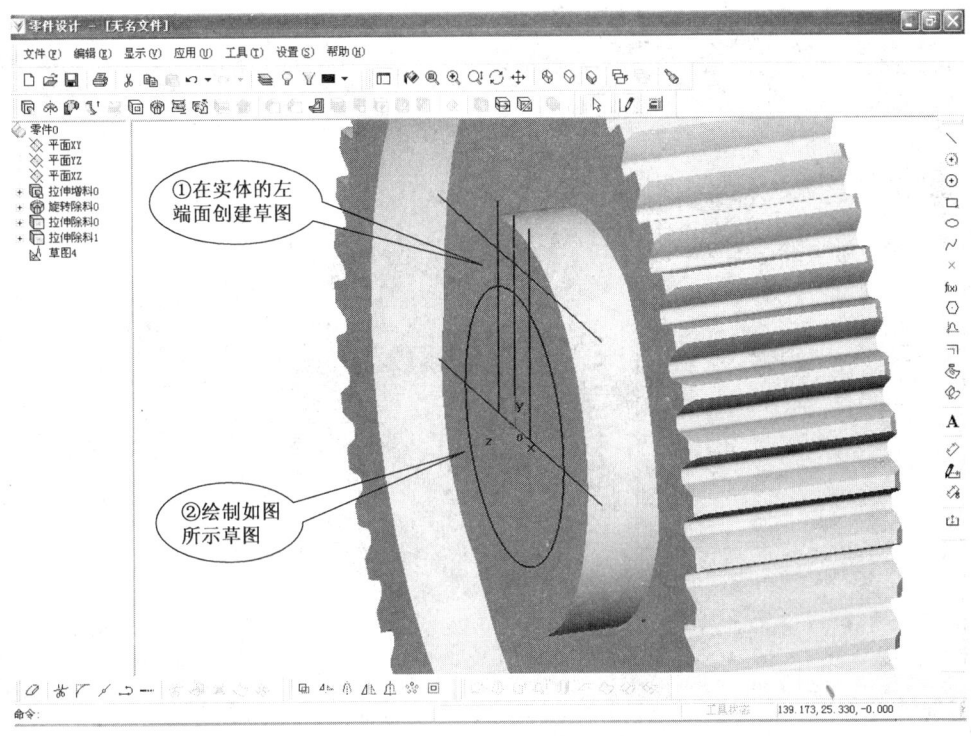

步骤17：

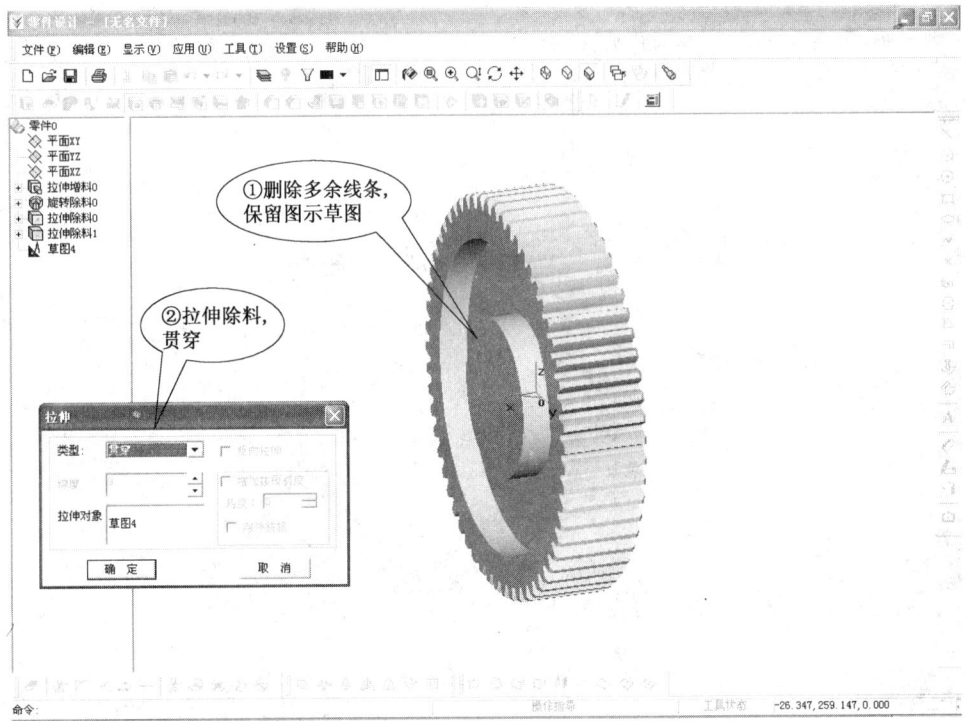

步骤18：

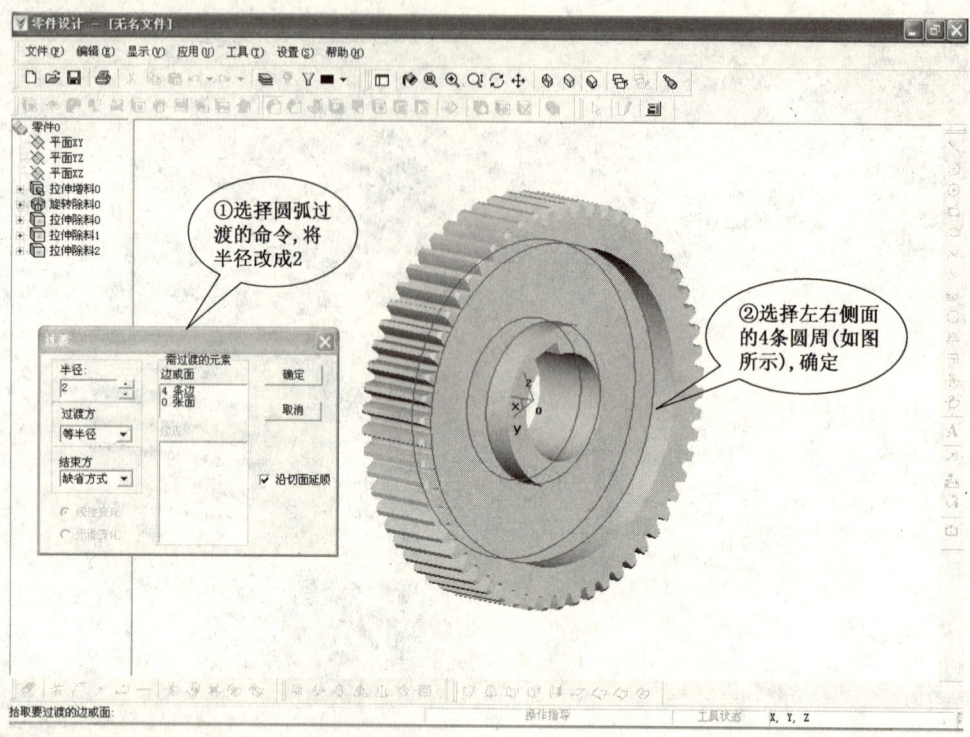

步骤19：

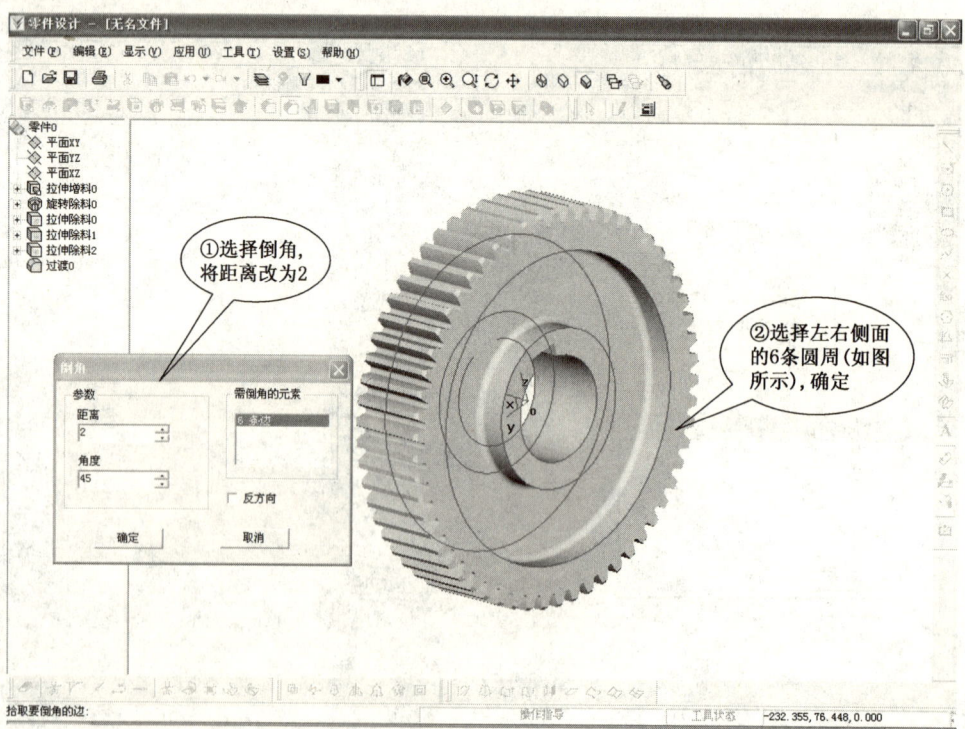

步骤20:

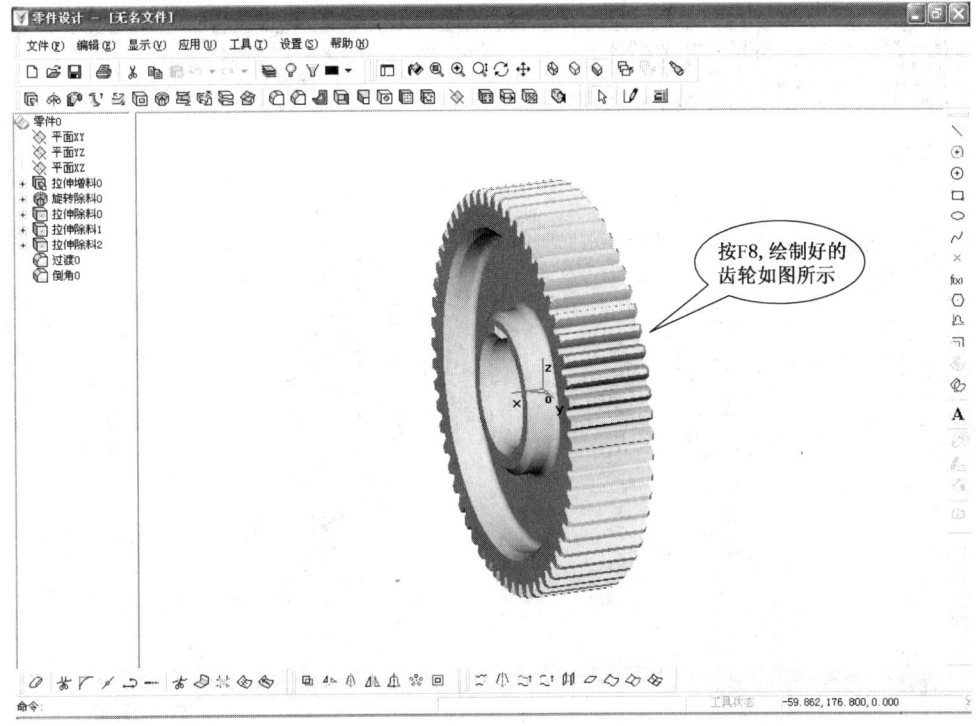

步骤21:

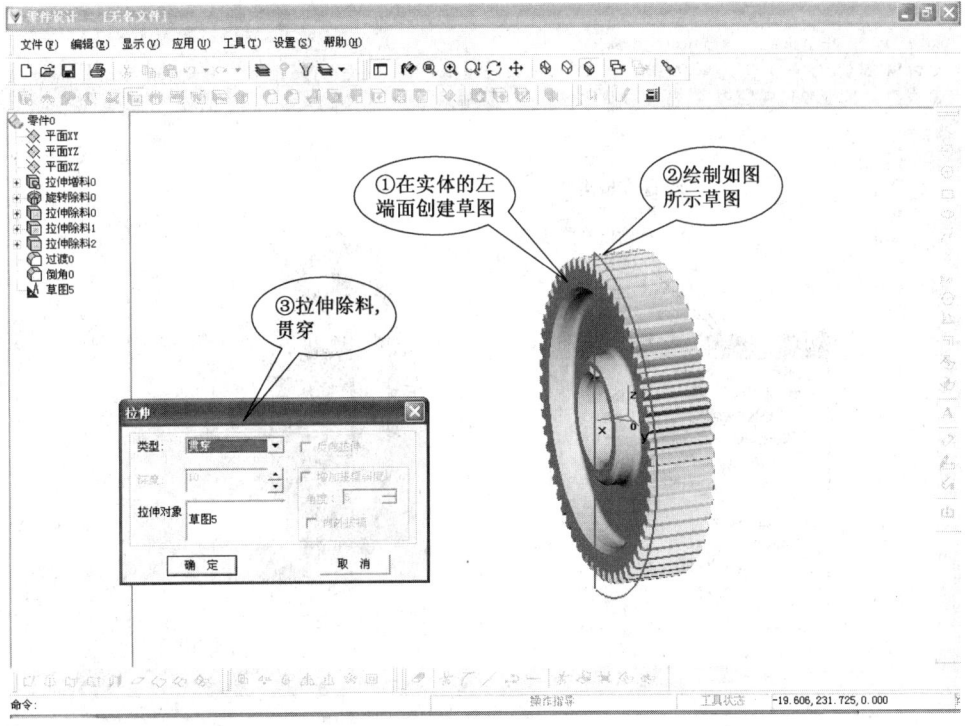

步骤22：

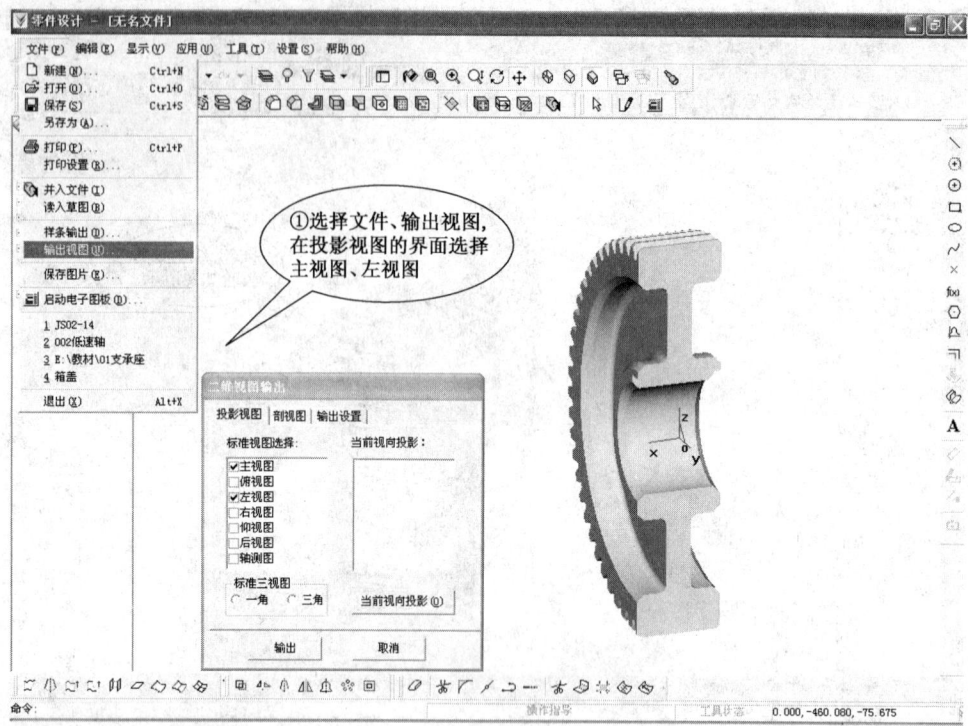

①选择文件、输出视图，在投影视图的界面选择主视图、左视图

步骤23：

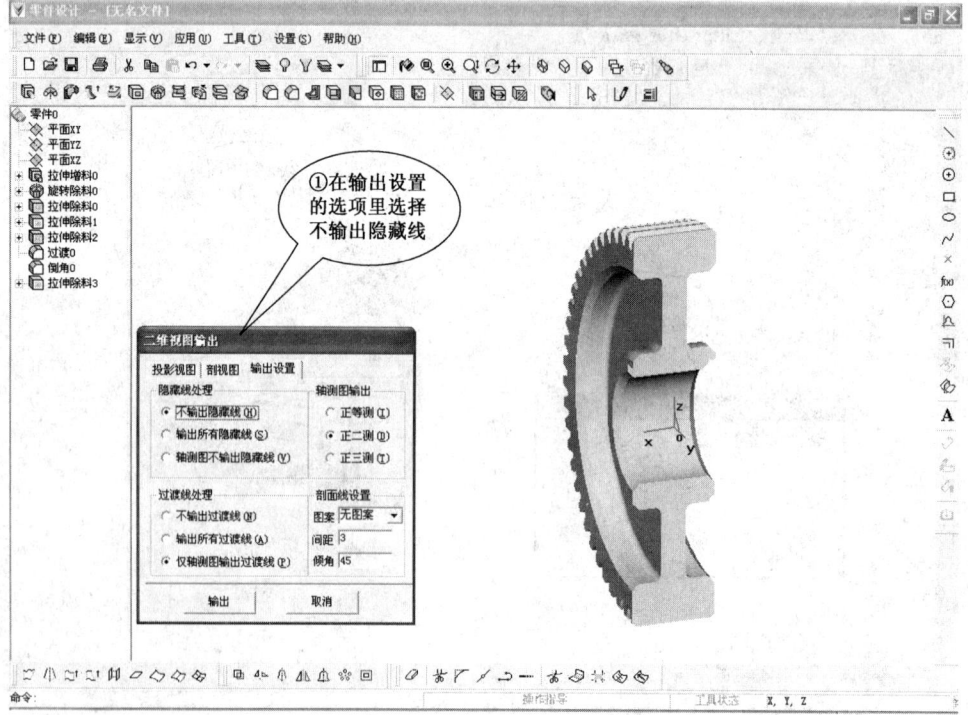

①在输出设置的选项里选择不输出隐藏线

步骤24：

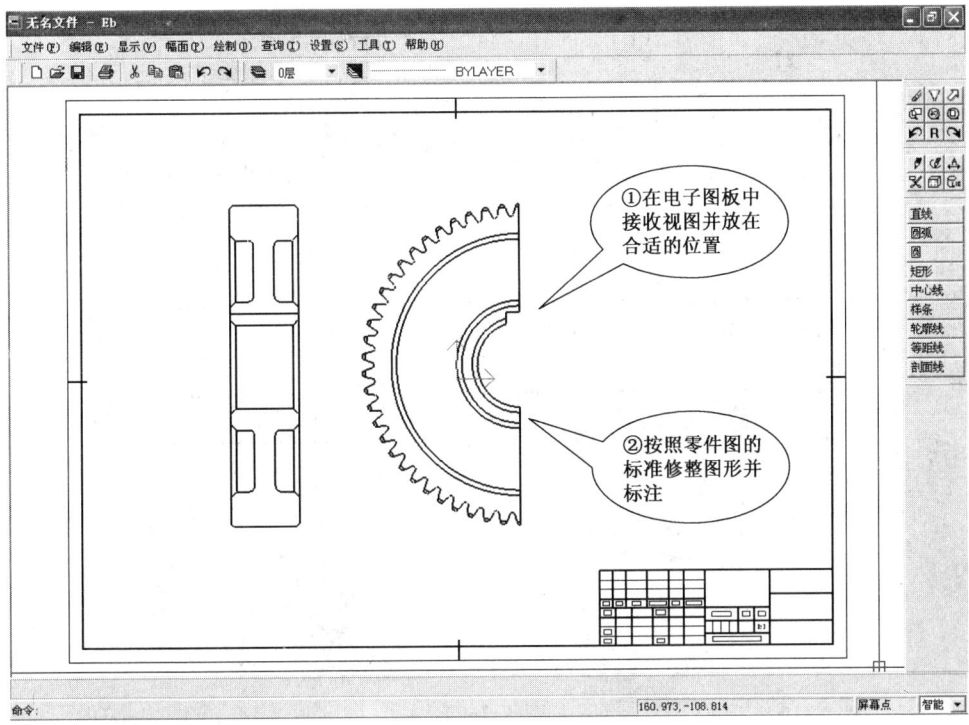

【115】 高速轴的绘制

设计目标：

根据高速轴的平面图绘制轴测图，如图3-2-17所示。

技术要点：

(1) 齿轴曲线的生成；

(2) 锥度的绘制；

(3) 螺纹的绘制；

(4) 键槽的绘制；

(5) 多个轮齿倒角（角度线与旋转除料）。

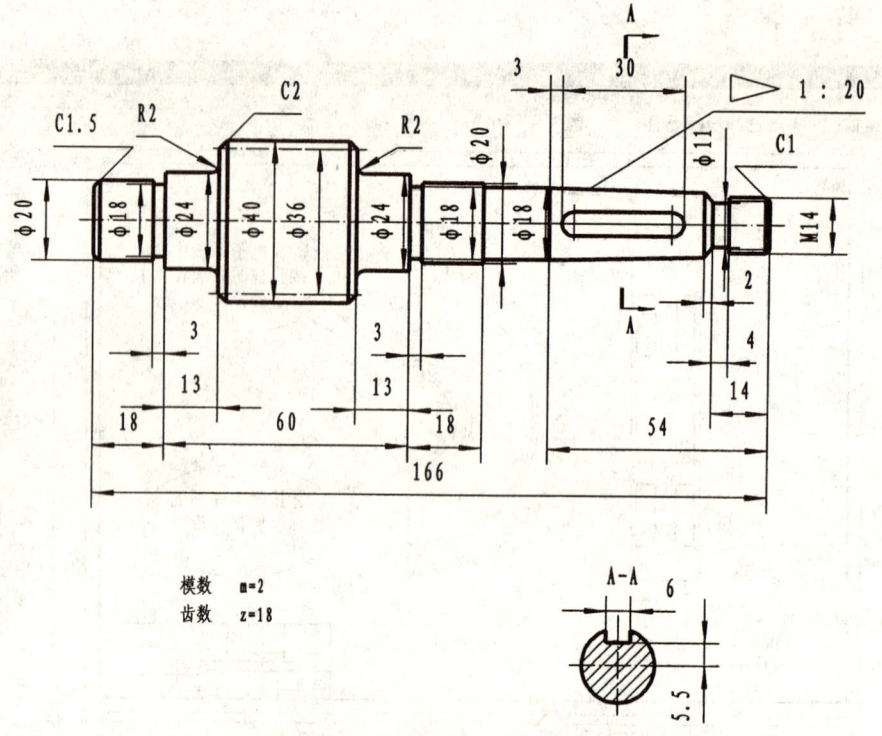

图 3-2-17

模数　m=2
齿数　z=18

画图步骤：
步骤1：

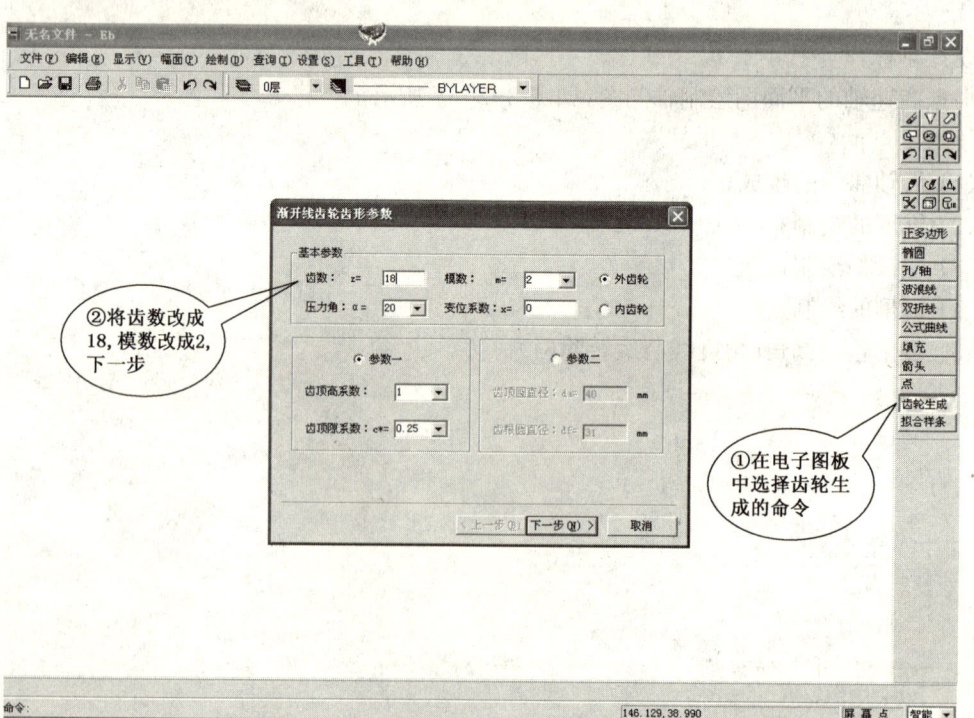

步骤 2：

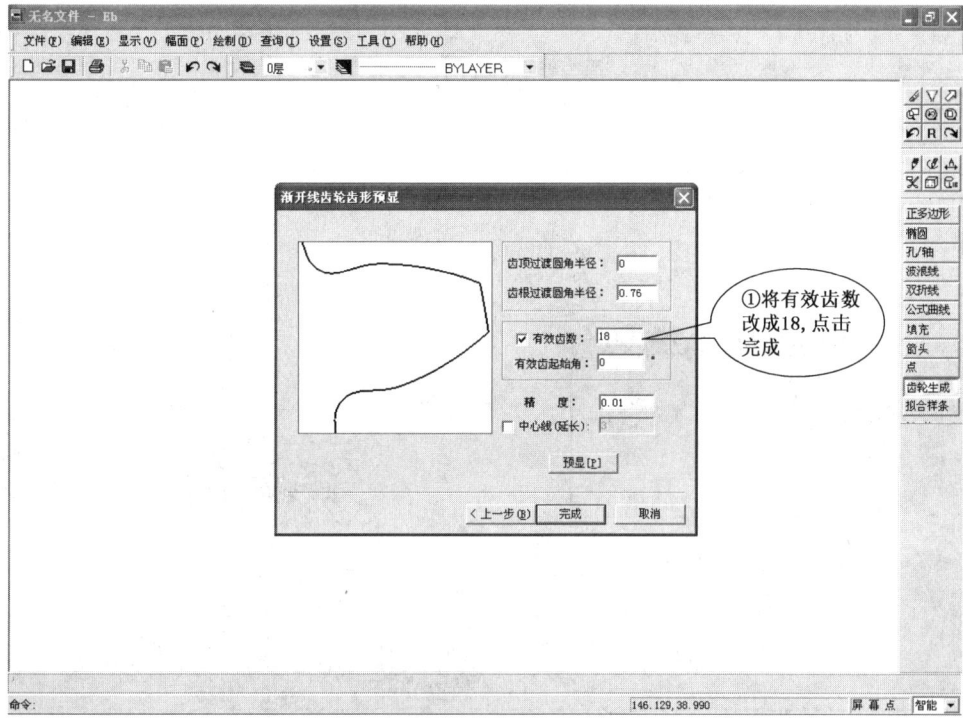

步骤 3：

步骤4：

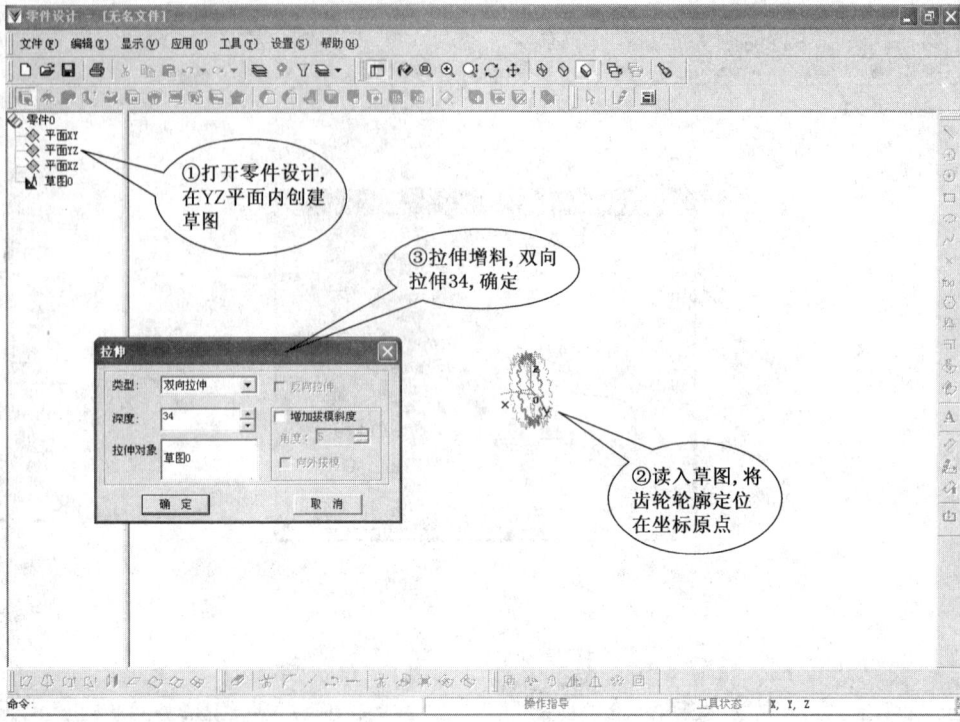

步骤5：

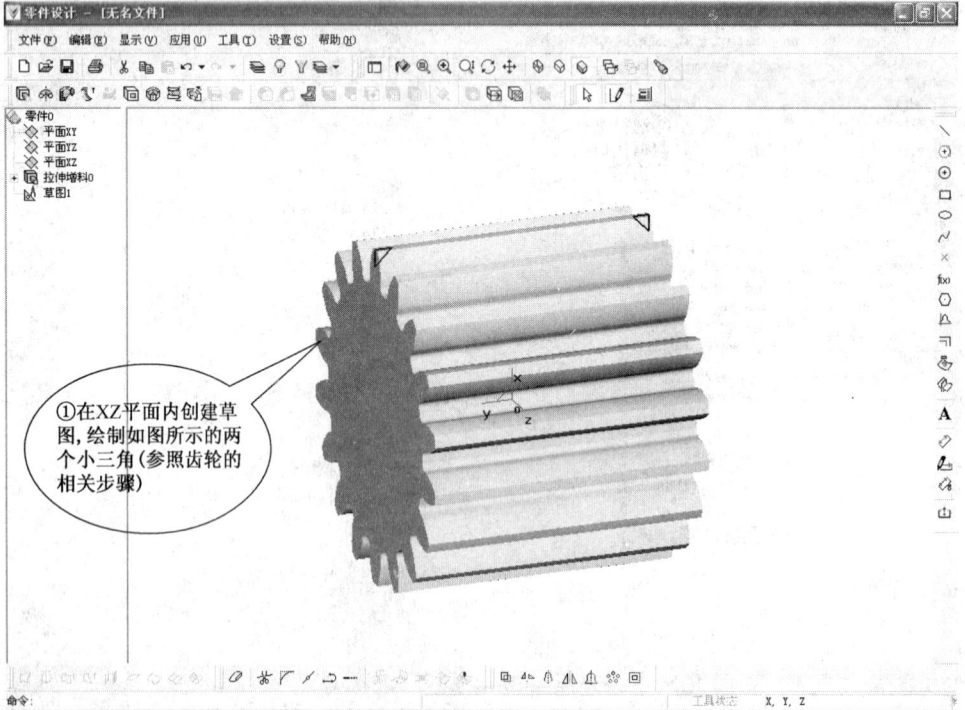

步骤6:

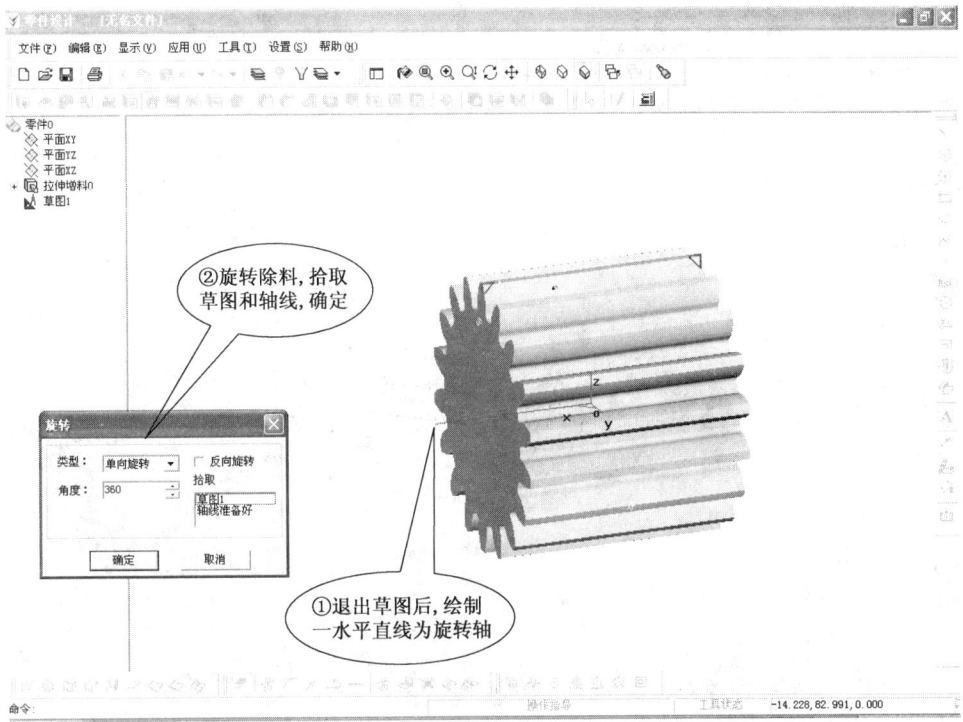

步骤7:

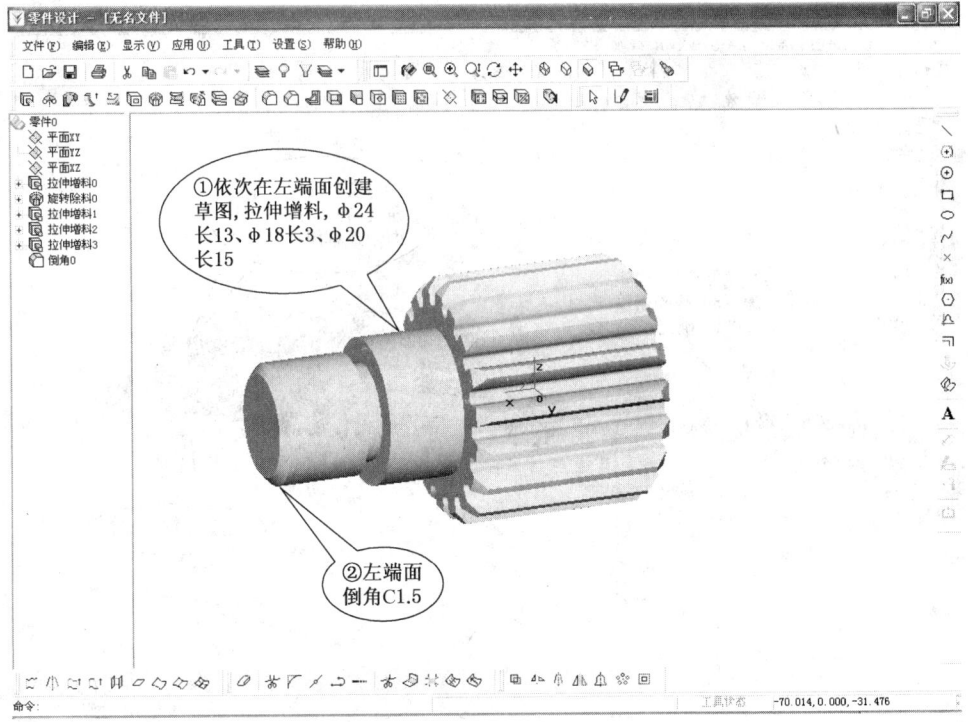

步骤8：

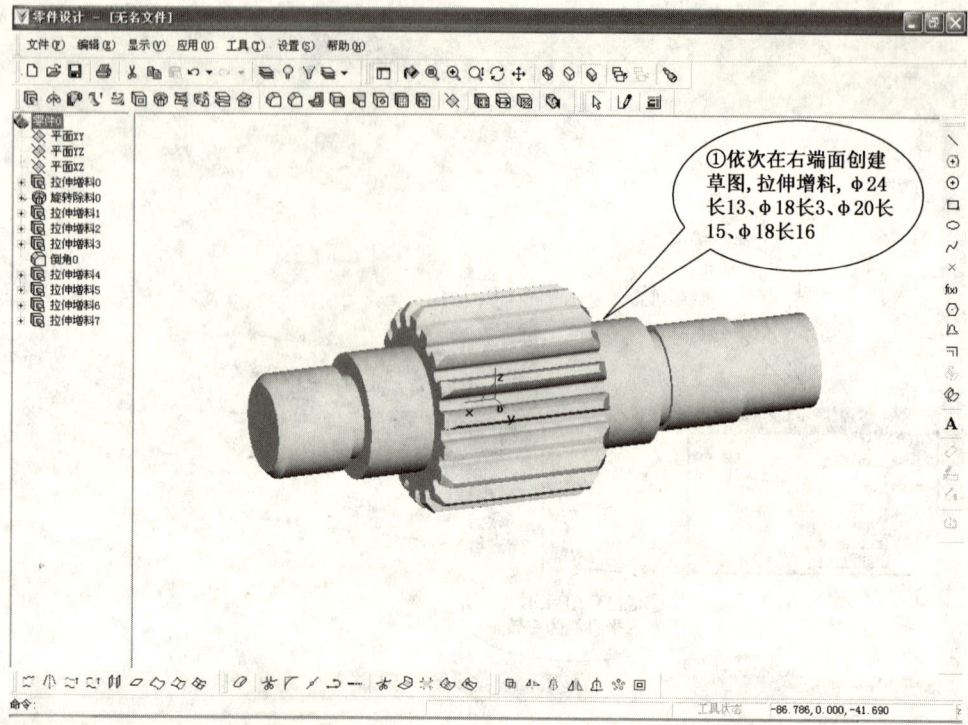

步骤9：

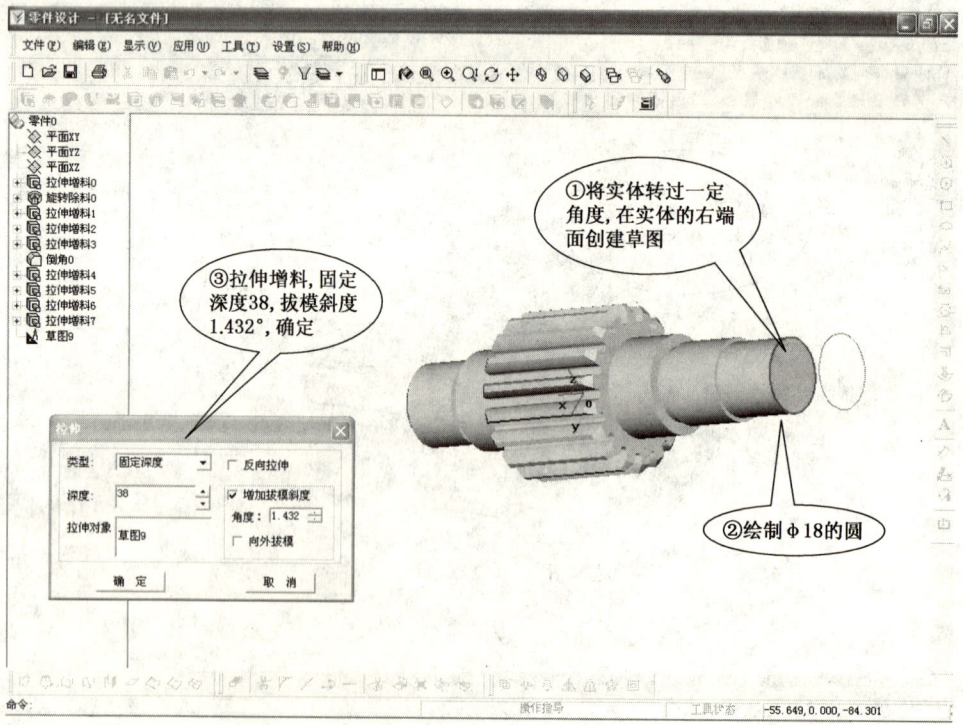

步骤10：

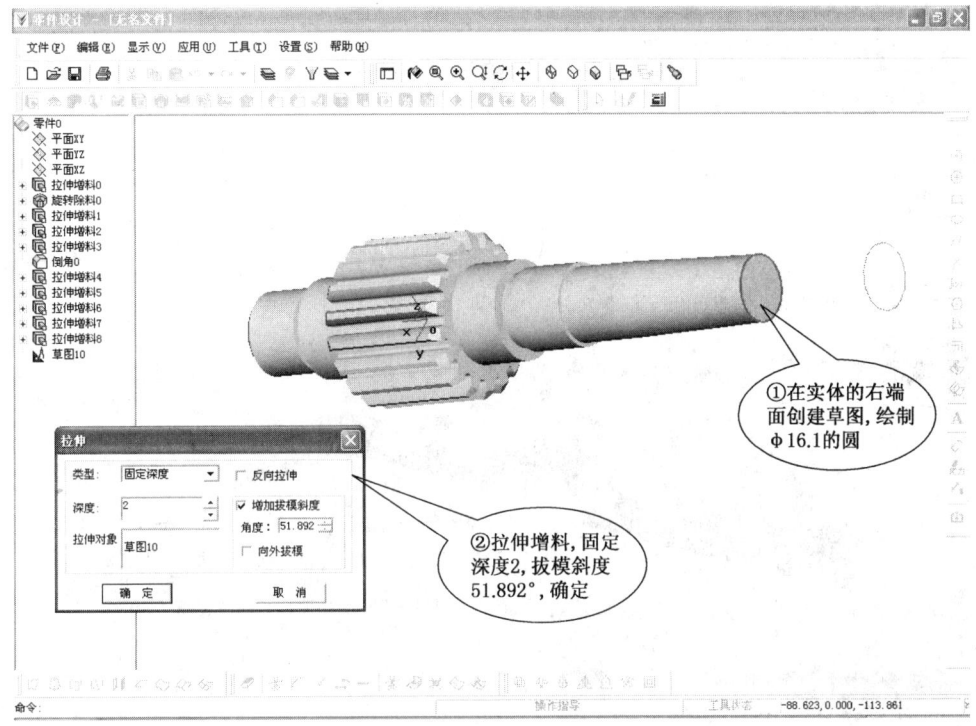

步骤11：

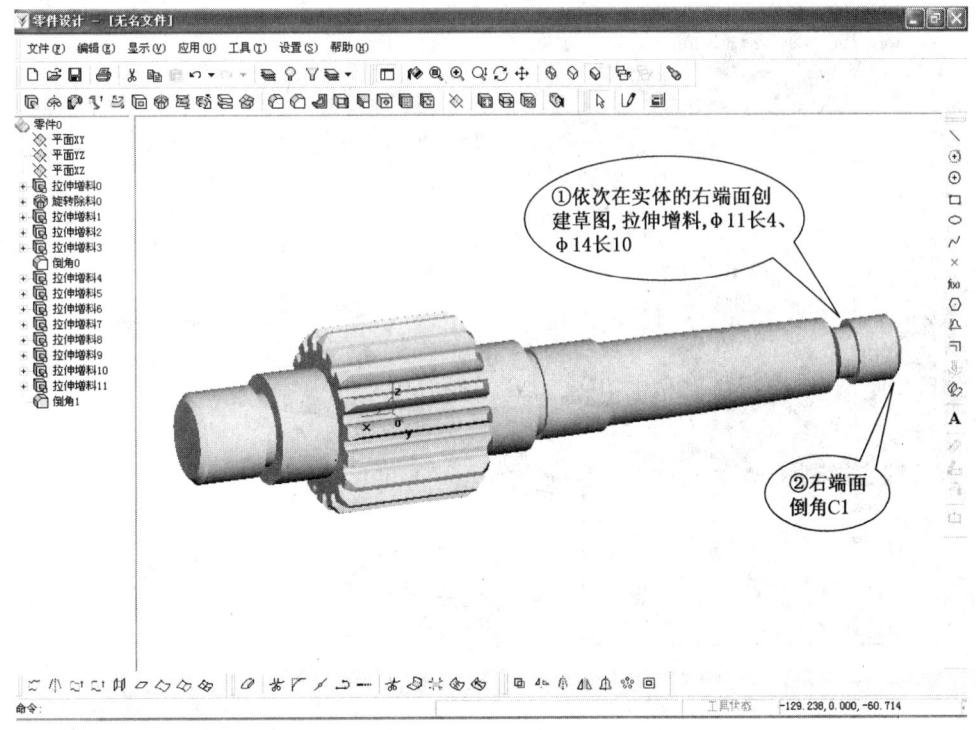

步骤12：

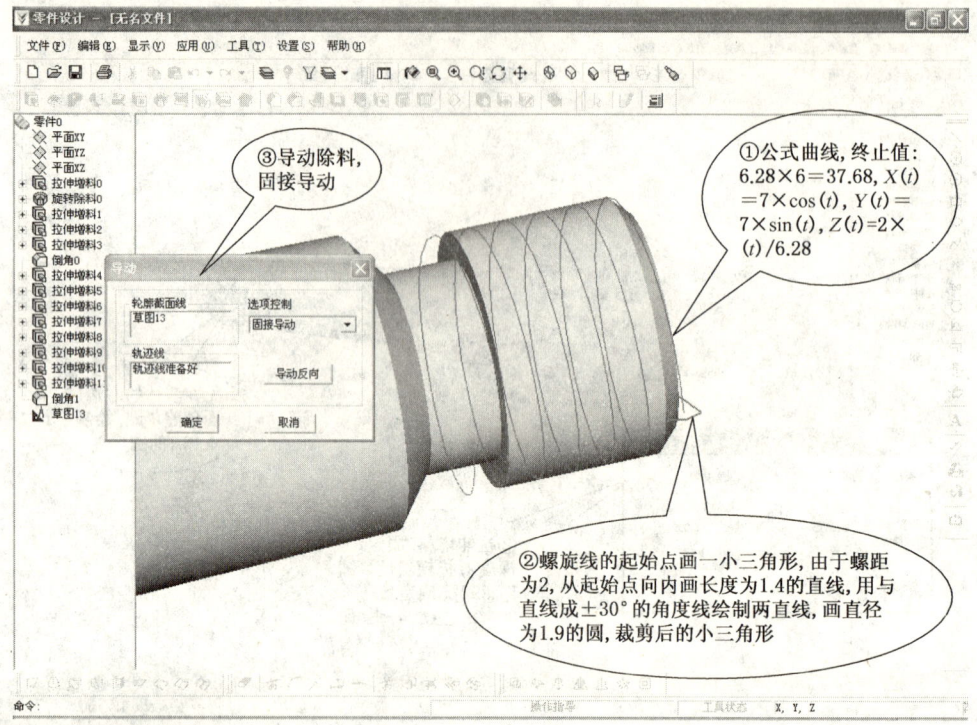

步骤13：

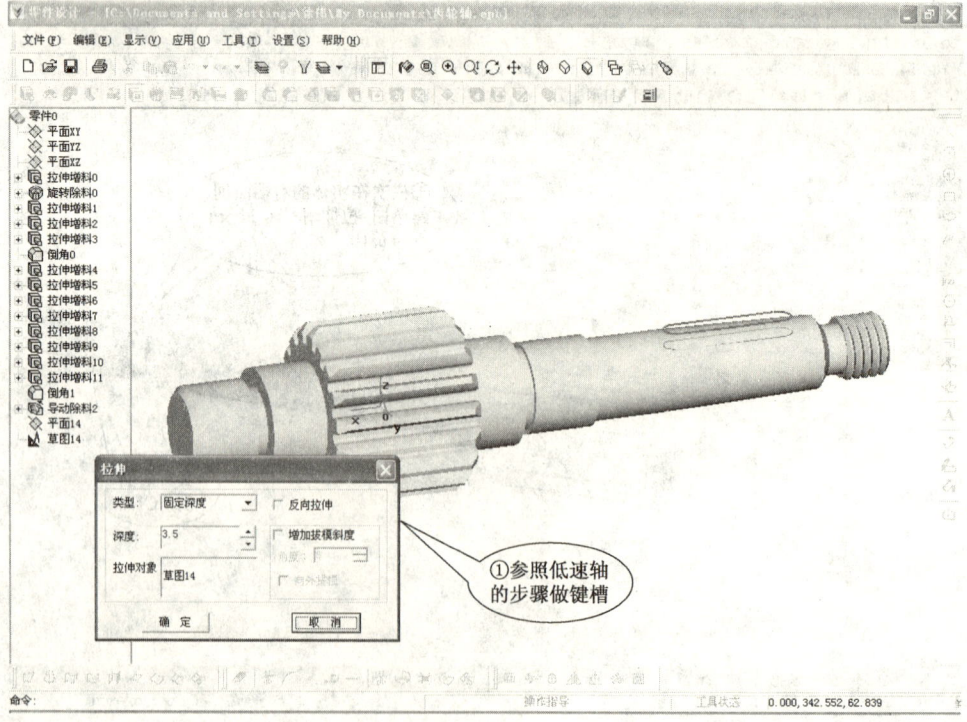

步骤 14：

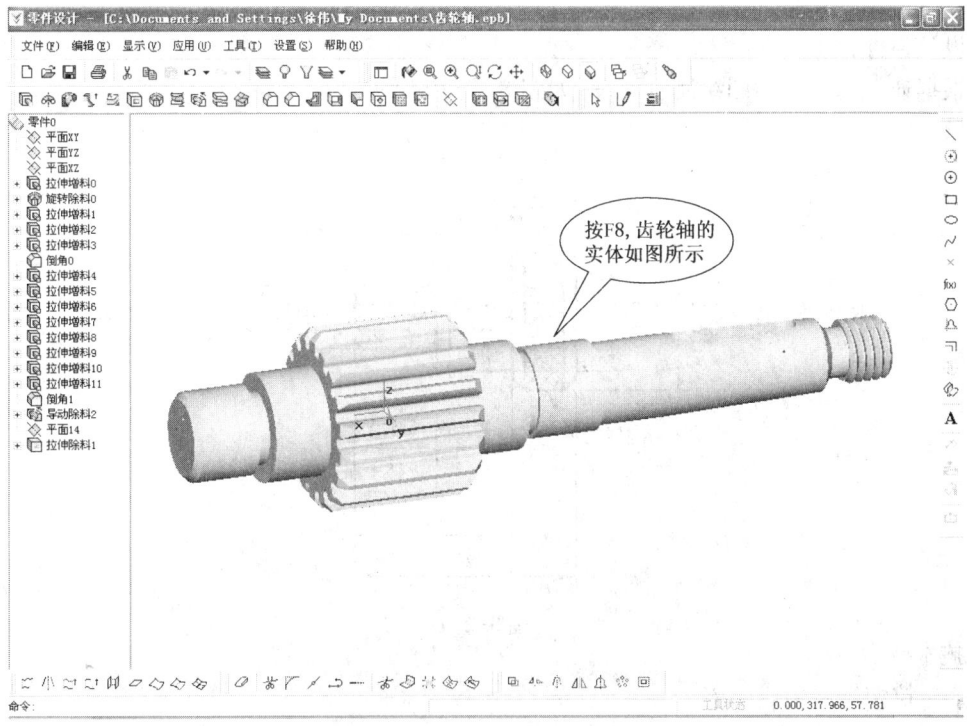

【116】 套筒的绘制

设计目标：

根据套筒平面图绘制轴测图，如下图 3-2-18 所示。

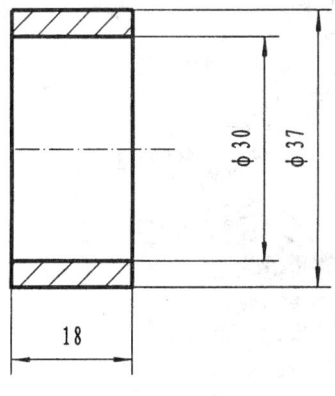

图 3-2-18

设计要点及绘图步骤与低速轴的调整环类似，从略。

【117】 通气塞的绘制

设计目标:

根据通气塞的平面图绘制轴测图,如图 3-2-19 所示。

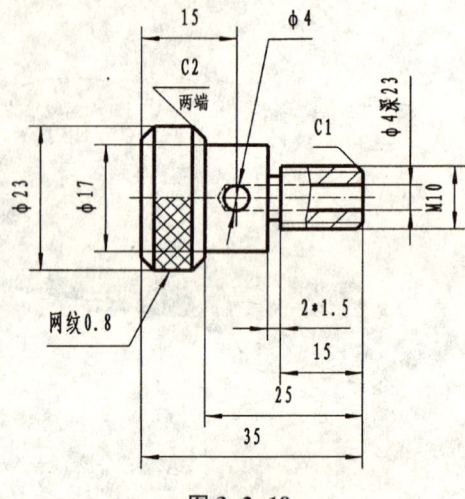

图 3-2-19

技术要点:

(1) 拉伸增料生成实体;
(2) 实体上特殊孔的绘制;
(3) 外螺纹的绘制。

画图步骤:

步骤 1:

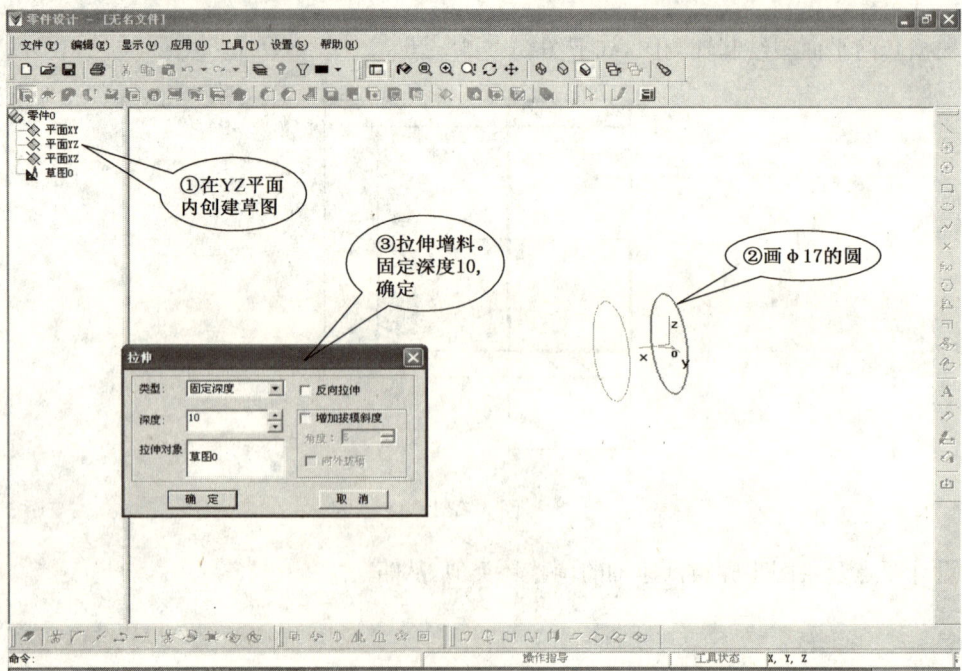

步骤2：

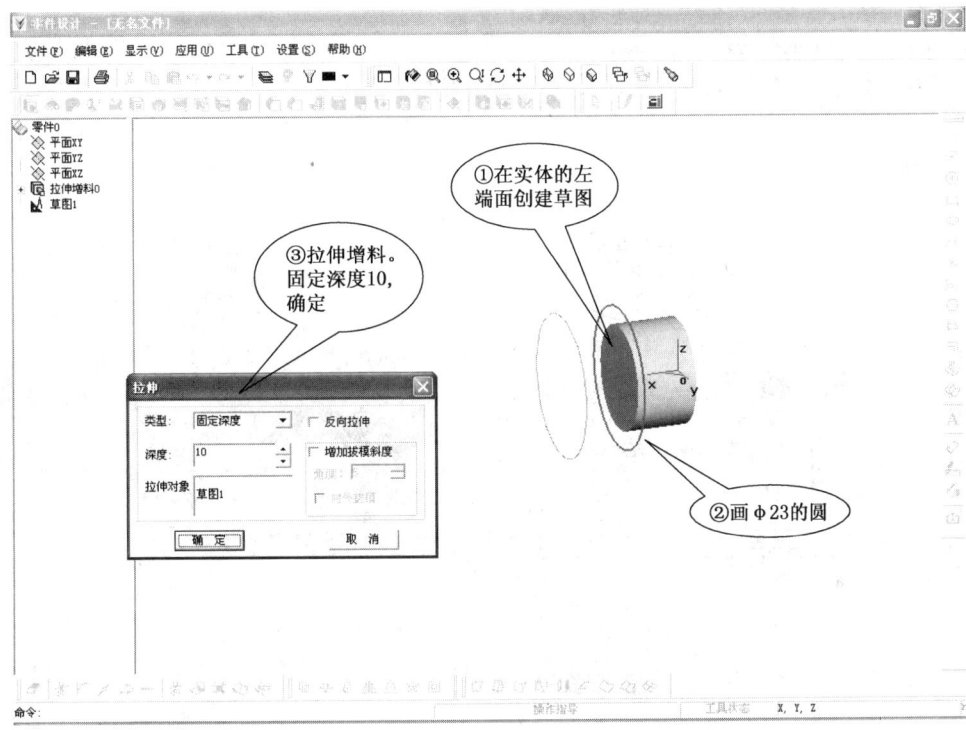

步骤3：

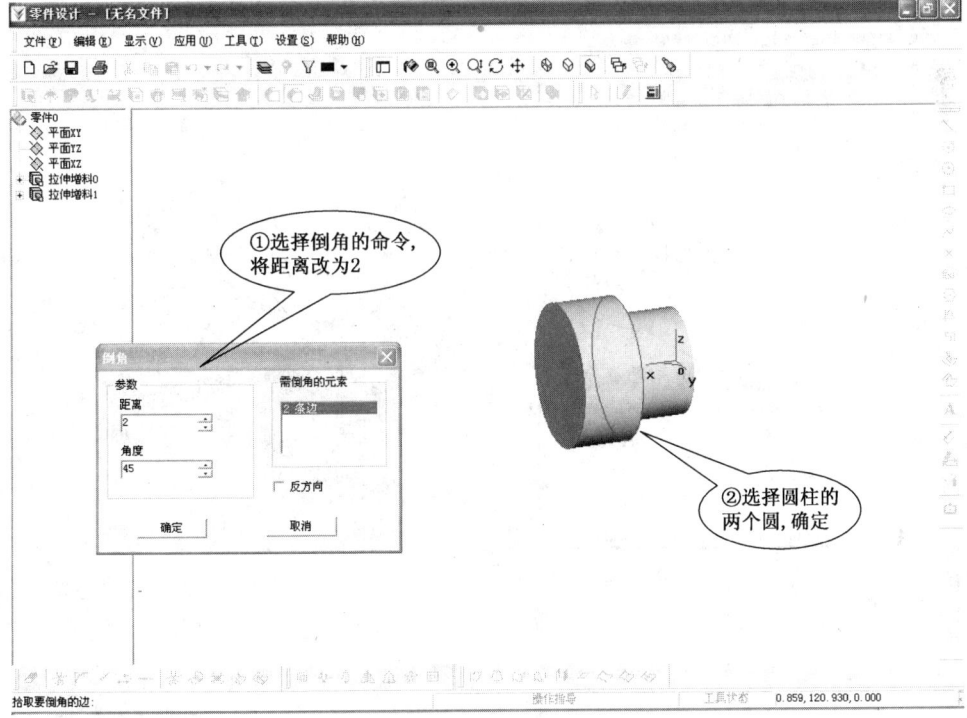

步骤4：

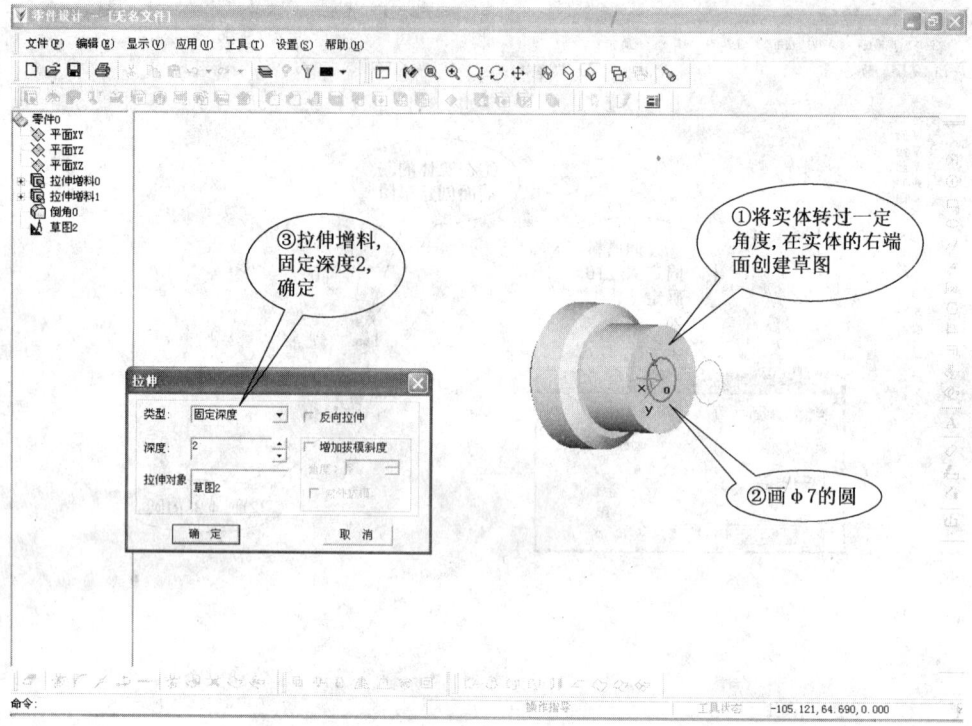

步骤5：

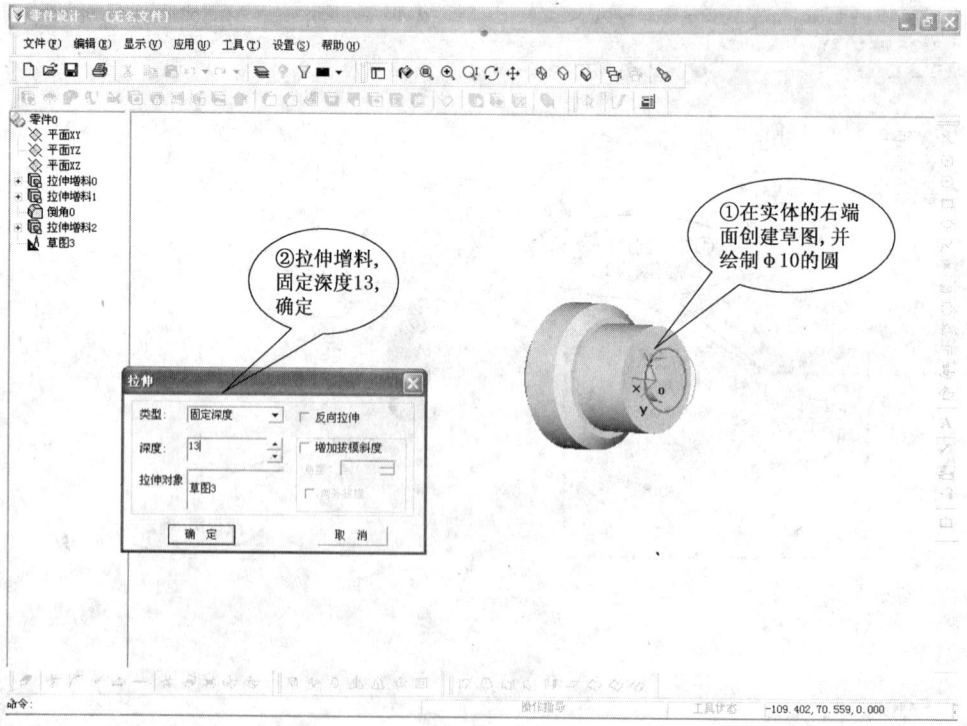

步骤6:

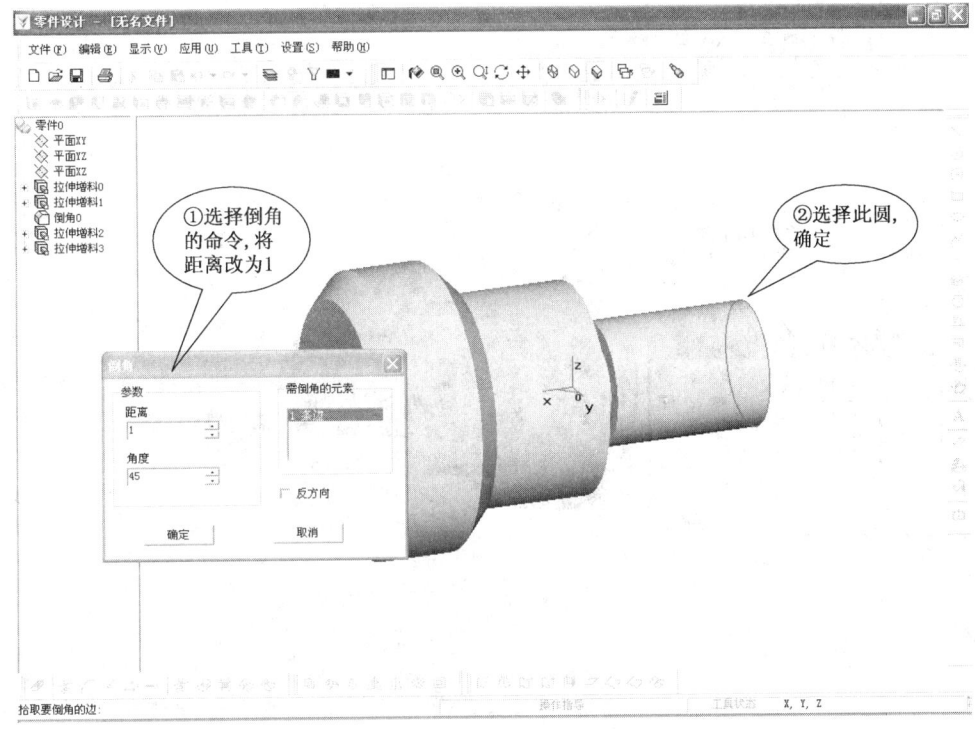

步骤7:

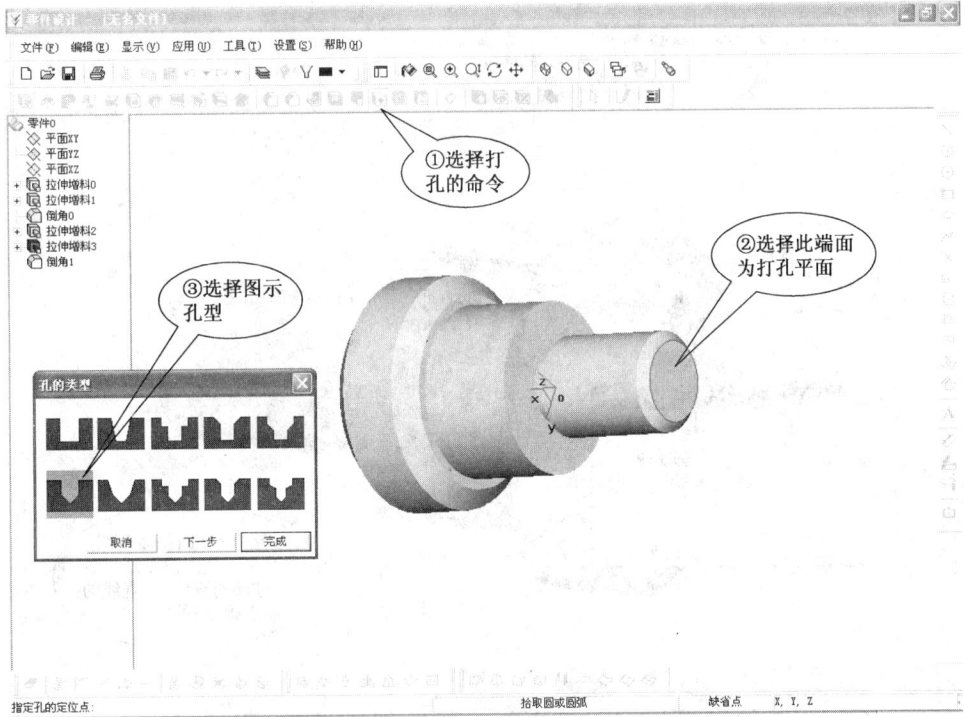

步骤8：

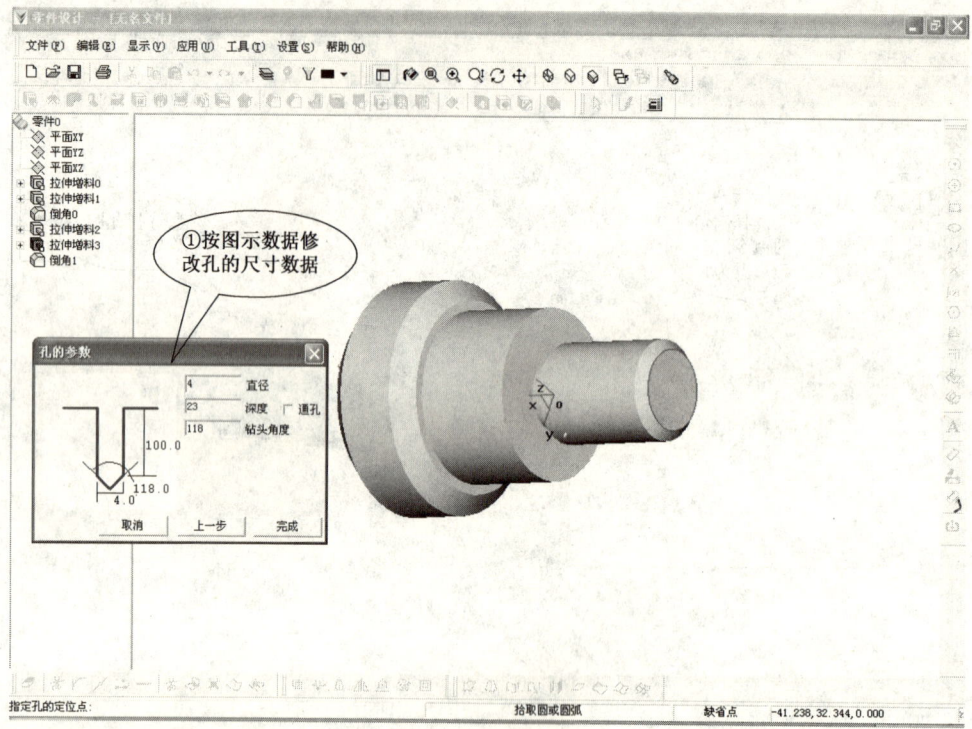

步骤9：

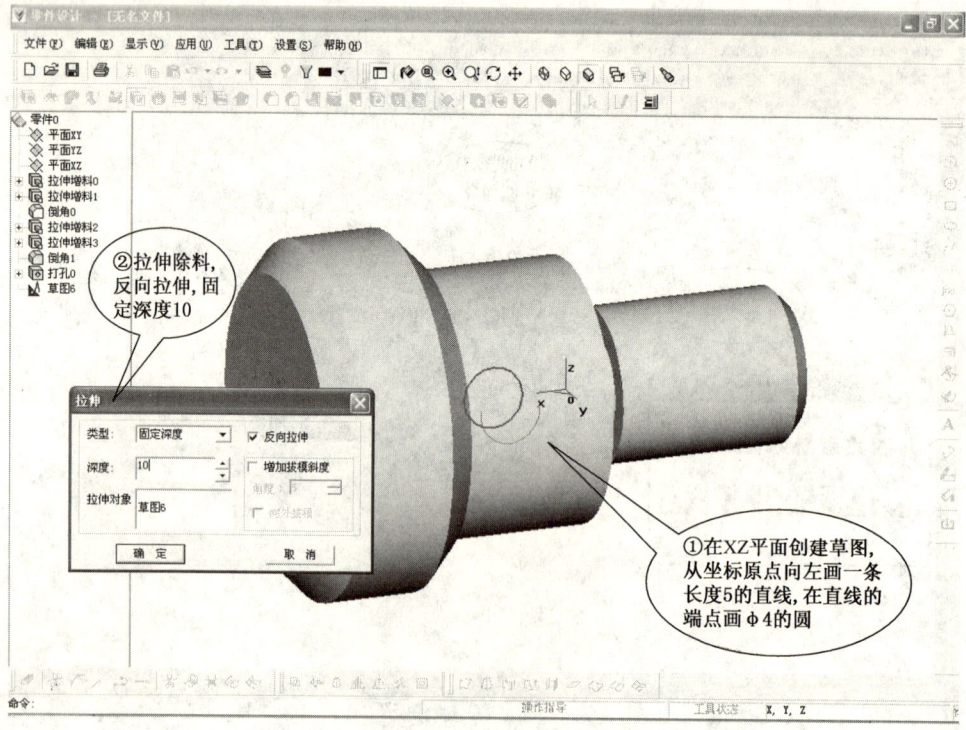

步骤10：

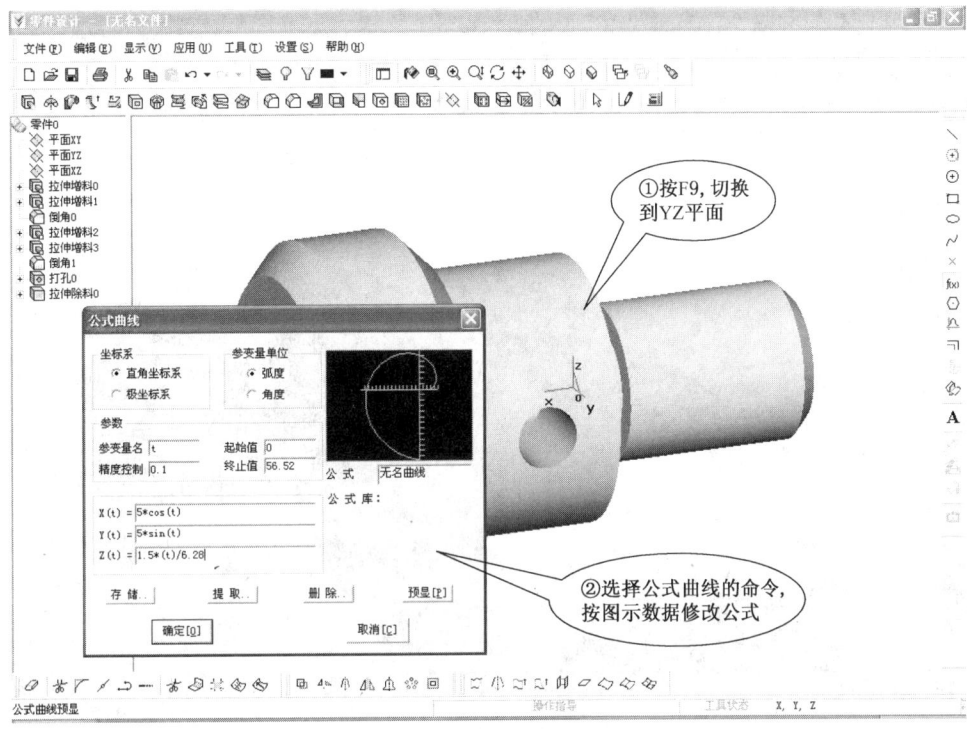

步骤11：

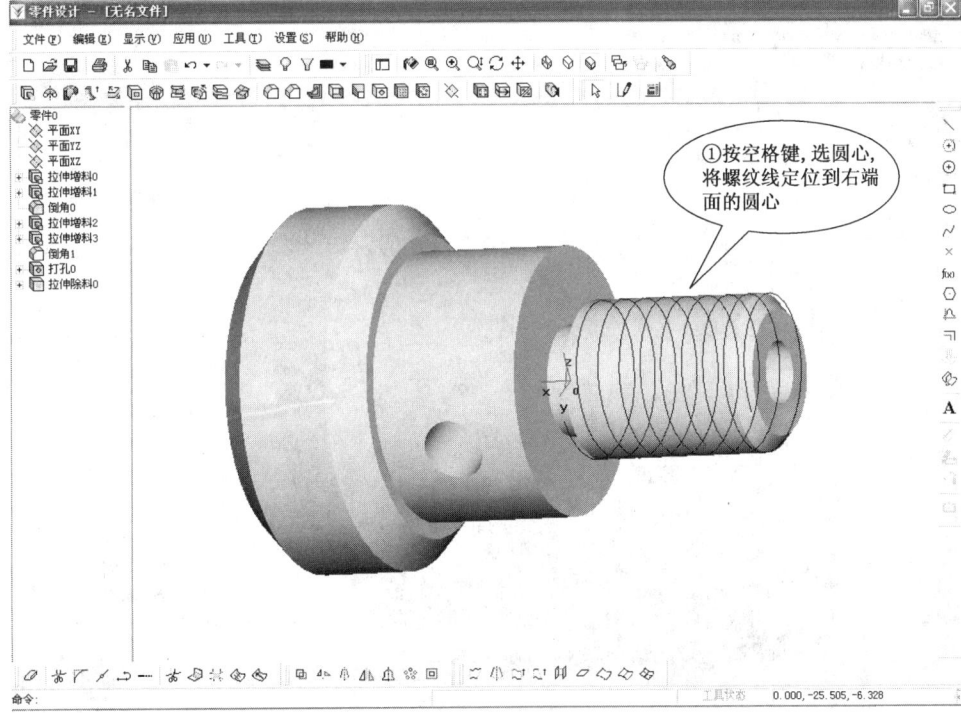

步骤12：

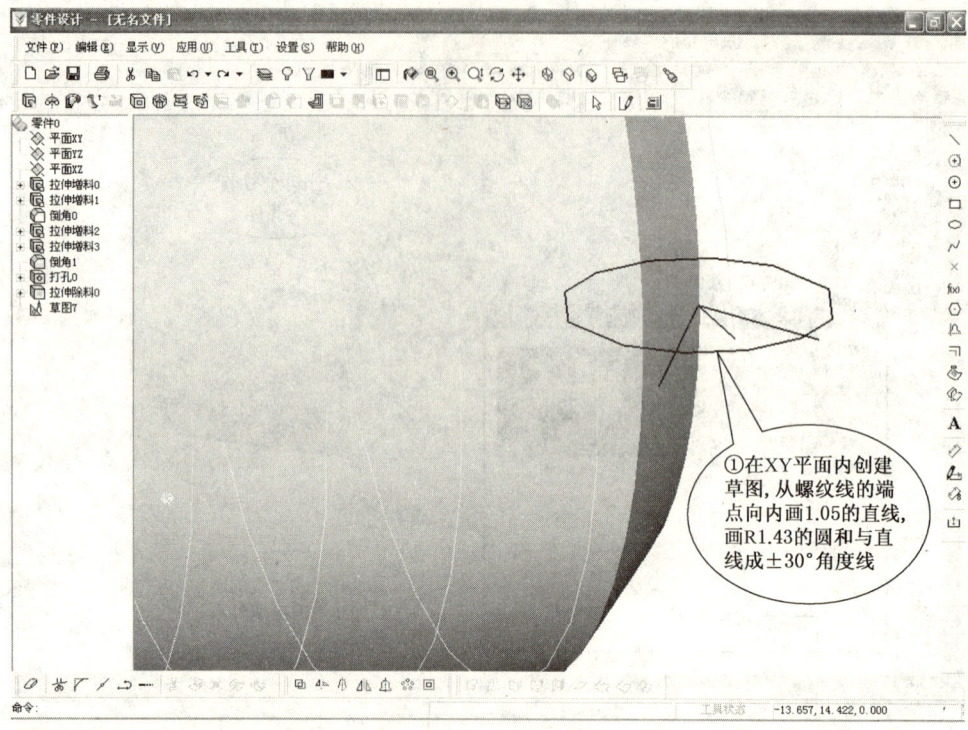

步骤13：

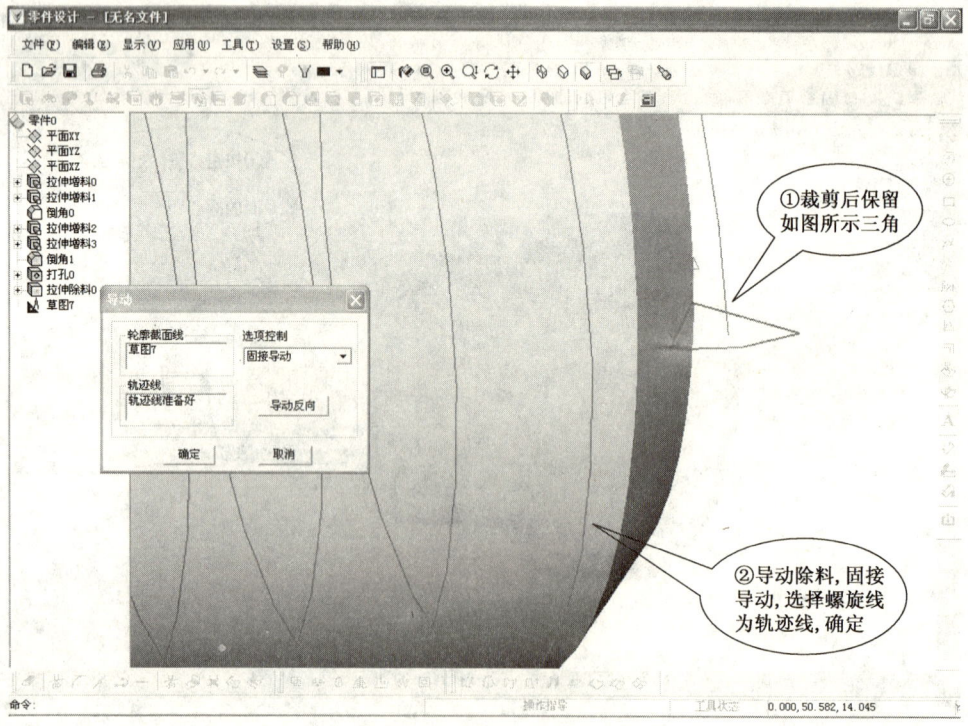

步骤 14：

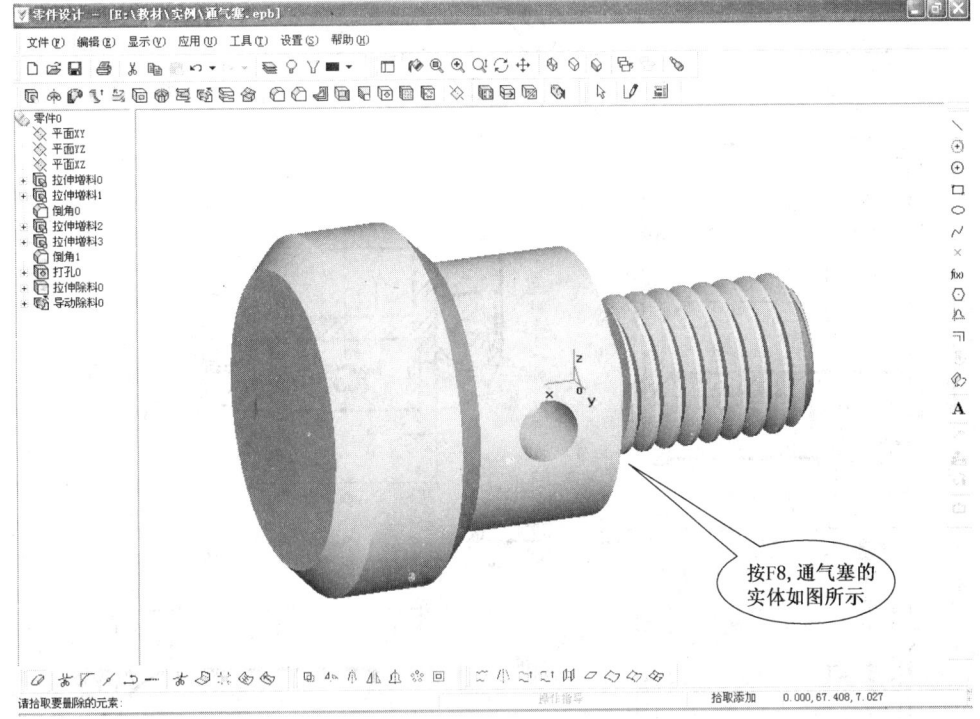

【118】 箱座的绘制

设计目标：
根据箱座的平面图绘制轴测图，如图 3-2-20 所示。
技术要点：
(1) 矩形增料与开槽的方式；
(2) 拔模斜度形成锥台的方式；
(3) 肋板的绘制；
(4) 沉孔的绘制；
(5) 凹槽的绘制。

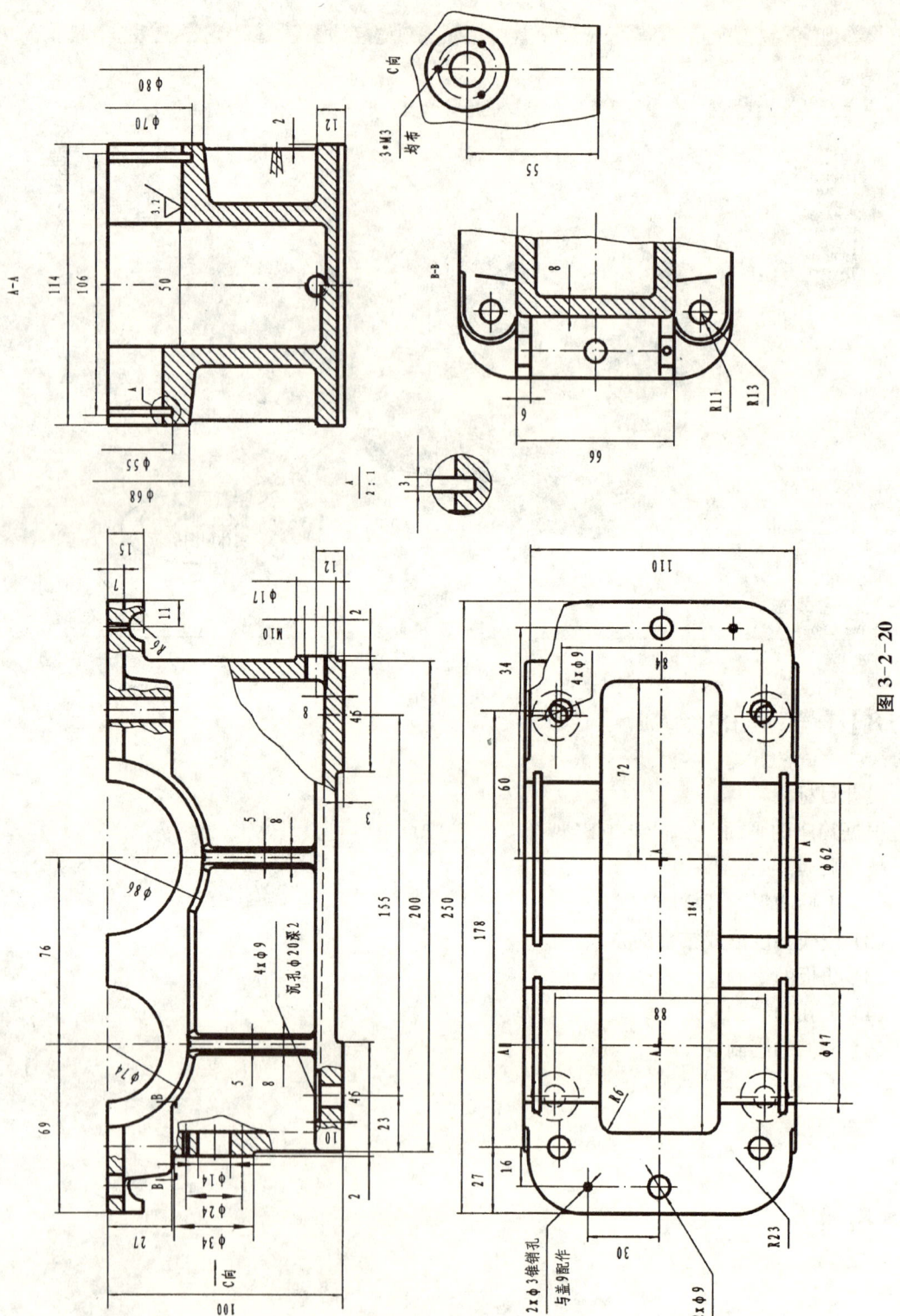

图 3-2-20

画图步骤：
步骤1：

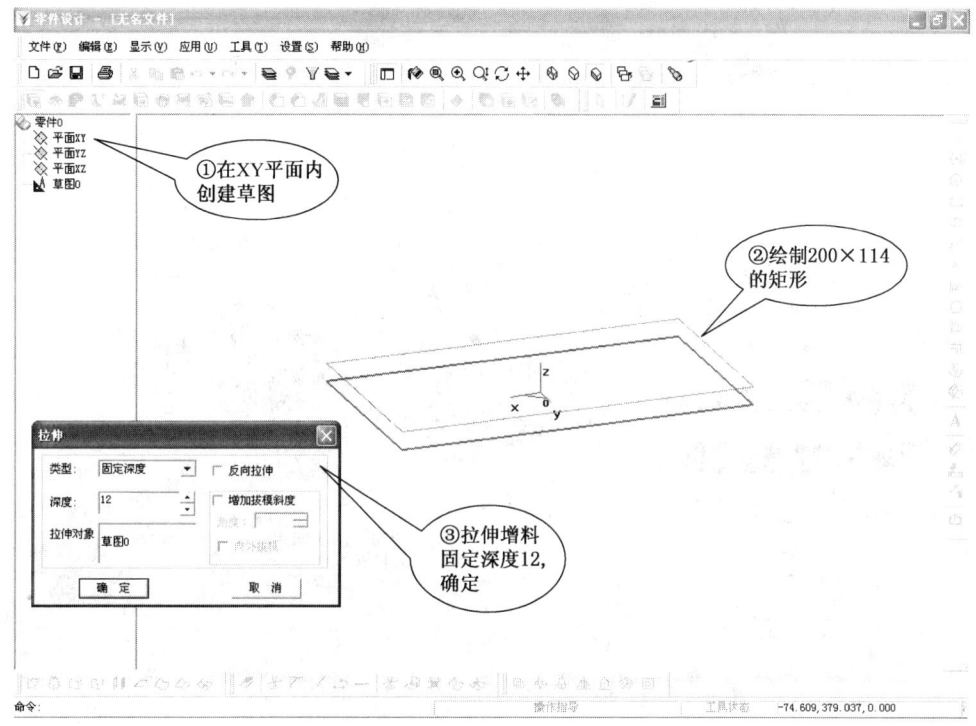

步骤2：

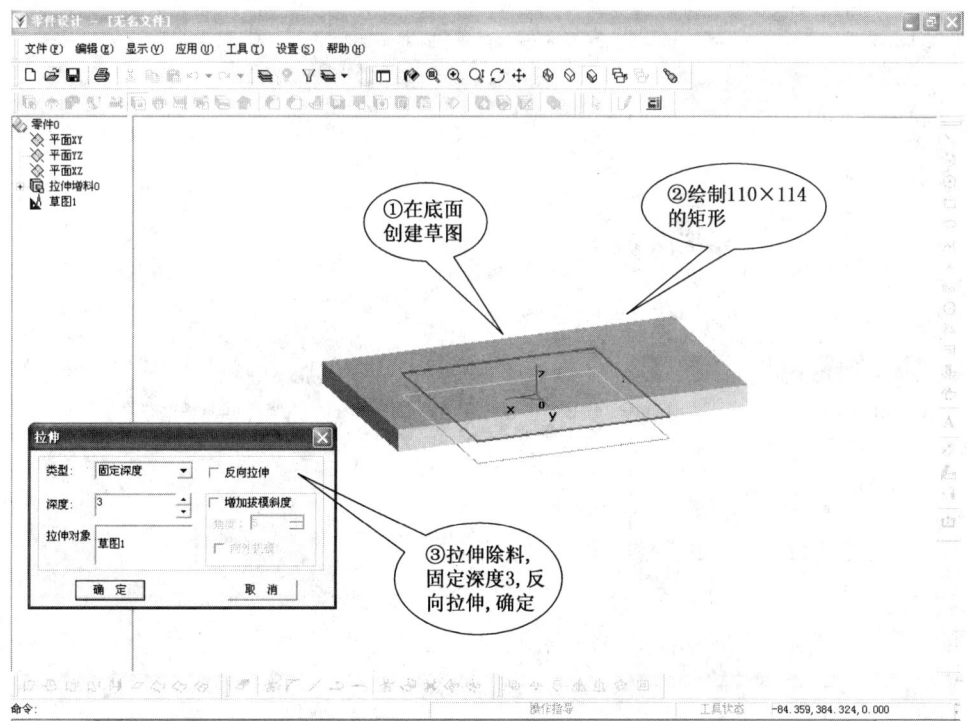

步骤3:

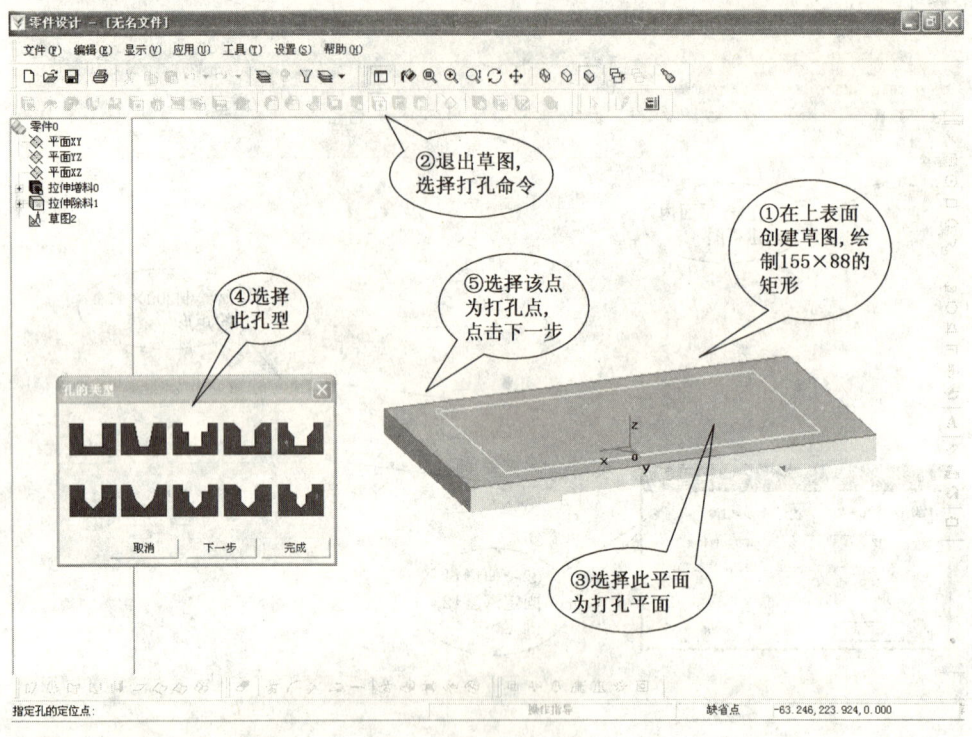

步骤4:

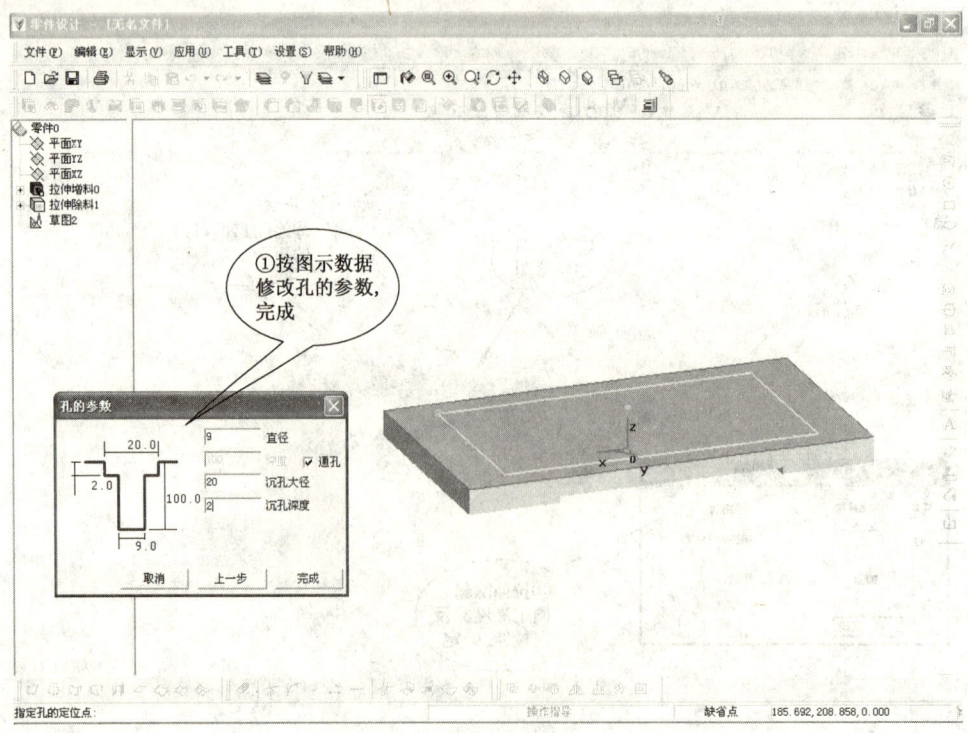

步骤 5：

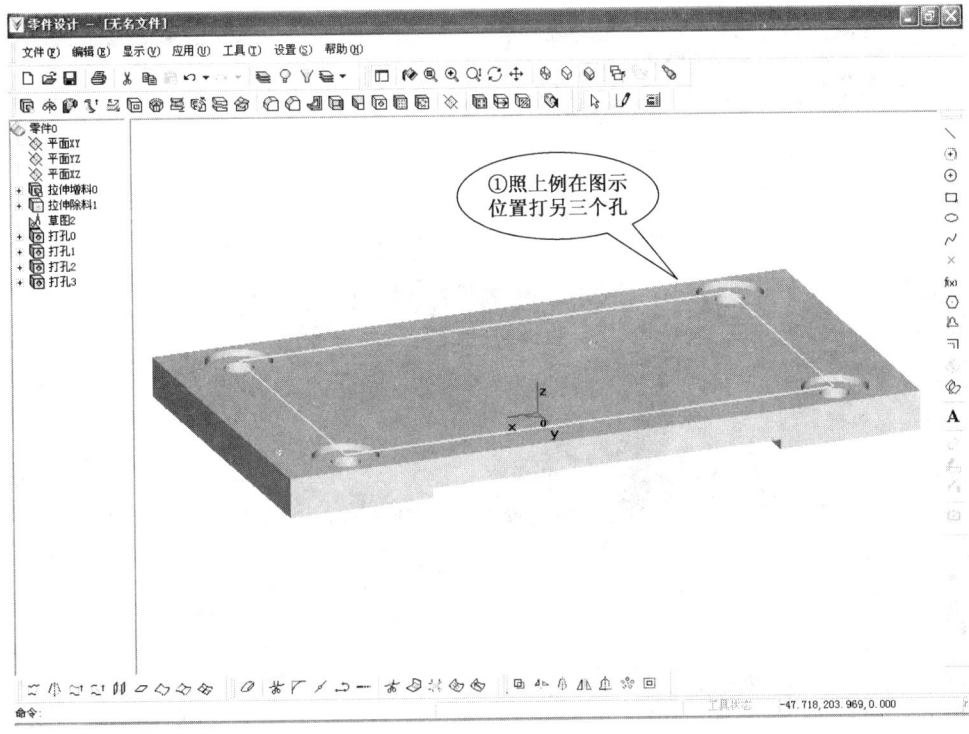

步骤 6：

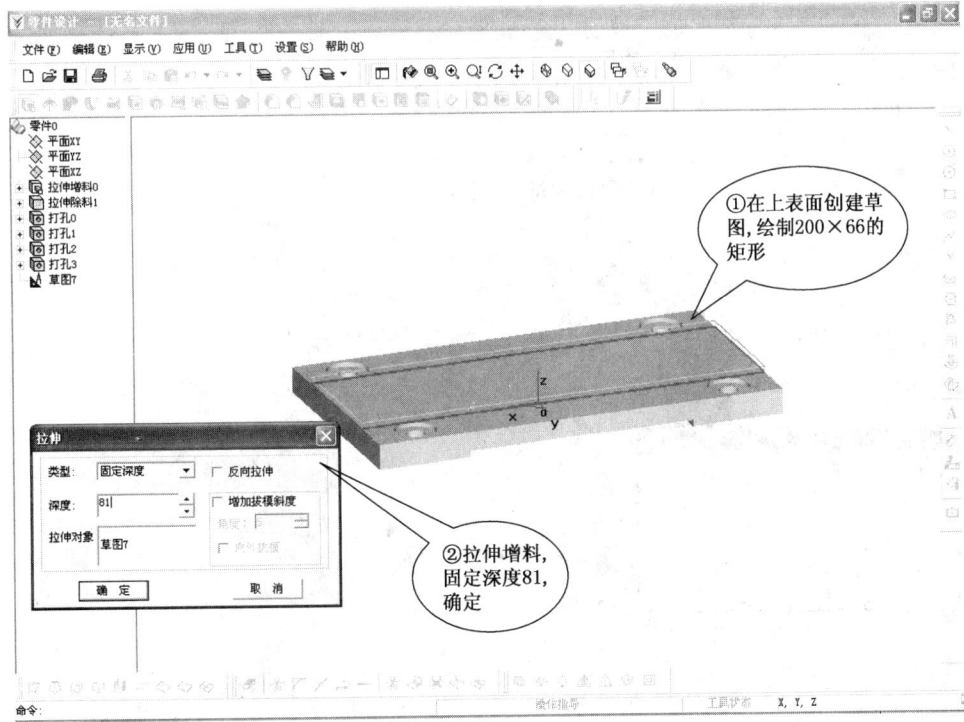

步骤7：

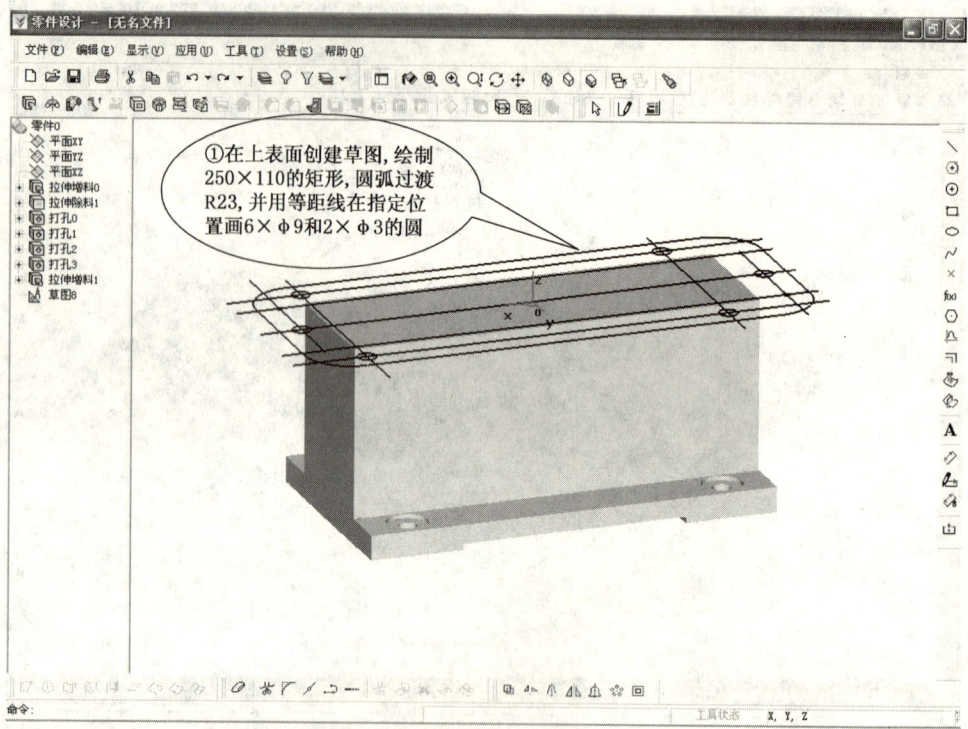

步骤8：

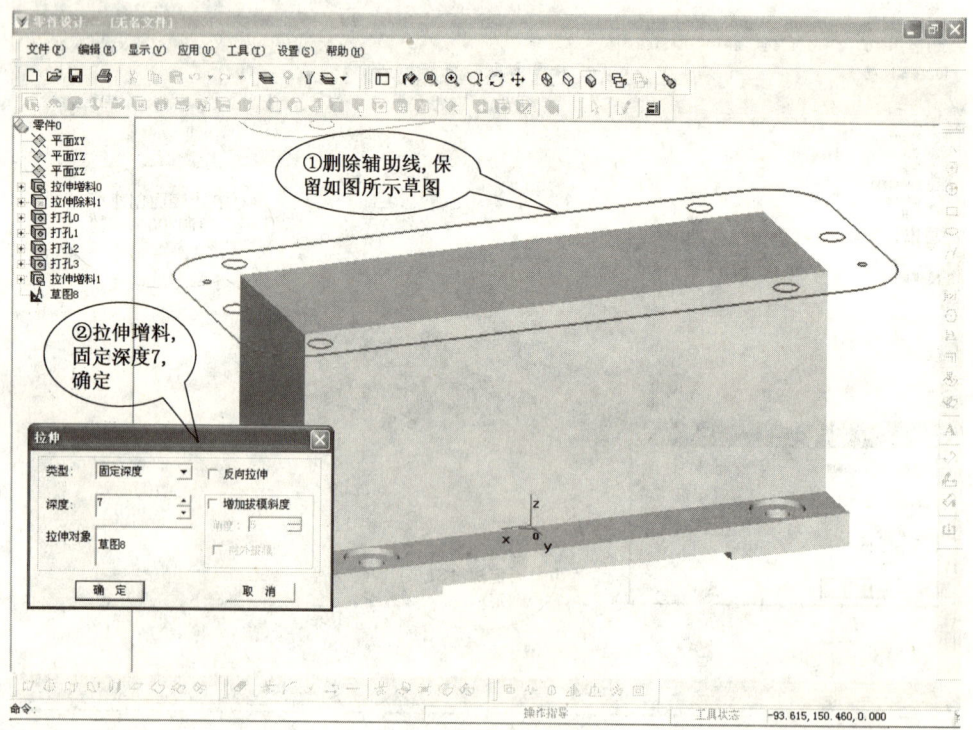

步骤9:

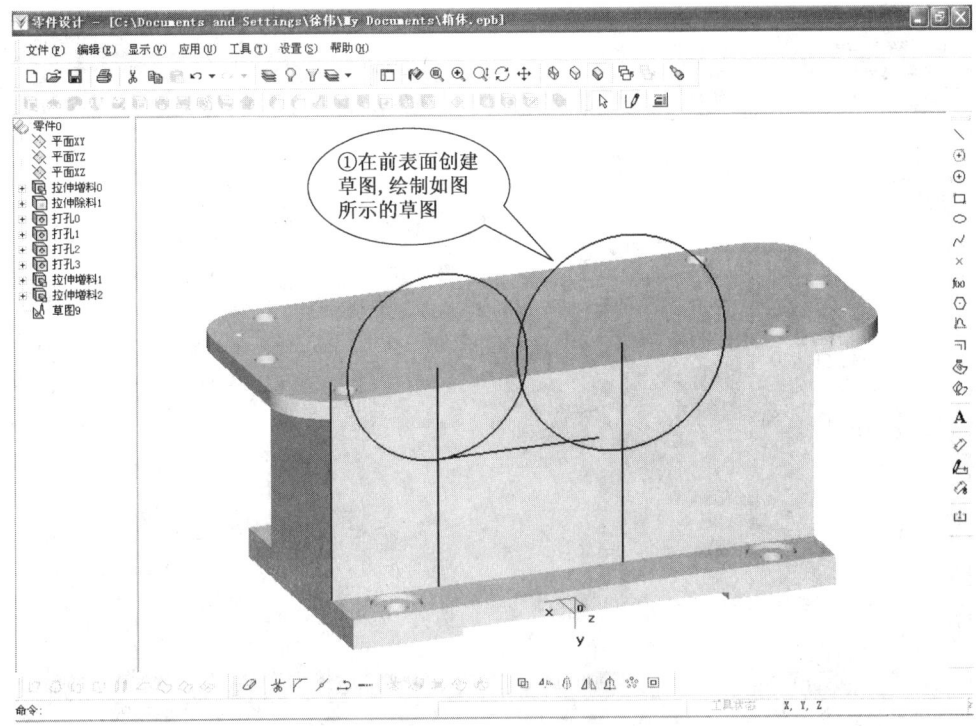

①在前表面创建草图,绘制如图所示的草图

步骤10:

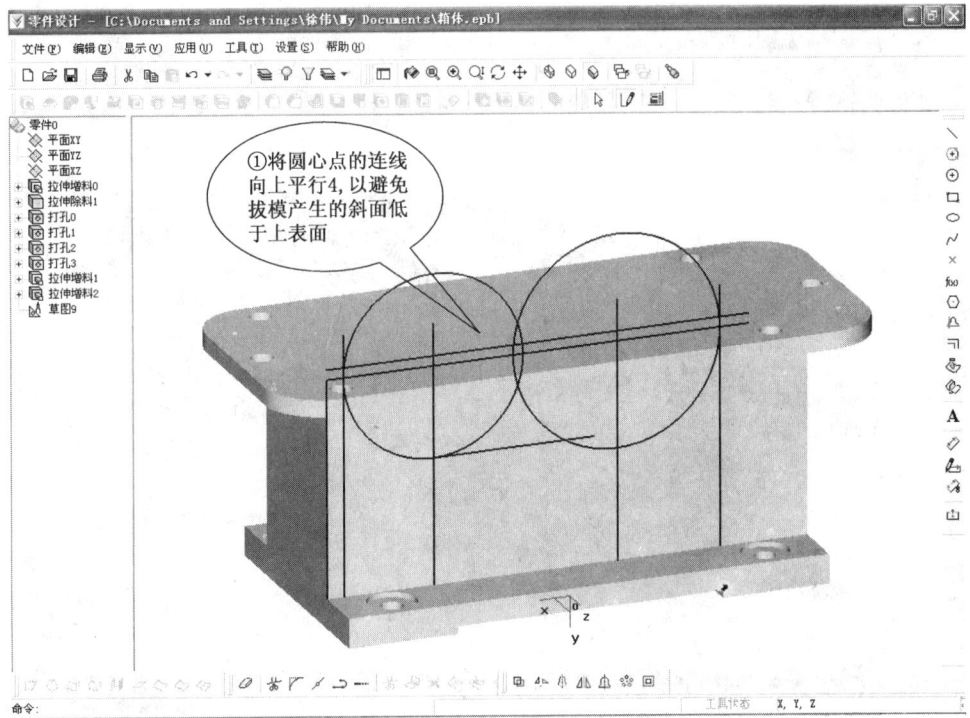

①将圆心点的连线向上平行4,以避免拔模产生的斜面低于上表面

步骤11：

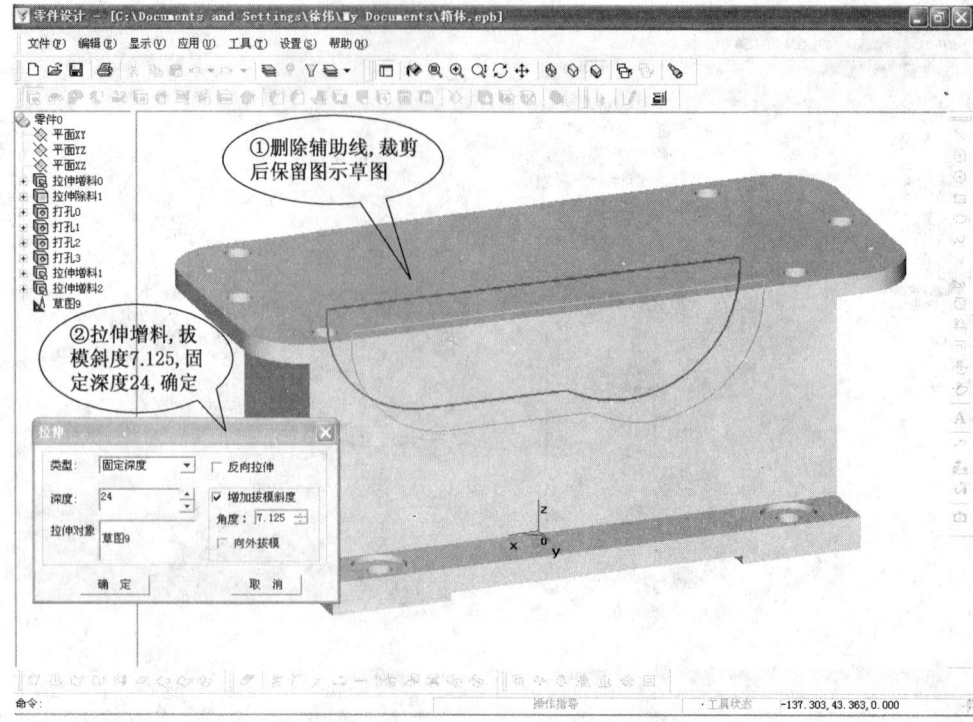

步骤12：

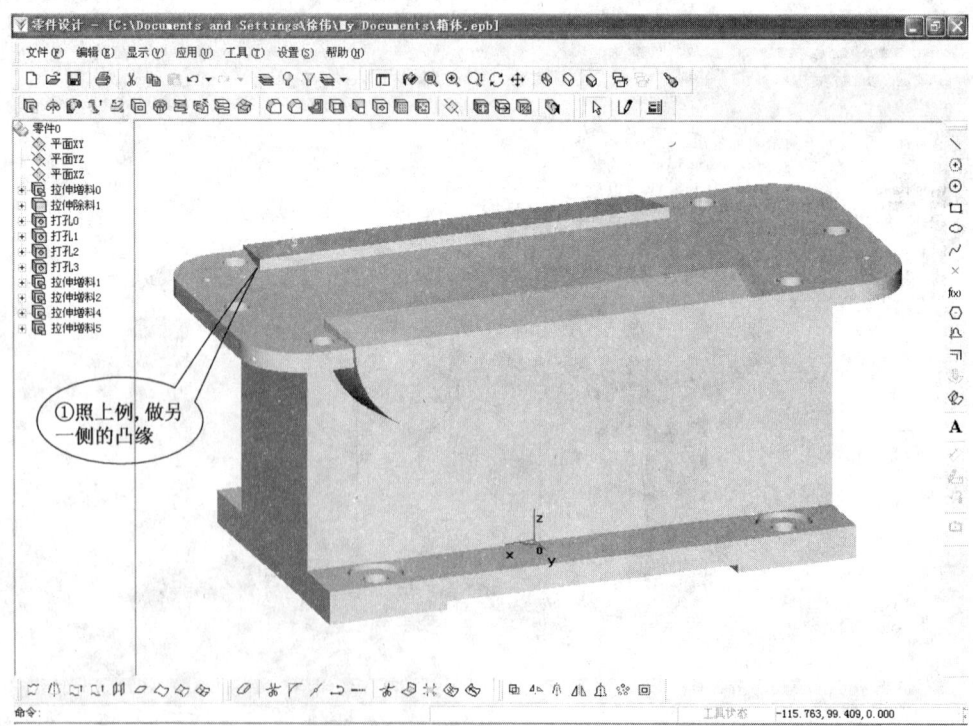

步骤13:

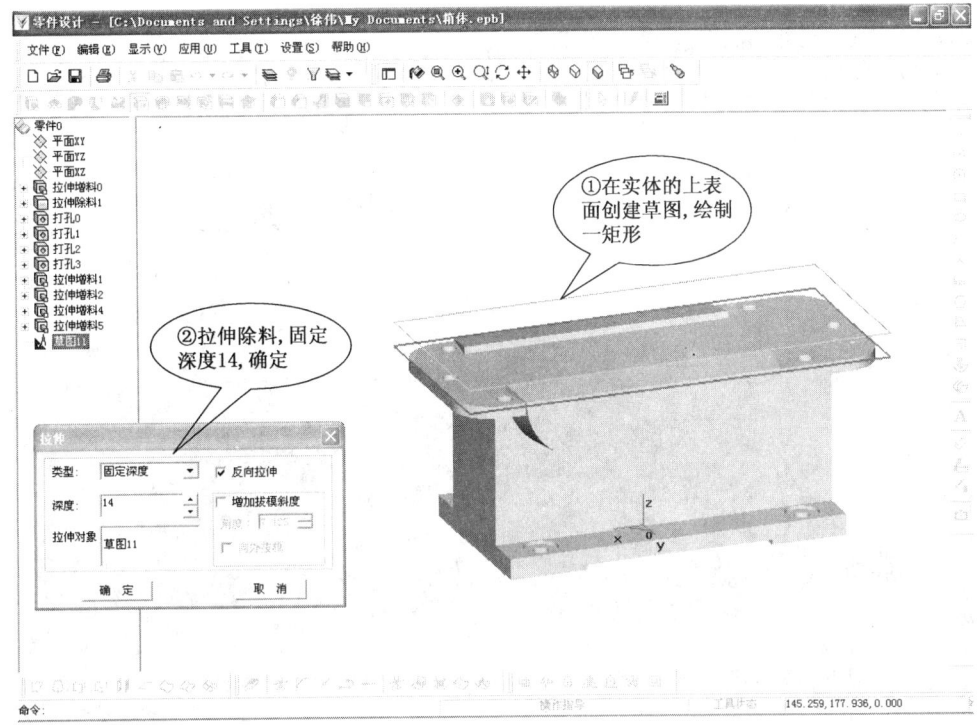

步骤14:

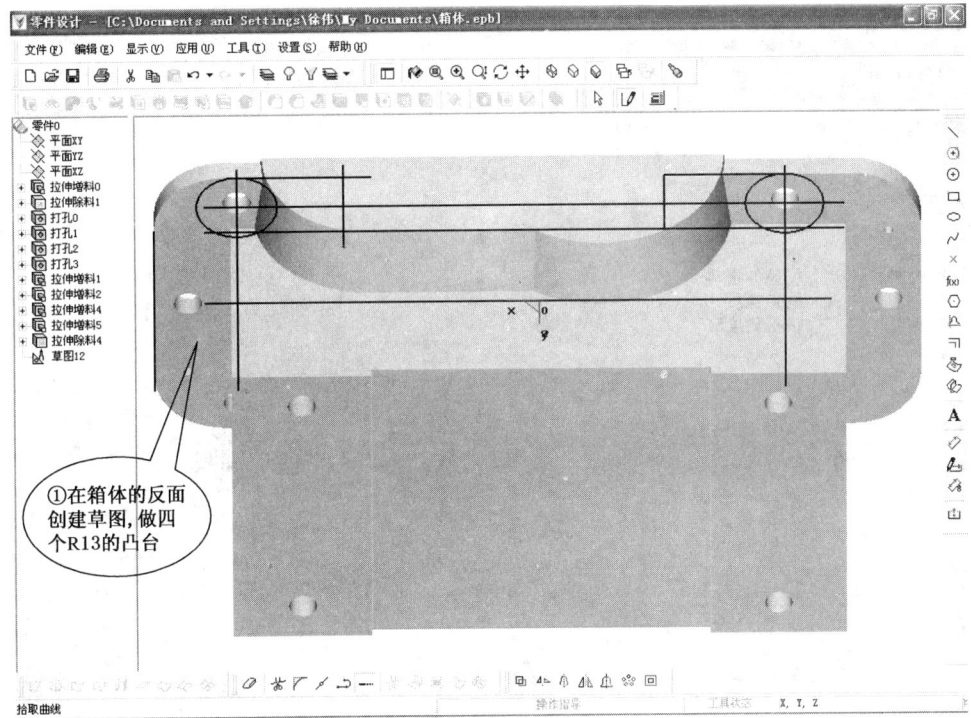

步骤 15：

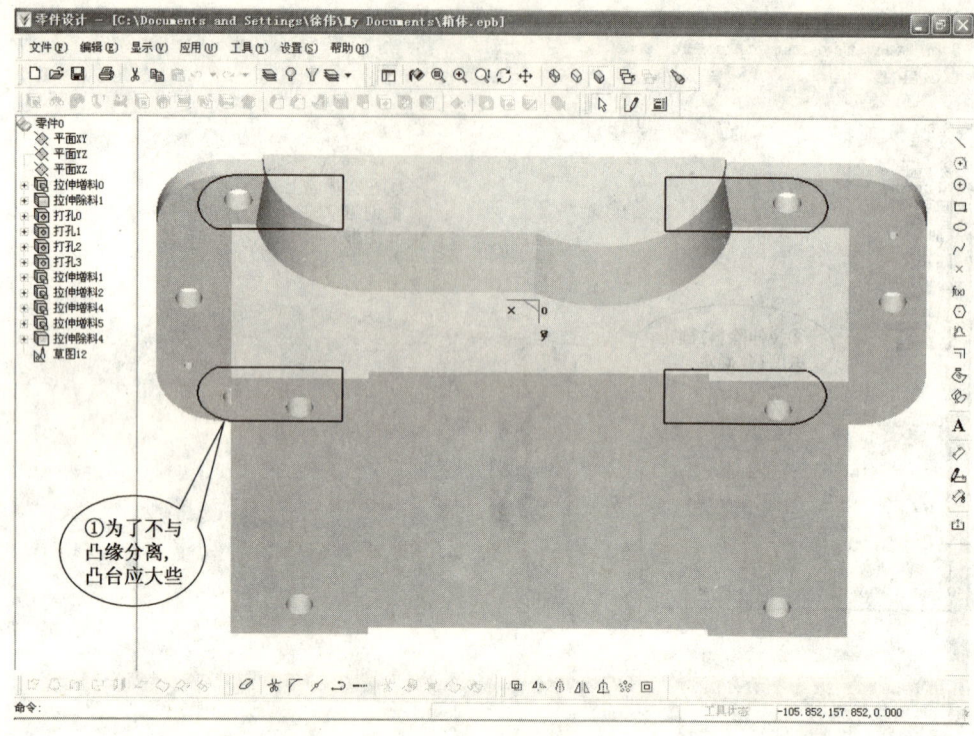

①为了不与凸缘分离，凸台应大些

步骤 16：

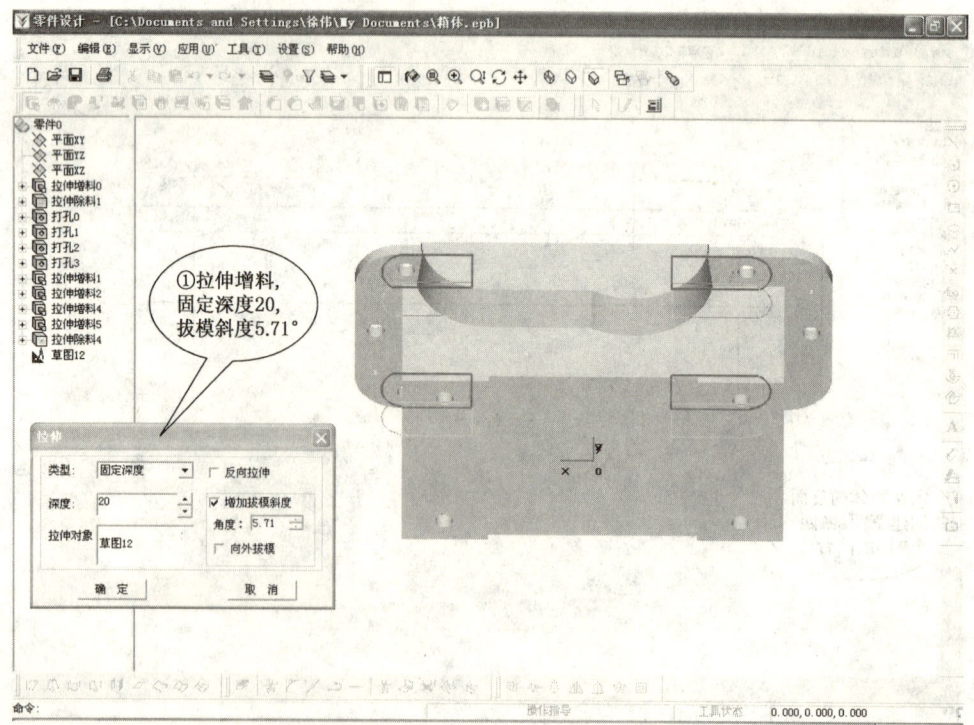

①拉伸增料，固定深度20，拔模斜度5.71°

步骤 17：

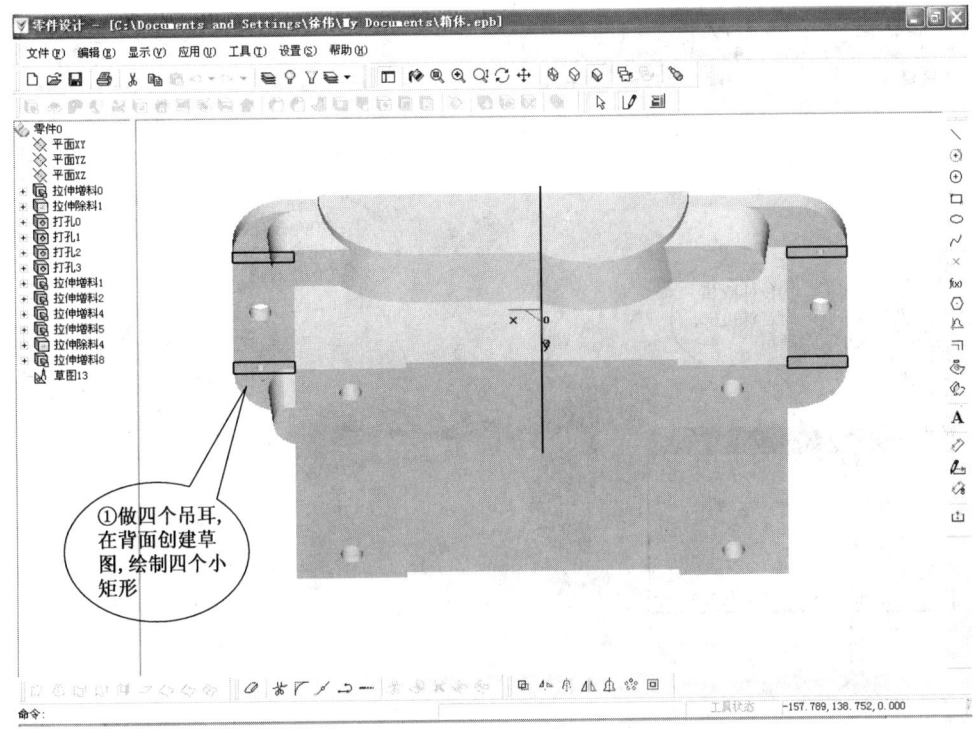

①做四个吊耳，在背面创建草图，绘制四个小矩形

步骤 18：

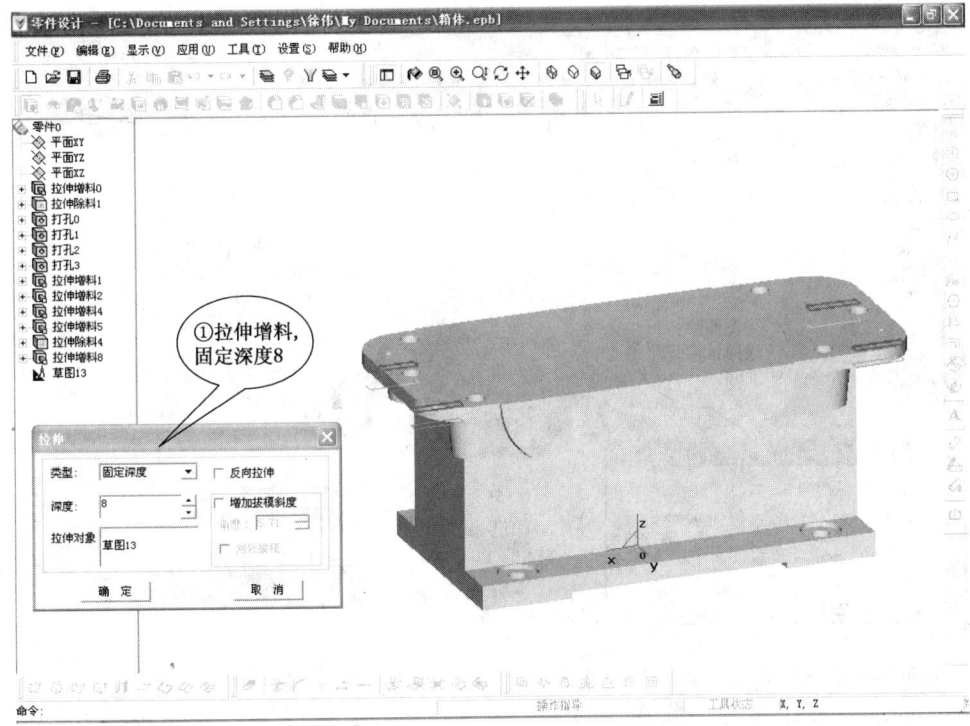

①拉伸增料，固定深度 8

步骤19：

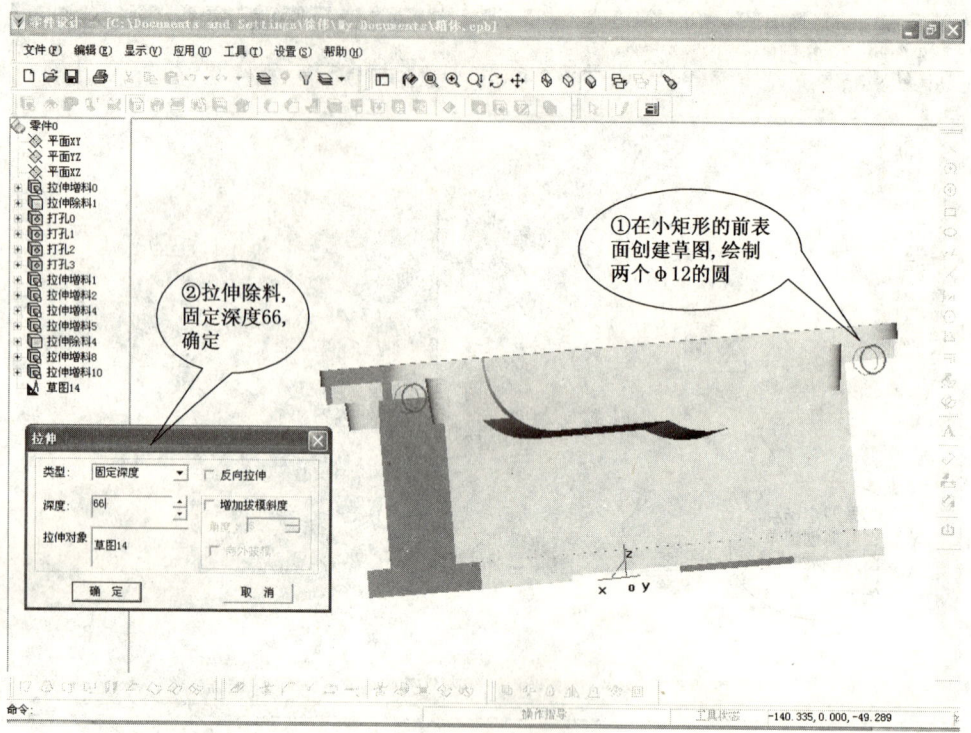

步骤20：

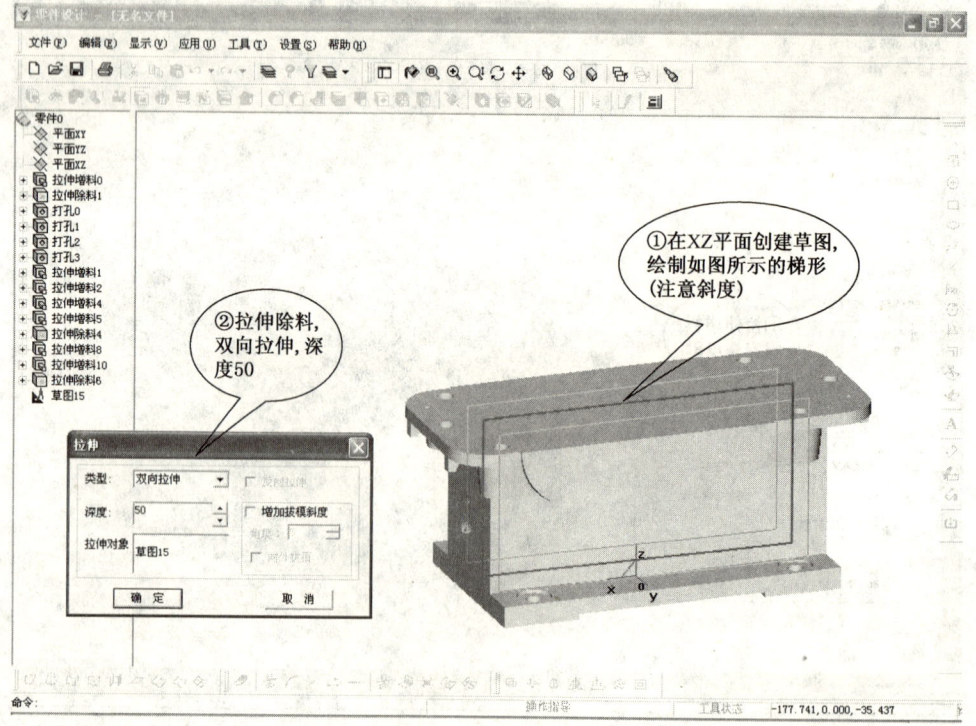

步骤 21：

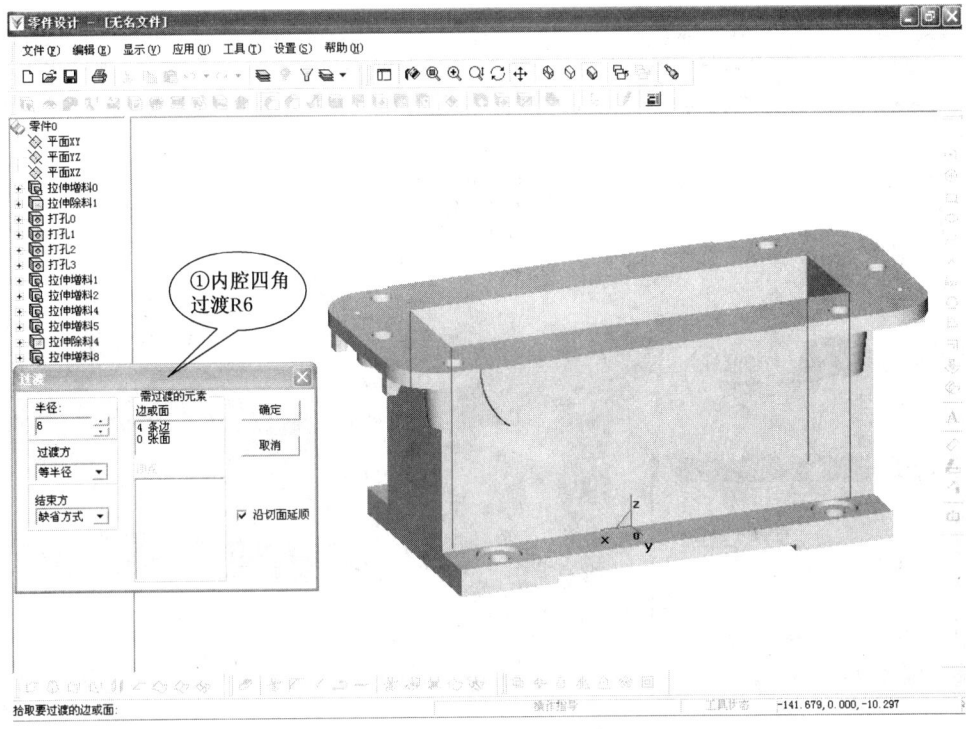

步骤 22：

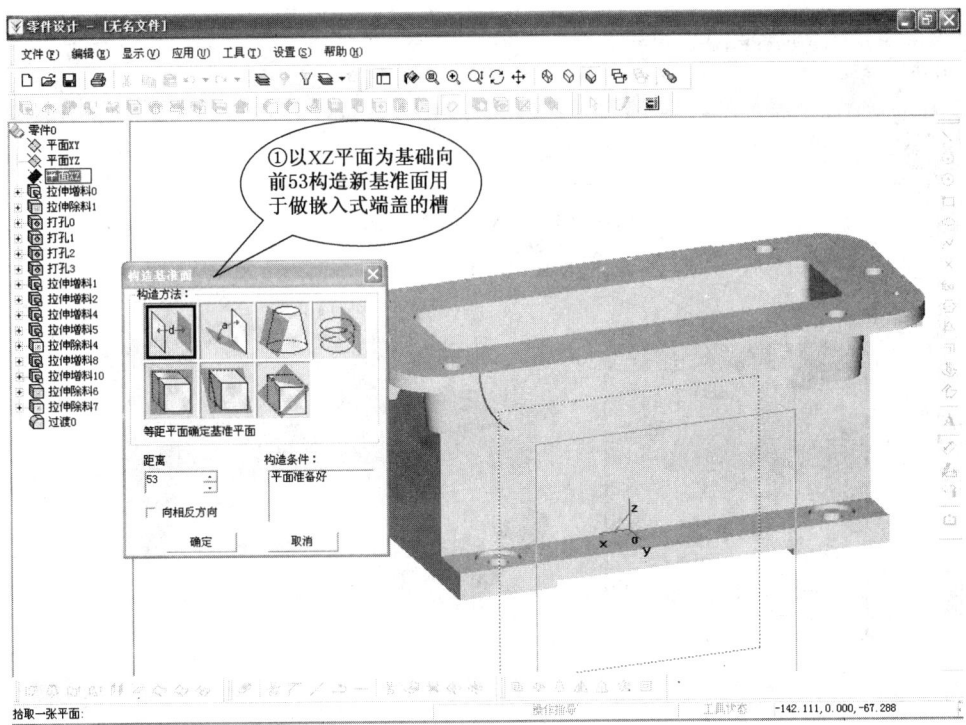

步骤23：

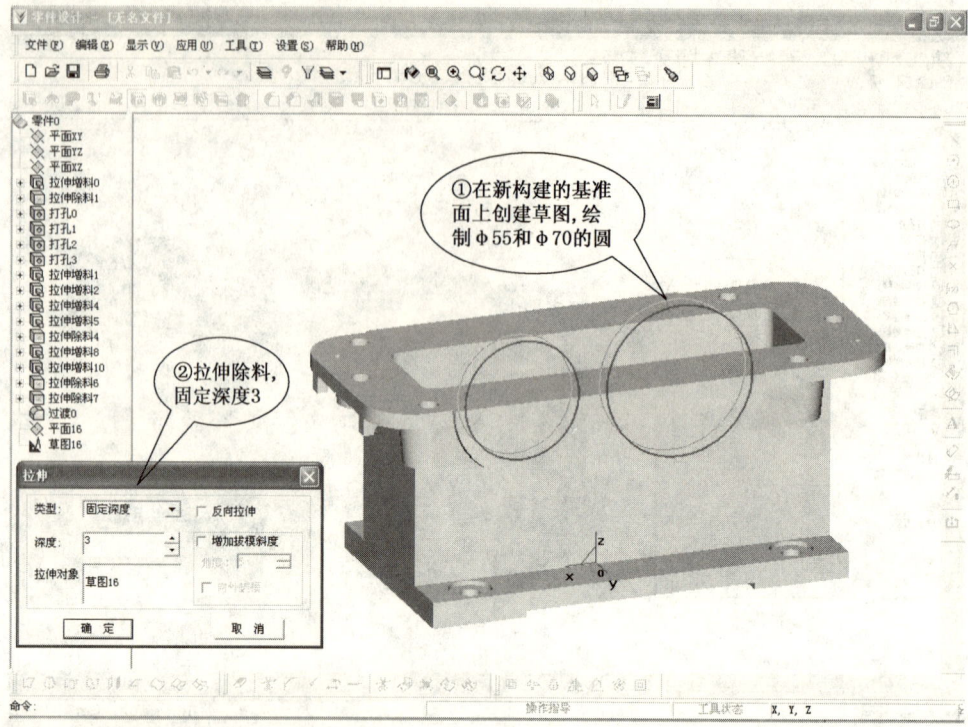

步骤24：

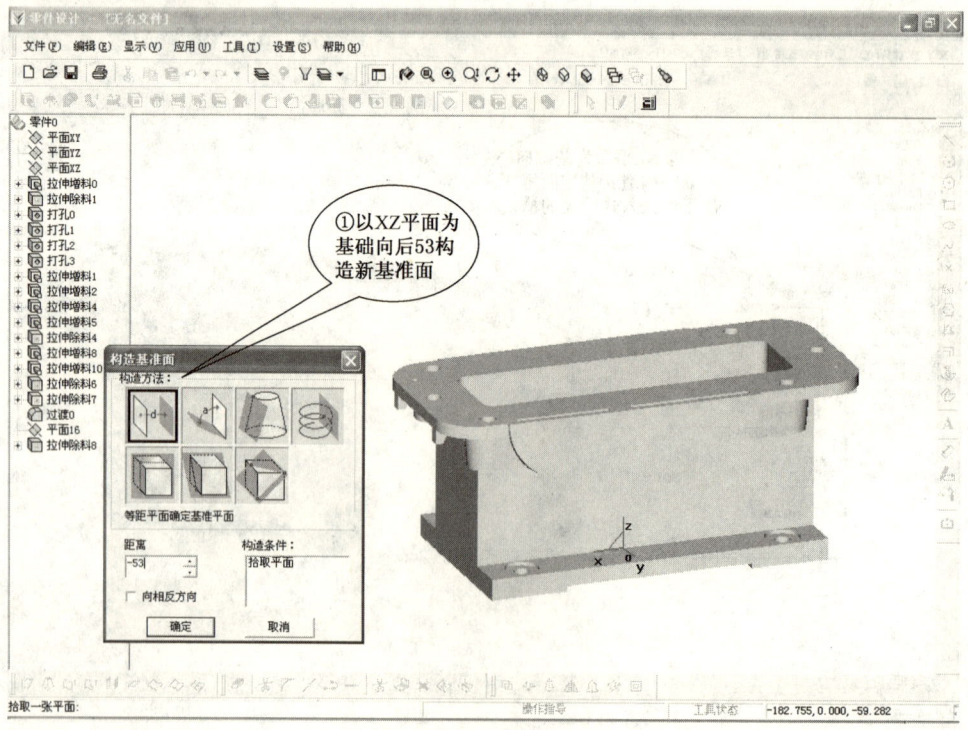

步骤 25：

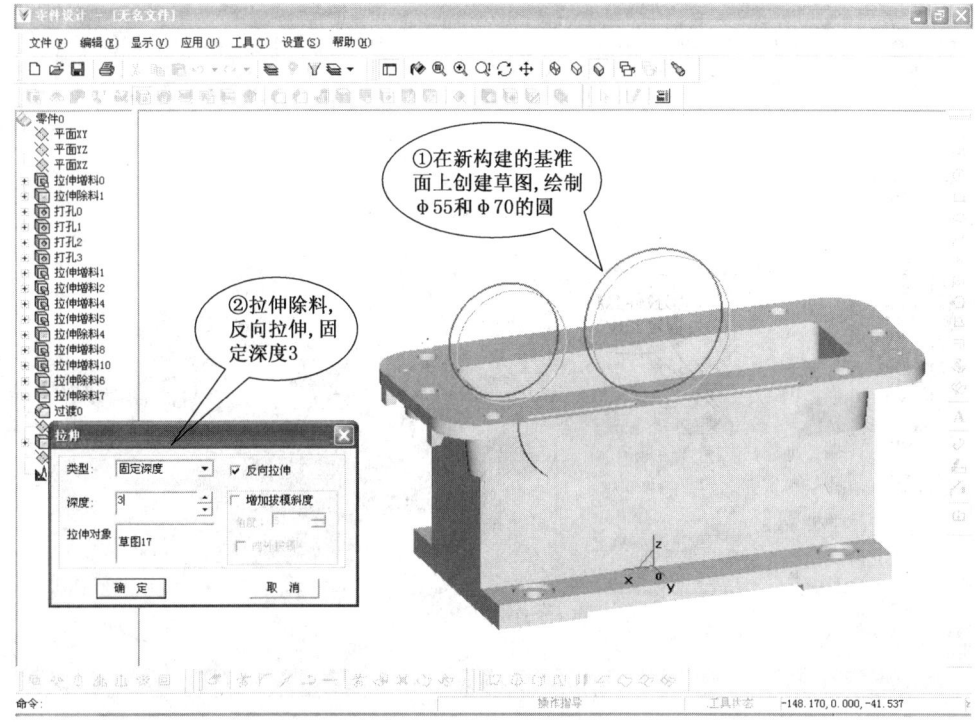

步骤 26：

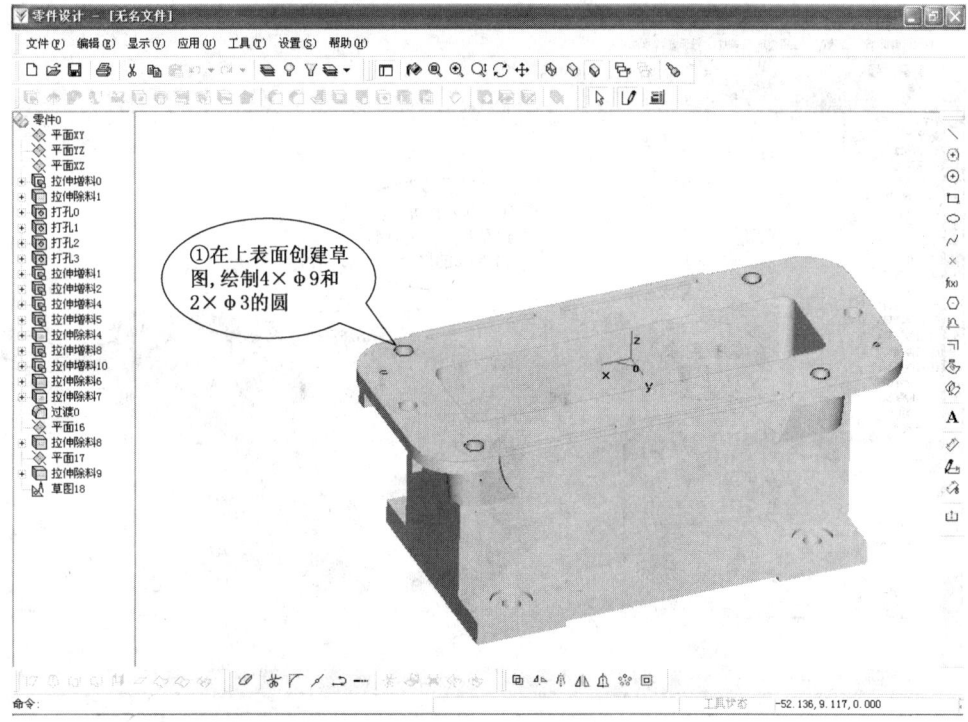

步骤 27：

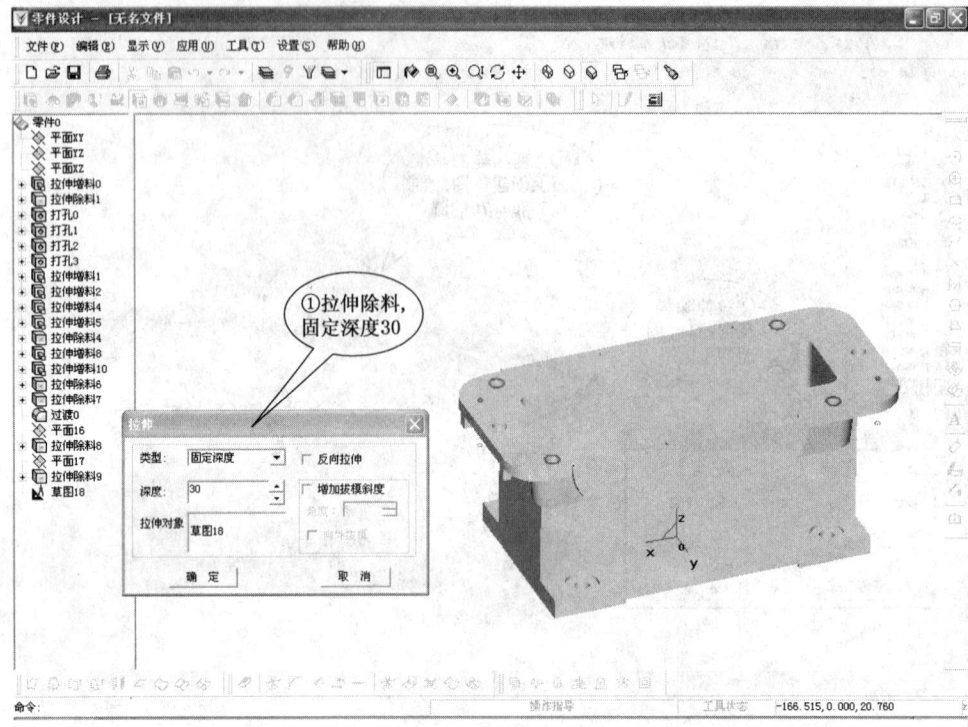

①拉伸除料，固定深度30

步骤 28：

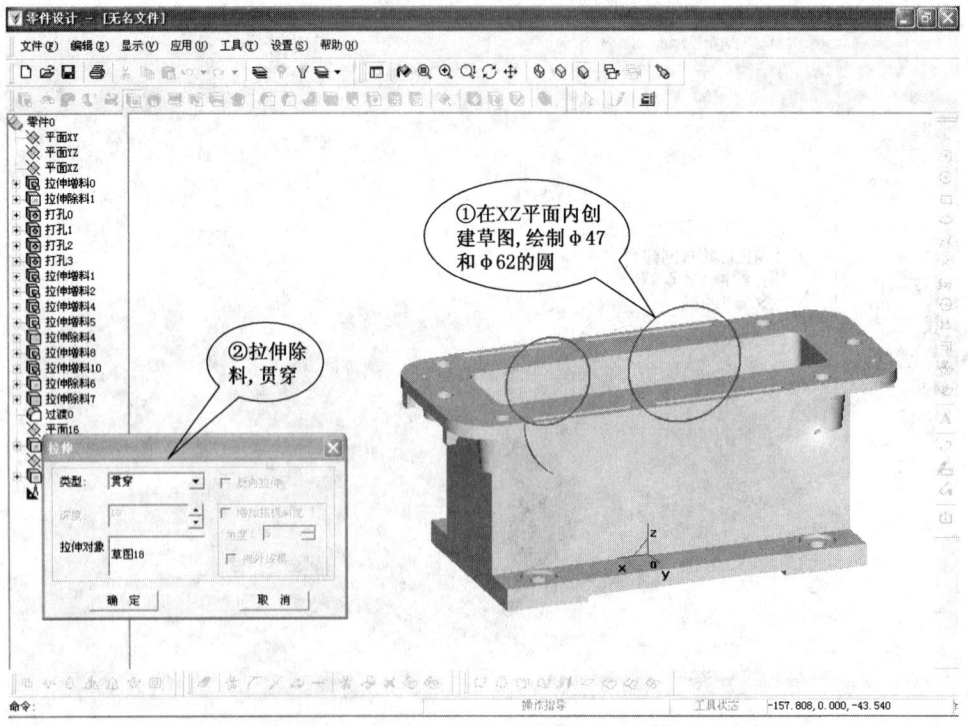

①在XZ平面内创建草图，绘制φ47和φ62的圆

②拉伸除料，贯穿

步骤29：

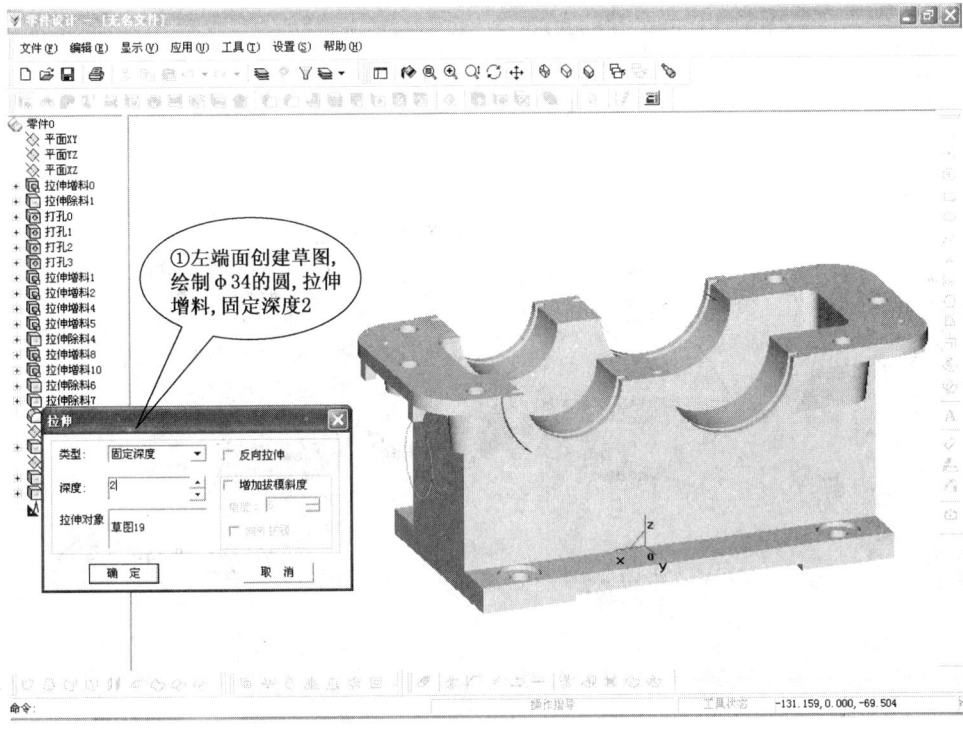

①左端面创建草图，绘制φ34的圆，拉伸增料，固定深度2

步骤30：

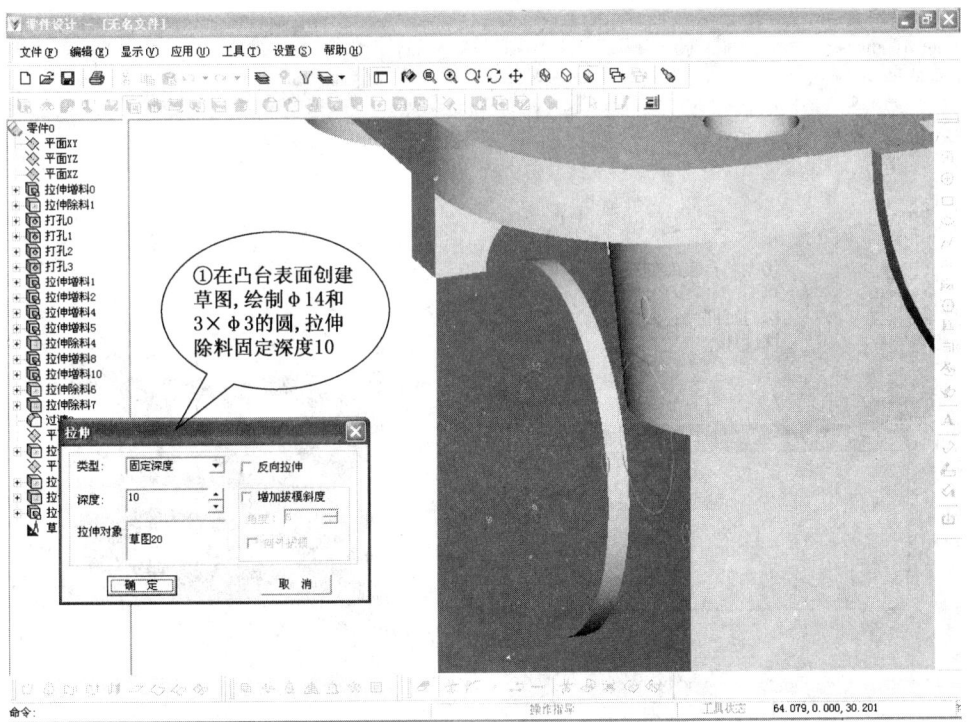

①在凸台表面创建草图，绘制φ14和3×φ3的圆，拉伸除料固定深度10

步骤31：

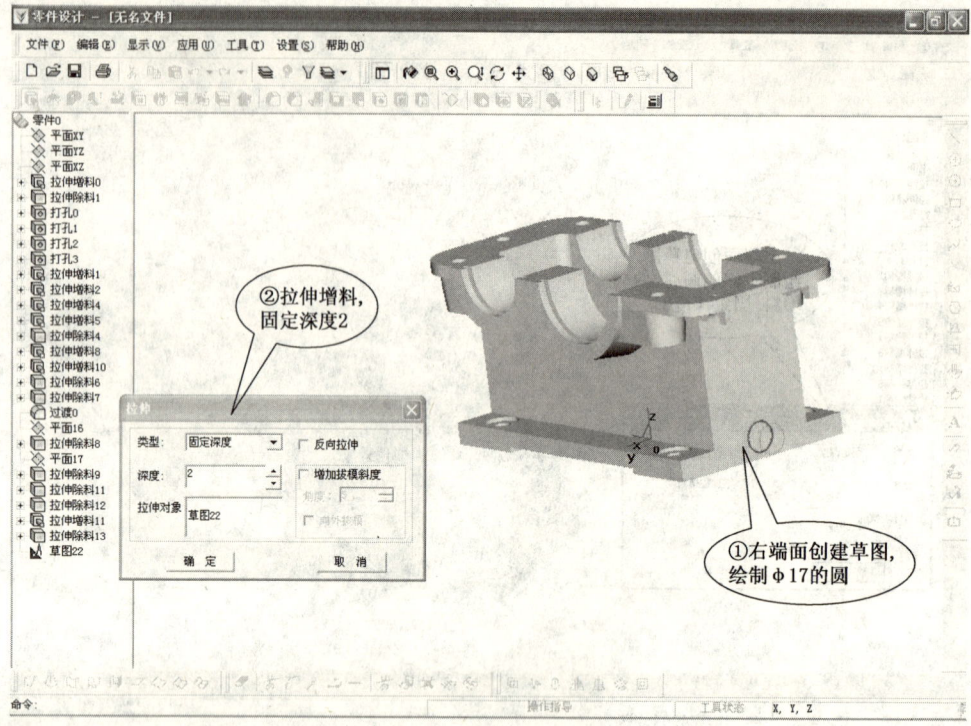

②拉伸增料，固定深度2

①右端面创建草图，绘制φ17的圆

步骤32：

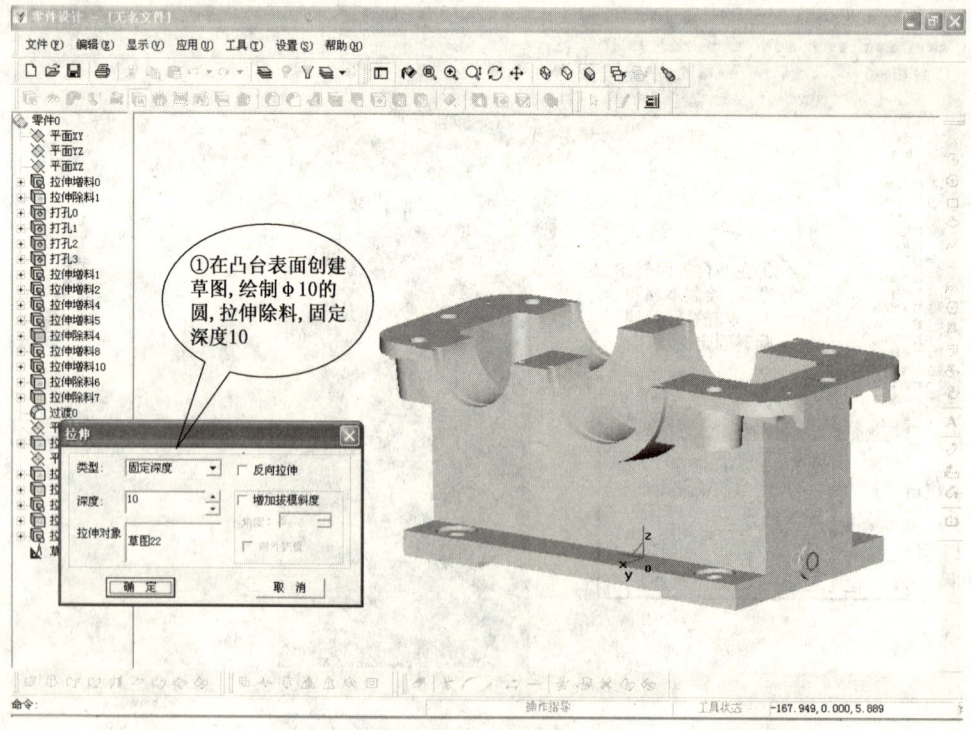

①在凸台表面创建草图，绘制φ10的圆，拉伸除料，固定深度10

步骤33：

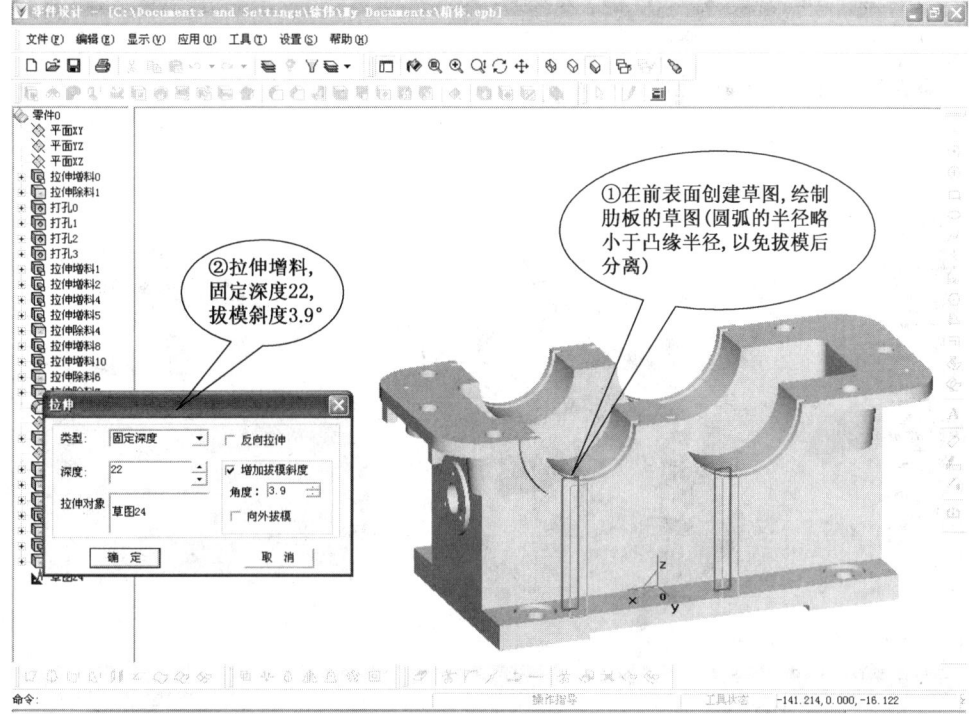

步骤34：

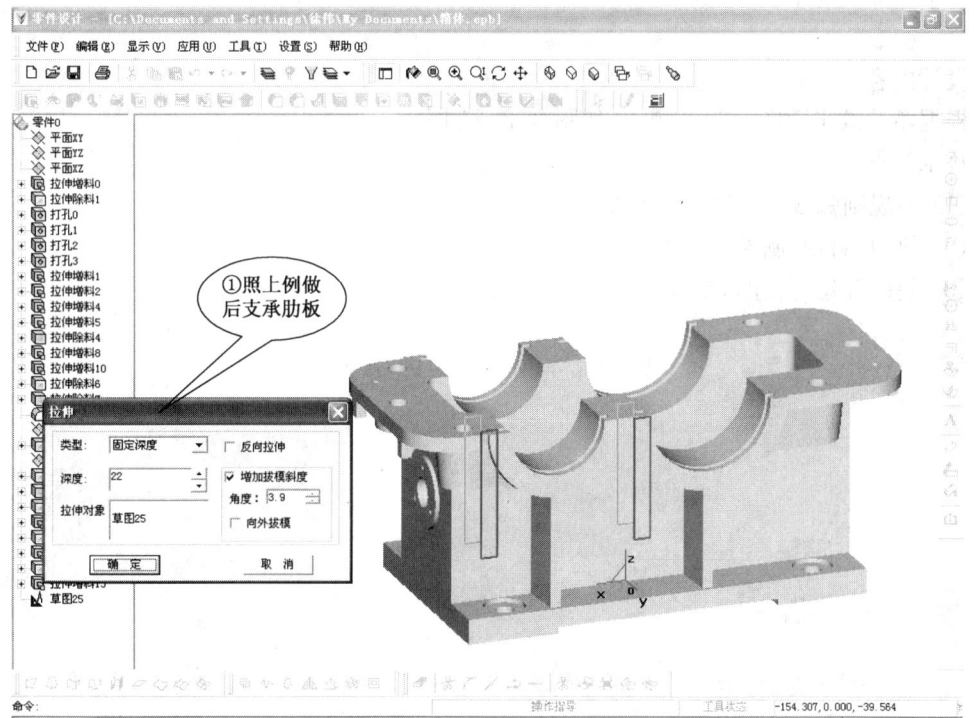

步骤 35：

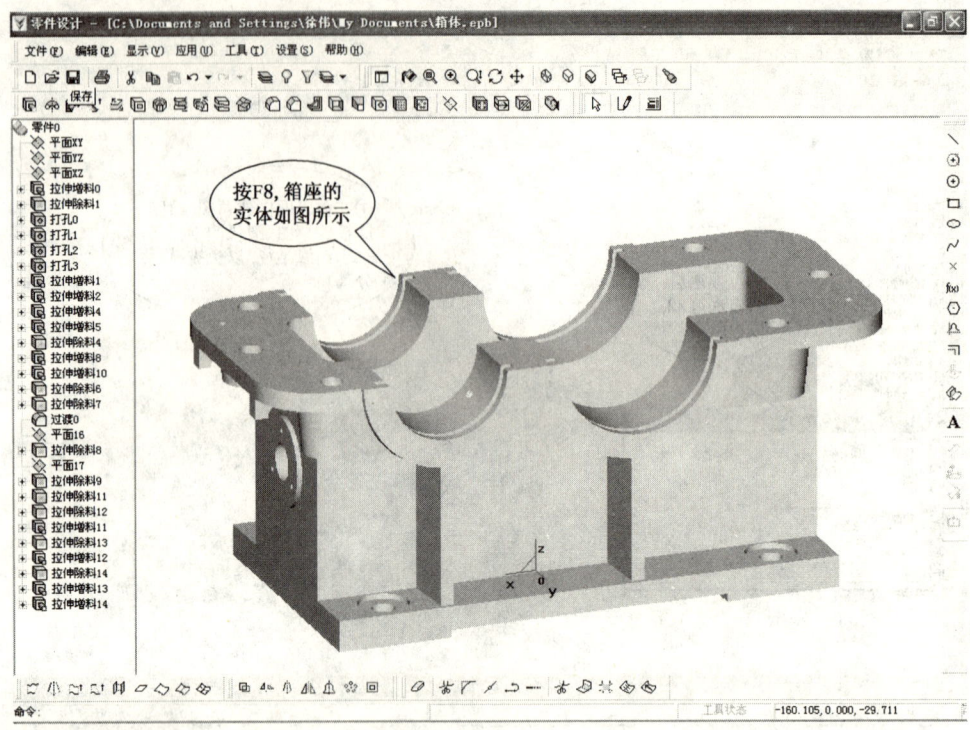

【119】 箱盖的绘制

设计内容：

根据箱盖的平面图绘制轴测图，如图 3-2-21 所示。

技术要点：

(1) 不规则弧线的绘制；

(2) 斜面凸台绘制方法；

(3) 斜面开槽打孔的方式。

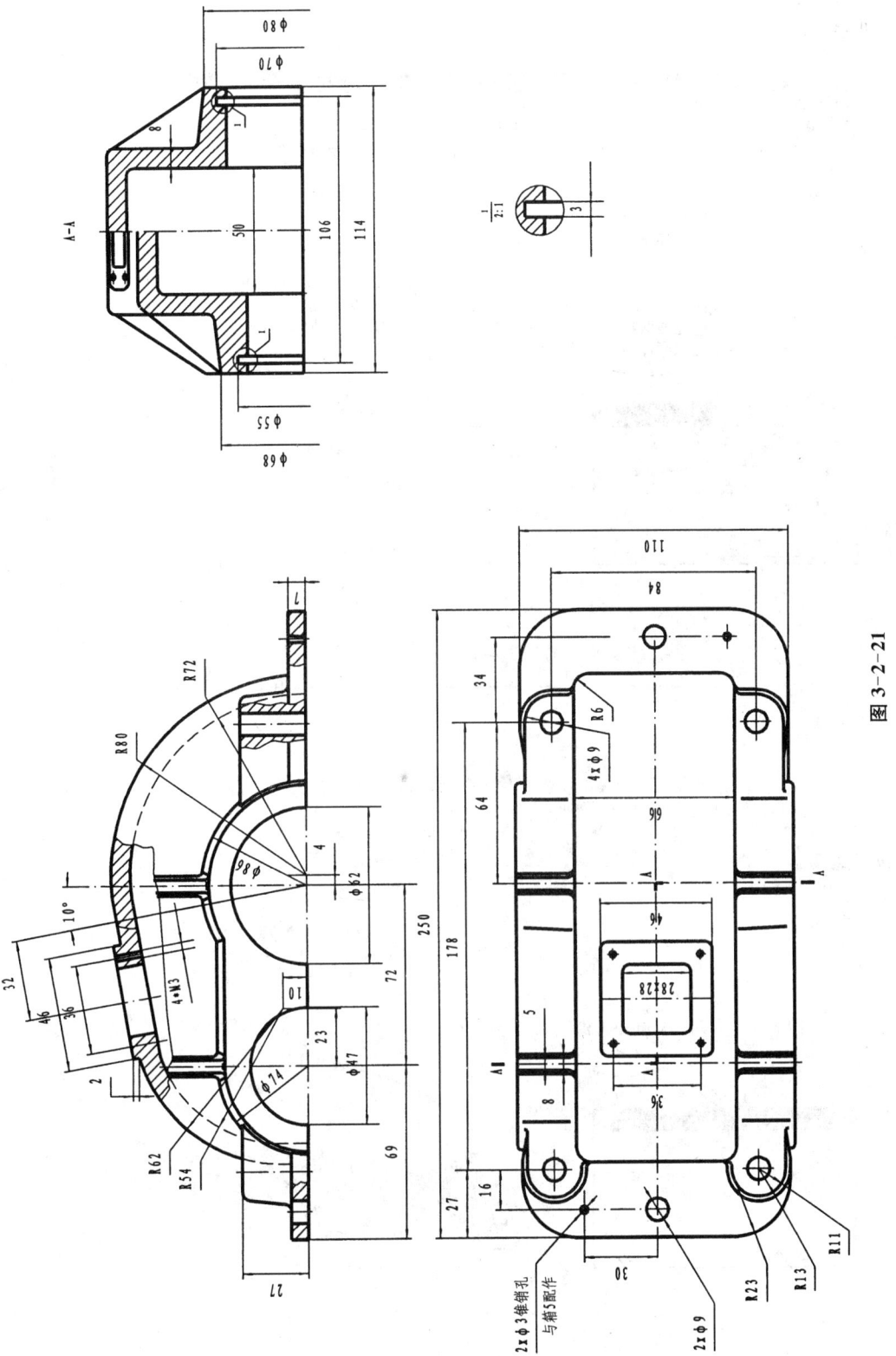

图 3-2-21

画图步骤:
步骤1:

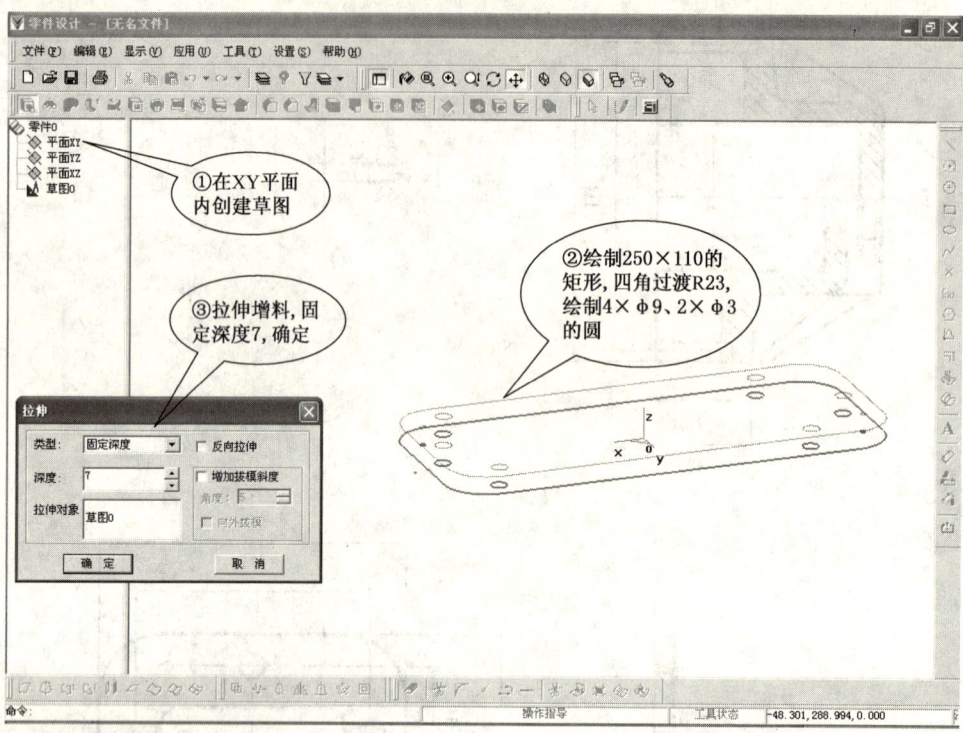

步骤2:

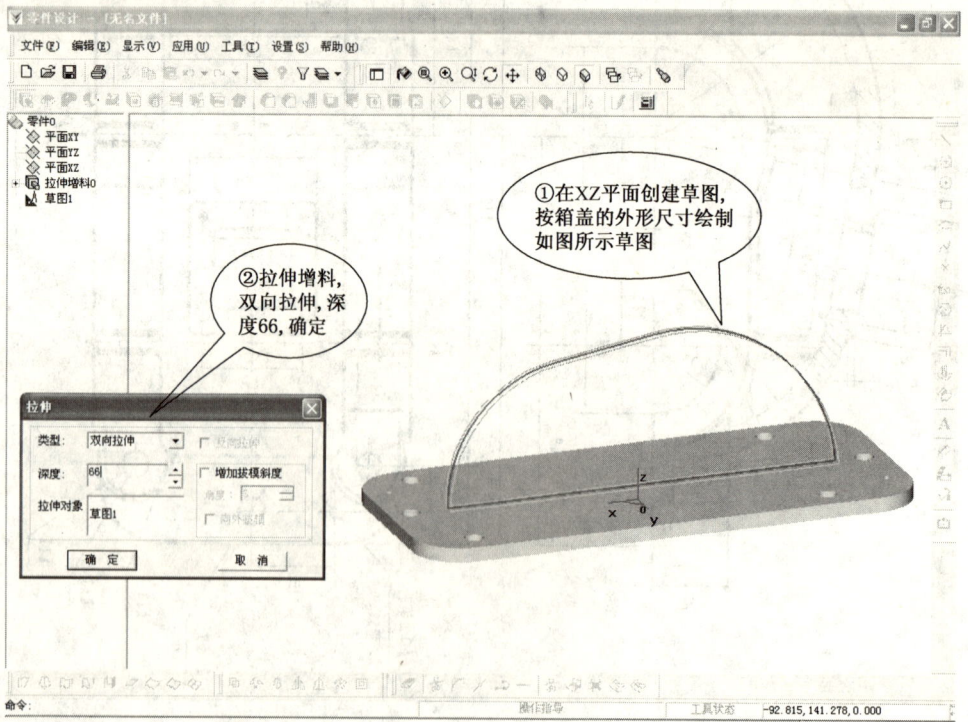

步骤3:

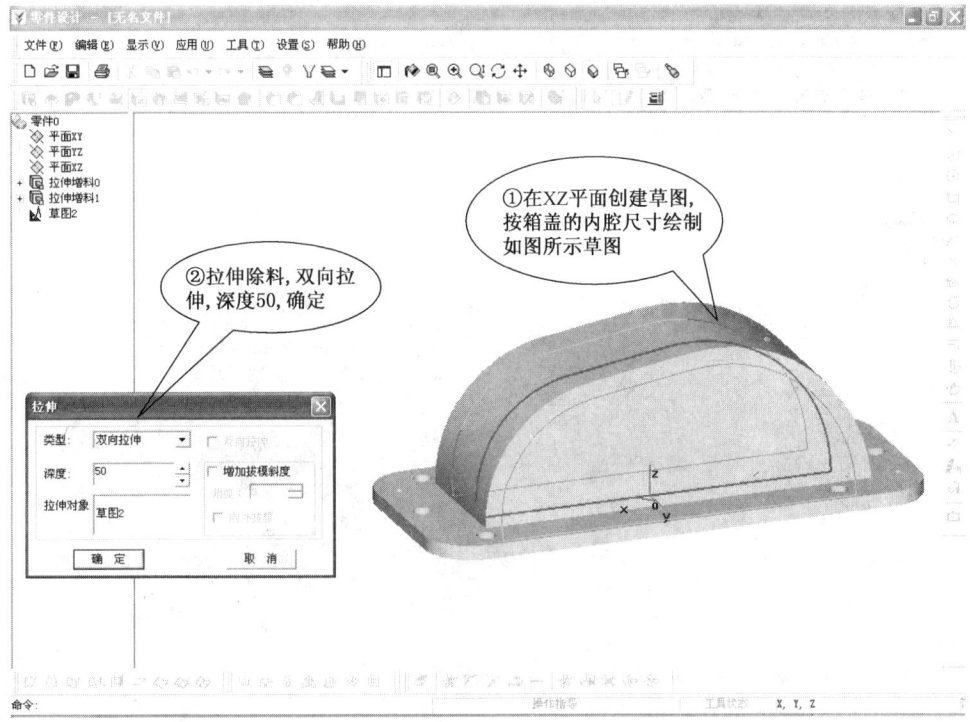

步骤4:

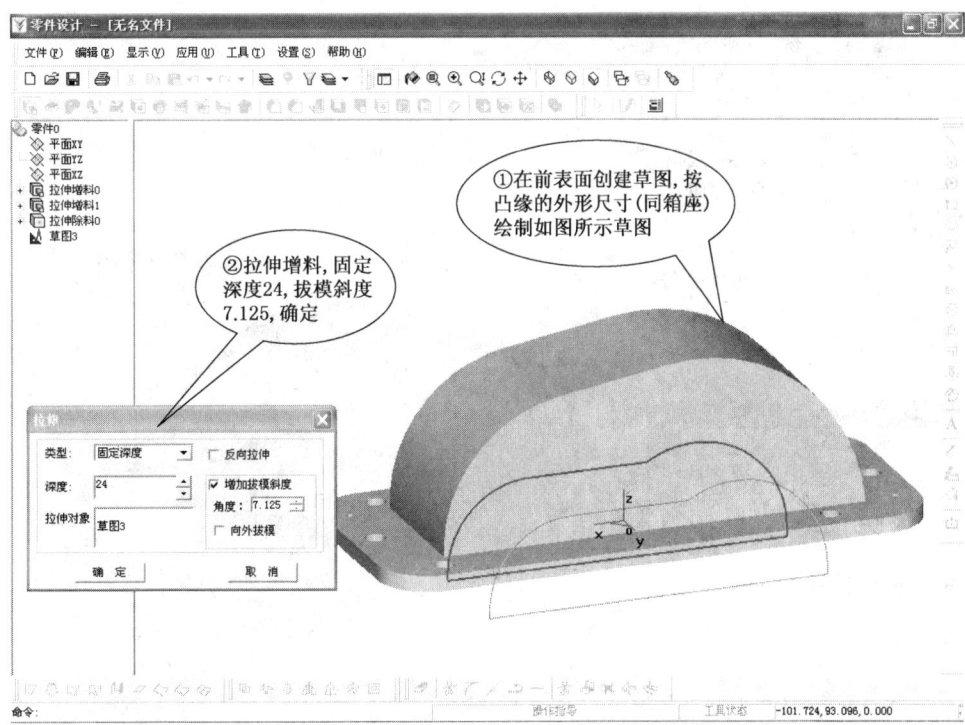

步骤5：

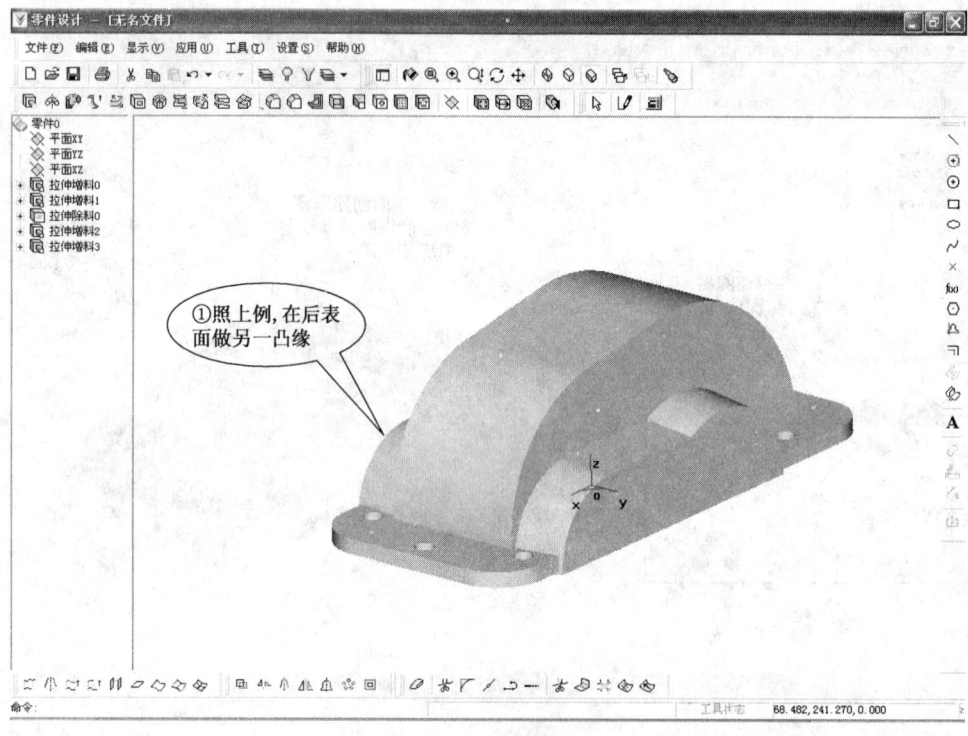

步骤6：

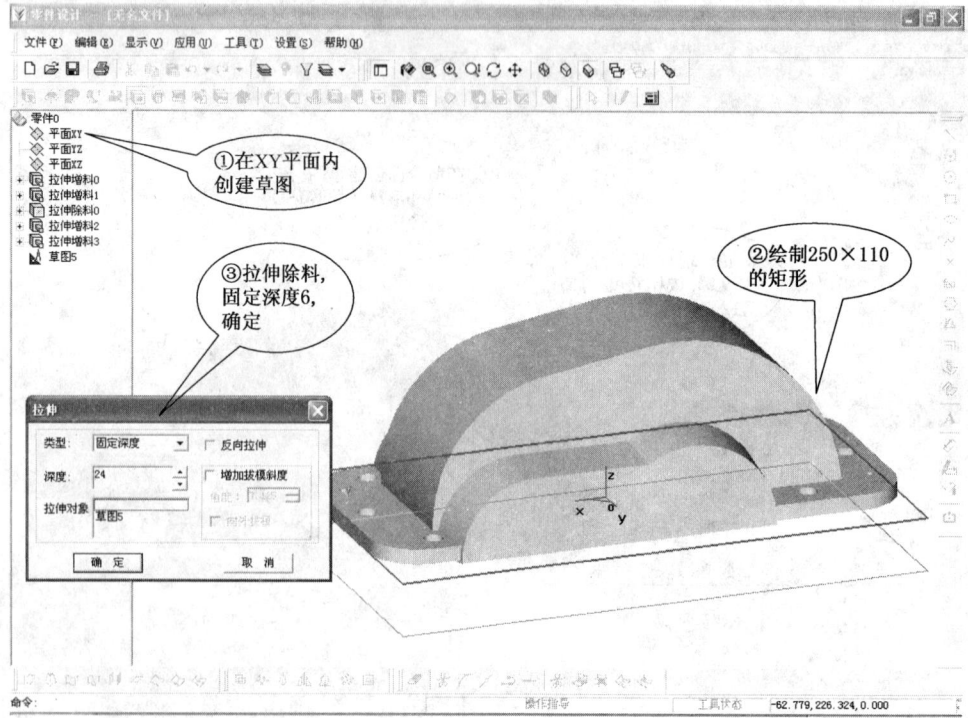

步骤7：

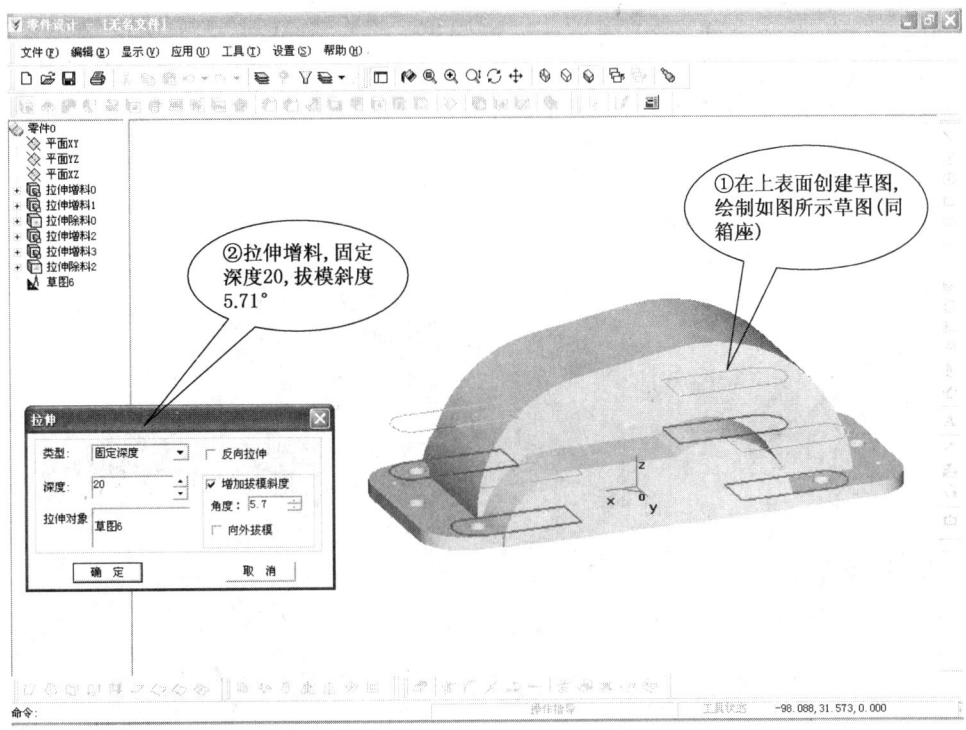

步骤8：

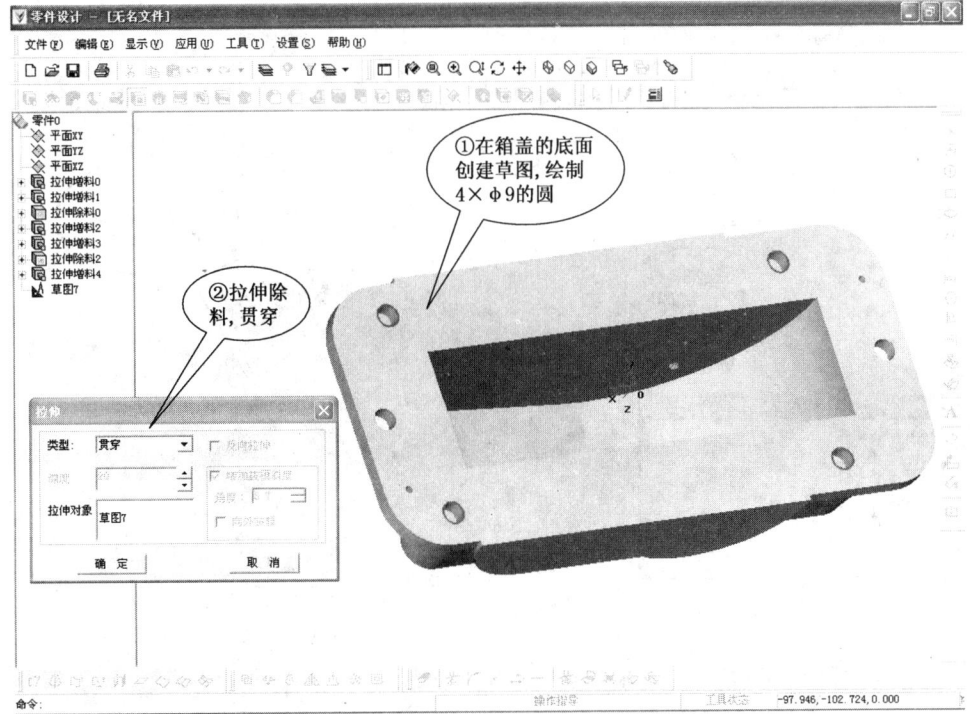

步骤9：

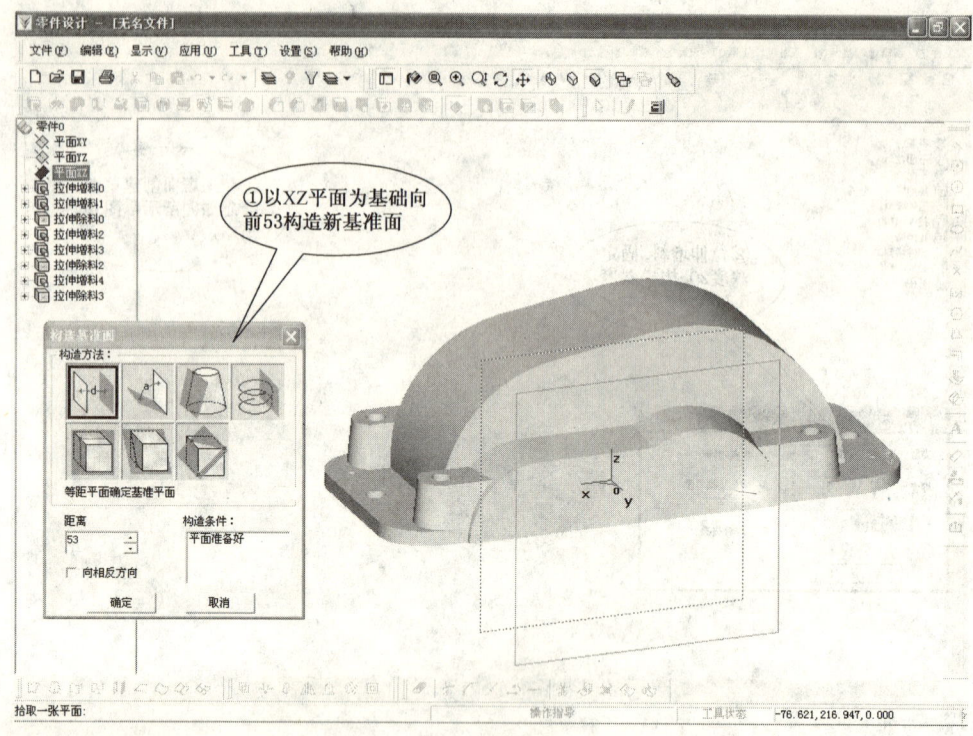

步骤10：

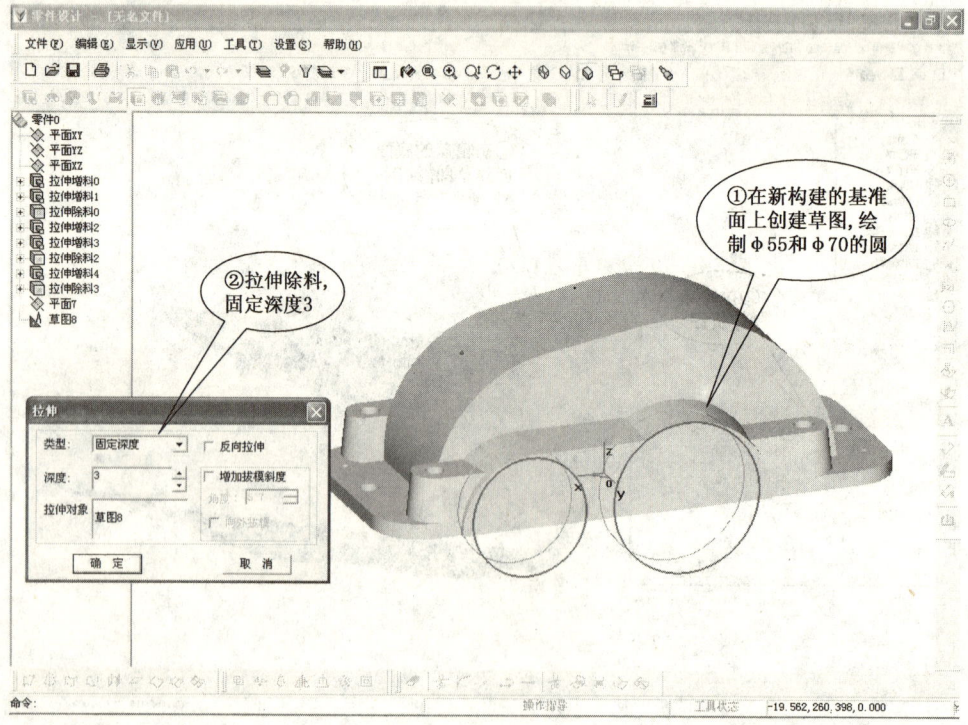

步骤11:

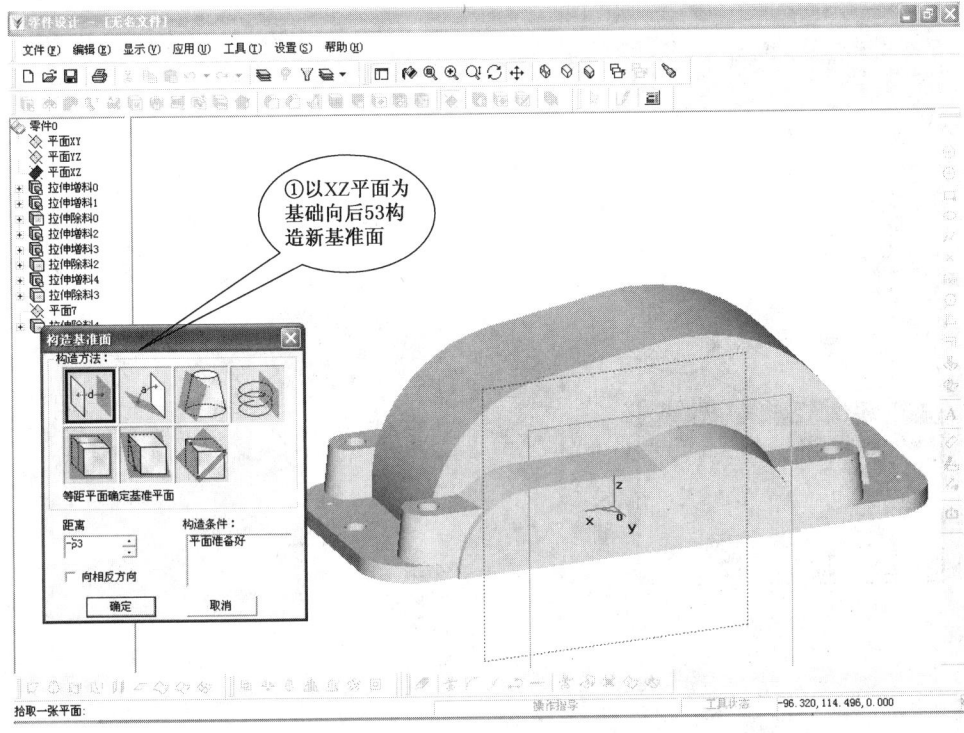

步骤12:

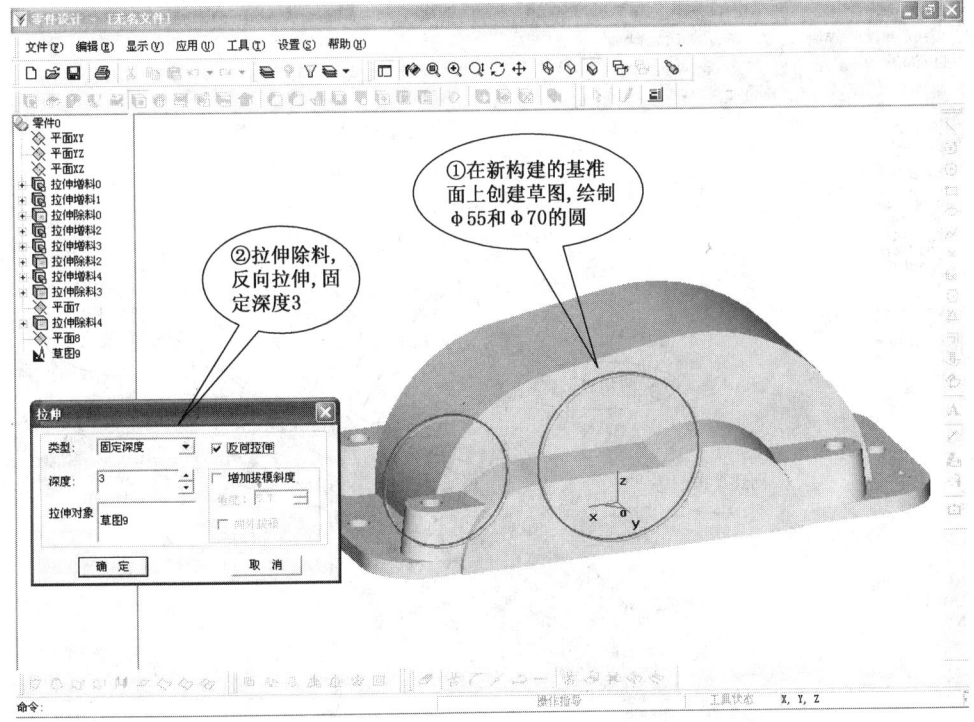

步骤13：

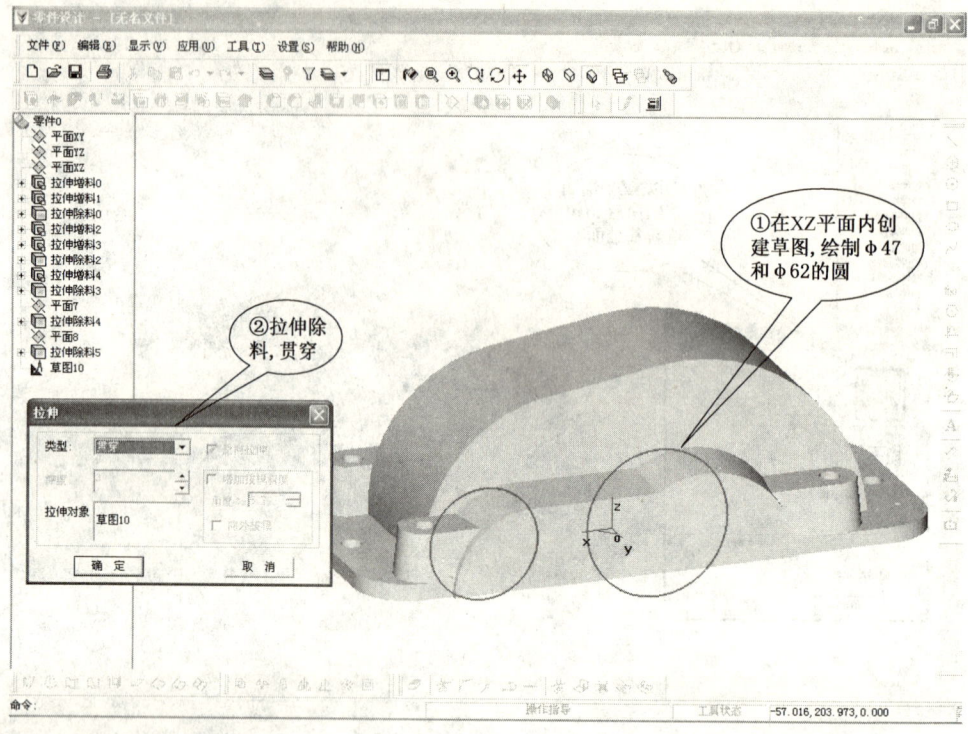

步骤14：

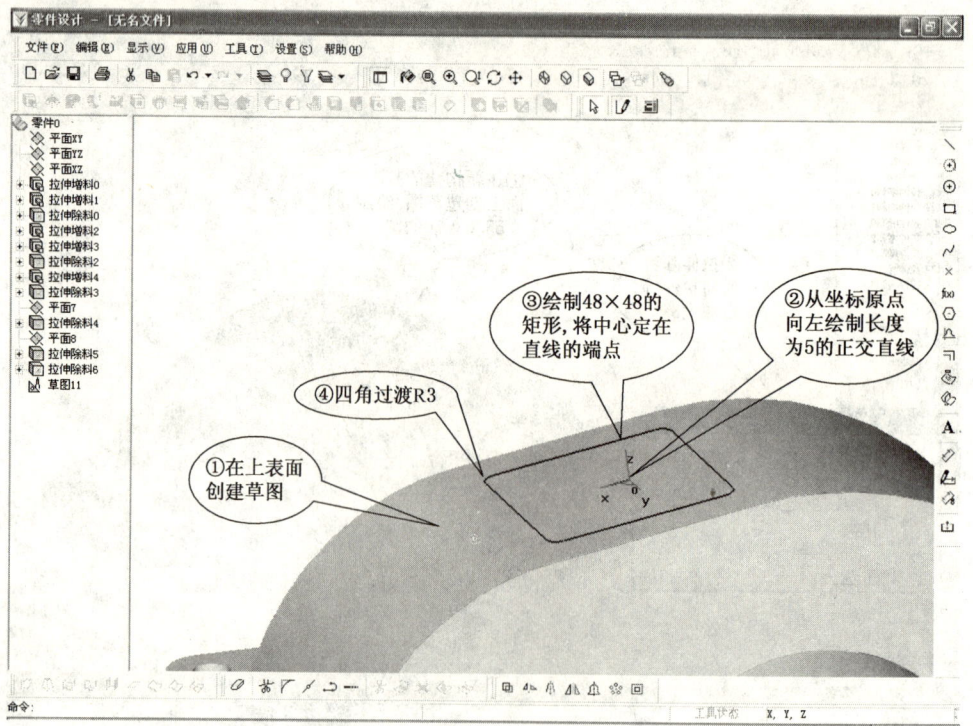

步骤15：

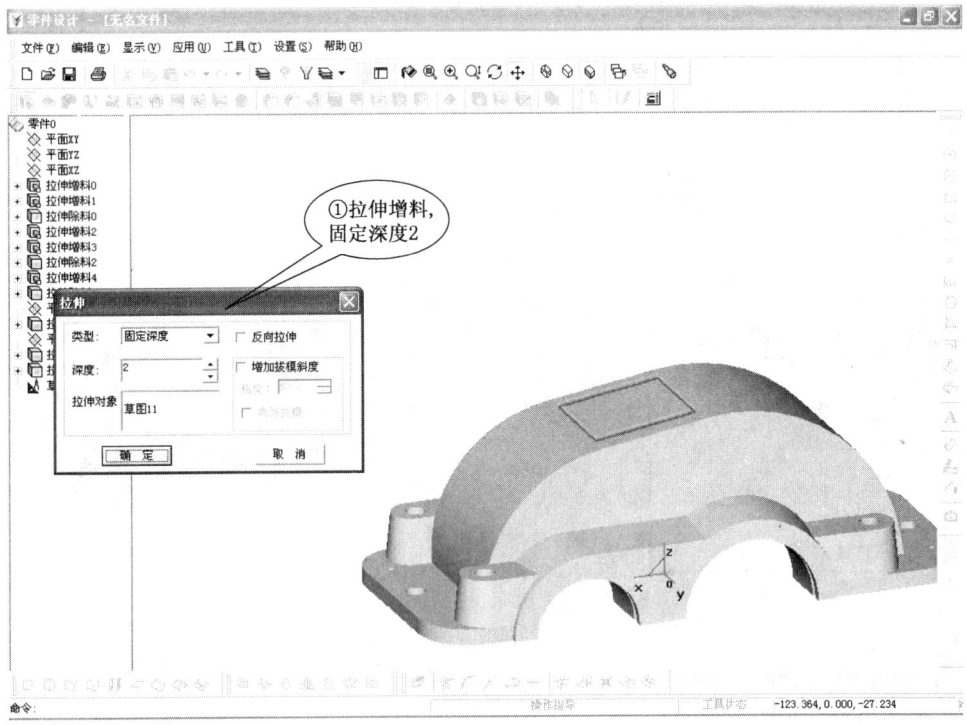

步骤16：

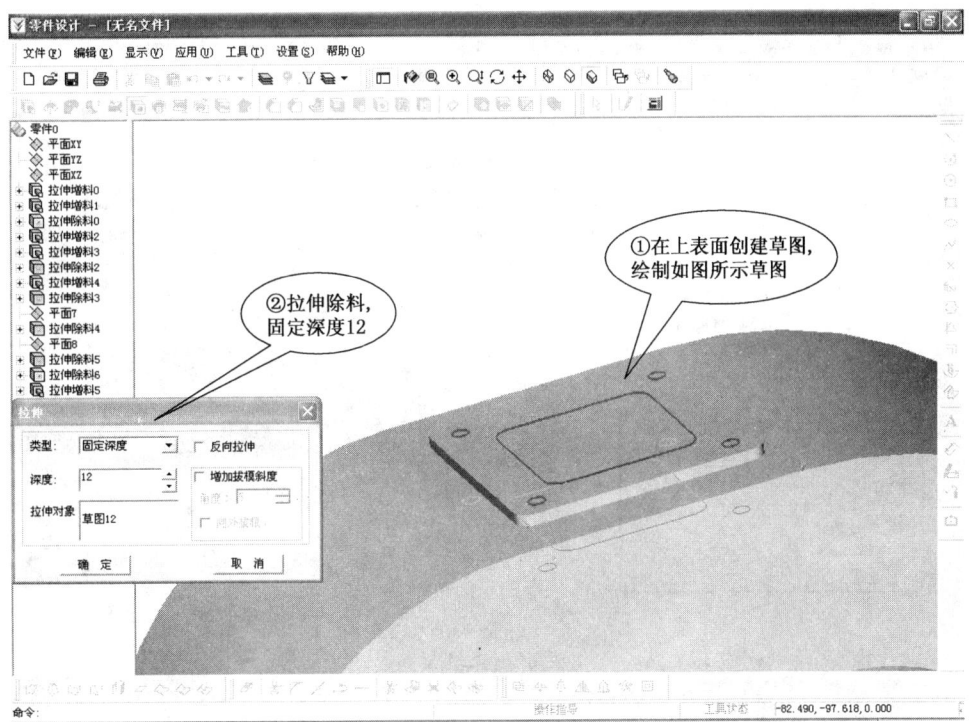

步骤17：

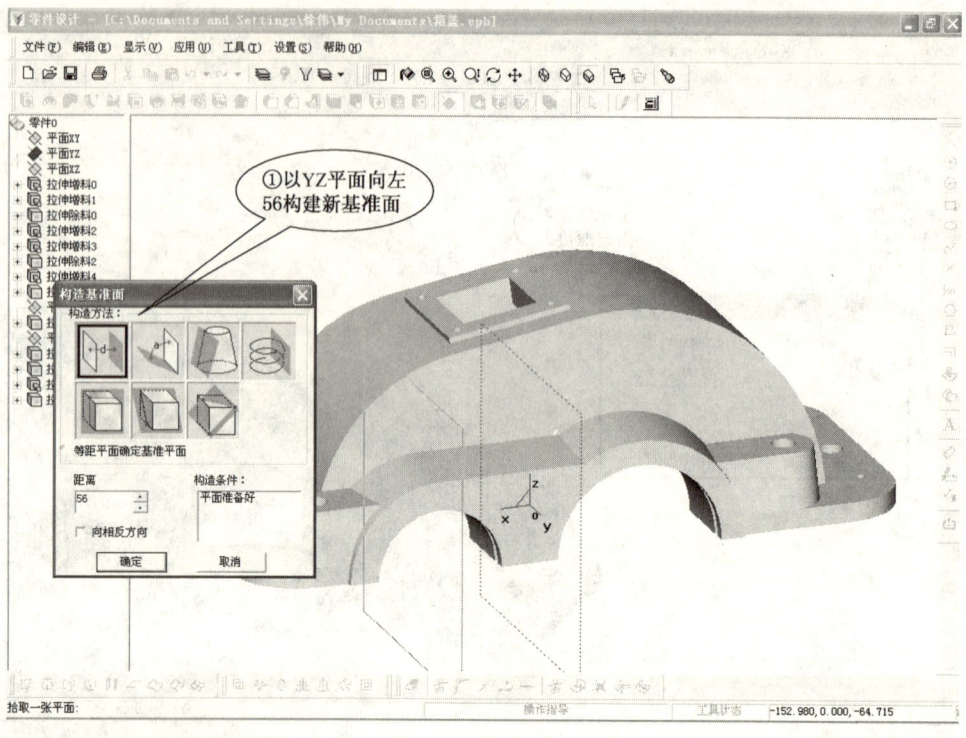

步骤18：

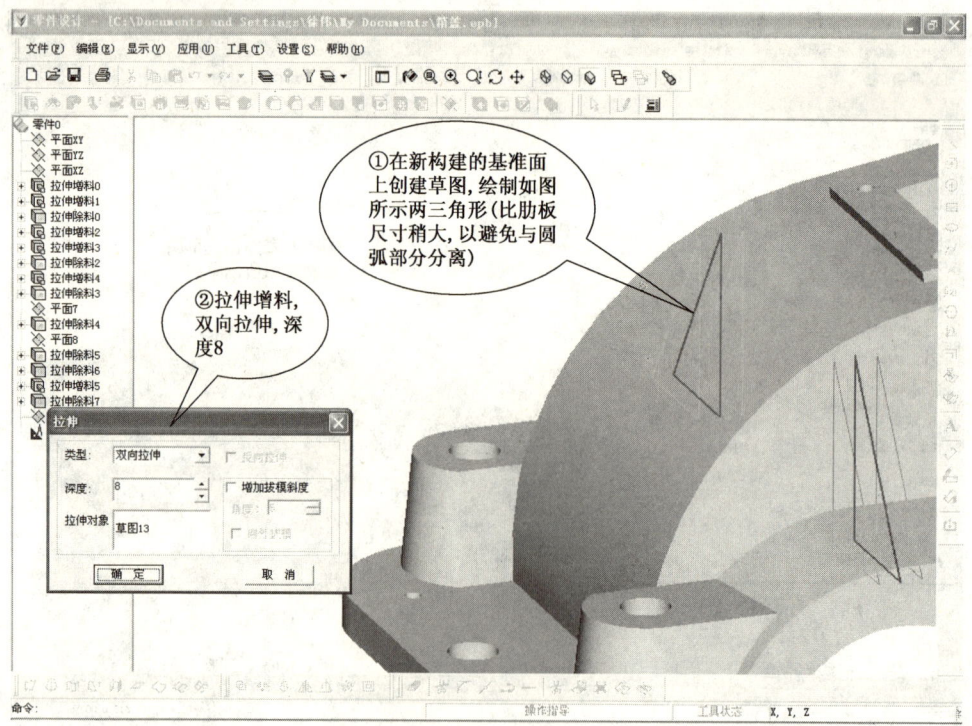

步骤19:

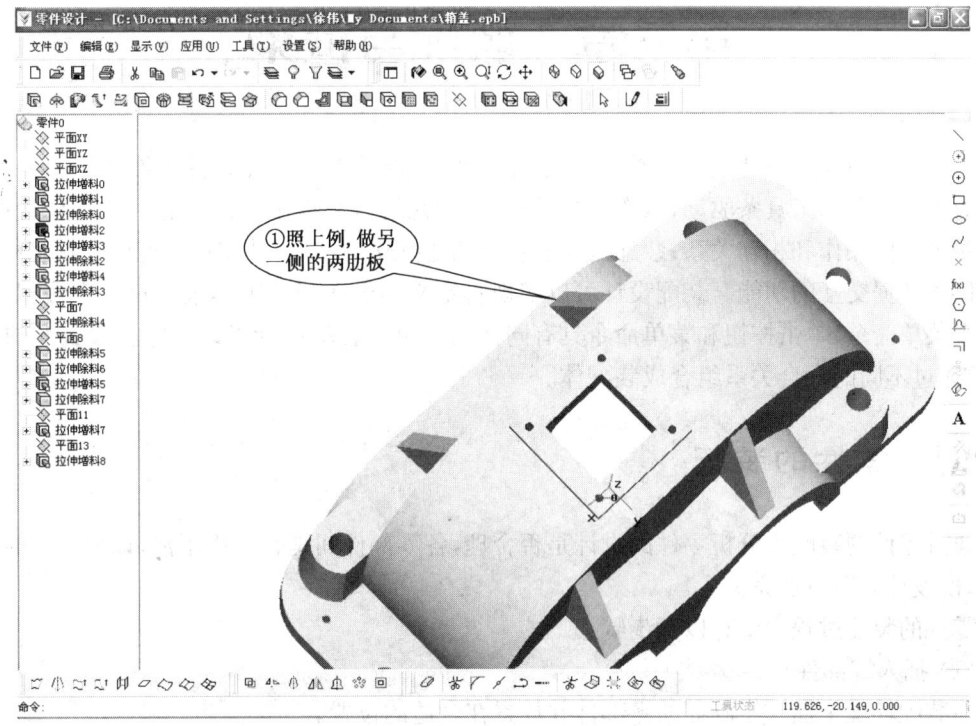

①照上例,做另一侧的两肋板

步骤20:

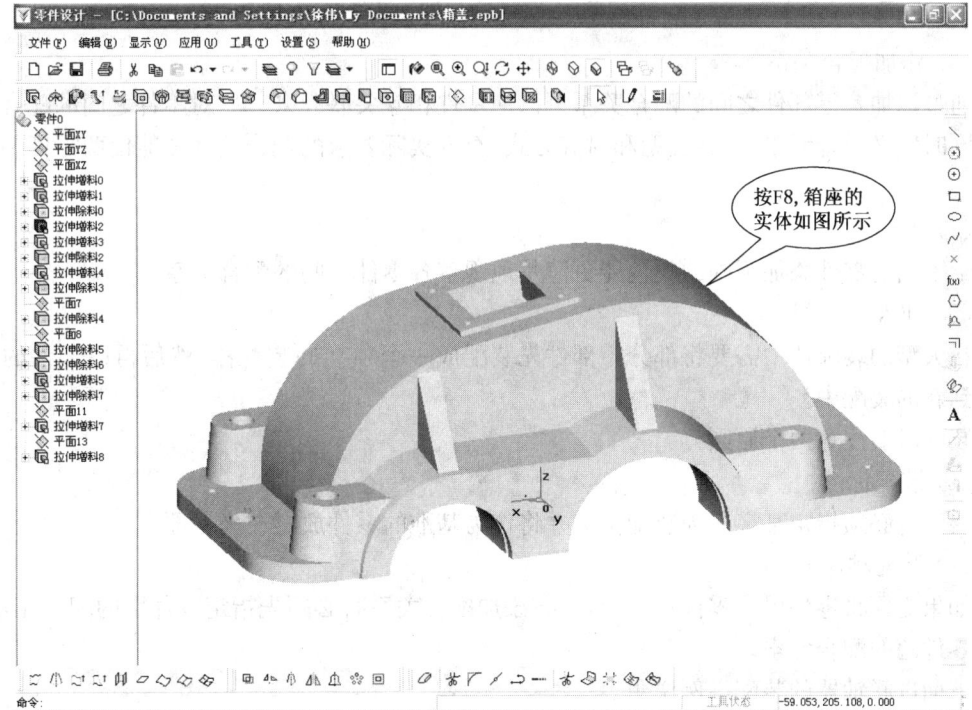

按F8,箱座的实体如图所示

第三章　装配与渲染

CAXA三维电子图板提供装配设计的用户界面,秉承零件设计软件界面风格,各种应用功能通过菜单条和工具条驱动;状态栏指导用户进行操作,并提示当前状态和所处位置;状态树记录了历史操作和相互关系;装配区显示各种功能操作的结果。同时,装配区和状态树为用户提供了数据交互的功能。装配设计可以实现自定义界面布局。工具条中每一个按钮,都对应一个菜单命令,单击按钮和菜单命令具有同样的效果。装配设计可以把零件设计生成的零件图,通过不同的配合关系组合成装配体。

【120】　零件的装配

通过零件的装配可分析零件的设计是否合理,各零部件间是否产生干涉,以便于及时修改零件,使设计方案更加完美。

零件的装配过程主要有以下步骤:

(1) 插入零部件

在装配环境中插入绘制好的零部件并放置在合适的位置。

(2) 调整零部件的位置

插入零部件后可以通过移动、转动的方式调整各零部件之间的位置关系,使装配过程简单明了。

(3) 添加配合关系

通过添加各零部件之间的配合关系可以使零件相互关联起来。一对零件之间的配合关系需要同时定义配合元素、配合类型和对齐方式,符合实际要求的配合关系才能使两零件装配到一起。

(4) 上色

给不同的零件添加不同的颜色能更清楚地观察各零件之间的配合关系。

(5) 插入子装配

在大型的装配体中需要将部分零部件先装配成一个独立的装配体,然后再以部件的形式插入到新的装配中。

装配时要注意两个原则:

(1) 装配标准

装配时必须指定某零件为装配基准并将作为基准的零件放置在坐标原点。

(2) 装配顺序

如果需要将零件甲往零件乙上装,则在添加配合关系时必须先指定零件甲的配合元素,后指定零件乙的配合元素。

下面以联轴器的装配举例说明。

步骤1：

步骤2：

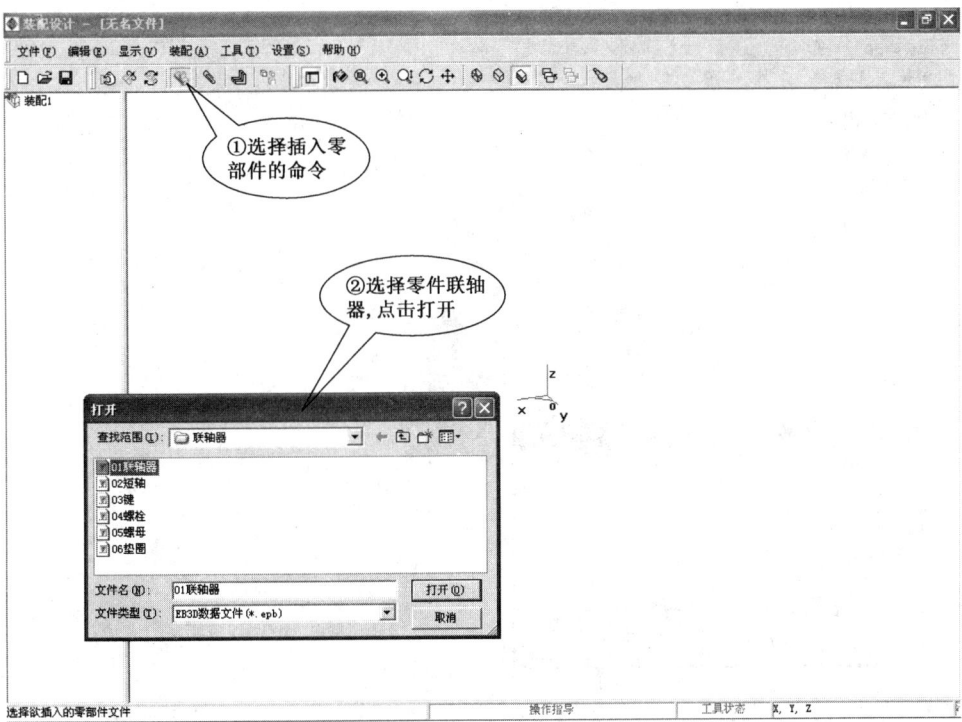

步骤3：

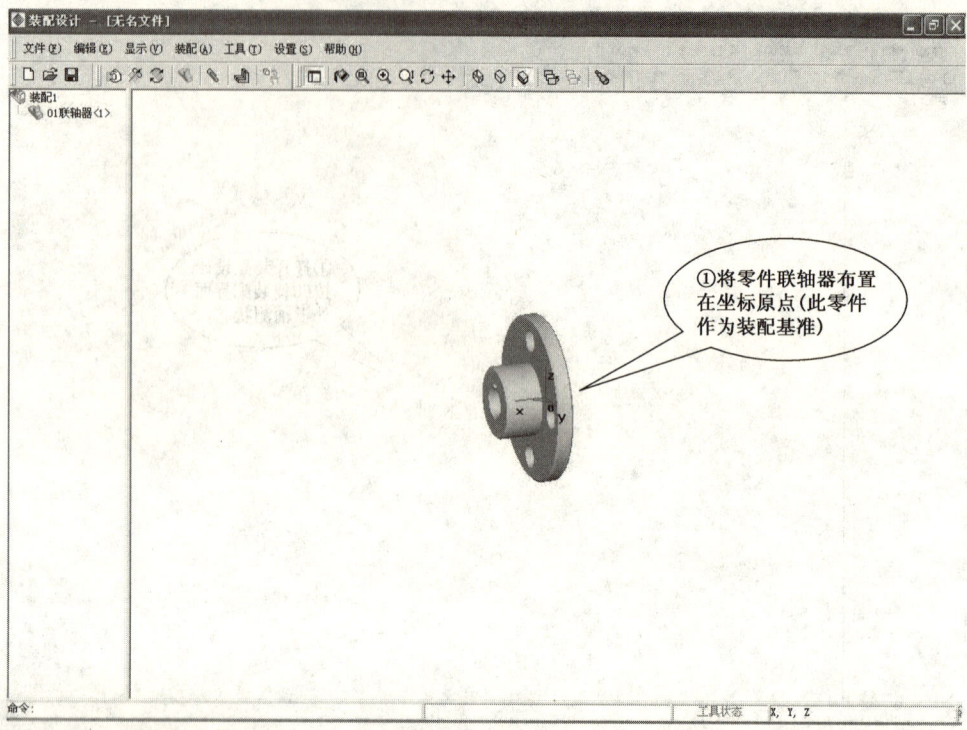

步骤4：

步骤 5：

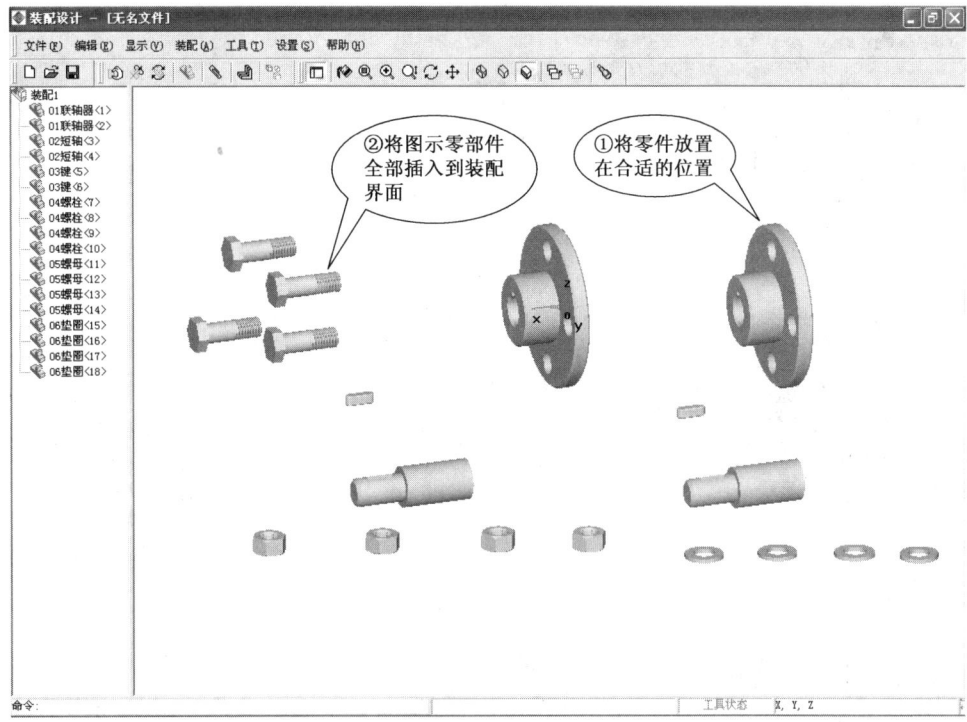

步骤 6：

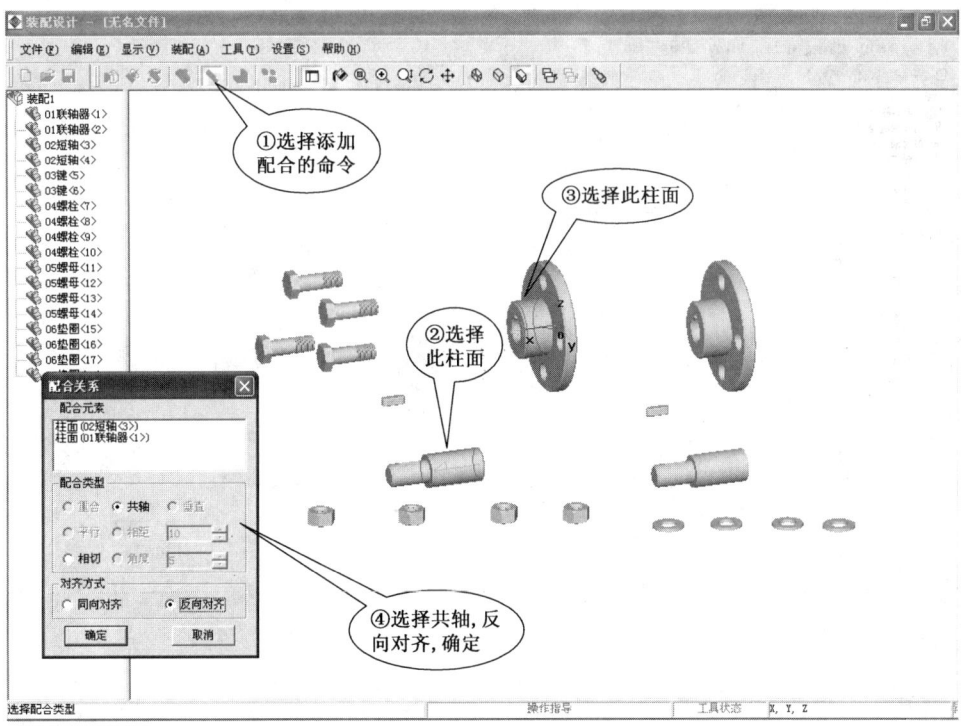

步骤7:

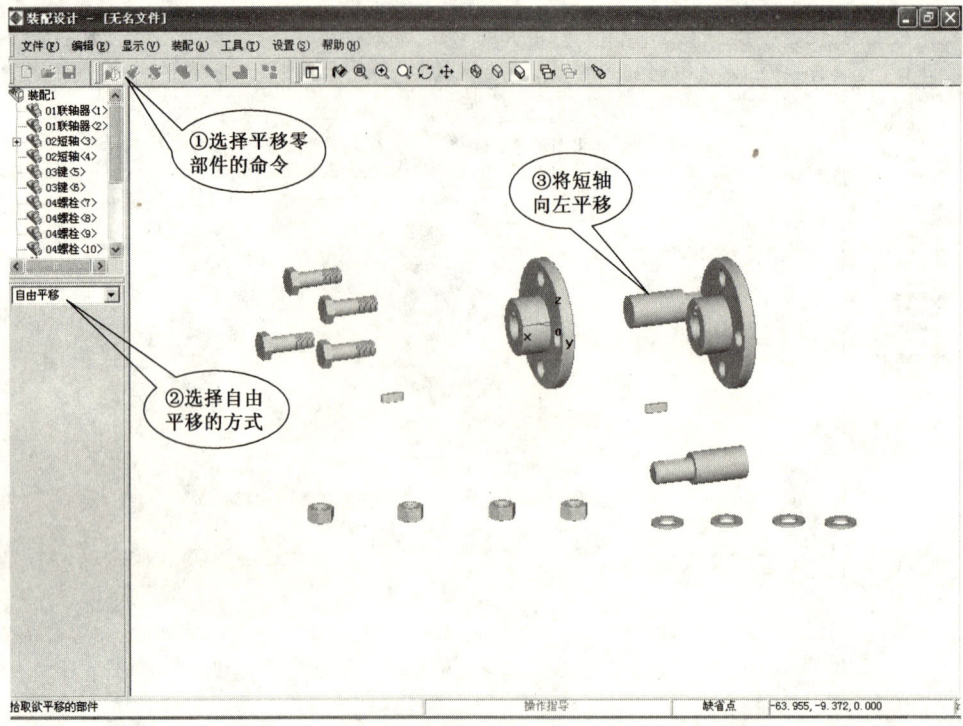

步骤8:

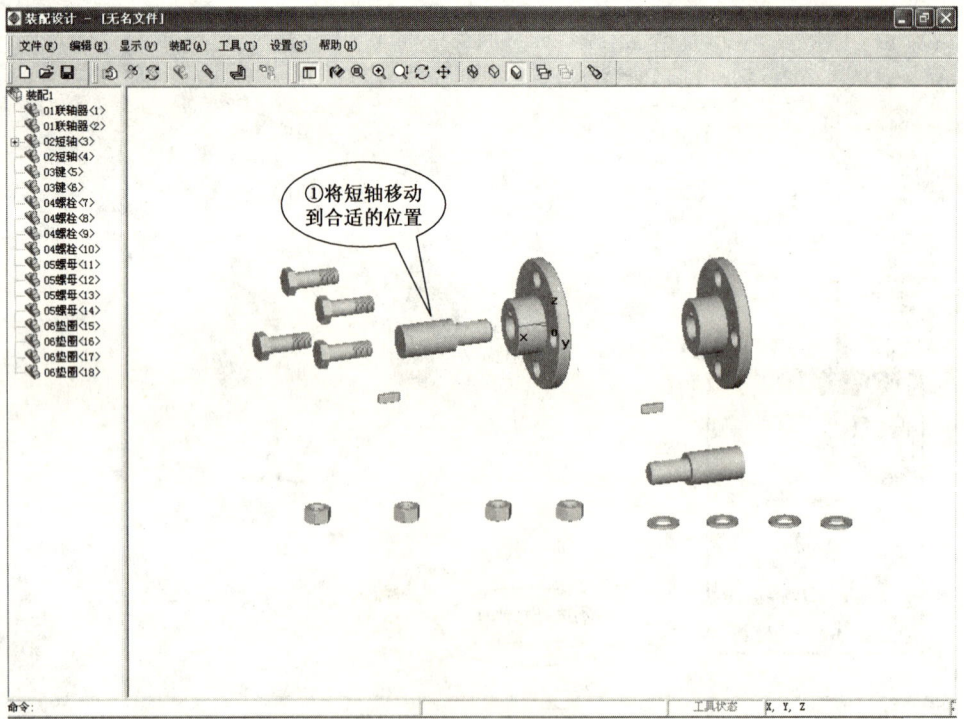

步骤9：

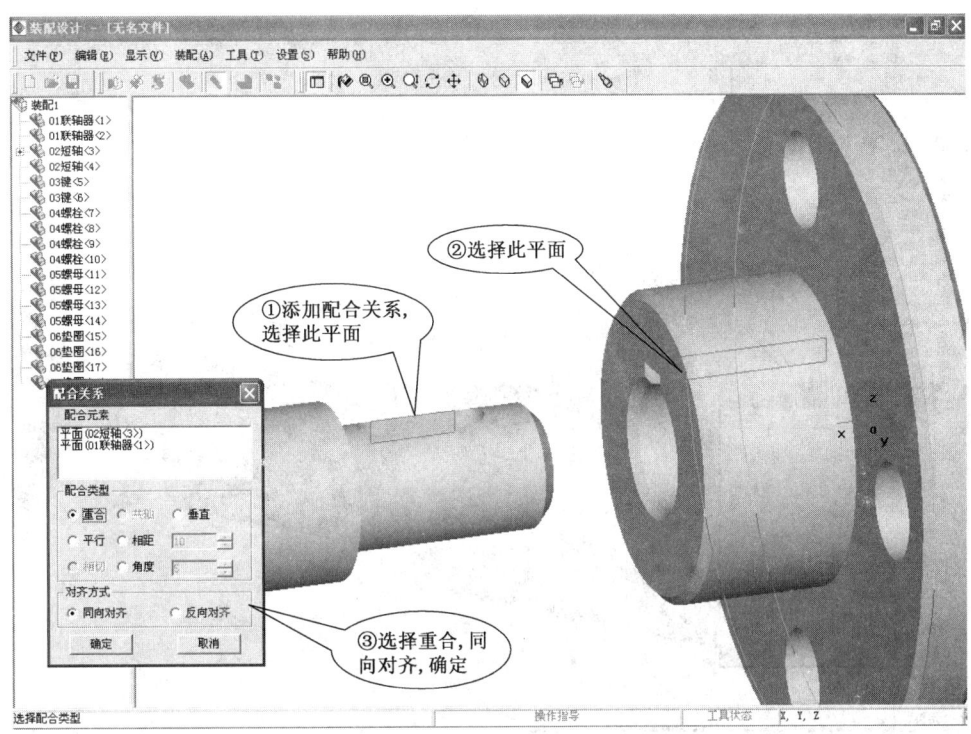

步骤10：

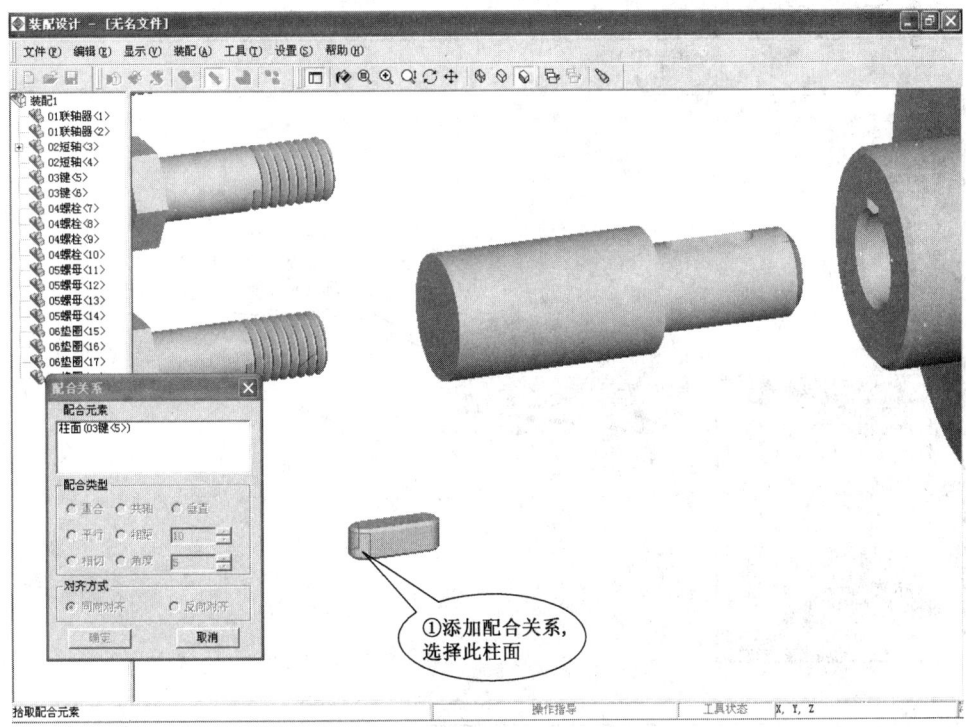

步骤11：

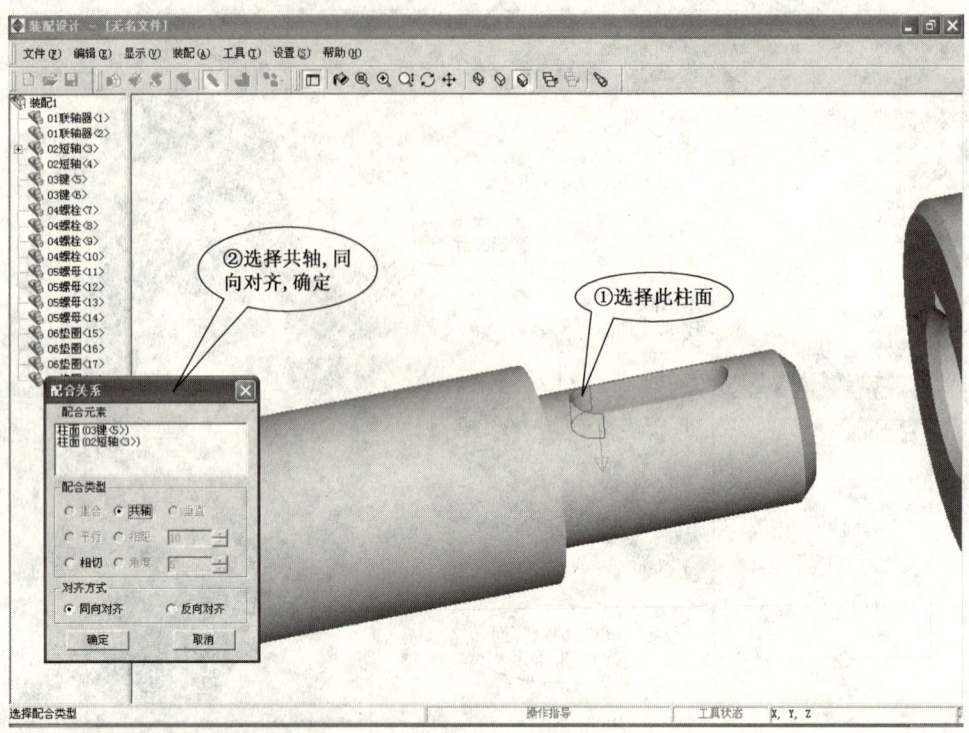

步骤12：

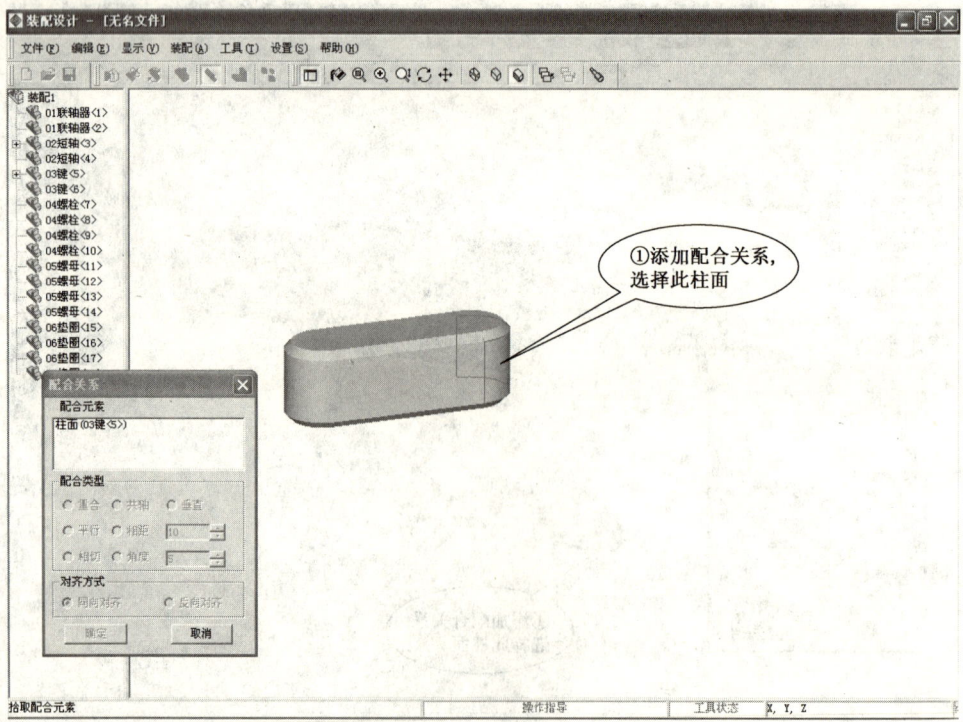

步骤 13：

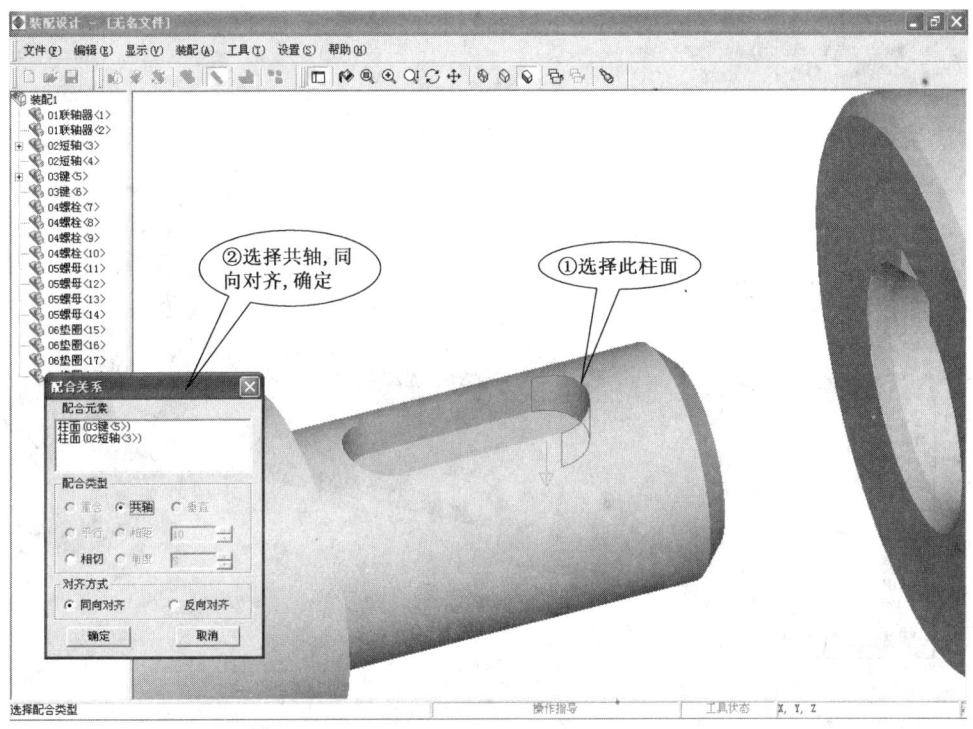

步骤 14：

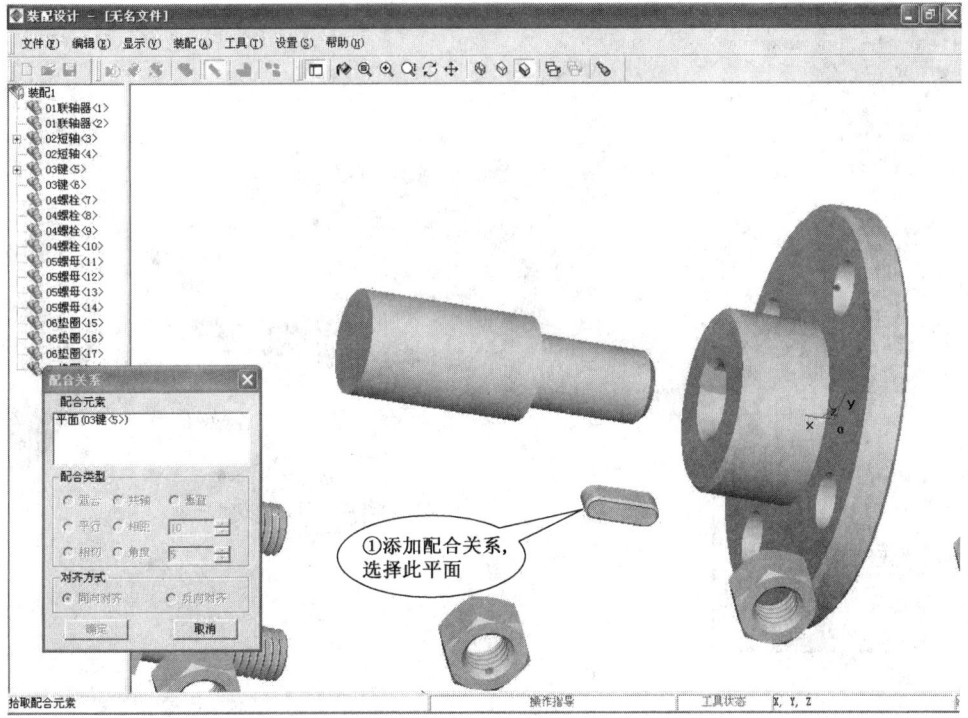

步骤15：

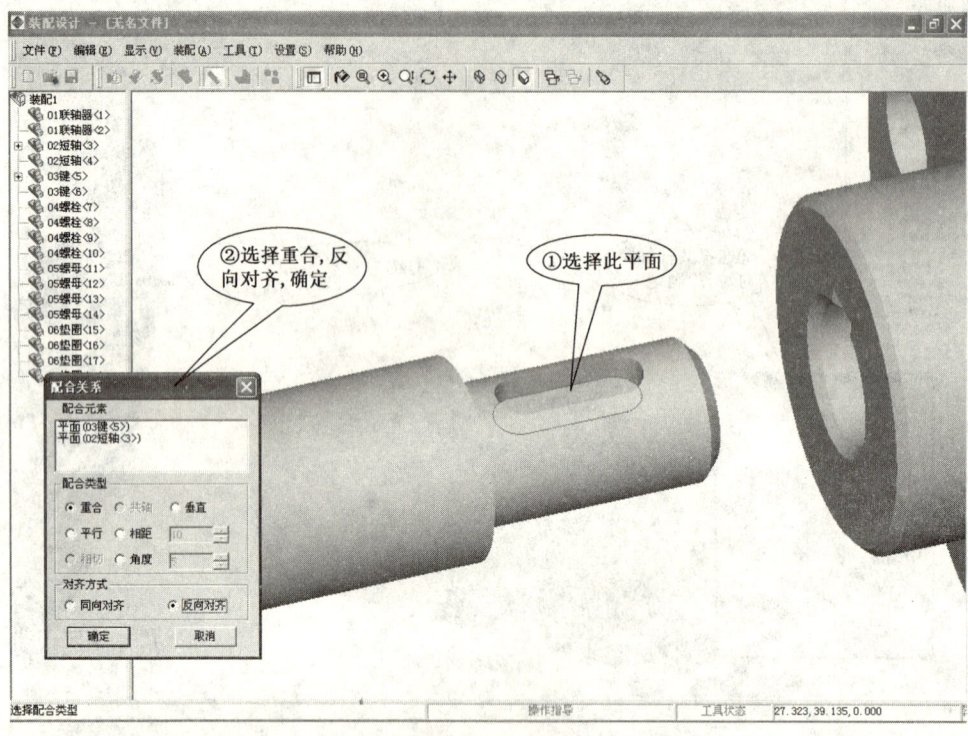

步骤16：

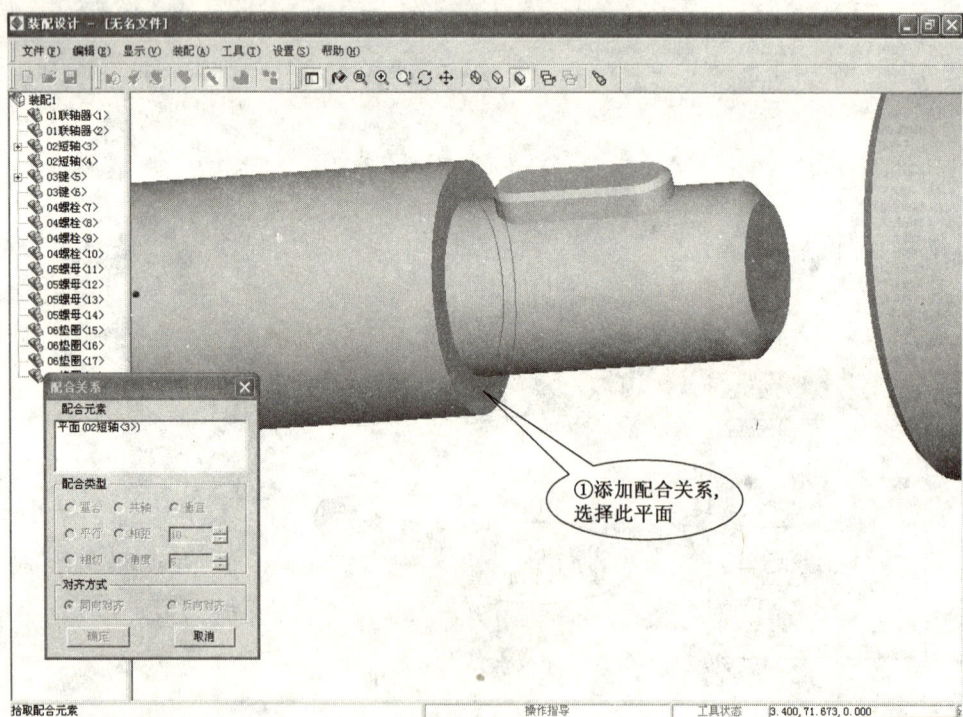

步骤17：

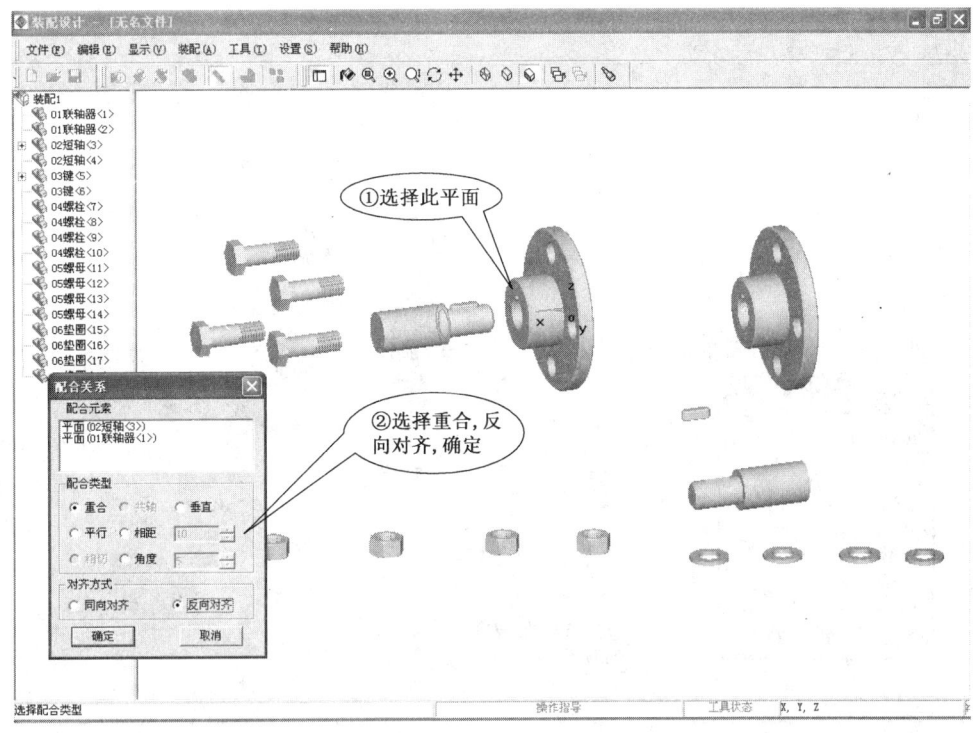

步骤18：

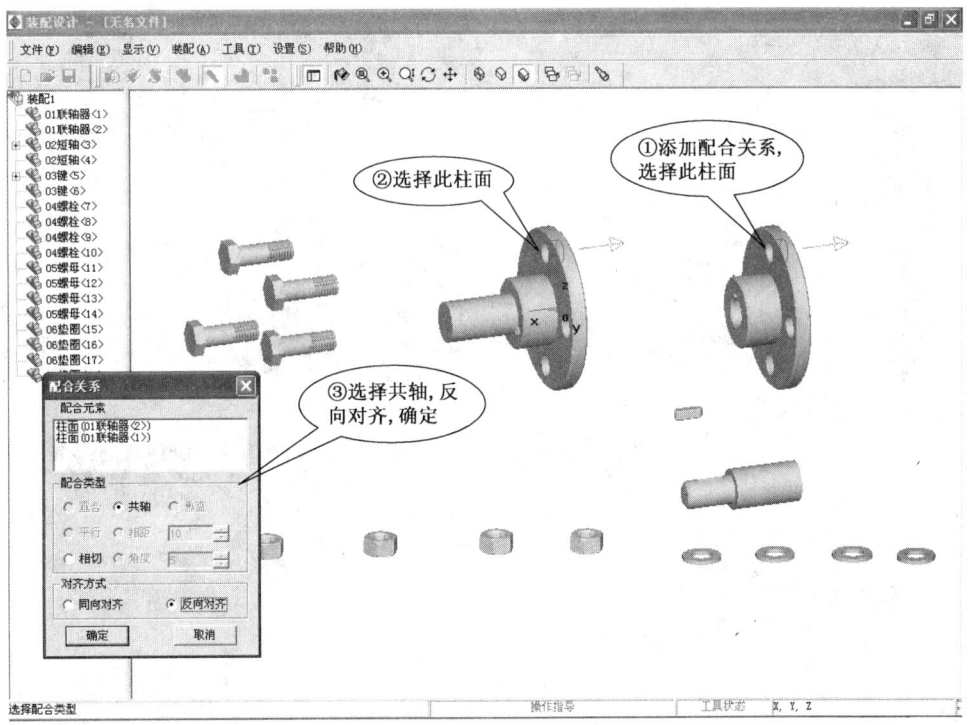

步骤19：

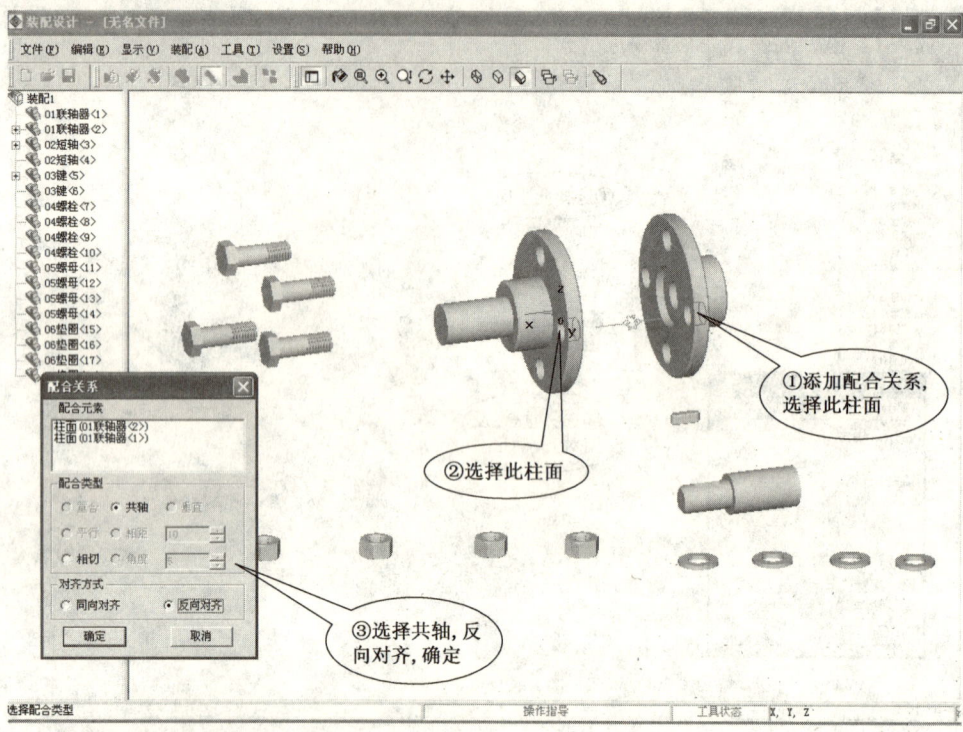

步骤20：

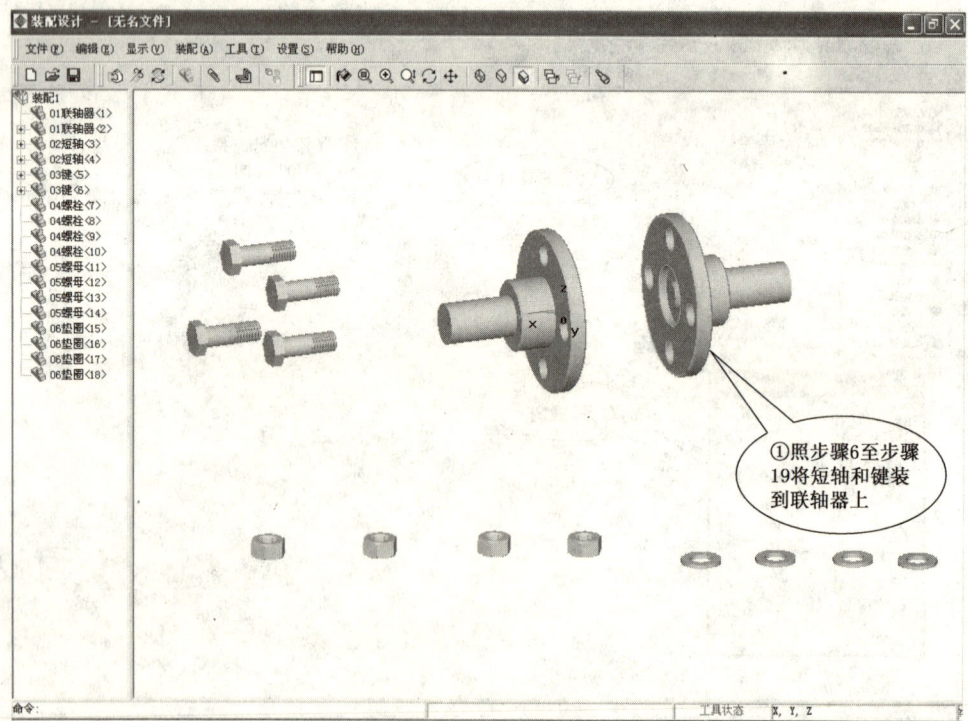

步骤 21:

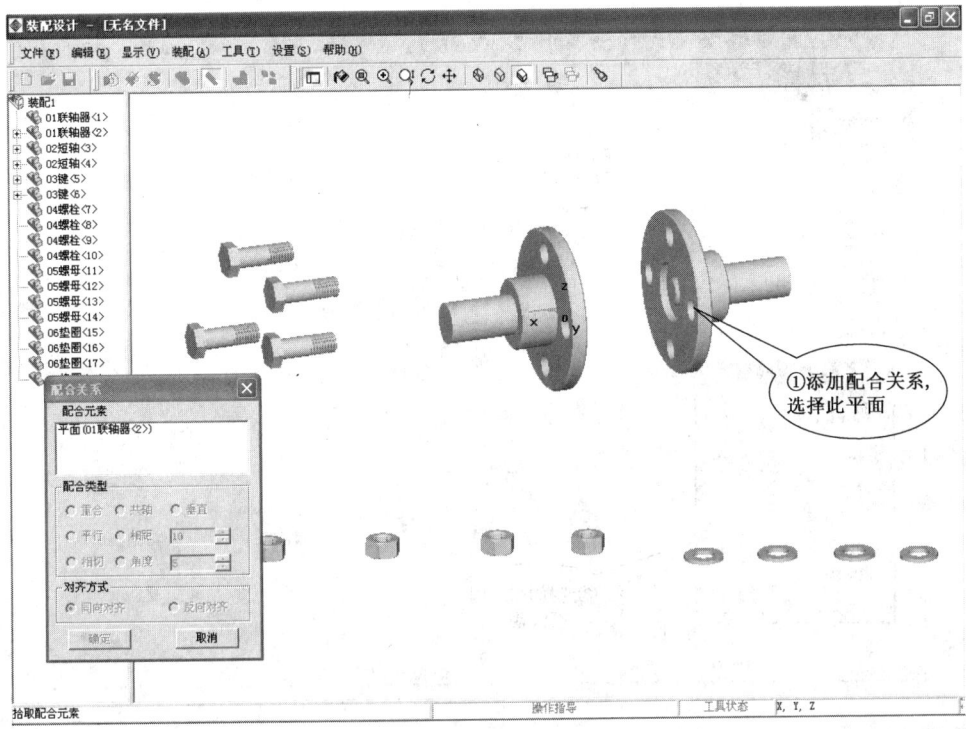

步骤 22:

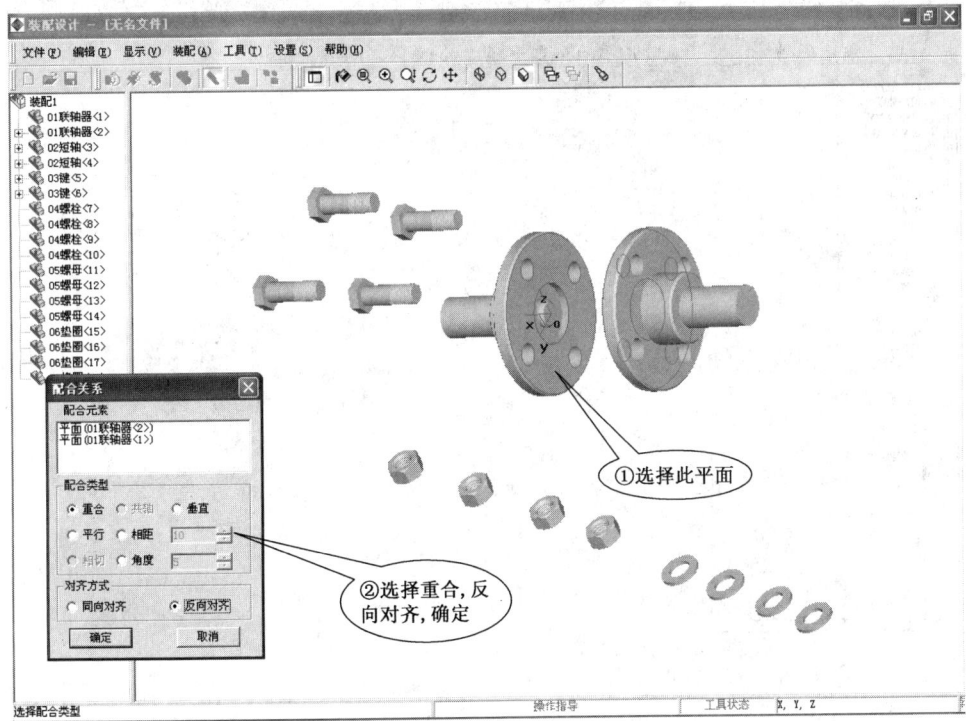

步骤 23：

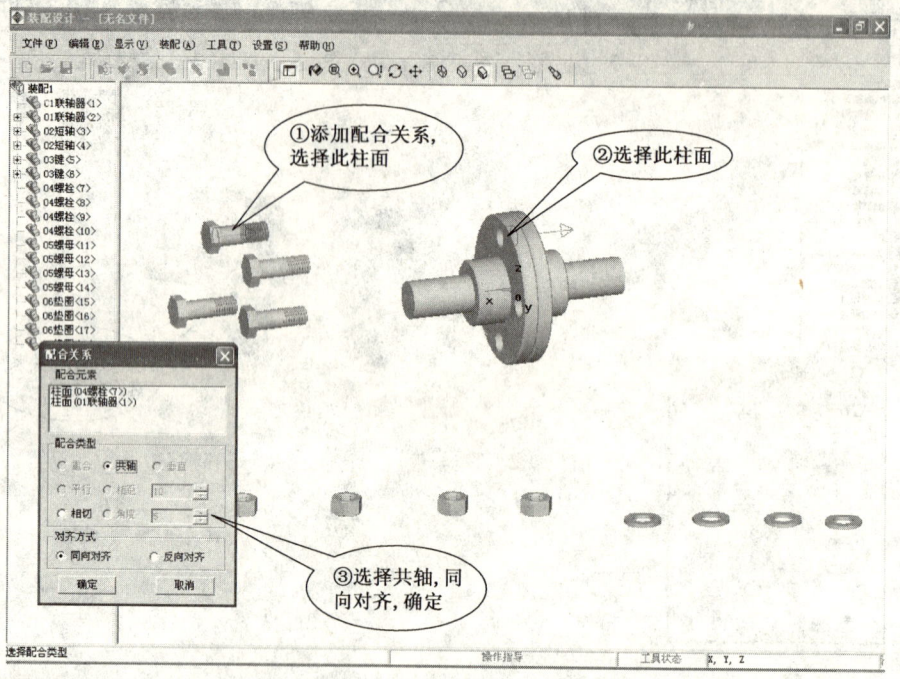

步骤 24：

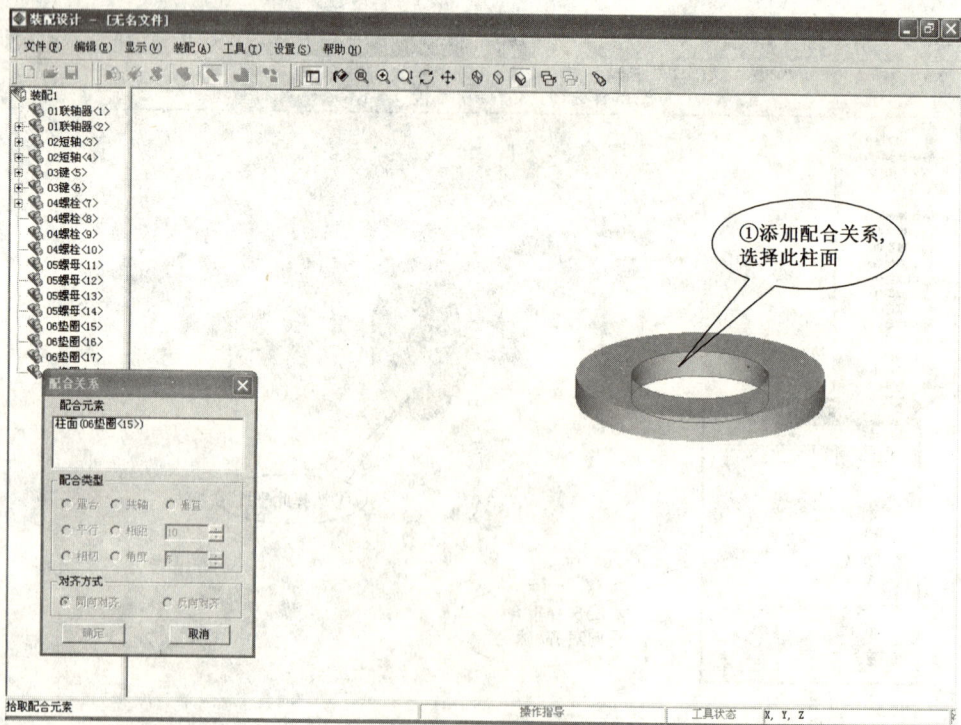

步骤25:

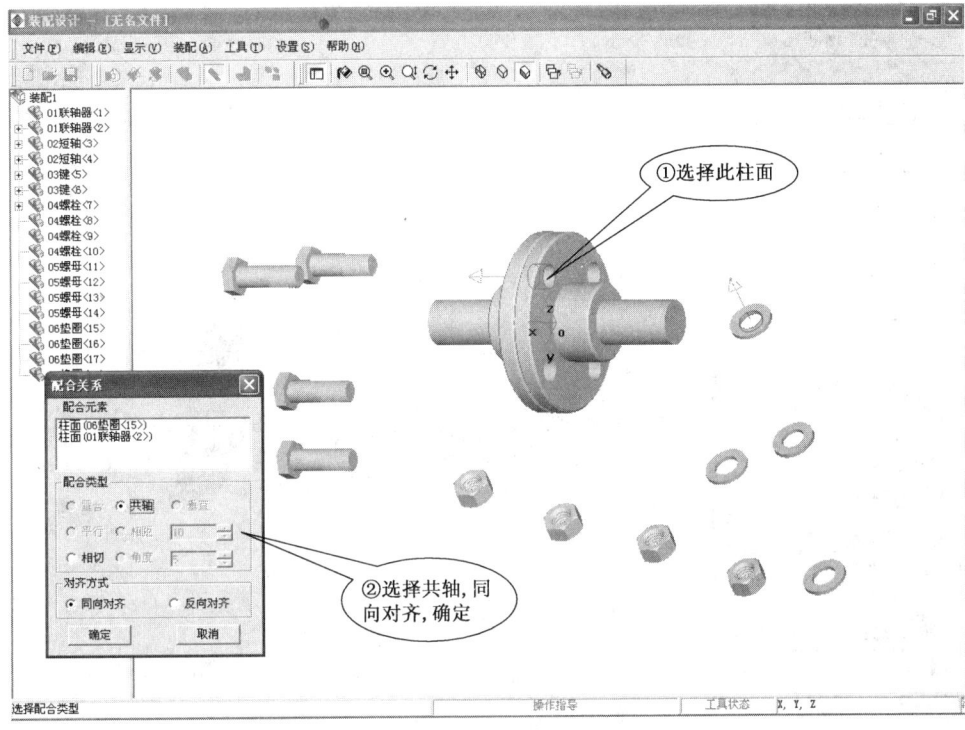

步骤26:

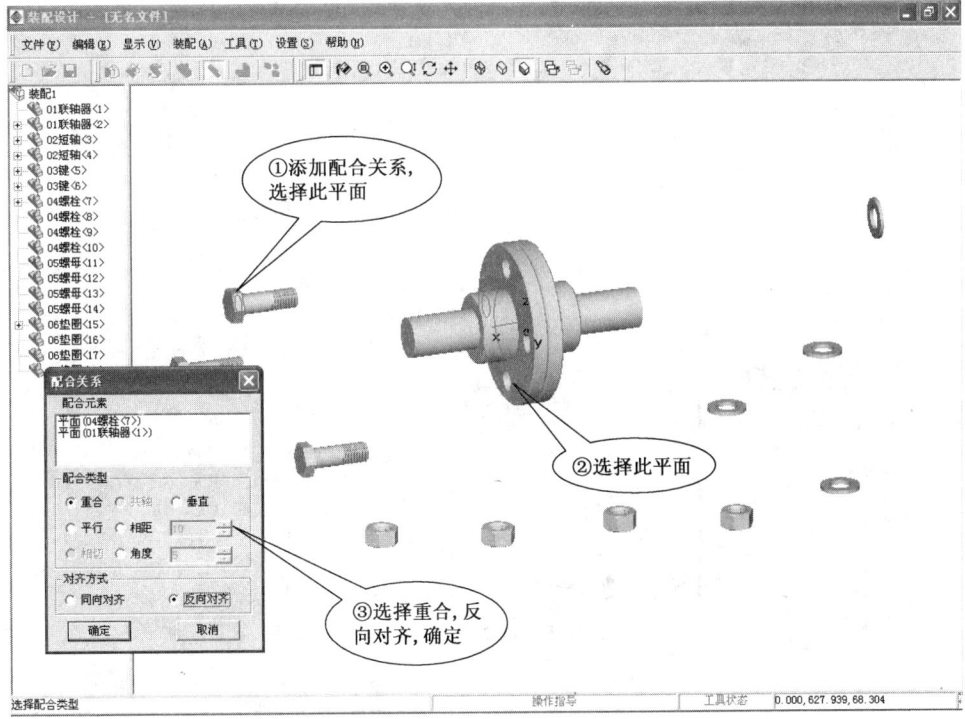

步骤27：

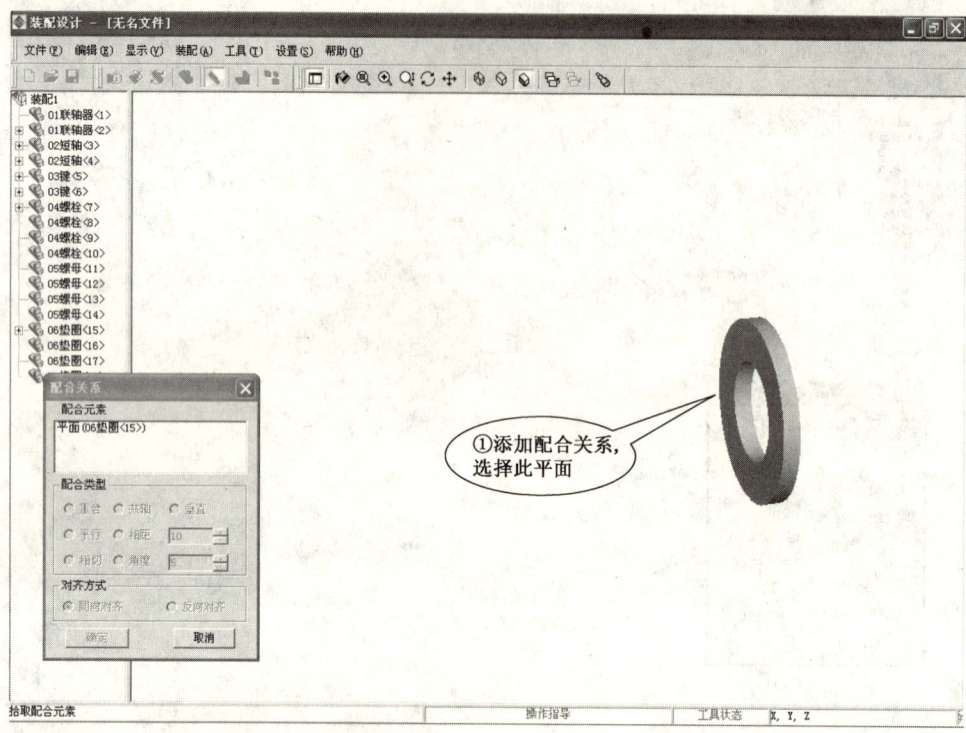

步骤28：

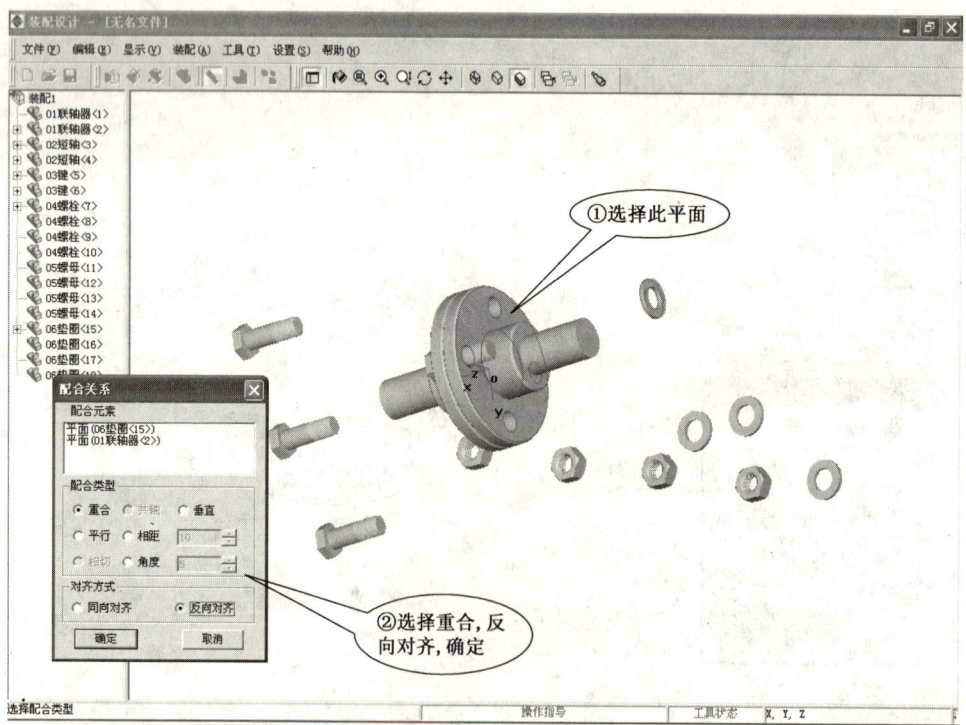

步骤29：

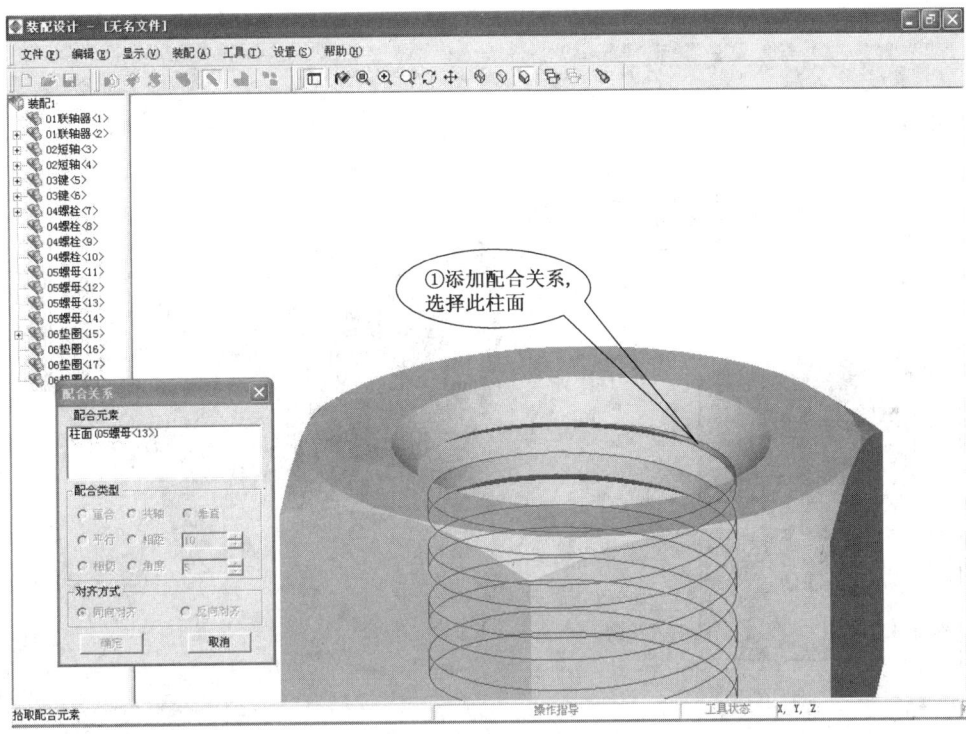

步骤30：

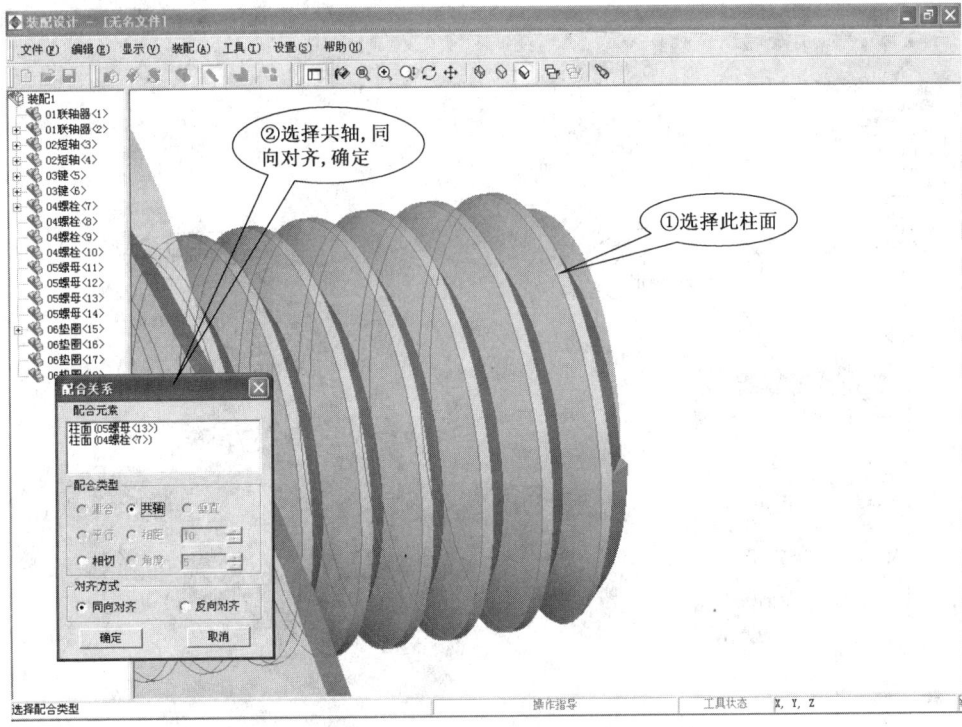

步骤31：

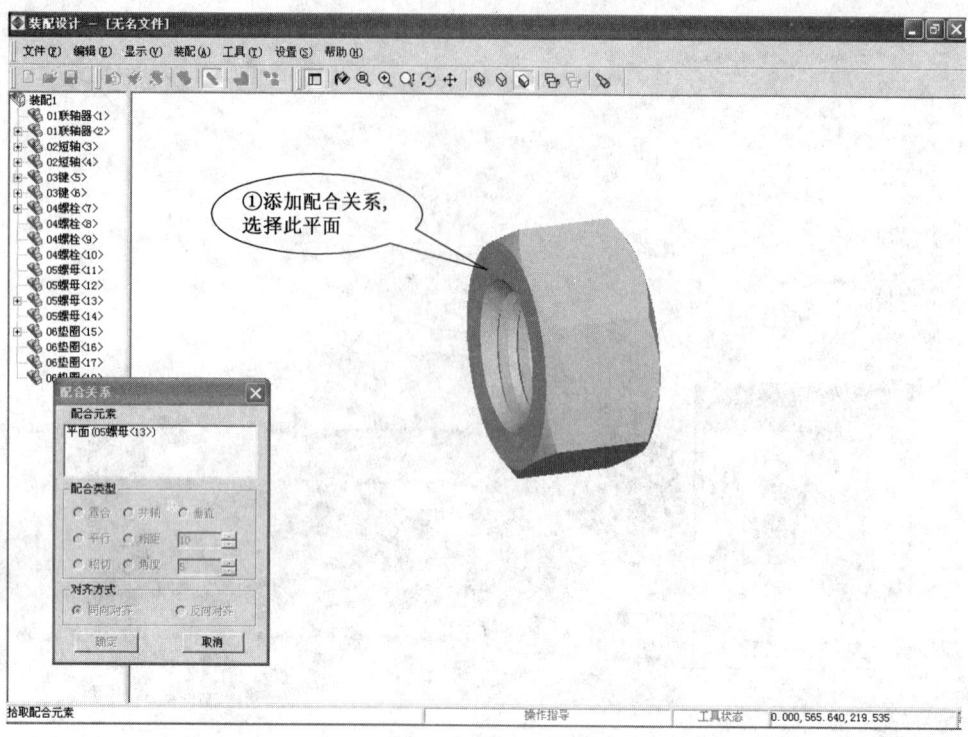

步骤32：

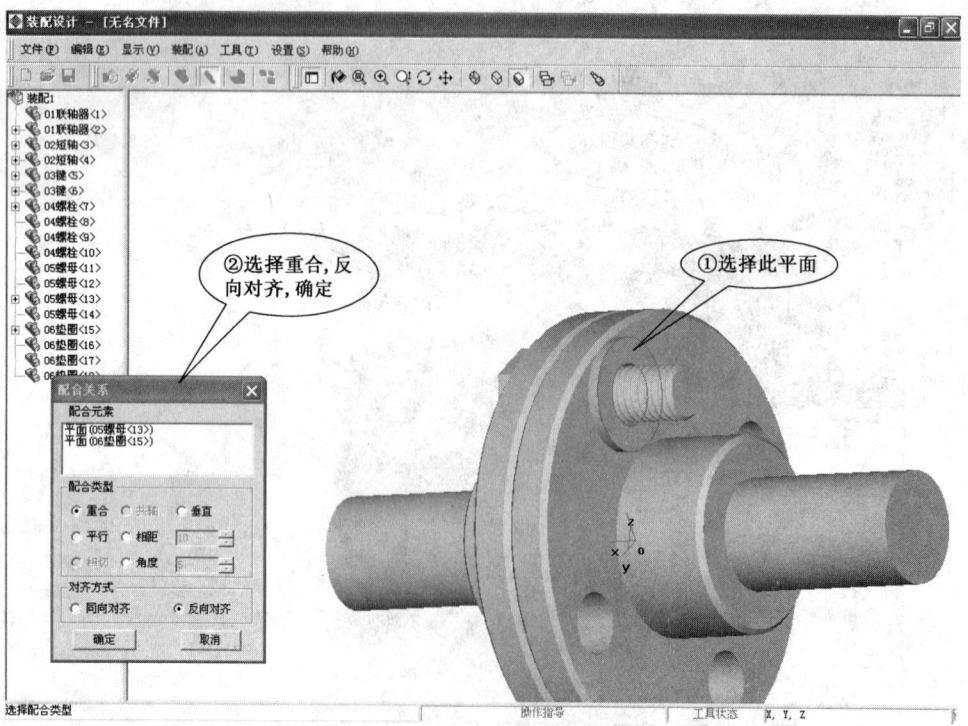

步骤33：

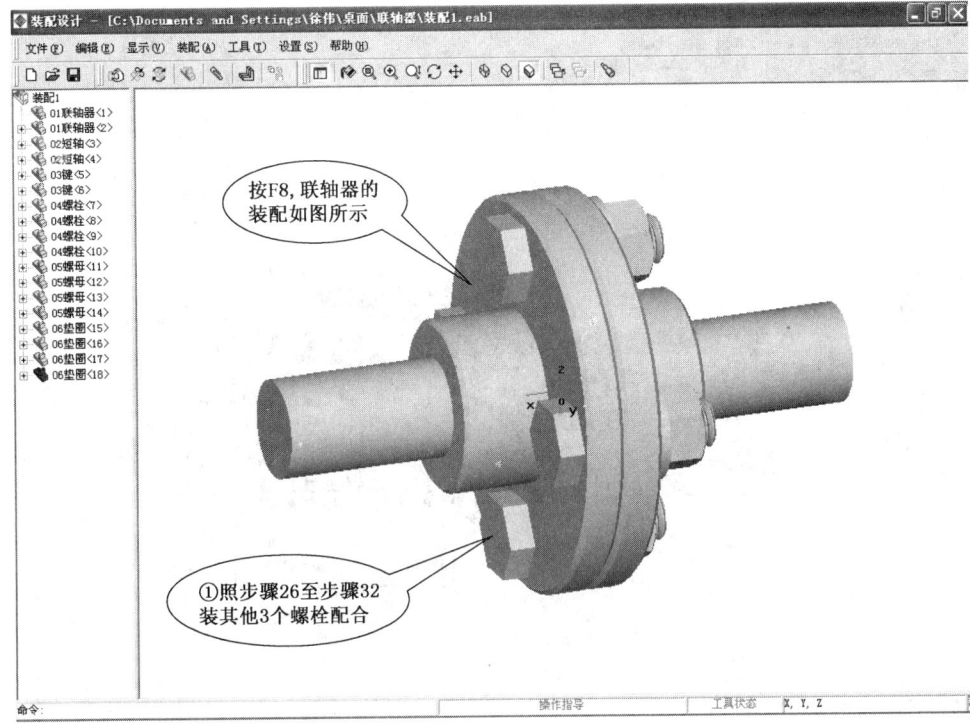

步骤34：

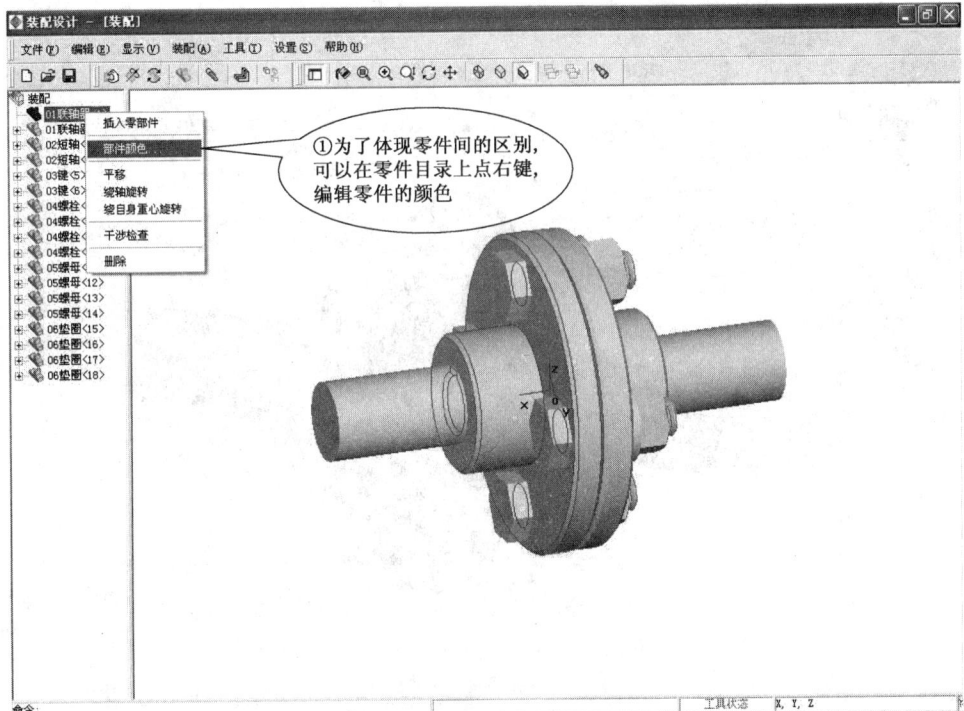

步骤 35：

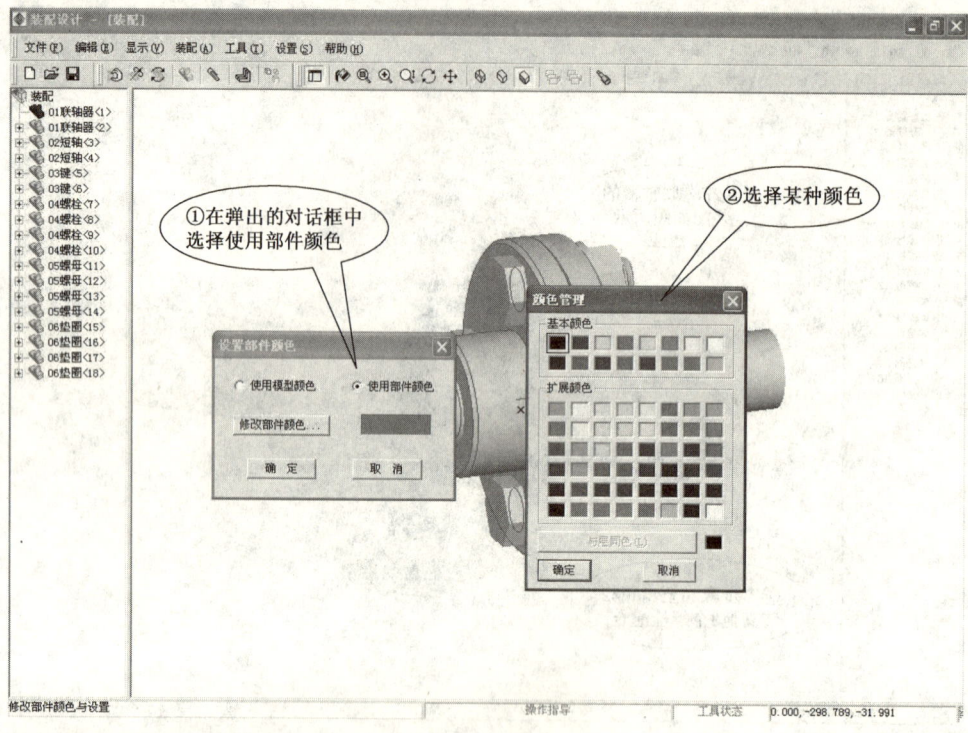

步骤 36：

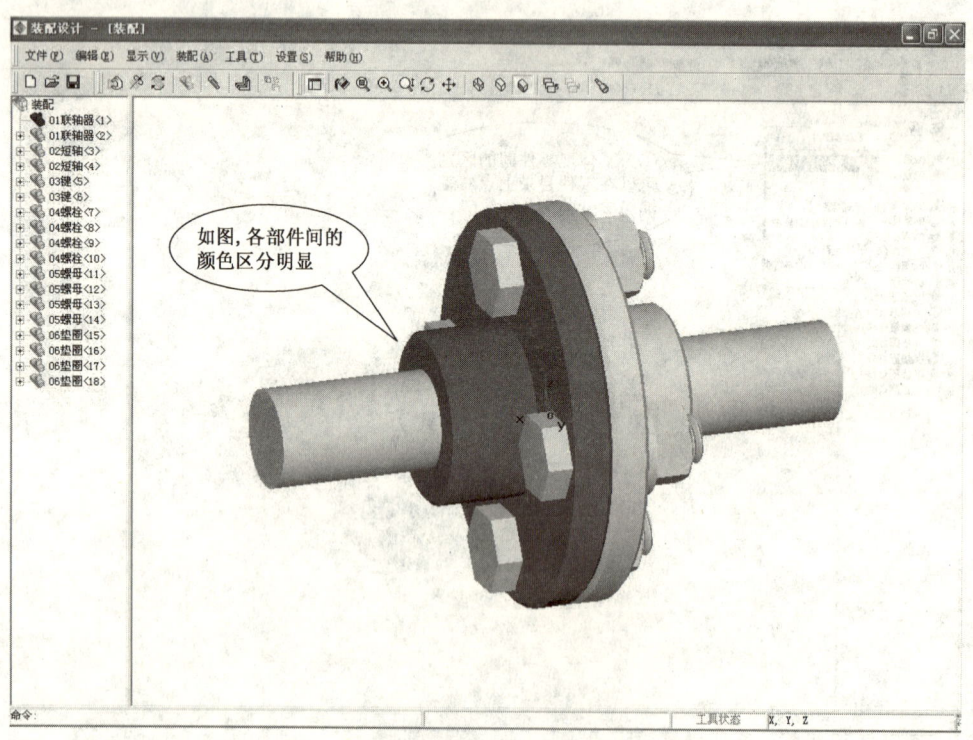

【121】 装配体的爆炸

通过装配体的爆炸可以清晰地表达装配体的各零部件之间的位置关系,从而进一步理解各零件的配合关系。

装配体的爆炸过程主要有以下步骤:

(1) 读入装配体

将需要进行爆炸的装配体读入到装配环境中,并适当调整各零部件的颜色。

(2) 生成爆炸视图

选择添加爆炸视图的命令,在弹出的对话框中点击生成自动爆炸,即可生成装配体的爆炸视图。

(3) 调整各零部件

初次生成的爆炸视图中可能会有部分零部件重叠,重新编辑爆炸视图,找到相关步骤,调整爆炸距离,多次调整后可得到符合要求的爆炸视图。

下面以联轴器的装配体爆炸举例说明。

步骤1:

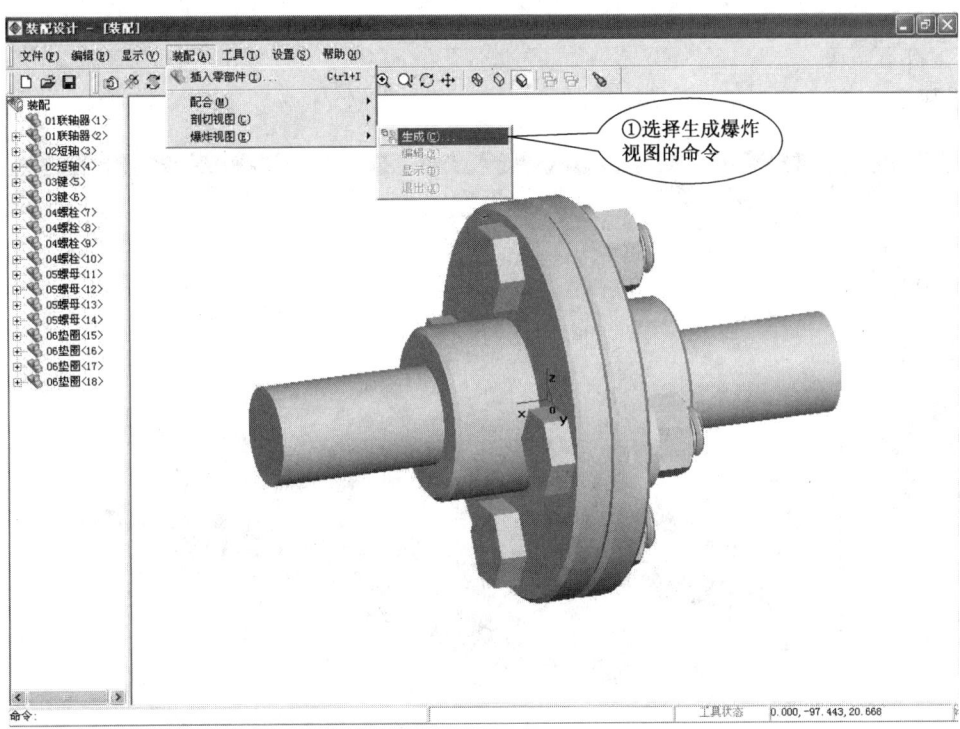

步骤 2:

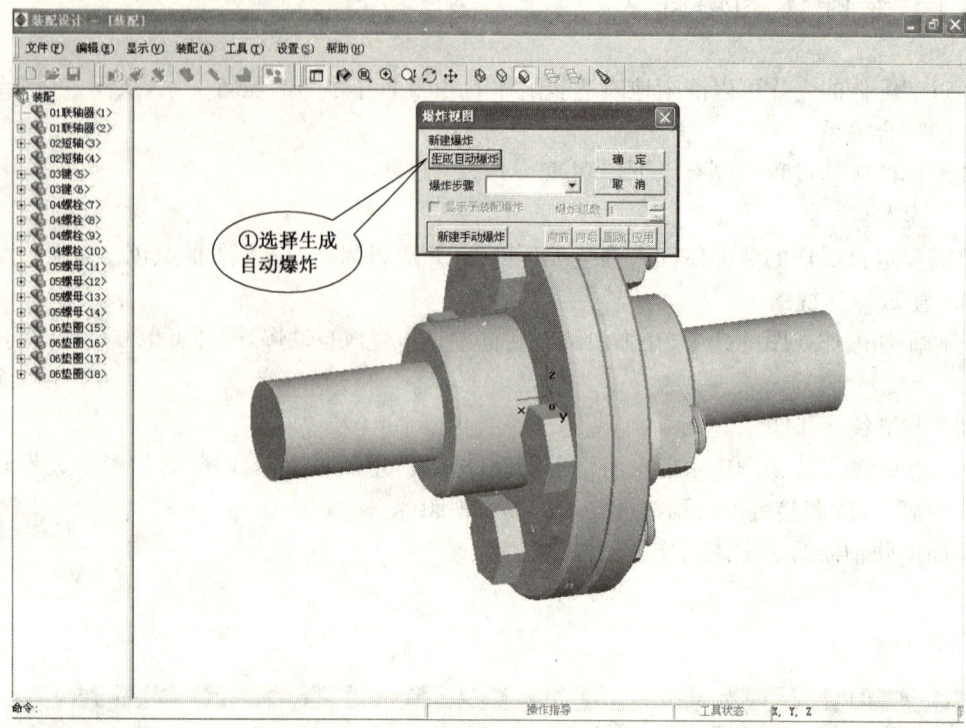

步骤 3:

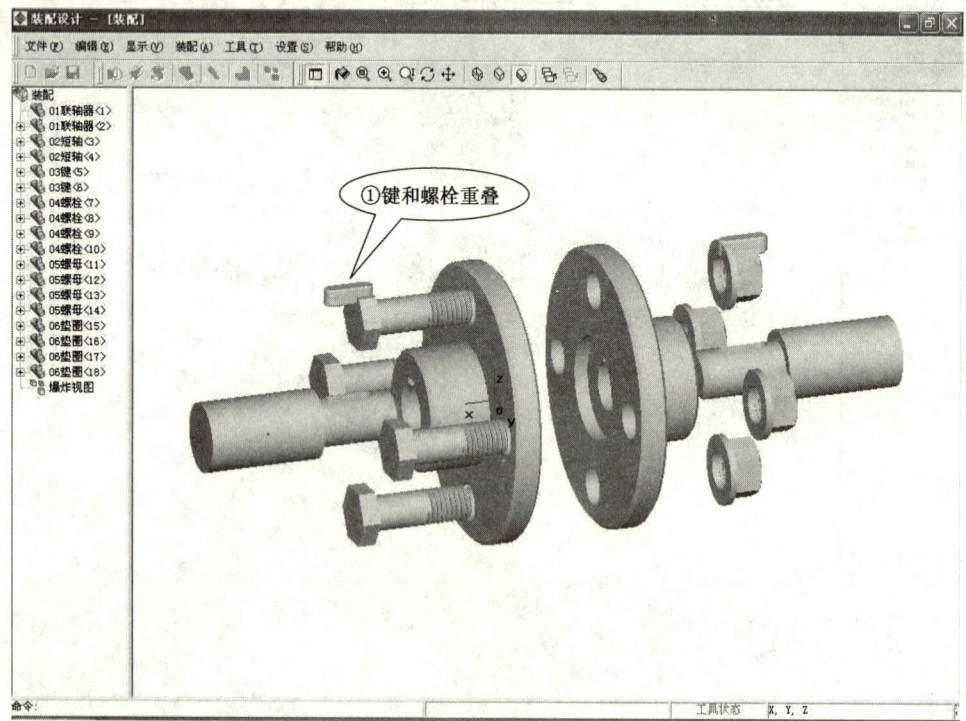

步骤4：

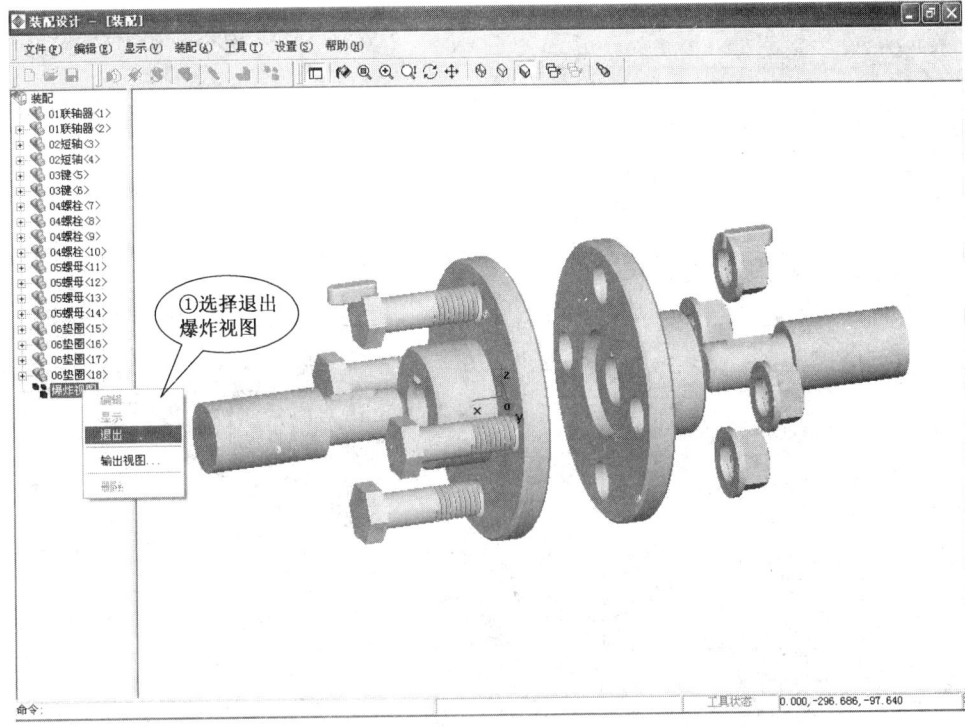

步骤5：

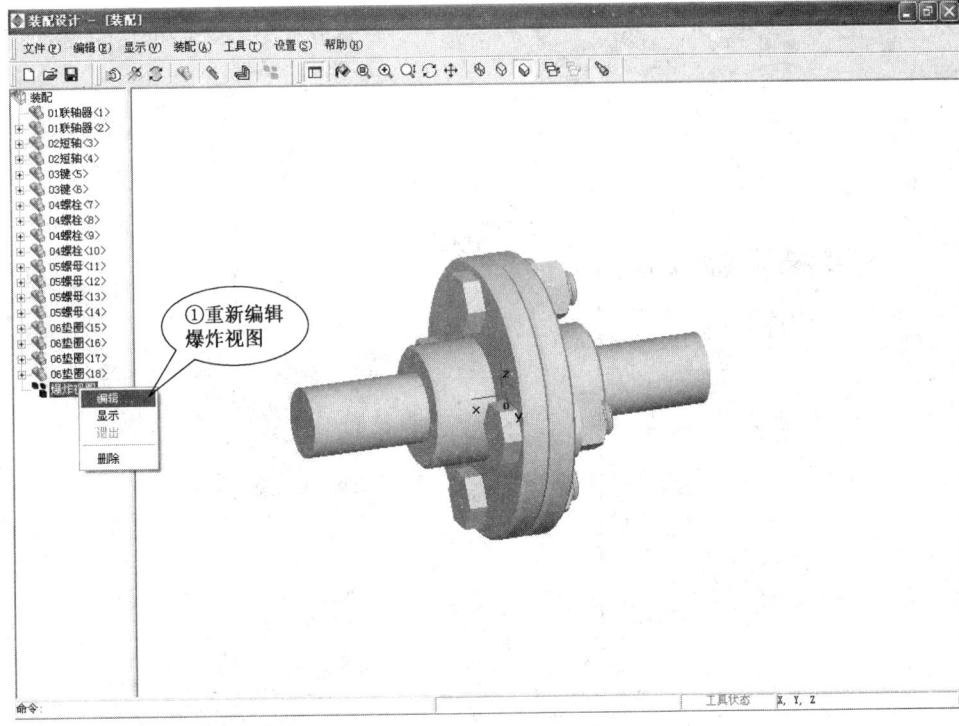

步骤6：

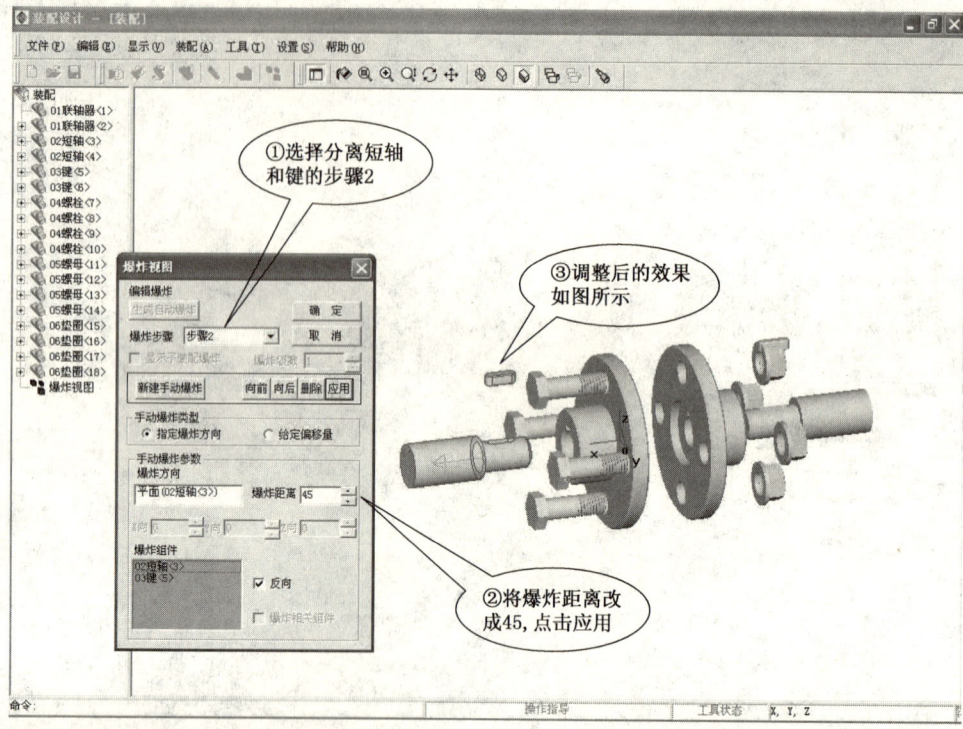

步骤7：

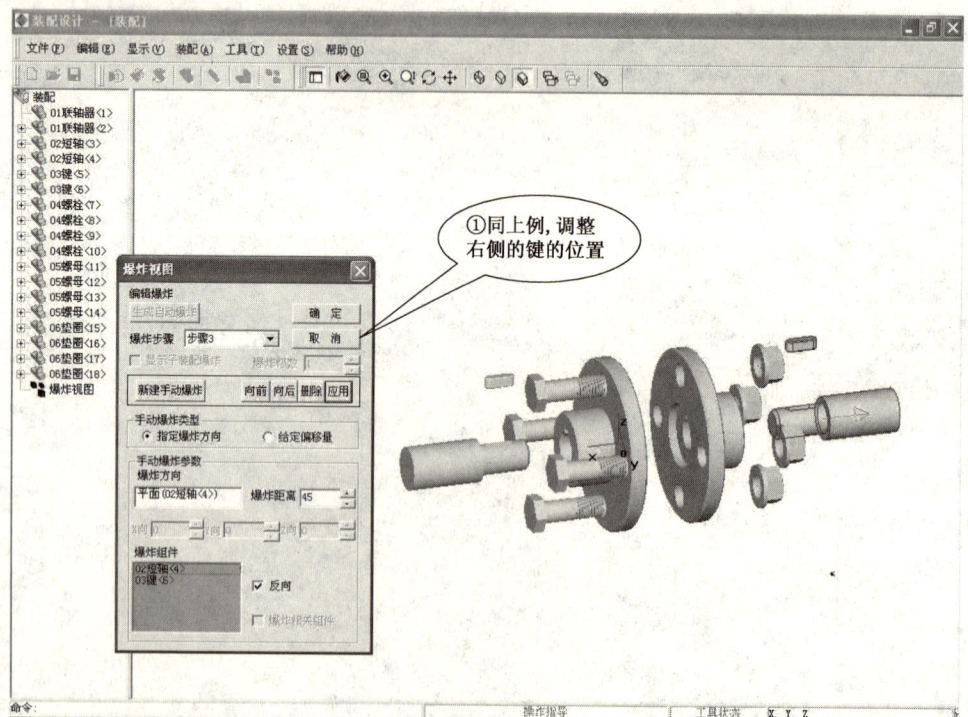

步骤8：

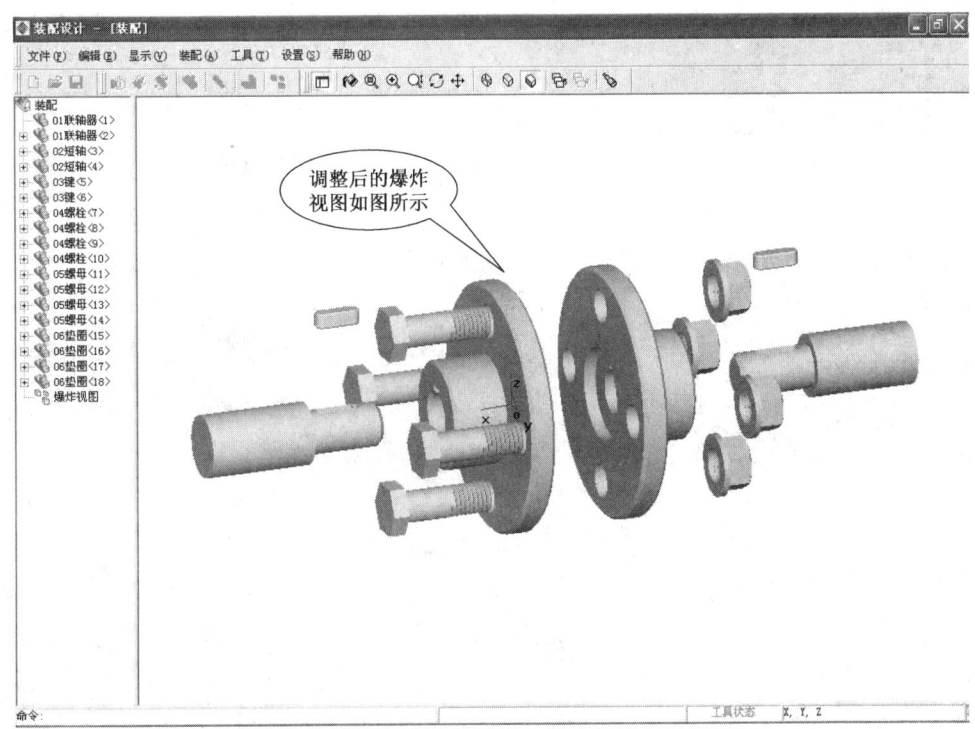

【122】 装配体的剖视

通过装配体的剖视可以清晰地表达装配体的各零部件内部的位置关系（如孔轴配合、螺栓连接等），从而进一步理解各零件的配合关系。

装配体的爆炸过程主要有以下步骤：

（1）读入装配体

将需要进行爆炸的装配体读入到装配环境中，并适当调整各零部件的颜色。

（2）生成剖切视图

选择添加剖切视图的命令，在弹出的对话框中选择剖切类型，生成剖切面，并调整剖切面的位置，点击生成剖视即可生成装配体的剖切视图。

下面以联轴器的装配体举例说明。

步骤1：

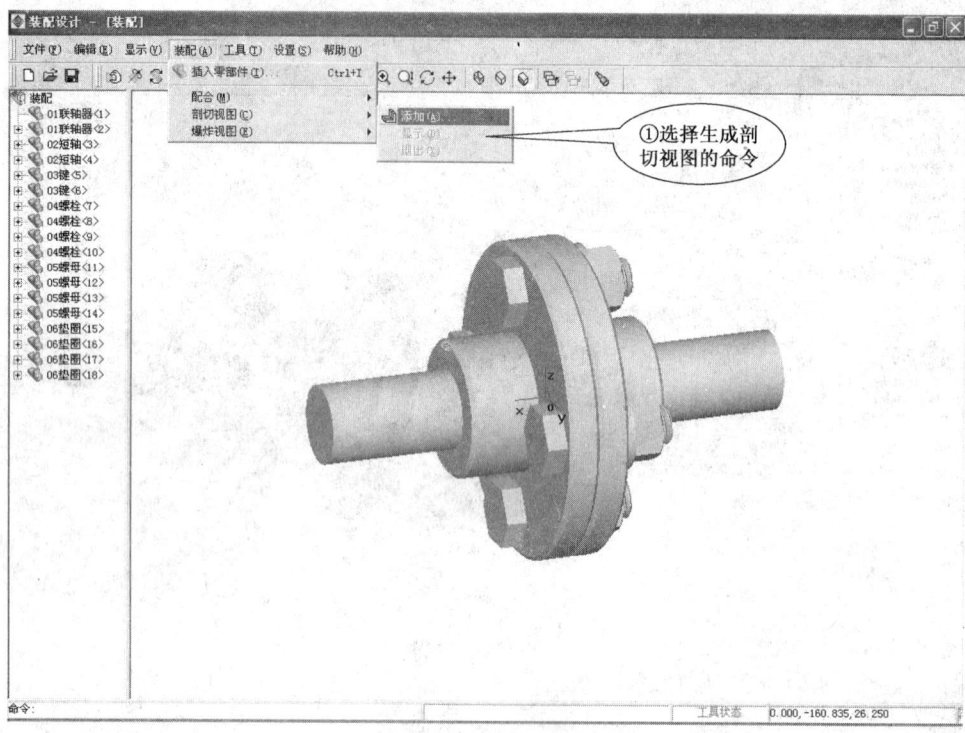

步骤2：

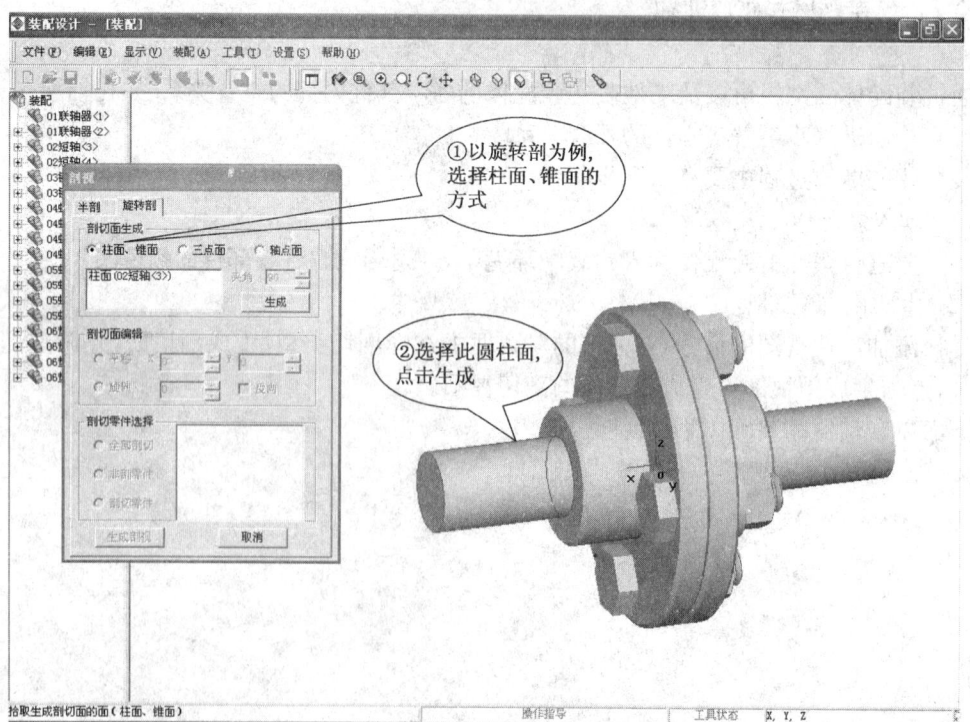

步骤3：

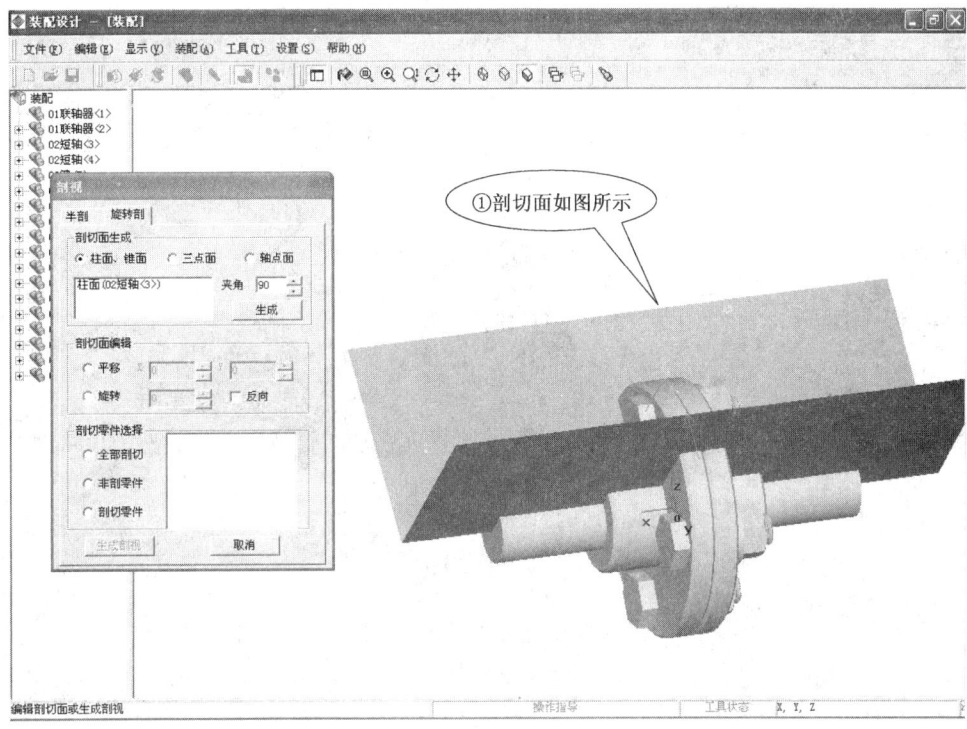

步骤4：

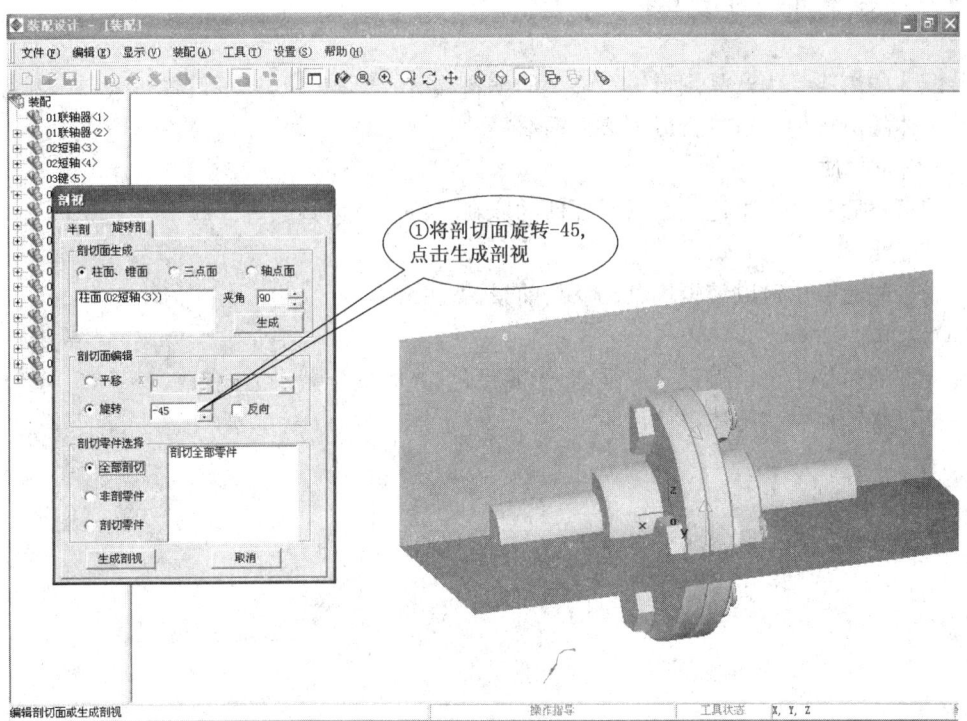

步骤5：

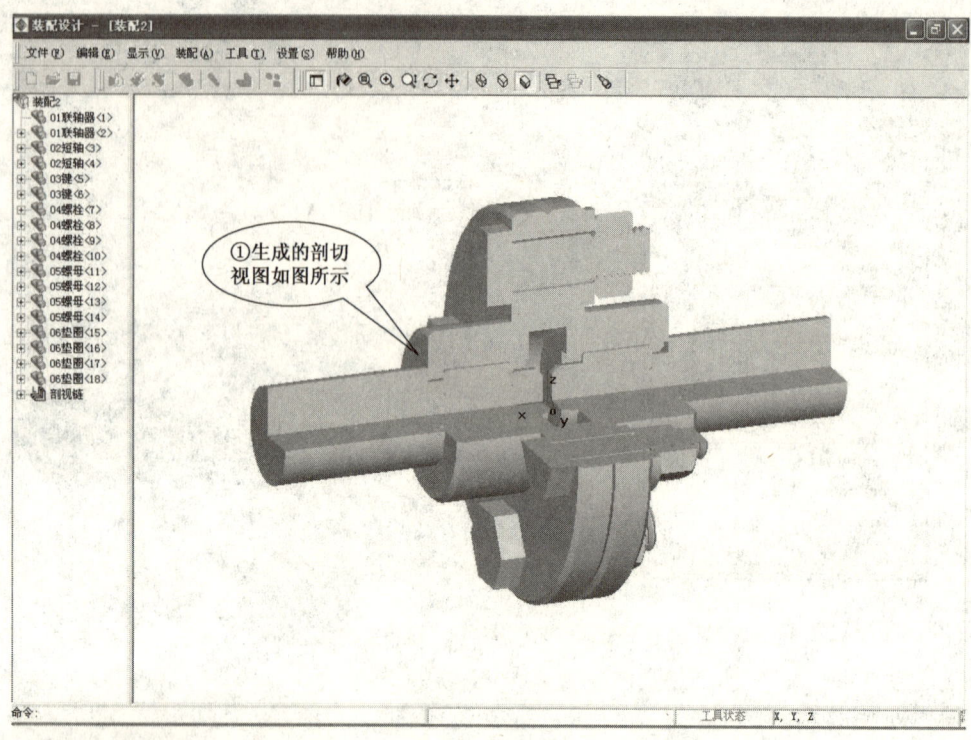

①生成的剖切视图如图所示

【123】 装配体的渲染

装配体的渲染是为产品图形进行颜色的编辑，既使图形美观，又可设置布景和光源等。
装配体的渲染中可以进行以下方面的渲染：
(1) 编辑材质
在编辑材质的命令中可以编辑零部件的原料、纹理、反射系数等。
(2) 布景
在布景的命令中可以编辑场景、光源、前景、背景和景观等。
(3) 光源
在光源的命令中可以编辑光源强度、光源颜色、光源的位置和方向等。
下面以联轴器的装配体举例说明。

步骤1：

步骤2：

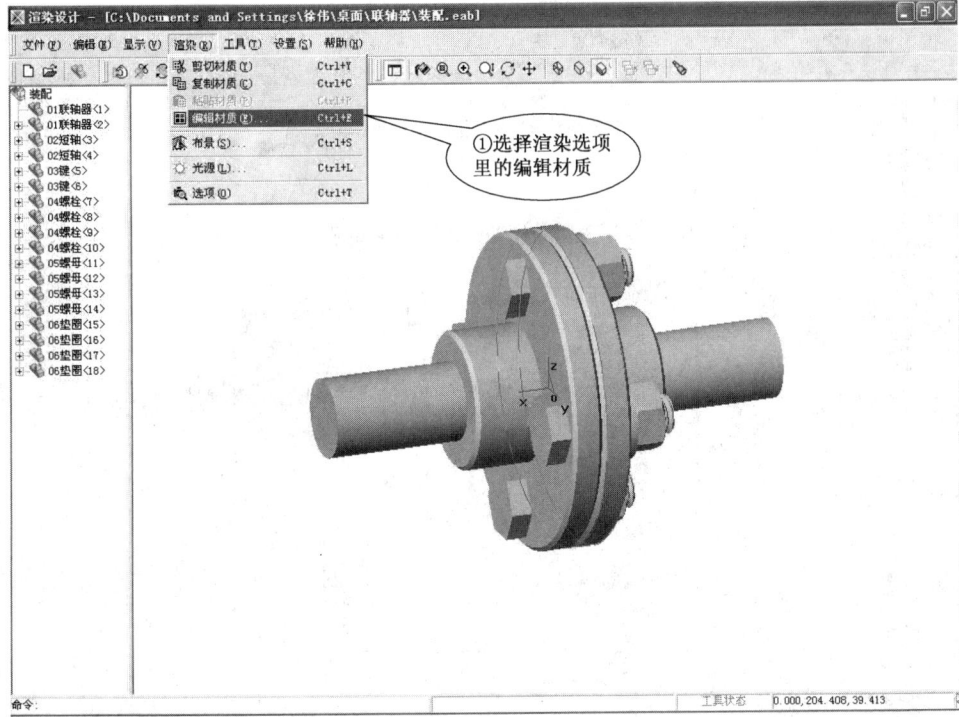

步骤3：

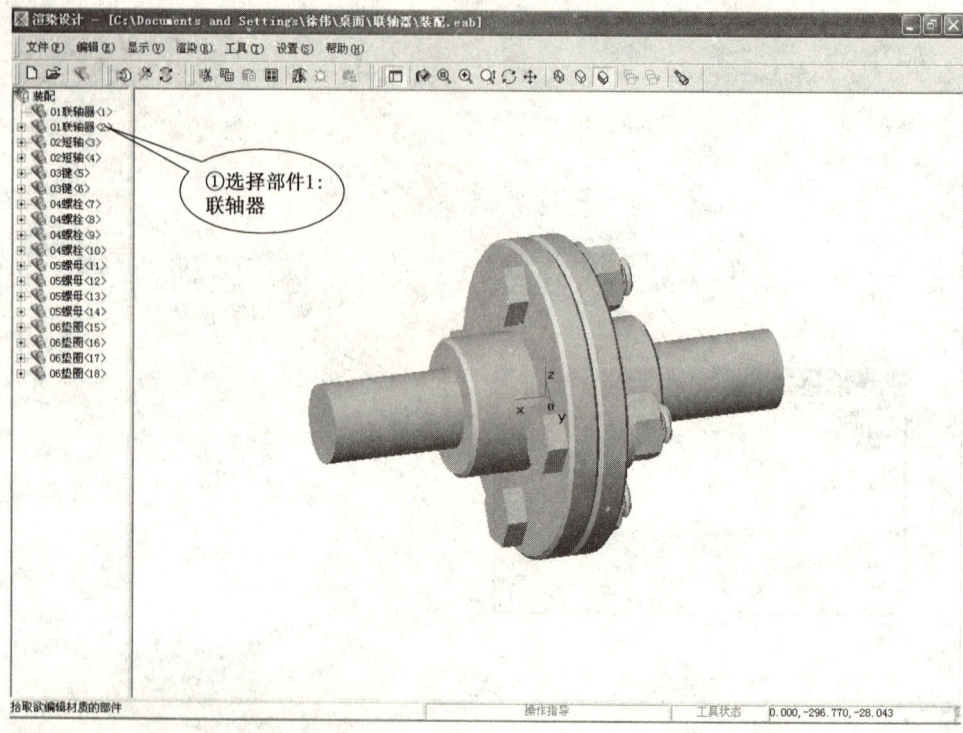

步骤4：

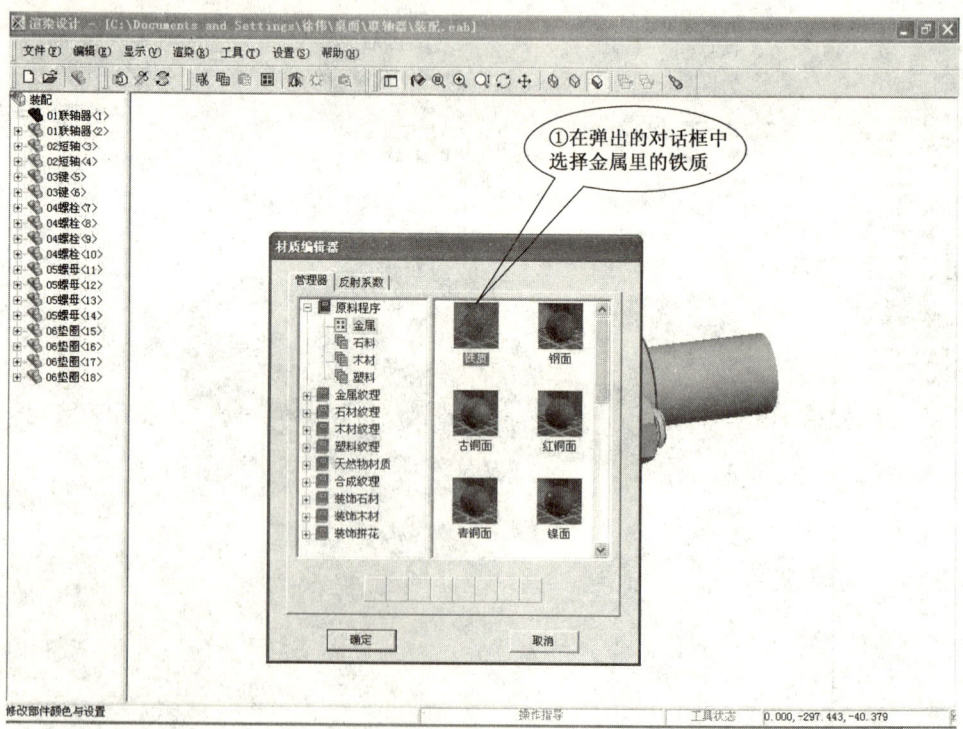

步骤5：

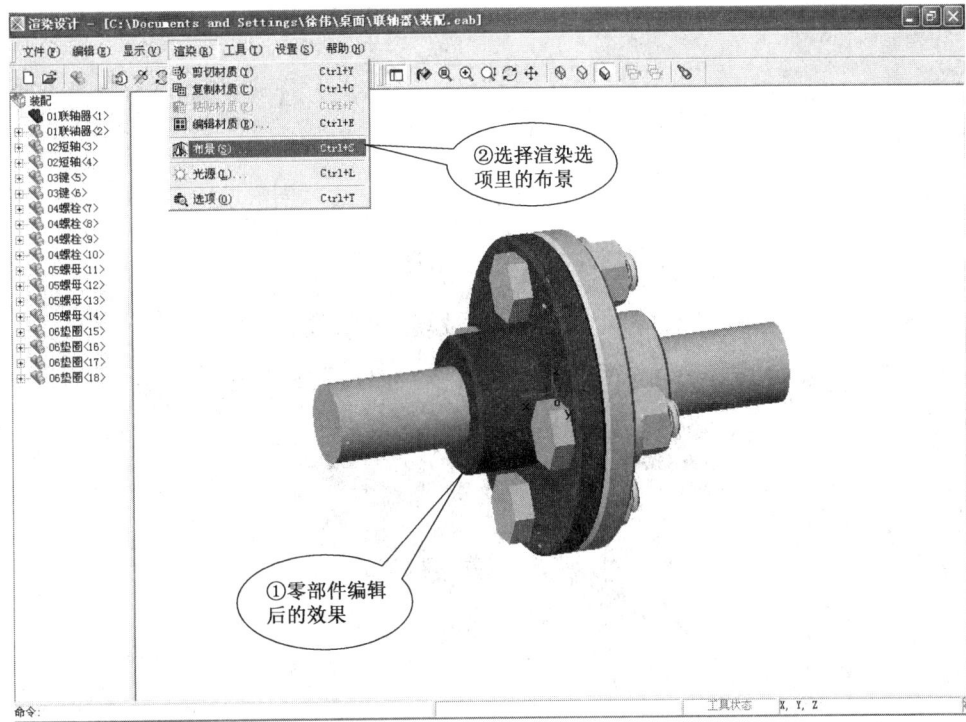

步骤6：

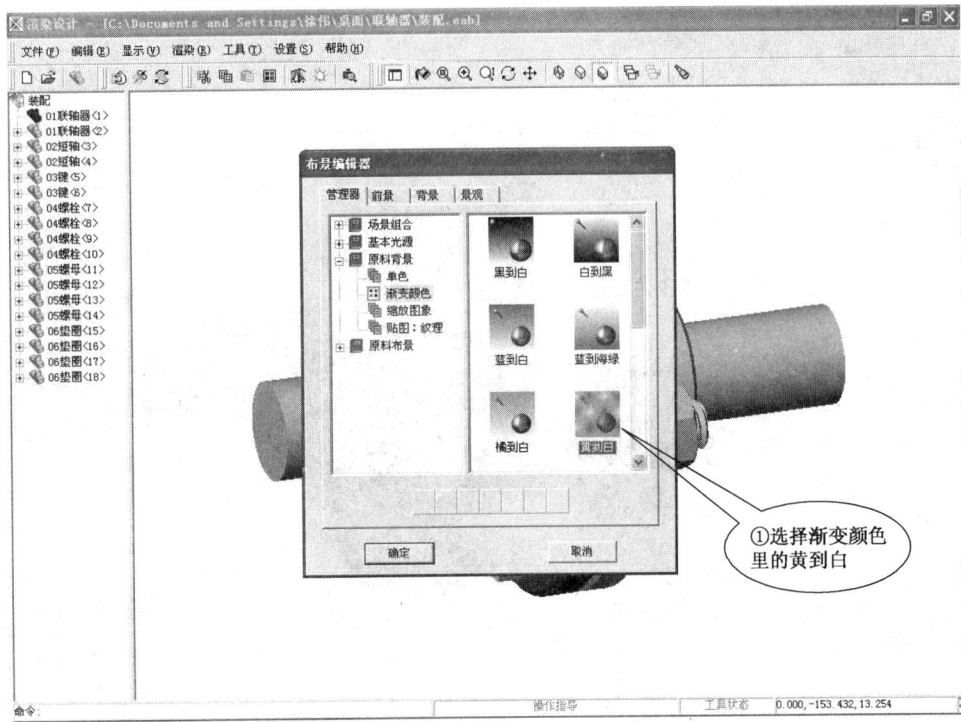

步骤7：

步骤8：

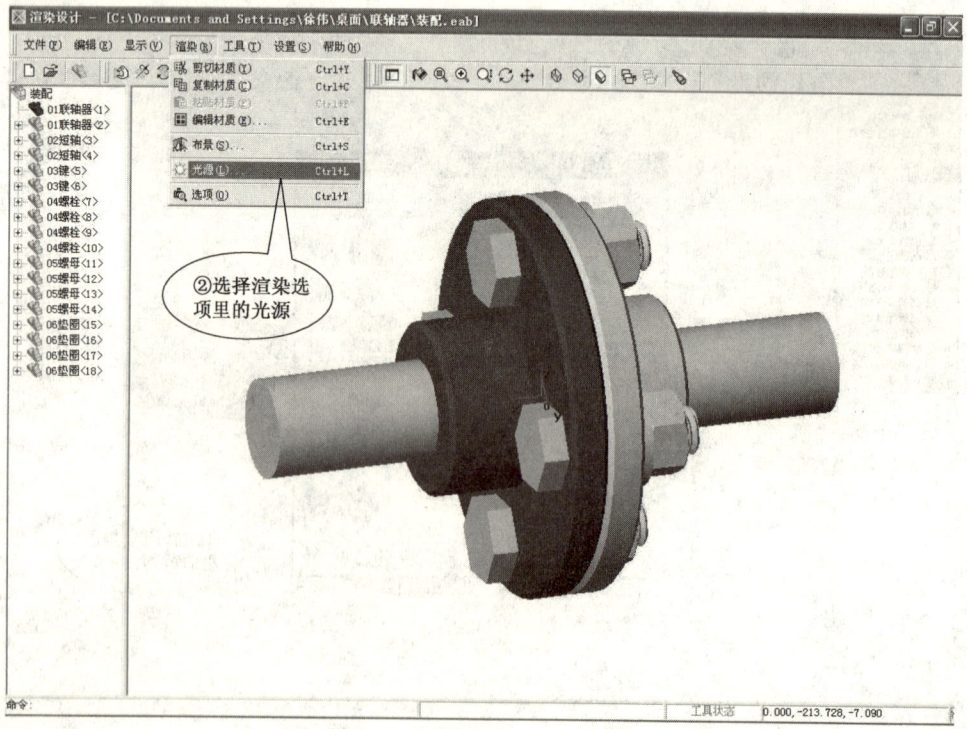

步骤 9：

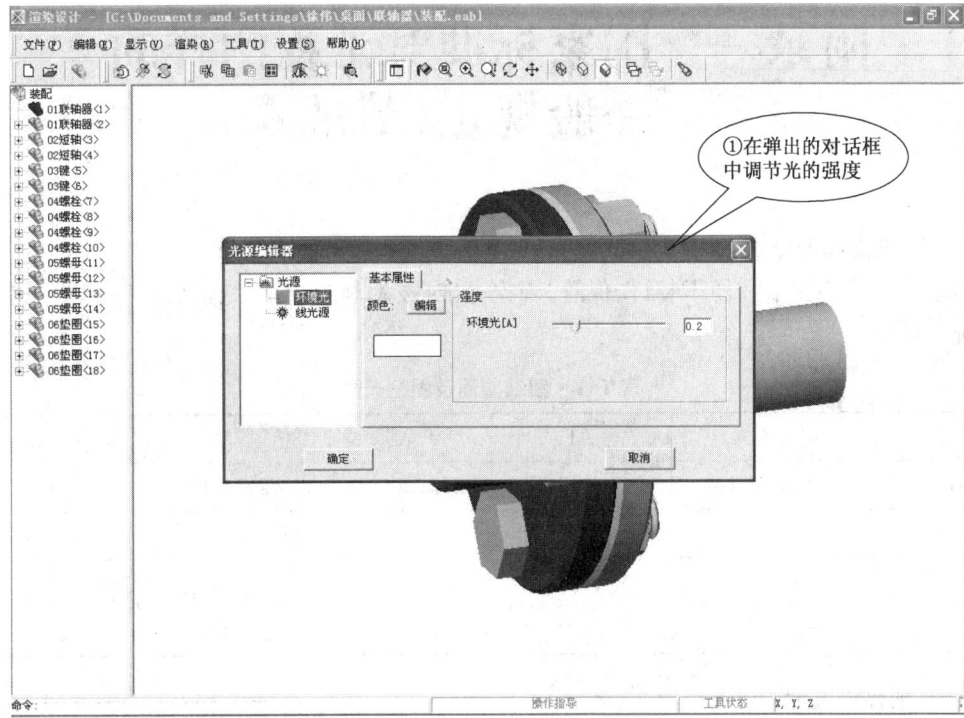

步骤 10：

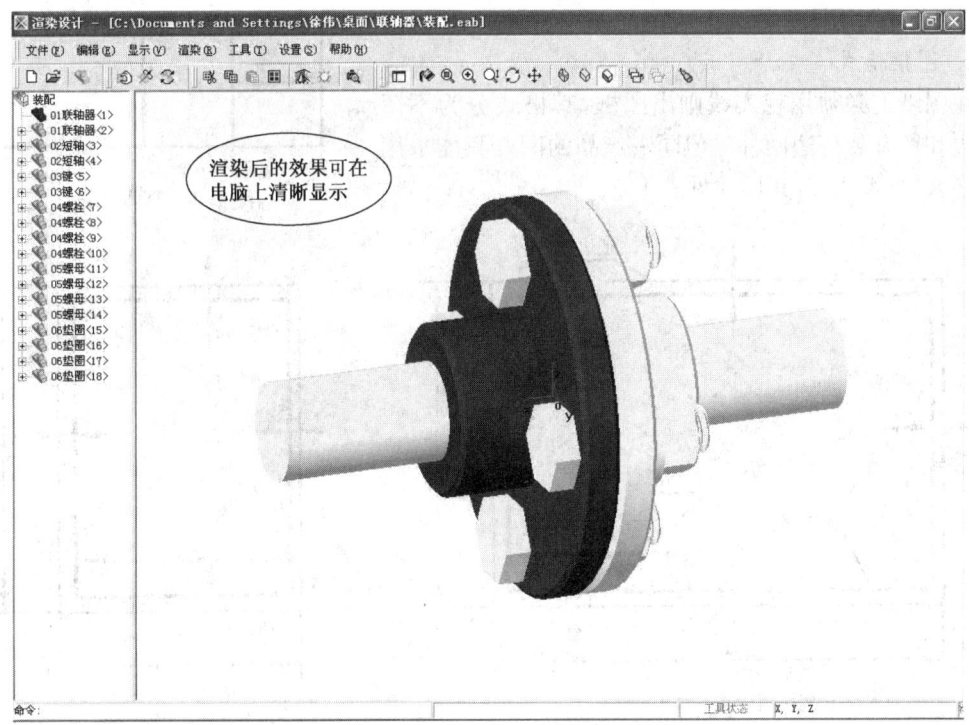

附录一 国家标准对工程图样的一般规定(节录)

一、图纸幅面及格式(GB/T 14689—1993)

为了合理使用图纸和便于装订、保管,国家标准《技术制图》对图纸幅面尺寸和图框格式等作了统一规定。

表 1-1 图纸幅面及图框尺寸

幅面代号	A0	A1	A2	A3	A4
$B×L$	841×1 189	594×841	420×594	297×420	210×297
a	25				
c	10			5	
e	20		10		

1. 图纸幅面尺寸

绘制图样时,应采用国家标准中规定的图纸的五种基本幅面尺寸,如表 1-1 所示,其尺寸关系见图 1-1,必要时,也允许选用国家标准中规定的加长幅面。

2. 图框格式

在图纸上必须用粗实线画出图框,其格式分为不留装订边和留有装订边两种。但同一产品的图样只能采用一种格式,见图 1-2,其尺寸见表 1-1。

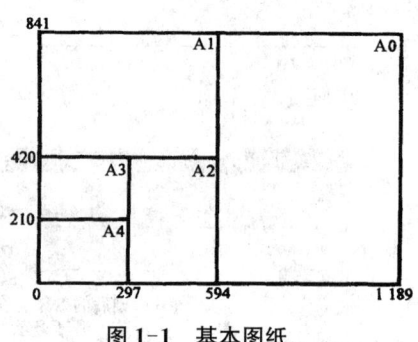

图 1-1 基本图纸

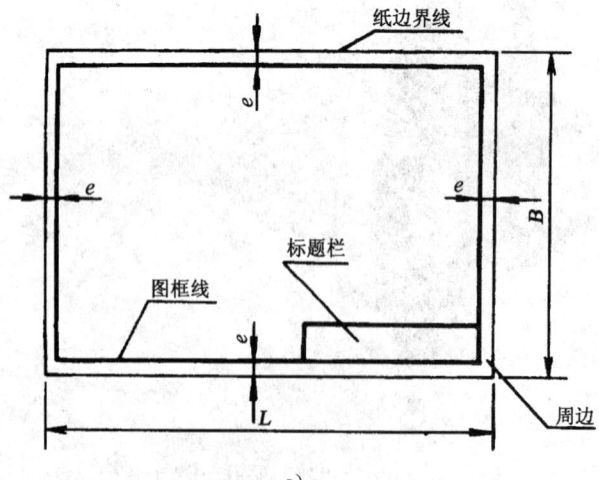

a)

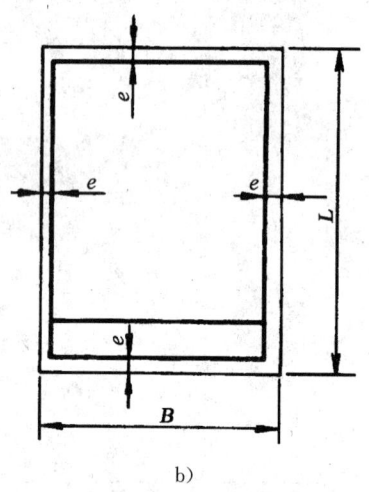

b)

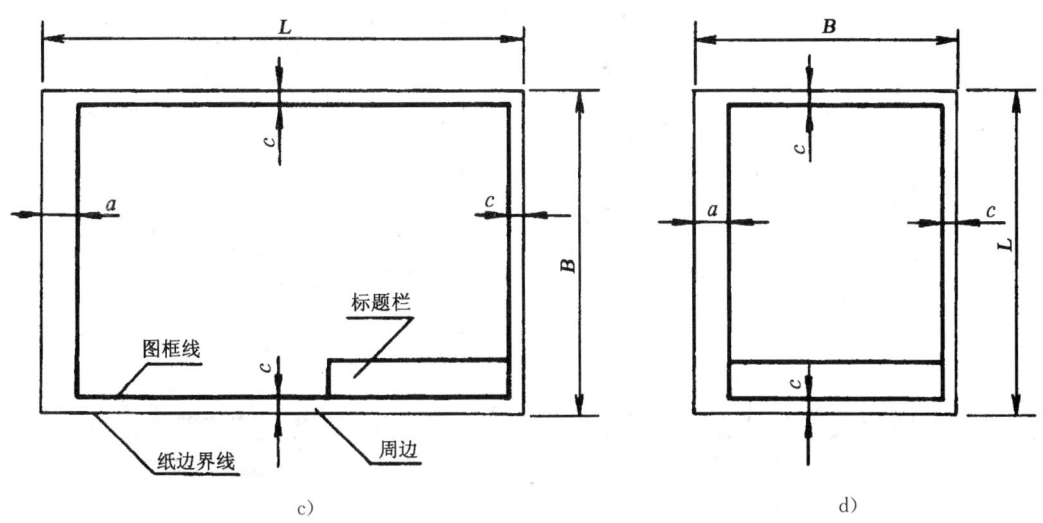

图 1-2 图框格式

a)、b) 不留装订边   c)、d) 留装订边

3. 标题栏

标题栏的格式和尺寸应按(GB/T 10609.1—1989)的规定(图 1-3),位置应位于图样的右下角。学生在校进行制图作业时,亦可采用简化格式。

标记	处室	分区	更改文件号	签名	年、月、日	(材料名称)			(单位名称)
设计			标准化			阶段标记	重量	比例	(图纸名称)
审核									(图纸编号)
工艺			批准			共 张 第 张			

图 1-3 国标标题栏格式

4. 对中符号

为了使图样复制或缩微摄影时定位方便,均应在图纸各边的中点处分别画出对中符号,即从图纸边界开始伸入图框约 5 mm,对中符号用线宽不小于 0.5 mm 的粗实线绘制,见图 1-4。

当对中符号处在标题栏范围内时,则伸入标题栏部分省略不画,见图 1-4b)。

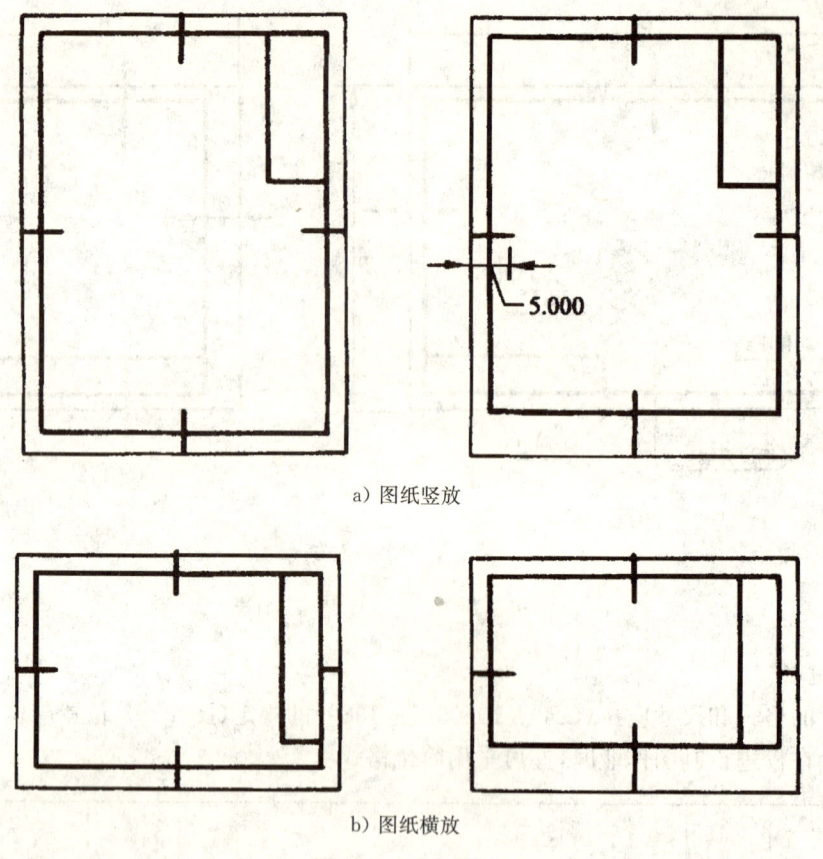

a) 图纸竖放

b) 图纸横放

图 1-4 对中符号

二、比例(GB/T 14690—1993)

图样的比例是指图与物相应要素的线性尺寸之比。

1. 比例符号及其表示方法

比例符号为"∶",比例表示方法如 1∶1、1∶2、2∶1 等。比例一般应标注在标题栏中的比例栏内。必要时,也可按国标规定注写在视图下方或右侧。

2. 比例选择

按比例绘制图样时,应由表 1-2 规定的比例系列中选取适当比例。

表 1-2 比 例

种 类	比 例				
原值比例	1∶1				
放大比例	5∶1	$5\times10^n\colon1$	2∶1	$2\times10^n\colon1$	$1\times10^n\colon1$
缩小比例	1∶2	$1\colon2\times10^n$	1∶5	$1\colon5\times10^n$	$1\colon10$ $1\colon1\times10^n$

3. 注意事项

(1) 不论采用何种比例,图样中标注的尺寸数值必须是机件的实际尺寸,见图 1-5。

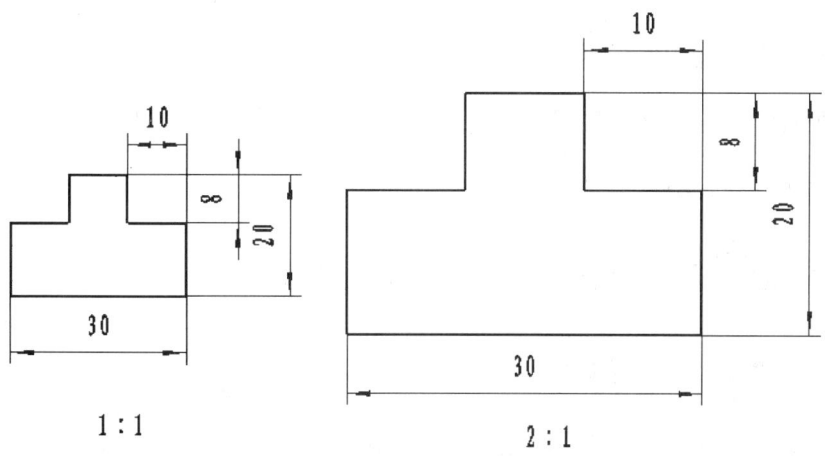

图1-5 不同比例的尺寸标注

(2)绘制同一机件的各个视图应采用相同的比例。

三、字体(GB/T 14691—1993)

1．基本要求

图样上和技术文件书写字体必须做到：字体工整、笔画清楚、间隔均匀，排列整齐。

字体高度即为字体的号数，用 h 表示。字体高度的公称尺寸系列为：1.8，2.5，3.5，5，7，10，14，20 mm。如果需要书写更大的字，其字体高度应按$\sqrt{2}$的比率递增。

(1)汉字 汉字应写成长仿宋体字，并应采用国家正式公布推行的简化字。汉字高度不应小于3.5 mm，字宽一般为$h/\sqrt{2}$。长仿宋字书写要领是：横竖要直，起落有力，结构匀称，写满方格。

(2)字母和数字 字母和数字分 A 型和 B 型。A 型字体的笔画宽度 $d=h/14$；B 型字体的笔画宽度 $d=h/10$。字母和数字可写成斜体和直体。斜体字头向右倾斜，与水平线成75°。

2．书写示例

字体在同一图上书写时，只允许选用一种型式的字体。

(1)长仿宋体汉字示例(自上而下分别为10号、7号和5号字)

字体工整 笔画清楚 间隔均匀 排列整齐

横平竖直 注意起落 结构均匀 填满方格

汉字应写成长方宋体字 采用国家正式公布推行的简化字

(2)拉丁字母示例

大写 ABCDEFGHIJKLM
NOPQRSTUVWXYZ

小写　abcdefghijklm
　　　nopqrstuvwxyz

(3) 阿拉伯数字示例

斜体　*0123456789*

直体　0123456789

(4) 罗马数字示例

斜体　*I II III IV V VI VII VIII IX X*

直体　I II III IV V VI VII VIII IX X

附录二　各种标准与参数

表 2-1　标准尺寸(摘自 GB 2822—1981)　　　　　　　　　　　　(mm)

R10	R20	R10	R20	R40	R10	R20	R40	R10	R20	R40	R10	R20	R40
1.00	1.00	10.0	10.0			35.5	35.5			106			335
	1.12		11.2				37.5		112	112		355	355
1.25	1.25	12.5	12.5	12.5	40.0	40.0	40.0			118			375
	1.40			13.2			42.5	125	125	125	400	400	400
1.60	1.60		14.0	14.0		45.0	45.0			132			425
	1.80			15.0			47.5		140	140		450	450
2.00	2.00	16.0	16.0	16.0	50.0	50.0	50.0			150			475
	2.24			17.0			53.0	160	160	160	500	500	500
2.50	2.50		18.0	18.0		56.0	56.0			170			530
	2.80			19.0			60.0		180	180		560	560
3.15	3.15	20.0	20.0	20.0	63.0	63.0	63.0			190			600
	3.55			21.2			67.0	200	200	200	630	630	630
4.00	4.00		22.4	22.4		71.0	71.0			212			670
	4.50			23.6			75.0		224	224		710	710
5.00	5.00	25.0	25.0	25.0	80.0	80.0	80.0			236			750
	5.60			26.5		85.0	85.0	250	250	250	800	800	800
6.30	6.30		28.0	28.0		90.0	90.0			265			850
	7.10			30.0			95.0		280	280		900	900
8.00	8.00	31.5	31.5	31.5	100.0	100.0	100.0			300			950
	9.00			33.5				315	315	315	1 000	1 000	1 000

注：1. 本标准规定 0.01~20 000 mm(本表摘录 1.0~1 000 mm)范围内机械制造中常用标准尺寸(直径、长度、高度等)系列，适用于有互换性或系列化要求的主要尺寸(如安装、连接尺寸，有公差要求的配合尺寸，决定产品系列的公称尺寸等)。其他结构尺寸也应尽量采用；
2. 对于由主要尺寸导出的因变量尺寸，工艺上工序间尺寸和已有专用标准规定的尺寸不受本标准的限制；
3. 选择系列及单个尺寸时，应首先在优先数系及系列中选用标准尺寸。选用顺序为 $R10$、$R20$、$R40$；
4. 如果必须将数值圆整，可在相应的 Ra 系列(本表未摘录)中选用标准尺寸。

表 2-2　锥度与锥角系列(摘自 GB 157—1989)

基本值	120°	90°	60°	45°	30°	1∶3	1∶5
圆锥角 α	—	—	—	—	—	18°55′28.7″	11°25′16.3″
锥度 C	1∶0.288 7	1∶0.500 0	1∶0.866 0	1∶1.207 1	1∶1.866 0	—	—
基本值	1∶10	1∶20	1∶30	1∶50	1∶100	1∶200	1∶500
圆锥角 α	5°43′29.3″	2°51′51.1″	1°54′34.9″	1°8′45.2″	0°34′22.6″	0°17′11.3″	0°6′52.5″
锥度 C	—	—	—	—	—	—	—

注：1. 本表只摘录了一般用途圆锥的锥度与锥角系列，而未摘录特殊用途圆锥的锥度和锥角系列；
2. 本表只摘录了第一系列，而未摘录第二系列。

表 2-3-1 螺纹(普通螺纹)(摘自 GB 192、193—1981,GB 196、197—1981) (mm)

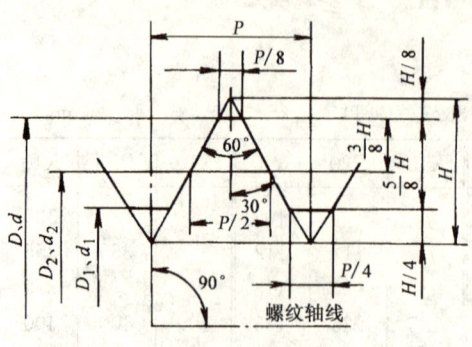

1. D— 内螺纹大径;d— 外螺纹大径;D_2— 内螺纹中径;d_2— 外螺纹中径;D_1— 内螺纹小径;d_1— 外螺纹小径;P— 螺距;H— 原始三角形高度

2. $H = \frac{\sqrt{3}}{2}P = 0.866P$

$D_2(d_2) = D(d) - 2 \times \frac{3}{8}H = D(d) - 0.6495P$

$D_1(d_1) = D(d) - 2 \times \frac{5}{8}H = D(d) - 1.0825P$

3. 螺纹代号:
M24:公称直径为 24 mm 的粗牙普通螺纹;
M24×1.5:公称直径为 24 mm,螺距为 1.5 mm 的细牙普通螺纹;
M24×1.5LH:公称直径为 24 mm,螺距为 1.5 mm,旋向为左旋的细牙普通螺纹

公称直径 D、d 第一系列	第二系列	螺距 P	中径 D_2 或 d_2	小径 D_1 或 d_1	公称直径 D、d 第一系列	第二系列	螺距 P	中径 D_2 或 d_2	小径 D_1 或 d_1	公称直径 D、d 第一系列	第二系列	螺距 P	中径 D_2 或 d_2	小径 D_1 或 d_1
6		1 0.75	5.350 5.513	4.917 5.188		18	2.5 2 1.5 1	16.376 16.701 17.026 17.350	15.294 15.835 16.376 16.917		33	3.5 2 1.5	30.727 31.701 32.026	29.211 30.835 31.376
8		1.25 1 0.75	7.188 7.350 7.513	6.647 6.917 7.188	20		2.5 2 1.5 1	18.376 18.701 19.026 19.350	17.294 17.835 18.376 18.917	36		4 3 2 1.5	33.402 34.051 34.701 35.026	31.670 32.752 33.835 37.376
10		1.5 1.25 1 0.75	9.026 9.188 9.350 9.513	8.376 8.647 8.917 9.188		22	2.5 2 1.5 1	20.376 20.701 21.026 21.350	19.294 19.835 20.376 20.917		39	4 3 2 1.5	36.402 37.051 37.701 38.026	34.670 35.752 36.835 37.376
12		1.75 1.5 1.25 1	10.863 11.026 11.188 11.350	10.106 10.376 10.674 10.917	24		3 2 1.5 1	22.051 22.701 23.026 23.350	20.752 21.835 22.376 22.917	42		4.5 3 2 1.5	39.077 40.051 40.701 41.026	37.129 38.752 39.835 40.376
	14	2 1.5 1	12.701 13.026 13.350	11.835 12.376 12.917		27	3 2 1.5 1	25.051 25.701 26.026 26.035	23.752 24.835 25.376 25.917		45	4.5 3 2 1.5	42.077 43.051 43.701 44.026	40.129 41.752 42.835 43.376
16		2 1.5 1	14.701 15.026 15.350	13.835 14.376 14.917	30		3.5 2 1.5 1	27.727 28.701 29.026 29.350	26.211 27.835 28.376 28.917	48		5 3 2 1.5	44.752 46.051 46.701 47.026	42.587 44.752 45.835 46.376

注:1. 本标准规定螺纹公称直径为 1~600 mm,本表仅摘录 6~48 mm 部分;
2. 公称直径优先选用第一系列,其次第二系列,本表未列入第三系列和标准建议尽可能不用的螺距;
3. 在每个直径所对应的诸螺距中,第一个数字为粗牙螺纹螺距,其余为细牙螺纹螺距。

表 2-3-2 螺纹(非螺纹密封的管螺纹——圆柱管螺纹)(摘自 GB 7307—1987)　　(mm)

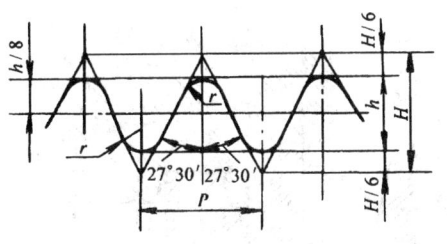
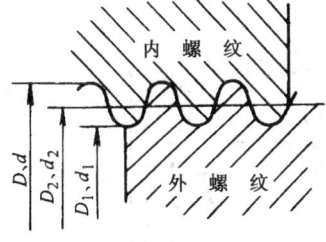

标记示例：
1. 内螺纹 G1½；
2. A级外螺纹 G1½A；
3. B级外螺纹 G1½B；
4. 左旋内螺纹 G1½—LH；
5. 左旋 A 级外螺纹 G1½A—LH

螺纹的基本尺寸

尺寸代号	每 25.4 mm 内的牙数 n	螺距 p(mm)	牙高 h(mm)	圆弧半径≈ r(mm)	基本直径 大径/(mm) $d=D$	中径/(mm) $d_2=D_2$	小径/(mm) $d_1=D_1$
1/16	28	0.907	0.581	0.125	7.723	7.142	6.561
1/8	28	0.907	0.581	0.125	9.728	9.147	8.566
1/4	19	1.337	0.856	0.184	13.157	12.301	11.445
3/8	19	1.337	0.856	0.184	16.662	15.806	14.950
1/2	14	1.814	1.162	0.249	20.955	19.793	18.631
5/8	14	1.814	1.162	0.249	22.911	21.749	20.587
3/4	14	1.814	1.162	0.249	26.441	25.279	24.117
7/8	14	1.814	1.162	0.249	30.201	29.039	27.877
1	11	2.309	1.479	0.317	33.249	31.770	30.291
1⅛	11	2.309	1.479	0.317	37.897	36.418	34.939
1¼	11	2.309	1.479	0.317	41.910	40.431	38.952
1½	11	2.309	1.479	0.317	47.803	46.324	44.845
1¾	11	2.309	1.479	0.317	53.746	52.267	50.788
2	11	2.309	1.479	0.317	59.614	58.135	56.656
2¼	11	2.309	1.479	0.317	65.710	64.231	62.752
2½	11	2.309	1.479	0.317	75.184	73.705	72.226
2¾	11	2.309	1.479	0.317	81.534	80.055	78.576
3	11	2.309	1.479	0.317	87.884	86.405	84.926
3½	11	2.309	1.479	0.317	100.330	98.851	97.372
4	11	2.309	1.479	0.317	113.030	111.551	110.072
4½	11	2.309	1.479	0.317	125.730	124.251	122.772
5	11	2.309	1.479	0.317	138.430	136.951	135.472
5½	11	2.309	1.479	0.317	151.130	149.651	148.172
6	11	2.309	1.479	0.317	163.830	162.351	160.872

注：1. 本标准规定了螺纹副本身不具有密封性的圆柱管螺纹的牙型、尺寸、公差(本表未列入)和标记，适用于管接头、旋塞、阀门及其他附件；
2. 若要求联接后具有密封性，可压紧被联接件螺纹副外的密封面，也可在密封面间添加密封物。

表 2-3-3　螺纹(梯形螺纹)(摘自 GB 5796—86)　　(mm)

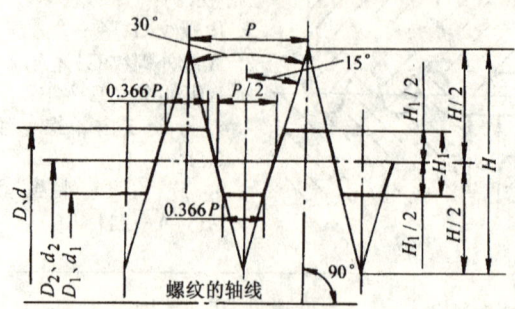
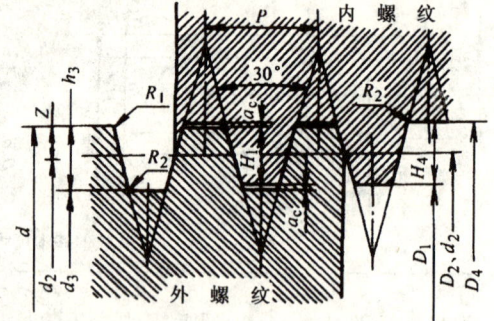

图中：D、d—内外螺纹大径
D_2、d_2—内外螺纹中径
D_1、d_1—内外螺纹小径
P—螺距
H—原始三角形高度
H_1—基本牙型高度

螺纹代号示例：
例1. 公称直径为 40 mm；螺距为 7 mm 的单线梯形螺纹：
　　Tr40×7
例2. 公称直径为 40 mm；导程为 14 mm，螺距为 7 mm，左旋的双线梯形螺纹：
　　Tr40×14(P7)—LH

公称直径 d		螺距 P	中径 $d_2=D_2$	大径 D_4	小径		公称直径 d		螺距 P	中径 $d_2=D_2$	大径 D_4	小径	
第一系列	第二系列				d_3	D_1	第一系列	第二系列				d_3	D_1
8		1.5	7.25	8.3	6.2	6.5	28		5	25.5	28.5	22.5	23
	9	2	8	9.5	6.5	7		30	6	27	31	23	24
10		2	9	10.5	7.5	8	32		6	29	33	25	26
	11	2	10	11.5	8.5	9		34	6	31	35	27	28
12		3	10.5	12.5	8.5	9	36		6	33	37	29	30
	14	3	12.5	14.5	10.5	11		38	7	34.5	39	30	31
16		4	14	16.5	11.5	12	40		7	36.5	41	32	33
	18	4	16	18.5	13.5	14		42	7	38.5	43	34	35
20		4	18	20.5	15.5	16	44		7	40.5	45	36	37
	22	5	19.5	22.5	16.5	17		46	8	42	47	37	38
24		5	21.5	24.5	18.5	19	48		8	44	49	39	40
	26	5	23.5	26.5	20.5	21		50	8	46	51	41	42

注：1. 本标准规定了一般用途梯形螺纹基本牙型，公称直径为 8～300 mm(本表仅摘录 8～50 mm)的直径与螺距系列以及基本尺寸；
2. 应优先选用第一系列的直径；
3. 在每个直径所对应的诸螺距中，本表仅摘录应优先选用的螺距和相应的基本尺寸。

表 2-4 螺 栓
六角头螺栓—A 和 B 级（摘自 GB 5782—1986）
六角头螺栓—全螺纹—A 和 B 级（摘自 GB 5783—1986）

(mm)

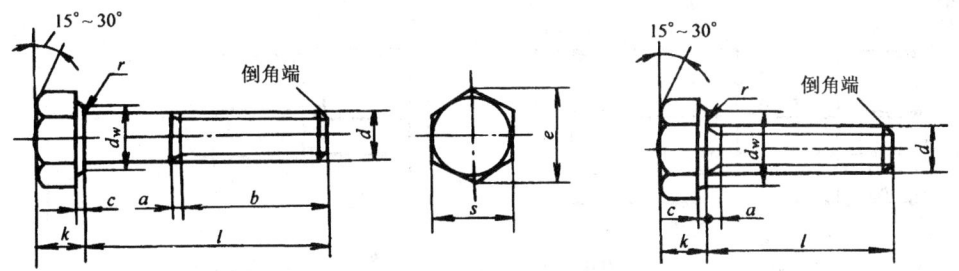

标记示例：螺纹规格 $d=M12$，公称长度 $l=80$ mm，性能等级为 8.8 级，表面氧化，（全螺纹）A 级六角头螺栓：
螺栓 GB 5782—1986 M12×80（螺栓 GB 5783—1986 M12×80）

螺纹规格 d		M3	M4	M5	M6	M8	M10	M12	M16	M20	M24	M30	M36
b 参考	$l \leqslant 125$	12	14	16	18	22	26	30	38	46	54	66	78
	$125 < l \leqslant 200$	—	—	—	—	28	32	36	44	52	60	72	84
	$l > 200$	—	—	—	—	—	—	—	57	65	73	85	97
$C_{min} \sim C_{max}$		0.15~0.4	0.15~0.4	0.15~0.5	0.15~0.5	0.15~0.6	0.15~0.6	0.15~0.6	0.2~0.8	0.2~0.8	0.2~0.8	0.2~0.8	0.2~0.8
d_{wmin}	产品等级 A	4.6	5.9	6.9	8.9	11.6	14.6	16.6	22.5	28.2	33.6	—	—
	产品等级 B	—	—	6.7	8.7	11.4	14.4	16.4	22	27.7	33.2	42.7	51.1
e_{min}	产品等级 A	6.07	7.66	8.79	11.05	14.38	17.77	20.03	26.75	33.53	39.98	—	—
	产品等级 B	—	—	8.63	10.89	14.20	17.59	19.85	26.17	32.95	39.95	50.85	60.79
k 公称		2	2.8	3.5	4	5.3	6.4	7.5	10	12.5	15	18.7	22.5
r_{min}		0.1	0.2	0.2	0.25	0.4	0.4	0.6	0.6	0.8	0.8	1	1
S_{max} = 公称		5.5	7	8	10	13	16	18	24	30	36	46	55
a_{max}	GB 5782—86						5P						
	GB 5783—86	1.5	2.1	2.4	3	3.75	4.5	5.25	6	7.5	9	10.5	12
l	GB 5782—86	20~30	25~40	25~50	30~60	35~80	40~100	45~120	55~160	65~200	80~240	90~300	110~360
	GB 5783—86	6~30	8~40	10~50	12~60	16~80	20~100	25~100	35~100	40~100	40~100	40~100	40~100
l 系列		6, 8, 10, 12, 20~70（5 进位），70~160（10 进位），160~360（20 进位）。											

注：1. 产品等级：A 级用于 $d \leqslant 24$ mm 和 $l \leqslant 10d$ 或 $l \leqslant 150$ mm（按较小值）的螺栓，B 级用于 $d > 24$ mm 和 $l > 10d$ 或 $l > 150$ mm（按较小值）的螺栓；
2. 性能等级为 8.8 级，螺纹公差为 6g；
3. 末端按 GB 2—1985 规定。

表 2-5　双头螺柱　　　　　　　　　　（mm）

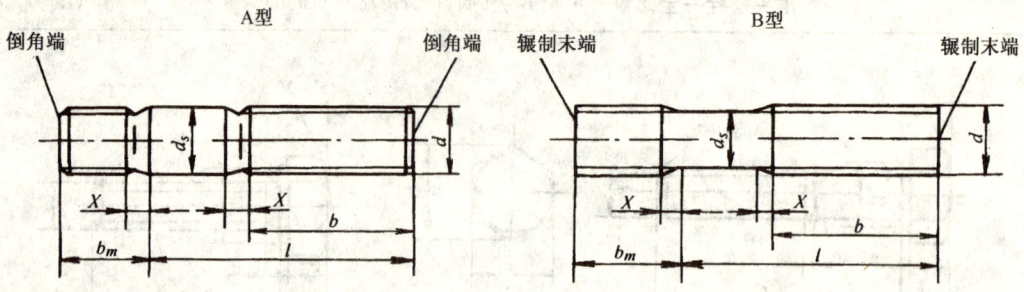

$b_m=1d$(GB 897—1988)，$b_m=1.25d$(GB 898—1988)
$b_m=1.5d$(GB 899—1988)，$b_m=2d$(GB 900—1988)

标记示例：
1. 两端均为粗牙普通螺纹，$d=10$ mm，$L=50$ mm，性能等级为 4.8 级，不经表面处理，B 型，$b_m=1d$ 的螺柱：
　螺柱 GB 897—1988　M10×50
2. 旋入机体一端为粗牙普通螺纹，旋螺母一端为螺距 $P=1$ mm 的细牙普通螺纹，$d=10$ mm，$l=50$ mm 性能等级为 4.8 级，不经表面处理，A 型，$b_m=2d$ 的螺柱：螺柱 GB 900—1988　AM10—M10×1×50

螺纹规格 d		M5	M6	M8	M10	M12	M16	M20	M24	M30	M36	M42	M48
b_m	GB 897	5	6	8	10	12	16	20	24	30	36	42	48
	GB 898	6	8	10	12	15	20	25	30	38	45	52	60
	GB 899	8	10	12	15	18	24	30	36	45	54	63	72
	GB 900	10	12	16	20	24	32	40	48	60	72	84	96
d_{smax}		5	6	8	10	12	16	20	24	30	36	42	48
X_{max}						1.5P							
$\dfrac{l}{b}$			$\dfrac{16\sim22}{10}$	$\dfrac{20\sim22}{10}$	$\dfrac{20\sim22}{12}$	$\dfrac{25\sim28}{14}$	$\dfrac{25\sim30}{16}$	$\dfrac{30\sim40}{20}$	$\dfrac{35\sim45}{25}$	$\dfrac{45\sim50}{30}$	$\dfrac{60\sim65}{40}$	$\dfrac{65\sim75}{45}$	$\dfrac{70\sim80}{50}$	$\dfrac{80\sim90}{60}$
		$\dfrac{25\sim50}{16}$	$\dfrac{25\sim30}{14}$	$\dfrac{25\sim30}{16}$	$\dfrac{30\sim38}{16}$	$\dfrac{32\sim40}{20}$	$\dfrac{40\sim55}{30}$	$\dfrac{45\sim65}{35}$	$\dfrac{55\sim75}{45}$	$\dfrac{70\sim90}{50}$	$\dfrac{80\sim110}{60}$	$\dfrac{85\sim110}{70}$	$\dfrac{95\sim110}{80}$
			$\dfrac{32\sim75}{18}$	$\dfrac{32\sim90}{22}$	$\dfrac{40\sim120}{26}$	$\dfrac{45\sim120}{30}$	$\dfrac{60\sim120}{38}$	$\dfrac{70\sim120}{46}$	$\dfrac{80\sim120}{54}$	$\dfrac{95\sim120}{66}$	$\dfrac{120}{78}$	$\dfrac{120}{90}$	$\dfrac{120}{102}$
					$\dfrac{130}{32}$	$\dfrac{130\sim180}{36}$	$\dfrac{130\sim200}{44}$	$\dfrac{130\sim200}{52}$	$\dfrac{130\sim200}{60}$	$\dfrac{130\sim200}{72}$	$\dfrac{130\sim200}{84}$	$\dfrac{130\sim200}{96}$	$\dfrac{130\sim200}{108}$
										$\dfrac{210\sim250}{85}$	$\dfrac{210\sim300}{97}$	$\dfrac{210\sim300}{109}$	$\dfrac{130\sim200}{121}$
l 系列		16，(18)，20，(22)，25，(28)，30，(32)，35，(38)，40，45，50，(55)，60，(65)，70，(75)，80，(85)，90，(95)，100~260(10 进位)，260~300(20 进位)											

注：1. l 系列中，尽可能不采用括号内的规格；
　　2. P—粗牙螺距；
　　3. 当 $b-b_m \leq 5$ mm 时，旋螺母一端应制成倒圆端；
　　4. 允许采用细牙螺纹和过渡配合螺纹。

表 2-6 开槽螺钉
开槽圆柱头螺钉(GB 65—1985)、开槽盘头螺钉(GB 67—1985),开槽沉头螺钉(GB 68—1985)　　(mm)

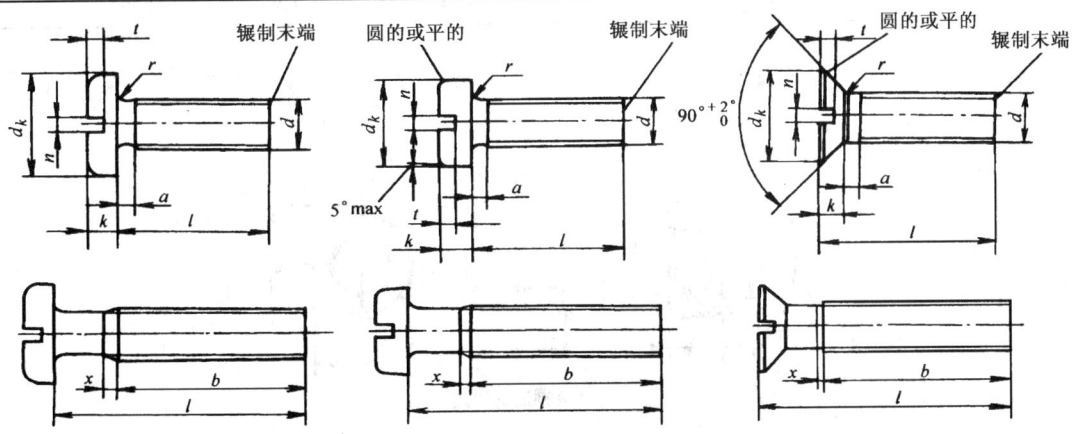

标记示例:螺纹规格 d = M5,公称长度 l = 20 mm,性能等级 4.8 级,不经表面处理的开槽圆柱头螺钉:
螺钉 GB 65—1988　M5×20

	螺纹规格 d	M1.6	M2	M2.5	M3	M4	M5	M6	M8	M10
GB 65—1985	$d_{k\max}$					7	8.5	10	13	16
	$k_{\max}$					2.6	3.3	3.9	5	6
	$t_{\min}$					1.1	1.3	1.6	2	2.4
	$r_{\min}$					0.2	0.2	0.25	0.4	0.4
	l 范围					5~40	6~50	8~60	10~80	12~80
	全螺纹长度					40	40	40	40	40
GB 67—1985	$d_{k\max}$	3.2	4	5	5.6	8	9.5	12	16	20
	$k_{\max}$	1	1.3	1.5	1.8	2.4	3	3.6	4.8	6
	$t_{\min}$	0.35	0.5	0.6	0.7	1	1.2	1.4	1.9	2.4
	$r_{\min}$	0.1	0.1	0.1	0.1	0.2	0.2	0.25	0.4	0.4
	l 范围	2~16	2.5~20	3~25	4~30	5~40	6~50	8~60	10~80	12~80
	全螺纹长度	30	30	30	30	40	40	40	40	40
GB 68—1985	$d_{k\max}$	3	3.8	4.7	5.5	8.4	9.3	11.3	15.8	18.3
	$k_{\max}$	1	1.2	1.5	1.65	2.7	2.7	3.3	4.65	5
	$t_{\min}$	0.32	0.4	0.5	0.6	1	1.1	1.2	1.8	2
	$r_{\max}$	0.4	0.5	0.6	0.8	1	1.3	1.5	2	2.5
	l 范围	2.5~16	3~20	4~25	5~30	6~40	8~50	8~60	10~80	12~80
	全螺纹长度	30	30	30	30	45	45	45	45	45
	$a_{\max}$	0.7	0.8	0.9	1	1.4	1.6	2	2.5	3
	$b_{\min}$	25	25	25	25	38	38	38	38	38
	n 公称	0.4	0.5	0.6	0.8	1.2	1.2	1.6	2	2.5
	$x_{\max}$	0.9	1	1.1	1.25	1.75	2	2.5	3.2	3.8
	l 系列	2, 2.5, 3, 4, 5, 6, 8, 10, 12, (14), 16, 20, 25, 30, 35, 40, 45, 50, (55), 60, (65), 70, (75), 80								

表 2-7 六角螺母

1 型六角螺母—A 和 B 级(GB 6170—1986)、**1 型六角螺母—细牙—A 和 B 级**(GB 6171—1986)
2 型六角螺母—A 和 B 级(GB 6175—1986)、**2 型六角螺母—细牙—A 和 B 级**(GB 6176—1986) (mm)

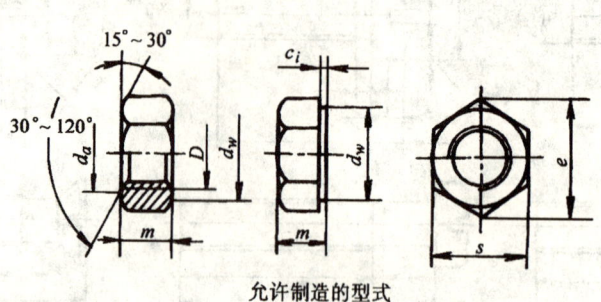

允许制造的型式

标记示例：
螺纹规格 D=M12,性能等级为 10 级,不经表面处理,A 级 1 型六角螺母：
螺母 GB 6170—1986 M12

螺纹规格 d	M5	M6	M8	M10	M12	M16	M20	M24	M30	M36
			M8×1	M10×1	M12×1.5	M16×1.5	M20×2	M24×2	M30×2	M36×3
C_{max}	0.5	0.5	0.6	0.6	0.6	0.8	0.8	0.8	0.8	0.8
$d_{a\,min}$	5	6	8	10	12	16	20	24	30	36
$d_{w\,min}$	6.9	8.9	11.6	14.6	16.6	22.5	27.7	33.2	42.7	51.1
e_{min}	8.79	11.05	14.38	17.77	20.03	26.75	32.95	39.55	50.85	60.79
m_{max}	4.7	5.2	6.8	8.4	10.8	14.8	18	21.5	25.6	31
S_{max}	8	10	13	16	18	24	30	36	46	55

注：材料为钢,螺纹公差 6H,性能等级 6～12 级,产品等级：A 级用于 $D \leqslant 16\,mm$, B 级用于 $D > 16\,mm$,表面处理为不经处理或镀锌钝化。

表 2-8 垫圈(普通垫圈)
平垫圈—A 级(GB 97.1—1985)、平垫圈倒角型—A 级(GB 97.2—1985)　　　(mm)

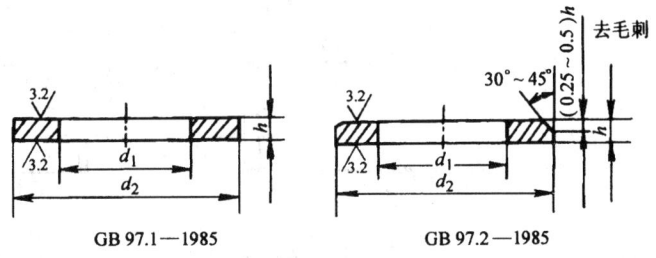

标记示例：
标准系列、公称尺寸 $d=8$ mm，性能等级为 140HV 级，倒角型，不经表面处理的平垫圈：
垫圈 GB 97.2—1985—8—140HV

公称尺寸(螺纹规格 d)	5	6	8	10	12	14	16	20	24	30	36
内径 d_1(公称 min)	5.3	6.4	8.4	10.5	13	15	17	21	25	31	37
外径 d_2(公称 max)	10	12	16	20	24	28	30	37	44	56	66
厚度 h(公称)	1	1.6	1.6	2	2.5	2.5	3	3	4	4	5

表 2-8 垫圈(标准型弹簧垫圈)(GB 93—1987)　　　(mm)

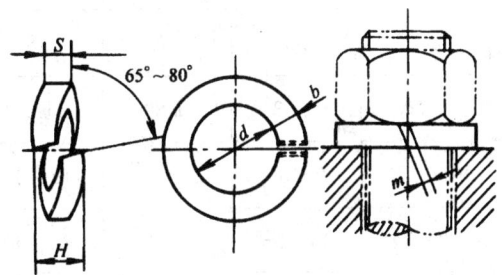

标记示例：
规格 16 mm，材料为 65 Mn，表示氧化的标准型弹簧垫圈：
垫圈 GB 93—1987—16

规格(螺纹大径)	5	6	8	10	12	16	20	24	30	36	42	48
d_{min}	5.1	6.1	8.1	10.2	12.2	16.2	20.2	24.5	30.5	36.5	42.5	48.5
$S(b)$(公称)	1.3	1.6	2.1	2.6	3.1	4.1	5	6	7.5	9	10.5	12
H_{min}	2.6	3.2	4.2	5.2	6.2	8.2	10	12	15	18	21	24
$m\leqslant$	0.65	0.8	1.05	1.3	1.55	2.05	2.5	3	3.75	4.5	5.25	6

注：m 应大于零。

表 2-9　圆柱销(GB 119—1986)、圆锥销(GB 117—1986)　　　　　　　(mm)

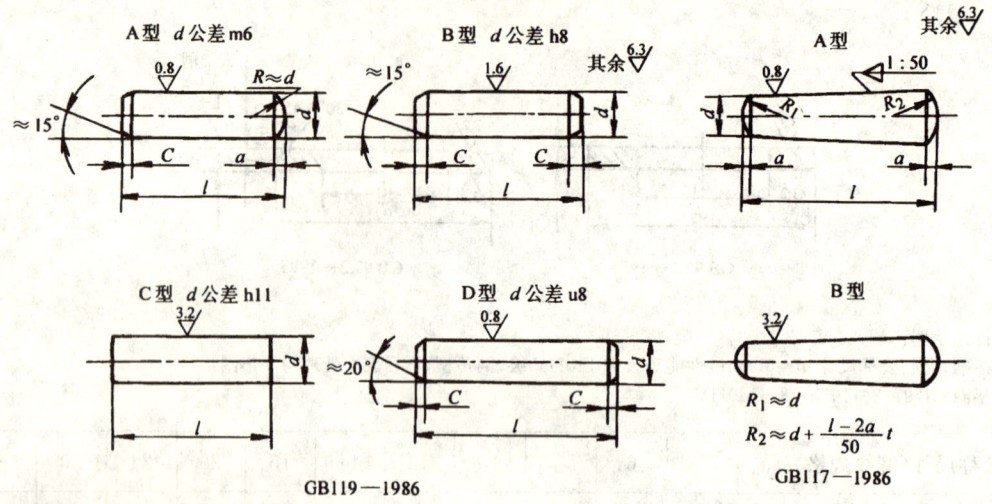

标记示例：
公称直径 $d=8$ mm，长度 $l=30$ mm，材料为 35 钢，热处理硬度 28～38HRC，表面氧化处理的 A 型圆柱销：
销 GB 119—1986　A8×30
公称直径 $d=10$ mm，长度 $l=60$ mm，材料为 35 钢，热处理硬度 28～38HRC，表面氧化处理的 A 型圆锥销：
销 GB 117—1986　A10×60

d(公称)		2.5	3	4	5	6	8	10
$a\approx$		0.30	0.40	0.50	0.63	0.80	1.0	1.2
$c\approx$		0.40	0.50	0.63	0.80	1.2	1.6	2.0
l 范围	圆柱销	6～24	8～28	8～35	10～50	12～60	14～80	18～95
	圆锥销	10～35	12～45	14～55	18～60	22～90	22～120	26～160
d(公称)		12	16	20	25	30	40	50
$a\approx$		1.6	2.0	2.5	3.0	4.0	5.0	6.3
$c\approx$		2.5	3.0	3.5	4.0	5.0	6.3	8.0
l 范围	圆柱销	22～140	26～180	35～200	50～200	60～200	80～200	95～200
	圆锥销	32～180	40～200	45～200	50～200	55～200	60～200	65～200
系列(公称)		6、8、10、12、14、16、18、20、22、24、26、28、30、32、35～100(5 进位)、120、140、160、180、200						

注：常用材料为 35 钢、45 钢和 30CrMnSiA，热处理硬度分别为 28～38HRC、38～46HRC 和 37～42HRC，表面处理为氧化(磨削表面除外)或镀锌钝化。

表 2-10　圆柱销(GB 119—1986)、圆锥销(GB 117—1986)　　　　　　(mm)

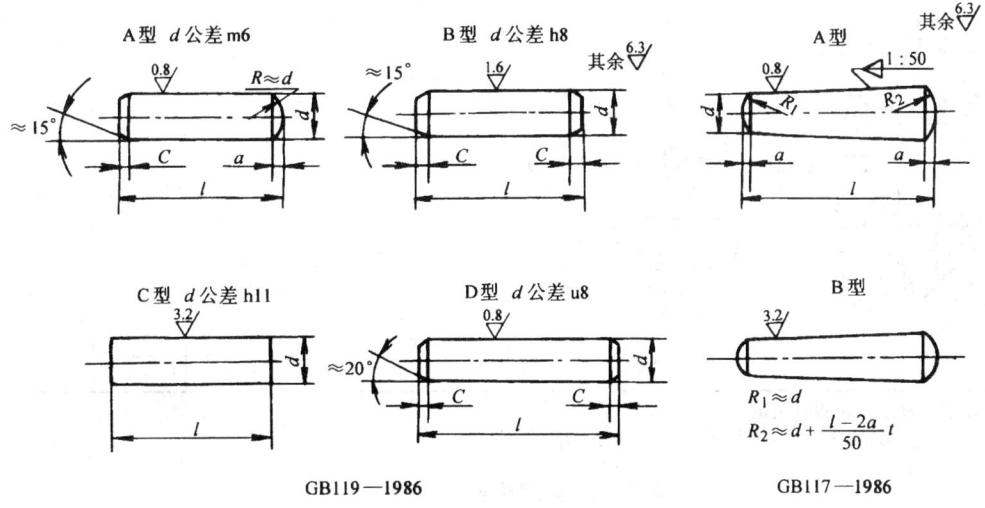

标记示例：
公称直径 $d = 8$ mm，长度 $l = 30$ mm，材料为 35 钢，热处理硬度 28~38HRC，表面氧化处理的 A 型圆柱销：
销 GB 119—1986　A8×30
公称直径 $d = 10$ mm，长度 $l = 60$ mm，材料为 35 钢，热处理硬度 28~38HRC，表面氧化处理的 A 型圆锥销：
销 GB 117—1986　A10×60

d(公称)		2.5	3	4	5	6	8	10
$a \approx$		0.30	0.40	0.50	0.63	0.80	1.0	1.2
$c \approx$		0.40	0.50	0.63	0.80	1.2	1.6	2.0
l 范围	圆柱销	6~24	8~28	8~35	10~50	12~60	14~80	18~95
	圆锥销	10~35	12~45	14~55	18~60	22~90	22~120	26~160
d(公称)		12	16	20	25	30	40	50
$a \approx$		1.6	2.0	2.5	3.0	4.0	5.0	6.3
$c \approx$		2.5	3.0	3.5	4.0	5.0	6.3	8.0
l 范围	圆柱销	22~140	26~180	35~200	50~200	60~200	80~200	95~200
	圆锥销	32~180	40~200	45~200	50~200	55~200	60~200	65~200
系列(公称)		6，8，10，12，14，16，18，20，22，24，26，28，30，32，35~100(5 进位)，120，140，160，180，200							

注：常用材料为 35 钢、45 钢和 30CrMnSiA，热处理硬度分别为 28~38HRC、38~46HRC 和 37~42HRC，表面处理为氧化(磨削表面除外)或镀锌钝化。

表 2-11 普通螺纹的余留长度、钻孔余留深度（JB/ZQ 4247—1986） （mm）

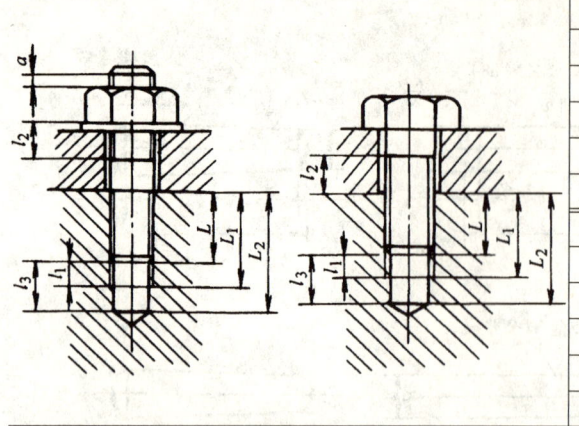

螺距 P	攻丝 l_1	l_2	钻孔 l_3	末端 a
0.5	1	2	3	0.5～1.5
0.7	1.5	2.5	4	1～2
0.8	1.5	2.5	5	1.5～2.5
1	2	3.5	6	1.5～2.5
1.25	2.5	4	8	2～3
螺距 P	攻丝 l_1	l_2	钻孔 l_3	末端 a
1.5	3	4.5	9	2～3
1.75	3.5	5.5	11	2～3
2	4	6	12	2.5～4
2.5	5	7	15	2.5～4
3	6	8	18	3～5

注：1. 拧入深度 L 由设计决定；
2. 钻孔深度 $L_2 = L + l_3$；攻丝深度 $L_1 = L + l_1$。

表 2-12 紧固件通孔及沉孔尺寸 （mm）

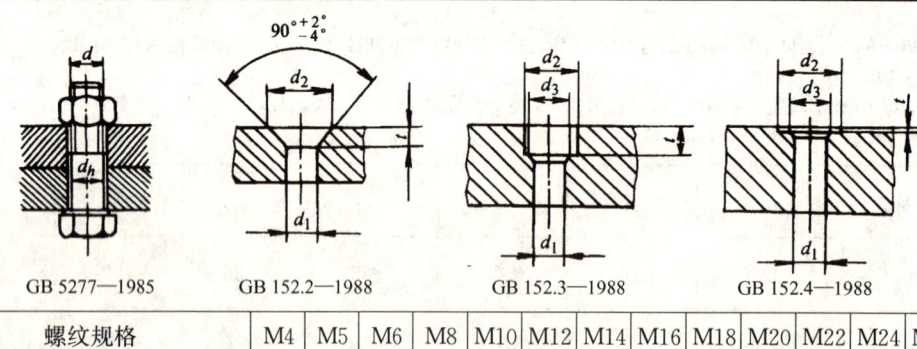

GB 5277—1985　　GB 152.2—1988　　GB 152.3—1988　　GB 152.4—1988

螺纹规格		M4	M5	M6	M8	M10	M12	M14	M16	M18	M20	M22	M24	M27	M30
螺栓和螺钉通孔 d_h (GB 5277—1985)	精装配	4.3	5.3	6.4	8.4	10.5	13	15	17	19	21	23	25	28	31
	中等装配	4.5	5.5	6.6	9	11	13.5	15.5	17.5	20	22	24	26	30	33
	粗装配	4.8	5.8	7	10	12	14.5	16.5	18.5	21	24	26	28	32	35
沉头螺钉及半沉头螺钉用沉孔 (GB 152.2—1988)	d_2	9.6	10.6	12.8	17.6	20.3	24.4	28.4	32.4	—	40.4	—	—	—	—
	$t \approx$	2.7	2.7	3.3	4.6	5	6	7	8	—	10	—	—	—	—
圆柱头螺钉用沉孔 (GB 152.3—1988)	d_2	8	10	11	15	18	20	24	26	—	33	—	40	—	48
	d_3	—	—	—	—	16	18	20	—	—	24	—	28	—	36
	t　GB 70—85	4.6	5.7	6.8	9	11	13	15	17.5	—	21.5	—	25.5	—	32
	t　GB 65—85	3.2	4	4.7	6	7	8	9	10.5	—	12.5	—	—	—	—
六角头螺栓和六角螺母用沉孔 (GB 152.4—1988)	d_2	10	11	13	18	22	26	30	33	36	40	43	48	53	61
	d_3	—	—	—	—	—	16	18	20	22	24	26	28	33	36
	t	只要能制出与通孔轴线垂直的圆平面即可（刮平）													

注：1. GB 152.2～152.4—1988 中，通孔直径 d_1 与中等装配时的螺栓和螺钉通孔 d_h 相同；
2. GB 152.3—1988 中的 t，分别用于内六角圆柱头螺钉（GB 70—1985）和开槽圆柱头螺钉（GB 65—1985）。

表 2-13 深沟球轴承(GB/T 276—94)

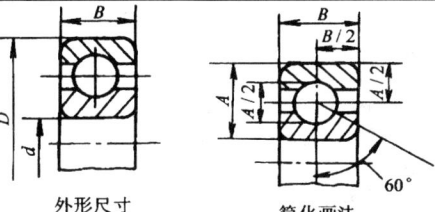

外形尺寸　　简化画法

标记示例：
滚动轴承 6012GB/T 276—94

轴承型号	外形尺寸(mm)			额定负荷(kN)		极限转速(r·min⁻¹)		轴承型号	外形尺寸(mm)			额定负荷(kN)		极限转速(r·min⁻¹)	
	d	D	B	c_r	c_{or}	脂润滑	油润滑		d	D	B	c_r	c_{or}	脂润滑	油润滑
6004	20	42	12	7.22	4.45	15 000	19 000	6304	20	52	15	12.2	7.78	13 000	17 000
6005	25	47	12	8.08	5.18	13 000	17 000	6305	25	62	17	17.2	11.2	10 000	14 000
6006	30	55	13	10.2	6.88	10 000	14 000	6306	30	72	19	20.8	14.2	9 000	12 000
6007	35	62	14	12.5	8.60	9 000	12 000	6307	35	80	21	25.8	17.8	8 000	10 000
6008	40	68	15	13.3	9.42	8 500	11 000	6308	40	90	23	31.2	22.2	7 000	9 000
6009	45	75	16	16.2	11.8	8 000	10 000	6309	45	100	25	40.8	29.8	6 300	8 000
6010	50	80	16	16.8	12.8	7 000	9 000	6310	50	110	27	47.5	35.6	6 000	7 500
6011	55	90	18	20.5	15.8	6 300	8 000	6311	55	120	29	55.2	41.8	5 800	6 700
6012	60	95	18	24.5	19.2	6 000	7 500	6312	60	130	31	62.8	48.5	5 300	6 300
6013	65	100	18	24.8	19.8	5 600	7 000	6313	65	140	33	72.2	56.5	4 500	5 600
6014	70	110	20	29.8	24.2	5 300	6 700	6314	70	150	35	80.2	63.2	4 300	5 300
6015	75	115	20	30.8	26.0	5 000	6 300	6315	75	160	37	87.2	71.5	4 000	5 000
6016	80	125	22	36.8	31.2	4 800	6 000	6316	80	170	39	94.5	80.0	3 800	4 800
6017	85	130	22	39.0	33.5	4 500	5 600	6317	85	180	41	102	89.2	3 600	4 500
6018	90	140	24	44.5	39.0	4 300	5 300	6318	90	190	43	112	100	3 400	4 300
6019	95	145	24	44.5	39.0	4 000	5 000	6319	95	200	45	122	112	3 200	4 000
6020	100	150	24	49.5	43.8	3 800	4 800	6320	100	215	47	132	132	2 800	3 600
6204	20	47	14	9.88	6.18	14 000	18 000	6404	20	72	19	23.8	16.8	9 500	13 000
6205	25	52	15	10.8	6.95	12 000	16 000	6405	25	80	21	29.5	21.2	8 500	11 000
6206	30	62	16	15.0	10.0	9 000	13 000	6406	30	90	23	36.5	26.8	8 000	10 000
6207	35	72	17	19.8	13.5	8 500	11 000	6407	35	100	25	43.8	32.5	6 700	8 500
6208	40	80	18	22.8	15.8	8 000	10 000	6408	40	110	27	50.2	37.8	6 300	8 000
6209	45	85	19	24.5	17.5	7 000	9 000	6409	45	120	29	59.5	45.5	5 600	7 000
6210	50	90	20	27.0	19.8	6 700	8 500	6410	50	130	31	71.0	55.2	5 300	6 700
6211	55	100	21	33.5	25.0	6 000	7 500	6411	55	140	33	77.5	62.5	4 800	6 000
6212	60	110	22	36.8	27.8	5 600	7 000	6412	60	150	35	83.8	70.0	4 500	5 600
6213	65	120	23	44.0	34.0	5 000	6 300	6413	65	160	37	90.8	78.0	4 300	5 300
6214	70	125	24	46.8	37.5	4 800	6 000	6414	70	180	42	108	99.2	3 800	4 800
6215	75	130	25	50.8	41.2	4 500	5 600	6415	75	190	45	118	115	3 600	4 500
6216	80	140	26	55.0	44.8	4 300	5 300	6416	80	200	48	125	125	3 400	4 300
6217	85	150	28	64.0	53.2	4 000	5 000	6417	85	210	52	135	138	3 200	4 000
6218	90	160	30	73.8	60.5	3 800	4 800	6418	90	225	54	148	188	2 800	3 600
6219	95	170	32	84.8	70.5	3 600	4 500	6419	95	240	55	172	195	2 400	3 200
6220	100	180	34	94.0	79.0	3 400	4 300	6420	100	250	58	198	235	2 000	2 800

注：表中 6000 型、6200 型、6300 型、6400 型轴承的尺寸系列分别为：(1)0、(0)2、(0)3 和 (0)4，且用括号"( )"括住的数字表示在组合代号中省略。

表 2-14　角接触球轴承(GB/T 292—1994)　　　(mm)

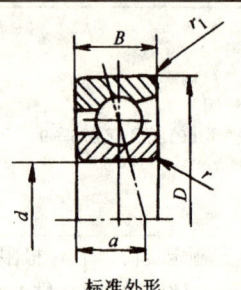
标准外形

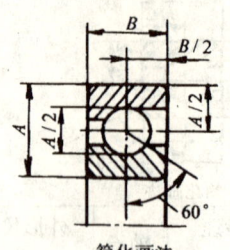
简化画法

标记示例：
滚动轴承 7205C　GB/T 292—1994

轴承型号	外形尺寸			轴承型号	外形尺寸		
	d	D	B		d	D	B
7004	20	42	12	7214	70	125	24
7005	25	47	12	7215	75	130	25
7006	30	55	13	7216	80	140	26
7007	35	62	14	7217	85	150	28
7008	40	68	15	7218	90	160	30
7009	45	75	16	7219	95	170	32
7010	50	80	16	7220	100	180	34
7011	55	90	18	7221	105	190	36
7012	60	95	18	7222	110	200	38
7013	65	100	18	7224	120	215	40
7014	70	110	20	7304	20	52	15
7015	75	115	20	7305	25	62	17
7016	80	125	22	7306	30	72	19
7017	85	130	22	7307	35	80	21
7018	90	140	24	7308	40	90	23
7019	95	145	24	7309	45	100	25
7020	100	150	24	7310	50	110	27
7021	105	160	26	7311	55	120	29
7022	110	170	28	7312	60	130	31
7024	120	180	28	7313	65	140	33
7204	20	47	14	7314	70	150	35
7205	25	52	15	7315	75	160	37
7206	30	62	16	7316	80	170	39
7207	35	72	17	7317	85	180	41
7208	40	80	18	7318	90	190	43
7209	45	85	19	7319	95	200	45
7210	50	90	20	7320	100	215	47
7211	55	100	21	7321	105	225	49
7212	60	110	22	7322	110	240	50
7213	65	120	23	7324	120	260	55

注：1. 相同型号的角接触球轴承，因接触角 α 不同，可分为 7000C($\alpha=15°$)、7000AC($\alpha=25°$)和 7000B($\alpha=40°$)三种，而它们的外形尺寸则相同；
　　2. 表中 7000、7200 和 7300 型轴承的尺寸系列分别为(1)0、(0)2 和(0)3，其中括号中表示宽度系列的数字在组合代号中省略。

表 2-15 圆锥滚子轴承 (GB/T 297—1994) (mm)

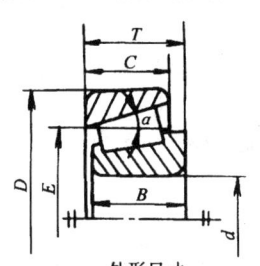
外形尺寸

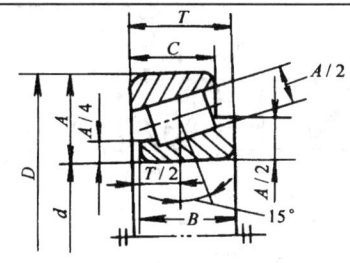
简化画法

标记示例：
滚动轴承 30205 GB/T 297—1994

轴承类型	外形尺寸					轴承类型	外形尺寸				
	d	D	T	B	C		d	D	T	B	C
30204	20	47	15.25	14	12	32204	20	47	19.25	18	15
30205	25	52	16.25	15	13	32205	25	52	19.25	18	16
30206	30	62	17.25	16	14	32206	30	62	21.25	20	17
30207	35	72	18.25	17	15	32207	35	72	24.25	23	19
30208	40	80	19.75	18	16	32208	40	80	24.75	23	19
30209	45	85	20.75	19	16	32209	45	85	24.75	23	19
30210	50	90	21.75	20	17	32210	50	90	24.75	23	19
30211	55	100	22.75	21	18	32211	55	100	26.75	25	21
30212	60	110	23.75	22	19	32212	60	110	29.75	28	24
30213	65	120	24.75	23	20	32213	65	120	32.75	31	27
30214	70	125	26.25	24	21	32214	70	125	33.25	31	27
30215	75	130	27.25	25	22	32215	75	130	33.25	31	27
30216	80	140	28.25	26	22	32216	80	140	35.25	33	28
30217	85	150	30.5	28	24	32217	85	150	38.5	36	30
30218	90	160	32.5	30	26	32218	90	160	42.5	40	34
30219	95	170	34.5	32	27	32219	95	170	45.5	43	37
30220	100	180	37	34	29	32220	100	180	49	46	39
30304	20	52	16.25	15	13	32304	20	52	22.25	21	18
30305	25	62	18.25	17	15	32305	25	62	25.25	24	20
30306	30	72	20.75	19	16	32306	30	72	28.75	27	23
30307	35	80	22.75	21	18	32307	35	80	32.75	31	25
30308	40	90	25.25	23	20	32308	40	90	35.25	33	27
30309	45	100	27.25	25	22	32309	45	100	38.25	36	30
30310	50	110	29.25	27	23	32310	50	110	42.25	40	33
30311	55	120	31.5	29	25	32311	55	120	45.5	43	35
30312	60	130	33.5	31	26	32312	60	130	48.5	46	37
30313	65	140	36	33	28	32313	65	140	51	48	39
30314	70	150	38	35	30	32314	70	150	54	51	42
30315	75	160	40	37	31	32315	75	160	58	55	45
30316	80	170	42.5	39	33	32316	80	170	61.5	58	48
30317	85	180	44.5	41	34	32317	85	180	63.5	60	49
30318	90	190	46.5	43	36	32318	90	190	67.5	64	53
30319	95	200	49.5	45	38	32319	95	200	71.5	67	55
30320	100	215	51.5	47	39	32320	100	215	77.5	73	60

注：表中轴承类型 30200、30300、32200 和 32300 型分别相当于 GB 297—1984 中的 7200E、7300E、7500E 和 7600E 型。

表 2-16 单向推力球轴承(GB/T 301—1995)　　　　　　　　(mm)

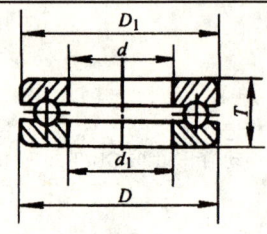
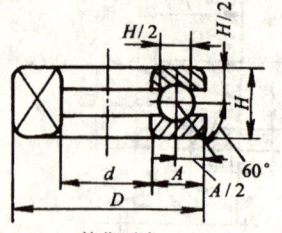

外形尺寸　　　简化画法

标记示例：
滚动轴承 51210 GB/T 301—1995

轴承类型	外形尺寸					轴承类型	外形尺寸				
	d	D	T	d_1	D_1		d	D	T	d_1	D_1
51104	20	35	10	21	35	51304	20	47	18	22	47
51105	25	42	11	26	42	51305	25	52	18	27	52
51106	30	47	11	32	47	51306	30	60	21	32	60
51107	35	52	12	37	52	51307	35	68	24	37	68
51108	40	60	13	42	60	51308	40	78	26	42	78
51109	45	65	14	47	65	51309	45	85	28	47	85
51110	50	70	14	52	70	51310	50	95	31	52	95
51111	55	78	16	57	78	51311	55	105	35	57	105
51112	60	85	17	62	85	51312	60	110	35	62	110
51113	65	90	18	67	90	51313	65	115	36	67	115
51114	70	95	18	72	95	51314	70	125	40	72	125
51115	75	100	19	77	100	51315	75	135	44	77	135
51116	80	105	19	82	105	51316	80	140	44	82	140
51117	85	110	19	87	110	51317	85	150	49	88	150
51118	90	120	22	92	120	51318	90	155	50	93	155
51120	100	135	25	102	135	51320	100	170	55	103	170
51204	20	40	14	22	40	51405	25	60	24	27	60
51205	25	47	15	27	47	51406	30	70	28	2	70
51206	30	52	16	32	52	51407	35	80	32	37	80
51207	35	62	18	37	62	51408	40	90	36	42	90
51208	40	68	19	42	68	51409	45	10	39	47	100
51209	45	73	20	47	73	51410	50	110	43	52	110
51210	50	78	22	52	78	51411	55	120	48	57	120
51211	55	90	25	57	90	51412	60	130	51	62	130
51212	60	95	26	62	95	51413	65	140	56	68	140
51213	65	100	27	67	100	51414	70	150	60	73	150
51214	70	105	27	72	105	51415	75	160	65	78	160
51215	75	110	27	77	110	51416	80	170	68	83	170
51216	80	115	28	82	115	51417	85	180	72	88	177
51217	85	125	31	88	125	51418	90	190	77	93	187
51218	90	135	35	93	135	51420	100	210	85	103	205
51220	100	150	38	103	150	51422	110	230	95	113	225

注：表中轴承类型已按 GB/T 272—1993"滚动轴承代号方法"编号，其中 51100、51200、51300 和 51400 型分别相当于 GB 301—1984 中的 8100、8200、8300 和 8400 型。

表 2-17 常用润滑油

品　种	标准号	适　用　范　围
L-AN 全损耗系统用油	GB 443—1989	主要适用于对润滑油无特殊要求的全损耗润滑系统,不适用于循环润滑系统
L-HL 液压油	GB 11118—1989	主要适用于机床和其他设备的低压齿轮泵,也可以用于其他抗氧防锈型润滑油的机械设备(如轴承和齿轮等)
L-HM 液压油	GB 11119—1989	主要适用于钢-钢摩擦副的液压泵
普通工业齿轮油	SH 0357—1992	一般负荷或带有中等负荷条件下工作的闭式工业齿轮箱
L-CKE/P	SH 0357—1991	用于蜗轮蜗杆传动装置的润滑

表 2-18 常用润滑脂

品　种	牌号	外　观	滴点(℃)不低于	锥入度 1/10 mm	主　要　用　途
钙基润滑脂 (GB 491—1987)	1号	浅黄色到褐色	80	310~340	温度<55℃、轻负荷、有自动给脂的轴承,汽车底盘和气温较低地区的小型机械
	2号		85	265~295	中、小型滚动轴承及冶金、运输采矿设备中温度不高于55℃的轻负荷、高速机械摩擦部位
	3号		90	220~250	中型电动机的滚动轴承,发电机及其他温度在60℃以下中负荷、中转速的机械摩擦部位
	4号		95	175~205	汽车、水泵、重负荷自动机械的轴承,发电机、纺织机及其他60℃以下重负荷、低速机械
钙钠基润滑脂 (SH 0368—1992)	1号	黄色到深棕色的均匀软膏	120	250~290	各种类型电动机、发电机、鼓风机、铁路机车、汽车以及其他机械设备滚动轴承的润滑。工作温度在85℃以下
	2号		135	200~240	上述场合,工作温度100℃以下
合成锂基润滑脂 (SH 0380—1992)	1号	浅褐色至暗褐色均匀软膏	170	310~340	工作温度-20~120℃,广泛使用在高温、高速、与水接触的部件上 1号适于集中供脂系统 2号适于中速、中负荷设备 3号适于矿山机械、汽车、拖拉机、大中型电动机等设备 4号适于脂易流失的重负荷、低速的滑动轴承
	2号		175	265~295	
	3号		180	220~250	
	4号		185	175~205	
石墨钙基润滑脂 (SH 0369—1992)		黑色均匀油膏	80	—	压延机人字齿轮、汽车弹簧、起重机齿轮转盘、矿山机械、绞车、钢丝绳等高负荷、低转速的粗糙机械

表 2-19 基孔制优先、常用配合

基准孔	轴																				
	a	b	c	d	e	f	g	h	js	k	m	n	p	r	s	t	u	v	x	y	z
	间隙配合								过渡配合				过盈配合								
H6						$\frac{H6}{f5}$	$\frac{H6}{g5}$	$\frac{H6}{h5}$	$\frac{H6}{js5}$	$\frac{H6}{k5}$	$\frac{H6}{m5}$	$\frac{H6}{n5}$	$\frac{H6}{p5}$	$\frac{H6}{r5}$	$\frac{H6}{s5}$	$\frac{H6}{t5}$					
H7						$\frac{H7}{f6}$	$\frac{H7}{g6}$	$\frac{H7}{h6}$	$\frac{H7}{js6}$	$\frac{H7}{k6}$	$\frac{H7}{m6}$	$\frac{H7}{n6}$	$\frac{H7}{p6}$	$\frac{H7}{r6}$	$\frac{H7}{s6}$	$\frac{H7}{t6}$	$\frac{H7}{u6}$	$\frac{H7}{v6}$	$\frac{H7}{x6}$	$\frac{H7}{y6}$	$\frac{H7}{z6}$
H8			$\frac{H8}{c7}$			$\frac{H8}{f7}$	$\frac{H8}{g7}$	$\frac{H8}{h7}$	$\frac{H8}{js7}$	$\frac{H8}{k7}$	$\frac{H8}{m7}$	$\frac{H8}{n7}$	$\frac{H8}{p7}$	$\frac{H8}{r7}$	$\frac{H8}{s7}$	$\frac{H8}{t7}$	$\frac{H8}{u7}$				
				$\frac{H8}{d8}$	$\frac{H8}{e8}$	$\frac{H8}{f8}$		$\frac{H8}{h8}$													
H9			$\frac{H9}{c9}$	$\frac{H9}{d9}$	$\frac{H9}{e9}$	$\frac{H9}{f9}$		$\frac{H9}{h9}$													
H10			$\frac{H10}{c10}$	$\frac{H10}{d10}$				$\frac{H10}{h10}$													
H11	$\frac{H11}{a11}$	$\frac{H11}{b11}$	$\frac{H11}{c11}$	$\frac{H11}{d11}$				$\frac{H11}{h11}$													
H12		$\frac{H12}{b12}$						$\frac{H12}{h12}$													

注:1. $\frac{H6}{n5}$、$\frac{H7}{p6}$ 在基本尺寸小于或等于 3 mm 和 $\frac{H8}{r7}$ 在小于或等于 100 mm 时,为过渡配合;
2. 标注黑三角的配合为优先配合。

表 2-20 基轴制优先、常用配合

基准轴	孔																				
	A	B	C	D	E	F	G	H	Js	K	M	N	P	R	S	T	U	V	X	Y	Z
	间隙配合								过渡配合				过盈配合								
h5						$\frac{F6}{h5}$	$\frac{G6}{h5}$	$\frac{H6}{h5}$	$\frac{Js6}{h5}$	$\frac{K6}{h5}$	$\frac{M6}{h5}$	$\frac{N6}{h5}$	$\frac{P6}{h5}$	$\frac{R6}{h5}$	$\frac{S6}{h5}$	$\frac{T6}{h5}$					
h6						$\frac{F7}{h6}$	$\frac{G7}{h6}$	$\frac{H7}{h6}$	$\frac{Js7}{h6}$	$\frac{K7}{h6}$	$\frac{M7}{h6}$	$\frac{N7}{h6}$	$\frac{P7}{h6}$	$\frac{R7}{h6}$	$\frac{S7}{h6}$	$\frac{T7}{h6}$	$\frac{U7}{h6}$				
h7					$\frac{E8}{h7}$	$\frac{F8}{h7}$		$\frac{H8}{h7}$	$\frac{Js8}{h7}$	$\frac{K8}{h7}$	$\frac{M8}{h7}$	$\frac{N8}{h7}$									
h8				$\frac{D8}{h8}$	$\frac{E8}{h8}$	$\frac{F8}{h8}$		$\frac{H8}{h8}$													
h9				$\frac{D9}{h9}$	$\frac{E9}{h9}$	$\frac{F9}{h9}$		$\frac{H9}{h9}$													
h10				$\frac{D10}{h10}$				$\frac{H10}{h10}$													
11h	$\frac{A11}{h11}$	$\frac{B11}{h11}$	$\frac{C11}{h11}$	$\frac{D11}{h11}$				$\frac{H11}{h11}$													
h12		$\frac{B12}{h12}$						$\frac{H12}{h12}$													

注:标注黑三角的配合为优先配合。

表 2-21 标准公差数值(摘自 GB/T 1800.3—1998)

基本尺寸(mm)		公差等级												
		IT01	IT0	IT1	IT2	IT3	IT4	IT5	IT6	IT7	IT8	IT9	IT10	IT11	IT12
大于	至							μm						
—	3	0.3	0.5	0.8	1.2	2	3	4	6	10	14	25	40	60	100
3	6	0.4	0.6	1	1.5	2.5	4	5	8	12	18	30	48	75	120
6	10	0.4	0.6	1	1.5	2.5	4	6	9	15	22	36	58	90	150
10	18	0.5	0.8	1.2	2	3	5	8	11	18	27	43	70	110	180
18	30	0.6	1	1.5	2.5	4	6	9	13	21	33	52	84	130	210
30	50	0.6	1	1.5	2.5	4	7	11	16	25	39	62	100	160	250
50	80	0.8	1.2	2	3	5	8	13	19	30	46	74	120	190	300
80	120	1	1.5	2.5	4	6	10	15	22	35	54	87	140	220	350
120	180	1.2	2	3.5	5	8	12	18	25	40	63	100	160	250	400
180	250	2	3	4.5	7	10	14	20	29	46	72	115	185	290	460
250	315	2.5	4	6	8	12	16	23	32	52	81	130	210	320	520
315	400	3	5	7	9	13	18	25	36	57	89	140	230	360	570
400	500	4	6	8	10	15	20	27	40	63	97	155	250	400	630

表 2-22 轴的基本偏差数值(摘自 GB/T 1800.3—1998) (μm)

基本偏差		上偏差(es)					js	下偏差(ei)				
		c	d	f	g	h		k	n	p	s	u
基本尺寸(mm)							公差等级					
大于	至	所有等级					4~7	≤3 / >7	所有等级			
—	3	−60	−20	−6	−2	0		0	0	+4	+6	+14	+18
3	6	−70	−30	−10	−4	0		+1	0	+8	+12	+19	+23
6	10	−80	−40	−13	−5	0		+1	0	+10	+15	+23	+28
10	18	−95	−50	−16	−6	0		+1	0	+12	+18	+28	+33
18	24	−110	−65	−20	−7	0		+2	0	+15	+22	+35	+41
24	30	−110	−65	−20	−7	0		+2	0	+15	+22	+35	+48
30	40	−120	−80	−25	−9	0		+2	0	+17	+26	+43	+60
40	50	−130	−80	−25	−9	0		+2	0	+17	+26	+43	+70
50	65	−140	−100	−30	−10	0		+2	0	+20	+32	+53	+87
65	80	−150	−100	−30	−10	0		+2	0	+20	+32	+59	+102
80	100	−170	−120	−36	−12	0	偏差 $=\pm\dfrac{IT}{2}$	+3	0	+23	+37	+71	+124
100	120	−180	−120	−36	−12	0		+3	0	+23	+37	+79	+144
120	140	−200	−145	−43	−14	0		+3	0	+27	+43	+92	+170
140	160	−210	−145	−43	−14	0		+3	0	+27	+43	+100	+190
160	180	−230	−145	−43	−14	0		+3	0	+27	+43	+108	+210
180	200	−240	−170	−50	−15	0		+4	0	+31	+50	+122	+236
200	225	−260	−170	−50	−15	0		+4	0	+31	+50	+130	+258
225	250	−280	−170	−50	−15	0		+4	0	+31	+50	+140	+284
250	280	−300	−190	−56	−17	0		+4	0	+34	+56	+158	+315
280	315	−330	−190	−56	−17	0		+4	0	+34	+56	+170	+350
315	355	−360	−210	−62	−18	0		+4	0	+37	+62	+190	+390
355	400	−400	−210	−62	−18	0		+4	0	+37	+62	+208	+435
400	450	−440	−230	−68	−20	0		+5	0	+40	+68	+232	+490
450	500	−480	−230	−68	−20	0		+5	0	+40	+68	+252	+540

表 2-23 轴的极限偏差(GB 1800—1979)

基本尺寸(mm)		公差带(μm)													
		a	b		c			d				e			f
大于	至	11	11	12	9	10	11*	8	9*	10	11	7	8	9	5	6
—	3	−270 −330	−140 −200	−140 −240	−60 −85	−60 −100	−60 −120	−20 −34	−20 −45	−20 −60	−20 −80	−14 −24	−14 −28	−14 −39	−6 −10	−6 −12
3	6	−270 −345	−140 −215	−140 −260	−70 −100	−70 −118	−70 −145	−30 −48	−30 −60	−30 −78	−30 −105	−20 −32	−20 −38	−20 −50	−10 −15	−10 −18
6	10	−280 −370	−150 −240	−150 −300	−80 −116	−80 −138	−80 −170	−40 −62	−40 −76	−40 −98	−40 −130	−25 −40	−25 −47	−25 −61	−13 −19	−13 −22
10	14	−290 −400	−150 −260	−150 −330	−95 −138	−95 −165	−95 −205	−50 −77	−50 −93	−50 −120	−50 −160	−32 −50	−32 −59	−32 −75	−16 −24	−16 −27
14	18															
18	24	−300 −430	−160 −290	−160 −370	−110 −162	−110 −194	−110 −240	−65 −98	−65 −117	−65 −149	−65 −195	−40 −61	−40 −73	−40 −92	−20 −29	−20 −33
24	30															
30	40	−310 −470	−170 −330	−170 −420	−120 −182	−120 −220	−120 −280	−80 −119	−80 −142	−80 −180	−80 −240	−50 −75	−50 −89	−50 −112	−25 −36	−25 −41
40	50	−320 −480	−180 −340	−180 −430	−130 −192	−130 −230	−130 −290									
50	65	−340 −530	−190 −380	−190 −490	−140 −214	−140 −260	−140 −330	−100 −146	−100 −174	−100 −220	−100 −290	−60 −90	−60 −106	−60 −134	−30 −43	−30 −49
65	80	−360 −550	−200 −390	−200 −500	−150 −224	−150 −270	−150 −340									
80	100	−380 −600	−220 −440	−220 −570	−170 −257	−170 −310	−170 −390	−120 −174	−120 −207	−120 −260	−120 −340	−72 −107	−72 −126	−72 −159	−36 −51	−36 −58
100	120	−410 −630	−240 −460	−240 −590	−180 −267	−180 −320	−180 −400									
120	140	−460 −710	−260 −510	−260 −660	−200 −300	−200 −360	−200 −450	−145 −208	−145 −245	−145 −305	−145 −395	−85 −125	−85 −148	−85 −185	−43 −61	−43 −68
140	160	−520 −770	−280 −530	−280 −680	−210 −310	−210 −370	−210 −460									
160	180	−580 −830	−310 −560	−310 −710	−230 −330	−230 −390	−230 −480									
180	200	−660 −950	−340 −630	−340 −800	−240 −355	−240 −425	−240 −530	−170 −242	−170 −285	−170 −355	−170 −460	−100 −146	−100 −172	−100 −215	−50 −70	−50 −79
200	225	−740 −1030	−380 −570	−380 −840	−260 −375	−260 −445	−260 −550									
225	250	−820 −1110	−420 −710	−420 −880	−280 −395	−280 −465	−280 −570									
250	280	−920 −1240	−480 −800	−480 −1000	−300 −430	−300 −510	−300 −620	−190 −271	−190 −320	−190 −400	−190 −510	−110 −162	−110 −191	−110 −240	−56 −79	−56 −88
280	315	−1050 −1370	−540 −860	−540 −1060	−330 −460	−330 −540	−330 −650									
315	355	−1200 −1560	−600 −960	−600 −1170	−360 −500	−360 −590	−360 −720	−210 −299	−210 −350	−210 −440	−210 −570	−125 −182	−125 −214	−125 −265	−62 −87	−62 −98
355	400	−1350 −1710	−680 −1040	−680 −1250	−400 −540	−400 −630	−400 −760									
400	450	−1500 −1900	−760 −1160	−760 −1390	−440 −595	−440 −690	−440 −840	−230 −327	−230 −385	−230 −480	−230 −630	−135 −198	−135 −232	−135 −290	−168 −95	−68 −108
450	500	−1650 −2050	−840 −1240	−840 −1470	−480 −635	−480 −730	−480 −880									

(续)

基本尺寸(mm)		公差带(μm)												
		f			g			h						
大于	至	7*	8	9	5	6*	7	5	6*	7*	8	9*	10	11*	12
—	3	−6 −16	−6 −20	−6 −31	−2 −6	−2 −8	−2 −12	0 −4	0 −6	0 −10	0 −14	0 −25	0 −40	0 −60	0 −100
3	6	−10 −22	−10 −28	−10 −40	−4 −9	−4 −12	−4 −16	0 −5	0 −8	0 −12	0 −18	0 −30	0 −48	0 −75	0 −120
6	10	−13 −28	−13 −35	−13 −49	−5 −11	−5 −14	−5 −20	0 −6	0 −9	0 −15	0 −22	0 −36	0 −58	0 −90	0 −150
10	14	−16 −34	−16 −43	−16 −59	−6 −14	−6 −17	−6 −24	0 −8	0 −11	0 −18	0 −27	0 −43	0 −70	0 −110	0 −180
14	18														
18	24	−20 −41	−20 −53	−20 −72	−7 −16	−7 −20	−7 −28	0 −9	0 −13	0 −21	0 −33	0 −52	0 −84	0 −130	0 −210
24	30														
30	40	−25 −50	−25 −64	−25 −87	−9 −20	−9 −25	−9 −34	0 −11	0 −16	0 −25	0 −39	0 −62	0 −100	0 −160	0 −250
40	50														
50	65	−30 −60	−30 −76	−30 −104	−10 −23	−10 −29	−10 −40	0 −13	0 −19	0 −30	0 −46	0 −74	0 −120	0 −190	0 −300
65	80														
80	100	−36 −71	−36 −90	−36 −123	−12 −27	−12 −34	−12 −47	0 −15	0 −22	0 −35	0 −54	0 −87	0 −140	0 −220	0 −350
100	120														
120	140	−43 −83	−43 −106	−43 −143	−14 −32	−14 −39	−14 −54	0 −18	0 −25	0 −40	0 −63	0 −100	0 −160	0 −250	0 −400
140	160														
160	180														
180	200	−50 −96	−50 −122	−50 −165	−15 −35	−15 −44	−15 −61	0 −20	0 −29	0 −46	0 −72	0 −115	0 −185	0 −290	0 −460
200	225														
225	250														
250	280	−56 −108	−56 −137	−56 −186	−17 −40	−17 −49	−17 −69	0 −23	0 −32	0 −52	0 −81	0 −130	0 −210	0 −320	0 −520
280	315														
315	355	−62 −119	−62 −151	−62 −202	−18 −43	−18 −54	−18 −75	0 −25	0 −36	0 −57	0 −89	0 −140	0 −320	0 −360	0 −570
355	400														
400	450	−68 −131	−68 −165	−68 −223	−20 −47	−20 −60	−20 −83	0 −27	0 −40	0 −63	0 −97	0 −155	0 −250	0 −400	0 −630
450	500														

(续)

基本尺寸 (mm)		公差带(μm)												
		js			k			m			n			p		
大于	至	5	6	7	5	6*	7	5	6	7	5	6*	7	5	6*	7
—	3	±2	±3	±5	+4 0	+6 0	+10 0	+6 +2	+8 +2	+12 +2	+8 +4	+10 +4	+14 +4	+10 +6	+12 +6	+16 +6
3	6	±2.5	±4	±6	+6 +1	+9 +1	+13 +1	+9 +4	+12 +4	+16 +4	+13 +8	+16 +8	+20 +8	+17 +12	+20 +12	+24 +12
6	10	±3	±4.5	±7	+7 +1	+10 +1	+16 +1	+12 +6	+15 +6	+21<:br>+6	+16 +10	+19 +10	+25 +10	+21 +15	+24 +15	+30 +15
10	14	±4	±5.5	±9	+9 +1	+12 +1	+19 +1	+15 +7	+18 +7	+25 +7	+20 +12	+23 +12	+30 +12	+26 +18	+29 +18	+36 +18
14	18	±4	±5.5	±9	+9 +1	+12 +1	+19 +1	+15 +7	+18 +7	+25 +7	+20 +12	+23 +12	+30 +12	+26 +18	+29 +18	+36 +18
18	24	±4.5	±6.5	±10	+11 +2	+15 +2	+23 +2	+17 +8	+21 +8	+29 +8	+24 +15	+28 +15	+36 +15	+31 +22	+35 +22	+43 +22
24	30	±4.5	±6.5	±10	+11 +2	+15 +2	+23 +2	+17 +8	+21 +8	+29 +8	+24 +15	+28 +15	+36 +15	+31 +22	+35 +22	+43 +22
30	40	±5.5	±8	±12	+13 +2	+18 +2	+27 +2	+20 +9	+25 +9	+34 +9	+28 +17	+33 +17	+42 +17	+37 +26	+42 +26	+51 +26
40	50	±5.5	±8	±12	+13 +2	+18 +2	+27 +2	+20 +9	+25 +9	+34 +9	+28 +17	+33 +17	+42 +17	+37 +26	+42 +26	+51 +26
50	65	±6.5	±9.5	±15	+15 +2	+21 +2	+32 +2	+24 +11	+30 +11	+41 +11	+33 +20	+39 +20	+50 +20	+45 +32	+51 +32	+62 +32
65	80	±6.5	±9.5	±15	+15 +2	+21 +2	+32 +2	+24 +11	+30 +11	+41 +11	+33 +20	+39 +20	+50 +20	+45 +32	+51 +32	+62 +32
80	100	±7.5	±11	±17	+18 +3	+25 +3	+38 +3	+28 +13	+35 +13	+48 +13	+38 +23	+45 +23	+58 +23	+52 +37	+59 +37	+72 +37
100	120	±7.5	±11	±17	+18 +3	+25 +3	+38 +3	+28 +13	+35 +13	+48 +13	+38 +23	+45 +23	+58 +23	+52 +37	+59 +37	+72 +37
120	140	±9	±12.5	±20	+21 +3	+28 +3	+43 +3	+33 +15	+40 +15	+55 +15	+45 +27	+52 +27	+67 +27	+61 +43	+68 +43	+83 +43
140	160	±9	±12.5	±20	+21 +3	+28 +3	+43 +3	+33 +15	+40 +15	+55 +15	+45 +27	+52 +27	+67 +27	+61 +43	+68 +43	+83 +43
160	180	±9	±12.5	±20	+21 +3	+28 +3	+43 +3	+33 +15	+40 +15	+55 +15	+45 +27	+52 +27	+67 +27	+61 +43	+68 +43	+83 +43
180	200	±10	±14.5	±23	+24 +4	+33 +4	+50 +4	+37 +17	+46 +17	+63 +17	+51 +31	+60 +31	+77 +31	+70 +50	+79 +50	+96 +50
200	225	±10	±14.5	±23	+24 +4	+33 +4	+50 +4	+37 +17	+46 +17	+63 +17	+51 +31	+60 +31	+77 +31	+70 +50	+79 +50	+96 +50
225	250	±10	±14.5	±23	+24 +4	+33 +4	+50 +4	+37 +17	+46 +17	+63 +17	+51 +31	+60 +31	+77 +31	+70 +50	+79 +50	+96 +50
250	280	±11.5	±16	±26	+27 +4	+36 +4	+56 +4	+43 +20	+52 +20	+72 +20	+57 +34	+66 +34	+86 +34	+79 +56	+88 +56	+108 +56
280	315	±11.5	±16	±26	+27 +4	+36 +4	+56 +4	+43 +20	+52 +20	+72 +20	+57 +34	+66 +34	+86 +34	+79 +56	+88 +56	+108 +56
315	355	±12.5	±18	±28	+29 +4	+40 +4	+61 +4	+46 +21	+57 +21	+78 +21	+62 +37	+73 +37	+94 +37	+87 +62	+98 +62	+119 +62
355	400	±12.5	±18	±28	+29 +4	+40 +4	+61 +4	+46 +21	+57 +21	+78 +21	+62 +37	+73 +37	+94 +37	+87 +62	+98 +62	+119 +62
400	450	±13.5	±20	±31	+32 +5	+45 +5	+68 +5	+50 +23	+63 +23	+86 +23	+67 +40	+80 +40	+103 +40	+95 +68	+108 +68	+121 +68
450	500	±13.5	±20	±31	+32 +5	+45 +5	+68 +5	+50 +23	+63 +23	+86 +23	+67 +40	+80 +40	+103 +40	+95 +68	+108 +68	+121 +68

(续)

基本尺寸 (mm)		公差带(μm)												
		r			s			t			x		u	x	y	z
大于	至	5	6	7	5	6*	7	5	6	7	6*	7	6	6	6	6
—	3	+14 +10	+16 +10	+20 +10	+18 +14	+20 +14	+24 +14	—	—	—	+24 +18	+28 +18	—	+26 +20	—	+32 +26
3	6	+20 +15	+23 +15	+27 +15	+24 +19	+27 +19	+31 +19	—	—	—	+31 +23	+35 +23	—	+36 +28	—	+43 +35
6	10	+25 +19	+28 +19	+34 +19	+29 +23	+32 +23	+38 +23	—	—	—	+37 +28	+43 +28	—	+43 +34	—	+51 +42
10	14	+31 +23	+34 +23	+41 +23	+36 +28	+39 +28	+46 +28	—	—	—	+44 +33	+51 +33	—	+51 +40	—	+61 +50
14	18												+50 +39	+56 +45	—	+71 +60
18	24	+37 +28	+41 +28	+49 +28	+44 +35	+48 +35	+56 +35	—	—	—	+54 +41	+62 +41	+60 +47	+67 +54	+76 +63	+86 +73
24	30							+50 +41	+54 +41	+62 +41	+63 +48	+69 48	+68 +55	+77 +64	+88 +75	+101 +88
30	40	+45 +34	+50 +34	+59 +34	+54 +43	+59 +43	+68 +43	+59 +48	+64 +48	+73 +48	+76 +60	+85 +60	+84 +68	+96 +80	+110 +94	+128 +112
40	50							+65 +54	+70 +54	+79 +54	+86 +70	+95 +70	+97 +81	+113 +97	+130 +114	+152 +136
50	65	+54 +41	+60 +41	+71 +41	+66 +53	+72 +53	+83 +53	+79 +66	+85 +66	+96 +66	+106 +87	+117 +87	+121 +102	+141 +122	+163 +144	+191 +172
65	80	+56 +43	+62 +43	+73 +43	+72 +59	+78 +59	+89 +59	+88 +75	+94 +75	+105 +75	+121 +102	+132 +102	+139 +120	+165 +146	+193 +174	+229 +210
80	100	+66 +51	+73 +51	+86 +51	+86 +71	+93 +71	+106 +71	+106 +91	+113 +91	+126 +91	+146 +124	+159 +124	+168 +146	+200 +178	+236 +214	+280 +258
100	120	+69 +54	+76 +54	+89 +54	+94 +79	+101 +79	+114 +79	+119 +104	+126 +104	+139 +104	+166 +144	+179 +144	+194 +172	+232 +210	+276 +254	+332 +310
120	140	+81 +63	+88 +63	+102 +63	+110 +92	+117 +92	+132 +92	+140 +122	+147 +122	+162<>+122	+195 +170	+210 +170	+227 202	+273 +248	+325 +300	+390 +365
140	160	+83 +65	+90 +65	+105 +65	+118 +100	+125 +100	+140 +100	+152 +134	+159 +134	+174 +134	+215 +190	+230 +190	+253 +228	+305 +280	+365 +340	+440 +415
160	180	+86 +68	+93 +68	+100 +68	+126 +108	+133 +108	+148 +108	+164 +146	+171 +146	+186 +146	+235 +210	+250 +210	+277 +252	+335 +310	+405 +380	+490 +465
180	200	+97 +77	+106 +77	+123 +77	+142 +122	+151 +122	+168 +122	+186 +166	+195 +166	+212 +166	+265 +236	+282 +236	+313 +284	+379 +350	+454<>+425	+549 +520
200	225	+100 +80	+109 +80	+126<>+80	+150 +130	+159 +130	+176 +130	+200 +180	+209 +180	+226 +180	+287 +258	+304 +258	+339 +310	+414 +385	+499 +470	+604 +575
225	250	+104 +84	+113 +84	+130 +84	+160 +140	+169 +140	+186 +140	+216 +196	+225 +196	+242 +196	+313 +284	+330 +284	+369 +340	+454 +425	+549 +520	+669 +640
250	280	+117 +94	+126 +94	+146 +94	+181 +158	+190 +158	+210 +158	+241 +218	+250 +218	+270 +218	+347 +315	+367 +315	+417 +385	+507 +475	+612 +580	+742 +710
280	315	+121 +98	+130 +98	+150 +98	+193 +170	+202 +170	+222 +170	+263 +240	+272 +240	+292 +240	+382 +350	+402 +350	+457 +425	+557 +525	+682 +650	+822 +790
315	355	+133 +108	+144 +108	+165 +108	+215 +190	+226 +190	+247<>+190	+293 +268	+304 +268	+325 +268	+426 +390	+447 +390	+511 +475	+626 +590	+766 +730	+936 +900
355	400	+139 +114	+150 +114	+171 +114	+233 +208	+244<>+208	+265<>+208	+319 +294	+330 +294	+351<>+294	+471 +435	+492<>+435	+560 +530	+696 +660	+856 +820	+1036 +1000
400	450	+153 +126	+166<>+126	+189<>+126	+259 +232	+272<>+232	+295 +232	+357 +330	+370 +330	+393<>+330	+530<>+490	+553<>+490	+635 +595	+780 +740	+960 +920	+1140 +1100
450	500	+159<>+132	+172<>+132	+195<>+132	+279 +252	+292<>+252	+315<>+252	+387 +360	+400 +360	+423<>+360	+580 +540	+603<>+540	+700 +660	+860 +820	+1040 +1000	+1290 +1250

注：1. * 为优先公差带，其余为常用公差带，本表未摘录一般用途公差带；
2. 基本尺寸小于 1 mm 时，各级的 a 和 b 均不采用。

表 2-24 优先用途孔的极限偏差（GB/T 1801—1999）

基本尺寸(mm)		优先公差带(μm)											
大于	至	C11	D9	F8	G7	H7	H8	H9	H11	K7	N7	P7	S7	U7
—	3	+120 +60	+45 +20	+20 +6	+12 +2	+10 0	+14 0	+25 0	+60 0	0 −10	−4 −14	−6 −16	−14 −24	−18 −28
3	6	+145 +70	+60 +30	+28 +10	+16 +4	+12 0	+18 0	+30 0	+75 0	+3 −9	−4 −16	−8 −20	−15 −27	−19 −31
6	10	+170 +80	+76 +40	+35 +13	+20 +5	+15 0	+22 0	+36 0	+90 0	+5 −10	−4 −19	−9 −24	−17 −32	−22 −37
10	18	+205 +95	+93 +50	+43 +16	+24 +6	+18 0	+27 0	+43 0	+110 0	+6 −12	−5 −23	−11 −29	−21 −39	−26 −44
18	24	+240 +110	+117 +65	+53 +20	+28 +7	+21 0	+33 0	+52 0	+130 0	+6 −15	−7 −28	−14 −35	−27 −48	−33 −54
24	30													−40 −61
30	40	+280 +120	+142 +80	+64 +25	+34 +9	+25 0	+39 0	+62 0	+160 0	+7 −18	−8 −33	−17 −42	−34 −59	−51 −76
40	50	+290 +130												−61 −86
50	65	+330 +140	+174 +100	+76 +30	+40 +10	+30 0	+46 0	+74 0	+190 0	+9 −21	−9 −39	−21 −51	−42 −72	−76 −106
65	80	+340 +150											−48 −78	−91 −121
80	100	+390 +170	+207 +120	+90 +36	+47 +12	+35 0	+54 0	+87 0	+220 0	+10 −25	−10 −45	−24 −59	−58 −93	−111 −146
100	120	+400 +180											−66 −101	−131 −166
120	140	+450 +200	+245 +145	+106 +43	+54 +14	+40 0	+63 0	+100 0	+250 0	+12 −28	−12 −52	−28 −68	−77 −117	−155 −195
140	160	+460 +210											−85 −125	−175 −215
160	180	+480 +230											−93 −133	−195 −235
180	200	+530 +240	+285 +170	+122 +50	+61 +15	+46 0	+72 0	+115 0	+290 0	+13 −33	−14 −60	−33 −79	−105 −151	−219 −265
200	225	+550 +260											−113 −159	−241 −287
225	250	+570 +280											−123 −169	−267 −313
250	280	+620 +300	+320 +190	+137 +56	+69 +17	+52 0	+81 0	+130 0	+320 0	+16 −36	−14 −66	−36 −88	−138 −190	−295 −347
280	315	+650 +330											−150 −202	−330 −382
315	355	+720 +360	+350 +210	+151 +62	+75 +18	+57 0	+89 0	+140 0	+360 0	+17 −40	−16 −73	−41 −98	−169 −226	−369 −426
355	400	+760 +400											−187 −244	−414 −471
400	450	+840 +440	+385 +230	+165 +68	+83 +20	+63 0	+97 0	+155 0	+400 0	+18 −45	−17 −80	−45 −108	−209 −272	−467 −530
450	500	+880 +480											−229 −292	−517 −580

表 2-25 形位公差的公差值(摘自 GB/T 1184—1996)

公差项目	主参数 L (mm)	公差等级											
		1	2	3	4	5	6	7	8	9	10	11	12
		公差值(μm)											
直线度、平面度	≤10	0.2	0.4	0.8	1.2	2	3	5	8	12	20	30	60
	>10~16	0.25	0.5	1	1.5	2.5	4	6	10	15	25	40	80
	>16~25	0.3	0.6	1.2	2	3	5	8	12	20	30	50	100
	>25~40	0.4	0.8	1.5	2.5	4	6	10	15	25	40	60	120
	>40~63	0.5	1	2	3	5	8	12	20	30	50	80	150
	>63~100	0.6	1.2	2.5	4	6	10	15	25	40	60	100	200
	>100~160	0.8	1.5	3	5	8	12	20	30	50	80	120	250
	>160~250	1	2	4	6	10	15	25	40	60	100	150	300
圆度、圆柱度	≤3	0.2	0.3	0.5	0.8	1.2	2	3	4	6	10	14	25
	>3~6	0.2	0.4	0.6	1	1.5	2.5	4	5	8	12	18	30
	>6~10	0.25	0.4	0.6	1	1.5	2.5	4	6	9	15	22	36
	>10~18	0.25	0.5	0.8	1.2	2	3	5	8	11	18	27	43
	>18~30	0.3	0.6	1	1.5	2.5	4	6	9	13	21	33	52
	>30~50	0.4	0.6	1	1.5	2.5	4	7	11	16	25	39	62
	>50~80	0.5	0.8	1.2	2	3	5	8	13	19	30	46	74
	>80~120	0.6	1	1.5	2.5	4	6	10	15	22	35	54	87
	>120~180	1	1.2	2	3.5	5	8	12	18	25	40	63	100
	>180~250	1.2	2	3	4.5	7	10	14	20	29	46	72	115
平行度、垂直度、倾斜度	≤10	0.4	0.8	1.5	3	5	8	12	20	30	50	80	120
	>10~16	0.5	1	2	4	6	10	15	25	40	60	100	150
	>16~25	0.6	1.2	2.5	5	8	12	20	30	50	80	120	200
	>25~40	0.8	1.5	3	6	10	15	25	40	60	100	150	250
	>40~63	1	2	4	8	12	20	30	50	80	120	200	300
	>63~100	1.2	2.5	5	10	15	25	40	60	100	150	250	400
	>100~160	1.5	3	6	12	20	30	50	80	120	200	300	500
	>160~250	2	4	8	15	25	40	60	100	150	250	400	600
同轴度、对称度、圆跳动、全跳动	≤1	0.4	0.6	1.0	1.5	2.5	4	6	10	15	25	40	60
	>1~3	0.4	0.6	1.0	1.5	2.5	4	6	10	20	40	60	120
	>3~6	0.5	0.8	1.2	2	3	5	8	12	25	50	80	150
	>6~10	0.6	1	1.5	2.5	4	6	10	15	30	60	100	200
	>10~18	0.8	1.2	2	3	5	8	12	20	40	80	120	250
	>18~30	1	1.5	2.5	4	6	10	15	25	50	100	150	300
	>30~50	1.2	2	3	5	8	12	20	30	60	120	200	400
	>50~120	1.5	2.5	4	6	10	15	25	40	80	150	250	500
	>120~250	2	3	5	8	12	20	30	50	100	200	300	600

表 2-26 铸铁的种类、牌号及应用

种类	牌号	应用
灰铸铁 GB 9439—1988	HT100	机床中受轻负荷、磨损无关紧要的铸件,如托盘、盖、罩、手轮、把手、重锤等形状简单且性能要求不高的零件
	HT150	承受中等弯曲应力,摩擦面间压强高于 500 kPa 的铸件,如多数机床的底座,有相对运动和磨损的零件,如溜板、工作台等,汽车中的变速箱、排气管、进气管等
	HT200	承受较大弯曲应力,要求保持气密性的铸件,如机床立柱、刀架、齿轮箱体、多数机床床身滑板、箱体、液压缸、泵体、阀体、刹车毂、飞轮、气缸盖、带轮、轴承盖、叶轮等
	HT250	炼钢用轨道板、气缸套、齿轮、机床立柱、齿轮箱体、机床床身、磨床转体、液压缸、泵体、阀体
	HT300	承受高弯曲应力、拉应力,要求保持高度气密性的铸件,如重型机床床身、多轴机床主轴箱、卡盘齿轮、高压液压缸、泵体、阀体
	HT350	轧钢滑板、辊子、炼焦柱塞、圈筒混合机齿圈、支承轮座、挡轮座
球墨铸铁 GB 1348—1988	QT400—18	韧性高,低温性能较好,具有一定的耐蚀性。用于制作汽车拖拉机中的驱动桥壳体、离合器壳体、差速器壳体、减速器壳体,1.62~6.48 MPa(16~64 个大气压)阀门的阀体、阀盖等
	QT400—15	
	QT450—10	具有中等的强度和韧性,用于制作内燃机中液压泵齿轮、汽轮机的中温气缸隔板、水轮机阀门体、机车车辆轴瓦等
	QT500—17	
	QT600—3	具有较高的强度、耐磨性及一定的韧性。用于制作部分机床的主轴,内燃机、空压机、冷冻机、制氧机和泵的曲轴、缸体、缸套等
	QT700—2	
	QT800—2	
	QT900—2	具有高强度、耐磨性、较高的弯曲疲劳强度。用于制作内燃机中的凸轮轴,拖拉机的减速齿轮,汽车中的螺旋锥齿轮等
可锻铸铁 GB 9440—1988	KTH300—06	黑心可锻铸铁比灰铸铁强度高,塑性和韧性更好,可承受冲击和扭转负荷,具有良好的耐蚀性,切削性能良好。制作薄壁铸件,多用于机床零件,运输机械零件,升降机械零件,管道配件,低压阀门等
	KTH350—10	
	KTZ450—06	珠光体可锻铸铁的塑性、韧性比黑心可锻铸铁稍差,但其强度高,耐磨性好,低温性能优于球墨铸铁,加工性良好。可替代有色合金、低合金钢及低、中碳钢制作较高强度和耐磨性的零件
	KTZ550—04	
	KTZ650—02	
	KTZ700—02	
	KTB400—05	白心可锻铸铁由于工艺复杂,生产周期长,性能较差,国内在机械工业中较少应用,一般仅限于薄壁件的制造
	KTB450—07	

表 2-27 碳素结构钢的种类、牌号及应用

种 类	牌 号	应 用
铸造碳钢 GB 11352—1989	ZG200—400	低碳铸钢,韧性及塑性均好,但强度和硬度较低,低温冲击韧性大,脆性转变温度低,磁导、电导性能良好,焊接性好,但铸造性差。主要用于受力不大,但要求韧性的零件,ZG200—400 用于机座、电磁吸盘、变速箱体等;ZG230—450 用于轴承盖、底板、阀体、机座、侧架、轧钢机架、铁道车辆摇枕、箱体、犁柱、砧座等
	ZG230—450	
	ZG270—500	中碳铸钢,有一定的韧性及塑性,强度和硬度较高,切削性良好,焊接性尚可,铸造性能比低碳铸钢好。ZG270—500 应用广泛,如飞轮、车辆车钩、水压机工作缸、机架、蒸汽锤气缸、轴承座、连杆、箱体、曲拐等;ZG310—570 用于重负荷零件,如联轴器、大齿轮、缸体、气缸、机架、制动轮、轴及辊子等
	ZG310—570	
	ZG340—640	高碳铸钢,具有高强度、高硬度及高耐磨性,塑性、韧性低,铸造性、焊接性均差,裂纹敏感性较大。用于起重运输机齿轮、联轴器、齿轮、车轮、棘轮、叉头等
碳素结构钢 GB 700—1988	Q195	有较高的伸长率,具有良好的焊接性能和韧性。常用于制造地脚螺栓、铆钉、犁板、烟筒、炉撑、钢丝网屋面板、低碳钢丝、薄板、焊管、拉杆、短轴、心轴、凸轮(轻载)、吊钩、垫圈、支架及焊接件等
	Q215	
	Q235	有一定的伸长率和强度,韧性及铸造性均良好,且易于冲压及焊接。广泛用于制造一般机械零件,如连杆、拉杆、销轴、螺丝、钩子、套圈盖、螺母、螺栓、气缸、齿轮、支架、机架横撑、机架、焊接件、建筑结构桥梁等用的角钢、工字钢、槽钢、垫板、钢筋等
	Q255	焊接性能尚好,可用于制造强度不高的机械零件,如螺栓、键、楔、摇杆、拉杆心轴、转轴、钢结构用各种型钢、条钢及钢板
	Q275	有较高的强度,一定的焊接性,切削加工性及塑性均较好,可用于制造较高强度要求的零件,如齿轮心轴、转轴、销轴、链轮、键、螺母、螺栓、垫圈、刹车杆、鱼尾板、农机用型钢、异型钢、机架、耙齿等
优质碳素结构钢 GB 699—1988	10	采用镦锻、弯曲、冷冲、垫压、拉延及焊接等多种加工方法,制作各种韧性高、负荷小的零件,如卡头、钢管垫片、垫圈、摩擦片、汽车车身、防尘罩、容器、缓冲器皿、搪瓷制品、冷镦螺栓、螺母等
	15	用于受载不大,韧性要求较高的零件,渗碳件、冲模锻件、紧固件,不需热处理的低负载零件,焊接性能较好的中小结构件,如螺栓、螺钉、法兰盘、化工容器、蒸汽锅炉、小轴、挡铁、齿轮、滚子等
	20	制作负载不大,但韧性要求高的零件,如拉杆、杠杆、钩环、套筒、夹具及衬垫、手刹车、蹄片、杠杆轴、变速叉、被动齿轮、气门挺杆、凸轮轴、悬挂平衡器、内外衬套等
	25	用于制作焊接构件以及经锻造,热冲压和切削加工,且负荷较小的零件,如辊子、轴、垫圈、螺栓、螺母、螺钉以及汽车、拖拉机中的横梁车架、大梁、脚踏板等
	35	用于制造负载较大,但截面尺寸较小的各种机械零件,热压件,如轴销、轴、曲轴、横梁、连杆、杠杆、星轮、轮圈、垫圈、圆盘、钩环、螺栓、螺钉等
	40	用于制造机器中的运动件,心部强度要求不高,表面耐磨性好的淬火零件及截面尺寸较小,负载较大的调质零件,应力不大的大型正火件,如传动轴心轴、曲轴、曲柄销、辊子、拉杆、连杆、活塞杆、齿轮、圆盘、链轮等
	45	适用于制造较高强度的运动零件如空压机、泵的活塞、蒸汽透平机的叶轮、重型及通用机械中的轧制轴、连杆、蜗杆、齿条、齿轮、销子等
	50	主要用于制造动负荷、冲击载荷不大以及要求耐磨性好的机械零件,如锻造齿轮、轴、摩擦盘、机床主轴、发动机、曲轴、轧辊、拉杆、弹簧垫圈、不重要的弹簧等
	55	主要用于制造耐磨、强度较高的机械零件以及弹性零件,如连杆、齿轮、机车轮箍、轮缘、轮圈、轧辊、扁弹簧等
	30Mn	一般用于制造低负荷的各种零件,如杠杆、拉杆、小轴、刹车踏板、螺栓、螺钉和螺母以及农机中的钩环链的链环、刀片、横向刹车机齿轮等
	50Mn	一般用于制造高耐磨性、高应力的零件,如直径小于 800 mm 的心轴、齿轮轴、齿轮摩擦盘、板弹簧等,高频淬火后还可制造火车轴、蜗杆、连杆及汽车曲轴等
	65Mn	用于制造中等负载的板弹簧、螺旋弹簧、弹簧垫圈、弹簧卡环、弹簧发条、轻型汽车的离合器弹簧、制动弹簧、气门弹簧以及受摩擦、高弹性、高强度的机械零件,如收割机的铲、犁、切碎机切刀、翻土板、整地机械圆盘、机床主轴、机床丝杠、弹簧卡头、钢轨等

表 2-28　合金结构钢的种类、牌号及应用

种　类	牌　号	应　用
低合金结构钢 GB/T 1591—1994	Q295	具有良好的焊接性、塑性和低温性能,冶炼工艺简单,成本低,用于制造低压锅炉、造船、容器、车辆以及金属结构等
	Q345	综合力学性能良好,低温冲击韧性、冷冲压和切削加工性、焊接性都好,广泛用于桥梁、船舶、管道、锅炉、大型容器、油罐、重型机械设备、矿山机器、电站、厂房结构等
	Q390	用于制作高、中压石油化工容器,锅炉汽包、桥梁、船舶、起重机,较重负荷的焊接件,锅炉钢管以及载荷较大的连接构件
	Q420	强度高,塑性及韧性好,焊接性能和冷热加工性良好,适用于制作大型船舶、机车、车辆、中高压锅炉、容器、桥梁以及其他大型的焊接结构件
	Q460	强度特高(σ_b=550～720 MPa),并保持良好的塑性(δ=1790),适用于大型高压锅炉和容器、铁路桥的大梁、巨型船舶以及重负荷的焊接结构件等
合金结构钢 GB 3077—1988	20Mn2	用于制造渗碳的小齿轮、小轴,力学性能要求不高的十字头销、活塞销、柴油机套筒、气门顶杆、变速齿轮操纵杆、钢套等
	20Cr	用于制造小截面、形状简单、较高转速、载荷较小、表面耐磨、心部强度较高的各种渗碳或氰化零件,如小齿轮、小轴、阀、活塞销、托盘、凸轮、蜗杆等
	20CrNi	用于制造重载大型重要的渗碳零件,如花键轴、轴、键、齿轮、活塞销,也可用于制造高冲击韧性的调质零件
	20CrMnTi	用于制造汽车拖拉机中的截面尺寸小于 30 mm 的中载或重载、冲击、耐磨且高速的各种重要零件,如齿轮轴、齿圈、齿轮、十字轴、滑动轴承支撑的主轴、蜗杆等
	38CrMoAl	用于制造高疲劳强度、高耐磨性、较高强度的小尺寸氮化零件,如气缸套、座套、底盖、活塞螺栓、检验规、精密磨床主轴、车床主轴、搪杆、精密丝杆和齿轮、蜗杆等
	40Cr	制造中速、中载的调质零件,如机床齿轮、轴、蜗杆、花键轴、顶针套,制造表面高硬度耐磨的调质表面淬火零件,如主轴、曲轴、心轴、套筒、销子、连杆以及淬火回火后重载零件等
	40CrNi	用于制造锻造和冷冲压且截面尺寸较大的重要调质件,如连杆、圆盘、曲轴、齿轮、轴、螺钉等
	40MnB	用于制造拖拉机、汽车及其他通用机器设备中的中小重要调质零件,如汽车半轴、转向轴、花键轴、蜗杆和机床主轴、齿轮轴等
	50Cr	用于制造重载、耐磨的零件,如热轧辊传动轴、齿轮、止推环、支承辊的心轴、柴油机连杆、挺杆、拖拉机离合器、螺栓以及中等弹性的弹簧等
合金弹簧钢 GB 1222—1984	60Si2Mn	制造截面尺寸较大的弹簧,如车厢板簧、机车板簧、缓冲卷簧等
	50CrVA	主要用于制造截面大的、受载大的和工作温度较高的螺旋弹簧、阀门弹簧小型汽车、载重车板簧、扭杆簧,低于 350℃ 的耐热弹簧等
不锈钢	2Cr13	制作能抗弱腐蚀性介质、能承受冲击载荷的零件,如汽轮机叶片、水压机阀、结构架、螺栓、螺母等
	1Cr18Ni9Ti	用于耐酸容器及设备衬里,输送管道等设备和零件,抗磁仪表、医疗器械等
滚动轴承钢	GCr15	制造中小型滚动轴承元件(壁厚小于 20 mm 的套圈,直径小于 50 mm 的钢球)及其他各种耐磨零件,如柴油机油泵、油嘴偶件等
	GCr15SiMn	制造大型、重载滚动轴承元件(壁厚大于 30 mm 的套圈,直径 50～100 mm 的钢球)

表 2-29 Y 系列三相异步电动机技术数据

电动机型号	额定功率(kW)	满载转速(r/min)	堵转转矩/额定转矩	最大转矩/额定转矩	电动机型号	额定功率(kW)	满载转速(r/min)	堵转转矩/额定转矩	最大转矩/额定转矩
同步转速 3000 r/min，2 极					同步转速 1500 r/min，4 极				
Y801-2	0.75	2825	2.2	2.2	Y801-4	0.55	1390	2.2	2.2
Y802-2	1.1	2825	2.2	2.2	Y802-4	0.75	1390	2.2	2.2
Y90S-2	1.5	2840	2.2	2.2	Y90S-4	1.1	1400	2.2	2.2
Y90L-2	2.2	2840	2.2	2.2	Y90L-4	1.5	1400	2.2	2.2
Y100L-2	3	2880	2.2	2.2	Y100L1-4	2.2	1420	2.2	2.2
Y112M-2	4	2890	2.2	2.2	Y100L2-4	3	1420	2.2	2.2
Y132S1-2	5.5	2920	2.0	2.2	Y112M-4	4	1440	2.2	2.2
Y132S2-2	7.5	2920	2.0	2.2	Y132S-4	5.5	1440	2.2	2.2
Y160M1-2	11	2930	2.0	2.2	Y132M-4	7.5	1440	2.2	2.2
Y160M2-2	15	2930	2.0	2.2	Y160M-4	11	1460	2.2	2.2
Y160L-2	18.5	2930	2.0	2.2	Y160L-4	15	1460	2.2	2.2
Y180M-2	22	2940	2.0	2.2	Y180M-4	18.5	1470	2.0	2.2
Y200L1-2	30	2950	2.0	2.2	Y180L-4	22	1470	2.0	2.2
Y200L2-2	37	2950	2.0	2.2	Y200L-4	30	1470	2.0	2.2
Y225M-2	45	2970	2.0	2.2	Y225S-4	37	1480	1.9	2.2
Y250M-2	55	2970	2.0	2.2	Y225M-4	45	1480	1.9	2.2
同步转速 1000 r/min，6 极					同步转速 750 r/min，8 极				
Y90S-6	0.75	910	2.2	2.0	Y132S-8	2.2	710	2.0	2.0
Y90L-6	1.1	910	2.0	2.0	Y132M-8	3	710	2.0	2.0
Y100L-6	1.5	940	2.0	2.0	Y160M1-8	4	720	2.0	2.0
Y112M-6	2.2	940	2.0	2.0	Y160M2-8	5.5	720	2.0	2.0
Y132S-6	3	960	2.0	2.0	Y160L-8	7.5	720	2.0	2.0
Y132M1-6	4	960	2.0	2.0	Y180L-8	11	730	1.7	2.0
Y132M2-6	5.5	960	2.0	2.0	Y200L-8	15	730	1.8	2.0
Y160M-6	7.5	970	2.0	2.0	Y225S-8	18.5	730	1.7	2.0
Y160L-6	11	970	2.0	2.0	Y225M-8	22	730	1.8	2.0
Y180L-6	15	970	1.8	2.0	Y250M-8	30	730	1.8	2.0
Y200L1-6	18.5	970	1.8	2.0	Y280S-8	37	740	1.8	2.0
Y200L2-6	22	970	1.8	2.0	Y280M-8	45	740	1.8	2.0
Y225M-6	30	980	1.7	2.0	Y315S-8	55	740	1.6	2.0
Y250M-6	37	980	1.8	2.0	Y315M1-8	75	740	1.6	2.0
Y280S-6	45	980	1.8	2.0	Y315M2-8	90	740	1.6	2.0
Y280M-6	55	980	1.8	2.0	Y315M3-8	110	740	1.6	2.0

注：电动机型号意义以 Y132S2-2-B3 为例，Y 表示系列代号，132 表示机座中心高，S2 表示短机座，第二种铁心长度（M-中机座，L-长机座），2 为电动机的极数，B3 表示安装型式。

表 2-30　系列(IP44)机座带底脚、端盖无凸缘电动机的安装及外形尺寸　　(mm)

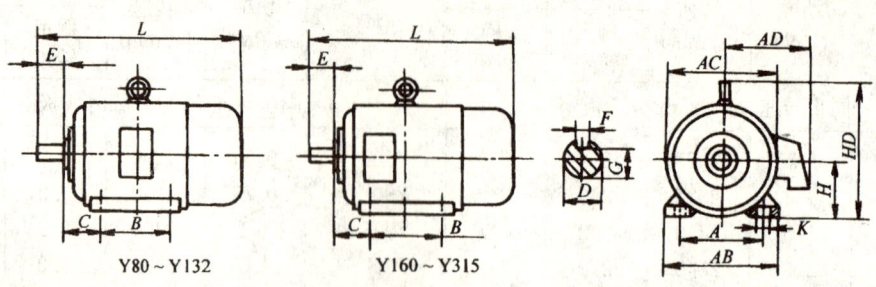

Y80～Y132　　Y160～Y315

机座号	极数	A	B	C	D	E	F	G	H	K	AB	AC	AD	HD	L
80	2、4	125	100	50	19	40	6	15.5	80	10	165	175	150	175	290
90S	2、4、6	140	100	56	24	50	8	20	90	10	180	195	160	195	315
90L	2、4、6	140	125	56	24	50	8	20	90	10	180	195	160	195	340
100L	2、4、6	160	125	63	+0.009 −0.004	60	8	24	100	12	205	215	180	245	380
112M	2、4、6	190	140	70	28	60	8	24	112	12	245	240	190	265	400
132S	2、4、6	216	178	89	38	80	10	33	132	12	280	275	210	315	475
132M	2、4、6	216	178	89	38	80	10	33	132	12	280	275	210	315	515
160M	2、4、6、8	254	210	108	42	+0.018 +0.002	110	12	37	160	15	330	335	265	385	605
160L	2、4、6、8	254	254	108	42	110	12	37	160	15	330	335	265	385	650
180M	2、4、6、8	279	241	121	48	110	14	42.5	180	15	355	380	285	430	670
180L	2、4、6、8	279	279	121	48	110	14	42.5	180	15	355	380	285	430	710
200L		318	305	133	55		16	49	200		395	420	315	475	775
225S	4、8	356	286	149	60	140	18	53	255	19	435	475	345	530	820
225M	2	356	311	149	55	110	16	49	255	19	435	475	345	530	815
225M	4、6、8	356	311	149	60	140	18	53	255	19	435	475	345	530	845
250M	2	406	349	168	60	+0.030 +0.011	140	18	53	250	24	490	515	385	575	930
250M	4、6、8	406	349	168	65	140	18	58	250	24	490	515	385	575	930
280S	2	457	368	190	65	140	18	58	280	24	550	580	410	640	1000
280S	4、6、8	457	368	190	75	140	20	67.5	280	24	550	580	410	640	1000
280M	2	457	419	190	65	140	18	58	280	24	550	580	410	640	1050
280M	4、6、8	457	419	190	75	140	20	67.5	280	24	550	580	410	640	1050

表 2-31 普通平键
平键、键和键槽的剖面尺寸(GB 1095—1990)、普通平键型式尺寸(GB 1096—1990)　　(mm)

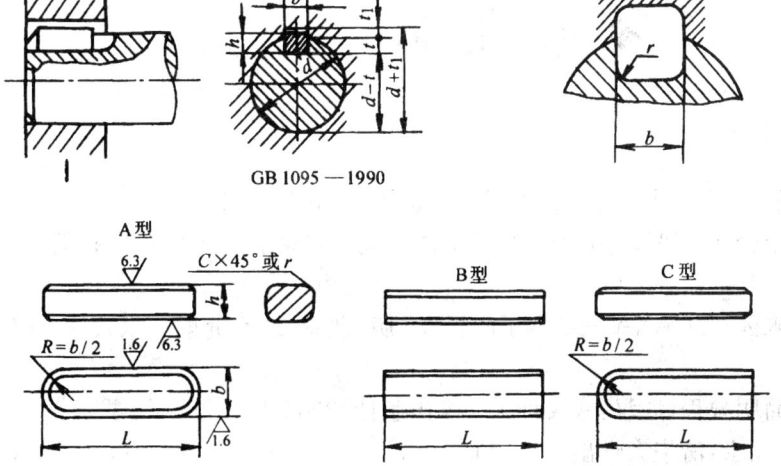

标记示例：
圆头普通平键（A型）$b=16$ mm, $h=10$ mm, $L=100$ mm：
键 16×100 GB 1096—1990
平头普通平键（B型）$b=16$ mm, $h=10$ mm, $L=100$ mm：
键 B16×100 GB 1096—1990
单圆头普通平键（C型）$b=16$ mm, $h=10$ mm, $L=100$ mm：
键 C16×100 GB 1096—1990

轴	键			键　槽							
				宽度 b 的极限偏差				深　度			
公称直径 d	公称尺寸 $b×h$	C 或 r	l 范围	较松键联结		一般键联结		较紧键联结	轴 t		毂 t_1	
				轴 H9	毂 D10	轴 N9	毂 Js9	轴和毂 P9	公称尺寸	极限偏差	公称尺寸	极限偏差
>12~17	5×5	0.25~0.40	10~56	+0.030 0	+0.078 +0.030	0 −0.030	±0.015	−0.012 −0.042	3.0	+0.1 0	2.3	+0.1 0
>17~22	6×6	0.25~0.40	14~70						3.5		2.8	
>22~30	8×7	0.25~0.40	18~90	+0.036 0	+0.098 +0.040	0 −0.036	±0.018	−0.015 −0.051	4.0		3.3	
>30~38	10×8	0.40~0.60	22~110						5.0		3.3	
>38~44	12×8	0.40~0.60	28~140	+0.043 0	+0.120 +0.050	0 −0.043	±0.0215	−0.018 −0.061	5.0		3.3	
>44~50	14×9	0.40~0.60	36~160						5.5		3.8	
>50~58	16×10	0.40~0.60	45~180						6.0	+0.2 0	4.3	+0.2 0
>58~65	18×11	0.40~0.60	50~200						7.0		4.4	
>65~75	20×12	0.60~0.80	56~220	+0.052 0	+0.149 +0.065	0 −0.052	±0.026	−0.022 −0.074	7.5		4.9	
>75~85	22×14	0.60~0.80	63~250						9.0		5.4	
>85~95	25×14	0.60~0.80	70~280						9.0		5.4	
>95~110	28×16	0.60~0.80	80~320						10.0		6.4	
键的长度系列	10,12,14,16,18,20,22,25,28,32,36,40,45,50,56,63,70,80,90,100,110,125,140,160,180,200,220,250,280,320											

注：1. 在工作图中，轴槽深用 t 或 $(d-t)$ 标注，轮毂槽深用 $(d+t_1)$ 标注；
2. $(d-t)$ 和 $(d+t_1)$ 两组组合尺寸的极限偏差按相应的 t 和 t_1 的极限偏差选取，但 $(d-t)$ 极限偏差值应取负号"−"；
3. 平键长 l 公差为 h14，宽 b 公差为 h9，高 h 公差为 h11；
4. 平键轴槽的长度公差用 H14；
5. 轴、轮毂槽的键槽宽度 b 两侧面表面粗糙度参数 R_a 值推荐为 1.6~3.2 μm，轴底面、轮毂槽底面的表面粗糙度参数 R_a 值为 6.3 μm；
6. 轴槽及轮毂槽对轴及轮毂轴线的对称度公差一般可按 GB/T 1184—1996 中的 7~9 级选取。

参 考 文 献

1. 宜沈平,赵敖生.计算机工程制图与机械设计.南京:东南大学出版社,2004
2. 北京北航海尔软件有限公司.CAXA 电子图板 V2 版.北京:北京北航海尔软件有限公司,2000
3. 北京北航海尔软件有限公司.CAXA 三维电子图板 V2 版.北京:北京北航海尔软件有限公司,2000
4. 王成刚,等.工程图学简明教程.武汉:武汉理工大学出版社,2002
5. 杨惠英,等.机械制图.北京:清华大学出版社,2003
6. 续丹.3D 机械制图.北京:机械工业出版社,2002
7. 宜沈平.计算机绘图实践与赏析.南京:东南大学教材科,2003

计算机工程制图习题集

编著 赵敖生 鱼沈平 滁伟 刘凯
主审 骆志斌

东南大学出版社
SOUTHEAST UNIVERSITY PRESS

前 言

本习题集是《计算机工程制图实例教程》教材的配套用书，主要是工程制图的基本训练、计算机上机操作习题和大型作业等内容。

本习题集具有如下特点：

1. 题型密切结合教学内容，学以致用，加强基础训练；
2. 图形准确、清晰，配备许多三维图例，有助于培养学生的空间形象思维能力，加深对平面图形的理解；
3. 内容的安排注意由浅入深，循序渐进；
4. 编制了一级直齿圆柱齿轮的成套零件图及装配图，为机械课程设计时提供参考；
5. 习题集内容丰富，具有开发智力的趣味题和教学内容的引申题。

本习题集吸取了一些同类教材及习题集内容，谨致谢忱！

本习题集由赵敖生、宜沈平、徐伟、刘凯编著，骆志斌审阅。本习题集备有题解，需要者可与编者联系（Email:zas8521@sina.com）。

编 者

2008 年 8 月

1. 在横放A4图纸上以1:1比例，绘制图示零件轮廓图，并标注尺寸

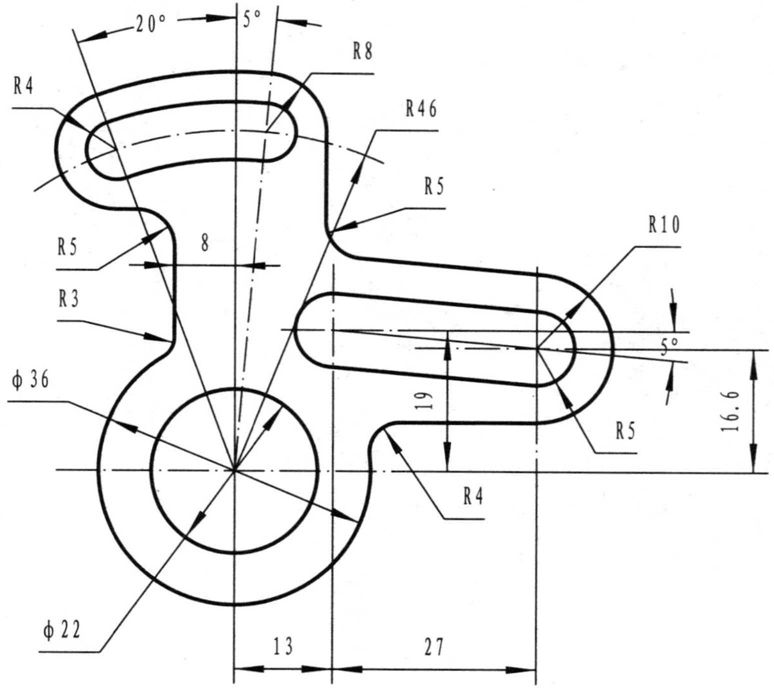

2. 在横放A4图纸上以1:1比例，绘制图示扳手轮廓图，并标注尺寸

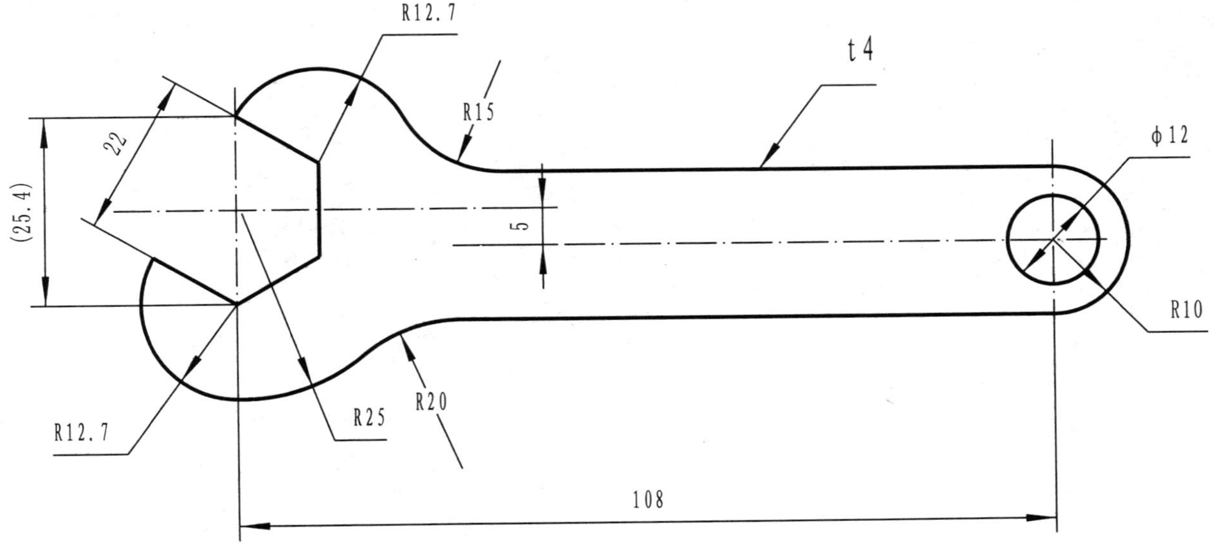

3. 根据轴测图及其尺寸，画三视图（箭头指向为主视图投影方向）

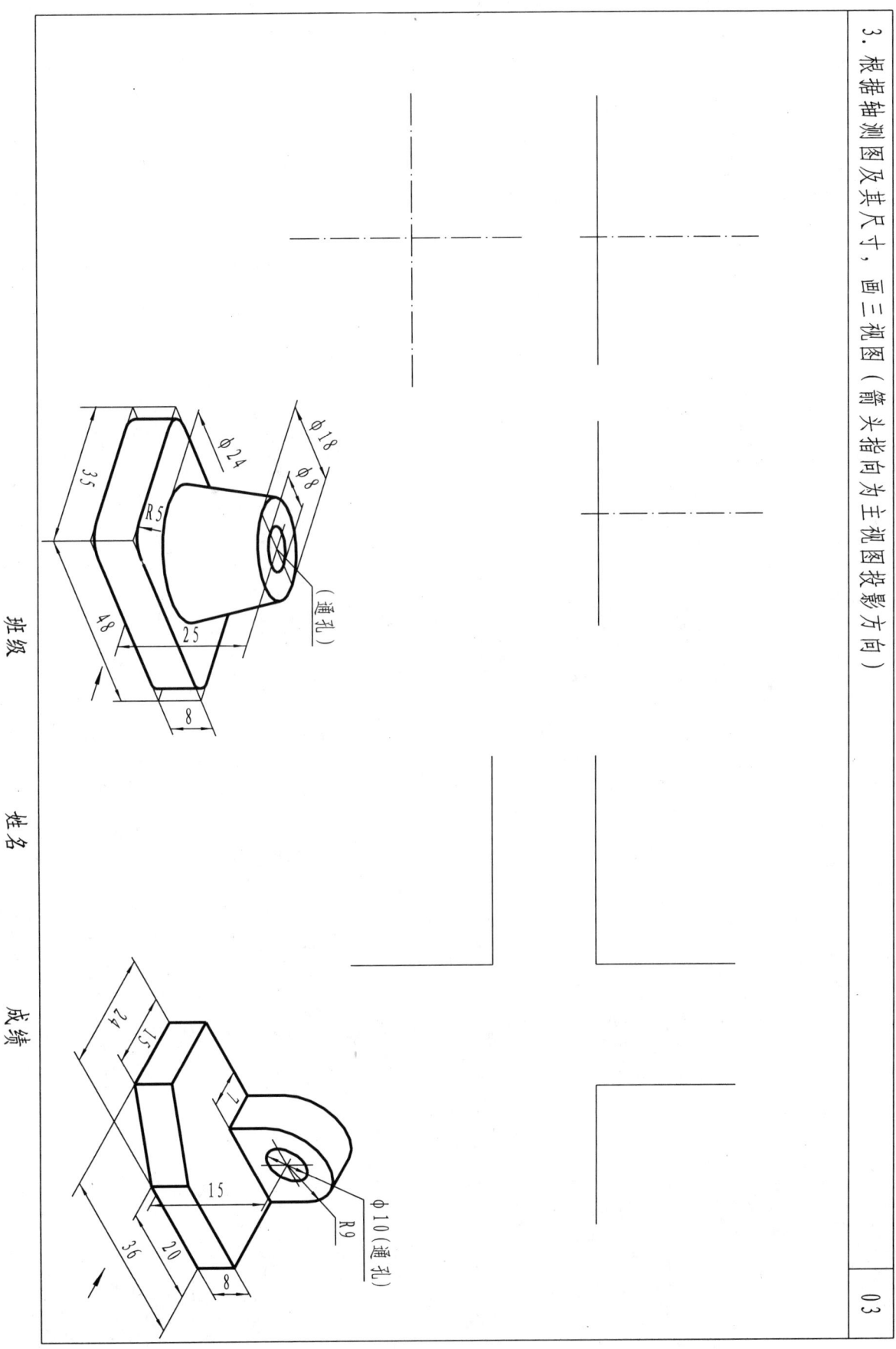

4. 根据轴测图及其尺寸，画三视图（箭头指向为主视图投影方向）

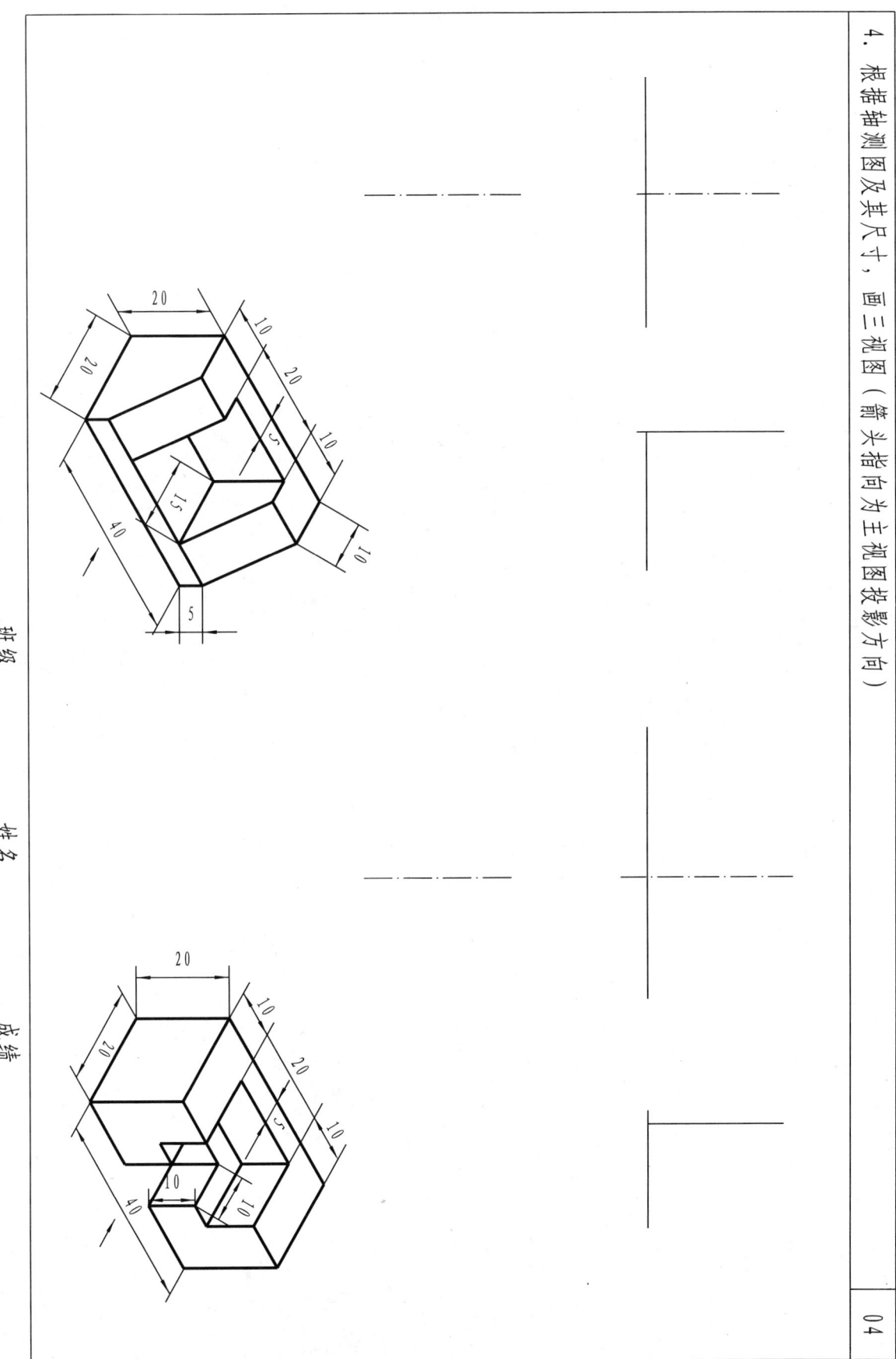

5. 根据轴测图及其尺寸，画三视图（箭头指向为主视图投影方向）

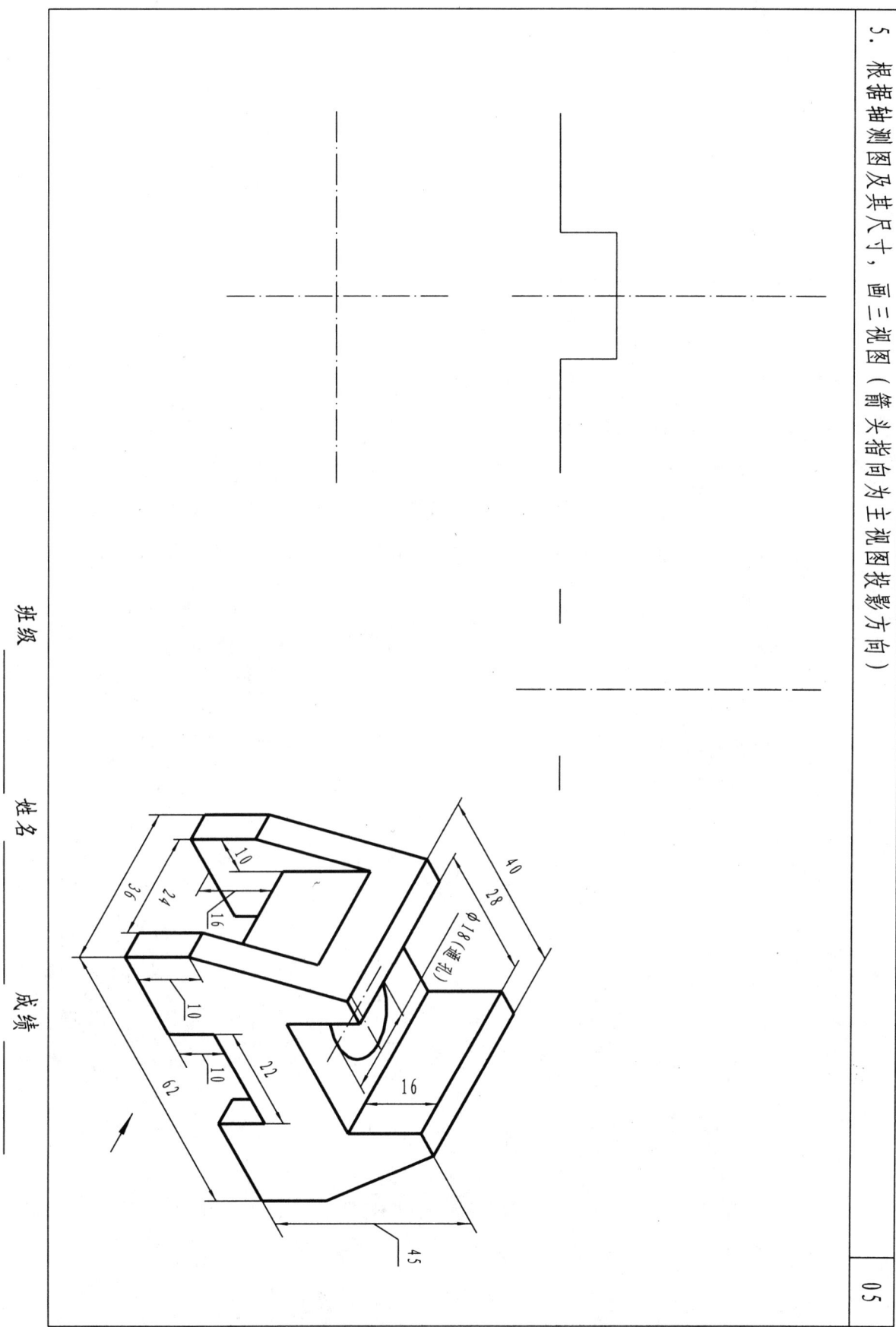

6. 根据轴测图及其尺寸，画三视图（箭头指向为主视图投影方向）

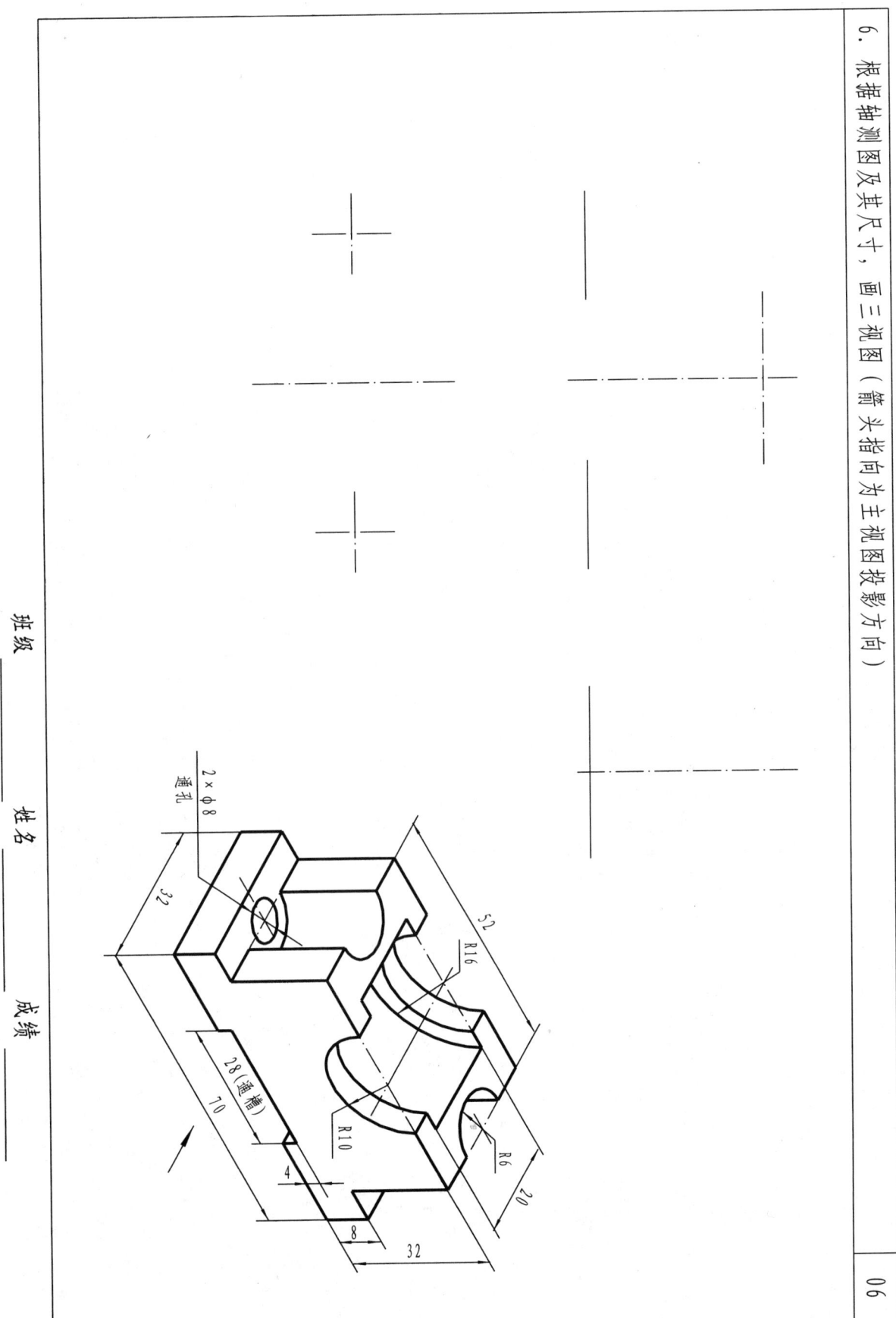

班级 _____ 姓名 _____ 成绩 _____

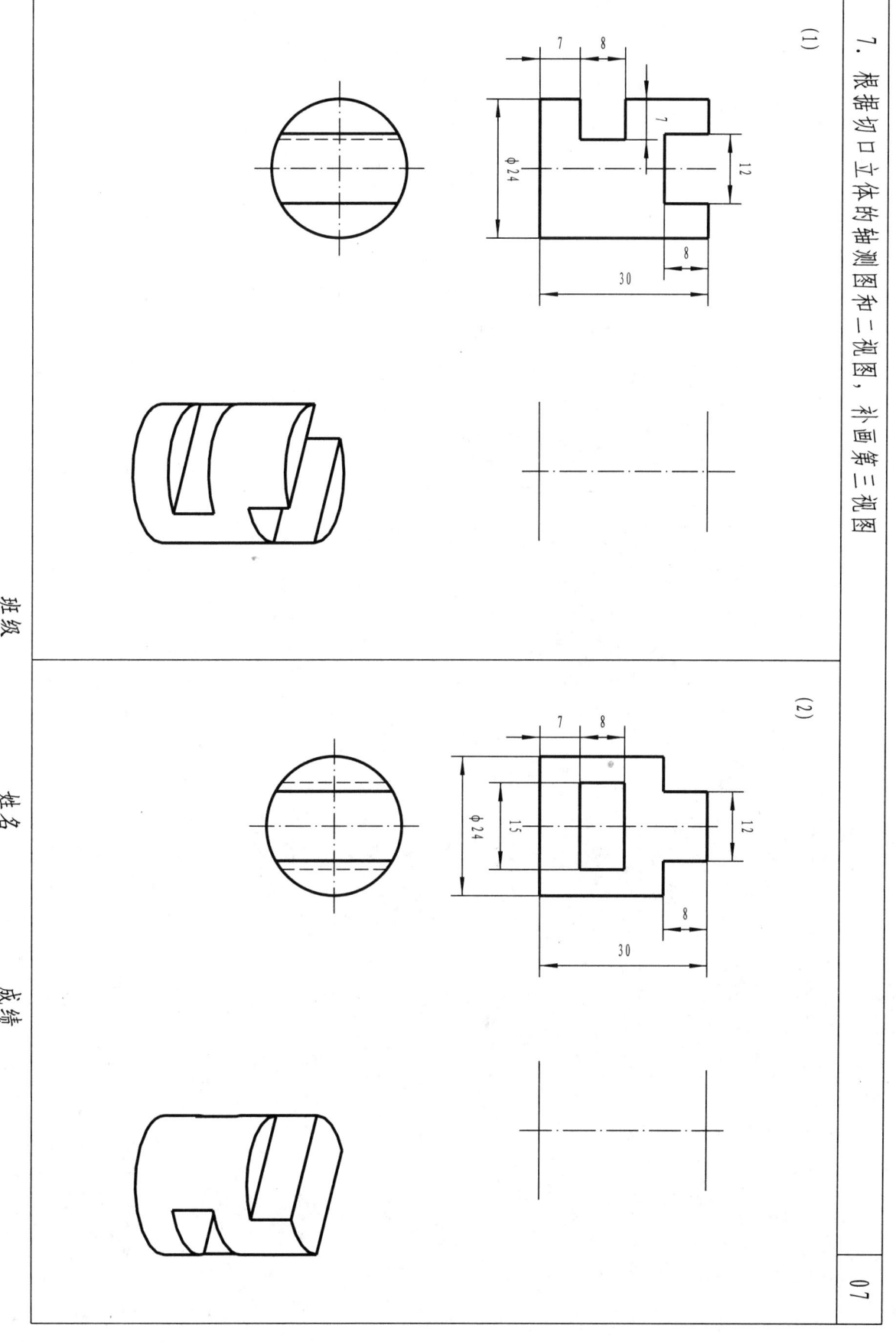

8. 根据轴测图及其尺寸，在A3图纸上用1:1画三视图

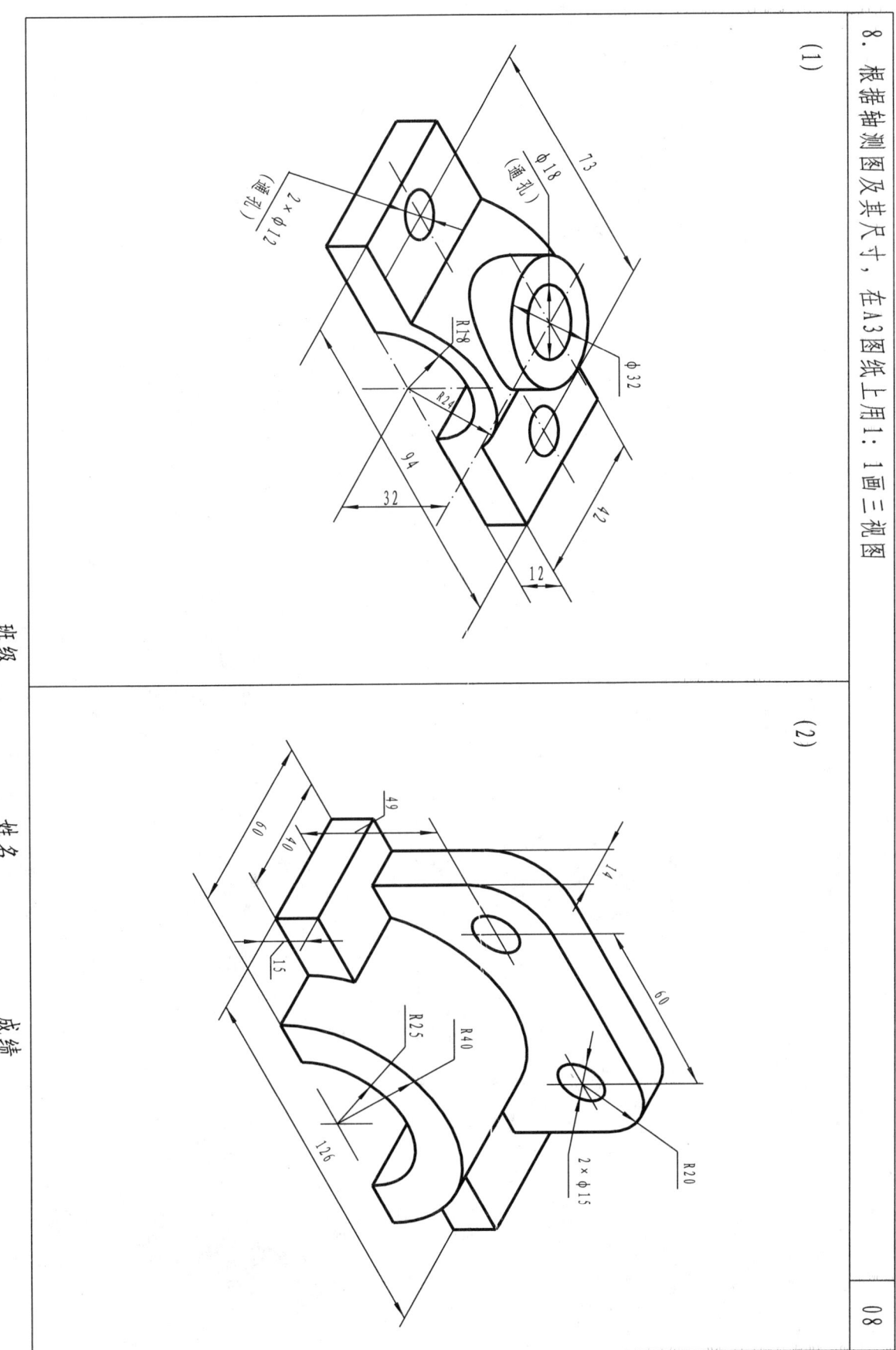

(1)

(2)

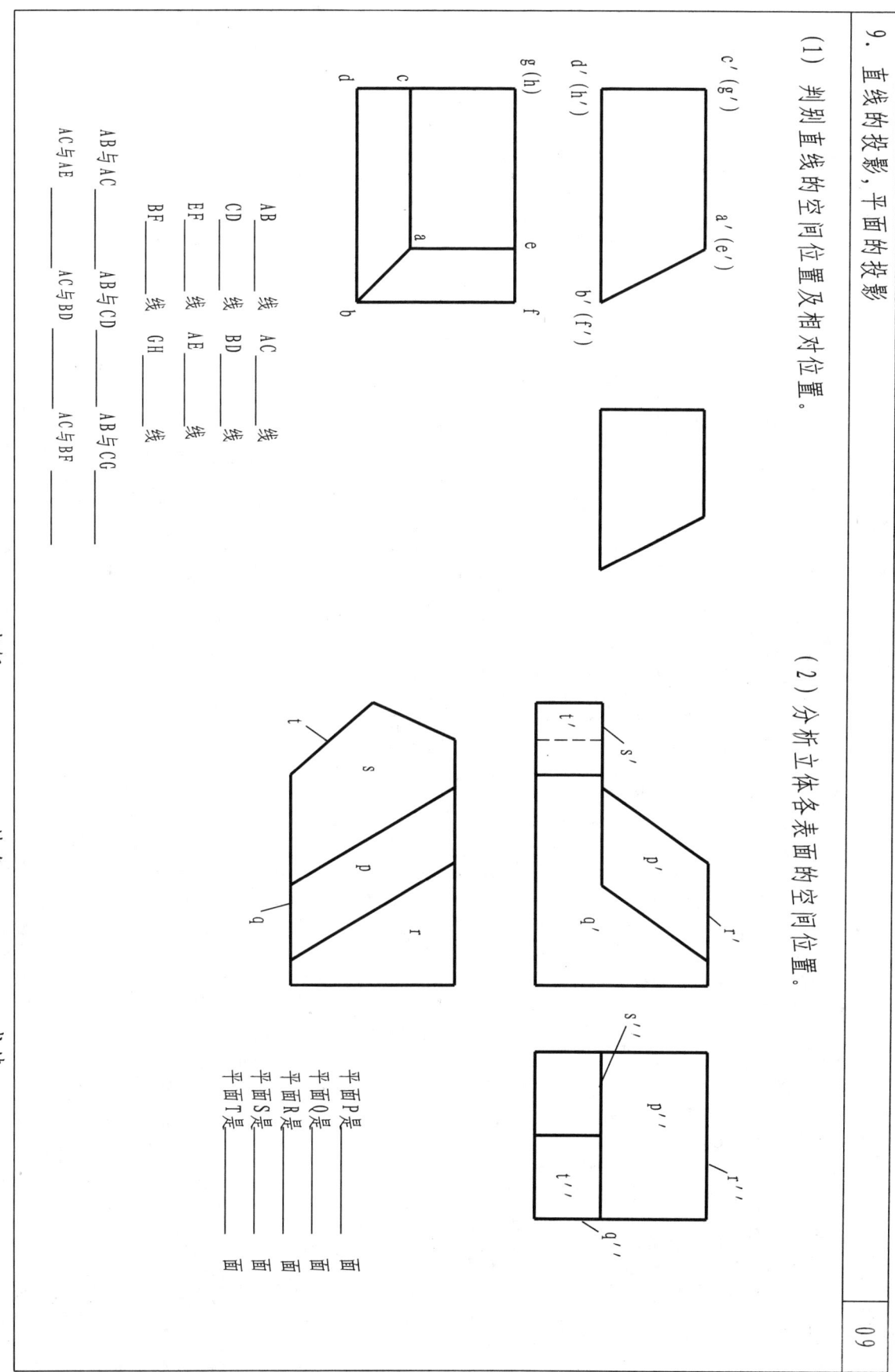

10. 点的投影，平面的投影

(1) 补出四棱锥SEFGH的左视图，并作出其棱线上点A、B、C、D的三面投影。

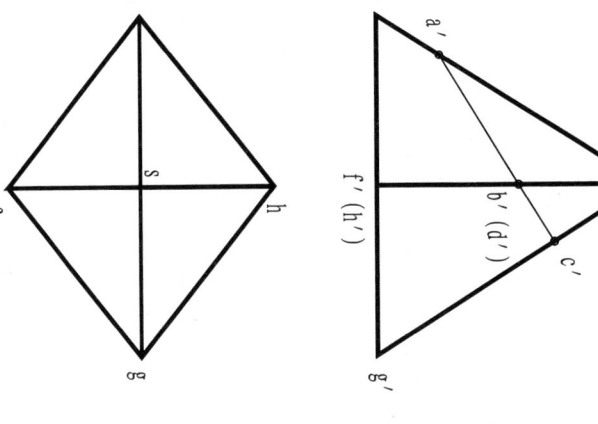

(2) 补画立体与平面P相交后产生的表面交线的水平投影。

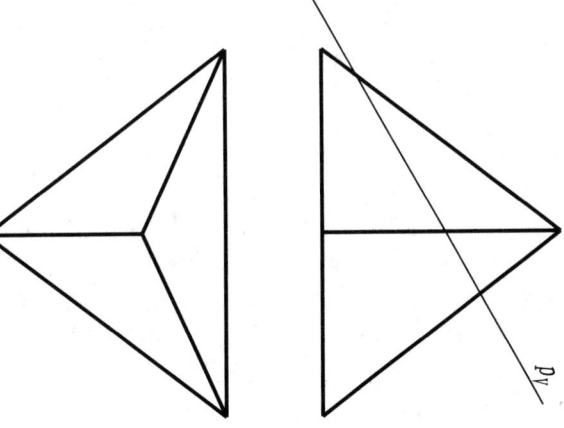

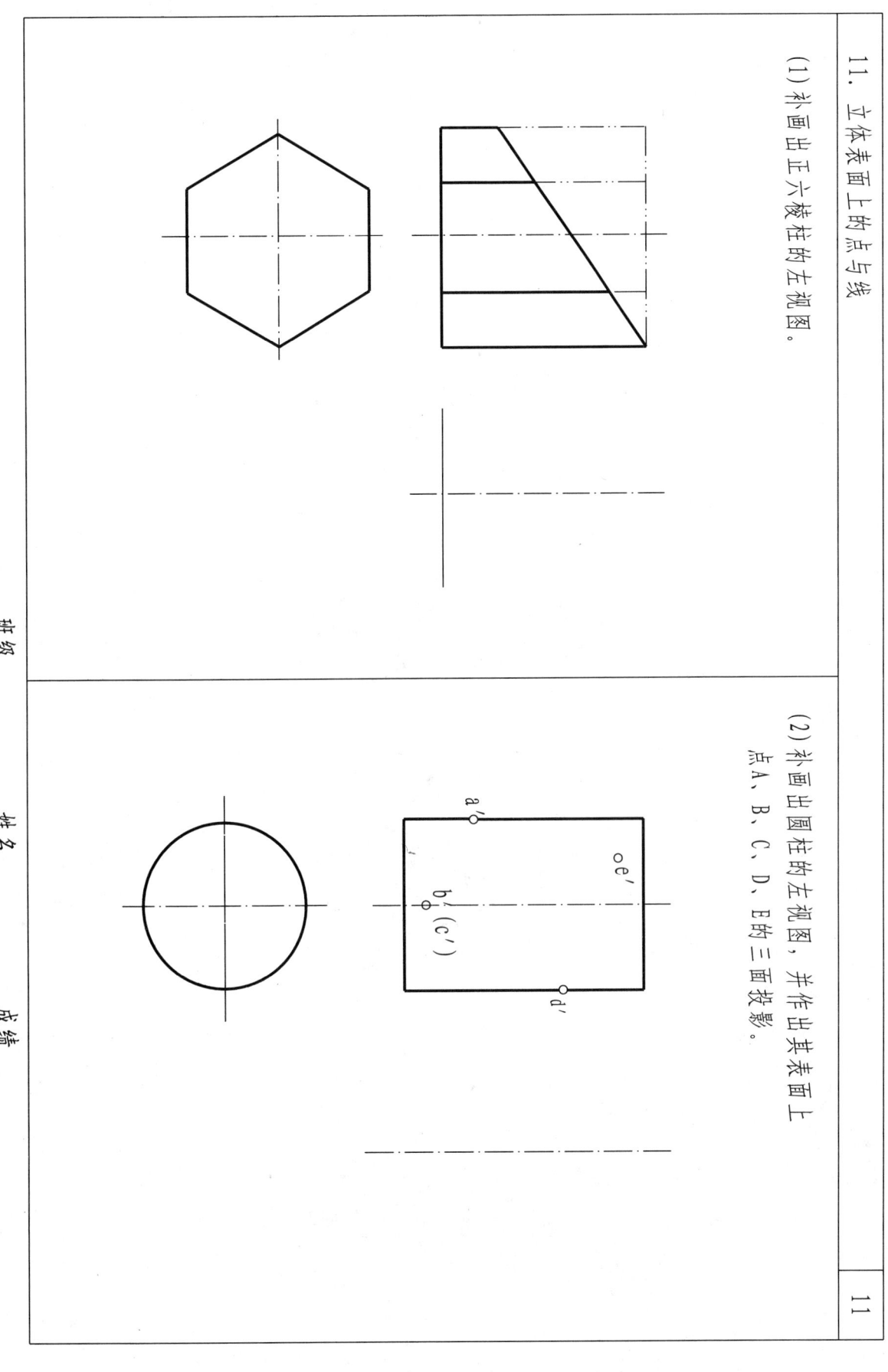

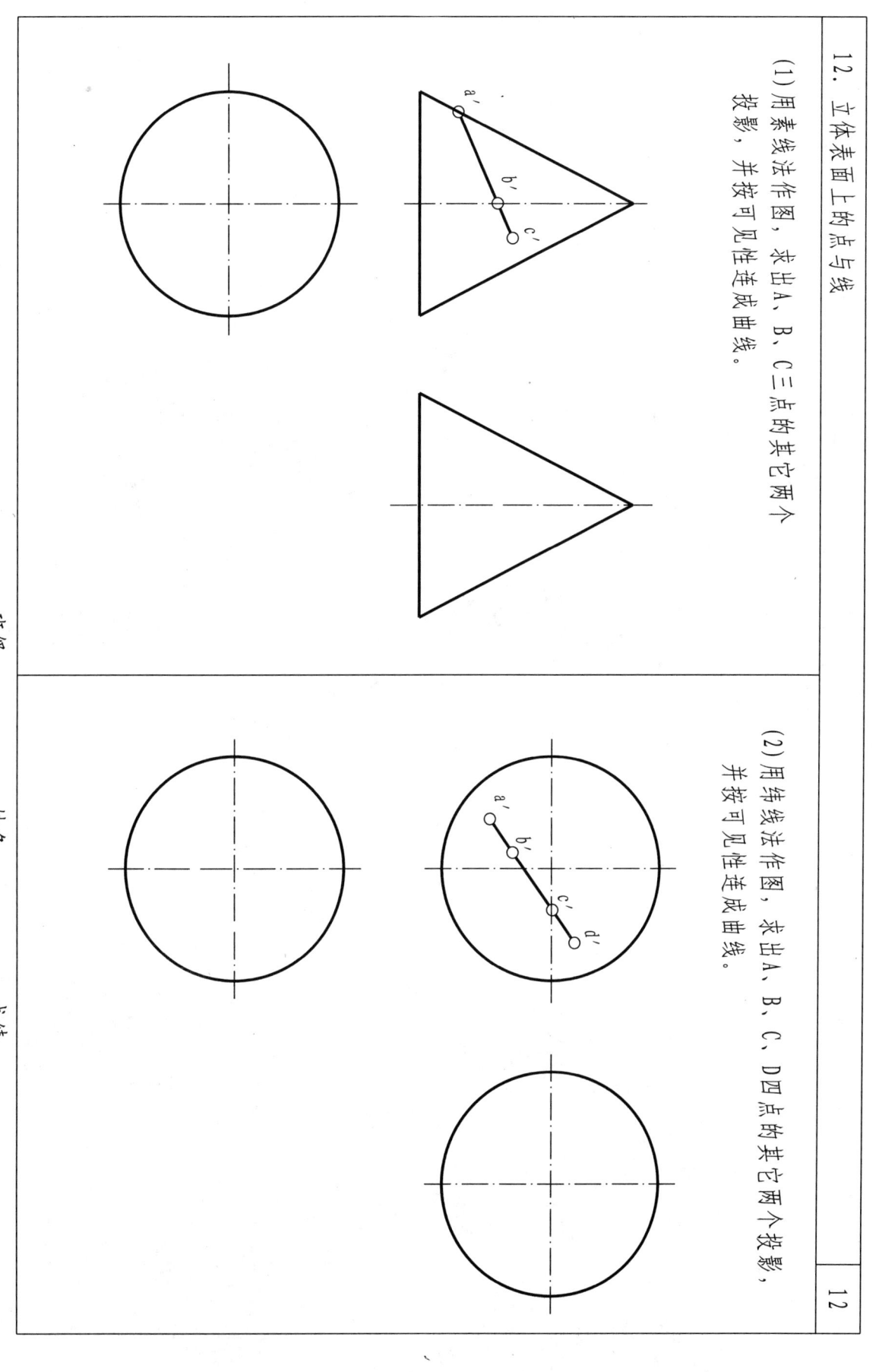

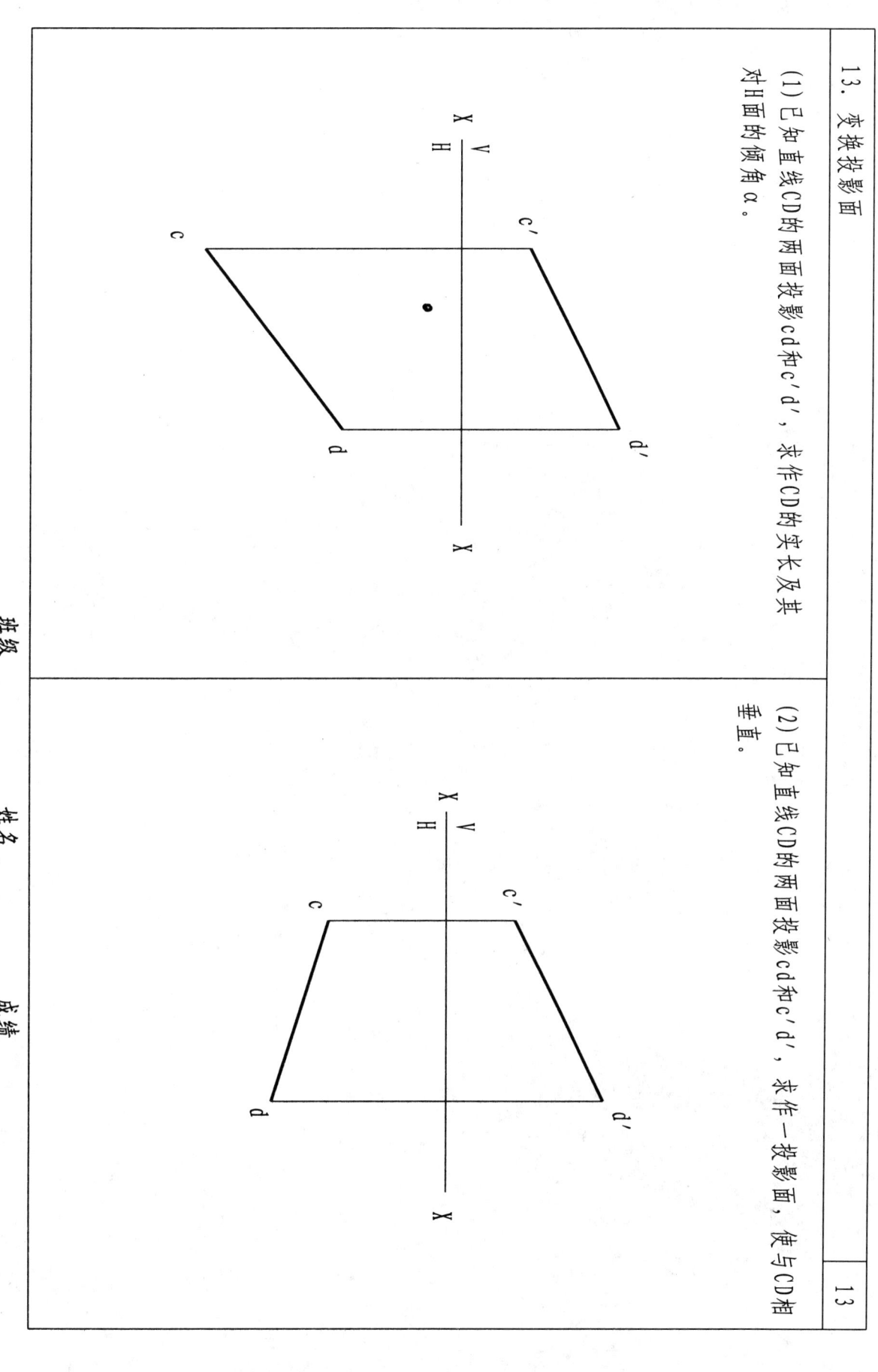

14. 变换投影面

(1) 已知△ABC的三个顶点的两面投影abc和a'b'c',求作与△ABC相垂直的投影面。

(2) 求作下图所示六棱柱上正垂面P的实形。

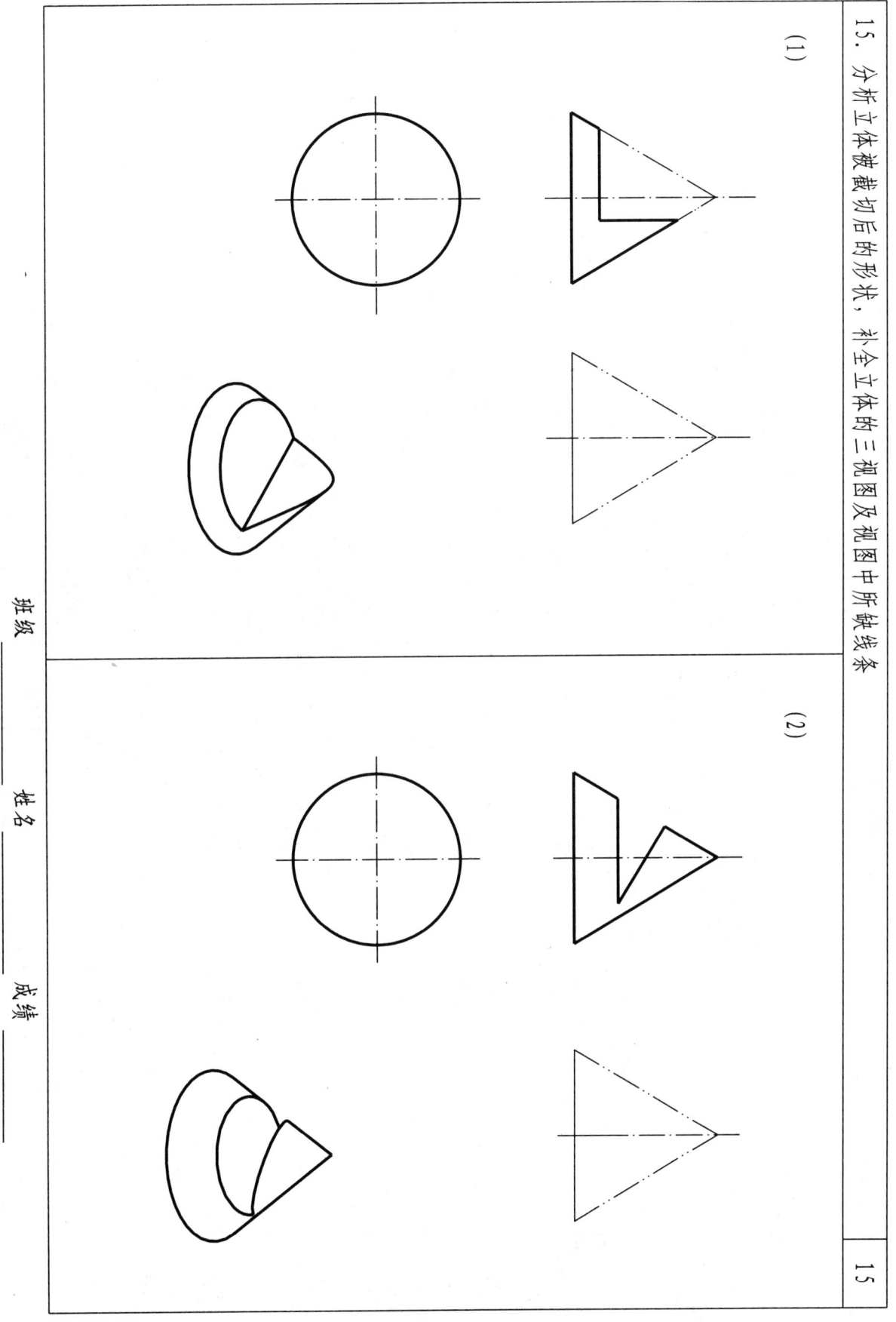

16. 分析立体被截切后的形状,补全立体的三视图及视图中所缺线条

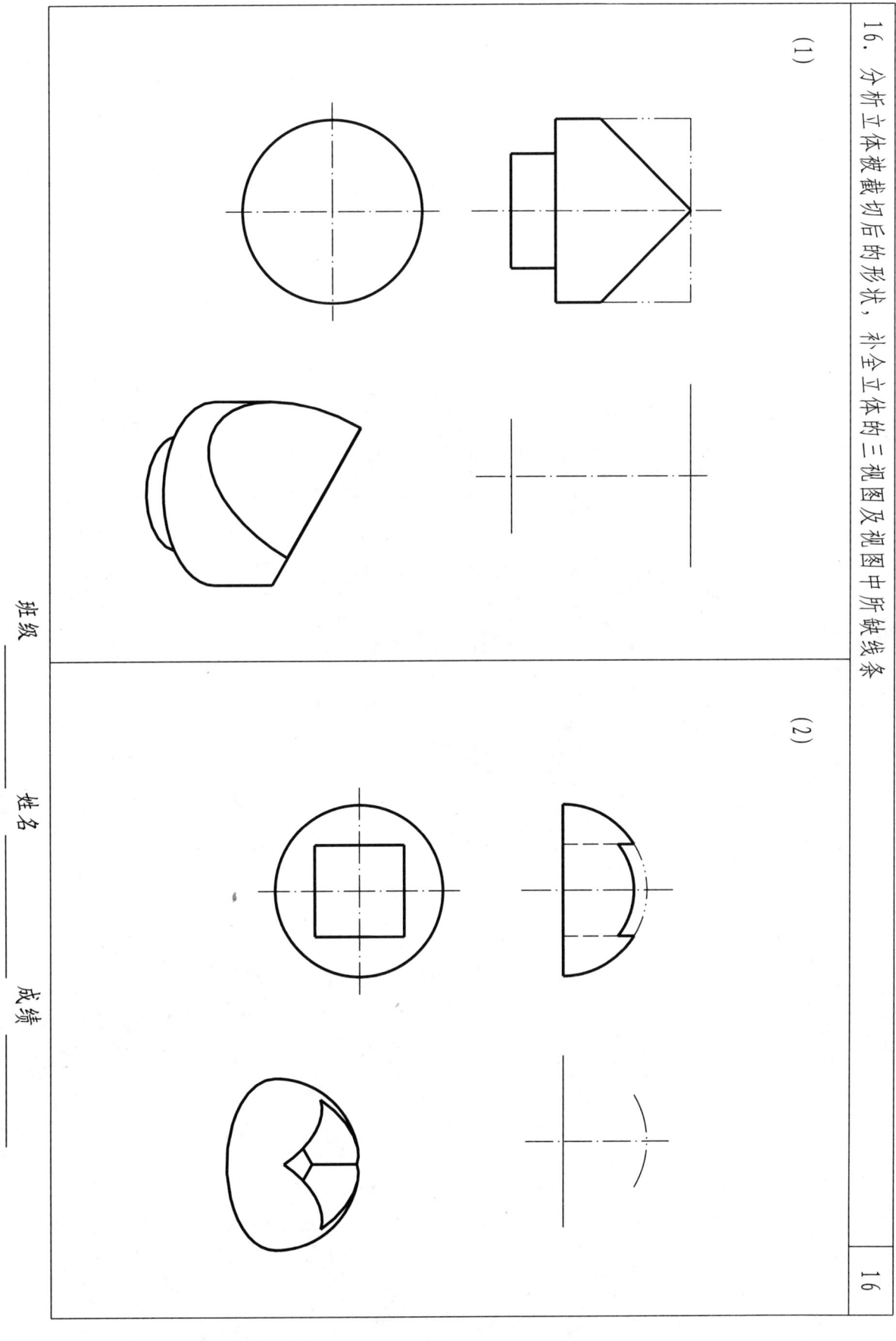

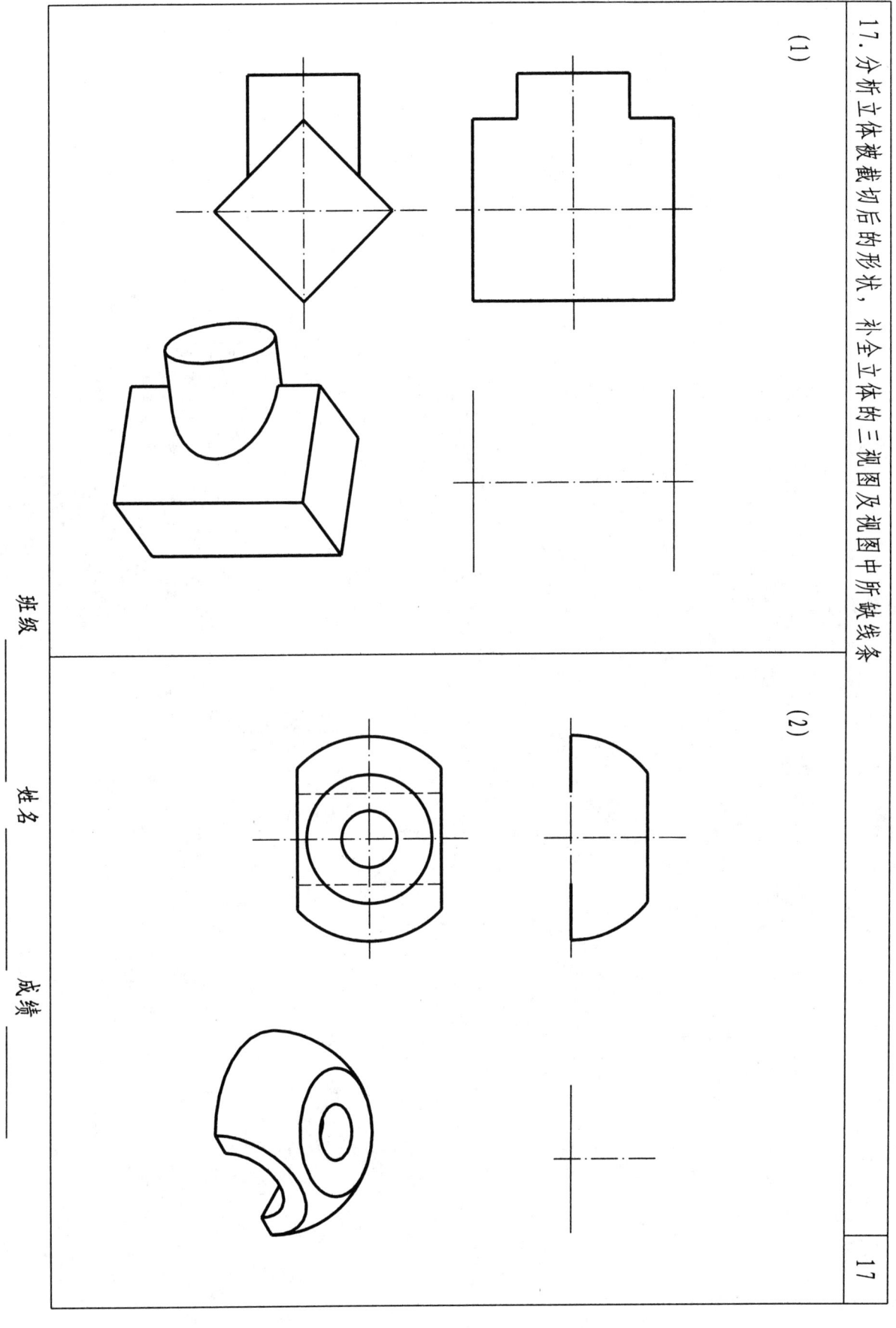

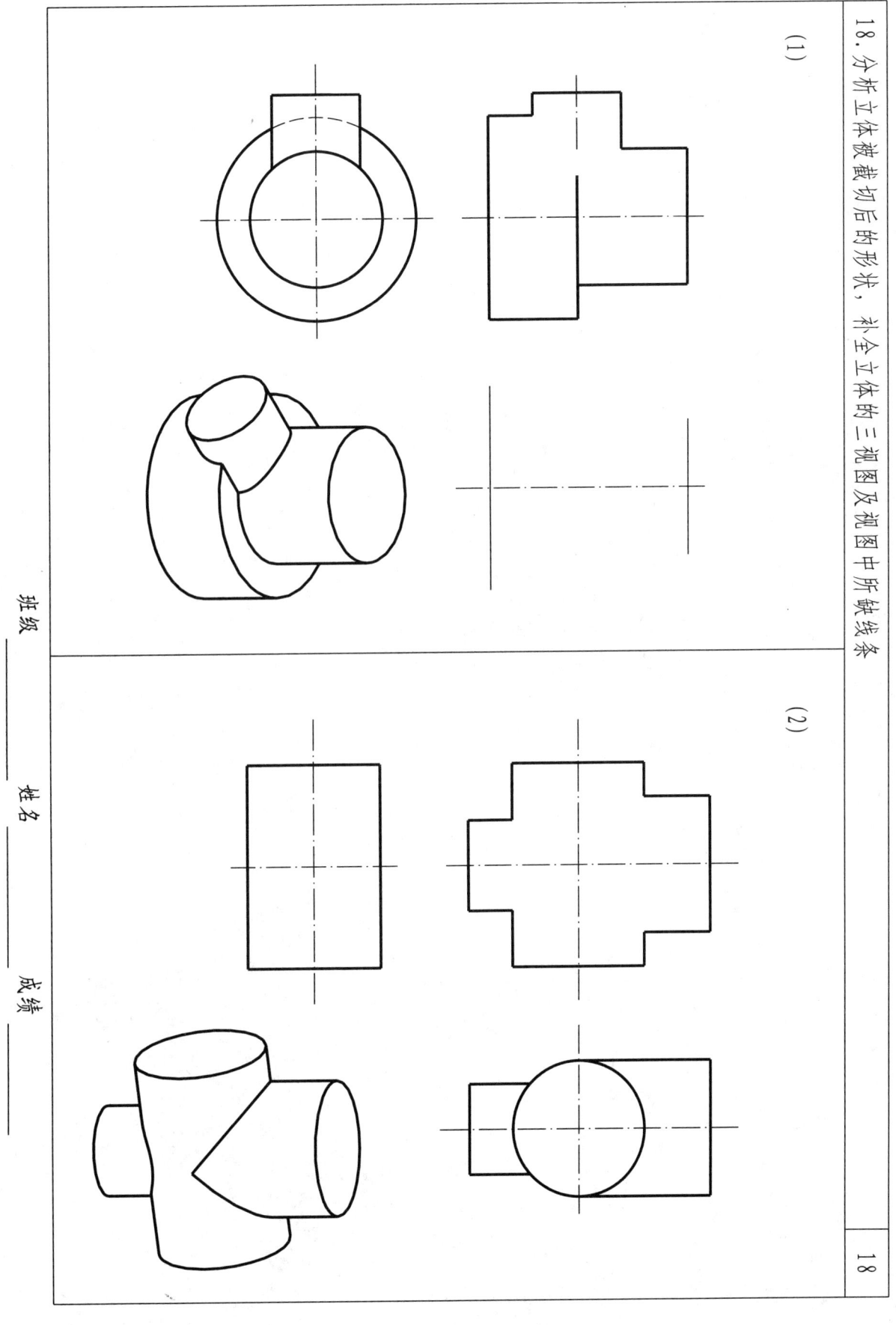

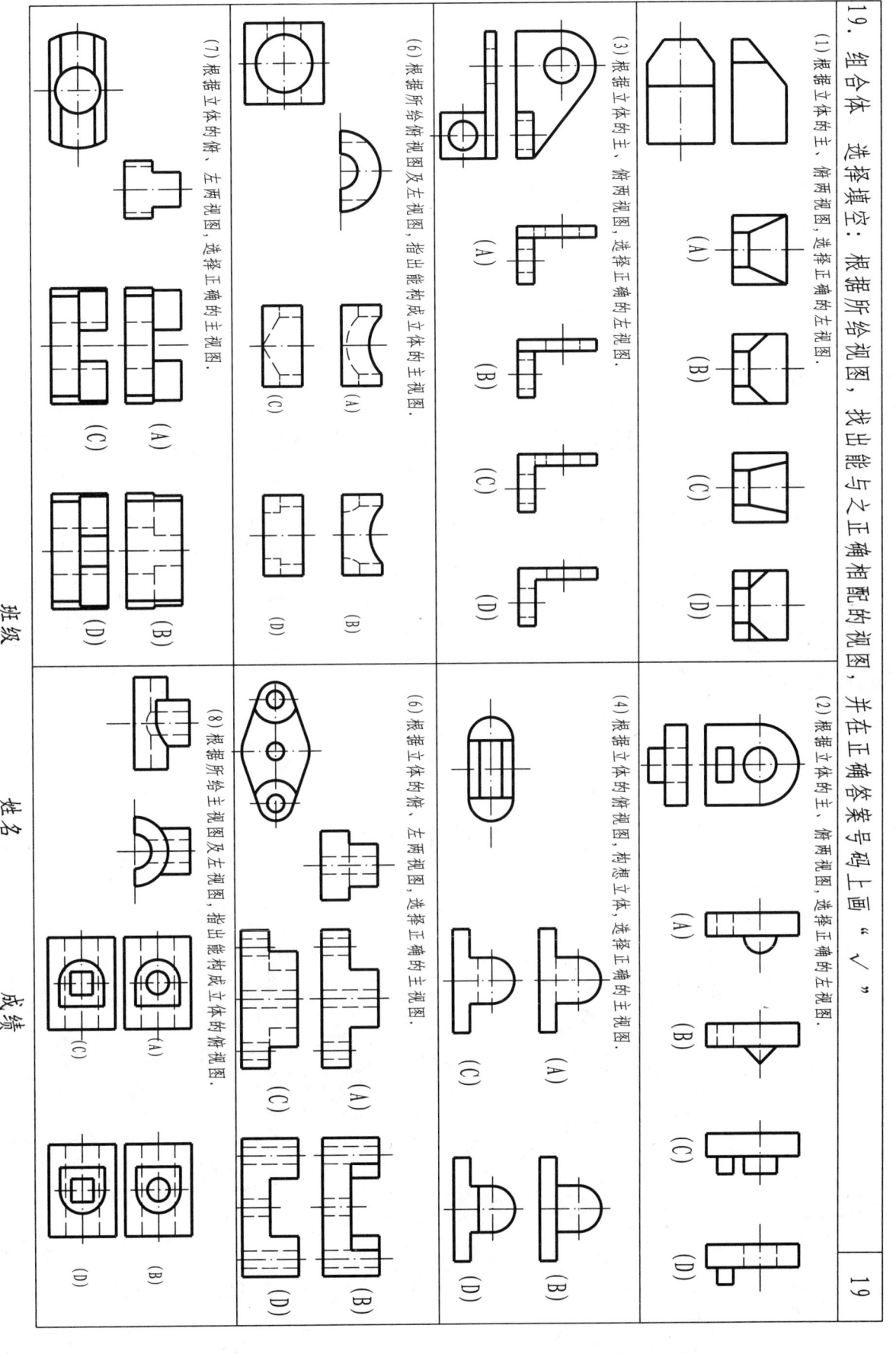

20. 根据轴测图及其尺寸，在A3图纸上用1:1画三视图

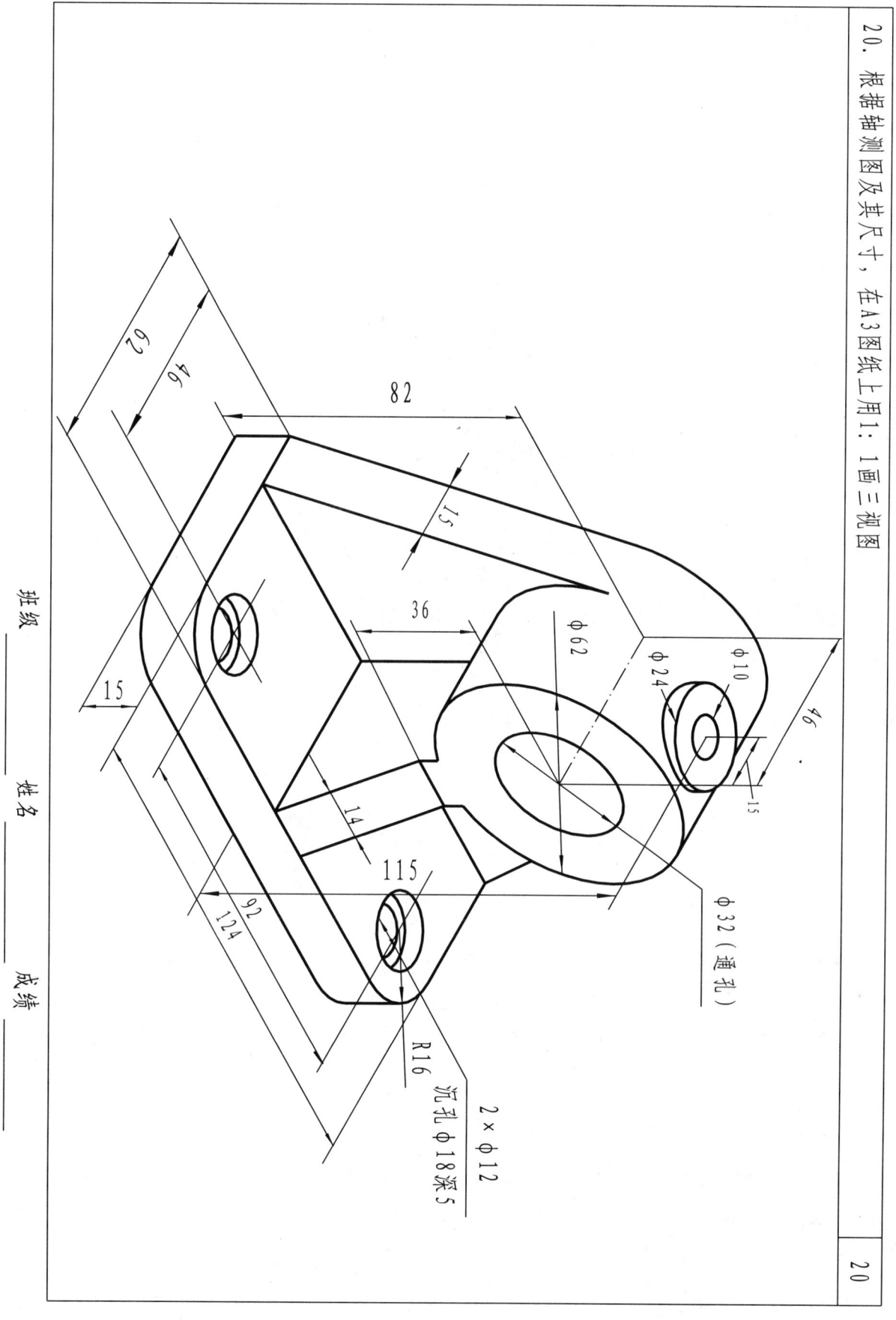

班级　　　　　　姓名　　　　　　成绩

21. 分析立体被截切后的形状，补全立体的三视图及视图中所缺线条

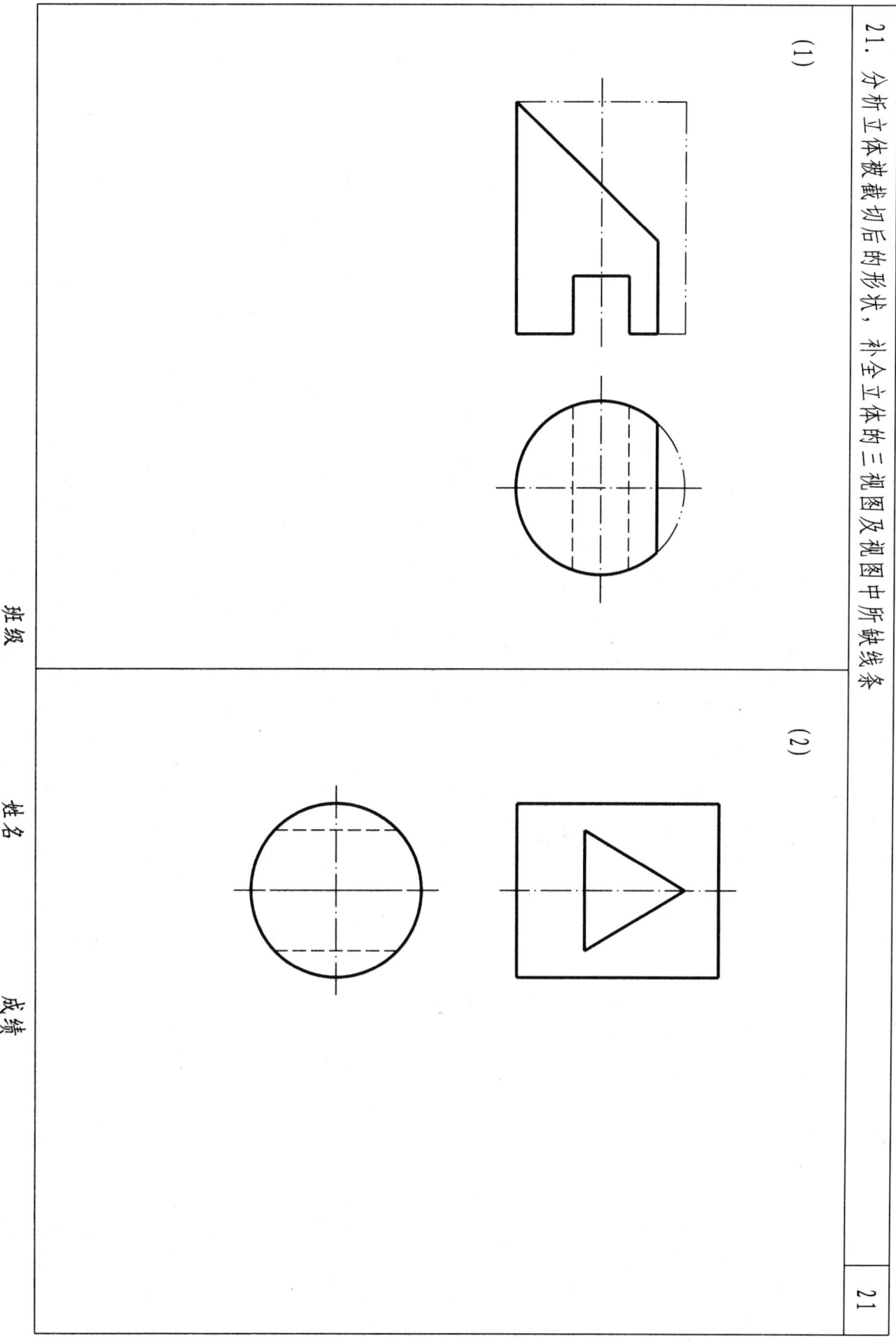

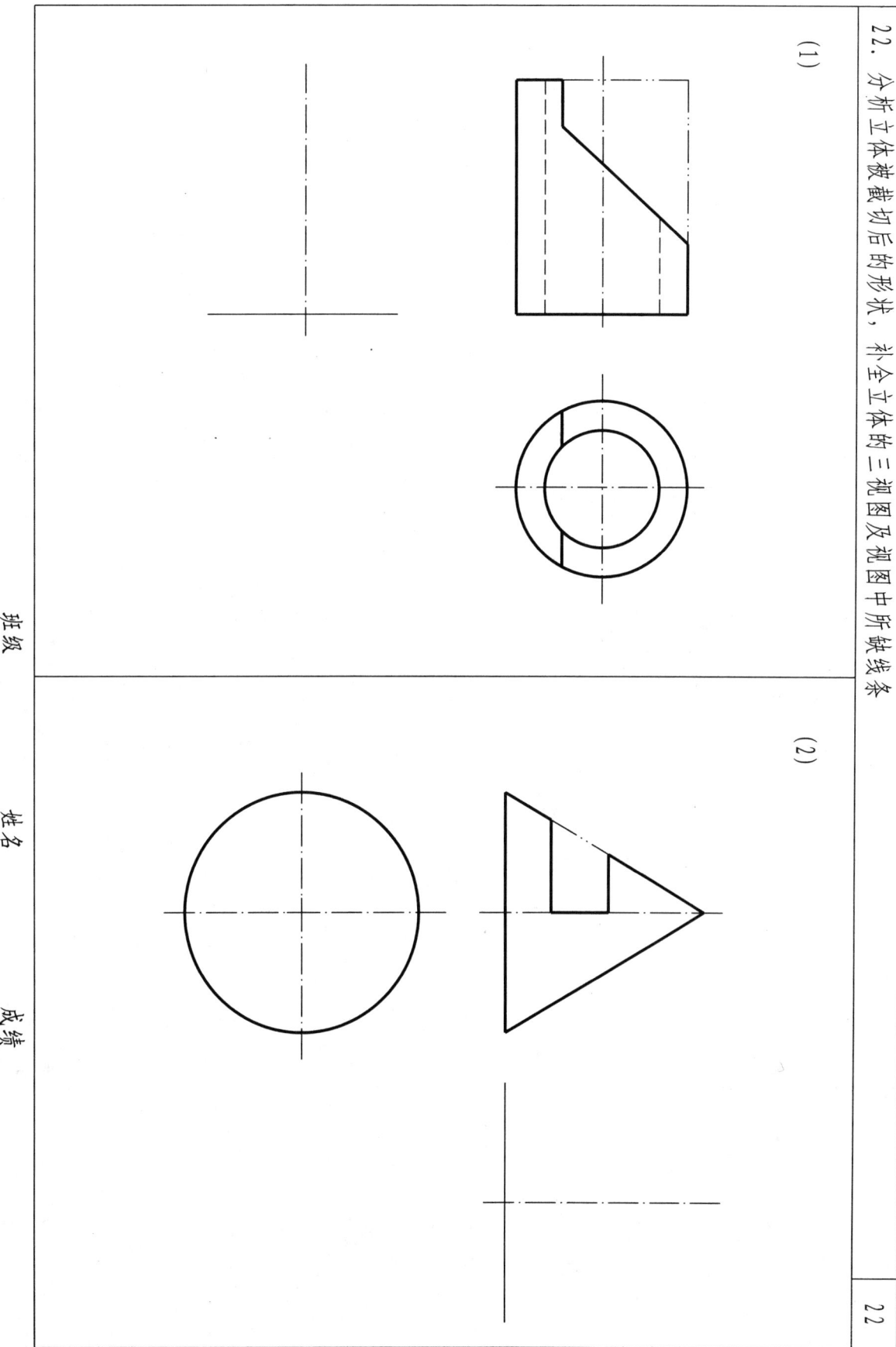

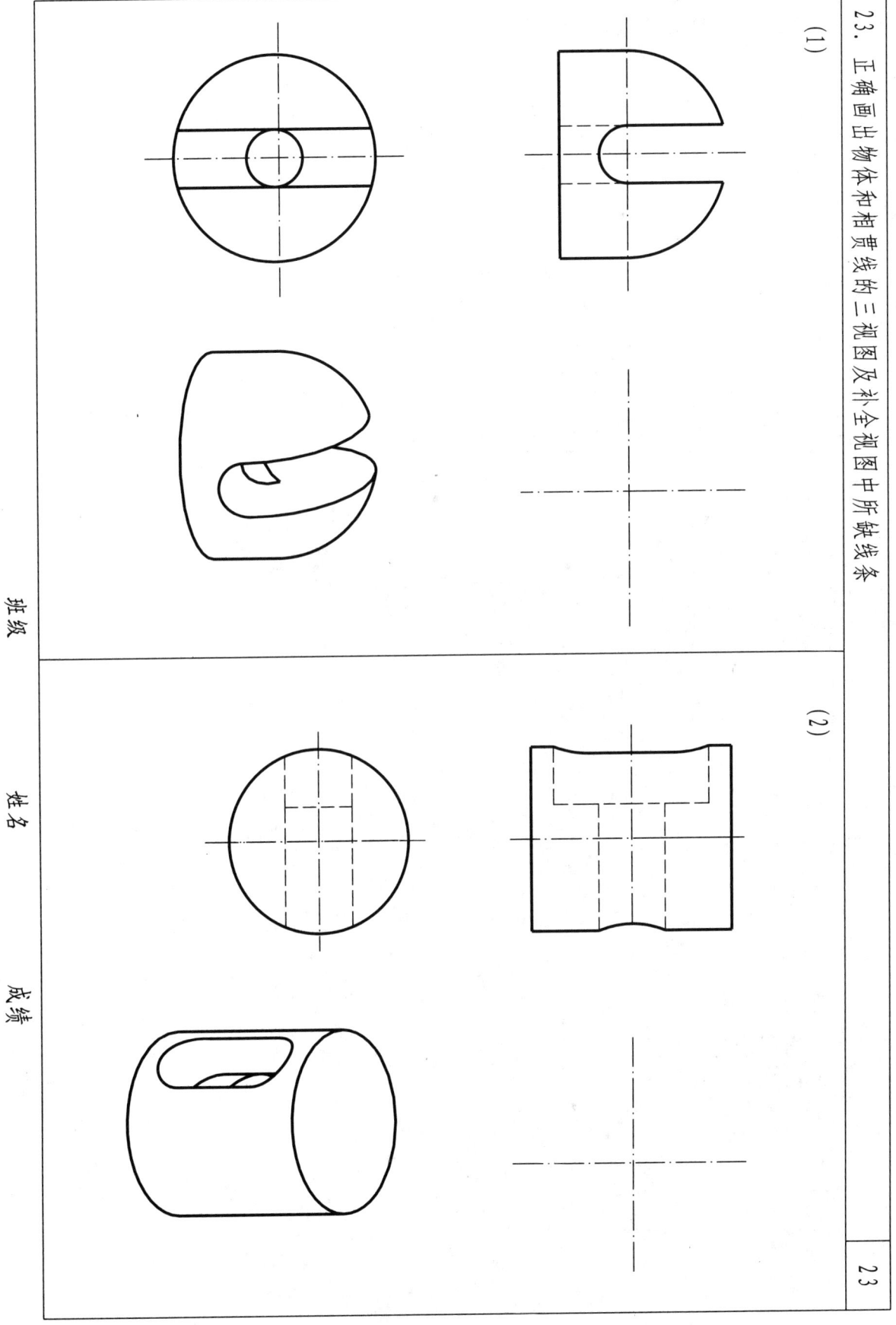

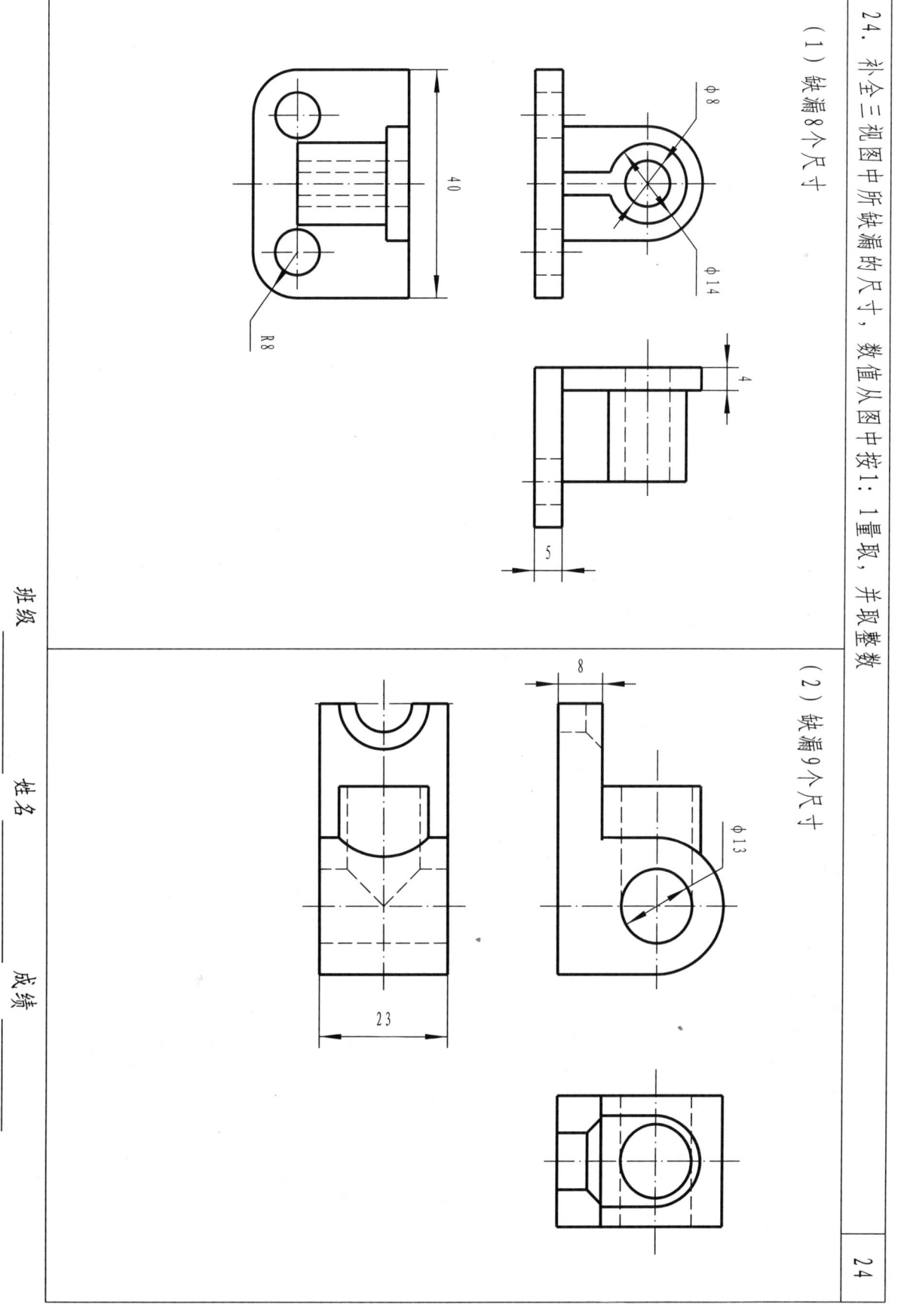

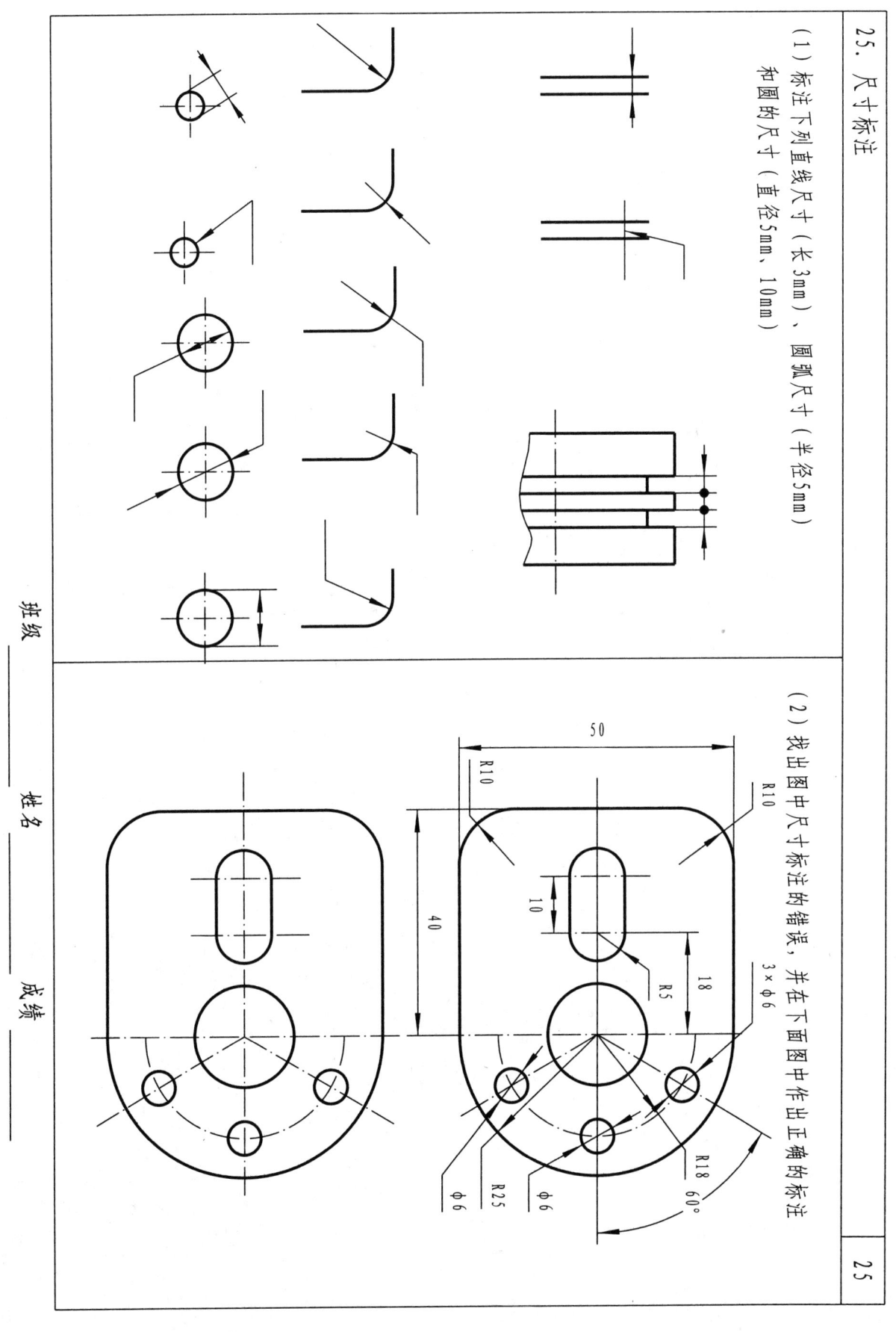

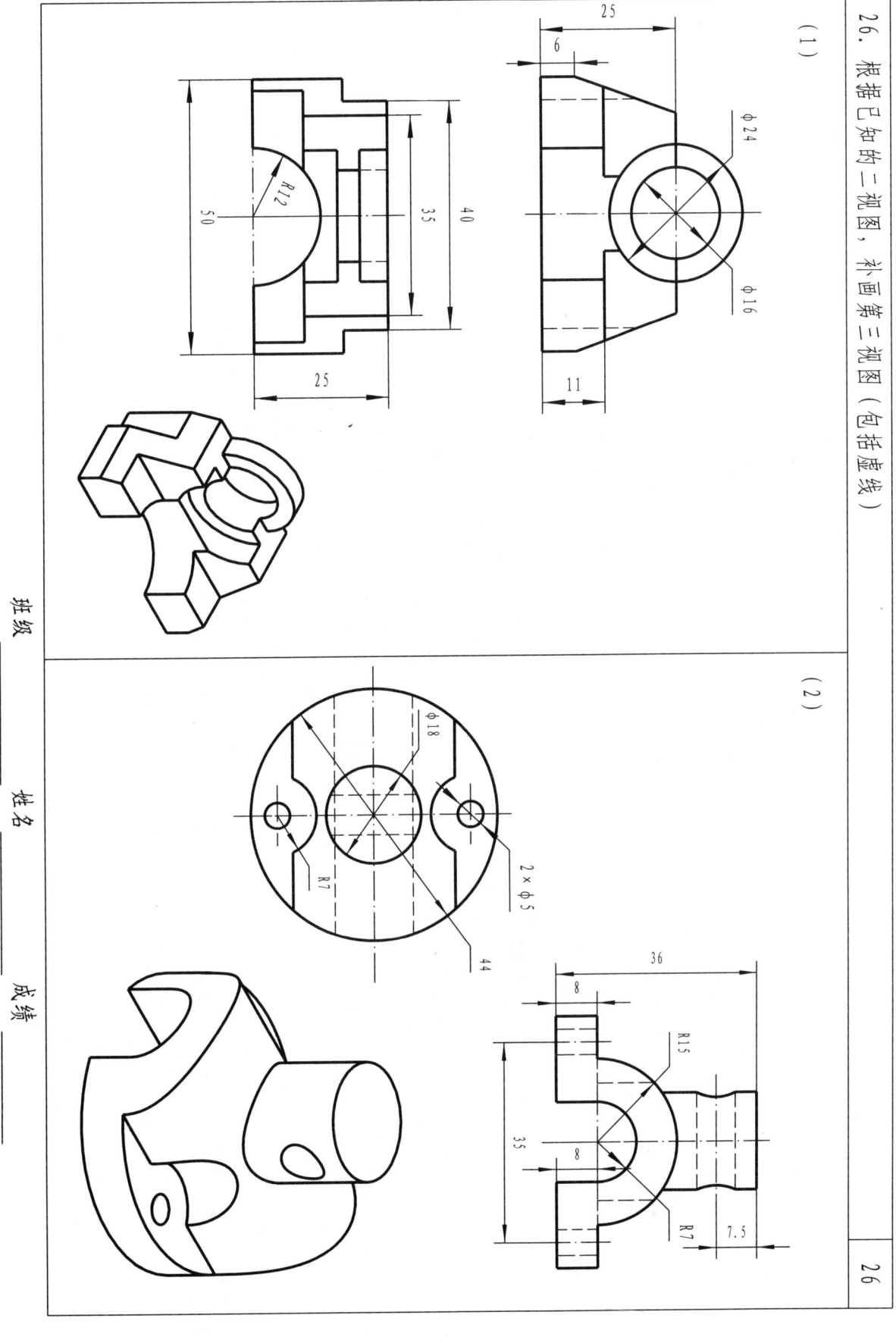

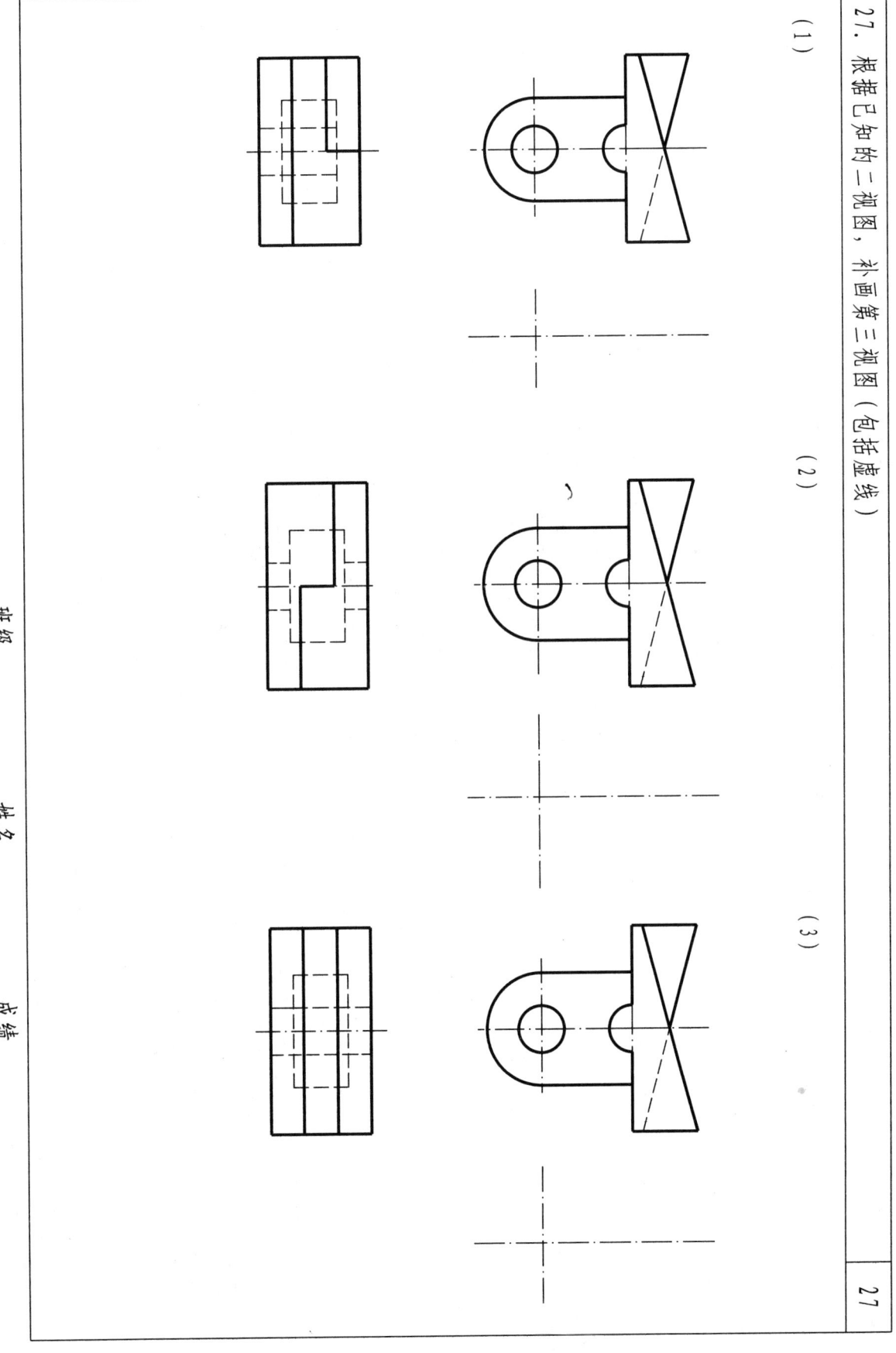

28. 根据已知的二视图，补画第三视图（包括虚线）

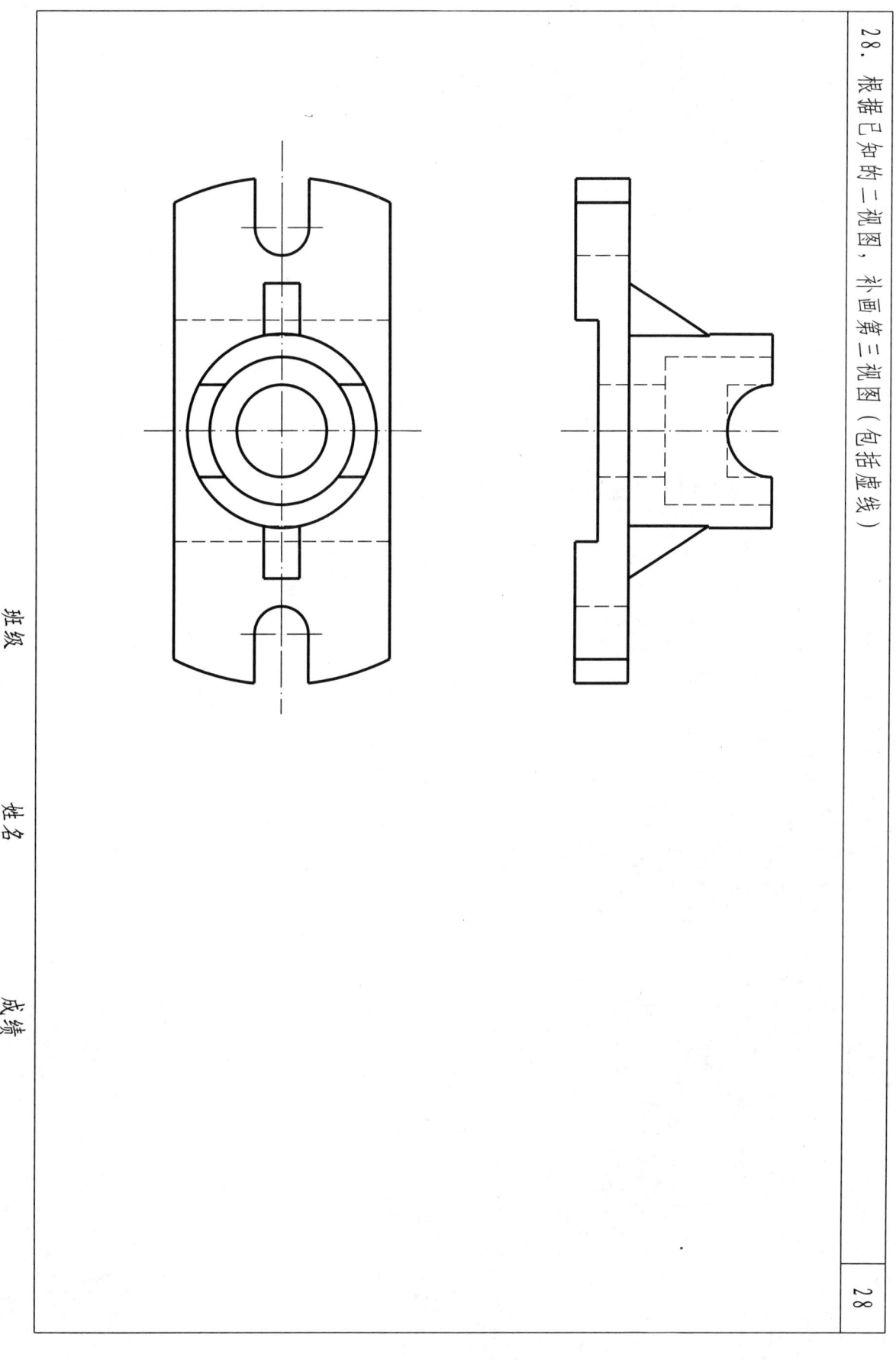

29. 根据已知的二视图，补画第三视图（包括虚线）

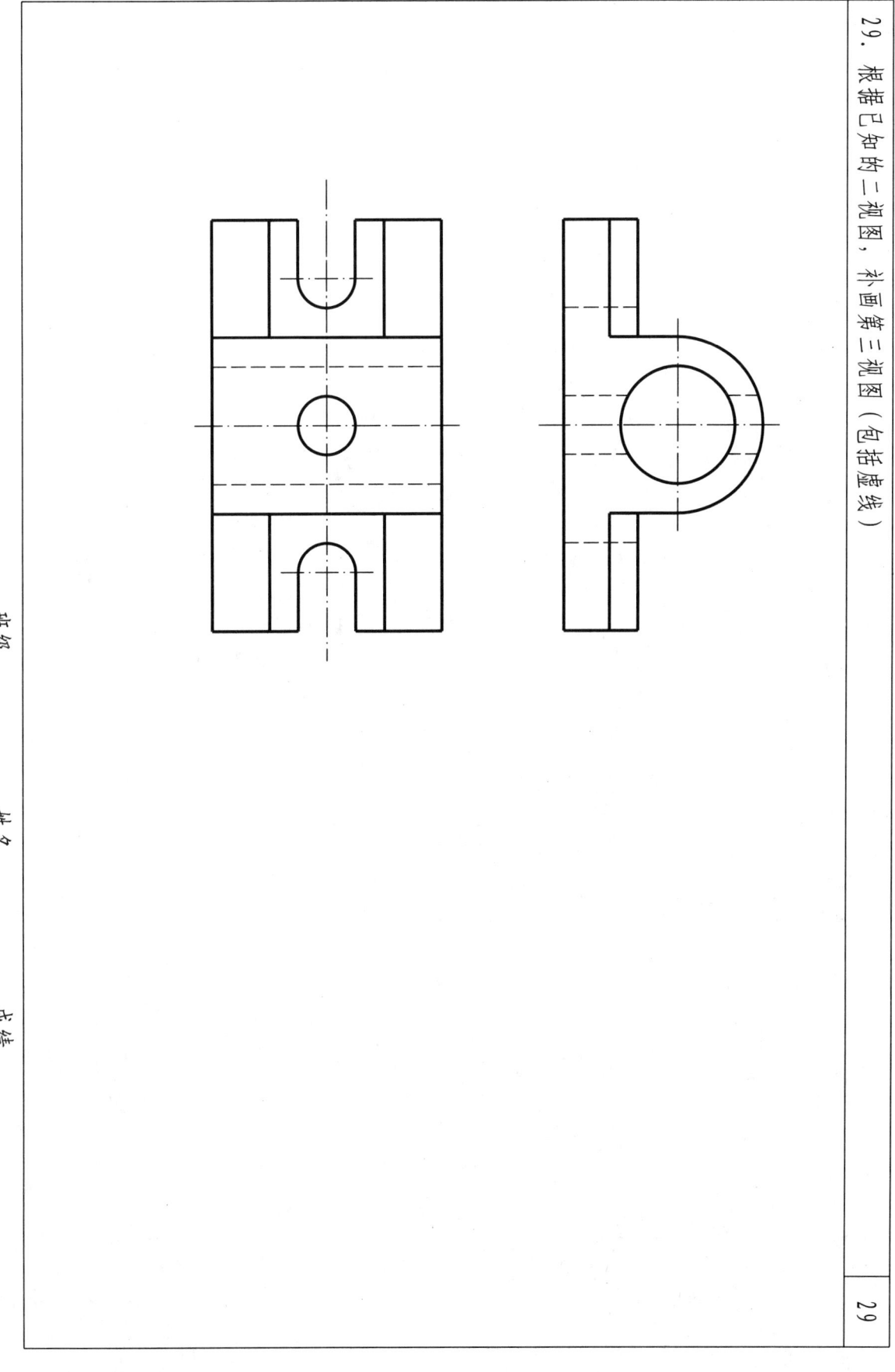

30. 在A3图纸上用1：1按图所示主视图和俯视图，画出全剖视图的左视图，半剖主视图

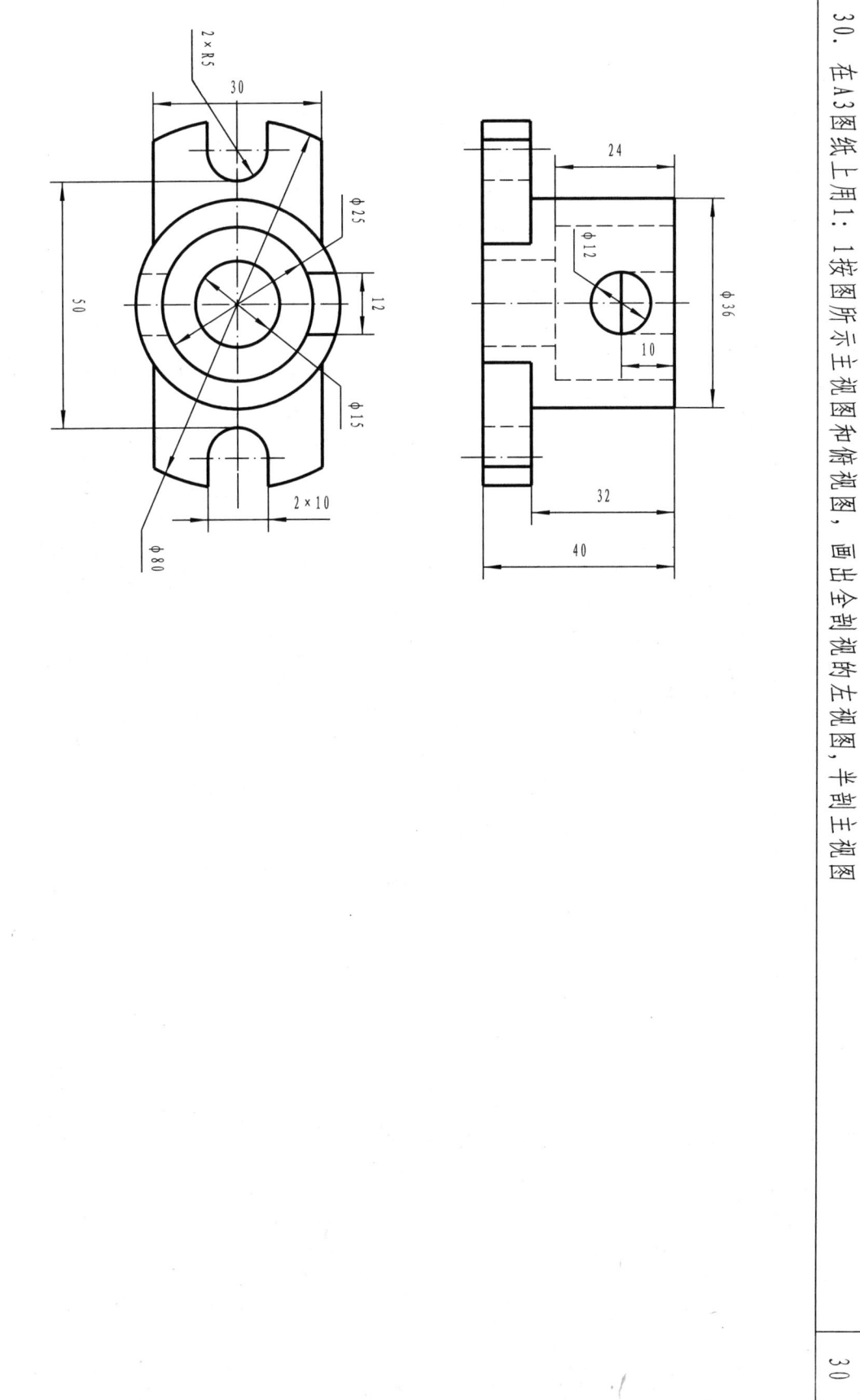

班级　　　　姓名　　　　成绩

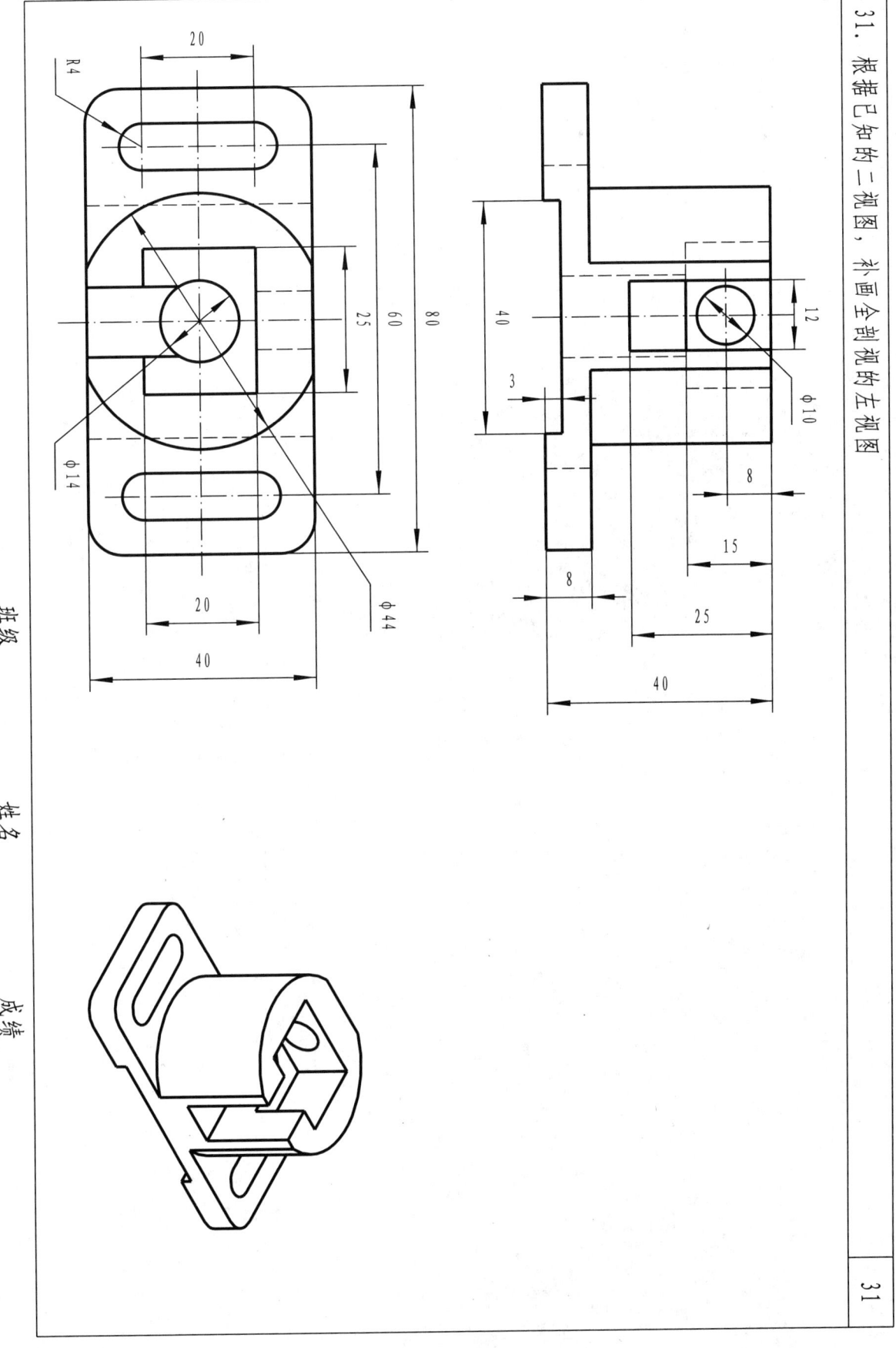

32. 根据主视图及俯视图，画出半剖左视图

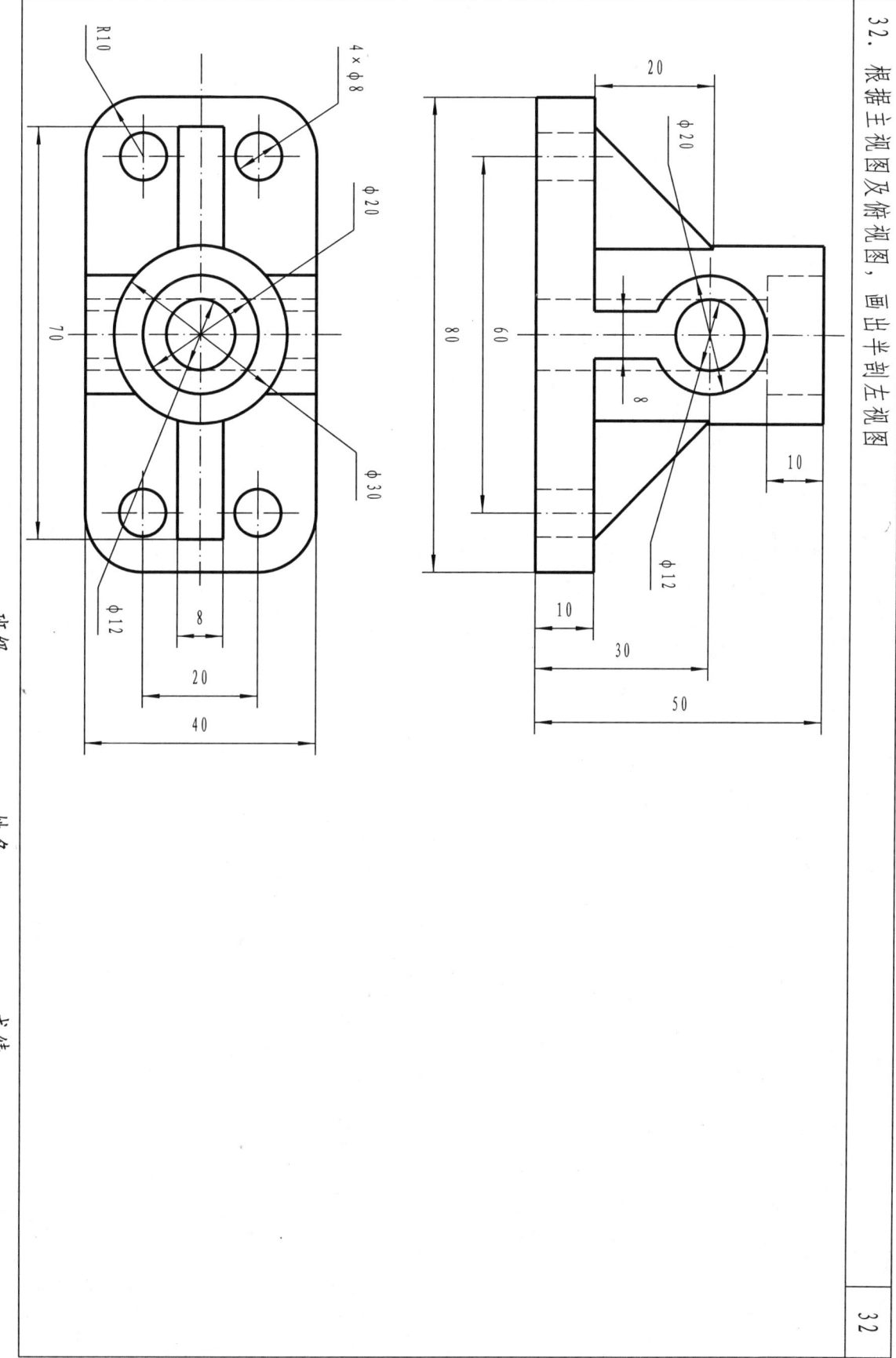

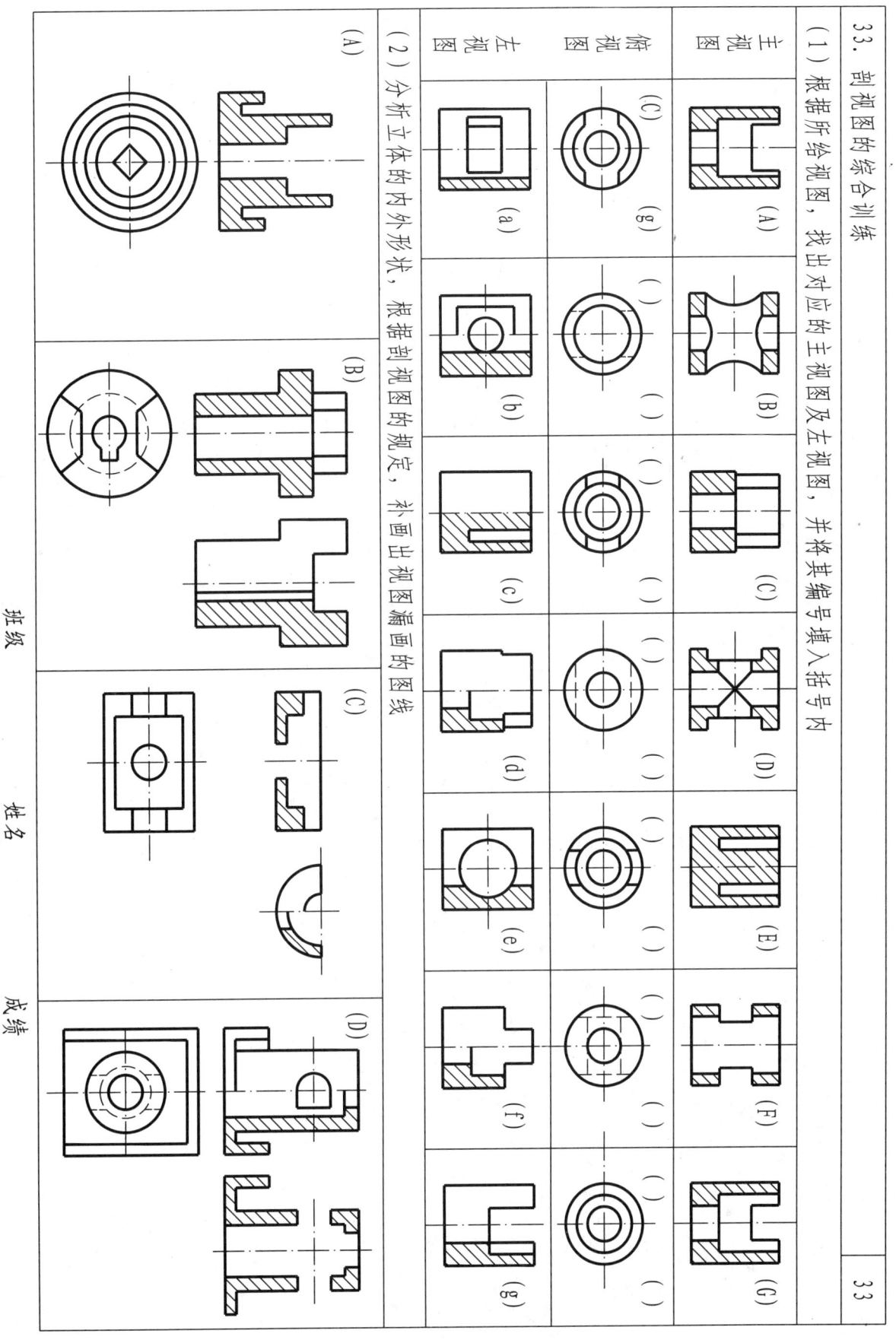

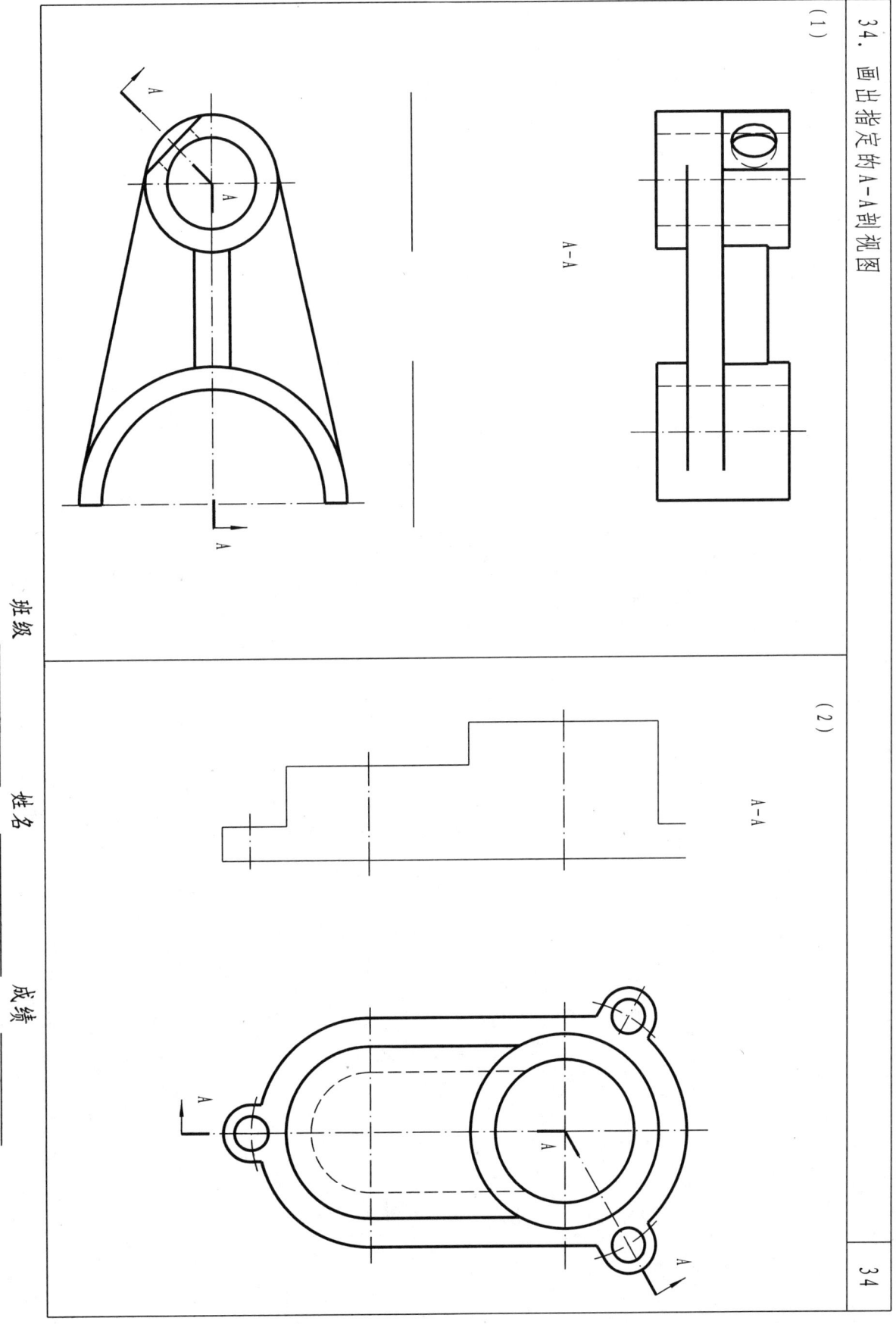

35. 读懂所给视图，用A3图纸1:1考虑选择合理表达方法，将机件表达清楚

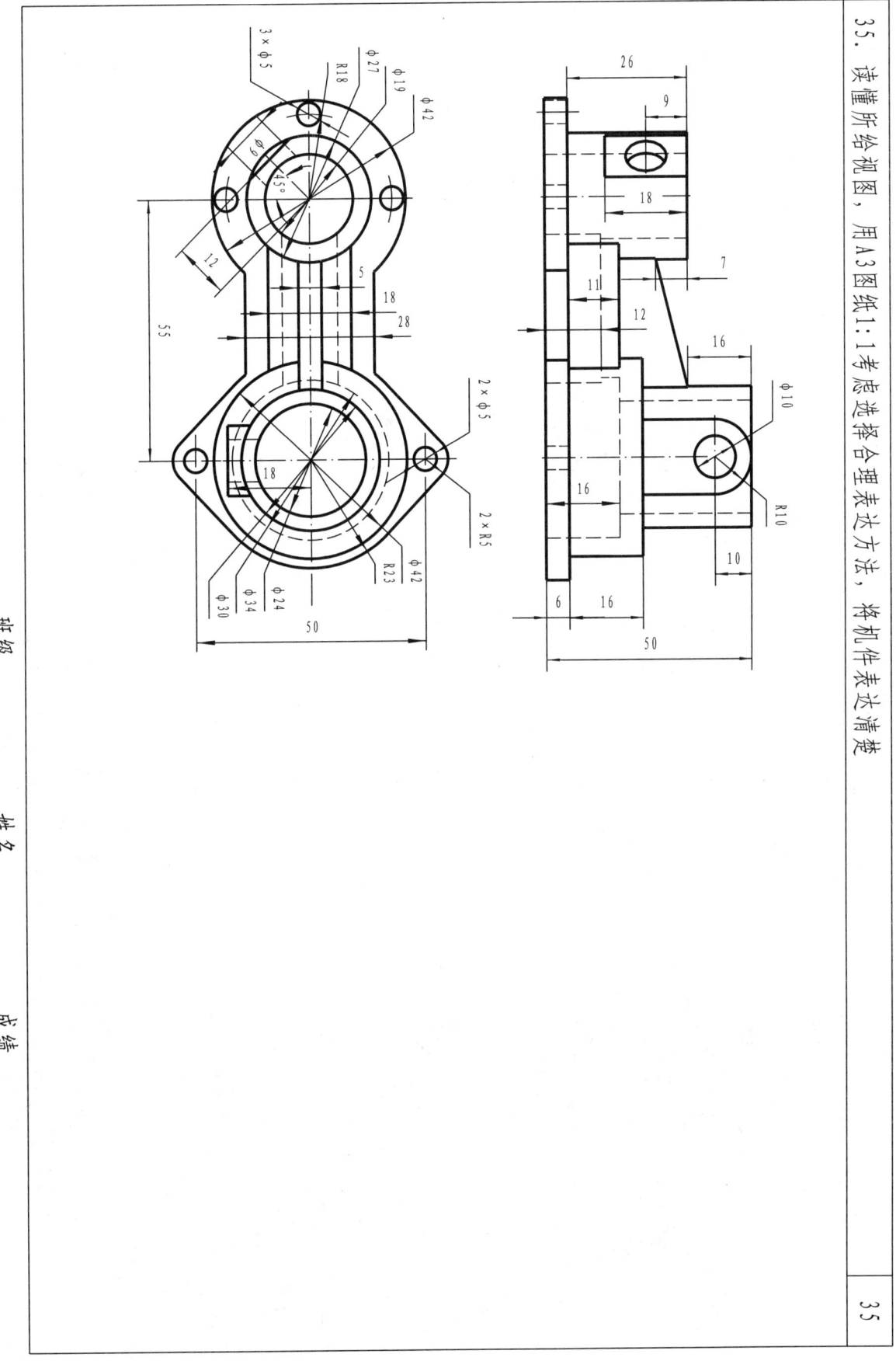

36. 读懂所给视图，用A3图纸1:2考虑选择合理表达方法，将机件表达清楚

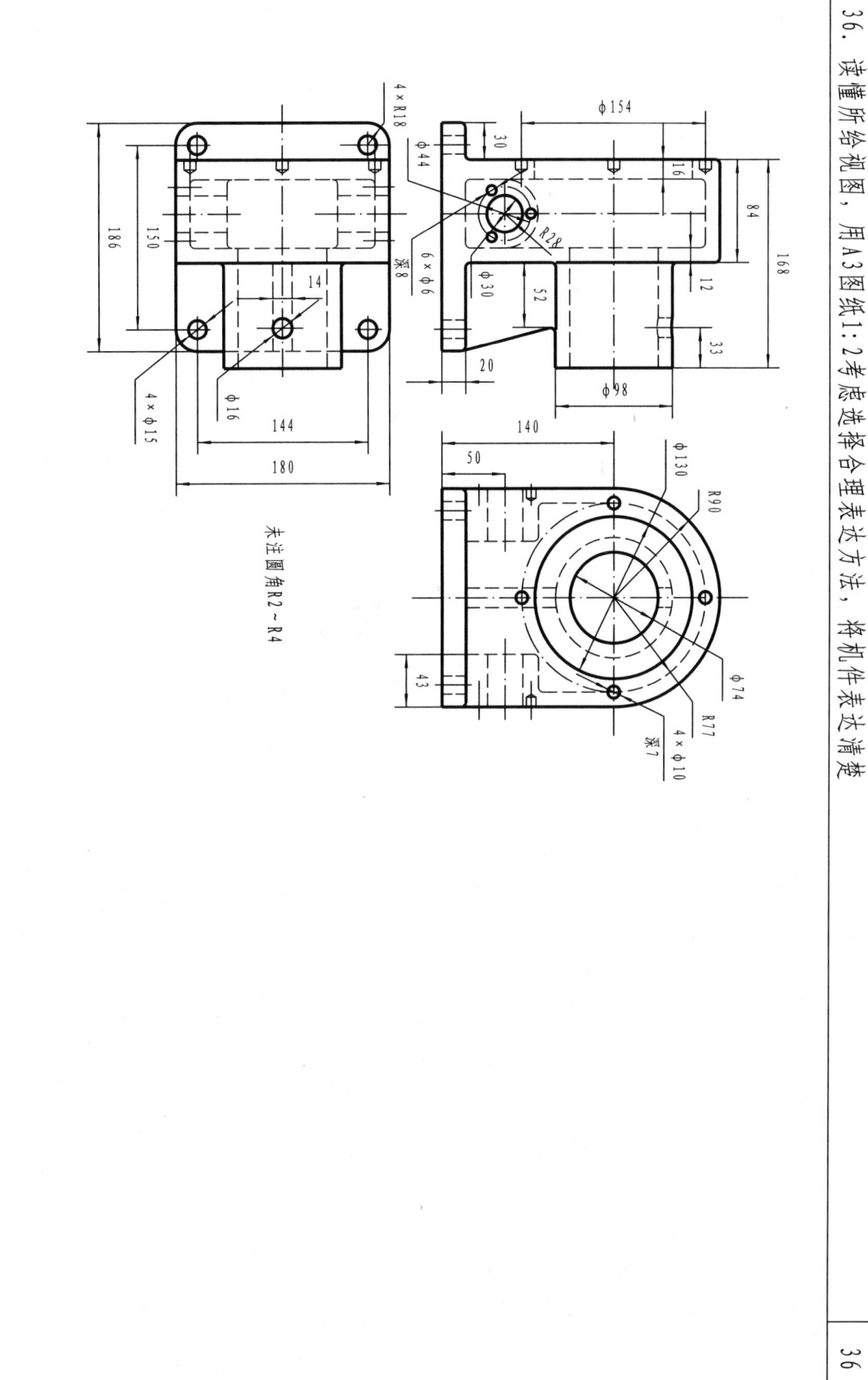

未注圆角R2～R4

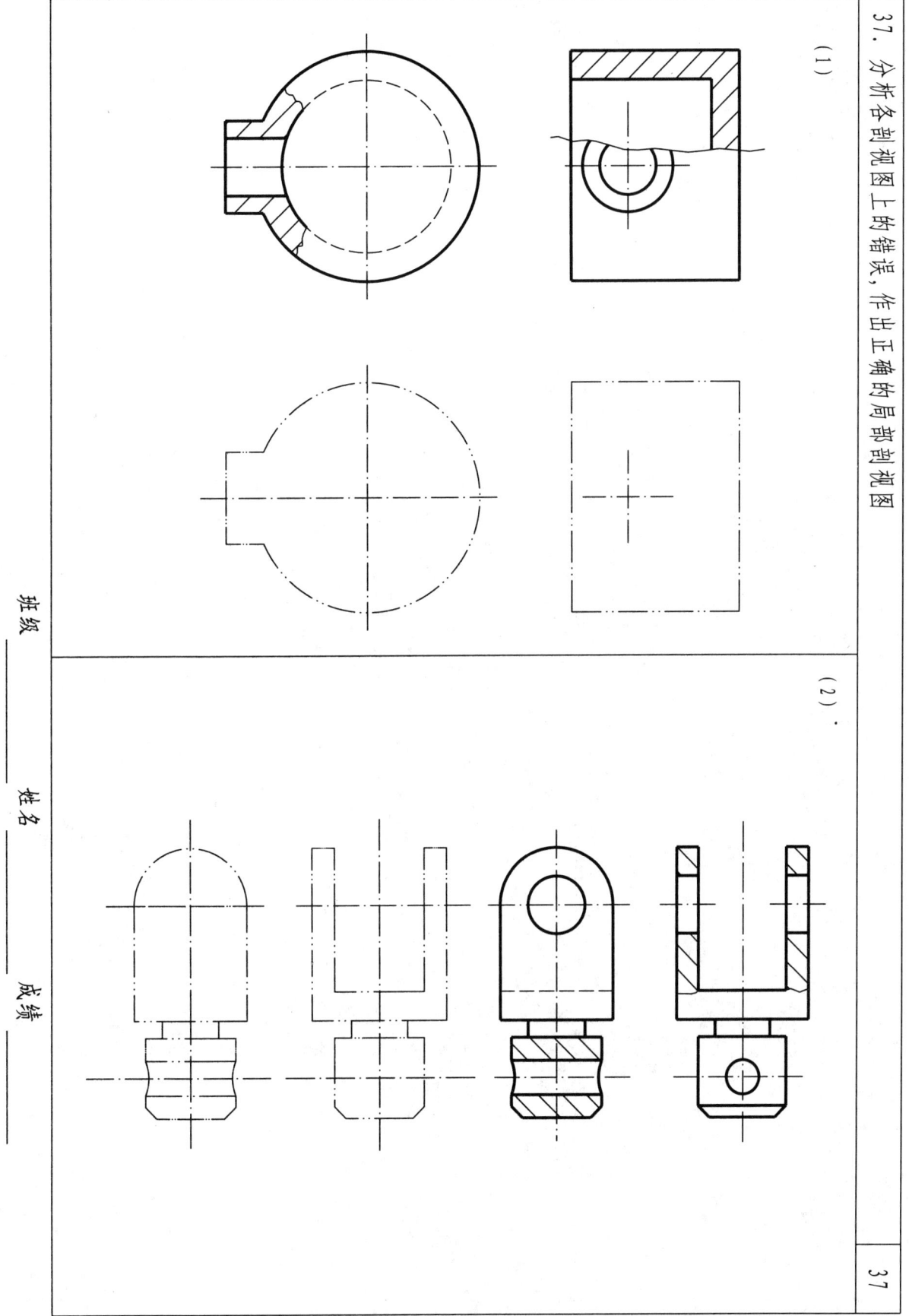

38. 斜视图的表达方式

(1) 参考轴测图，运用基本视图、斜视图、局部视图表达方法重新表达该物体

(2) 按照下图所示表达方案，在相应位置补加标注

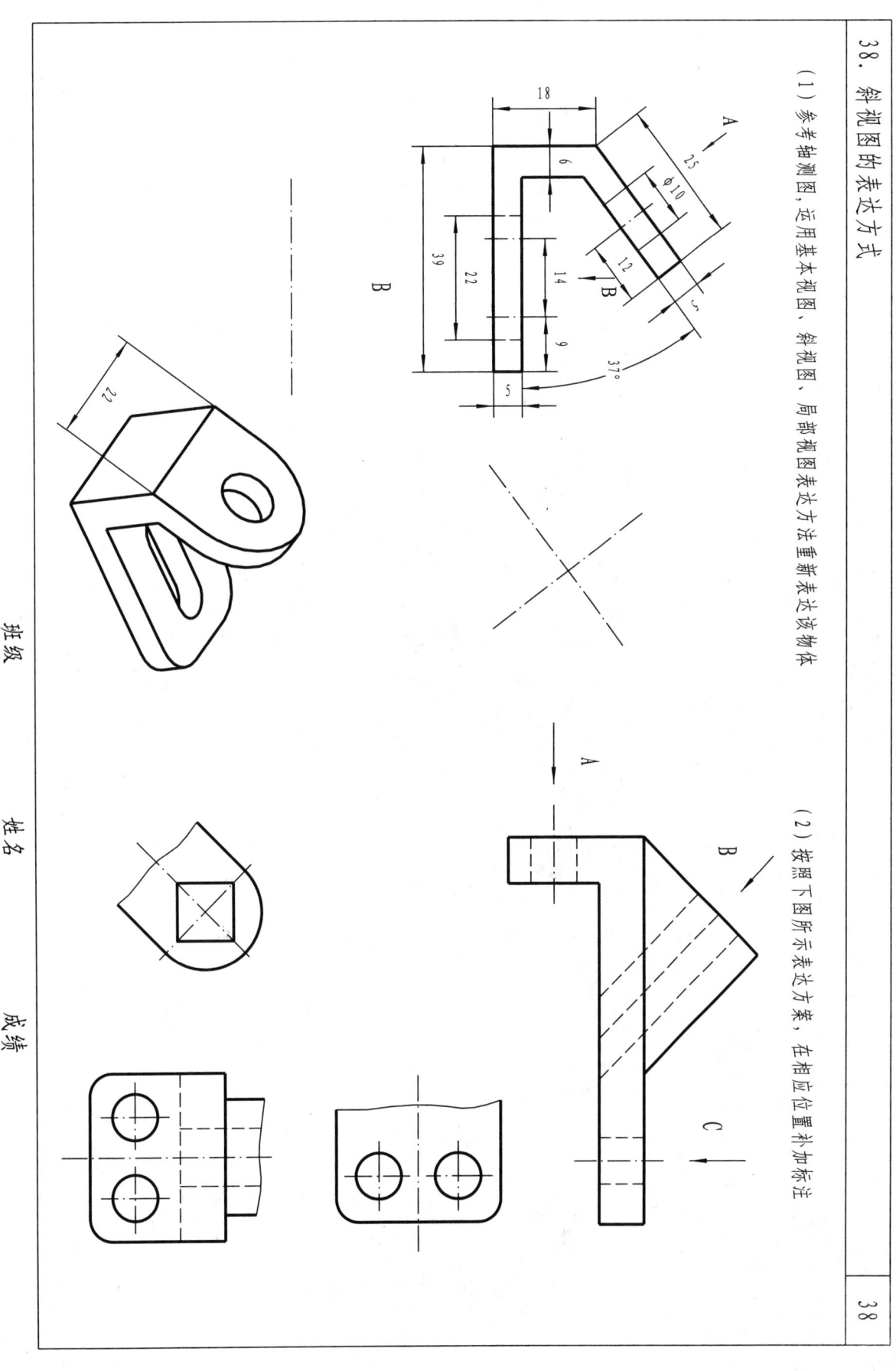

39. 画出轴上指定位置的移出断面图和局部放大图，放大比例2:1（A处键槽深3.5mm，D处键槽深4mm，C处为前后对称的平面）

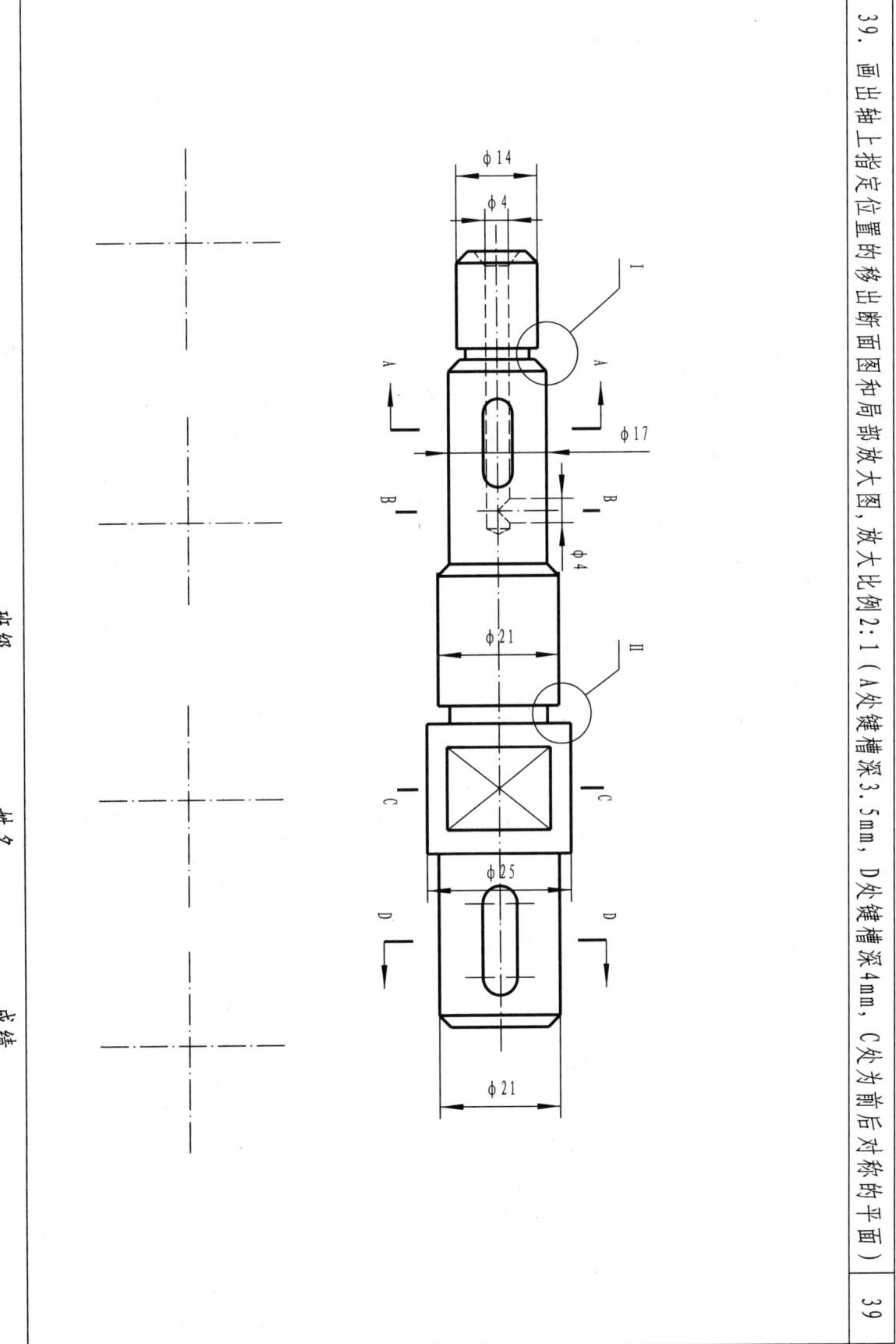

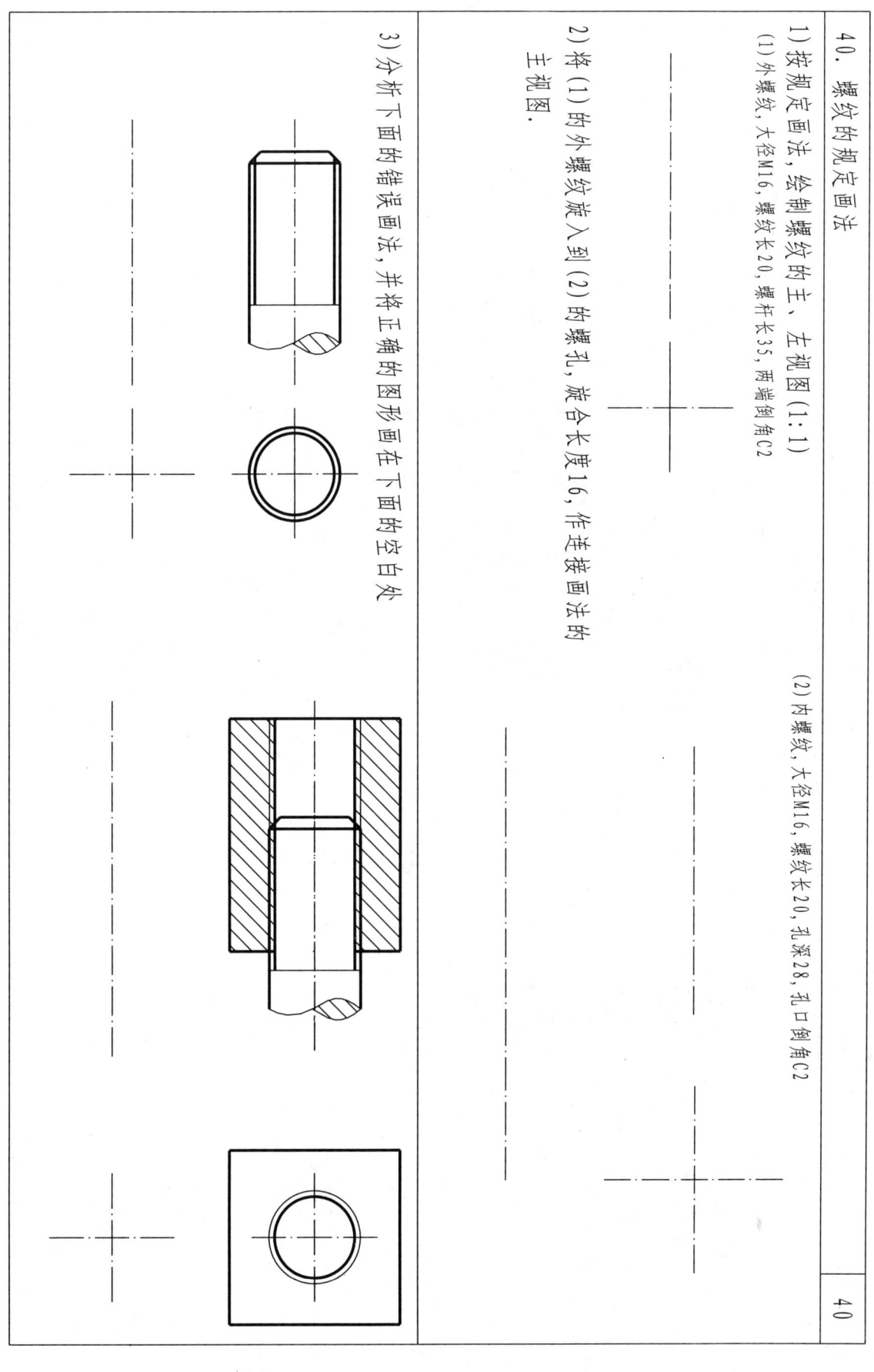

41. 螺纹的标注

已知下列螺纹代号，试识别其意义并填表

螺纹代号	螺纹种类	大径	螺距	导程	线数	旋向	公差带代号（中径）	旋合长度（种类）
M16-6g-S								
M20×1.5-LH-6H								
M24-5g6g								
M12-5g6g-L								
Tr36×12(P4)LH-7H								
Tr50×18(P6)								
Tr24×10(P5)LH								
G1/8								
G1/2-LH								
Rp3/4-LH								

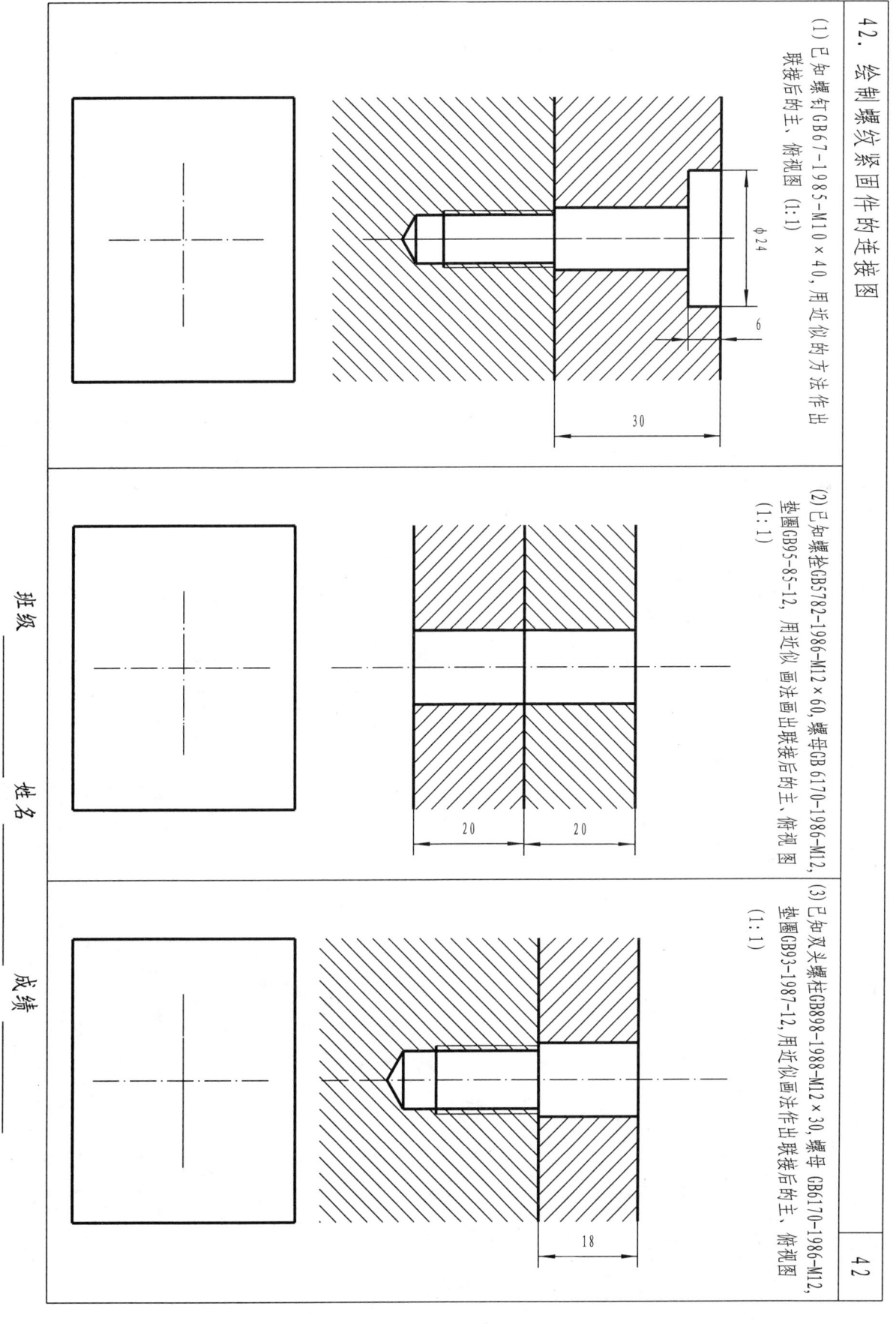

43. 键及键连接的画法

已知齿轮和轴，用A型普通平键连接，轴直径为36mm，键的长度为40mm。(1)写出键的规定标记；(2)查表确定键和键槽的尺寸，用比例1:2画全下列各视图和断面图，并标注键槽的尺寸。

键的规定标记：_____

(1) 轴

(2) 齿轮

(3) 齿轮和轴

班级 _____　姓名 _____　成绩 _____

44. 销连接和滚动轴承的画法

1) 已知齿轮和轴,用B型圆柱销连接,销的直径为6mm,销的长度为26mm。(1) 写出销的规定标记; (2) 查表确定销孔的尺寸,用比例1:1画全销连接的全剖视图

(1) 齿轮

销的规定标记:_____

(2) 轴

(3) 齿轮和轴

2) 已知阶梯轴两端支撑轴颈处的直径分别为30mm和20mm,用比例1:1画出支撑处的滚动轴承

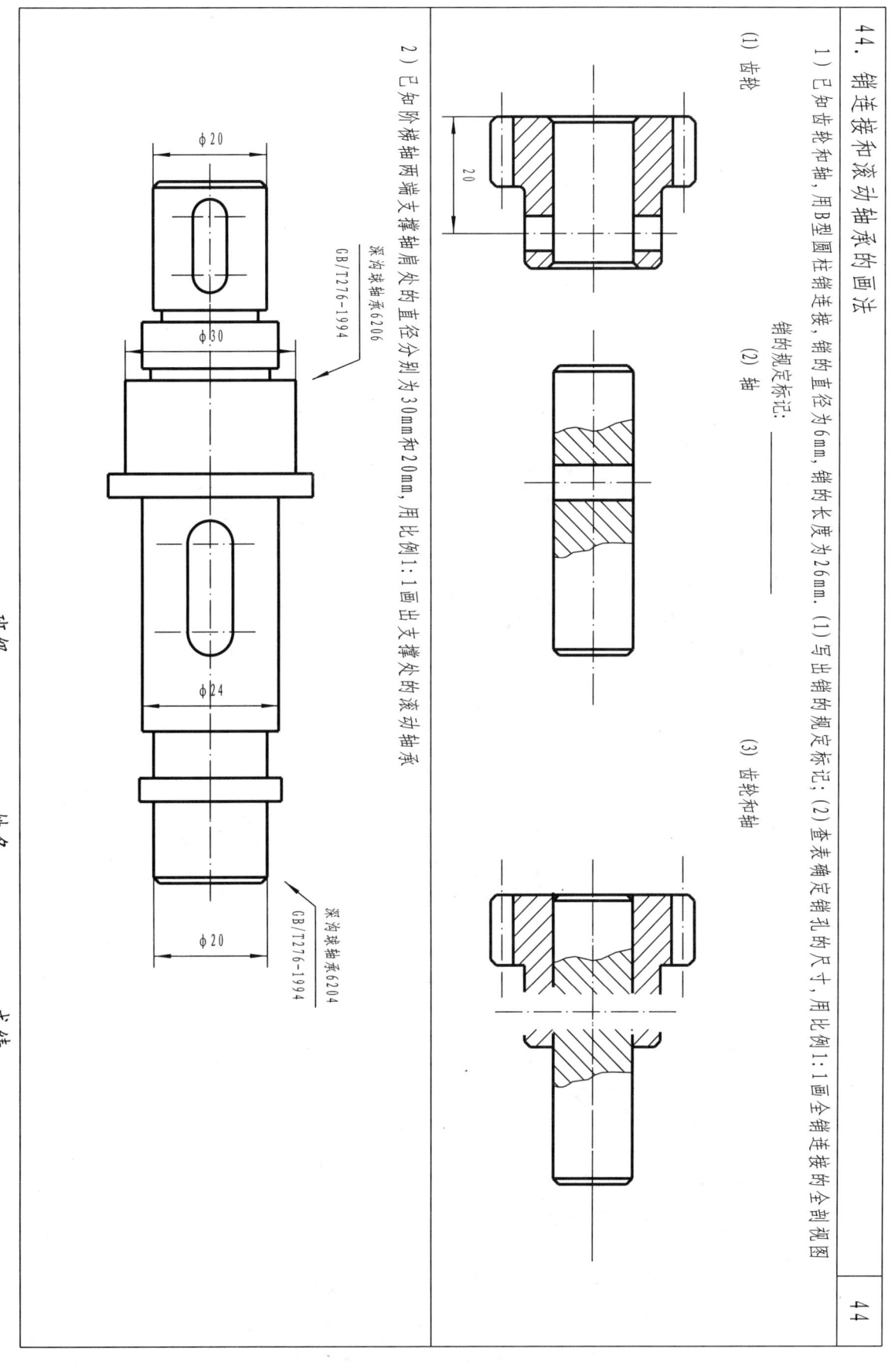

45. 读零件图-轴类

读轴零件图，完成下列要求:

1)想清轴的结构，查表补画轴上健槽位置的断面图并标注尺寸。

2)回答下列问题:

（1）该零件的材料是　　　，绘图比例　　　。

（2）$\phi 20^{+0.025}_{+0.018}$中的$\phi 20$是　　　，+0.025是　　　，+0.018是　　　，公差等级为　　　级，基本偏差的代号为　　　，该尺寸的公差带代号为　　　。

（3）C1.5的含义是倒角宽度为　　　，角度为　　　，尺寸2×0.5的含义是宽度为　　　，深度为　　　。

（4）说明符号 | / | 0.012 | A | 的含义:

/ 为　　　，

0.012是　　　，

A是　　　代号。

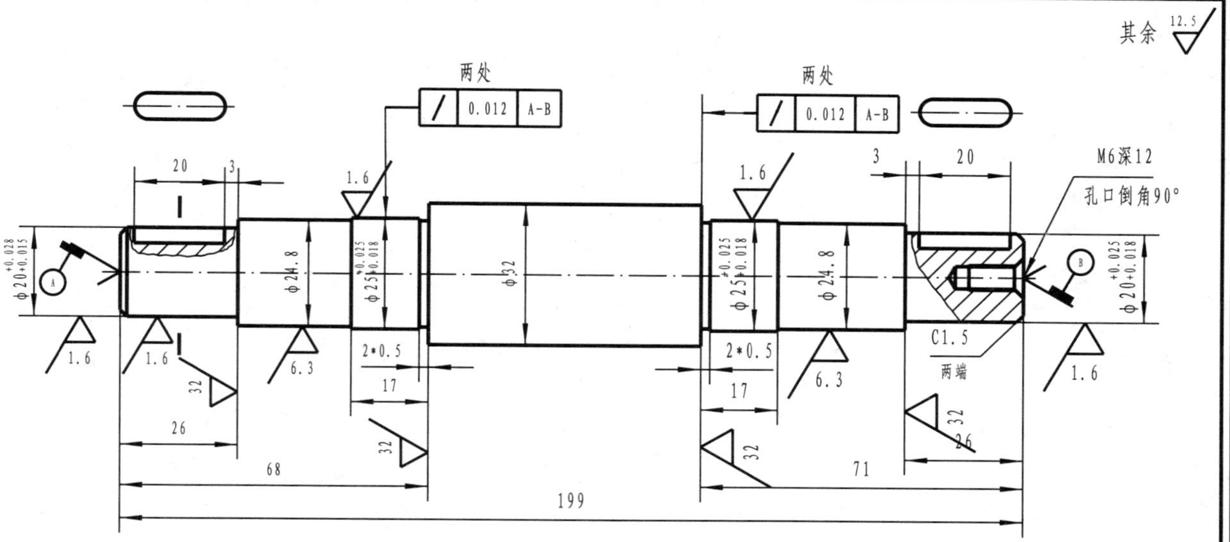

技 术 要 求

调质 220-250HBS

标记	处数	分 区	更改文件号	签 名	年、月、日
设 计	yi	2008.6	标准化		
审 核	zhao	2008.6			
工 艺			批 准		

45			XXXX大学
阶 段 标 记	重 量	比 例	轴
		1:1	06-02-02
共　张	第　张		

班级＿＿＿＿＿　姓名＿＿＿＿＿　成绩＿＿＿＿＿

46. 读端盖零件图，并回答下列问题：
(1) 主视图是 剖视图；
(2) 划线上是6×φ6.6，划线下φ11深4.7的含义是在端盖上6个φ6.6的通孔，孔的上部是 ，深 ，直径 ；
(3) 判断φ62f7($^{-0.03}_{-0.06}$)其基本尺寸是 ，属 制的配合，公差等级是 级，上偏差是 ，下偏差是 。
(4) 是 的含义。

47. 读零件图-盘盖类

读带轮零件图，并回答下列问题：
(1) 主视图是_____视图；
(2) 尺寸 $6_{0}^{+0.02}$ 的6是键槽_____，+0.02是键槽的_____，尺寸 $22.8_{0}^{+0.1}$ 是键槽的_____，34°是带轮的_____；
(3) 尺寸12是两槽之间的_____。

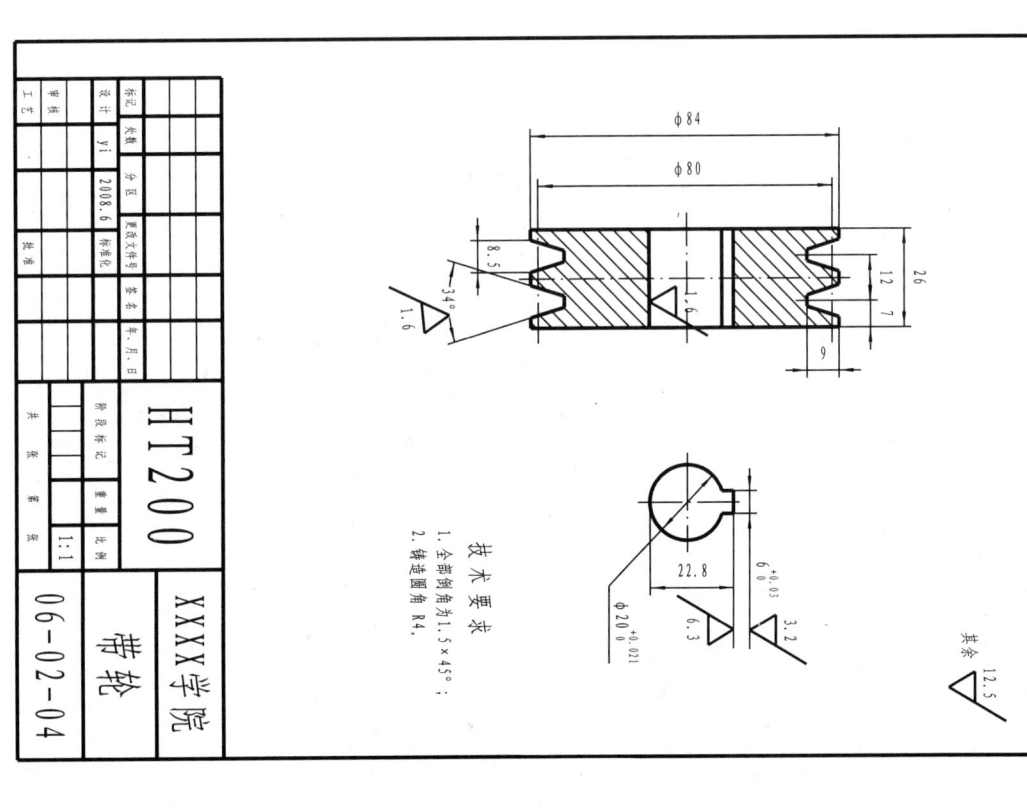

48. 读齿轮零件图，并回答下列问题：
（1）主视图是＿＿＿＿剖视图；
（2）尺寸 $6_{0}^{+0.012}$ 是 6 是键槽的＿＿＿＿，+0.012 是键槽的＿＿＿＿，0 是尺寸 23.6 是键槽的＿＿＿＿。
（3）φ102 是齿轮的＿＿＿＿，分度圆直径为＿＿＿＿。

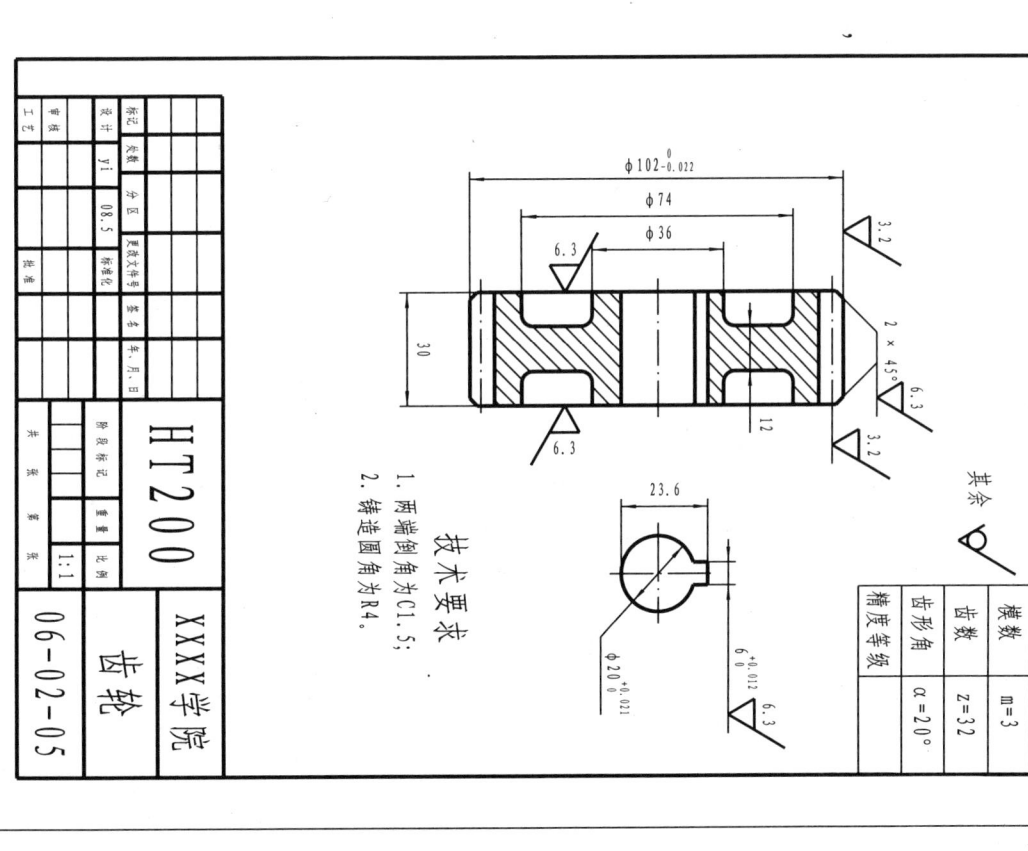

49. 读零件图—箱体类 读懂铣刀传动头箱体零件图，并回答下列问题：

（1）该零件图的表达方案由___视图的主视图、___视图的左视图、A—A的___图；

（2）箱体的长度尺寸是___mm，宽度尺寸是___mm，孔的定位尺寸是___mm，φ___mm，φ___mm；

（3）符号∥是表示___度，符号⌀是表示___度；

（4）12×M6-7H深12是表示在此零件上有___个直径为___mm的孔，中径的公差等级是___，螺纹的深度为___mm。

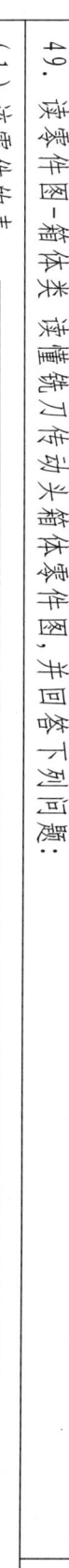

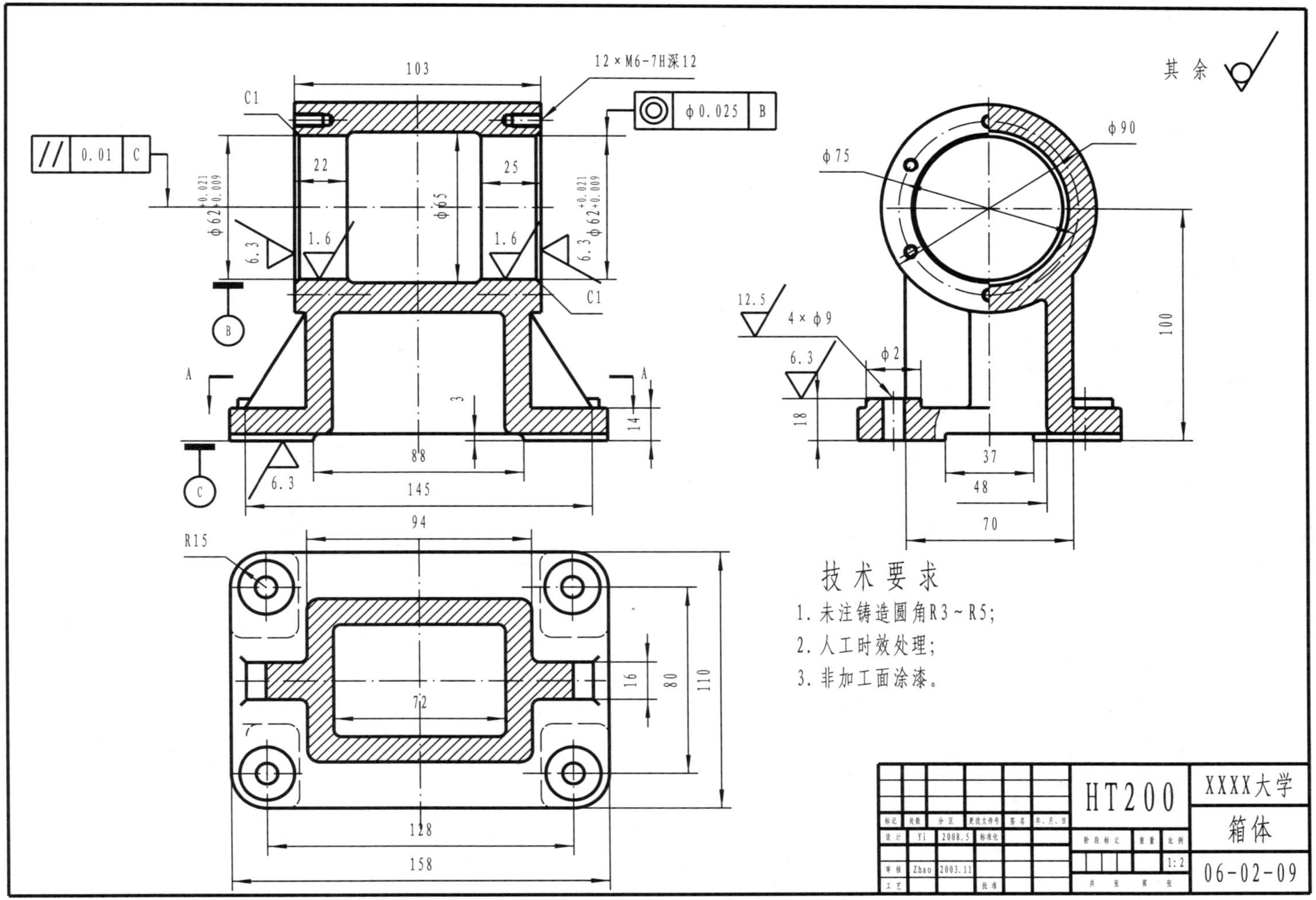

50. 绘制铣刀传动头的装配图，根据铣刀传动头装配简图，在A3图纸上用1:1比例选择合理的表达方案画出其装配图

零件图参照(42-46)并标注相关尺寸

13	06-02-05	连接盘	1	HT200	
12	06-02-08	密封圈	2	耐油毛毡	
11	06-02-07	调整片	2	Q235A	
10	GB/T276-94(GB305)	深沟球轴承60000型	2		03系列
9	06-02-01	箱体	1	HT200	
8	06-02-02	轴	1	45	
7	06-02-06	垫片	2	纸	
6	06-02-03	端盖	2	HT200	
5	GB65-85 M6*20	螺钉	12		
4	06-02-04	带轮	1	HT200	

3	GB1096-79	平键 6*20	2		
2	GB892-86B	螺栓紧固轴端挡圈	2		
1	GB5783-86 M6*20	六角头螺栓-全螺纹-A和B级	2		
序号	代号	名称	数量	材料	备注

XXXX大学 铣刀传动头 06-02

比例 1:1 图号 A3

51. 根据减速器装配简图，在A2图纸上用1:1比例选择合理的表达方案画出其装配图（零件图见53—65页）

1) 作业目的

掌握装配简图的绘制方法

2) 作业要求

根据减速器的装配简图，弄清工作原理，了解零件图结构形状，选择正确视图表达方案标注必要的尺寸，编写零件序号，填写标题栏和明细栏

3) 绘图步骤及注意事项

(1) 根据减速器装配简图，弄清工作原理，了解零件图结构形状
(2) 将标准件按其规定标记查出有关尺寸
(3) 合理布局，确定表达方案
(4) 注意装配图的规定画法和特殊画法

4) 说明减速器工作原理

由减速器的装配简图可以看出，该减速器是单级圆柱直齿轮传动，它是由电动机经带轮带动齿轮轴（z=18），再由输入轴通过齿轮啮合带动输出轴（轴上装有齿轮，由键连接z=58）实现减速，轴15和轴18分别由一对深沟球轴承6204、6206支承。轴承安装时轴向间隙由调整环11和17调整，减速器齿轮用稀油飞溅润滑，轴承由油脂润滑，箱内油面高度通过油面指示片3进行观察，通气塞8用于随时放出减速器内的挥发气体和水蒸气等气体，螺塞B9由标准件改制，为更换箱内的油时使用的，B13圆锥销起装配时定位的。高速轴上一对挡油环是阻挡飞溅油将轴承件油脂冲刷掉，高低速轴两端各有一对端盖起密封作用。

班级＿＿＿＿　姓名＿＿＿＿　成绩＿＿＿＿

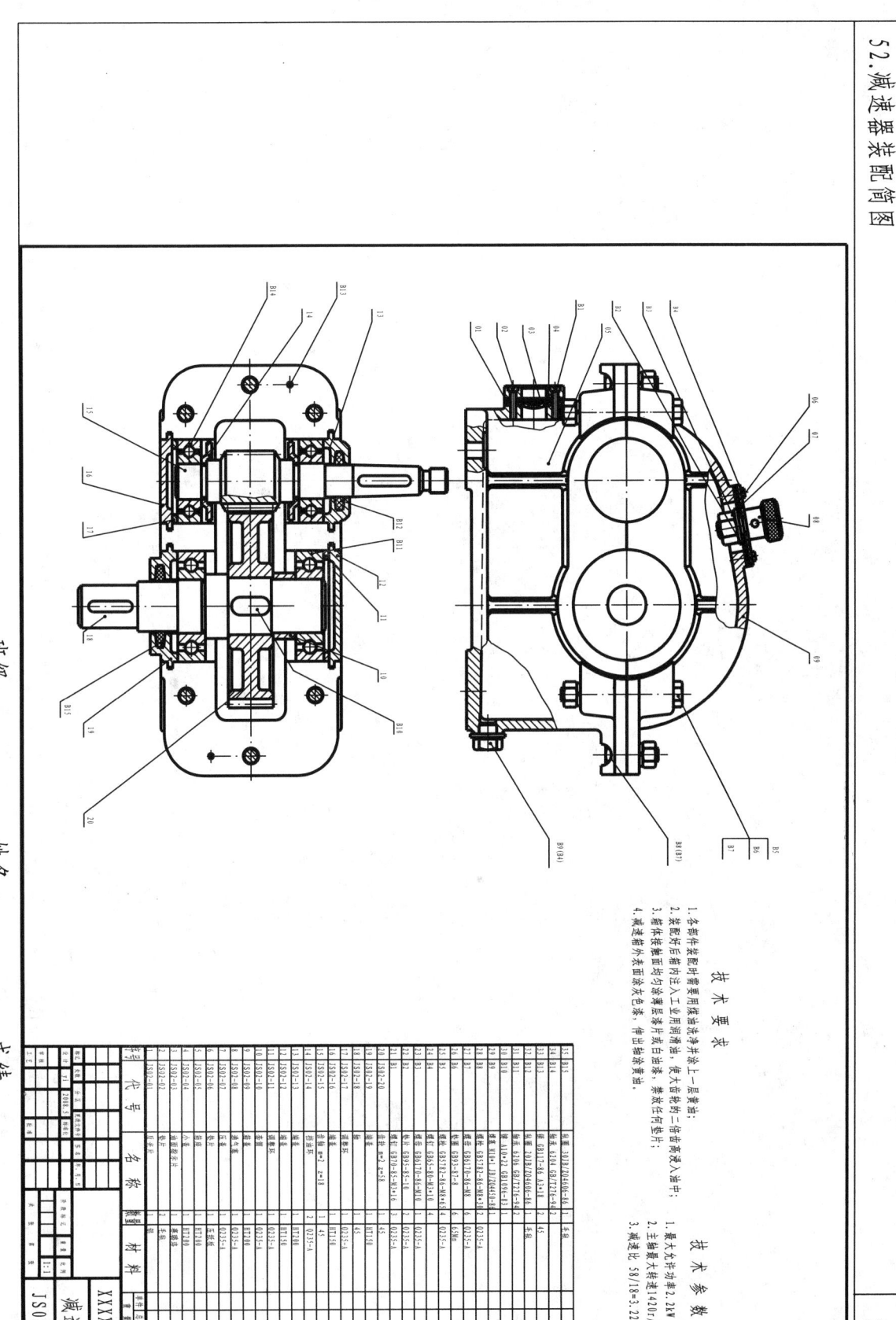

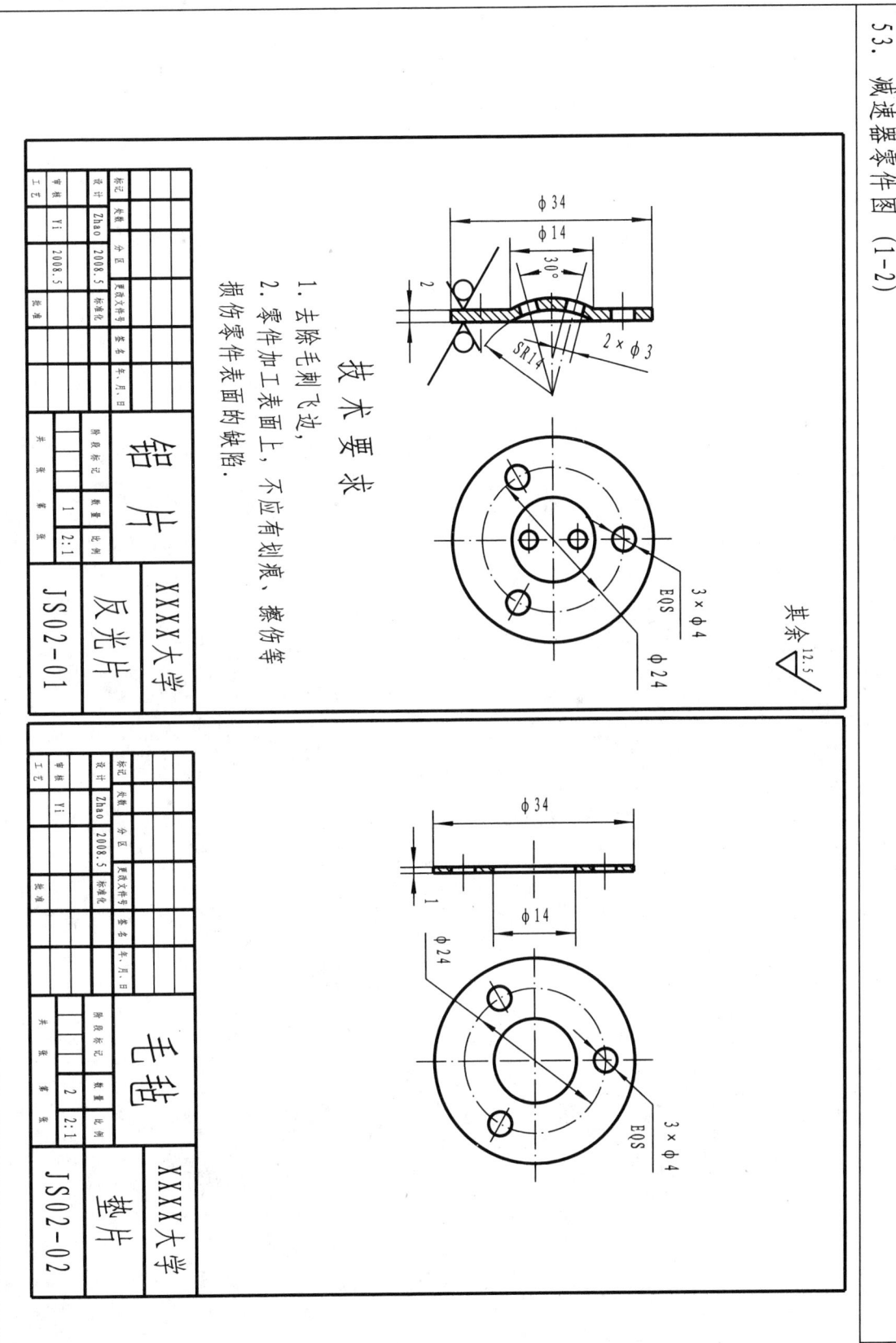

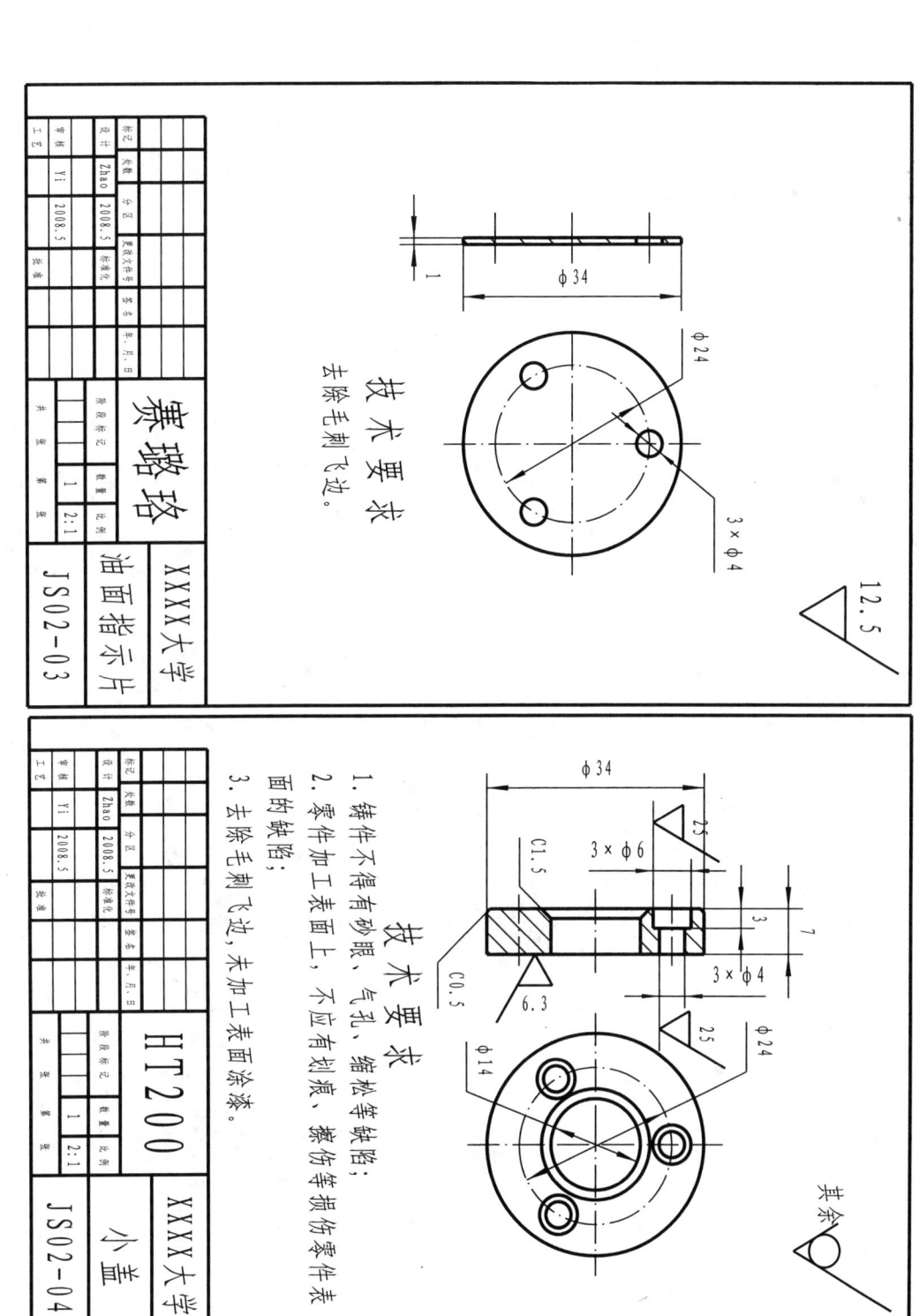

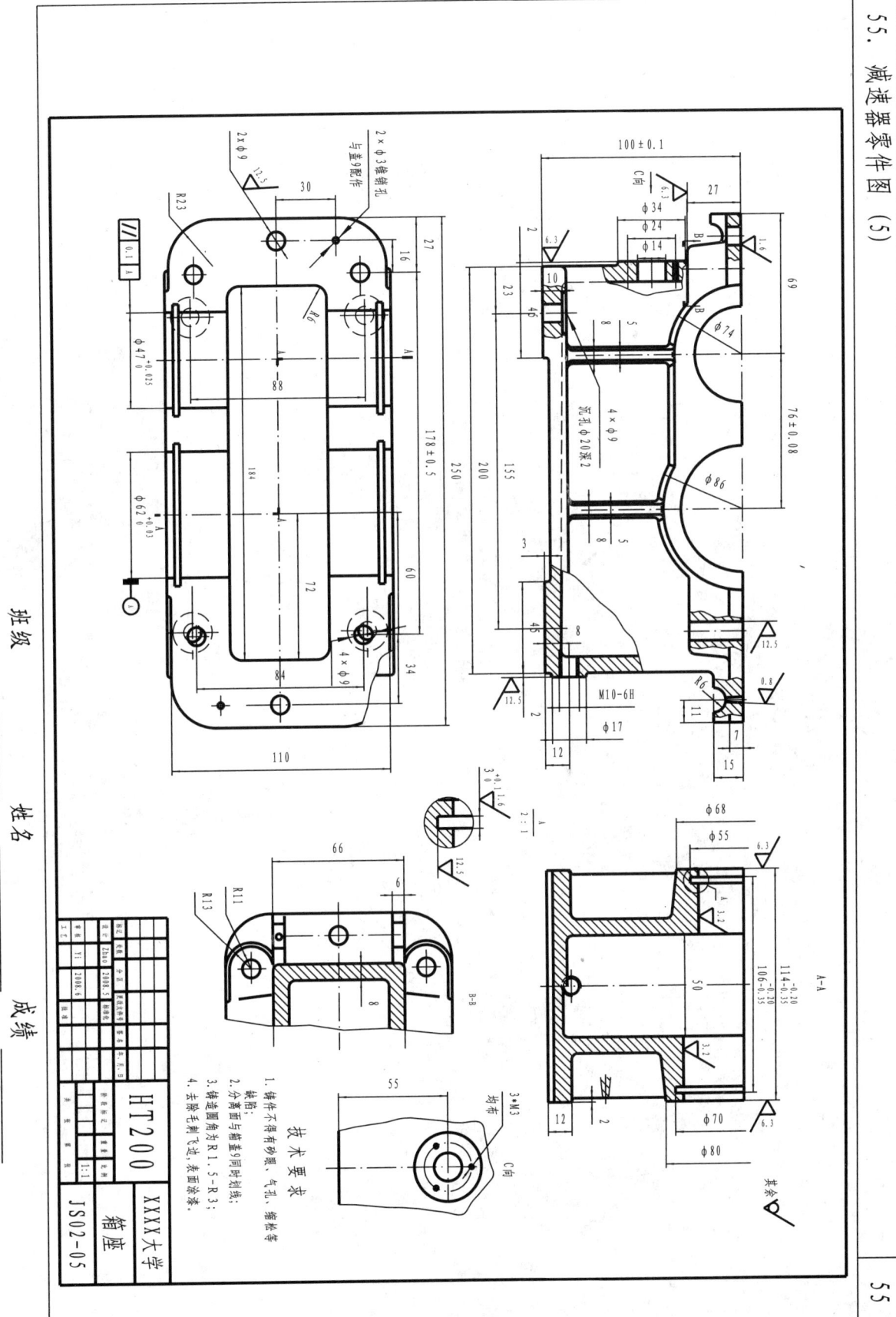

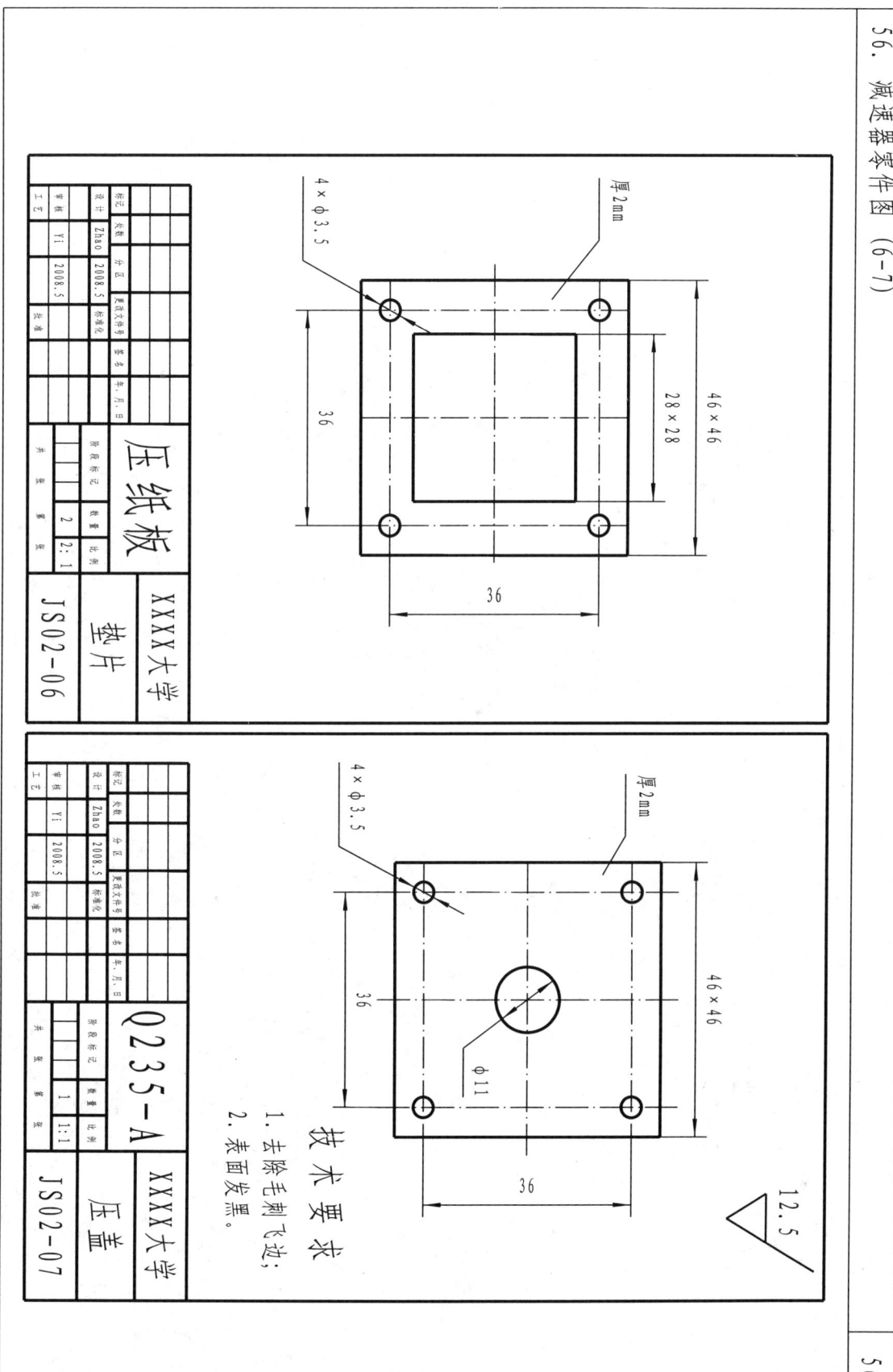

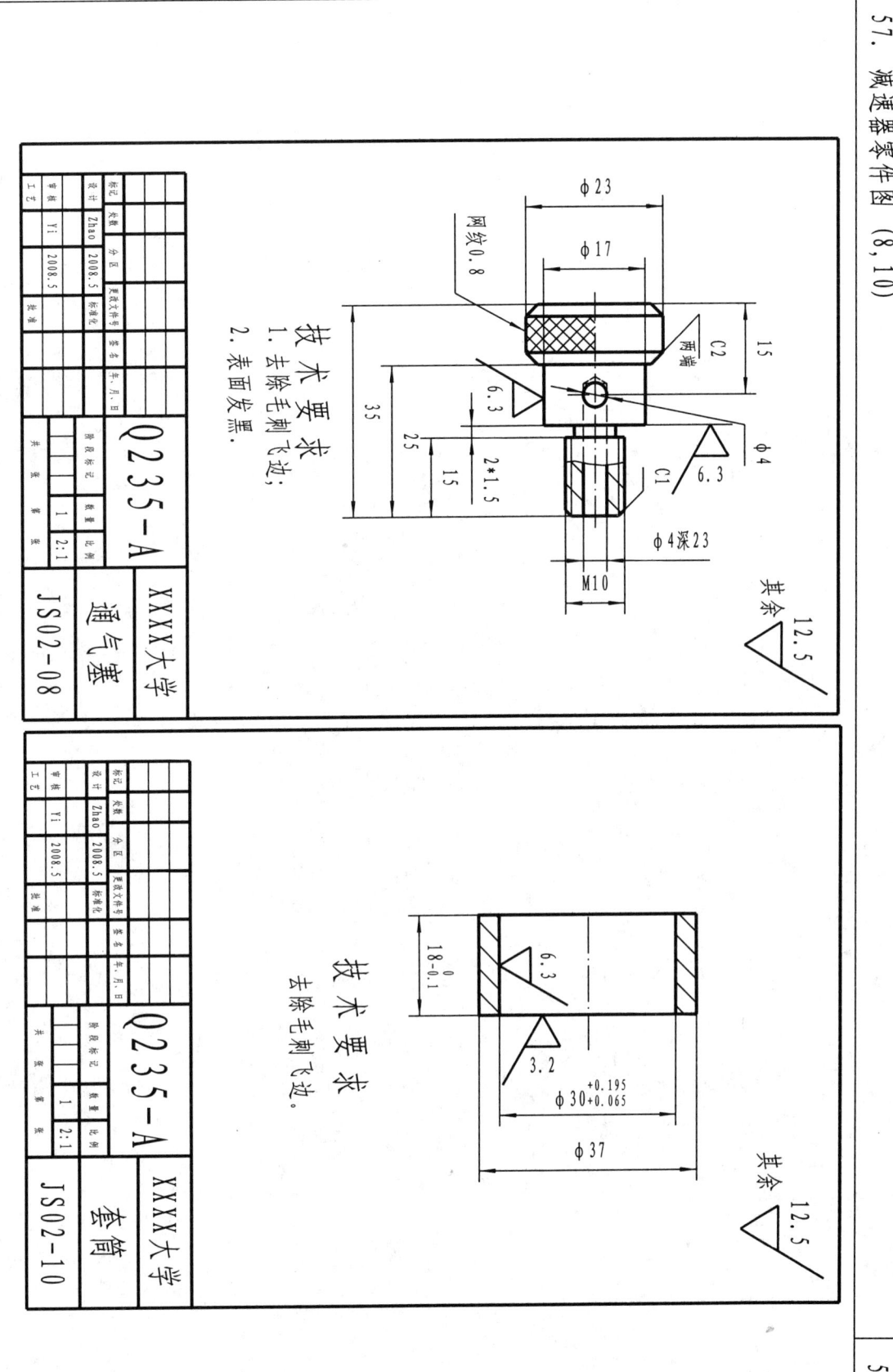

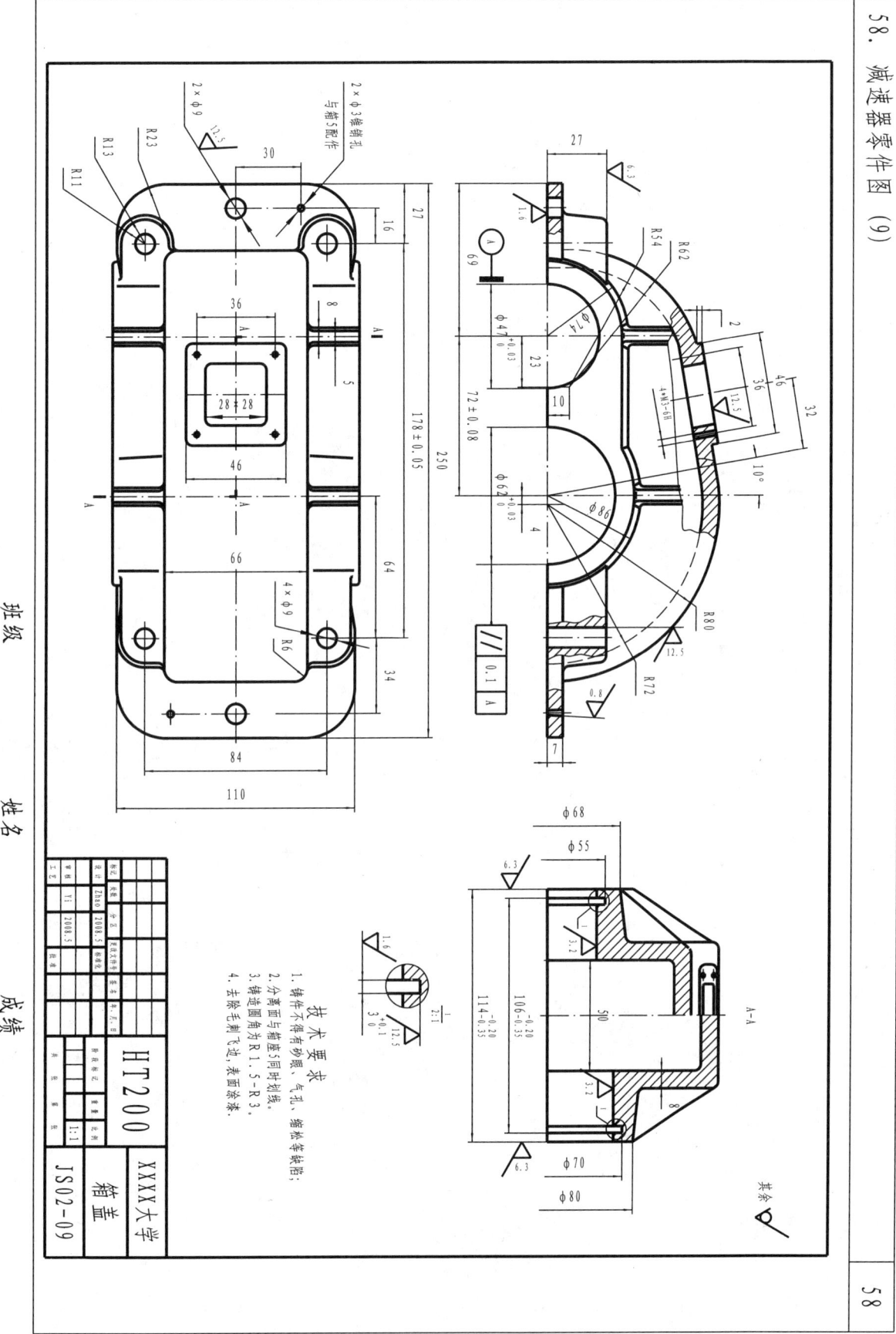

59. 减速器零件图 (11-12)

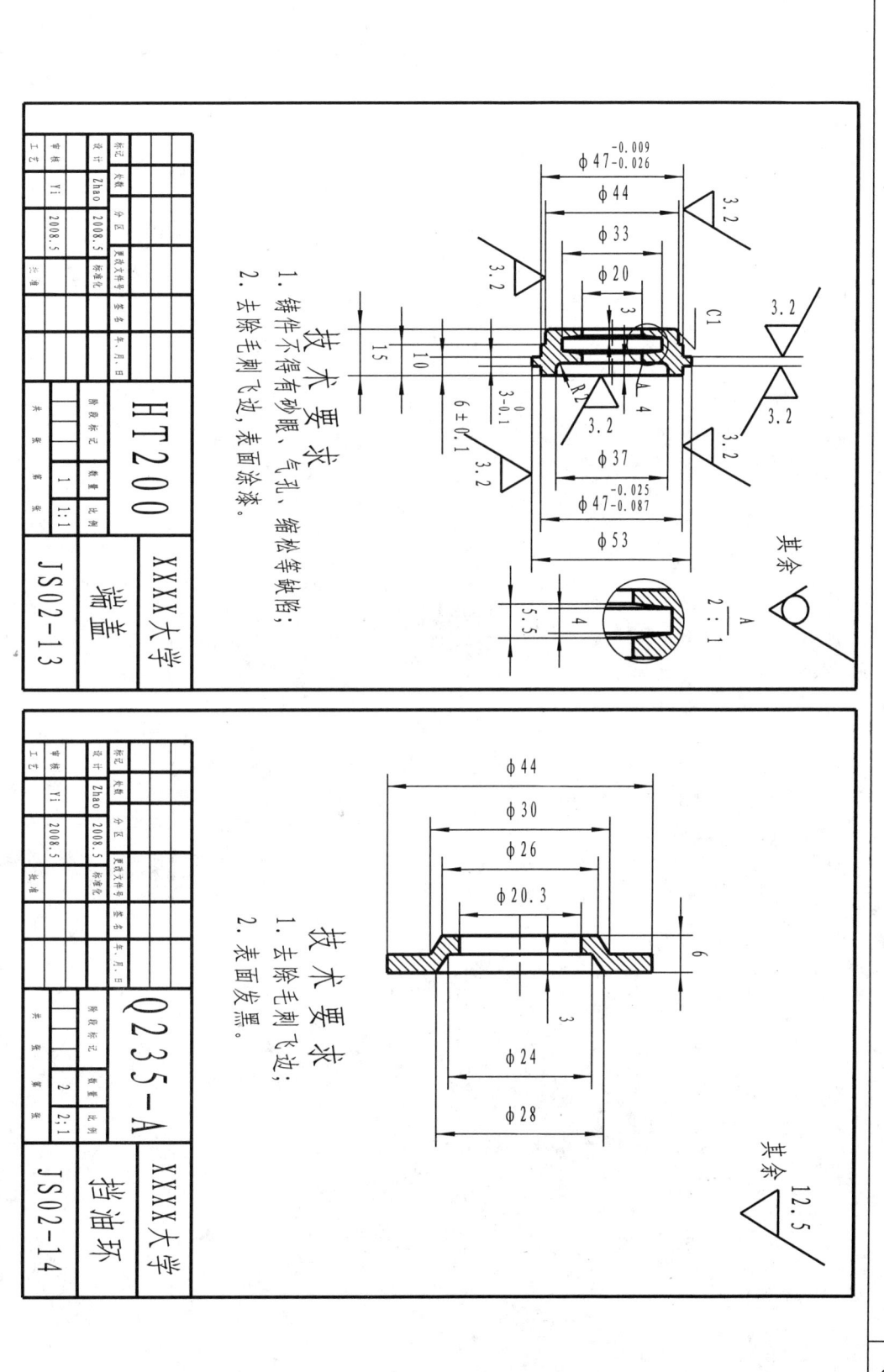

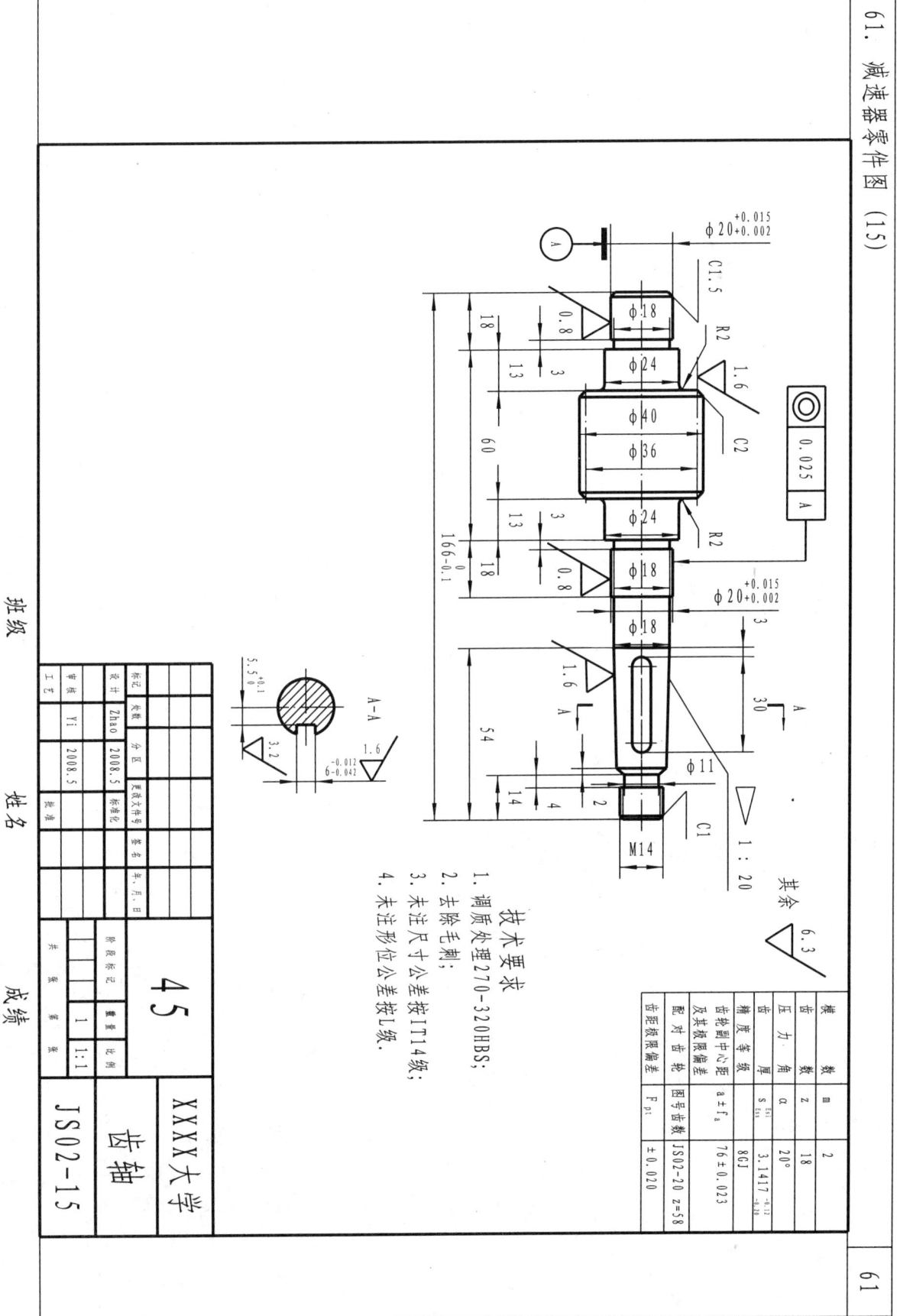

62. 减速器零件图 (16-17)

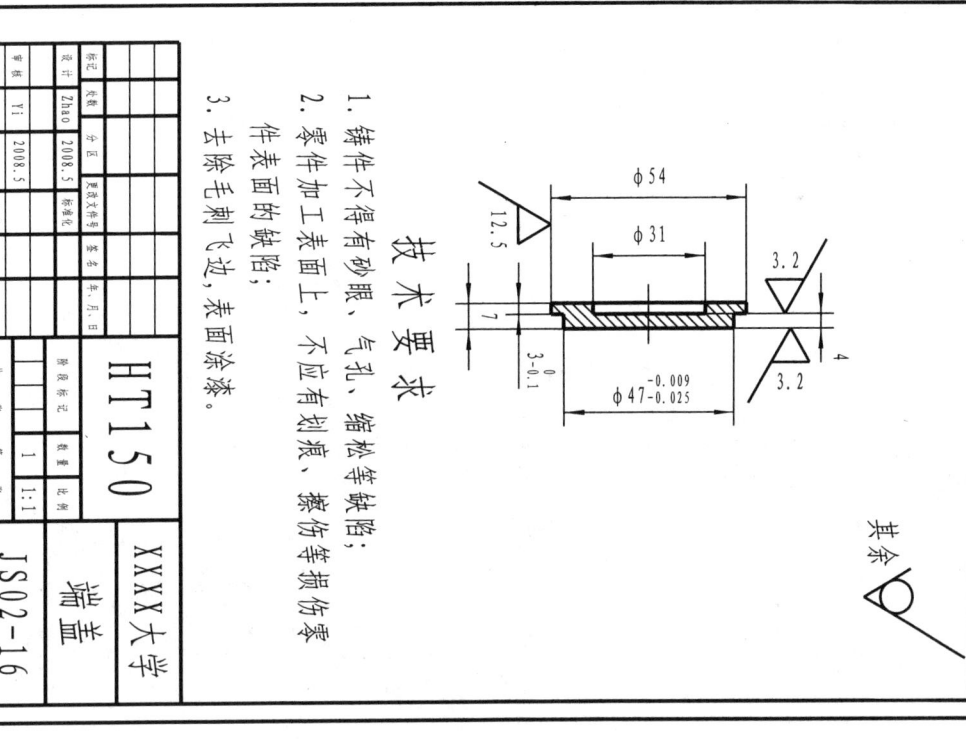

技术要求
1. 铸件不得有砂眼、气孔、缩松等缺陷；
2. 零件加工表面上，不应有划痕、擦伤等损伤零件表面的缺陷；
3. 去除毛刺飞边，表面涂漆。

设计	Zhao	2008.5		
制图	Yi	2008.5		
审核				
工艺				

HT150 — 端盖 — XXXX大学 — JS02-16 — 1:1

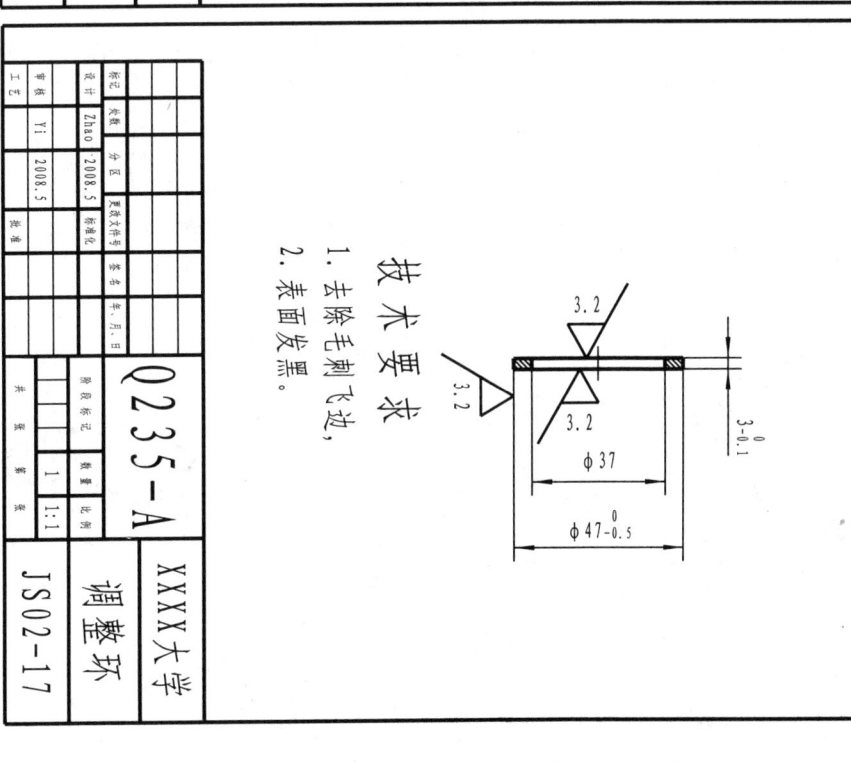

技术要求
1. 去除毛刺飞边；
2. 表面发黑。

Q235-A — 调整环 — XXXX大学 — JS02-17 — 1:1

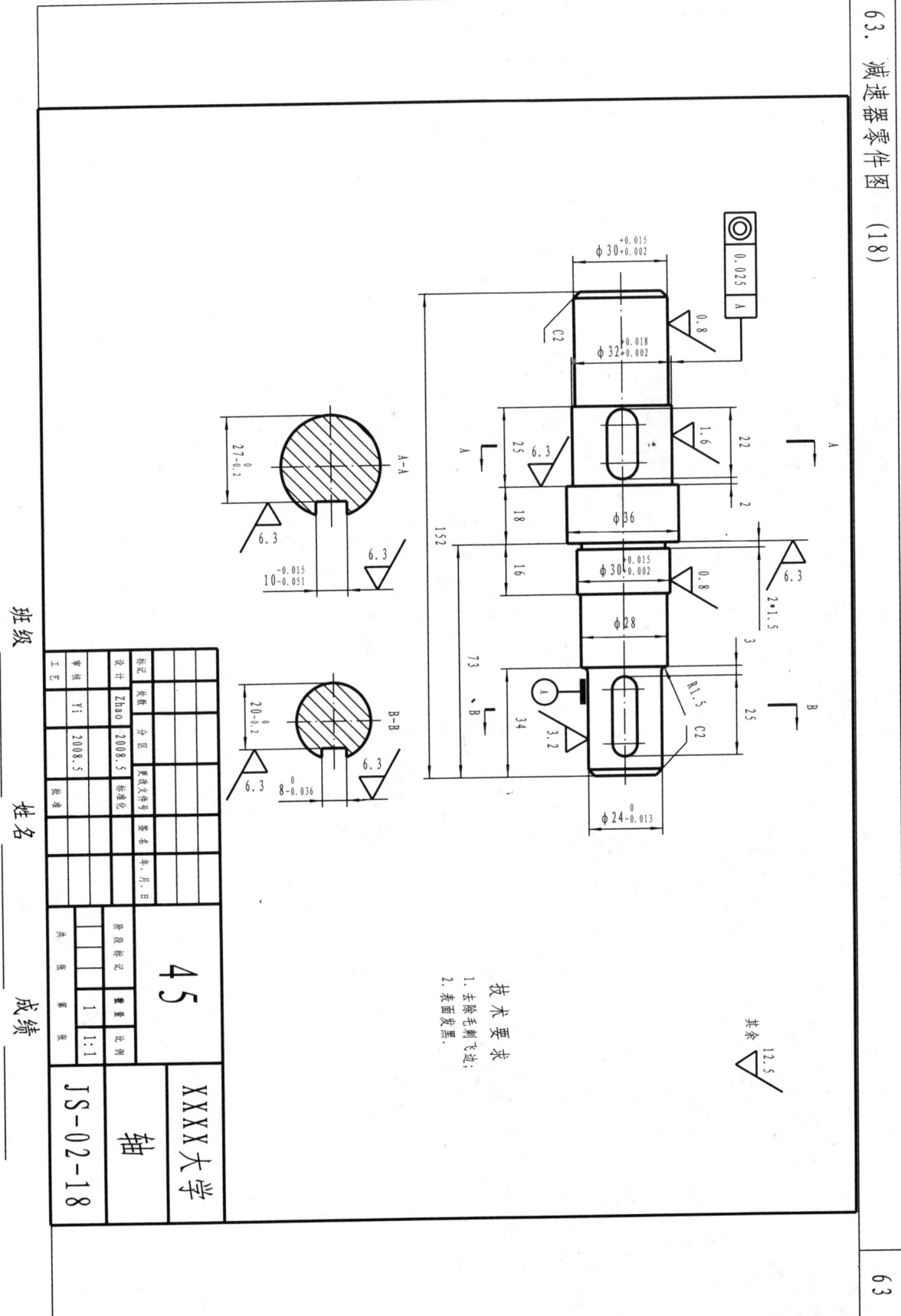

64. 减速器零件图 (19)

技术要求
1. 铸件不得有砂眼、气孔、缩松等缺陷；
2. 零件加工表面上，不应有划痕、擦伤等损伤零件表面的缺陷；
3. 去除毛刺飞边，表面涂漆。

材料	HT150	比例	1:1
		数量	1

XXXX大学　端盖　JS02-19

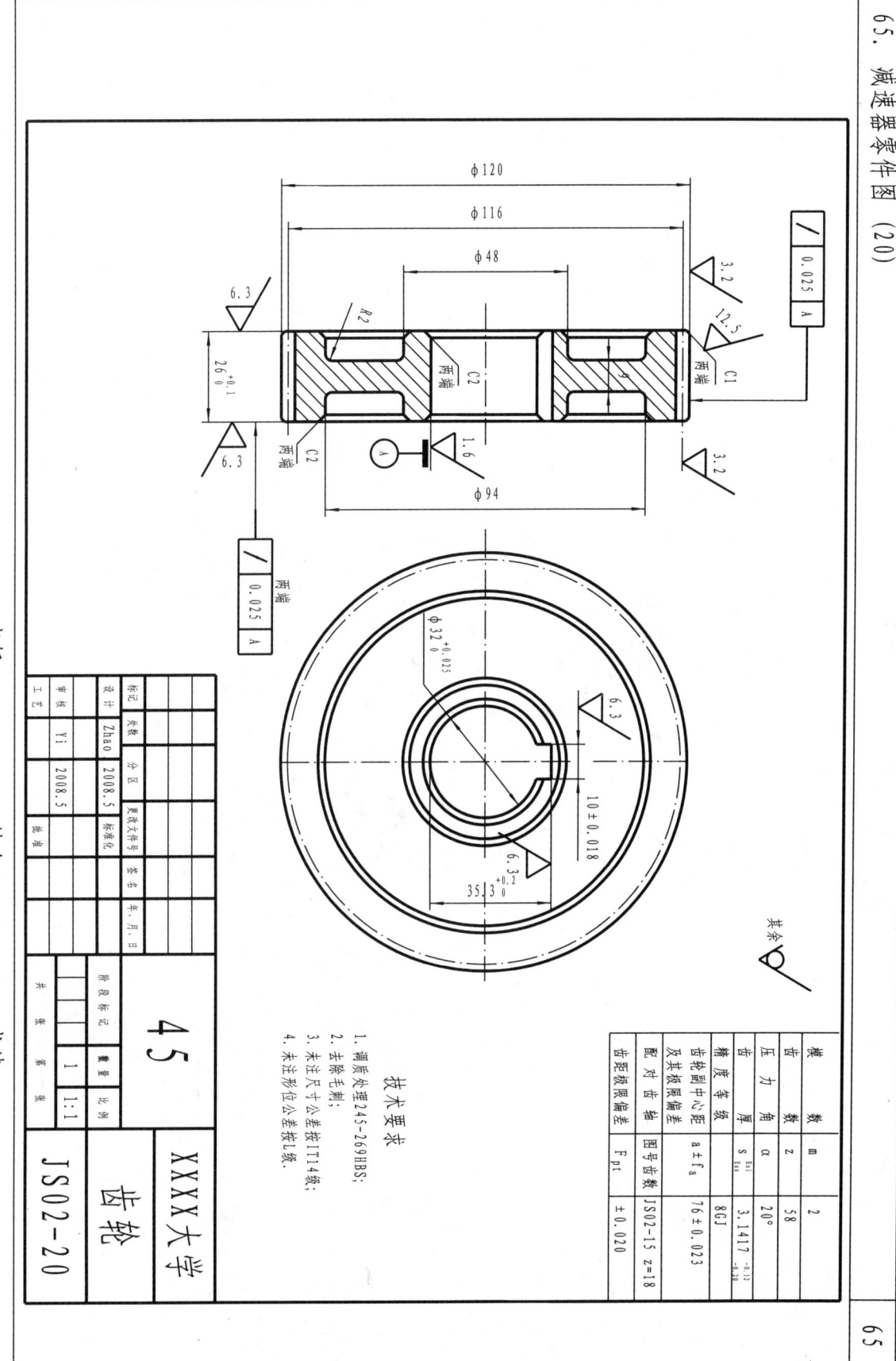

66. 附录1

一、基础知识选择题

1. 机械制图国家标准规定，图纸幅面有（ ）5种。
   A. A0、A1、A2、A3、A4 B. 0、1、2、3、4 C. A1、A2、A3、A4、A5 D. 1、2、3、4、5

2. 制图国家标准规定，必要时图纸幅面尺寸可以沿（ ）边加长。
   A. 长 B. 短 C. 斜 D. 各

3. 1：2是（ ）比例。
   A. 缩小 B. 放大 C. 优先选用 D. 尽量不用

4. 2：1是（ ）比例。
   A. 缩小 B. 放大 C. 优先选用 D. 尽量不用

5. 某产品用放大一倍的比例绘制，在标题栏比例项中应填（ ）。
   A. 放大一倍 B. 1*2 C. 2/1 D. 2:1

6. 图样中的尺寸以（ ）为单位时，不需要注明计量单位代号或名称。
   A. 微米 B. 毫米 C. 厘米 D. 米

7. 图纸中的汉字应写成（ ），采用国家正式公布的简化字。
   A. 宋体 B. 长仿宋体 C. 黑体 D. 表体

8. 制图国家标准规定，字体的号数，即是字体的（ ）。
   A. 高度 B. 宽度 C. 长度 D. 角度

附录1

9. 制图国家标准规定,字体的号数,单位为( )
   A. 微米　　B. 毫米　　C. 厘米　　D. 分米

10. 制图国家标准规定,字体的号数分为( )种。
    A. 5　　B. 6　　C. 7　　D. 8

11. 图样中的数字和字母分为( )两种字型。
    A. A型和B型　　B. 大写和小写　　C. 简体和繁体　　D. 中文和英文

12. 机械图样中常用的图线线型有粗实线、( )、虚线、波浪线等。
    A. 粗实线　　B. 边框线　　C. 轮廓线　　D. 轨迹线

13. 机械图样中,表示可见轮廓线采用( )线型。
    A. 粗实线　　B. 细实线　　C. 波浪线　　D. 虚线

14. 图样上标注的尺寸,一般应由( )组成。
    A. 尺寸数字、尺寸线及其终端　　B. 尺寸界线、尺寸线及其终端、尺寸数字
    C. 尺寸界线、尺寸数字、尺寸箭头　　D. 尺寸界线、尺寸数字、尺寸线

15. 机件的每一尺寸,一般只标注( )次,并应标注在反映该形状最清晰的图形上。
    A. 一次　　B. 二次　　C. 三次　　D. 四次

附录1

16. 机件的真实大小应以图样上（ ）为依据，与图形的大小及绘图的准确度无关。
   A. 所注尺寸数值   B. 所画图形形状   C. 所标绘图比例   D. 所加文字说明

17. 图样上所注的尺寸，为该图样所示机件的（ ），否则应另加说明
   A. 留有加工余量尺寸   B. 最后完工尺寸   C. 所标绘图比例   D. 有关测量尺寸
   C. 加工参考尺寸

18. 标注圆的直径尺寸时，（ ）一般应通过圆心，尺寸箭头指到圆弧上。
   A. 尺寸线   B. 尺寸界线   C. 尺寸数字   D. 尺寸箭头

19. 国家标准规定，对球面的尺寸标注，应在φ或R前加（ ）。
   A. 球   B. Q   C. S   D. 球S

20. 标注（ ）尺寸时，应在尺寸数字前加注符号"φ"。
   A. 圆的直径   B. 球的直径   C. 圆的半径   D. 球的半径

21. 丁字尺与三角板随意配合，不能画出下列（ ）种斜线。
   A. 60°   B. 30°   C. 45°   D. 65°

22. 国标规定，尽可能避免在竖直方向逆时针旋转（ ）范围内标注尺寸。
   A. 15°   B. 30°   C. 45°   D. 60°

附录1

23. 在绘制正图时，描深的顺序是（ ）。
   A. 先描深图或圆弧后描深直线
   B. 先注尺寸和写字后描深图形
   C. 一边描深图形一边注尺寸和写字
   D. 描深图形和标注尺寸及写字不分先后

24. 绘制工程正图时，常用的工具是（ ）。
   A. 直尺、圆规、钢笔
   B. 直尺、圆规、铅笔
   C. 曲线板、直尺、圆珠笔
   D. 分规、椭圆板、描图笔

25. （ ）的常用工具有铅笔、圆规、曲线板、三角板等。
   A. 投影图
   B. 画正图
   C. 画草图
   D. 画底图

26. 工程上常用的（ ）有中心投影法和平行投影法。
   A. 描图
   B. 图解法
   C. 技术法
   D. 作图法

27. 平行投影法分为（ ）两种。
   A. 中心投影法和平行投影法
   B. 正投影法和斜投影
   C. 主要投影法和辅助投影法
   D. 一次投影和二次投影法

28. 平行投影法中的（ ）相垂直时，称为正投影。
   A. 物体与投影面
   B. 投射线与投影面
   C. 投射中心与投影线
   D. 投射线与物体

29. 正投影的基本特征主要有实形性、积聚性、（ ）。
   A. 类似性
   B. 特殊性
   C. 统一性
   D. 普遍性

70. 附录1

二、视图表达填空

1. 三视图之间应符合（　）等关系，即：主、俯视图：长度相等；主、左视图：高度相等；俯、左视图：宽度相等。
2. 轴侧图中，正等轴测与投影图上的三个轴间伸缩系数（　），三个轴间角为（　），斜二侧投影图上的轴间伸缩系数X、Z为（　），Y轴为（　），三个轴间角分别为XOZ（　），XOY、YOZ为（　）。
3. 圆柱被截切
   垂直轴线切（　），平行轴线切（　），倾斜轴线切（　）。
4. 圆锥顶被截切
   过锥顶切（　），垂直轴线切（　），平行轴线切（　），倾斜轴线切（　）。
5. 球被截切（　）。
6. 两圆柱正交相贯
   直立圆柱大（　），竖切（　），斜切（　）。
7. 直立圆柱小（　），以小圆柱轴投影为实轴的双曲线；
   直径相等（　），以小圆柱轴投影为实轴的双曲线；
   直径相等（　），相交两直线。
8. 将机件放在正六面体内分别向各基本投影面投影，得到的六个视图分别为（　）。
9. 除上述六视图外还有（　，　，　）。
10. 剖视图有（　，　，　）。
11. 断面图与剖视图的不同之处是断面图只画出物体（　）的断面形状，局部剖视图除了画出断面形状外，还画出（　）所有可见部分的投影。

附录1

三、标准件和常用件填空

1. 螺纹的五要素是（　）、（　）、（　）、（　）、（　）。

2. 螺纹的规定画法：外螺纹的大径内螺纹的小径用（　）表示，外螺纹的小径内螺纹的大径用（　）表示。

3. 常用标准螺纹的种类，连接用螺纹有（　）M、（　）M、（　）G、（　）R）传动螺纹有（　）Tr、（　）B）。

4. 普通螺纹的标准规定格式为

　　特征（　）公称（　）*导程（　）旋向—公差带（　）—旋向（　）。

5. 6204是（　），2是（　），04是（　）为20mm。

6. 在齿轮为圆的视图上分度圆采用（　）绘制。

7. 标准圆柱齿轮齿轮的齿数z＝50，模数m＝2.5，齿顶圆的直径是（　）mm。

72. 附录二 教学及练习模型（1）

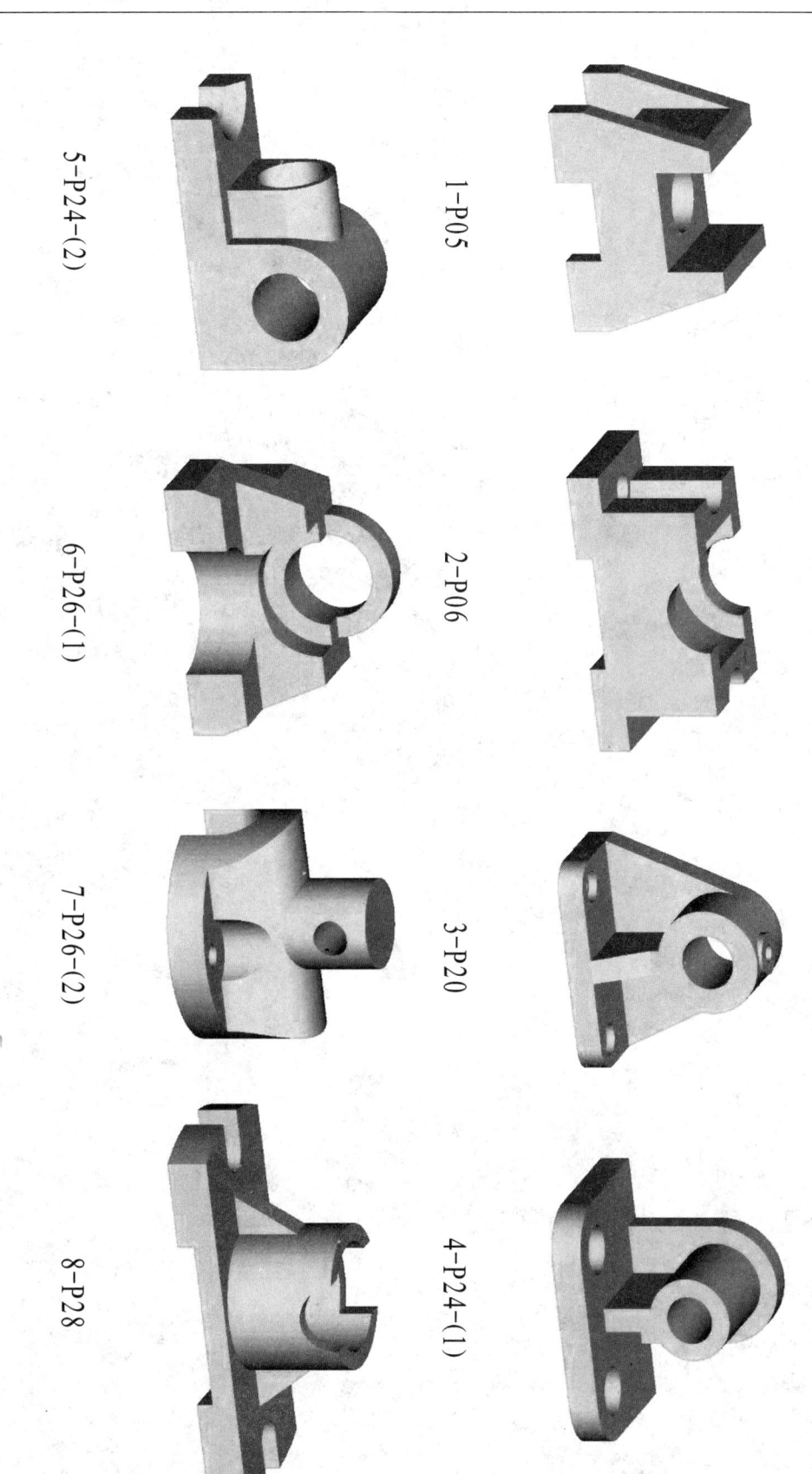

1-P05
2-P06
3-P20
4-P24-(1)
5-P24-(2)
6-P26-(1)
7-P26-(2)
8-P28

72

73. 附录二 教学及练习模型（2）

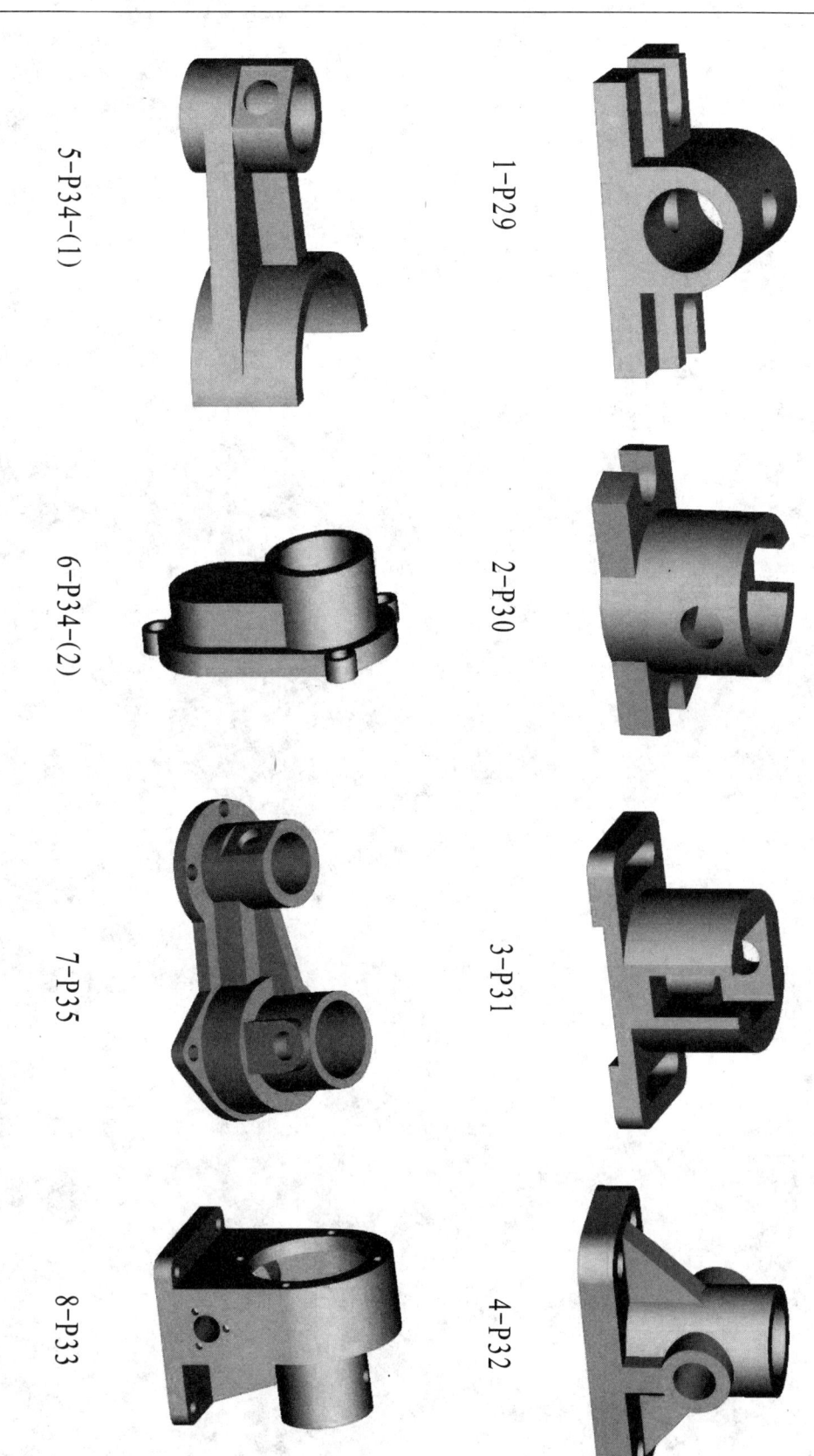

1-P29
2-P30
3-P31
4-P32
5-P34-(1)
6-P34-(2)
7-P35
8-P33

74. 附录二 教学及练习模型（3）

1-P38-(1)

2-P38-(2)

3-P39

4-P49

5-P55

6-P58

出版发行	东南大学出版社(南京市四牌楼2号 邮编210096)
经 销	江苏新华集团股份有限公司
排 版	南京理工大学印刷厂
印 刷	南京京新印刷厂
版 次	2008年9月第1版 2014年7月第3次印刷
开 本	787mm×1092mm 1/16
印 张	35
字 数	760千
书 号	ISBN 978-7-5641-1324-7/TH・15
印 数	4001—5000册
定 价	58.00元(共2册)

(本社图书若有印装质量问题,请直接与读者服务部联系。电话(传真):025-83792328)